陕西省精品资源共享课程配套教材

大 学 物 理

（第二版）

主　编　刘建科
副主编　罗道斌　朱　桥

科 学 出 版 社
北　京

内 容 简 介

本书依照教育部高等学校物理学与天文学教学指导委员会物理基础课程教学指导分委员会编制的《理工科类大学物理课程教学基本要求(2010年版)》,在前一版的基础上修改而成. 本书秉承原书的指导思想,切实加强基础理论,着力培养学生分析问题、解决问题和独立获取知识的能力. 本书内容包括力学、电磁学、热学、机械振动和机械波、波动光学和近代物理专题等. 编写风格上力求深入浅出、简洁流畅. 考虑到当前学生学习和教师教学特点,本书的部分章节设置二维码,让学生通过扫描获得与课程配套的视频等资料,从而拓展大学物理的教学内容,培养学生的探索精神和创新意识.

本书适合高等学校理工科各专业学生学习使用,也可作为教师和相关人员的参考用书.

图书在版编目(CIP)数据

大学物理/刘建科主编. —2版. —北京:科学出版社,2021.8
陕西省精品资源共享课程配套教材
ISBN 978-7-03-069274-0

Ⅰ.①大… Ⅱ.①刘… Ⅲ.①物理学-高等学校-教材 Ⅳ.①O4

中国版本图书馆 CIP 数据核字(2021)第 129380 号

责任编辑:胡云志 郭学雯 / 责任校对:杜子昂
责任印制:赵 博 / 封面设计:蓝正设计

科学出版社出版
北京东黄城根北街16号
邮政编码:100717
http://www.sciencep.com
保定市中画美凯印刷有限公司印刷
科学出版社发行 各地新华书店经销
*
2011年8月第 一 版 开本:787×1092 1/16
2021年8月第 二 版 印张:20 1/4
2025年1月第九次印刷 字数:551 000

定价:59.00元

(如有印装质量问题,我社负责调换)

再版前言

本书自2011年8月出版以来，经国内十多所大学10年的使用，受到众多好评并列入了科学出版社普通高等教育"十二五"规划教材. 出版社为满足读者需要数次重印.

随着我国高等教育改革的不断深入，为适应现阶段高等教育高质量发展的实际需要，也为了全面提高本书的质量，我们对全书内容进行了修订和补充并再版发行. 除了订正原书的疏漏之外，还吸收了一些新的科研成果. 关于本书的具体修订工作，特作以下几点说明.

(1) 适用对象更加广泛. 功以才成，业由才广. 为深入实施人才强国战略，本书的适用对象由原来的以少学时理工科专业学生和高职高专等为主的学生群体转向普通高等学校理工科专业学生、非物理类师范专业学生和部分基础较好的高职高专学生群体.

(2) 结构有所调整. 这次再版修改了一些不够准确和严谨的地方，在保持简明扼要的编写风格的前提下，增加了"刚体力学""近代物理专题——狭义相对论"等章节，使内容体系更加完整.

(3) 更新了部分练习题目. 使读者在学会理论知识的同时，能对工程实践中的问题有所了解并进行分析解决. 有些问题有一定的难度，读者可以通过查阅有关书籍，进行研究和解决.

(4) 努力打造新形态教材，推进教育数字化. 同本教材配套的课程资源是我们教研室大学物理课程教学团队在中国大学MOOC(慕课)平台上上线的教学资源. 教学团队建设的大学物理课程2004年被评为"陕西省省级精品课程"，2014年被评为"陕西省省级精品资源共享课程". 学生通过扫描书中二维码可以实时链接以上教学资源，为实现线上线下混合式教学提供有效支撑.

本书由刘建科、罗道斌、朱桥等共同编著与修订，全书由刘建科统稿. 我们本着对读者负责和精益求精的精神，对原书通篇进行字斟句酌的思考、研究，力求消除一切错误. 但由于水平所限，书中难免还会出现不妥之处，敬请读者批评指正，支持我们把本书修改得更加完善.

同时借此机会，向使用本教材的广大师生，向给予我们关心、鼓励和帮助的同行、专家学者致以由衷的感谢.

刘建科
陕西科技大学
2021年6月

第一版前言

本书根据教育部高等学校物理学与天文学教学指导委员会物理基础课程教学指导分委员会编制的《理工科类大学物理课程教学基本要求(2010年版)》(以下简称《基本要求》),并考虑到课程学时和学生的实际情况编写而成.在编写过程中,我们注意吸取了众多经典教材的优点,从而使教材适用于大多数工科院校本科、高职、成人教育类师生.为此,我们采取的措施如下:

(1) 内容的选取比较符合《基本要求》.对《基本要求》中规定的掌握、理解和了解的内容分别作了不同的处理,但考虑到适用对象,除《基本要求》内容外,还编入了一些要求较高的内容,并将这些内容标 * 号,作为选讲或自学内容.

(2) 精选例题和习题.注重选编有代表性的、难易适中且较为新颖的例题和习题.考虑到工科物理教材的特点,尽量多选用工程应用性的例题和习题.同时,书中部分例题采用了多种解法,以培养学生灵活运用知识、分析问题和解决问题的能力.习题的题型较为丰富,有选择题、填空题、计算题和证明题等.

(3) 注重避免与中学物理教学内容的简单重复.容易与中学物理重复的教学内容是质点力学部分,特别是其中的例题和习题.本书基本上选取了不同于中学内容的例题和习题.

(4) 注重处理好教材改革和教学传统的关系.我们认为,教材改革并不是简单的"破体系","体系"是形式,形式应服从内容."破体系"不应该作为教学改革的目的和出发点.因此,本书比较接近传统体系,对传统教材体系未作大的改动,这样的处理方式是适应教材定位及大多数使用对象的教学实际的.

(5) 坚持体现教材内容深度广度适中,够用为原则,增强适用性.

本书由陕西科技大学刘建科任主编,西京大学李险峰任副主编.在教材编写过程中得到了陕西省物理学会秘书长董庆彦教授的悉心指导,高等职业教学、成人教育一线的教师也提出了宝贵的意见,科学出版社为本书的编辑出版给予了大力支持.在此,编者一并表示衷心的谢意.

由于编者水平和教学经验的限制,书中难免有不当之处,诚恳希望读者指正.

编　者

2011年5月

第一版前言

目　　录

第 1 章　质点运动学

自然界是由物质组成的，一切物质都在不停地运动着. 在自然界中，有许多的运动形式，如机械运动、电磁运动、热运动、原子核运动、化学变化、生物运动等，而所有的这些运动形式既是相互区别又是相互联系的. 其中，机械运动是物体最简单、最基本的运动形式，是物理学和许多工程技术学科的基础，力学是研究物体的机械运动规律的一门学科. 所谓机械运动是指一个物体或物体系相对于另一物体或物体系的位置随时间的变化，或者是物体或物体系内部各部分之间的相对位置随时间的变化. **在力学中研究物体位置随时间变化的这部分内容称为运动学**. 本章主要内容为位移、速度、加速度等基本概念以及平面运动、圆周运动和相对运动等基本运动形式的描述.

1.1　质点　位置矢量　运动方程

确定质点
位置的方法

1.1.1　运动描述的相对性、参考系和坐标系

自然界中所有物体都在不停地运动着，绝对静止不动的物体是不存在的. 例如，放在桌面上的书相对于桌子是静止的，但它却随地球一起绕太阳运动……一切物体都处于不断运动之中，这就是**运动的绝对性**. 描述物体的运动总是相对于其他物体而言的，如观察宇宙飞船的运动，是以地面上某一物体（如测控点）为标准，把它看成是运动的；同样，观察河水的流动，也是以我们认为不动的物体（如岸边的树）为标准来判别的. 所以在观察物体的位置以及位置变化时，总是要选择其他的物体作为标准. 选取的标准不同，对物体运动的描述也不同. 又如，坐在稳定运动中的一火车上的乘客，相对于火车是静止不动的，而相对于地面上一物体，则位置是不断变化的. 所以相对于不同的标准物，物体运动情况的描述是不同的，这就是**运动描述的相对性**.

为描述物体的运动而选的标准物（物体系）称为参考系，物体运动的描述与参考系有关，所以，在讲述物体的运动情况时，必须指明是相对于什么参考系的. 参考系的选择是任意的，依问题的特点和研究方便而定. 在地面上讨论物体的运动时，常常选地球为参考系；研究太阳系中星球的运动时，选太阳为参考系.

在选择了参考系以后，为了定量地描述物体的位置随时间的变化，必须在参考系上选用一个坐标系. 常用的坐标系有直角坐标系、极坐标系、球坐标系等，选用坐标系的原则，应使我们对物体位置的描述简洁、清楚.

1.1.2　质点

一般情况下，物体在运动时，它的各部分的位置变化是不同的，而且物体的大小和形状在物体运动过程中还有可能是变化的，如在平直铁轨上行驶的火车，就整个火车来讲，它沿铁轨平动，

就其车轮来说，除了平动之外，还有绕轮轴的转动；在统计物理学中，双原子或多原子分子，除了平动之外，还有转动，以及在平衡位置附近的振动. 所以，一般情况下，物体运动的情况是相当复杂的.

一般说来，物体上各点运动状态的差异在我们所研究的问题中只占很次要的地位，我们就可以忽略物体的大小、形状及内部结构，把它看成一个只有质量的几何点，称为质点. 例如，在研究地球绕太阳公转的问题时，地球的平均半径虽然达到 6370km，但这样的线度比起地球到太阳的平均距离(1.5×10^8 km)来讲仍然是很小的，地球上各点的运动状态的差别完全可以忽略，因而在研究地球绕太阳的公转时，可以将地球看成只有质量没有大小和形状的几何点，即质点. 若要研究原子的内部结构，虽然原子的大小数量级只有 10^{-10} m，但却不能看成质点. 必须指出的是，一个物体能否看成质点，主要取决于研究问题的性质，质点是经过科学抽象形成的理想模型，把物体看成质点是有条件的、相对的，而不是无条件的、绝对的，对具体情况要具体分析. 同时，把物体视为质点的这种抽象的研究方法，在实践和理论上都有重要的意义. 例如，我们以后将要介绍的刚体、线性弹簧振子、理想气体、点电荷等都是理想模型，在科学研究中，根据所研究问题的性质，突出主要因素，忽略次要因素，建立理想模型，是一种经常采用的科学思维方法，这样做可以使问题大为简化但又不失其客观真实性. 同时，还要注意这种理想模型的适用条件，它的适用与否，只能通过实践来检验.

1.1.3　位置矢量

在选定参考系以后，为了定量地描述质点的位置和位置随时间的变化，必须在参考系上建立一个坐标系，如图 1-1 所示是三维直角坐标系，其中 $\boldsymbol{i}$、$\boldsymbol{j}$、$\boldsymbol{k}$ 是三个坐标轴 x、y、z 正方向的单位矢量. 在任意时刻 t，质点运动到 P 点，可用**由原点 O 指向 P 点的有向线段 $\overrightarrow{OP}$ 来表示质点的位置，这个有向线段称为位置矢量，简称位矢**，用 $\boldsymbol{r}$ 表示，即 $\boldsymbol{r}=\overrightarrow{OP}$. 在三维直角坐标系中，位矢可写成

$$\boldsymbol{r} = x\boldsymbol{i} + y\boldsymbol{j} + z\boldsymbol{k} \tag{1-1}$$

位矢 $\boldsymbol{r}$ 的大小用位矢的模 $|\boldsymbol{r}|$ 表示，它表示质点在 P 位置时到原点的距离

$$|\boldsymbol{r}| = \sqrt{x^2+y^2+z^2}$$

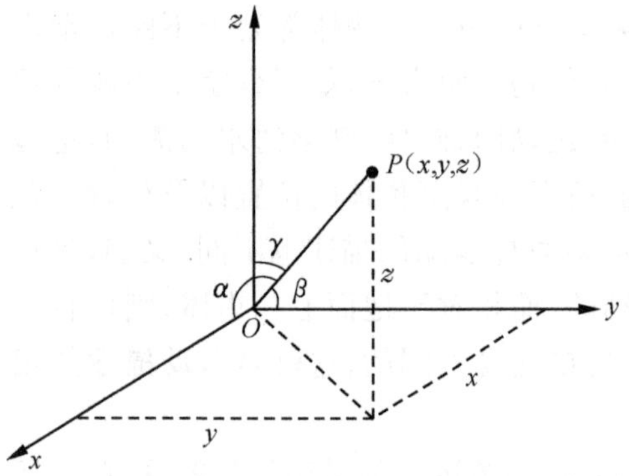

图 1-1　三维直角坐标系

位矢 $\boldsymbol{r}$ 的方向，可以由 $\boldsymbol{r}$ 和三个坐标轴正向的夹角 α、β、γ 来表示，

$$\cos\alpha = \frac{x}{|\boldsymbol{r}|},\quad \cos\beta = \frac{y}{|\boldsymbol{r}|},\quad \cos\gamma = \frac{z}{|\boldsymbol{r}|} \tag{1-2}$$

可以看出

$$\cos^2\alpha + \cos^2\beta + \cos^2\gamma = 1$$

1.1.4　自然坐标系

在有些情况下，质点相对参考系的运动轨迹是已知的，如以地面为参考系，火车的运动轨迹（铁路轨道）是已知的. 在这种情况下，采用直角坐标系反而不方便解决问题，采用自然坐标则更

为方便，其确定方法如下：如图 1-2 所示，首先在已知的运动轨迹上任取一固定点 O，作为坐标原点，然后规定从 O 点起，沿轨迹的某一方向(如向右)量得曲线的长度 s，s 取正值，这个方向称为自然坐标的正方向；反之为负方向，s 取负值. 这样质点在轨迹上的位置 P 就可以用 s 唯一地确定，这种确定质点位置的方法称为**自然法**. 其中 O 点是自然坐标系原点，s 是自然坐标，s 的大小和正负就代表了质点到原点之间沿轨迹的距离和相对于原点的方向.

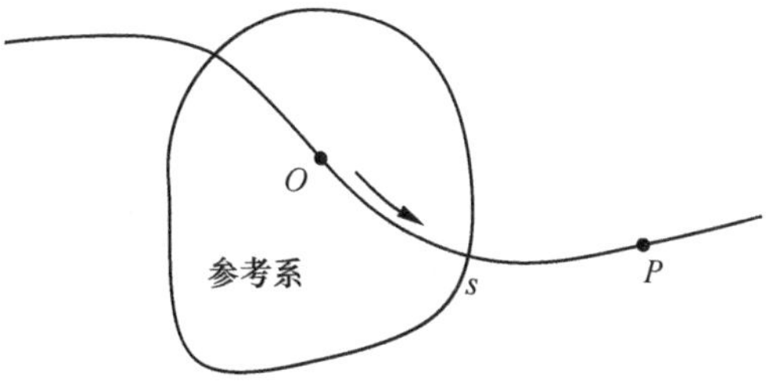

图 1-2 自然坐标系

1.1.5 运动方程

质点相对于参考系运动时，质点位置的直角坐标(x、y、z)，位矢 $\boldsymbol{r}$，自然坐标 s 都随时间 t 变化，是 t 的单值连续函数. 这个函数称为**质点的运动方程**.

用直角坐标表示的质点的运动方程为

$$x = x(t), \quad y = y(t), \quad z = z(t) \tag{1-3}$$

用位矢表示的质点的运动方程为

$$\boldsymbol{r} = \boldsymbol{r}(t) = x(t)\boldsymbol{i} + y(t)\boldsymbol{j} + z(t)\boldsymbol{k} \tag{1-4}$$

用自然坐标表示的质点运动方程为

$$s = s(t) \tag{1-5}$$

知道了质点的运动方程，就可以确定质点在任意时刻的位置，因而也就知道了质点运动的轨迹，得到轨迹方程. 轨迹为直线的，称质点做直线运动；轨迹为曲线的，称质点做曲线运动. 同时，利用质点的运动方程，还可以确定质点在任意时刻的速度、加速度等. 所以根据具体条件确定质点的运动方程，是研究质点运动的一个重要内容.

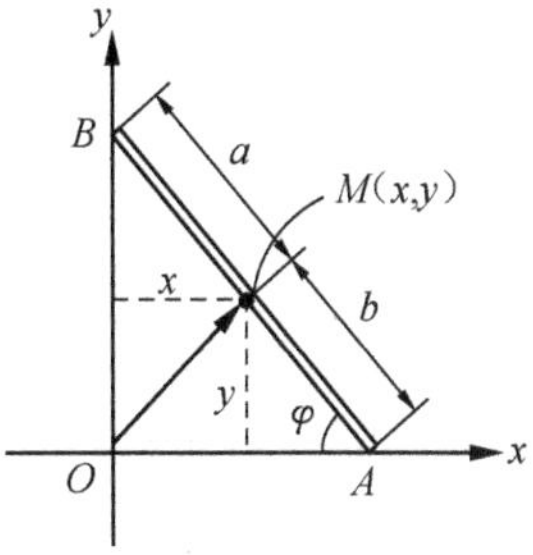

图 1-3 直杆的运动

例 1-1 如图 1-3 所示，直杆 AB 两端可以分别在固定而相互垂直的直线导槽上滑动，已知杆的倾角 φ 按 $\varphi=\omega t$ 随时间变化，其中 ω 是常量，试求杆上任意点 M 的运动学方程和轨迹方程.

解 沿直线导槽作直角坐标系 Oxy，如图 1-3 所示，设 $BM=a$，$AM=b$，M 点的直角坐标为(x，y)，由图可以看出

$$\begin{cases} x = a\cos\varphi = a\cos\omega t \\ y = b\sin\varphi = b\sin\omega t \end{cases}$$

即是 M 点的直角坐标表示的运动方程.

用位矢表示的运动方程是

$$\boldsymbol{r} = \boldsymbol{r}(t) = x(t)\boldsymbol{i} + y(t)\boldsymbol{j} = a\cos\omega t\boldsymbol{i} + b\sin\omega t\boldsymbol{j}$$

为了求 M 点的轨迹方程，在直角坐标系下的运动方程中消去时间 t，可得

$$\frac{x^2}{a^2} + \frac{y^2}{b^2} = 1$$

即 M 点的轨迹是长半轴为 a，短半轴为 b，中心为坐标原点的椭圆. 常用椭圆规就是按照上述原理制成的.

复习思考题

1-1　如果有人问地球和一粒小米比较，哪个可以看成质点，你将怎样回答？

1-2　什么是质点运动学方程？你学过几种形式的运动学方程？

1-3　宇宙飞船的轨迹是椭圆，这是以什么为参考系的？若以太阳为参考系，宇宙飞船的运行轨道大体是什么样子？

1.2　位移　速度　加速度

质点的位移、速度、加速度

1.2.1　位移

设质点沿轨迹 LM 做一般曲线运动，如图 1-4 所示，在参考系上建立三维直角坐标系 $Oxyz$，质点 t 时刻运动到 P 点，P 点的位矢为 $\boldsymbol{r}(t)$，在 $t+\Delta t$ 时刻运动到 Q 点，Q 点的位矢为 $\boldsymbol{r}(t+\Delta t)$. 显然，在 Δt 时间内，质点的位置矢量的大小和方向都发生了变化，其位置的变化可用由 P 点指向 Q 点的有向线段 $\overrightarrow{PQ}$ 来表示，用 $\Delta\boldsymbol{r}$ 代替 $\overrightarrow{PQ}$ 即 $\Delta\boldsymbol{r}=\overrightarrow{PQ}$，$\Delta\boldsymbol{r}$ 的大小就是 P 到 Q 之间的直线距离，方向由起点 P 指向终点 Q，矢量 $\Delta\boldsymbol{r}$ 称为质点在 $t\rightarrow t+\Delta t$ 内的**位移矢量**，简称**位矢**.

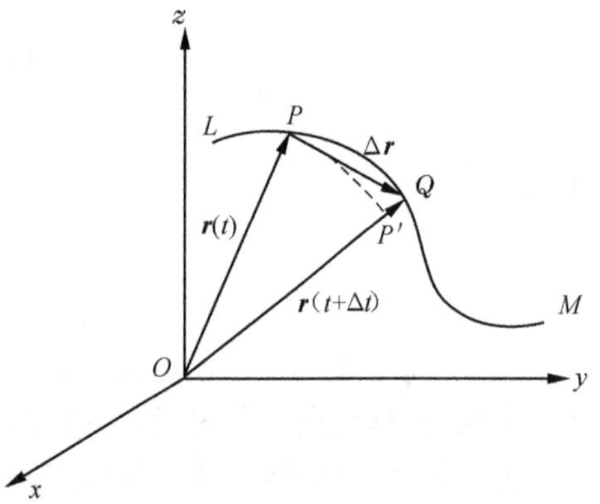

图 1-4　质点的位移

由图可知

$$\Delta\boldsymbol{r}=\boldsymbol{r}(t+\Delta t)-\boldsymbol{r}(t) \tag{1-6}$$

即质点在某一段时间内的位移，等于在同一段时间内位矢的增量.

在三维直角坐标系下，设 P 点坐标为 (x_1, y_1, z_1)，Q 点坐标为 (x_2, y_2, z_2)，则位移矢量 $\Delta\boldsymbol{r}$ 可以写成

$$\begin{aligned}\Delta\boldsymbol{r}&=\boldsymbol{r}(t+\Delta t)-\boldsymbol{r}(t)=(x_2\boldsymbol{i}+y_2\boldsymbol{j}+z_2\boldsymbol{k})-(x_1\boldsymbol{i}+y_1\boldsymbol{j}+z_1\boldsymbol{k})\\&=(x_2-x_1)\boldsymbol{i}+(y_2-y_1)\boldsymbol{j}+(z_2-z_1)\boldsymbol{k}\\&=\Delta x\boldsymbol{i}+\Delta y\boldsymbol{j}+\Delta z\boldsymbol{k}\end{aligned}$$

上式说明**质点在某一段时间内的位移等于在同一段时间内质点在 x 轴、y 轴、z 轴上投影点的位移的矢量和.** 其中

$$\Delta x=x_2-x_1,\quad \Delta y=y_2-y_1,\quad \Delta z=z_2-z_1$$

位移和位矢不同，位矢描述的是质点在某一时刻的位置，是由坐标原点指向质点位置的有向线段，与时刻相联系，依赖于坐标系的选择，而位移描述的是质点在某一段时间内位置的变化，是由初位置指向末位置的有向线段，与时间相联系，不依赖于坐标系的选择.

位移和路程也不同，位移反映的是一段时间始末位置的变化，不涉及质点位置变化过程的细节，如图 1-4 中，位移 $\Delta\boldsymbol{r}$ 的大小虽然等于 P 到 Q 的直线距离，但并不意味着质点是从 P 沿直线 PQ 移动到 Q. 而在时间 Δt 内，质点沿曲线 $\overset{\frown}{PQ}$ 移动到 Q 点所经历的路径的长度，即曲线 $\overset{\frown}{PQ}$ 的长度，称为质点在该段时间内的路程，是一个标量. 一般情况下，某段时间内质点位移的大小不等于这段时间内质点所经历的路程，只有质点沿不变的方向做直线运动时，位移的

大小才等于路程.

位移的大小和位矢大小的增量一般也是不同的,设在时间 Δt 内位矢大小的增量为 Δr,则

$$\Delta r = |\boldsymbol{r}(t+\Delta t)| - |\boldsymbol{r}(t)| \tag{1-7}$$

在图 1-4 中,以 O 点为圆心,以 $\boldsymbol{r}(t)$ 的大小为半径作圆弧,它与位矢 $\boldsymbol{r}(t+\Delta t)$ 相交于 P' 点,则 $P'Q$ 的长度就是 Δr,而位移的大小等于直线 PQ 的距离,即 $|\Delta \boldsymbol{r}| = \overline{PQ}$. 特别地,当质点以半径为 R 做圆周运动时,若圆心在坐标原点,则在半个周期内,位移的大小 $|\Delta \boldsymbol{r}| = 2R$,而位矢大小的增量 $\Delta r = 0$.

1.2.2 速度

1. 平均速度

质点沿轨迹 LM 按运动学方程 $\boldsymbol{r}(t)$ 做一般曲线运动:在时间 Δt 内通过的位移为 $\Delta \boldsymbol{r}$,如图 1-5 所示,则**质点的位移 $\Delta \boldsymbol{r}$ 与相应的时间 Δt 之比称为这一段时间内质点的平均速度**,用 $\bar{\boldsymbol{v}}$ 表示,即

$$\bar{\boldsymbol{v}} = \frac{\Delta \boldsymbol{r}}{\Delta t} = \frac{\boldsymbol{r}(t+\Delta t) - \boldsymbol{r}(t)}{\Delta t}$$

平均速度是矢量,其方向和位移的方向相同,它表示质点在时间 Δt 内 $\boldsymbol{r}(t)$ 随时间的平均变化率,即粗略地描述了质点在这段时间内位置随时间的变化.

我们把路程 Δs 与通过该路程所用的时间 Δt 的比值称为该质点在该段时间内的平均速率,用 $\bar{v}$ 表示,即

$$\bar{v} = \frac{\Delta s}{\Delta t}$$

平均速率是标量,其大小等于质点在单位时间内平均通过的路程.

值得注意的是,由于一般情况下 $|\Delta \boldsymbol{r}| \neq \Delta s$,所以质点的平均速度的大小也不等于平均速率,即 $|\bar{\boldsymbol{v}}| \neq \bar{v}$,如质点做一个周期为 T 的圆周运动,在一周内平均速度为零,而平均速率 $\bar{v} = \frac{2\pi R}{T}$.

2. 瞬时速度

为了精确地描述质点运动的快慢和方向,可以将时间间隔 Δt 无限减小,并使之趋近于零,**即 $\Delta t \to 0$ 时,平均速度会趋向于一个确定的极限矢量**,如图 1-5 所示,**这个极限矢量称为 t 时刻的瞬时速度**,简称**速度**,用 $\boldsymbol{v}$ 表示,即

$$\boldsymbol{v} = \lim_{\Delta t \to 0} \frac{\Delta \boldsymbol{r}}{\Delta t} = \frac{\mathrm{d}\boldsymbol{r}}{\mathrm{d}t} \tag{1-8}$$

即速度也等于位置矢量对时间的一阶导数,它描述的是质点的位矢在 t 时刻的变化率. 只要知道了用位矢表示的质点运动方程 $\boldsymbol{r} = \boldsymbol{r}(t)$,就可以通过微分求出质点的运动速度.

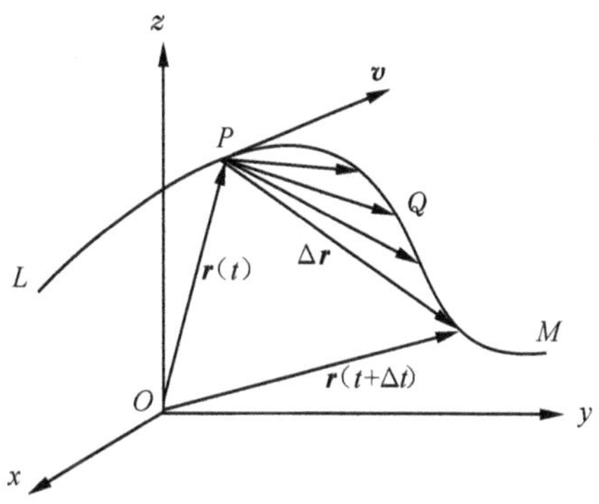

图 1-5 质点运动的速度

速度是矢量,其大小反映了 t 时刻质点运动的快慢,其方向就是 t 时刻质点的运动方向.

由图 1-5 可以看出:t 时刻质点的速度的方向,就是当 $\Delta t \to 0$ 时平均速度的极限方向,即此时

Q 点无限地向 P 点靠近，速度 $\boldsymbol{v}$ 将变得和 P 点处的切线重合并指向运动一方. 故 t 时刻质点速度的方向，沿着该时刻质点所在位置 P 点轨迹的切线，并指向质点运动的一方. 例如，转动雨伞，水滴将沿切线方向离开雨伞等.

在直角坐标系中，速度可表示为

$$\begin{aligned}\boldsymbol{v} &= \frac{\mathrm{d}\boldsymbol{r}}{\mathrm{d}t} = \frac{\mathrm{d}}{\mathrm{d}t}(x\boldsymbol{i} + y\boldsymbol{j} + z\boldsymbol{k}) \\ &= \frac{\mathrm{d}x}{\mathrm{d}t}\boldsymbol{i} + \frac{\mathrm{d}y}{\mathrm{d}t}\boldsymbol{j} + \frac{\mathrm{d}z}{\mathrm{d}t}\boldsymbol{k} \\ &= v_x\boldsymbol{i} + v_y\boldsymbol{j} + v_z\boldsymbol{k}\end{aligned} \tag{1-9}$$

式中，$v_x=\frac{\mathrm{d}x}{\mathrm{d}t}, v_y=\frac{\mathrm{d}y}{\mathrm{d}t}, v_z=\frac{\mathrm{d}z}{\mathrm{d}t}$为速度 $\boldsymbol{v}$ 在三个坐标轴上的投影，速度的大小可表示为

$$v = |\boldsymbol{v}| = \sqrt{v_x^2 + v_y^2 + v_z^2} = \sqrt{\left(\frac{\mathrm{d}x}{\mathrm{d}t}\right)^2 + \left(\frac{\mathrm{d}y}{\mathrm{d}t}\right)^2 + \left(\frac{\mathrm{d}z}{\mathrm{d}t}\right)^2}$$

其方向由速度与坐标轴的三个方向余弦来确定.

$$\cos\alpha = \frac{v_x}{v}, \quad \cos\beta = \frac{v_y}{v}, \quad \cos\gamma = \frac{v_z}{v}$$

式中，α、β、γ 分别为 $\boldsymbol{v}$ 与 x、y、z 三个坐标轴正向的夹角，且满足关系式

$$\cos^2\alpha + \cos^2\beta + \cos^2\gamma = 1$$

速度的大小常称为速率，是标量，恒取正值，一般情况下，$|\mathrm{d}\boldsymbol{r}| \neq \mathrm{d}r$，故 $v=|\boldsymbol{v}|=\left|\frac{\mathrm{d}\boldsymbol{r}}{\mathrm{d}t}\right| \neq \frac{\mathrm{d}r}{\mathrm{d}t}$. 例如，当质点做圆周运动时，$\frac{\mathrm{d}r}{\mathrm{d}t}=0$ 而速率 $v=|\boldsymbol{v}|\neq 0$.

1.2.3　加速度

1. 速度增量

质点运动时，它的速度的大小和方向都可以是随时间变化的，如图 1-6(a)所示，该质点沿轨迹 LM 运动，时刻 t 时质点位于 P 点，速度为 $\boldsymbol{v}(t)$，在 $t+\Delta t$ 时刻，质点位于 Q 点，速度为 $\boldsymbol{v}(t+\Delta t)$，则在 Δt 时间间隔内质点的速度增量为

$$\Delta\boldsymbol{v} = \boldsymbol{v}(t+\Delta t) - \boldsymbol{v}(t)$$

值得注意的是，速度增量的方向和速度的方向一般是不相同的，只有在直线运动时，速度增量的方向和速度的方向才有可能相同或相反，同时，速度的增量既描述了速度大小的变化，也描述了速度方向的变化.

若用 Δv 描述速度大小的变化，则

$$\Delta v = |\boldsymbol{v}(t+\Delta t)| - |\boldsymbol{v}(t)|$$

如图 1-6(b)所示，BC 即是速度增量，其中 BD 描述的是速度方向在 Δt 时间内的变化，DC 描述的是速度大小在 Δt 时间内的变化.

2. 平均加速度

速度的增量 $\Delta\boldsymbol{v}$ 与其所经历的时间 Δt 之比，称为这段时间内质点的平均加速度，用 $\bar{\boldsymbol{a}}$ 表示，即

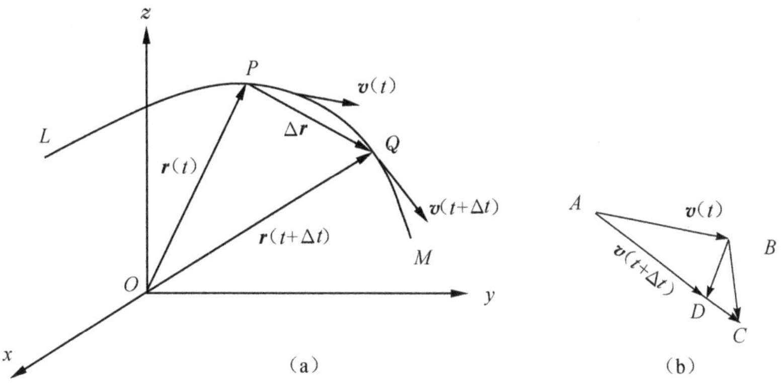

图 1-6 质点运动的加速度

$$\bar{\boldsymbol{a}} = \frac{\Delta \boldsymbol{v}}{\Delta t} = \frac{\boldsymbol{v}(t+\Delta t) - \boldsymbol{v}(t)}{\Delta t}$$

平均加速度是矢量,其方向和速度增量的方向相同,大小为$|\bar{\boldsymbol{a}}| = \left|\frac{\Delta \boldsymbol{v}}{\Delta t}\right|$,它仅仅粗略地描述质点的速度随时间的变化.

3. 瞬时加速度

瞬时加速度也称**加速度,当 $\Delta t \to 0$ 时,质点的平均加速度就会趋于一个确定的极限矢量,**这个**极限矢量称为 t 时刻质点的瞬时加速度**,用 $\boldsymbol{a}$ 表示,即

$$\boldsymbol{a} = \lim_{\Delta t \to 0} \bar{\boldsymbol{a}} = \lim_{\Delta t \to 0} \frac{\Delta \boldsymbol{v}}{\Delta t} = \frac{\mathrm{d}\boldsymbol{v}}{\mathrm{d}t} = \frac{\mathrm{d}^2 \boldsymbol{r}}{\mathrm{d}t^2} \tag{1-10}$$

加速度精确地描述了 t 时刻质点的速度变化的情况. 从上式可以看出,加速度也等于速度对时间的一阶导数,还等于位置矢量对时间的二阶导数,其方向总是指向曲线凹的一侧,与同一时刻质点的速度方向一般是不相同的.

在直角坐标系中,加速度还可以表示成

$$\boldsymbol{a} = \frac{\mathrm{d}\boldsymbol{v}}{\mathrm{d}t} = \frac{\mathrm{d}v_x}{\mathrm{d}t}\boldsymbol{i} + \frac{\mathrm{d}v_y}{\mathrm{d}t}\boldsymbol{j} + \frac{\mathrm{d}v_z}{\mathrm{d}t}\boldsymbol{k} \tag{1-11}$$

$$\boldsymbol{a} = \frac{\mathrm{d}^2\boldsymbol{r}}{\mathrm{d}t^2} = \frac{\mathrm{d}^2 x}{\mathrm{d}t^2}\boldsymbol{i} + \frac{\mathrm{d}^2 y}{\mathrm{d}t^2}\boldsymbol{j} + \frac{\mathrm{d}^2 z}{\mathrm{d}t^2}\boldsymbol{k} \tag{1-12}$$

$$= a_x \boldsymbol{i} + a_y \boldsymbol{j} + a_z \boldsymbol{k} \tag{1-13}$$

式中,

$$a_x = \frac{\mathrm{d}v_x}{\mathrm{d}t} = \frac{\mathrm{d}^2 x}{\mathrm{d}t^2}, \quad a_y = \frac{\mathrm{d}v_y}{\mathrm{d}t} = \frac{\mathrm{d}^2 y}{\mathrm{d}t^2}, \quad a_z = \frac{\mathrm{d}v_z}{\mathrm{d}t} = \frac{\mathrm{d}^2 z}{\mathrm{d}t^2} \tag{1-14}$$

分别是加速度在直角坐标系中的三个分量. 加速度的大小可表示为

$$a = |\boldsymbol{a}| = \sqrt{a_x^2 + a_y^2 + a_z^2}$$

$$= \sqrt{\left(\frac{\mathrm{d}v_x}{\mathrm{d}t}\right)^2 + \left(\frac{\mathrm{d}v_y}{\mathrm{d}t}\right)^2 + \left(\frac{\mathrm{d}v_z}{\mathrm{d}t}\right)^2} \tag{1-15}$$

$$= \sqrt{\left(\frac{\mathrm{d}^2 x}{\mathrm{d}t^2}\right)^2 + \left(\frac{\mathrm{d}^2 y}{\mathrm{d}t^2}\right)^2 + \left(\frac{\mathrm{d}^2 z}{\mathrm{d}t^2}\right)^2} \tag{1-16}$$

若用α、β、γ表示加速度和三个直角坐标轴正向的夹角，则有

$$\cos\alpha=\frac{a_x}{|\boldsymbol{a}|},\quad \cos\beta=\frac{a_y}{|\boldsymbol{a}|},\quad \cos\gamma=\frac{a_z}{|\boldsymbol{a}|} \tag{1-17}$$

加速度描述的是物体运动速度变化情况，这个变化既包含了速度大小的变化，也包含了速度方向的变化，所以，一般情况下，加速度的大小$a=\left|\frac{\mathrm{d}\boldsymbol{v}}{\mathrm{d}t}\right|\neq\frac{\mathrm{d}v}{\mathrm{d}t}$，因为$\frac{\mathrm{d}v}{\mathrm{d}t}$仅仅考虑了速度大小的变化.

例 1-2　一质点的运动方程为$\boldsymbol{r}=3t\boldsymbol{i}+(4t^2+3)\boldsymbol{j}$(SI)，试求：

(1) $t_1=1\text{s}$到$t_2=2\text{s}$内的位移；

(2) $t_1=1\text{s}$到$t_2=2\text{s}$内的平均速度和平均加速度；

(3) t时刻的速度和加速度.

解　$\boldsymbol{r}=3t\boldsymbol{i}+(4t^2+3)\boldsymbol{j}$.

(1) 当$t_1=1\text{s}$，$t_2=2\text{s}$时，

$$\boldsymbol{r}_1=3\boldsymbol{i}+7\boldsymbol{j},\quad \boldsymbol{r}_2=6\boldsymbol{i}+19\boldsymbol{j}$$

所以从$t_1=1\text{s}$到$t_2=2\text{s}$的质点位移为

$$\begin{aligned}\Delta\boldsymbol{r}=\boldsymbol{r}_2-\boldsymbol{r}_1&=(6\boldsymbol{i}+19\boldsymbol{j})-(3\boldsymbol{i}+7\boldsymbol{j})\\&=3\boldsymbol{i}+12\boldsymbol{j}\end{aligned}$$

(2) 当从$t_1=1\text{s}$到$t_2=2\text{s}$时，由平均速度和平均加速度的定义知

$$\bar{\boldsymbol{v}}=\frac{\Delta\boldsymbol{r}}{\Delta t}=\frac{3\boldsymbol{i}+12\boldsymbol{j}}{1}=3\boldsymbol{i}+12\boldsymbol{j}$$

而

$$\boldsymbol{v}_1=\left.\frac{\mathrm{d}\boldsymbol{r}}{\mathrm{d}t}\right|_{t=1}=(3\boldsymbol{i}+8t\boldsymbol{j})|_{t=1}=3\boldsymbol{i}+8\boldsymbol{j}$$

$$\boldsymbol{v}_2=\left.\frac{\mathrm{d}\boldsymbol{r}}{\mathrm{d}t}\right|_{t=2}=(3\boldsymbol{i}+8t\boldsymbol{j})|_{t=2}=3\boldsymbol{i}+16\boldsymbol{j}$$

所以

$$\Delta\boldsymbol{v}=8\boldsymbol{j}$$

$$\bar{\boldsymbol{a}}=\frac{\Delta\boldsymbol{v}}{\Delta t}=\frac{8\boldsymbol{j}}{1}=8\boldsymbol{j}$$

(3) 由速度和加速度的定义知

$$\boldsymbol{v}=\frac{\mathrm{d}\boldsymbol{r}}{\mathrm{d}t}=3\boldsymbol{i}+8t\boldsymbol{j}$$

$$\boldsymbol{a}=\frac{\mathrm{d}\boldsymbol{v}}{\mathrm{d}t}=8\boldsymbol{j}$$

复习思考题

1-4　试结合匀速圆周运动，比较平均速度和瞬时速度.

1-5　设质点的运动方程为$x=x(t)$，$y=y(t)$，在计算质点的速度和加速度时，有人先计算$r=\sqrt{x^2+y^2}$，然后根据$v=\frac{\mathrm{d}r}{\mathrm{d}t}$和$a=\frac{\mathrm{d}^2r}{\mathrm{d}t^2}$求得结果；又有人先算速度和加速度分量，再合成而求得结果，即

$$v=\sqrt{\left(\frac{\mathrm{d}x}{\mathrm{d}t}\right)^2+\left(\frac{\mathrm{d}y}{\mathrm{d}t}\right)^2},\quad a=\sqrt{\left(\frac{\mathrm{d}^2x}{\mathrm{d}t^2}\right)^2+\left(\frac{\mathrm{d}^2y}{\mathrm{d}t^2}\right)^2}$$

你认为哪一种方法正确？为什么？

1.3 直角坐标系中的运动学问题

用直角坐标表示位移、速度和加速度

描述质点的机械运动，即确定质点的位矢、位移、速度和加速度，但这些量都是矢量，通常比较困难. 解决的方法是先选择参考系，建立坐标系，然后利用速度、加速度的定义来求解，而最常用的坐标系就是直角坐标系，即通过坐标系将矢量投影，再由投影算出矢量的大小和方向，从而将矢量运算转换成代数运算. 由于已知条件及所求物理量的不同，因而处理的方法也不相同，对于一般的运动学问题，可以化为三类问题处理.

1.3.1 第一类问题——已知 $\boldsymbol{r}(t)$，求 $\boldsymbol{v}(t)$ 和 $\boldsymbol{a}(t)$

对于这一类问题，常常通过速度、加速度的定义 $\boldsymbol{v}=\frac{\mathrm{d}\boldsymbol{r}}{\mathrm{d}t}$，$\boldsymbol{a}=\frac{\mathrm{d}\boldsymbol{v}}{\mathrm{d}t}=\frac{\mathrm{d}^2\boldsymbol{r}}{\mathrm{d}t^2}$，直接求出速度 $\boldsymbol{v}(t)$ 和加速度 $\boldsymbol{a}(t)$.

例 1-3 一质点在 Oxy 平面内运动，如图 1-7 所示，其运动函数为 $x=R\cos\omega t$ 和 $y=R\sin\omega t$，其中 R 和 ω 为正值常量，求：

(1) 质点的运动轨道；

(2) 任一时刻它的位矢、速度和加速度.

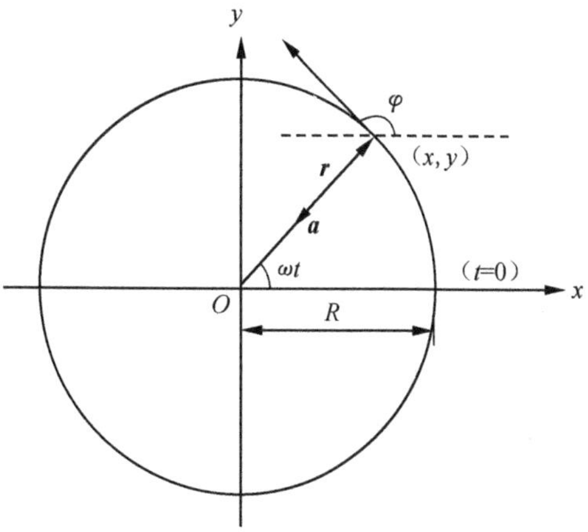

图 1-7 质点的平面运动

解 (1) 对 x、y 两个函数平方相加，即可消去 t 而得到轨道方程

$$x^2+y^2=R^2$$

这是一个圆心在坐标原点、半径为 R 的圆的方程，它表明该质点做圆周运动，如图 1-7 所示.

(2) 任一时刻，位矢为 $\boldsymbol{r}=x\boldsymbol{i}+y\boldsymbol{j}$，所以

$$\boldsymbol{r}(t)=R\cos\omega t\boldsymbol{i}+R\sin\omega t\boldsymbol{j}$$

其大小为 $r=\sqrt{x^2+y^2}=R$.

设 θ 是 t 时刻位矢和 x 轴正向的夹角，则

$$\tan\theta=\frac{y}{x}=\tan\omega t$$

所以 $\theta=\omega t$.

任一时刻，质点的速度由定义求出，即

$$\boldsymbol{v}=\frac{\mathrm{d}\boldsymbol{r}}{\mathrm{d}t}=-R\omega\sin\omega t\boldsymbol{i}+R\omega\cos\omega t\boldsymbol{j}$$

即

$$v_x=-R\omega\sin\omega t,\quad v_y=R\omega\cos\omega t$$

其大小为

$$v = |\boldsymbol{v}| = \sqrt{v_x^2 + v_y^2} = R\omega$$

由于 $v=R\omega$ 是常量，所以质点做匀速圆周运动. $\boldsymbol{v}$ 和 x 轴正向夹角为 φ，则

$$\tan\varphi = \frac{v_y}{v_x} = -\cot\omega t$$

所以

$$\varphi = \frac{\pi}{2} + \omega t = \frac{\pi}{2} + \theta$$

这个结果说明，任一时刻质点的速度总是和位矢垂直，即做圆周运动的质点，其速度的方向总是沿着圆的切线.

根据加速度的定义，任一时刻的加速度

$$\begin{aligned}\boldsymbol{a} &= \frac{\mathrm{d}\boldsymbol{v}}{\mathrm{d}t} = -R\omega^2\cos\omega t\boldsymbol{i} - R\omega^2\sin\omega t\boldsymbol{j} \\ &= -\omega^2(R\cos\omega t\boldsymbol{i} + R\sin\omega t\boldsymbol{j}) \\ &= -\omega^2\boldsymbol{r}\end{aligned}$$

所以

$$a_x = -R\omega^2\cos\omega t$$
$$a_y = -R\omega^2\sin\omega t$$

加速度的大小 $a=|\boldsymbol{a}|=R\omega^2$.

这个结果说明，做匀速圆周运动的质点，其加速度方向总和位置矢量的方向相反而指向圆心，这说明此时质点在做匀速圆周运动时，它的速度方向总是和加速度的方向是垂直的.

1.3.2　第二类问题——已知 $v(t)$，求 $r(t)$ 或已知 $a(t)$，求 $v(t)$ 和 $r(t)$

这类问题的解决是要附以初始条件的，然后通过积分的办法求得结果，可以说，第二类问题的处理方法是和第一类问题的处理方法相反的.

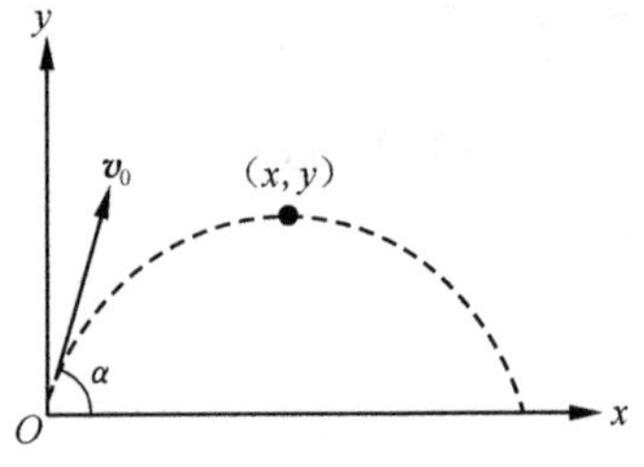

图 1-8　质点的抛体运动

例 1-4　在地球表面附近，质点以初速度 $\boldsymbol{v}_0$ 被倾斜抛出，如果不计空气阻力、风力、地球自转的影响，该质点在 Oxy 铅直面内做无阻力抛体运动，如图 1-8 所示，求质点速度沿 x、y 轴的投影和质点的运动学方程.

解　由题知，当 $t=0$ 时，

$$v_{0x} = v_0\cos\alpha,\quad v_{0y} = v_0\sin\alpha,\quad x_0 = 0,\quad y_0 = 0$$

设任意时刻质点的坐标为 (x, y)，速度沿 x、y 轴分量分别为 v_x、v_y，由题设条件得

$$a_x = \frac{\mathrm{d}v_x}{\mathrm{d}t} = 0,\quad a_y = \frac{\mathrm{d}v_y}{\mathrm{d}t} = -g\quad（由牛顿运动定律可得）$$

或写成 $\mathrm{d}v_x=0$，$\mathrm{d}v_y=-g\mathrm{d}t$.

考虑到初始条件，上式两边同时积分得

$$\int_{v_{0x}}^{v_x}\mathrm{d}v_x = 0,\quad \int_{v_{0y}}^{v_y}\mathrm{d}v_y = \int_0^t -g\mathrm{d}t$$

可得

$$v_x = v_0\cos\alpha,\quad v_y = v_0\sin\alpha - gt$$

上边结果说明：做斜上抛运动的质点的速度的 x 分量大小不变，y 分量减小.

由速度的定义

$$v_x = \frac{\mathrm{d}x}{\mathrm{d}t},\quad v_y = \frac{\mathrm{d}y}{\mathrm{d}t}$$

积分得

$$\int_0^x \mathrm{d}x = \int_0^t v_x \mathrm{d}t$$

$$\int_0^y \mathrm{d}y = \int_0^t v_y \mathrm{d}t$$

$$x = (v_0\cos\alpha)t$$

$$y = (v_0\sin\alpha)t - \frac{1}{2}gt^2$$

从上两式中消去 t，得到轨迹方程

$$y = x\tan\alpha - \frac{1}{2}\frac{g}{v_0^2\cos^2\alpha}x^2$$

轨迹方程是一个开口向下的抛物线.

1.3.3 第三类问题——已知物体沿 x 轴运动，$a=a(x)$ 或 $a=a(v)$，求 $v(x)$

这一类问题的特点是已知条件与所求物理量和时间无关，这时必须通过换元，将加速度的表达式变形，当物体只沿 x 轴运动时，有

$$a = \frac{\mathrm{d}v}{\mathrm{d}t} = \frac{\mathrm{d}v}{\mathrm{d}x}\cdot\frac{\mathrm{d}x}{\mathrm{d}t} = v\cdot\frac{\mathrm{d}v}{\mathrm{d}x}$$

例 1-5 一质点做一维运动，其中加速度和位置的关系为 $a=-kx$，k 为正的常量，已知 $t=0$ 时，质点静止于 x_0 处，试求质点的速度和坐标的关系及运动方程.

解 设任意时刻 t，质点的速度为 v，位置为 x，由于

$$a = \frac{\mathrm{d}v}{\mathrm{d}t} = v\frac{\mathrm{d}v}{\mathrm{d}x} = -kx$$

所以

$$v\mathrm{d}v = -kx\mathrm{d}x$$

在题设中，当 $t=0$ 时，$v_0=0$，$x=x_0$，上式两边同时积分得

$$\int_0^v v\mathrm{d}v = \int_{x_0}^x -kx\mathrm{d}x$$

所以

$$v^2 = k(x_0^2 - x^2)$$

$$v = \pm\sqrt{k}\cdot\sqrt{x_0^2 - x^2}$$

由速度的定义得

$$v = \frac{\mathrm{d}x}{\mathrm{d}t} = \pm\sqrt{k}\cdot\sqrt{x_0^2 - x^2}$$

所以

$$\int_{x_0}^{x} \frac{dx}{\sqrt{x_0^2 - x^2}} = \pm \int_0^t \sqrt{k}\,dt$$

解得

$$\arcsin \frac{x}{x_0} = \pm \sqrt{k}t$$

$$x = x_0 \cdot \sin \sqrt{k}t$$

1.4　平面曲线运动中的速度和加速度

用自然坐标表示平面曲线运动的速度和加速度

质点做曲线运动且轨迹已知时，常常用自然坐标系来表示其位置、速度和加速度，这样可以使问题简化.

1.4.1　速度

设质点沿曲线 LM 运动，当时刻为 t 时质点位于 P 点，自然坐标为 $s(t)$，经过时间 Δt，质点运动到 Q 点，自然坐标为 $s(t+\Delta t)$，如图 1-9 所示，在 Δt 时间内，质点运动位移为 $\Delta \boldsymbol{r}$，自然坐标增量为 Δs，即

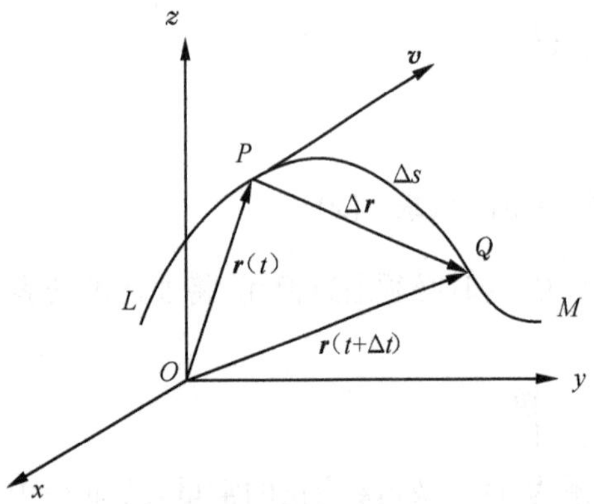

图 1-9　自然坐标系

$$\Delta s = s(t + \Delta t) - s(t)$$

Δs 为代数量. 根据速度的定义，可得

$$\begin{aligned}\boldsymbol{v} &= \lim_{\Delta t \to 0} \frac{\Delta \boldsymbol{r}}{\Delta t} = \lim_{\Delta t \to 0} \left(\frac{\Delta \boldsymbol{r}}{\Delta s} \cdot \frac{\Delta s}{\Delta t} \right) \\ &= \lim_{\Delta t \to 0} \left(\frac{\Delta \boldsymbol{r}}{\Delta s} \right) \cdot \lim_{\Delta t \to 0} \left(\frac{\Delta s}{\Delta t} \right) \\ &= \lim_{\Delta t \to 0} \left(\frac{\Delta \boldsymbol{r}}{\Delta s} \right) \cdot \frac{ds}{dt}\end{aligned}$$

当 $\Delta t \to 0$ 时，Q 点趋近于 P 点，故 $\lim\limits_{\Delta t \to 0} \left| \frac{\Delta \boldsymbol{r}}{\Delta s} \right| = 1$，位移 $\Delta \boldsymbol{r}$ 的极限方向趋近于 P 点轨迹的切线方向，若以 $\boldsymbol{\tau}$ 表示 P 点切线正方向的单位矢量(切线正向的指向和自然坐标的正向相同)，则

$$\lim_{\Delta t \to 0} \frac{\Delta \boldsymbol{r}}{\Delta s} = \boldsymbol{\tau} \tag{1-18}$$

所以

$$\boldsymbol{v} = \frac{ds}{dt} \boldsymbol{\tau} \tag{1-19}$$

这就是自然坐标系下质点做平面曲线运动的速度表示式，此式说明，质点速度的大小由自然坐标对时间的一阶导数确定，方向沿着质点所在处轨迹的切线方向，指向由 $\frac{ds}{dt}$ 的正、负决定. 若 $\frac{ds}{dt} > 0$，则速度的方向沿切线正方向；若 $\frac{ds}{dt} < 0$，则速度的方向沿切线负方向. $v = \frac{ds}{dt}$ 是速度矢量沿切线方向的投影，它是一个代数量，只要知道了用自然坐标表示的质点的运动学方程 $s = f(t)$，就

可以通过(1-19)式求得质点速度的大小和方向.

1.4.2 圆周运动中的加速度

由(1-19)式知,在自然坐标系中,质点的速度为

$$\boldsymbol{v}=\frac{\mathrm{d}s}{\mathrm{d}t}\boldsymbol{\tau}=v\boldsymbol{\tau}$$

当质点做一般平面曲线运动时,加速度常用它在轨迹的切线和法线方向上的投影来表示,下面先研究质点在平面圆周运动中的加速度.

$$\boldsymbol{a}=\frac{\mathrm{d}\boldsymbol{v}}{\mathrm{d}t}=\frac{\mathrm{d}}{\mathrm{d}t}(v\boldsymbol{\tau})=\frac{\mathrm{d}v}{\mathrm{d}t}\boldsymbol{\tau}+v\frac{\mathrm{d}\boldsymbol{\tau}}{\mathrm{d}t}$$

显然,上式右端第一项描述的是速度的大小变化,其方向仍是该点的切线方向,故将此项加速度在切线方向上的分量称为切向加速度,用 $\boldsymbol{a}_\tau$ 表示,即

$$\boldsymbol{a}_\tau=\frac{\mathrm{d}v}{\mathrm{d}t}\boldsymbol{\tau} \tag{1-20}$$

式中的第二项描述的是由于速度方向的改变而引起的加速度分量,如图 1-10 所示,该质点 t 时刻位于半径为 r 的圆周 A 点上,速度为 $\boldsymbol{v}(t)=v(t)\boldsymbol{\tau}(t)$,经过时间 Δt,运动到圆周 B 点上,速度为 $\boldsymbol{v}(t+\Delta t)$,切线方向单位矢量的增量 $\Delta\boldsymbol{\tau}=\boldsymbol{\tau}(t+\Delta t)-\boldsymbol{\tau}(t)$,如图 1-10(b)所示.而

$$|\boldsymbol{\tau}(t)|=|\boldsymbol{\tau}(t+\Delta t)|=1$$

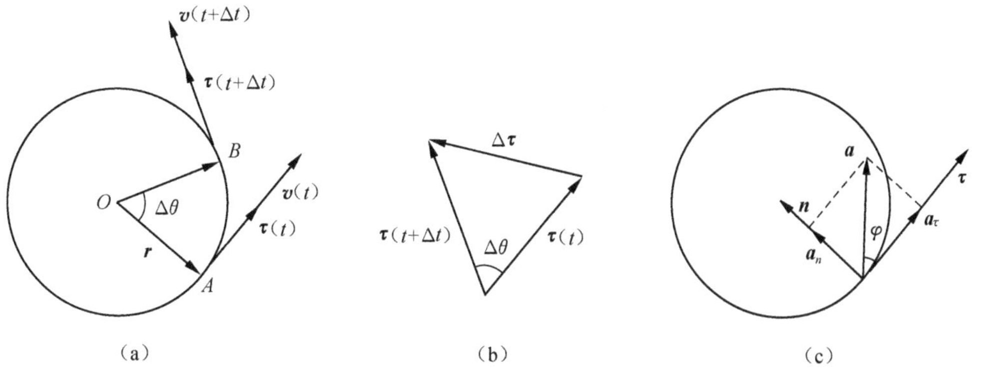

图 1-10 圆周运动中的加速度

当 $\Delta t\to 0$ 时,$|\Delta\boldsymbol{\tau}|=|\boldsymbol{\tau}(t)|\cdot\Delta\theta=\Delta\theta$.

另外,当 $\Delta t\to 0$ 时,$\Delta\theta$ 也趋于零,$\Delta\boldsymbol{\tau}$ 的方向和 $\boldsymbol{\tau}(t)$ 的方向趋于垂直,即趋于和 $\boldsymbol{v}$ 垂直,也即趋于指向圆心,若取沿矢径而指向圆心方向的单位矢量为 $\boldsymbol{n}$,我们称其为法向单位矢量,则当 $\Delta t\to 0$ 时,$\Delta\boldsymbol{\tau}=|\Delta\boldsymbol{\tau}|\boldsymbol{n}=\Delta\theta\boldsymbol{n}$,所以

$$\frac{\mathrm{d}\boldsymbol{\tau}}{\mathrm{d}t}=\lim_{\Delta t\to 0}\frac{\Delta\boldsymbol{\tau}}{\Delta t}=\lim_{\Delta t\to 0}\frac{\Delta\theta}{\Delta t}\boldsymbol{n}=\frac{\mathrm{d}\theta}{\mathrm{d}t}\boldsymbol{n}$$

而 $\mathrm{d}\theta=\dfrac{\mathrm{d}s}{r}$,所以

$$\frac{\mathrm{d}\theta}{\mathrm{d}t}=\frac{\mathrm{d}s}{\mathrm{d}t}\cdot\frac{1}{r}=\frac{v}{r}$$

所以

$$a_n = v\frac{d\boldsymbol{\tau}}{dt} = \frac{v^2}{r}\boldsymbol{n} \tag{1-21}$$

称 $\boldsymbol{a}_n$ 为法向加速度，其方向指向圆心.

由前面的计算结果可知，平面圆周运动的加速度可以写成法向加速度 $\boldsymbol{a}_n$ 和切向加速度 $\boldsymbol{a}_\tau$ 的和，即

$$\boldsymbol{a} = \boldsymbol{a}_\tau + \boldsymbol{a}_n = a_\tau\boldsymbol{\tau} + a_n\boldsymbol{n} = \left(\frac{dv}{dt}\boldsymbol{\tau} + \frac{v^2}{r}\boldsymbol{n}\right) \tag{1-22}$$

上式中加速度的两个分量是相互垂直的，其中切向加速度的大小表示的是速度大小变化的快慢，法向加速度的大小表示的是速度方向变化的快慢.

由矢量的性质可知，加速度的大小为

$$a = \sqrt{a_\tau^2 + a_n^2} = \sqrt{\left(\frac{dv}{dt}\right)^2 + \left(\frac{v^2}{r}\right)^2} \tag{1-23}$$

设加速度 $\boldsymbol{a}$ 和切线正向的夹角为 φ，则

$$\tan\varphi = \frac{a_n}{a_\tau} \tag{1-24}$$

当质点做匀速圆周运动时，由于速度仅有方向变化而无大小变化，故切向加速度为零，只有法向加速度且其大小为常量，此时 $a=a_n=\frac{v^2}{r}$，$\varphi=90°$，可见法向加速度只反映速度方向的变化；当质点做变速直线运动时，由于 $r\rightarrow\infty$，所以法向加速度 a_n 为零，故 $\boldsymbol{a}=\boldsymbol{a}_\tau=\frac{dv}{dt}\boldsymbol{\tau}$，$\varphi=0°$或 180°，可见切向加速度只反映速度大小的变化.

同样可以看到，当质点做平面圆周运动时，若 $\boldsymbol{v}$ 与 $\boldsymbol{a}_\tau$ 同向，此时 $0<\varphi<\frac{\pi}{2}$，质点是加速运动的，如图 1-11(a)所示；当 $\frac{\pi}{2}<\varphi<\pi$ 时，则 $\boldsymbol{v}$ 和 $\boldsymbol{a}_\tau$ 反向，质点是减速运动的，如图 1-11(b)所示. 图中 $+s$ 表示选定的自然坐标系的正方向.

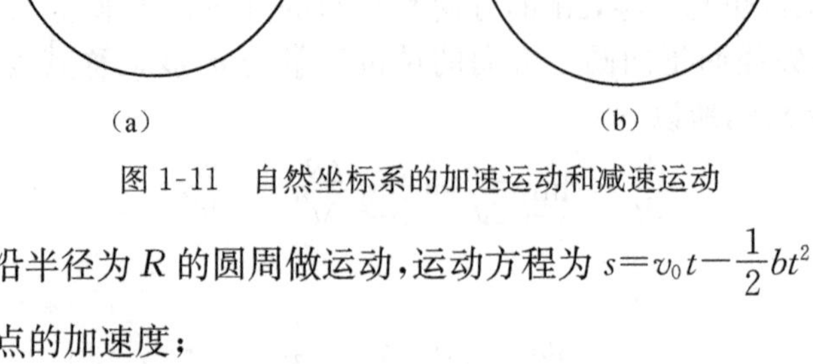

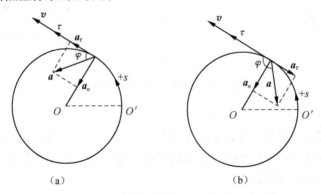

图 1-11　自然坐标系的加速运动和减速运动

例 1-6　一质点沿半径为 R 的圆周做运动，运动方程为 $s=v_0t-\frac{1}{2}bt^2$，其中 v_0、b 为常量.

(1) 求 t 时刻质点的加速度；

(2) 当加速度为 b 时，质点沿圆周运行了多少圈？

解 (1) 根据自然坐标下速度和加速度的定义

$$v=\frac{\mathrm{d}s}{\mathrm{d}t}=v_0-bt$$

所以 t 时刻的切向加速度为

$$a_\tau=\frac{\mathrm{d}v}{\mathrm{d}t}=-b$$

t 时刻的法向加速度为

$$a_n=\frac{v^2}{R}=\frac{(v_0-bt)^2}{R}$$

t 时刻质点的加速度大小为

$$a=\sqrt{a_\tau^2+a_n^2}=\frac{1}{R}\sqrt{b^2R^2+(v_0-bt)^4}$$

加速度和切线正向的夹角为 φ,则

$$\tan\varphi=\frac{a_n}{a_\tau}=-\frac{(v_0-bt)^2}{bR}$$

(2) 由题设条件知:当 $a=\frac{1}{R}\sqrt{b^2R^2+(v_0-bt)^4}=b$,即 $t=\frac{v_0}{b}$时,将 $t=\frac{v_0}{b}$代入运动方程得

$$s=v_0t-\frac{1}{2}bt^2=\frac{v_0^2}{2b}$$

故质点运动的圈数为 $N=\frac{s}{2\pi R}=\frac{v_0^2}{4\pi bR}$.

1.4.3 一般平面曲线运动中的加速度

与圆周运动相似,质点沿轨道 LM 做一般平面曲线运动时,如图 1-12 所示,不难证明:质点在任意位置 P 点的加速度 $\boldsymbol{a}$,同样可以分解成该点的法线方向分量 $\boldsymbol{a}_n$ 和切线方向分量 $\boldsymbol{a}_\tau$,且有

$$\boldsymbol{a}_n=a_n\boldsymbol{n}=\frac{v^2}{\rho}\boldsymbol{n} \tag{1-25}$$

$$\boldsymbol{a}_\tau=a_\tau\boldsymbol{\tau}=\frac{\mathrm{d}v}{\mathrm{d}t}\boldsymbol{\tau} \tag{1-26}$$

加速度为

$$\boldsymbol{a}=\boldsymbol{a}_n+\boldsymbol{a}_\tau=\frac{v^2}{\rho}\boldsymbol{n}+\frac{\mathrm{d}v}{\mathrm{d}t}\boldsymbol{\tau} \tag{1-27}$$

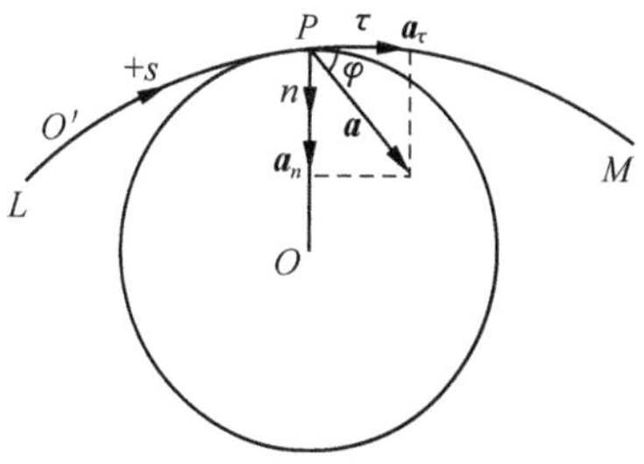

图 1-12 平面曲线运动

式中,$\boldsymbol{n}$、$\boldsymbol{\tau}$ 仍分别为沿轨迹曲线运动的质点在 P 点法线正方向和切线正方向的单位矢量,ρ 为轨迹曲线在 P 点的曲率圆的曲率半径,曲率半径越小,则曲线在该处弯曲程度越大;曲率半径越大,曲线在该处的弯曲程度越小,当 $\rho\to\infty$(无穷大)时,该处为直线.

值得注意的是,与圆形曲线的情况不同,一般平面曲线上各点的曲率半径和曲率半径中心是不同的,但质点无论在哪一点,其法向加速度 a_n 的大小总是和该处的瞬时速率的平方成正比,与该处的曲率圆的半径成反比,其方向总是沿着曲率圆的半径,并指向曲率中心.

力学中常利用加速度与曲率半径的关系,求轨迹上各点的曲率半径,一般平面曲线运动的加速度大小是

$$a = |\boldsymbol{a}| = \sqrt{a_n^2 + a_\tau^2} = \sqrt{\left(\frac{v^2}{\rho}\right)^2 + \left(\frac{\mathrm{d}v}{\mathrm{d}t}\right)^2} \tag{1-28}$$

设加速度和该点切向正向夹角为 φ，所以

$$\tan\varphi = \frac{a_n}{a_\tau} = \frac{v^2}{\rho \dfrac{\mathrm{d}v}{\mathrm{d}t}} \tag{1-29}$$

质点做曲线运动时速率是增大还是减小，取决于加速度 $\boldsymbol{a}$ 和速度 $\boldsymbol{v}$ 的夹角，当此夹角为锐角时，即 $\boldsymbol{a}_\tau$ 和 $\boldsymbol{v}$ 方向相同，质点的运动速率是增加的，当此夹角为 90°时，质点在该点速率大小不变，当此夹角为钝角时，即 $\boldsymbol{a}_\tau$ 和 $\boldsymbol{v}$ 方向相反，该点的速率是减少的.

复习思考题

1-6 你认为 $\left|\dfrac{\mathrm{d}\boldsymbol{r}}{\mathrm{d}t}\right|$ 和 $\left|\dfrac{\mathrm{d}s}{\mathrm{d}t}\right|$ 有区别吗？区别在哪里？

1-7 切向加速度 a_τ 是加速度沿轨迹切线的投影，a_τ 为负的含义是什么？如何判定质点的曲线运动是加速还是减速呢？

1-8 如思考题 1-8 图所示，已知质点在椭圆轨道上运动，质点的加速度始终指向椭圆的一个焦点 C，当质点通过 A、B 两点时，其运动是加速还是减速？

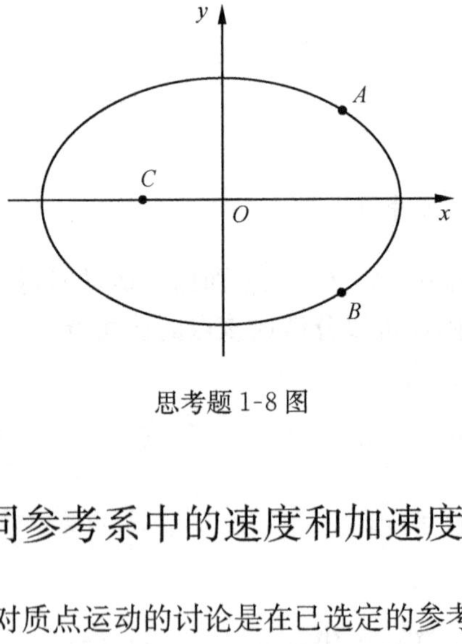

思考题 1-8 图

1.5 不同参考系中的速度和加速度变换定理

从前边的讨论可以看出，对质点运动的讨论是在已选定的参考系中进行的，参考系的选择在运动学中是任意的，而选择不同的参考系研究同一质点的运动，结果也是不同的.

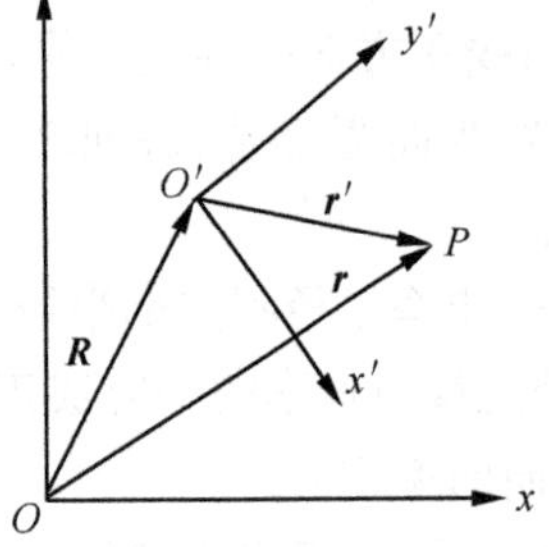

图 1-13 质点在不同坐标系中的描述

设想坐标系 Oxy 固结在地面上，称为**定坐标系**(工程上称其为绝对坐标系)，假设坐标系 $O'x'y'$ 相对定坐标系 Oxy 平动速度为 $\boldsymbol{u}$，如图 1-13 所示，两个坐标系中坐标轴间的相对取向保持不变.

设有一质点 P，t 时刻在 Oxy 系中的位矢、速度、加速度分别为 $\boldsymbol{r}$、$\boldsymbol{v}$、$\boldsymbol{a}$，在 $O'x'y'$ 系中的位矢、速度、加速度分别为 $\boldsymbol{r}'$、$\boldsymbol{v}'$、$\boldsymbol{a}'$，$O'x'y'$ 的坐标原点 O' 相对于 Oxy 系的位矢为

$\boldsymbol{R}$，由图中的矢量关系可得

$$\boldsymbol{r} = \boldsymbol{r}' + \boldsymbol{R} \tag{1-30}$$

对上式两边求导，可得

$$\frac{\mathrm{d}\boldsymbol{r}}{\mathrm{d}t} = \frac{\mathrm{d}\boldsymbol{r}'}{\mathrm{d}t} + \frac{\mathrm{d}\boldsymbol{R}}{\mathrm{d}t}$$

根据速度的定义：位置矢量对时间的一阶导数等于质点的速度，所以，上式可以写成

$$\boldsymbol{v} = \boldsymbol{v}' + \boldsymbol{u} \tag{1-31}$$

式中，$\boldsymbol{v}=\frac{\mathrm{d}\boldsymbol{r}}{\mathrm{d}t}$为质点相对于定坐标系的速度（常称其为**绝对速度**），$\boldsymbol{v}'=\frac{\mathrm{d}\boldsymbol{r}'}{\mathrm{d}t}$为质点相对于运动坐标系的速度（常称为**相对速度**），$\boldsymbol{u}=\frac{\mathrm{d}\boldsymbol{R}}{\mathrm{d}t}$为运动坐标系相对于静止坐标系的运动速度（常称为**牵连速度**），这一关系称为速度变换定理.

将(1-31)式再对时间求导，得

$$\frac{\mathrm{d}\boldsymbol{v}}{\mathrm{d}t} = \frac{\mathrm{d}\boldsymbol{v}'}{\mathrm{d}t} + \frac{\mathrm{d}\boldsymbol{u}}{\mathrm{d}t}$$

根据加速度的定义，速度对时间的一阶导数等于质点的加速度，所以上式还可以写成

$$\boldsymbol{a} = \boldsymbol{a}' + \boldsymbol{a}_u \tag{1-32}$$

式中，$\boldsymbol{a}=\frac{\mathrm{d}\boldsymbol{v}}{\mathrm{d}t}$为在定坐标系中质点的瞬时加速度（常称为**绝对加速度**），$\boldsymbol{a}'=\frac{\mathrm{d}\boldsymbol{v}'}{\mathrm{d}t}$为质点相对于运动坐标系的加速度（常称为**相对加速度**），$\boldsymbol{a}_u=\frac{\mathrm{d}\boldsymbol{u}}{\mathrm{d}t}$为运动坐标系相对于定坐标系的加速度（常称为**牵连加速度**），这一关系式称为加速度变换定理.

值得注意的是：速度变换定理和加速度变换定理普遍适用于一切相互间做平动的坐标系；同时，速度变换定理只适用于低速情况，即速度远小于光速，对于接近于光速的情况，狭义相对论的速度变换定理才成立.

在分析实际问题时，常常要将速度变换定理和加速度变换定理沿坐标轴投影，这样可以方便计算. 例如，

$$\begin{cases} v_x = v_{x'} + v_{xu} \\ v_y = v_{y'} + v_{yu} \end{cases} \tag{1-33}$$

$$\begin{cases} a_x = a_{x'} + a_{xu} \\ a_y = a_{y'} + a_{yu} \end{cases} \tag{1-34}$$

习　题

1-1　选择题.

(1) 一质点在平面上运动，已知质点位置矢量的表达式为 $\boldsymbol{r}=at^2\boldsymbol{i}+bt^2\boldsymbol{j}$（其中 a，b 为常数），则质点做(　　).

(A) 匀速直线运动　　(B) 变速直线运动　　(C) 抛物线运动　　(D) 一般曲线运动

(2) 质点做曲线运动，$\boldsymbol{r}$ 表示位置矢量，s 表示路程，a_τ 表示切向加速度的大小，下列表达式中①$\frac{\mathrm{d}v}{\mathrm{d}t}=a$；②$\frac{\mathrm{d}r}{\mathrm{d}t}=v$；③$\frac{\mathrm{d}s}{\mathrm{d}t}=v$；④$\left|\frac{\mathrm{d}\boldsymbol{v}}{\mathrm{d}t}\right|=a_\tau$，只有(　　)是对的.

(A) ①④　　(B) ②④　　(C) ②　　(D) ③

(3) 以下说法中，正确的是(　　).

(A) 质点有恒定的速度,仍可能具有变化的速率

(B) 质点有恒定的速率,仍可能具有变化的速度

(C) 质点加速度方向恒定,但速度方向仍可能在不断变化着

(D) 质点速度方向恒定,但加速度方向仍可能在不断变化着

(E) 某时刻质点加速度值很大,则该时刻质点的速度值也一定很大

(F) 质点做曲线运动时,其法向加速度一般不为零,但也有可能在某时刻法向加速度为零

(4) 质点以速度 $v=4+t^2$(m/s)做直线运动,沿质点运动直线作 Ox 轴,并且已知 $t=3$s 时,质点位于 $x=9$m 处,则该质点的运动学方程为(　　).

(A) $x=2t$　　(B) $x=4t+\frac{1}{2}t^2$

(C) $x=4t+\frac{1}{3}t^3-12$　　(D) $x=4t+\frac{1}{3}t^3+12$

(5) 质点由静止开始,以匀角加速度 β 沿半径为 R 的圆周运动,如果某一时刻质点的总加速度 $\boldsymbol{a}$ 与切向加速度 $\boldsymbol{a}_\tau$ 成 45°角,则此时刻质点已转过的角度 $\Delta\theta$ 为(　　).

(A) $\frac{1}{6}$rad　　(B) $\frac{1}{4}$rad　　(C) $\frac{1}{3}$rad　　(D) $\frac{1}{2}$rad

1-2　填空题.

(1) 质点运动方程为 $\boldsymbol{r}(t)=3t^2\boldsymbol{i}+2t\boldsymbol{j}$(SI),开始时其速度大小为________,加速度大小为________.

(2) 已知质点的运动学方程为 $x=x(t)$, $y=y(t)$,则 t_1 时刻质点的位矢 $r(t_1)=$________,时间间隔 t_2-t_1 内质点的位移 $\Delta\boldsymbol{r}=$________;该时间间隔内质点位移的大小 $|\Delta\boldsymbol{r}|=$________,该时间间隔内质点经过的路程 $\Delta s=$________.

(3) 某物体的运动规律为 $\frac{\mathrm{d}v}{\mathrm{d}t}=-kv^2t$,式中的 k 为大于零的常数,当 $t=0$ 时,初速度为 v_0,则速度 v 与时间的关系为 $\frac{1}{v}=$________.

1-3　一质点的运动学方程为 $x=t^2$, $y=(t-1)^2$(SI),试求:

(1) 质点的轨迹方程;

(2) $t=2$s 时,质点的速度 v 和加速度 a.

1-4　一小球在黏性的油液中由静止开始下落,已知其加速度 $a=A-Bv$,式中 A、B 为常数,试求小球的速度和运动方程.

1-5　物体挂在弹簧上做竖直振动,其加速度 $a=-kx$(式中 k 为常数,以物体平衡位置作为坐标原点),该振动物体在 x_0 处的速度为 v_0,试求速度与坐标 x 的函数关系式.

1-6　一质点具有恒定加速度 $\boldsymbol{a}=6\boldsymbol{i}+4\boldsymbol{j}$(m/s²),在 $t=0$ 时刻,其速度为零,位置矢量 $\boldsymbol{r}_0=10\boldsymbol{i}$(m),求:

(1) 质点在任意时刻的速度和位置矢量;

(2) 质点的轨迹方程.

1-7　一质点沿半径 $R=1$m 的圆周运动,$t=0$ 时,质点位于 A 点,然后沿顺时针方向运动,运动学方程为 $s=\pi t^2+\pi t$,其中 s 的单位为 m,t 的单位为 s,试求:

(1) 质点绕行一周所经历的路程、位移、平均速度和平均速率;

(2) 质点在第一秒末的速度和速度的大小.

第 2 章　牛顿运动定律

第 1 章我们介绍了质点运动学，主要研究了如何描述质点运动的状态问题，并没有涉及物体运动状态发生变化的原因，本章所讲的牛顿运动定律，就是讨论物体间的相互作用以及这种相互作用引起的物体状态变化的内在规律，也就是我们常讲的力学中的动力学内容.

牛顿运动定律是经典力学的基础，而经典力学又是整个物理学的基础，掌握好牛顿运动三定律，不仅对学好力学十分重要，对学好物理学其他部分内容和后续课程也具有重要的意义.

2.1　牛顿运动三定律

牛顿运动定律

2.1.1　牛顿第一定律

牛顿第一定律可以表述为：

任何质点都保持静止或匀速直线运动状态，直到其他的物体对它的作用力迫使它改变这种状态为止.

牛顿第一定律引进了惯性和力两个重要的概念，该定律表明：任何质点都有保持静止或匀速直线运动状态的这种特性，这种特性称为惯性，其大小用质量来量度，所以该定律也称为惯性定律. 同时该定律还表明：力是物体对物体的作用，这种作用能迫使物体改变其运动状态，所以第一定律说明了力是质点运动状态改变的根本原因.

由于运动只有相对于一定的参考系来说明才有意义，所以牛顿第一定律也定义了一种参考系. 在这种参考系中观察，一个不受力作用的物体将保持静止或匀速直线运动的状态不变，这样的参考系称为惯性参考系，简称惯性系，并非所有的参考系都是惯性系，一个参考系是否是惯性系要靠实验来判定.

自然界中完全不受力作用的物体是不存在的，物体总会受到接触力和非接触力（如引力）的作用. 实验表明，若物体保持其运动状态不变，这时作用在物体上的合力必定为零，故牛顿第一定律还可以陈述为：任何物体，只要其他物体作用于它上面的所有力的合力为零，则该物体就保持静止或匀速直线运动状态不变.

物体处于静止或匀速直线运动状态，统称为物体处于平衡状态，所以物体处于平衡状态的条件为：作用于物体上的所有外力的合力等于零.

设作用在物体上的外力分别为 $\boldsymbol{F}_1, \boldsymbol{F}_2, \cdots, \boldsymbol{F}_n$，用 $\boldsymbol{F}$ 表示所有这些力的合力，则物体处于平衡状态的条件可表示为

$$\boldsymbol{F} = \sum_i \boldsymbol{F}_i = 0 \tag{2-1}$$

其投影形式为

$$\begin{cases} F_x = \sum_i F_{ix} = 0 \\ F_y = \sum_i F_{iy} = 0 \\ F_z = \sum_i F_{iz} = 0 \end{cases} \tag{2-2}$$

2.1.2　牛顿第二定律

牛顿第一定律给出了物体的平衡条件，牛顿第二定律则是要研究当物体所受的合外力不为零时，其运动状态变化的规律.

如图 2-1 所示，质量为 m 的质点 M，某一时刻的速度为 $\boldsymbol{v}$，动量为 $\boldsymbol{p}=m\boldsymbol{v}$，质点受到不为零的外力作用时，它的动量将会发生变化，设其受到的合力为 $\boldsymbol{F}$，实验表明：

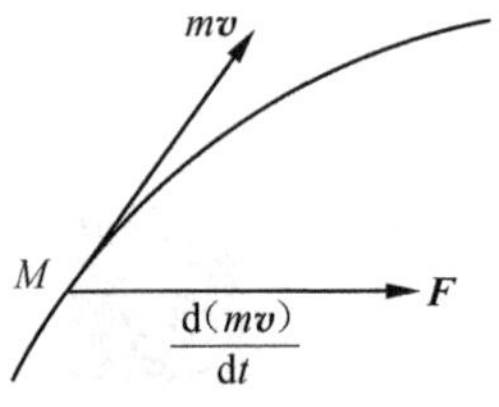

图 2-1　质点的运动

$$\boldsymbol{F} = \sum_i \boldsymbol{F}_i = \frac{\mathrm{d}(m\boldsymbol{v})}{\mathrm{d}t} = \frac{\mathrm{d}\boldsymbol{p}}{\mathrm{d}t} \tag{2-3}$$

即某一时刻质点的动量对时间的一阶导数等于该时刻作用在质点上的所有外力的合力，(2-3)式就是牛顿第二定律的数学表达式. 牛顿第二定律给出了力和动量变化之间的定量关系.

当质量不变时，上式可以写为

$$\boldsymbol{F} = \sum_i \boldsymbol{F}_i = m\frac{\mathrm{d}\boldsymbol{v}}{\mathrm{d}t} = m\boldsymbol{a} \tag{2-4}$$

这就是大家熟知的牛顿第二定律的表达式，它表明**质点受力作用时，在某一时刻的加速度的大小与质点该时刻所受合力的大小成正比，与质点的质量成反比；加速度的方向和合力的方向相同.**

实验表明，当质量随时间变化时，(2-4)式不再适用，而(2-3)式仍然成立，由此可见，用动量形式表示的牛顿第二定律具有普遍的意义.

在一般工程实际问题中，质量可以认为是常量，但在以下两类质点力学问题中，质量将不再看成是常量：一类是被视为质点的物体，在运动过程中质量不断增加或减少，如融化的冰块、飞行中的火箭等，这类问题就是我们所说的经典力学中的变质量问题；另一类是当运动的质点的速率达到和光速可以比拟时，由狭义相对论可知，这时质点的质量随速率发生了明显的变化，这是狭义相对论中要讨论的问题.

牛顿第二定律还表明：质点受力作用而获得的加速度，不仅依赖于所受的力，而且与质点的质量有关，如用同一力作用在具有不同质量的质点上，质量小的物体获得的加速度大，易于改变其运动状态，惯性比较小；质量大的物体获得的加速度小，难于改变其运动状态，惯性比较大.

力是力学中最基本的概念，由牛顿第二定律可以看出，只有作用在物体上的合力不为零时，物体才会产生加速度. 所以我们说力是物体对物体的作用，这种作用能使物体改变其运动状态，产生加速度，但要注意力不是维持物体运动状态的原因.

在应用牛顿第二定律求解具体问题时，应根据具体问题，选择恰当的坐标系，写出它的投影形式.

在直角坐标系 $Oxyz$ 中，$\boldsymbol{r}$ 表示质点在 M 点的位矢，根据加速度的定义

$$\boldsymbol{a} = \frac{\mathrm{d}\boldsymbol{v}}{\mathrm{d}t} = \frac{\mathrm{d}^2\boldsymbol{r}}{\mathrm{d}t^2}$$

于是(2-4)式可以写成

$$\boldsymbol{F}=\sum_{i}\boldsymbol{F}_{i}=m\frac{\mathrm{d}\boldsymbol{v}}{\mathrm{d}t}=m\frac{\mathrm{d}^{2}\boldsymbol{r}}{\mathrm{d}t^{2}} \tag{2-5}$$

投影到坐标系各坐标轴上，则牛顿第二定律在各坐标轴上的投影式为

$$\begin{cases}F_x=m\dfrac{\mathrm{d}v_x}{\mathrm{d}t}=m\dfrac{\mathrm{d}^2x}{\mathrm{d}t^2}\\ F_y=m\dfrac{\mathrm{d}v_y}{\mathrm{d}t}=m\dfrac{\mathrm{d}^2y}{\mathrm{d}t^2}\\ F_z=m\dfrac{\mathrm{d}v_z}{\mathrm{d}t}=m\dfrac{\mathrm{d}^2z}{\mathrm{d}t^2}\end{cases} \tag{2-6}$$

当质点做平面曲线运动时，常用沿切向和法向的投影式，如图 2-2 所示.

$$\begin{cases}F_\tau=ma_\tau=m\dfrac{\mathrm{d}v}{\mathrm{d}t}\\ F_n=ma_n=m\dfrac{v^2}{\rho}\end{cases}$$

式中，F_τ、F_n 分别为物体所受合外力沿平面曲线轨迹的切向分量和法向分量，即切向力和法向力，ρ 为曲线上某点的曲率半径.

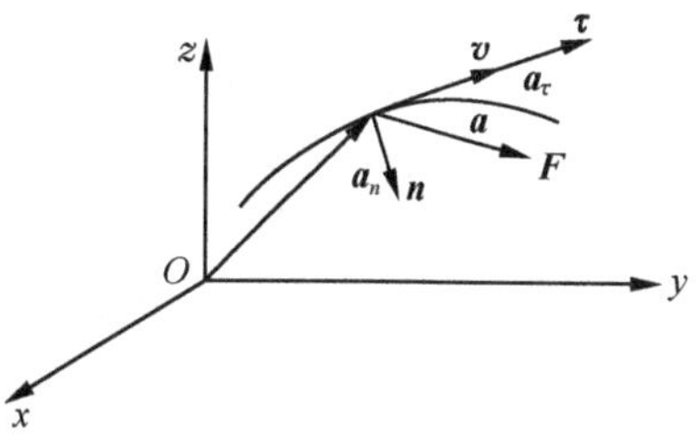

图 2-2 质点运动中加速度的分解

应当指出，牛顿第一、二定律仅适用于可视为质点的物体.

2.1.3 牛顿第三定律

牛顿第三定律，也称为作用与反作用定律，其内容可陈述如下：

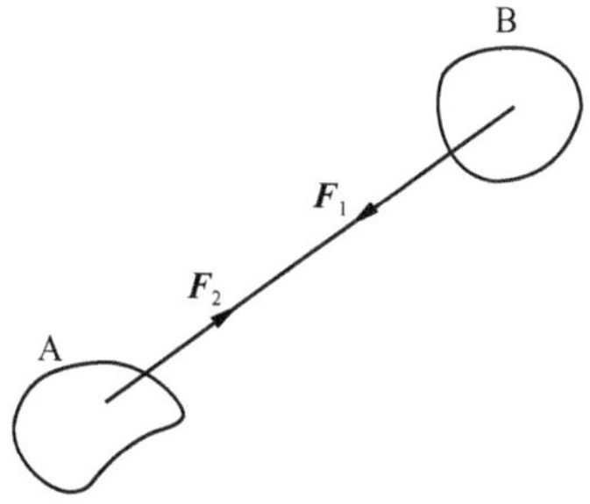

图 2-3 力的作用与反作用

当 A 物体以力 $\boldsymbol{F}_1$ 作用于 B 物体时，B 物体也同时以力 $\boldsymbol{F}_2$ 作用于 A 物体上，力 $\boldsymbol{F}_1$ 和力 $\boldsymbol{F}_2$ 总是大小相等，方向相反，且在同一直线上，如图 2-3 所示，其数学表达式为

$$\boldsymbol{F}_1=-\boldsymbol{F}_2 \tag{2-7}$$

牛顿第三定律定义了一对作用力和反作用力，如果把物体 A 对物体 B 的作用力 $\boldsymbol{F}_1$ 称为作用力，那么物体 B 对物体 A 的作用力 $\boldsymbol{F}_2$ 称为反作用力，反之亦然. 但同时还要注意，作用力和反作用力总是同时出现、同时消失，分别作用在两个物体上，而且属于同种类型的力.

2.1.4 牛顿运动定律的适用范围

1. 惯性系

在质点运动学中，研究质点的运动时，必须选择参考系，参考系的选择是任意的，但在质点的动力学中，在应用牛顿运动定律时，参考系的选择就特别重要. 因为牛顿运动定律并不是对所有的参考系都是成立的.

例如，在一个相对地面以加速度 $\boldsymbol{a}$ 运动的火车厢内，有一静止的物体，在车厢的观察者看来，物体的加速度为零，在地面的观察者认为物体的加速度为 $\boldsymbol{a}$. 我们发现，由于选择了不同的参考系，得到的结论是不一样的，在地面参考系中得出的结论和实际是相符的，在车厢参考系中得出的

结论不符合实际. 由此可见,牛顿运动定律并不是对所有的参考系都适用,参考系不能任意选择.

我们把牛顿运动定律适用的参考系,称为惯性系,否则就称为非惯性系,凡是相对已知惯性系做匀速直线运动的参考系,也都是惯性系,而相对已知惯性系做变速运动的参考系都不是惯性系. 一个参考系是否是惯性系,要靠实验来验证,如果所选取的参考系中,应用牛顿运动定律及其推论,所得的结论在我们要求的精度范围内和实验相符合,我们就认为这个参考系是惯性系,太阳是一个很好的惯性系,地球也可近似看成是惯性系,而太阳系仅是一个比地心系好一些的惯性系,由于地球还有公转,太阳也有绕银河中心的运动,所以惯性系本身也是一个理想模型.

2. 牛顿运动定律的适用范围

牛顿运动定律和所有的物理规律一样,都有它的适用范围.

19 世纪末到 20 世纪初,物理学的研究领域从宏观深入到微观世界,由低速运动扩展到高速(和光速相比)运动. 在高速和微观领域,出现了许多牛顿运动定律无法解释的新的现象,从而显示了牛顿运动定律的局限性.

物理学的研究发现,牛顿定理只适合处理低速物体的运动,而高速物体的运动要靠狭义相对论力学才能解决;同样地,牛顿运动定律也只能处理宏观物体的运动,微观粒子的运动遵从的却是量子力学,所以牛顿运动定律只适用于解决宏观和低速问题,不适用于微观的粒子和高速运动的物体.

应该指出的是,目前工程实际中遇到的问题,大多数都属于低速的宏观范围,牛顿力学仍然是一般技术科学的理论基础和解决实际工程问题的重要工具.

复习思考题

2-1　质点相对于某一参考系静止,该质点所受合力是否一定为零?

2-2　在惯性系中,质点所受的合外力为零,质点是否一定处于静止?

2-3　牛顿第三定律是不是普遍成立的规律?

2-4　牛顿运动定律的适用范围是什么?

2.2　力学中常见的几种力

在力学研究中,常见的力有万有引力、弹性力和摩擦力等.

2.2.1　万有引力

宇宙之中,大到天体星系,小到微观粒子,任何有质量的物体之间都存在着相互作用的吸引力,这种力称为万有引力.

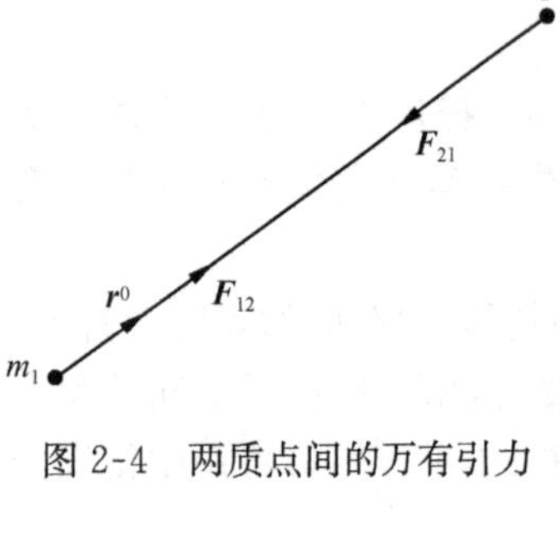

图 2-4　两质点间的万有引力

设有两个质点,其质量分别为 m_1、m_2,相隔的距离为 r,如图 2-4 所示,实验表明,它们之间的相互作用引力 F 与两个质点的质量乘积成正比,与它们之间的距离 r 的平方成反比,方向沿两质点的连线方向,即

$$F = G\frac{m_1 m_2}{r^2} \tag{2-8}$$

式中,G 为引力常量,(2-8)式就是万有引力的表达式.

G 的数值与式中的力、质量及距离的单位有关，根据实验测定 $G=6.67\times10^{-11}\mathrm{N\cdot m^2/kg^2}$.

万有引力定律还可以用矢量形式表示，设质点 m_1 作用于质点 m_2 的万有引力为 $\boldsymbol{F}_{21}$，以质点 m_1 位置为固定点作一个指向质点 m_2 位置的单位矢量 $\boldsymbol{r}^0$，那么 m_2 受到 m_1 的万有引力表示为

$$\boldsymbol{F}_{21}=-G\frac{m_1m_2}{r^2}\boldsymbol{r}^0 \tag{2-9}$$

负号表示 $\boldsymbol{F}_{21}$ 的方向和 $\boldsymbol{r}^0$ 相反，同样可以证明，m_1 也受到 m_2 的万有引力的作用，其作用力和 $\boldsymbol{F}_{21}$ 之间满足牛顿第三定律.

这里的质量反映了引力的性质，是物体和其他物体相互作用的性质的量度，因此叫引力质量，和反映物体惯性量度的惯性质量在意义上是不相同的，但实验可以证明，同一物体的这两个质量是相等的，所以可以说它们是同一质量的两种表现.

万有引力定律的结果仅适用于两个质点，对于有限大的物体，它们之间的引力应是组成此物质的各个质点和组成另一物体的各个质点之间的所有引力的矢量和，而对于两个均匀球体之间的引力计算表明，万有引力公式仍然适用，这时 m_1 和 m_2 分别表示两球体的质量，r 则表示两球心之间的距离，如地球，当质点在地球以外时，质点和地球之间的万有引力为

$$F=G\frac{mM}{r^2}$$

式中，m 为质点的质量，M 为地球的质量，r 为质点到地球球心的距离.

当质点处于地球表面时，质点受到的地球的万有引力大小为

$$F=G\frac{mM}{R^2} \tag{2-10}$$

这个力常称为物体的重力，其大小就是物体的重量，令 $G\dfrac{M}{R^2}=g$，则(2-10)式可以写成

$$F=mg \tag{2-11}$$

式中，g 称为重力加速度，$g\approx9.8\mathrm{m/s^2}$.

事实上，地球的质量分布不是均匀的，同时由于自转的存在，地球表面不同地方的重力加速度的大小略有差异，但在一般的工程问题上可以忽略不计这种差异.

例 2-1 试估算地球的质量及密度.

解 设地球为均匀球体，质量为 M，半径为 R，在地球表面附近一物体，质量为 m，可视为质点，根据此物的重力和万有引力大小，F 可以用以下二式表示：

$$\begin{cases}F=mg\\[4pt] F=G\dfrac{Mm}{R^2}\end{cases}$$

所以 $M=\dfrac{gR^2}{G}$，将 $g=9.8\mathrm{m/s^2}$，$R=6.37\times10^6\mathrm{m}$，$G=6.67\times10^{-11}\mathrm{N\cdot m^2/kg^2}$ 代入得

$$M=5.96\times10^{24}\mathrm{kg}$$

其体密度为

$$\rho=\frac{M}{V}=\frac{M}{\frac{4}{3}\pi R^3}=5.51\mathrm{g/cm^3}$$

我们知道地球表面附近的岩石密度远小于此值，所以地球中心附近的物质密度一定大于此值.

2.2.2　弹性力

一般地，我们认为由于物体和物体的相互作用，彼此都发生了形变，形变了的物体力图恢复原状，从而彼此之间有了力的相互作用，这种力就认为是弹性力. 例如，放在桌面上的物体，将会给桌面一个向下的压力 N'，同时桌面也将给物体一个向上的支撑力 N，这两个力是一对作用力和反作用力，满足牛顿第三定律. 一般认为这样的两个力通过两物体的接触点并垂直于过接触点的公切面，如图 2-5 所示，常将压力称为正压力，支撑力称为法向反力，或统一称为法向力.

物体和柔软的绳子之间连接，在物体和绳子之间也常有力的作用，这种力常认为是由于物体和绳子之间都发生了形变而引起的，也属于弹力的范畴；绳子与物体之间的相互作用力的作用线沿着绳子，物体受到的力通过作用点而背离物体，绳子受的作用力的指向总是使绳子拉紧，故这种力也常称为张力，如图 2-6 所示.

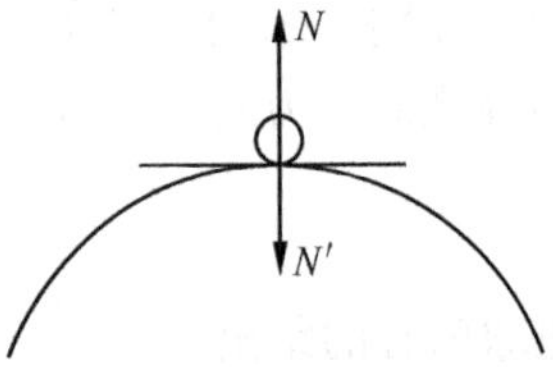

图 2-5　物体间的弹力

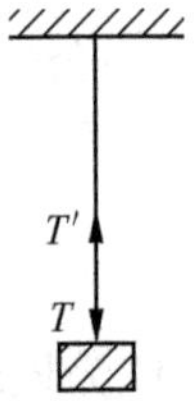

图 2-6　绳中的张力

在拉紧的绳子内部也存在张力，但各处的张力大小是不一样的，在绳子的质量忽略不计时，可以认为绳子中各处的张力是相等的.

当物体与弹簧连接，弹簧处于拉伸和压缩变形时，物体和弹簧之间也有弹性力的相互作用.

取弹簧原长时自由端的位置为坐标原点，沿弹簧作 Ox 坐标轴，如图 2-7 所示，在弹簧形变量不大，处于弹性限度范围内时，根据胡克定律，弹簧作用于物体上的弹性力 $\boldsymbol{F}$ 在 x 轴上的投影 F_x 可以表示为

$$F_x = -kx \tag{2-12}$$

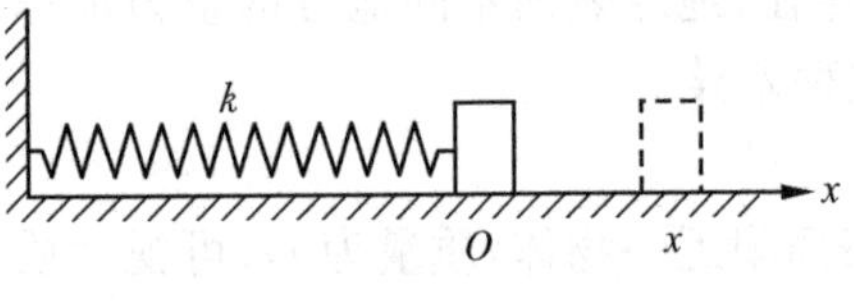

图 2-7　弹簧中的弹力

式中，k 为弹簧的劲度系数，其大小取决于弹簧本身的性质，单位是 N/m；x 表示弹簧的形变量. 式中负号表示：当 x 为正时，弹簧处于拉伸状态，弹簧对物体的弹力 F_x 为负，该力方向和 x 轴正向相反，物体受到拉力作用；当 x 为负时，弹簧处于压缩状态，F_x 为正，即力的方向沿 x 轴正向且和 x 的符号相反，由此可见，弹力总是使物体回到平衡位置 O，故常称这种力为弹簧回复力.

2.2.3　摩擦力

1. 静摩擦力

两物体相互接触，彼此之间保持相对静止，但有相对滑动的趋势时，两物体的接触面间出现的相互作用力，称为静摩擦力.

静摩擦力的作用线在两物体的接触面内，确切地说，在两物体接触处的公切面内，其方向按下列方法确定：某物体受到的静摩擦力的方向总是和物体相对滑动趋势的方向相反. 假定静摩擦力消失，物体相对运动的方向即为相对滑动趋势的方向.

静摩擦力的大小，需要根据受力情况来确定，如图 2-8 所示.

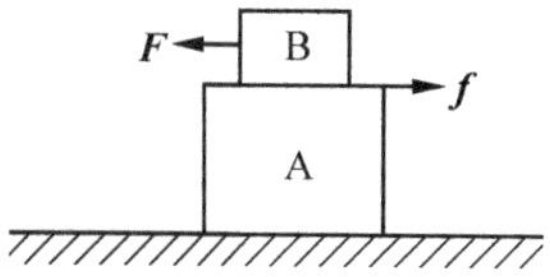

图 2-8 静摩擦力

当 B 受到一个向左的拉力 $\boldsymbol{F}$ 时，由于 B 相对于 A 未动，但有向左运动的趋势，所以 B 将受到一个向右的静摩擦力 $\boldsymbol{f}$. 由平衡条件知，$\boldsymbol{f}$ 和 $\boldsymbol{F}$ 大小相等，方向相反，当 $\boldsymbol{F}$ 增大或减小时，相应的静摩擦力 $\boldsymbol{f}$ 也增大或减小，当拉力 $\boldsymbol{F}$ 大到一定的值时，B 将相对于 A 滑动. 可见静摩擦力此时达到了极大值，不再增大了，此时的静摩擦力称为最大静摩擦力，用 $\boldsymbol{f}_{\max}$ 表示. 可以看出，静摩擦力是在 0 到 $\boldsymbol{f}_{\max}$ 之间变化的.

通过实验可以证明，作用在物体上的最大静摩擦力的大小 $f_{\max}$ 与物体受到的法向力 N 的大小成正比，即

$$f_{\max} = \mu_0 N \tag{2-13}$$

μ_0 称为静摩擦系数，它取决于互相接触物体的表面材料和表面状况（粗糙程度、温度、湿度等因素）.

2. *滑动摩擦力*

两物体相互接触，并且有相对滑动时，在两物体接触处出现的相互作用的摩擦力，称为滑动摩擦力.

滑动摩擦力的作用线也在两物体接触处的公切面内，其方向总是和物体相对运动的方向相反.

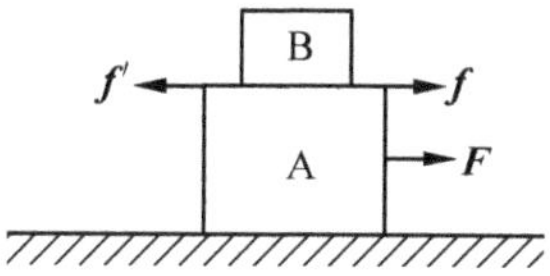

图 2-9 滑动摩擦力

如图 2-9 所示，物体 A 与物体 B 相互接触并且在力 $\boldsymbol{F}$ 的作用下运动，这时 B 相对于 A 有运动，方向向左，那么此时 A 作用在 B 上的摩擦力 $\boldsymbol{f}$ 向右；同时 A 也相对于 B 向右运动，那么此时 B 作用在 A 上的摩擦力 $\boldsymbol{f}'$ 向左，$\boldsymbol{f}'$、$\boldsymbol{f}$ 是一对作用力和反作用力.

实验表明，作用在物体上的滑动摩擦力的大小也与物体受到的法向力 $\boldsymbol{N}$ 的大小成正比，即

$$f = \mu N \tag{2-14}$$

式中，μ 为滑动摩擦系数，它不仅与物体接触表面的材料状况有关，而且与相对滑动的速度有关，通常 μ 随速度的增大而稍有减小；当相对运动速度不大时，通常 μ 可近似看成常数.

在其他条件相同的情况下，一般滑动摩擦系数小于静摩擦系数.

摩擦力的成因比较复杂，我们得到的结果只是实验结果，至于摩擦力的成因，一般认为来自电磁相互作用，其形成机理理论界目前仍不很清楚.

例 2-2 一物体置于水平面上，物体与平面之间的滑动摩擦系数为 μ，见图 2-10，试问作用在物体上的力 $\boldsymbol{F}$ 与水平面的夹角 θ 为多大时，物体能获得最大的加速度？

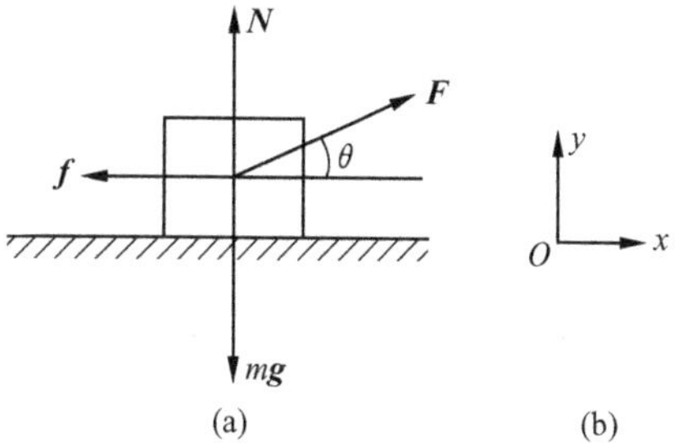

图 2-10 物体的运动分析

解 选择物体为研究对象，其受到重力、支持力、拉力和摩擦力的作用，其受力情况如图 2-10(a)所示，设物体质量为 m，加速度为 a，建立如图 2-10(b)所示的坐标系，由牛顿第二定律得

$$\begin{cases} F\cos\theta - f = ma \\ F\sin\theta + N - mg = 0 \\ f = \mu N \end{cases}$$

解得

$$a=\frac{F}{m}(\cos\theta+\mu\sin\theta)-\mu g$$

可见 a 是随 θ 变化的，对 a 作 θ 的一阶导数，并令其等于零，有

$$\frac{\mathrm{d}a}{\mathrm{d}\theta}=\frac{F}{m}(\mu\cos\theta-\sin\theta)=0$$

所以

$$\mu\cos\theta-\sin\theta=0$$

即

$$\tan\theta=\mu$$

或

$$\theta=\arctan\mu$$

可见当 $\theta=\arctan\mu$ 时，该力能使物体获得最大的加速度.

复习思考题

2-5　举例说明下列两种说法是否正确：

(1) 物体受到的摩擦力的方向总是与物体的运动方向相反；

(2) 摩擦力总是阻碍物体的运动.

2-6　物体在地面附近的重量与在月球表面附近的重量相等吗？为什么？

2-7　胡克定律中的负号的物理意义是什么？

2.3　牛顿运动定律应用举例

牛顿运动定律是物体机械运动的最基本的规律，应用牛顿运动定律求解质点动力学问题的一般步骤如下.

(1) 选择研究对象. 应用牛顿运动定律解题时，首先必须选取研究对象，在具体分析时，可以把研究对象从一切和它有牵连的其他物体中"隔离"出来，称为隔离体，隔离体可以是几个物体的组合或某个特定物体，也可以是物体的一部分，需要根据物体的具体情况来确定.

(2) 分析受力. 画受力图，选择研究对象以后，要把作用在物体上的全部力画出来，并用受力图表示，注明作用力的方向.

(3) 选取坐标系. 根据物体受力具体情况确定参考系，参考系选取的原则是让计算过程简化.

(4) 列方程求解. 根据所选的坐标系写出研究对象的动力学方程和必要的辅助方程，列方程时，若有些力的方向事先不能确定，可事先假定一个方向，然后按假设方向列方程进行计算，用计算结果和假定方向对比确定方向，求解时最好先进行符号运算，然后再代入具体数值，求得结果，注意物理量的单位选取要正确.

(5) 讨论. 讨论结果的物理意义，判断其合理性和正确性.

例 2-3　一轻绳跨过定滑轮，并系着两个物体 A 和 B，A 的质量为 m_1，悬在空中，B 的质量为 m_2，放置在固定的倾角为 θ 的斜面上，如果 B 物体与斜面的滑动摩擦系数为 μ，A 向下带动 B 运动，求两物体的加速度 a 和绳子中的拉力(滑轮质量和摩擦不计).

解　选择 A、B 物体为研究对象，其受力情况如图 2-11(b)、(c)所示，即 A 物体受重力 $m_1\boldsymbol{g}$、绳子张力 $\boldsymbol{T}_1$ 两个力的作用，B 物体受重力 $m_2\boldsymbol{g}$、斜面支持力 $\boldsymbol{N}$、绳子张力 $\boldsymbol{T}_2$ 以及摩擦力 $\boldsymbol{f}$ 共四

个力的作用，对于A物体，由牛顿第二定律得

$$m_1 g - T_1 = m_1 a \tag{1}$$

对于B物体，建立如图2-11(d)所示的坐标系，即x轴和斜面平行.所以有

$$x: \quad T_2 - f - m_2 g\sin\theta = m_2 a \tag{2}$$

$$y: \quad N - m_2 g\cos\theta = 0 \tag{3}$$

且

$$T_1 = T_2 \tag{4}$$

$$f = \mu N \tag{5}$$

解得

$$a = \frac{m_1 - m_2(\sin\theta + \mu\cos\theta)}{m_1 + m_2} g$$

$$T = \frac{m_1 m_2 (1 + \sin\theta + \mu\cos\theta)}{m_1 + m_2} g$$

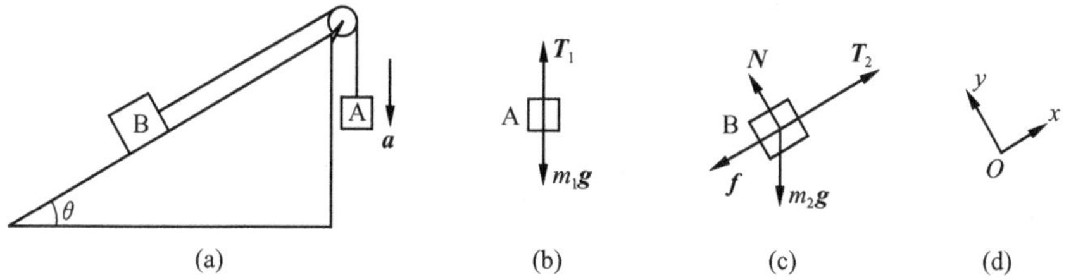

图2-11 斜面上物体运动的分析

讨论：可以看出，加速度的大小取决于斜面的倾角θ.当$a=0$时，即系统不动，此时可以看到

$$m_1 - m_2(\sin\theta + \mu\cos\theta) = 0$$

可得

$$\sin\theta + \mu\cos\theta = \frac{m_1}{m_2}$$

所以，当$\sin\theta+\mu\cos\theta > \frac{m_1}{m_2}$时，$a<0$，说明A、B物体构成的系统将会沿斜面上行，当$\sin\theta+\mu\cos\theta < \frac{m_1}{m_2}$时，$a>0$，说明A、B物体构成的系统将会沿斜面下行.

复习思考题

2-8 分析总结应用牛顿运动定律求解动力学问题的步骤.

2-9 有一弹簧，其一端连一小铁球，你能否做一个在汽车内测量汽车的加速度的“加速度计”？根据什么原理？

习 题

2-1 选择题.

(1) 三个质量相等的物体A、B、C紧靠在一起，置于光滑水平面上，如习题2-1(1)图所示.若A、C分别受到水平力$\boldsymbol{F}_1$、$\boldsymbol{F}_2$($\boldsymbol{F}_1>\boldsymbol{F}_2$)作用，则A对B的作用力大小为(　　).

(A) F_1　　(B) F_1-F_2　　(C) $\frac{2}{3}F_1+\frac{1}{3}F_2$　　(D) $\frac{2}{3}F_1-\frac{1}{3}F_2$

(E) $\frac{1}{3}F_1+\frac{2}{3}F_2$　　　　(F) $\frac{1}{3}F_1-\frac{2}{3}F_2$

(2) 如习题 2-1(2)图所示，质量为 m_1、m_2 的 A、B 物体，一起在水平面上沿 x 轴正向做匀减速直线运动，加速度大小为 a，A、B 间的静摩擦因数为 μ，则 A 作用于 B 上的静摩擦力大小和方向分别为(　　).

(A) $\mu m_2 g$，与 x 轴正向相反　　(B) $\mu m_2 g$，与 x 轴正向相同

(C) $m_2 a$，与 x 轴正向相同　　(D) $m_2 a$，与 x 轴正向相反

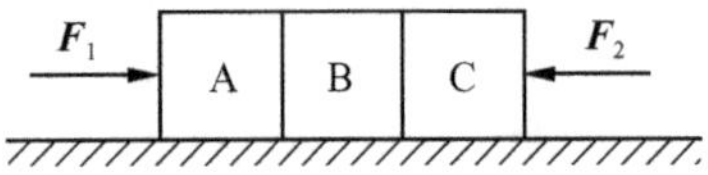

习题 2-1(1)图

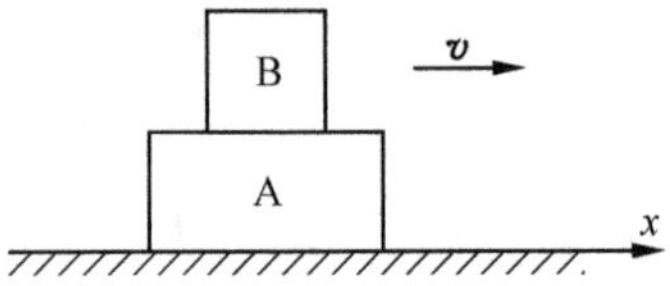

习题 2-1(2)图

(3) 质量为 m 的物体，放在纬度为 φ 处的地面上，设地球质量为 M，半径为 R，自转角速度为 ω，若考虑到地球自转的影响，则该物体受到的重力近似为(　　).

(A) $G\frac{Mm}{R^2}$　　(B) $m\omega^2 R\cos\varphi$

(C) $G\frac{Mm}{R^2}-m\omega^2 R\cos\varphi$　　(D) $G\frac{Mm}{R^2}-m\omega^2 R\cos^2\varphi$

(4) 一个质量为 50kg 的人，站在竖直向上运动着的升降机地板上，他看到升降机上挂着重物的弹簧秤上的示数为 40N，已知重物的质量为 5kg，g 取 10m/s^2，这时人对升降机的压力(　　).

(A) 大于 500N　(B) 小于 500N　(C) 等于 500N　(D) 上述答案都不对

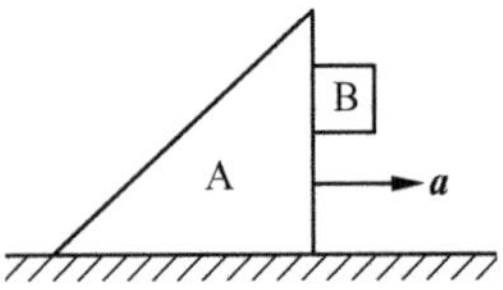

习题 2-1(5)图

(5) 如习题 2-1(5)图所示，物体 A、B 质量分别为 M、m，两物体间的摩擦系数为 μ，接触面竖直，为使 B 不下落，则需要 A 的加速度(　　).

(A) $a\geqslant\mu g$　(B) $a\geqslant g/\mu$　(C) $a\geqslant g$　(D) $a\geqslant\frac{M+m}{M}g$

2-2　填空题.

(1) 汽车在倾斜的弯道上拐弯，如习题 2-2(1)图所示，弯道的倾角为 θ，半径为 R，则汽车完全不靠摩擦力转弯的速率是________.

(2) 一圆锥摆的摆球在水平面内做匀速圆周运动，细悬线长为 l，与竖直方向的夹角为 θ，小球质量为 m，忽略空气阻力，则悬线张力大小为________.

(3) 质量为 m 的质点，置于长为 l，质量为 m 的均质细杆的延长线上，质点与细杆近端距离为 r，在如习题 2-2(3)图所示坐标系中，细杆上长为 $\mathrm{d}x$ 的一段与质点之间的万有引力的大小为 $\mathrm{d}F=$________. 细杆与质点之间的万有引力的大小 $F=\int$________ $=$________.

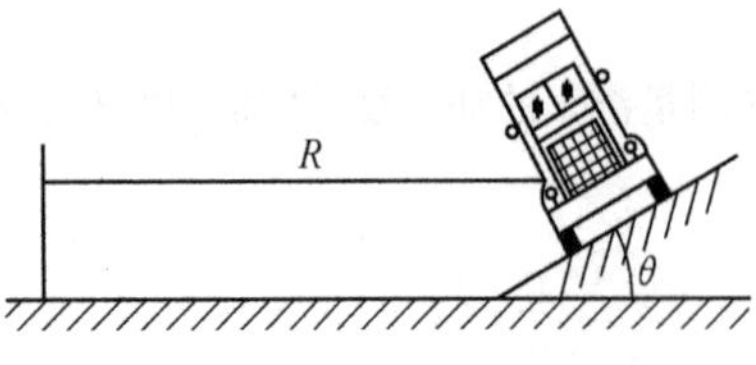

习题 2-2(1)图

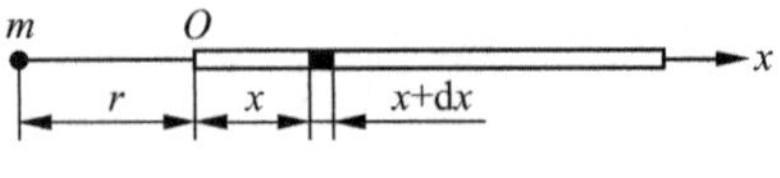

习题 2-2(3)图

(4) 在光滑的水平桌面上，有一自然长度为 l_0，劲度系数为 k 的轻弹簧，一端固定，另一端系一质量为 m 的质点，若质点在桌面上以角速度 ω 绕固定端做匀速圆周运动，则该圆半径 $R=$________，弹簧作用于质点上的拉力 $F=$________.

(5) 质量相等的两物体 A 和 B，分别固定在弹簧两端，竖直放在光滑水平支持面 C 上，如习题 2-2(5)图所示，弹簧质量忽略不计，若把支持面 C 迅速移走，在移开的一瞬间，A 的加速度大小 $a_A=$________，B 的加速度大小 $a_B=$________.

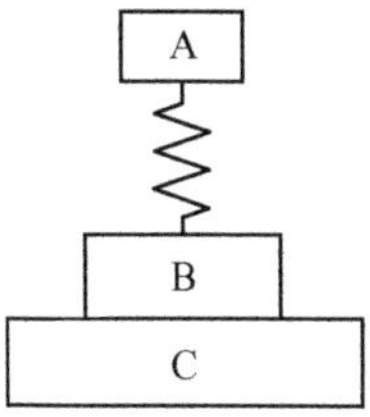

习题 2-2(5)图

2-3　某人驾车速度 80km/h，看见正前方 60m 处有一堵墙.

(1) 他采用制动刹车的办法，问车轮与地面的滑动摩擦系数 μ 至少多大时，才能使他在墙壁前停下，而避免撞墙？

(2) 若他采用拐弯的办法，问 μ 至少多大，才能让他转过一个半径 60m 的圆弧，而避免撞墙？

2-4　一物体自地面以速率 v_0 竖直上抛，受到空气阻力 $f=kmv^2$ 的作用，其中 m 是物体的质量，k 是常量，试求：

(1) 该物体上升的最大高度；

(2) 该物体返回地面时的速度值(g 为常量).

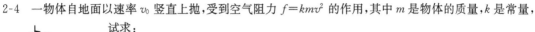

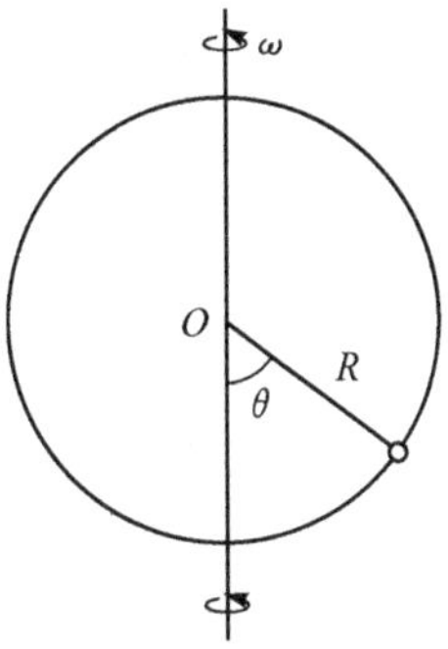

习题 2-6 图

2-5　一条均匀的绳子，质量为 m，长度为 l，将它一端拴在转轴上，以角速度 ω 旋转，试证明：略去重力时，绳子中张力分布为 $T(r)=\frac{m\omega^2}{2l}(l^2-r^2)$，式中 r 为绳中某点到转轴的距离.

2-6　一半径为 R 的金属光滑圆环可绕其竖直直径旋转. 在环上套有一珠子，如习题 2-6 图所示，今从静止开始逐渐增大圆环的转速 ω. 试求在不同转速下珠子能静止在环上的位置(以珠子所停处的半径与竖直轴的夹角 θ 表示)，这些位置是稳定的，还是非稳定的？

第 3 章　能 量 守 恒

在力的作用下，物体的运动状态发生变化，产生加速度，力对物体的持续作用，产生累积效应，进而使物体的能量发生变化. 本章首先讨论功和能这两个物理学中很重要的概念；在这两个概念的基础上，得到物理学中普遍适用的能量守恒定律.

3.1　功　动能定理

功和功的计算

动能定理

3.1.1　功

设一物体受一变力 $\boldsymbol{F}$ 的作用，如图 3-1 所示，由 L 沿曲线运动到 M，设 t 时刻物体位于 P 点，经过 Δt 时间，质点运动到 Q 点，产生的有限位移为 $\Delta \boldsymbol{r}$，相应的路程为 Δs，则力 $\boldsymbol{F}$ 在这段位移上的功不可以按中学恒力、直线位移去计算，即

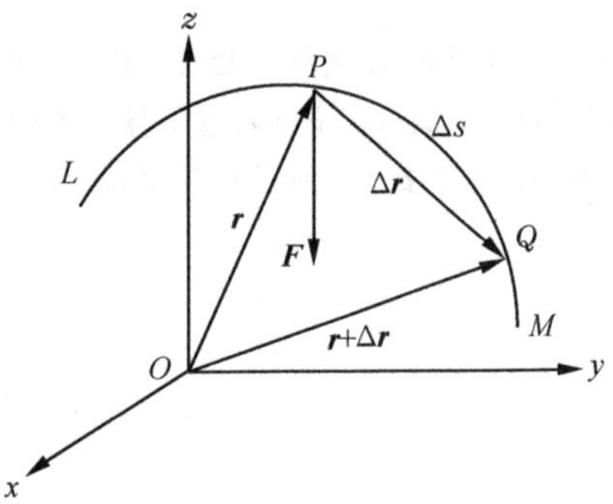

图 3-1　力的做功

$$\Delta A \neq F \mid \Delta \boldsymbol{r} \mid \cos\theta \tag{3-1}$$

式中，θ 为力 $\boldsymbol{F}$ 与位移 $\Delta \boldsymbol{r}$ 的夹角.

但当 $\Delta t \to 0$ 时；$\Delta \boldsymbol{r} \to \mathrm{d}\boldsymbol{r}$，$\Delta A \to \mathrm{d}A$，此过程中 $\boldsymbol{F}$ 视为恒力，所以上式可以写成

$$\mathrm{d}A = F \mid \mathrm{d}\boldsymbol{r} \mid \cos\theta \tag{3-2a}$$

或

$$\mathrm{d}A = \boldsymbol{F} \cdot \mathrm{d}\boldsymbol{r} \tag{3-2b}$$

这个功称为力 $\boldsymbol{F}$ 在元位移 $\mathrm{d}\boldsymbol{r}$ 上的元功，式中 θ 是力 $\boldsymbol{F}$ 和元位移 $\mathrm{d}\boldsymbol{r}$ 之间的夹角；同时，当 $\Delta t \to 0$ 时，元位移大小 $|\mathrm{d}\boldsymbol{r}|$ 和路程元 $\mathrm{d}s$ 大小相等，所以元功还可以写成

$$\mathrm{d}A = F \cdot \mathrm{d}s \cdot \cos\theta \tag{3-2c}$$

所以，我们定义力 $\boldsymbol{F}$ 对物体所做的元功，等于力在位移方向上的分量与元位移大小的乘积，功是标量（代数量），只有大小和正负，没有方向.

在直角坐标系下，$\boldsymbol{F} = F_x\boldsymbol{i} + F_y\boldsymbol{j} + F_z\boldsymbol{k}$，$\mathrm{d}\boldsymbol{r} = \mathrm{d}x\boldsymbol{i} + \mathrm{d}y\boldsymbol{j} + \mathrm{d}z\boldsymbol{k}$. 根据元功的定义，可得

$$\mathrm{d}A = \boldsymbol{F} \cdot \mathrm{d}\boldsymbol{r} = F_x\mathrm{d}x + F_y\mathrm{d}y + F_z\mathrm{d}z \tag{3-2d}$$

力对物体做的功与物体运动的过程有关，是一个过程量，当力 $\boldsymbol{F}$ 和元位移 $\mathrm{d}\boldsymbol{r}$ 的夹角 θ 变化时，功的正负也是变化的，即当 $0° \leqslant \theta < 90°$ 时，功 $\mathrm{d}A > 0$，力对物体做正功；当 $90° < \theta \leqslant 180°$ 时，功 $\mathrm{d}A < 0$，力对物体做负功；而当 $\theta = 90°$ 时，$\mathrm{d}A = 0$，我们说此时力对物体不做功，如质点做圆周运动时，向心力对物体总是不做功的.

上边我们定义了力在微小位移上的元功，当物体由 L 运动到 M 时，力对物体做的总功，应是所有元功的代数和，即

$$A = \int \mathrm{d}A = \int_L^M \boldsymbol{F} \cdot \mathrm{d}\boldsymbol{r} = \int_L^M F \cdot \cos\theta \cdot \mathrm{d}s \tag{3-3a}$$

在直角坐标系下，总功可表示为

$$A=\int_L^M \boldsymbol{F}\cdot \mathrm{d}\boldsymbol{r}=\int_L^M (F_x\mathrm{d}x+F_y\mathrm{d}y+F_z\mathrm{d}z) \tag{3-3b}$$

式中的积分是沿曲线轨迹由 L 到 M 进行积分，一般来说，其结果和积分路径有关.

若(3-3a)式中之力是恒力，且质点沿直线路径由 L 运动到 M，位移大小为 $|\Delta\boldsymbol{r}|$，力和位移 $\Delta\boldsymbol{r}$ 夹角为 θ，则恒力 $\boldsymbol{F}$ 在位移 $\Delta\boldsymbol{r}$ 上的功为

$$A=\int_L^M \boldsymbol{F}\cdot \mathrm{d}\boldsymbol{r}=F\cdot|\Delta\boldsymbol{r}|\cdot\cos\theta$$

这就是恒力做功的情况.

若有 $\boldsymbol{F}_1,\boldsymbol{F}_2,\cdots,\boldsymbol{F}_i,\cdots,\boldsymbol{F}_n$ 等 n 个力同时作用在一物体上，则其合力 $\boldsymbol{F}=\boldsymbol{F}_1+\boldsymbol{F}_2+\cdots+\boldsymbol{F}_n$ 做的功为

$$\begin{aligned}A&=\int\boldsymbol{F}\cdot\mathrm{d}\boldsymbol{r}=\int(\boldsymbol{F}_1+\boldsymbol{F}_2+\cdots+\boldsymbol{F}_n)\cdot\mathrm{d}\boldsymbol{r}\\&=\int\boldsymbol{F}_1\cdot\mathrm{d}\boldsymbol{r}+\int\boldsymbol{F}_2\cdot\mathrm{d}\boldsymbol{r}+\cdots+\int\boldsymbol{F}_n\cdot\mathrm{d}\boldsymbol{r}\\&=A_1+A_2+\cdots+A_n=\sum_{i=1}^n A_i\end{aligned} \tag{3-4}$$

可见，合力对物体做的功，等于每一分力在物体上做的功的代数和，所以我们所讲的功，总是指这个力或那个力或合力做的功，故在计算过程中应指明是哪一个力.

在国际单位制中，力的单位是 N，位移的单位是 m，所以功的单位是 N · m，也称焦耳，用 J 表示.

力在单位时间内做的功称为功率，用 P 表示，有

$$P=\frac{\mathrm{d}A}{\mathrm{d}t}=\frac{\boldsymbol{F}\cdot\mathrm{d}\boldsymbol{r}}{\mathrm{d}t}=\boldsymbol{F}\cdot\boldsymbol{v}=Fv\cos\theta \qquad (\theta\text{ 是 }\boldsymbol{F}\text{ 和 }\boldsymbol{v}\text{ 的夹角})$$

功率反映了力对物体做功的快慢程度，其单位是焦耳/秒(J/s)，也称瓦特(W).

例 3-1 质点 M 在力 $\boldsymbol{F}$ 的作用下沿坐标轴 Ox 运动，如图 3-2 所示，力的大小和方向角 θ 随 x 的变化规律为

$$F=6x,\quad \cos\theta=0.70-0.02x$$

其中，F 的单位是 N，x、y 的单位是 m，求质点由 $x_1=10\text{m}$ 处运动到 $x_2=20\text{m}$ 处的过程中，力 $\boldsymbol{F}$ 所做的功.

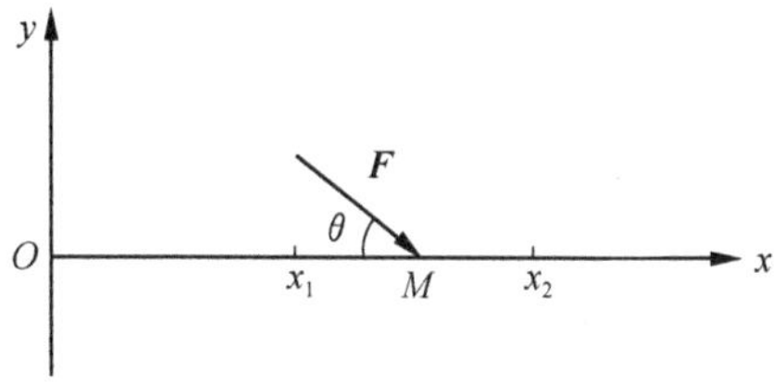

图 3-2 力的做功

解 由于力的大小和方向是变化的，而沿 y 方向的位移始终为零，故力只在 x 方向做功，所以在由 x_1 运动到 x_2 的过程中，力做的元功

$$\begin{aligned}\mathrm{d}A&=\boldsymbol{F}\cdot\mathrm{d}\boldsymbol{r}=F_x\mathrm{d}x=F\mathrm{d}x\cdot\cos\theta\\&=6x\cdot(0.70-0.02x)\cdot\mathrm{d}x\end{aligned}$$

所以质点 M 由 x_1 运动到 x_2 的过程中，力 $\boldsymbol{F}$ 所做的总功为

$$\begin{aligned}A&=\int_{x_1}^{x_2}\mathrm{d}A=\int_{10}^{20}6x(0.7-0.02x)\cdot\mathrm{d}x\\&=\int_{10}^{20}0.7\cdot 6x\cdot\mathrm{d}x-\int_{10}^{20}6x\cdot 0.02x\cdot\mathrm{d}x=350(\text{J})\end{aligned}$$

例 3-2 一根质量为 m，长为 l 的柔软链条，其长 4/5 放在光滑桌面上. 其余 1/5 从桌子上边缘向下自由悬挂，试证将此链条悬挂部分缓慢拉回桌面过程中，需做的功为 $mgl/50$.

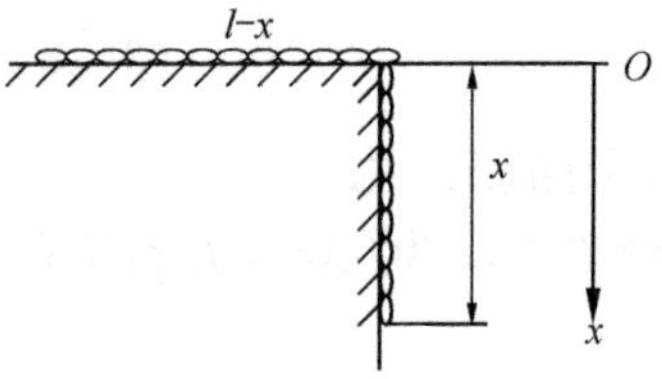

图 3-3 桌面上链条的移动分析

解 在拉动过程中，拉力对桌面上的链条不做功，桌面下的链条因重力作用而做功，建立如图 3-3 所示的坐标系，下悬部分重力大小为 $F_x = mg \cdot \frac{x}{l}$，当在此力作用下发生 $\mathrm{d}x$ 位移时，重力做元功为

$$\mathrm{d}A = F_x \cdot \mathrm{d}x = mg \cdot \frac{x}{l} \cdot \mathrm{d}x$$

在拉回桌面的过程中，重力所做的总功为

$$A = \int \mathrm{d}A = \int_{\frac{l}{5}}^{0} mg \cdot \frac{x}{l} \cdot \mathrm{d}x = -\frac{mgl}{50}$$

所以拉力做的功为 $A' = \frac{mgl}{50}$，和重力做的功一样多. 这是因为在缓慢回拉过程中拉力大小等于重力，但方向相反.

3.1.2 动能定理

力对物体做功以后，物体的运动状态将发生变化，这时物体的动能将会改变——动能定理.

如图 3-4 所示，物体在合力 $\boldsymbol{F}$ 的作用下，由 L 运动到 M 点，初速度大小为 v_1，末速度大小为 v_2，由功的定义可得

$$\begin{aligned}\mathrm{d}A &= \boldsymbol{F} \cdot \mathrm{d}\boldsymbol{r} = F \cdot |\mathrm{d}\boldsymbol{r}| \cos\theta = F_\tau |\mathrm{d}\boldsymbol{r}| \\ &= m\frac{\mathrm{d}v}{\mathrm{d}t} \cdot |\mathrm{d}\boldsymbol{r}| = mv \cdot \mathrm{d}v \\ &= \mathrm{d}\left(\frac{1}{2}mv^2\right)\end{aligned}$$

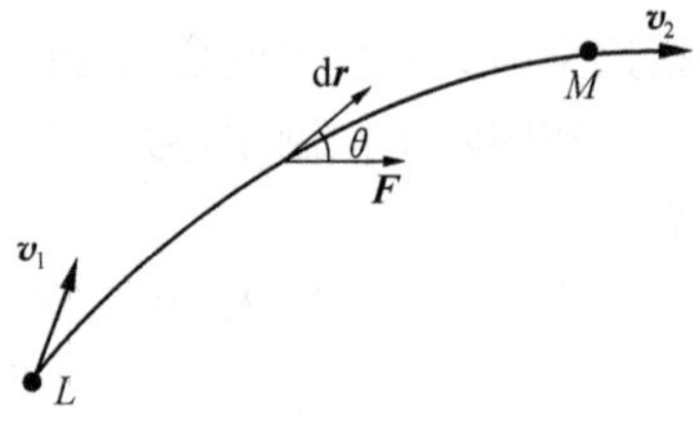

图 3-4 动能定理

即

$$\mathrm{d}A = \mathrm{d}\left(\frac{1}{2}mv^2\right) \tag{3-5}$$

上式说明：质点动能的微分等于作用在质点上的合外力的元功.

将上式在路径 LM 上积分，有

$$\begin{aligned}A &= \int_{v_1}^{v_2} \mathrm{d}\left(\frac{1}{2}mv^2\right) \\ A &= \frac{1}{2}mv_2^2 - \frac{1}{2}mv_1^2\end{aligned} \tag{3-6}$$

上式表明：作用在质点上的合外力在某一路程中对质点所做的功，等于质点在这一段路程的始末状态的动能增量.

(3-5)式、(3-6)式都称为质点的动能定理，其中(3-5)式称为动能定理的微分式，(3-6)式称为动能定理的积分式.

从质点的动能定理可以看出：当合外力对质点所做的功为正功时($A>0$)，质点的动能增加；当合外力对质点所做的功为负功时($A<0$)，质点的动能减小，这时质点靠减小自己的动能来反抗外力的做功.

质点的动能定理还说明了力做功和质点运动状态的变化(动能的变化)之间的关系，说明了质点动能的任何改变都是合外力对质点做功引起的，合外力在某一过程中所做的功，在量值上等于质点在同一过程中动能的增量，换句话说：合外力对质点所做的功是质点动能改变的量度.

质点的动能定理还说明了作用在质点上的合外力在某一过程中对质点所做的功，只与质点的始、末态的动能有关，而与质点在运动过程中动能变化的细节无关，只要知道了质点在始、末态的动能，也就知道了这一过程中合外力对质点所做的功.

质点的动能定理是质点动力学中重要的定理之一，它将质点的速率与作用于质点的合外力及质点运行的路径三者联系起来了. 由动能定理的推导过程也可以看到，动能定理只在惯性系中成立，它表达的是一个标量方程，为我们分析、研究一些动力学问题提供了方便.

例 3-3 如图 3-5 所示，物体 M 的质量为 m，弹簧的劲度系数为 k，A 板及弹簧的质量均不计，求自弹簧原长 O 处，突然无初速地加上物体 M 时弹簧的最大压缩量.

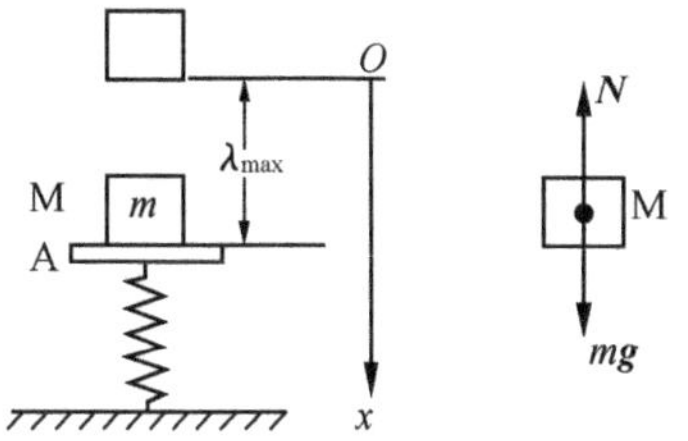

图 3-5 弹簧的突然加载

解 以物体 m 为研究对象，物体受重力 $m\boldsymbol{g}$ 和支持力 $\boldsymbol{N}$ 的作用，而支持力 $\boldsymbol{N}$ 是弹簧产生的，以弹簧原长处为坐标原点并以铅直向下作 Ox 轴，设弹簧的最大压缩量为 λ_{max}，显然从 $x_1=0$ 到 $x_2=\lambda_{max}$的过程中，只有重力和支持力做功. 重力做的功为

$$A_1=\int_{x_1}^{x_2} mg\cdot \mathrm{d}x = mg\lambda_{max}$$

支持力做的功为

$$A_2=\int_{x_1}^{x_2} -kx\cdot \mathrm{d}x = -\frac{1}{2}k\lambda_{max}^2$$

由于物体在 $x_1=0$ 处和 $x_2=\lambda_{max}$处速度均为零，由动能定理有

$$mg\lambda_{max}-\frac{1}{2}k\lambda_{max}^2=0-0$$

所以

$$\lambda_{max}=2\frac{mg}{k}$$

若将物体缓慢放下，使之达到力学平衡，这时引起的弹簧的压缩量为 λ_{st}，且

$$mg=-k\lambda_{st}$$

$$\lambda_{st}=\frac{mg}{k}$$

可见把一物体突然放下所引起的最大压缩量，是缓慢压缩达到平衡所引起的压缩量的二倍，所以在工程中应避免突然加载.

例 3-4 一质量为 m 的物体，以初速率 v_0 从地面铅直向上发射，已知它仅受到地球的引力作用，试求：

(1) 物体能达到的最大高度.

(2) 物体完全逃逸地球所需的最小发射速度.

解 (1) 设地球半径为 R，质量为 M，作用在物体上的力仅是地球对物体的万有引力，当物体离地心距离为 r 时，万有引力为

$$F=-G\frac{Mm}{r^2}$$

从发射点到距地心 r 处，万有引力对物体所做的功为

$$A=\int \boldsymbol{F}\cdot \mathrm{d}\boldsymbol{r}=\int_R^r \boldsymbol{F}\cdot \mathrm{d}\boldsymbol{r}=\int_R^r -G\frac{mM}{r^2}\mathrm{d}r$$

$$= GmM\left(\frac{1}{r}-\frac{1}{R}\right)$$

设物体上升的最大高度为 $r_{\max}$，此时 $v=0$，由动能定理得

$$GmM\left(\frac{1}{r_{\max}}-\frac{1}{R}\right)=0-\frac{1}{2}mv_0^2$$

所以

$$r_{\max}=\frac{R}{1-\frac{Rv_0^2}{2GM}}=\frac{R}{1-\frac{v_0^2}{2gR}}$$

（2）物体完全逃逸地球，即 $r_{\max}\to\infty$，此时地球上发射物体所需的最小速度称为逃逸速度，也称第二宇宙速度，由上式可得

$$v_{逃逸}=\sqrt{2gR}=1.1\times10^4\,\mathrm{m/s}$$

复习思考题

3-1　合外力对物体所做的功，等于物体的动能的增量，而其中某个力所做之功，是否一定小于动能的增量？试举例说明.

3-2　质点的动能是否与参考系有关？功是否与参考系有关？质点的功能定理是否与参考系有关？试举例说明.

3.2　保守力的功　势能

势能

在对力做功进行研究时，我们发现像重力、弹簧力、万有引力等一些力做功有一个共同的特点，就是都只与物体的始、末位置有关，而与物体运动的路径的长短和形状无关，我们把这一类力称为保守力. 而另一类力做功不仅与物体的始、末位置有关，还与物体运动的路径长短和形状有关，这一类力称为非保守力，如摩擦力等.

3.2.1　保守力的功

1. *重力的功*

质量为 m 的物体在地面附近受重力的作用，从起始位置 $A(x_1,y_1,z_1)$ 沿曲线路径Ⅰ运动到末位置 $B(x_2,y_2,z_2)$，如图 3-6 所示，设重力 $\boldsymbol{F}=-mg\boldsymbol{k}$，即大小为 mg，方向沿 z 轴负向，根据功的定义有

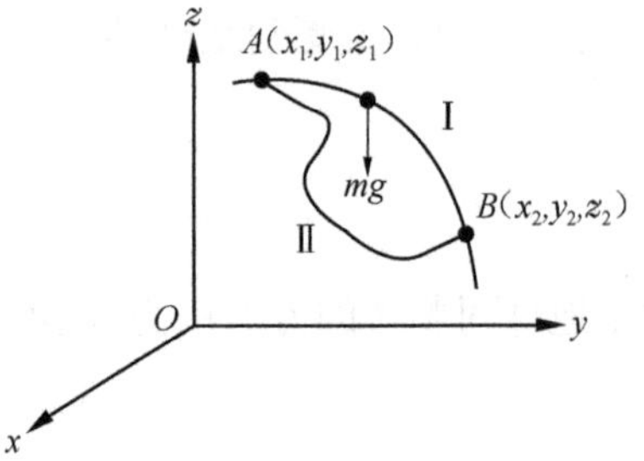

图 3-6　重力的功

$$\mathrm{d}A=\boldsymbol{F}\cdot\mathrm{d}\boldsymbol{r}=(-mg\boldsymbol{k})\cdot(\mathrm{d}x\boldsymbol{i}+\mathrm{d}y\boldsymbol{j}+\mathrm{d}z\boldsymbol{k})$$
$$=-mg\,\mathrm{d}z$$

物体由 $A(x_1,y_1,z_1)$ 运动到 $B(x_2,y_2,z_2)$ 的过程中，重力做的总功为

$$A=\int\mathrm{d}A=\int_{z_1}^{z_2}-mg\,\mathrm{d}z=mg(z_1-z_2)$$

$$A=mgz_1-mgz_2 \tag{3-7}$$

即重力对物体所做的功等于重力大小乘以物体始、末位置的高度差，也就是说，重力的功只与始、末位置有关，与物体经过的路径无关. 这样，物体由 A 到 B 的过程中，经Ⅰ路径和Ⅱ路径重力的

功是同样大小的.

如果物体在重力作用下,沿闭合路径运动一周,重力做功的情况又怎样呢?同样如图 3-6 所示,物体由初位置 A 经路径Ⅰ到达末位置 B,然后再由末位置 B 经路径Ⅱ回到初位置 A,重力做的功如何呢?

我们将路径分成两段,即 $A\to$Ⅰ$\to B$ 和 $B\to$Ⅱ$\to A$,重力做的功为

$$A_{AB}=mg(z_1-z_2),\quad A_{BA}=mg(z_2-z_1)$$

所以沿整个闭合路径,重力做的总功为

$$A=A_{AB}+A_{BA}=mg(z_1-z_2)+mg(z_2-z_1)=0$$

即

$$A=\oint \boldsymbol{F}\cdot \mathrm{d}\boldsymbol{r}=0 \tag{3-8}$$

上式说明:质点沿任一闭合路径运动一周,重力做的功必为零.这是重力做功的一个重要特点.

如果物体在运动过程中,质量是不断变化的,所受重力为变力,在这种情况下,应按变力做功的情况进行求解.

例 3-5 一条长为 l,质量为 M 的均质软绳,A 端挂在天花板上,自然下垂,现将 B 端沿铅垂方向提高到与 A 端同一高度处,求该过程中重力所做的功.

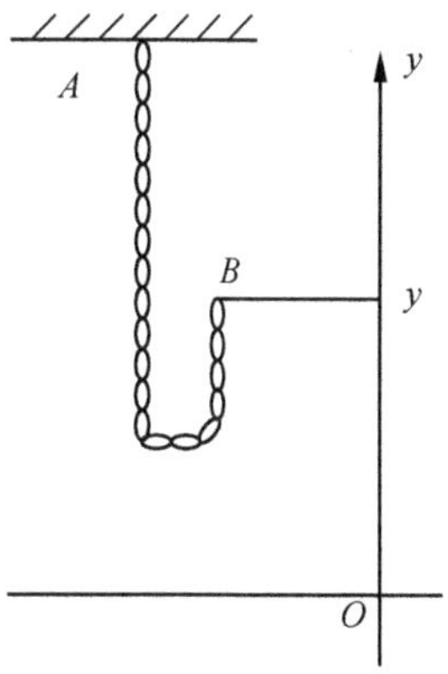

图 3-7 重力做功举例

解 由于在 B 端上拉过程中,上移部分重力是不断变化的,属于变力做功的情况.

如图 3-7 所示,取绳子自然下垂时 B 端为坐标原点,铅直向上为 y 轴正向.

当 B 端坐标为 y 时,提起的一段绳子所受的重力为$\frac{M}{l}\cdot\frac{1}{2}y\cdot g$,所以在元位移 $\mathrm{d}y$ 上重力做的元功为

$$\mathrm{d}A=-\frac{1}{2}\frac{M}{l}gy\cdot\mathrm{d}y$$

当把 B 端提到和 A 端同样高时,重力做的总功为

$$A=\int\mathrm{d}A=\int_0^l\left(-\frac{1}{2}\frac{M}{l}gy\right)\mathrm{d}y=-\frac{1}{4}Mgl$$

2. 弹性力的功

如图 3-8 所示,弹簧一端固定、另一端系一质量 m 的物体.弹簧原长为 l_0,劲度系数为 k,求物体在弹性力作用下由 x_1 处运动到 x_2 处的过程中弹性力做的功.

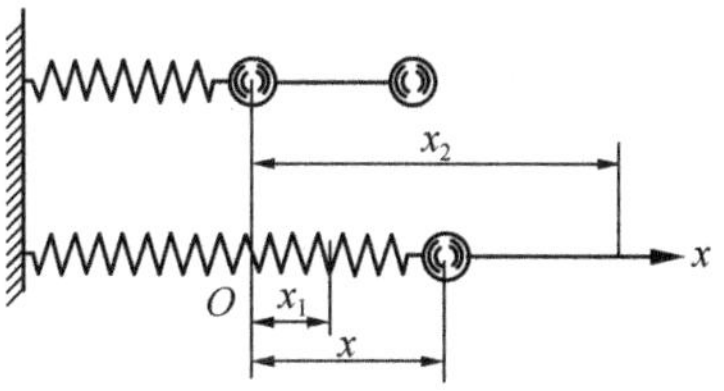

图 3-8 弹性力的功

取弹簧原长时质点的位置 O 为坐标原点,此位置称为平衡位置,沿质点运动直线作 Ox 坐标轴,质点始、末位置的坐标为 x_1、x_2,当物体位于 x 位置时,弹簧的伸长为 x,在弹性限度内,由胡克定律知物体受到的弹性力为 $F_x=-kx$,则在元位移 $\mathrm{d}x$ 上的元功为

$$\mathrm{d}A=F_x\mathrm{d}x=-kx\mathrm{d}x$$

由 x_1 运动到 x_2 路程上的功为

$$A=\int \mathrm{d}A=\int_{x_1}^{x_2}(-kx)\mathrm{d}x=\frac{1}{2}kx_1^2-\frac{1}{2}kx_2^2$$

即

$$A=\frac{1}{2}kx_1^2-\frac{1}{2}kx_2^2 \tag{3-9}$$

(3-9)式说明,作用在质点上的弹性力所做的功,等于劲度系数乘以质点始、末位置弹簧形变量平方之差的一半. 这表明在弹性限度内,弹性力所做的功只与弹簧起始和末态位置有关,而与弹性形变的过程无关,和重力做功的情况完全一样.

同样地,我们注意到,这个结论,不仅适合于质点沿直线的运动情况,也适合于质点沿任意曲线移动时弹性力做功的情况,同时当质点沿任意闭合路径运动一周时,弹性力的功也必为零. 即

$$A=\oint F\mathrm{d}x=\oint(-kx)\mathrm{d}x=0$$

3. *万有引力的功*

设有一质量为 M 的物体位于 O 点,可以看成不动,另有一质量为 m 的物体,在物体 M 对它的万有引力的作用下,由起始位置 A 经任意路径到达末位置 B,如图 3-9 所示.

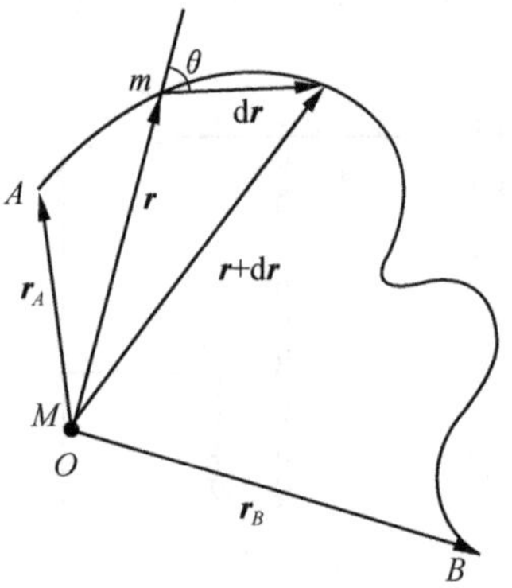

图 3-9　万有引力的功

设质点位于任意位矢 $\boldsymbol{r}$ 时,m 受到的万有引力为

$$\boldsymbol{F}=-G\frac{Mm}{r^3}\boldsymbol{r}$$

在物体 m 移动元位移 $\mathrm{d}\boldsymbol{r}$ 的过程中,万有引力做的元功为

$$\mathrm{d}A=\boldsymbol{F}\cdot\mathrm{d}\boldsymbol{r}=-G\frac{Mm}{r^3}\boldsymbol{r}\cdot\mathrm{d}\boldsymbol{r}=-G\frac{Mm}{r^2}\mathrm{d}r$$

式中

$$\boldsymbol{r}\cdot\mathrm{d}\boldsymbol{r}=|\boldsymbol{r}|\cdot|\mathrm{d}\boldsymbol{r}|\cos\theta=r\cdot\mathrm{d}r$$

则物体 m 由 A 点到 B 点时,万有引力做的总功为

$$A=\int\mathrm{d}A=\int_{r_A}^{r_B}\left(-G\frac{Mm}{r^2}\right)\mathrm{d}r=GMm\left(\frac{1}{r_B}-\frac{1}{r_A}\right) \tag{3-10}$$

上式说明,当常数 G 和物体的质量 M、m 均为常数时,万有引力做功只与物体的始、末位置有关,而与质点所经过的路径无关. 而且也很容易计算出物体沿闭合路径运动一周,万有引力做的功也是零,这些性质是重力、弹性力和万有引力所共有的物理性质.

3.2.2　保守与非保守力

通过对重力、弹性力、万有引力做功情况的计算分析,发现它们有一些共同的特征,这些力**做功只与物体的始、末位置有关,而与物体运动路径无关**. 我们把具有这一特性的力,称为保守力. 除了上述计算过的三种力以外,后面电磁学中讲到的库仑力也是保守力.

保守力还有一个特性,那就是沿任一闭合路径运动一周,保守力做的功为零. 这个特性是保守力做功与路径无关的另一种表述,可以用下面的数学表达式体现:

$$A=\oint\boldsymbol{F}_{保}\cdot\mathrm{d}\boldsymbol{r}=0 \tag{3-11}$$

还有另一类力,如摩擦力,它做功的大小与物体的路径有关,把这样一类力称为非保守力,当物体沿闭合路径运动一周时,非保守力做的功不是零,即

$$A=\oint \boldsymbol{F}_{非}\cdot \mathrm{d}\boldsymbol{r}\neq 0 \tag{3-12}$$

3.2.3 势能

在仅有保守力做功的情况下，质点沿任意路径从初始位置运动到末位置时，由于保守力做功，质点的动能将发生变化，考虑到保守力做功仅与始、末位置有关，与中间路径无关，可以认为在空间蕴藏着一种能量，这种能量仅与物体及其在空间的相对位置有关，我们把这种**仅与物体空间位置有关的能量称为势能(也称为位能)**.

为了比较质点在空间不同位置的势能大小，可以任选空间一个参考点 M_0，并令其势能等于零，我们就把 M_0 点称为零势能点，定义：**质点在保守力场中某 M 点的势能，在量值上等于把质点从 M 点移动到零势能点 M_0 的过程中保守力所做的功**. 如用 E_p 代表 M 点势能，则有

$$E_p=\int_M^{M_0}\boldsymbol{F}\cdot \mathrm{d}\boldsymbol{r} \tag{3-13}$$

式中，$\boldsymbol{F}$ 为系统的保守力.

1. 重力势能

当质点处于地球表面附近时，由于质点受重力的作用，具有重力势能. 设质量为 m 的质点，处于地球表面附近 M 点，如图 3-10 所示，选取 $Oxyz$ 直角坐标系，且使 Oz 轴铅垂向上为正，选 Oxy 平面内任一点 M_0 为零势能点，则质点在 M 点的重力势能应等于把质点从 M 点移到零势能点 M_0 的过程中重力所做的功，即

$$E_p=\int_M^{M_0}\boldsymbol{F}\cdot \mathrm{d}\boldsymbol{r}=\int_z^0(-mg)\mathrm{d}z=mgz \tag{3-14}$$

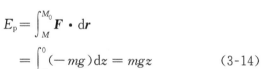

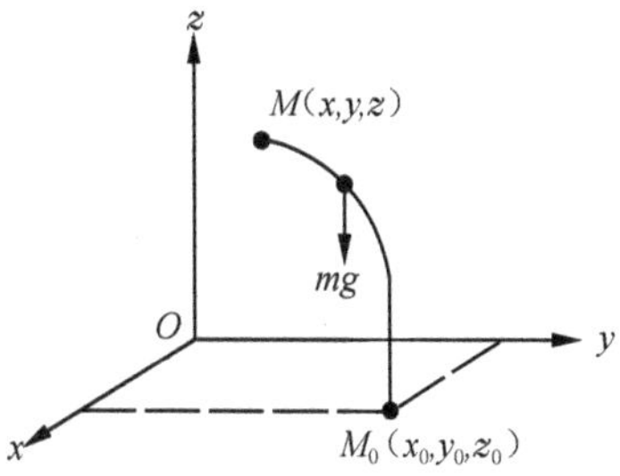

图 3-10 重力势能

即重力势能等于重力 mg 与质点和零势能点间的高度差 z 的乘积.

从上式可以看到，把质点从 M 点移到 Oxy 面内任一点的过程中，重力做的功都相等，故 Oxy 面可以看成是零势能面. 可以看出，包含 M 点且与 Oxy 面平行的平面内任一点所具有的重力势能都相等(都是 mgz)，显然该面也是等势面. 并且可得到，凡是与 Oxy 面平行的其他任何平面都是等势面，其中 Oxy 面是零势面.

把质点由起始位置 $A(x_1,y_1,z_1)$ 沿任意路径移到末位置 $B(x_2,y_2,z_2)$ 点的过程中，重力做的功为

$$A=mgz_1-mgz_2$$

还可以写成

$$A=-(mgz_2-mgz_1)$$

若取 $z=0$ 处为零势能面，根据势能定义，A、B 两点的重力势能分别是 $E_{p_1}=mgz_1$，$E_{p_2}=mgz_2$，所以由起始位置 A 点移到末位置 B 点时重力做的功还可表示为

$$A=-(E_{p_2}-E_{p_1})=-\Delta E_p \tag{3-15}$$

此式表明：重力做的功等于质点在始、末位置重力势能增量的负值. 重力做正功，质点的重力势能减小；重力做负功，质点的重力势能增加.

2. 弹性势能

对于弹性势能来讲，往往取弹簧原长处为弹性势能零点位置(这时得到的弹性势能的数学表达式最简单)．设弹簧的劲度系数为 k，以弹簧原长处 O 作为坐标原点，沿弹簧方向作 Ox 轴，如图 3-11 所示．则质点 M 在弹簧形变 x 处的弹性势能等于把质点 M 从 x 处移到坐标原点 O 点过程中，弹性力所做的功，即

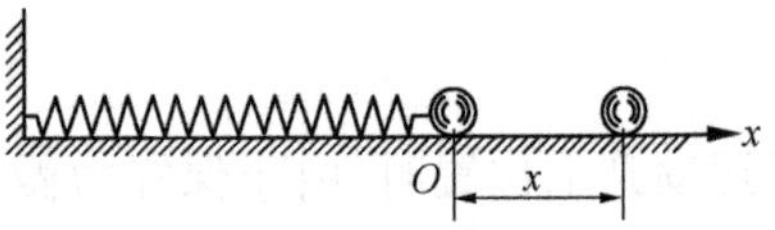

图 3-11　弹性势能

$$E_p=\int_M^{M_0}\boldsymbol{F}\cdot d\boldsymbol{r}=\int_x^0(-kx)\cdot dx=\frac{1}{2}kx^2 \tag{3-16}$$

即弹性势能等于弹簧的劲度系数乘以形变量平方的一半．

由前边弹性力做功可以看到，由起始位置 x_1 运动到末位置 x_2 的过程中，弹性力做的功为

$$A=\frac{1}{2}kx_1^2-\frac{1}{2}kx_2^2$$

或写成

$$A=-\left(\frac{1}{2}kx_2^2-\frac{1}{2}kx_1^2\right)$$

选自然长度处为弹性势能零点，则起始位置弹性势能为 $E_{p_1}=\frac{1}{2}kx_1^2$，末位置的弹性势能为 $E_{p_2}=\frac{1}{2}kx_2^2$．则上式可以写成

$$A=-(E_{p_2}-E_{p_1})=-\Delta E_p \tag{3-17}$$

上式表明：弹力做的功等于质点在始位置和末位置的弹性势能增量的负值．弹力做正功，弹性势能减少；弹力做负功，弹性势能增加．

3. 万有引力势能

设固定点 O 处有一质量为 M 的质点(图 3-12)，另有一个质量为 m 的质点，相对于 O 点的位矢为 $\boldsymbol{r}$，选无穷远处为零势能点，根据势能的定义，质点 m 在距质点 M 为 r 处的势能，等于把 m 由 r 处移到无穷远处的过程中万有引力所做的功，即

$$E_p=\int_r^{\infty}\left(-G\frac{mM}{r^3}\right)\boldsymbol{r}\cdot d\boldsymbol{r}=-G\frac{mM}{r} \tag{3-18}$$

负号表示在选取无穷远处为零势能的情况下，质点在任一点 r 处的万有引力势能均小于质点在无穷远处的万有引力势能．

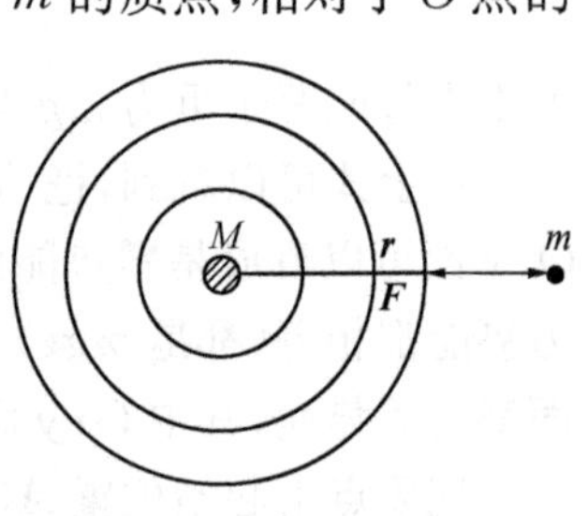

图 3-12　万有引力势能

万有引力势能与两个质点的质量乘积成正比，与两个质点间的距离成反比，这说明万有引力势能的等势面是以 O 点为球心的一系列同心球面．

由前边的计算知道，质点由起始位置 A(离 O 点距离为 r_A)沿任意路径运动到末位置 B(离 O 点距离为 r_B)的过程中，万有引力做的功为

$$A=GMm\left(\frac{1}{r_B}-\frac{1}{r_A}\right)=-\left[\left(-GmM\frac{1}{r_B}\right)-\left(-GMm\frac{1}{r_A}\right)\right]$$

所以

$$A=-(E_{p_2}-E_{p_1})=-\Delta E_p \tag{3-19}$$

若取无穷远处为零势能位置，那么 $E_{p_1}=-GMm\frac{1}{r_A}$，$E_{p_2}=-GMm\frac{1}{r_B}$，分别是质点在起始位

置 A 和末位置 B 的万有引力势能.(3-19)式说明:万有引力做的功等于质点在始、末位置的万有引力势能的增量的负值.若万有引力做正功,则万有引力势能减小;若万有引力做负功,则万有引力势能增大.

以上我们讨论了三种势能,势能的概念的引入是以质点处于保守力场这一事实为根据的.由于保守力做功仅与始、末位置有关,而与运动路径无关,这说明空间的势能相对于一参考零势能点来讲是确定的、单值的.而零势能点的选择是任意的,势能的大小总是相对的,故我们讲某点的势能,必须指明零势能点才有意义,而物体在两个点之间的势能差,与零势能点的选择是无关的.

综合以上三种情况,我们得到一个普遍的结果,即保守力做的功,总是等于质点在始、末位置的势能的增量的负值.即

$$A = E_{p_1} - E_{p_2} = -\Delta E_p \tag{3-20}$$

对于一个元过程来讲,有

$$dA = -dE_p \tag{3-21}$$

3.2.4 势能曲线

势能与物体间的相对位置的关系描绘成的曲线,称为势能曲线.利用势能曲线可以求出质点在保守力场中各点受到的保守力的大小和方向.还可讨论质点在保守力场中的运动情况、平稳稳定性等问题,如图 3-13 所示,(a)~(c)分别是重力势能、弹性势能和万有引力势能曲线.

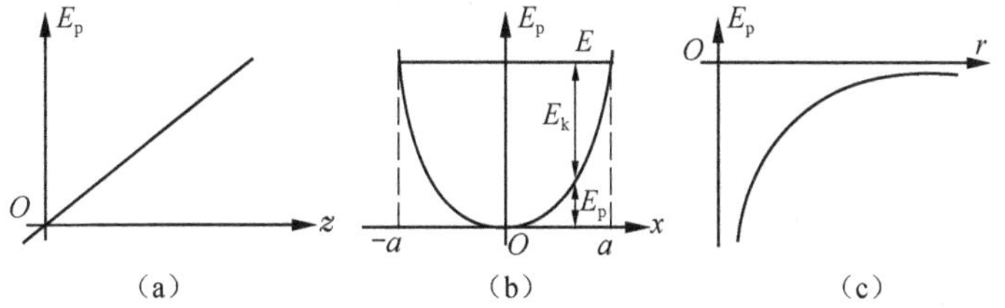

图 3-13 三种保守力的势能曲线

我们知道,保守力做的功等于保守力势能的增量的负值,即

$$A = -\Delta E_p$$

写成微分形式,有

$$dA = -dE_p$$

当质点在保守力 $\boldsymbol{F}$ 作用下,沿 x 方向有元位移 $dx\boldsymbol{i}$,则保守力的功

$$dA = \boldsymbol{F} \cdot d\boldsymbol{r} = \boldsymbol{F} \cdot dx\boldsymbol{i} = F_x dx = -dE_p$$

所以

$$F_x = -\frac{dE_p}{dx} \tag{3-22}$$

因此,保守力沿某一坐标轴的分量,等于势能对此轴坐标的导数的负值,导数$\frac{dE_p}{dx}$就是势能曲线在该点的斜率.

这就是保守力和势能之间的关系,在已知势能关系 $E_p(x、y、z)$的情况下,通过此式即可求得质点在保守力场中受到的保守力.

势能曲线在量子力学、原子物理、核物理、分子物理、固体物理等领域有非常重要的应用.

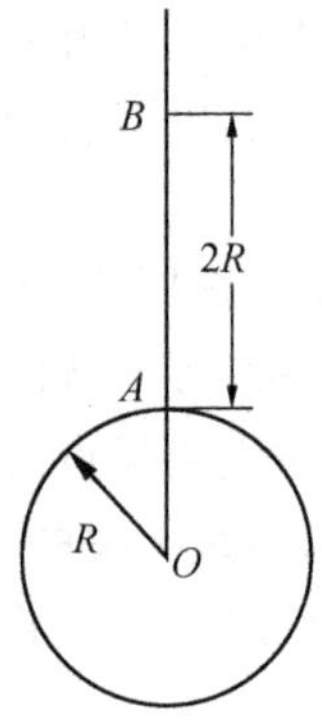

图3-14　势能的计算

例 3-6　已知地球半径为 R，质量为 M，现有一质量为 m 的物体，在离地面高为 $2R$ 处，以地球和物体为系统，问：

(1) 若取无限远处为势能零点，系统的万有引力势能是多少？

(2) 若取地面为势能零点，则系统万有引力势能又是多少(G 为万有引力常数)？

解　(1) 如图 3-14 所示，取无限远处为零势能点，把物体 m 沿径向以离地面 $2R$ 处移到无限远处，万有引力做的功，就是系统的万有引力势能的大小，即

$$E_{\mathrm{p}}=\int_{3R}^{\infty}-\frac{GMm}{r^2}\mathrm{d}r=-GMm\frac{1}{3R}$$

(2) 若选地面为零势能点，把物体 m 由离地面 $2R$ 处移到地面万有引力做的功也是此时系统的万有引力势能.

$$E_{\mathrm{p}}=\int_{3R}^{R}-\frac{GMm}{r^2}\mathrm{d}r$$

$$=\frac{GMm}{r}\Big|_{3R}^{R}=\frac{2GMm}{3R}$$

由题目的结果可以看到，势能的大小以及正负，取决于零势能点的选择，故势能是相对的.

复习思考题

3-3　为什么重力势能 $E_{\mathrm{p}}=mgz$ 可正、可负，而万有引力势能 $E_{\mathrm{p}}=-\frac{GMm}{r}$ 只有负值？

3-4　在弹性限度内，如果将弹簧的伸长量增大到原来的两倍，那么弹性势能是否也增大到原来的两倍？

3-5　非保守力做功总是负的，对吗？举例说明.

3.3　功能原理　机械能守恒定律

机械能守恒定律

前边讨论了单个质点的动能定理，对于多个质点构成的系统，力做功的情况又如何呢？这一节我们先讨论质点系的动能定理，再考虑保守力做功和势能的关系，然后得到功能原理，最后讨论机械能守恒定律.

3.3.1　质点系的动能定理

设一个由 n 个质点构成的系统，其中第 i 个质点质量为 m_i，初动能 $E_{\mathrm{k}i1}=\frac{1}{2}m_iv_{i1}^2$，末动能 $E_{\mathrm{k}i2}=\frac{1}{2}m_iv_{i2}^2$，并假设作用在第 i 个质点上的力对它做的功为 A_i，根据质点的动能定理，可得

$$A_i=\frac{1}{2}m_iv_{i2}^2-\frac{1}{2}m_iv_{i1}^2$$

对系统内所有的质点都可用到动能定理，然后将它们相加，得

$$\sum_{i=1}^{n}A_i=\sum_{i=1}^{n}\frac{1}{2}m_iv_{i2}^2-\sum_{i=1}^{n}\frac{1}{2}m_iv_{i1}^2 \qquad (3\text{-}23)$$

式中，$\sum_{i=1}^{n}\frac{1}{2}m_iv_{i2}^2$ 是系统内所有质点的末动能之和，用 E_{k2} 表示，$\sum_{i=1}^{n}\frac{1}{2}m_iv_{i1}^2$ 是系统内所有质点的初动能之和，用 E_{k1} 表示，$\sum_{i=1}^{n}A_i$ 是系统内所有质点受到的力所做的总功，用 A 表示，所以上式可写成

$$A = E_{k2} - E_{k1} \tag{3-24}$$

(3-24)式说明：作用在质点系上的所有力所做的功，等于该质点系的动能的增量，这称为质点系的动能定理.

我们可以将作用在质点系上的全部力分成外力和内力，它们做的功也可以分成外力做的功和内力做的功，用 $A_外$、$A_内$ 表示，这时(3-24)式可以改写成

$$A_外 + A_内 = E_{k2} - E_{k1} \tag{3-25}$$

此式说明：质点系的所有外力做的功和所有内力做的功之和等于质点系的动能的增量.

值得注意的是，由于系统的内力是成对出现的，且每一对内力满足牛顿第三定律，所以系统内所有质点受到的内力之矢量和是等于零的. 尽管如此，一般情况下，所有内力做的功之和并不是零，这一点特别重要.

在应用动能定理解决实际问题时，对于质点系来讲，不仅要考虑外力做的功，也要考虑内力做的功，它们都可以改变系统的动能.

3.3.2 质点系的功能原理

系统的内力可以分成保守力和非保守力，那么内力做的功同样可以分成保守力做的功 $A_{内保}$ 和非保守力做的功 $A_{内非}$，即

$$A_内 = A_{内保} + A_{内非}$$

由于保守力做的功等于系统势能的增量的负值，即

$$A_{内保} = -\Delta E_p = E_{p_1} - E_{p_2}$$

将以上两式代入(3-25)式，整理可得

$$A_外 + A_{内非} = (E_{k_2} + E_{p_2}) - (E_{k_1} + E_{p_1})$$

令 $E_2 = E_{k_2} + E_{p_2}$，$E_1 = E_{k_1} + E_{p_1}$，分别表示系统的末态和初态的机械能，即机械能等于系统的动能和势能之和.

$$E = E_k + E_p \tag{3-26}$$

这时系统的外力和内部非保守力做的功，应等于系统的机械能的增量，即

$$A_外 + A_{内非} = E_2 - E_1 \tag{3-27}$$

这个规律称为质点系的功能原理.

功和能量是有密切联系的，但又是有区别的，功总是和能量的变化与转换过程相联系，功是能量变化与转换的一种量度，而能量是代表物体系统在一定状态下所具有的做功本领.

在机械运动范围内，我们讨论的能量仅是动能和势能，以后，我们还会讨论到其他的能量，如电磁能、热能等.

3.3.3 机械能守恒定律

由质点系的功能原理(3-27)式可以看出，当 $A_外 + A_{内非} = 0$ 时，

$$E_1 = E_2 \tag{3-28a}$$

或

$$E = E_k + E_p = \text{常量} \tag{3-28b}$$

称为系统的机械能守恒定律.

上式的物理意义是:如果作用在质点系统上的外力和内部的非保守力不做功,或者它们做的功的和总是等于零,则系统的机械能守恒.

我们讨论的机械能守恒定律是以牛顿运动定律为基础的,但并不是说机械能守恒定律是从属于牛顿运动定律的.实际上,机械能守恒定律是与时间对称性相联系的,是独立于牛顿运动定律的自然界中普适的定律.

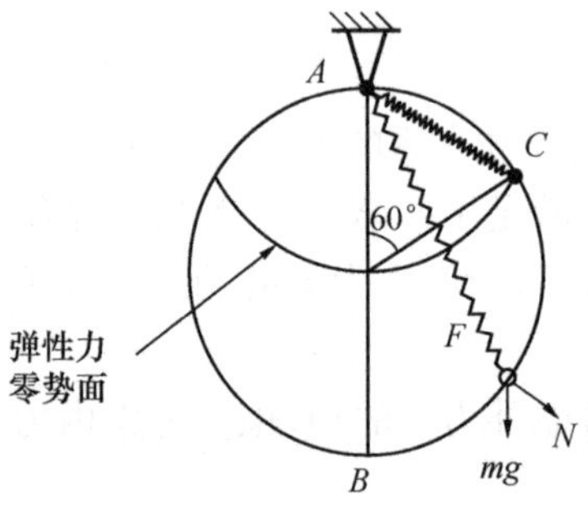

图 3-15　例 3-7 图

例 3-7　一重物质量为 m,悬挂于弹簧上,如图 3-15 所示,弹簧的劲度系数为 k,其另一端固定在铅直面内圆环的最高点 A 上,设弹簧的原长与圆半径 R 相等,求重物从弹簧原长 C 点无初速地沿着圆环滑至最低点 B 时所获得的动能,设摩擦力不计.

解　以重物为研究对象,在重物滑动过程中,受重力、弹簧力、环对重物的支持力的作用,而支持力又不做功,重力和弹力是保守力,故在滑动过程中弹簧和重物构成的系统机械能守恒.

取过 B 点的水平面为重力势能零点,以 A 为中心,以弹簧原长为半径的球面为弹性势能零点.

在 C 点,重物动能为零,弹性势能为零,重力势能为 $mg(R+R\cos60°)$,在 B 点,动能为 E_{kB},弹性势能为$\frac{1}{2}kR^2$,重力势能为零,由机械能守恒得

$$E_{kB} + \frac{1}{2}kR^2 = mg(R + R\cos60°)$$

由此得

$$E_{kB} = \frac{3}{2}mgR - \frac{1}{2}kR^2$$

例 3-8　质量为 m 的小车,无摩擦地沿着如图 3-16 所示的轨道滑动,欲使小车在轨道的全程内不出轨,问小车至少应从多高的地方滑下?

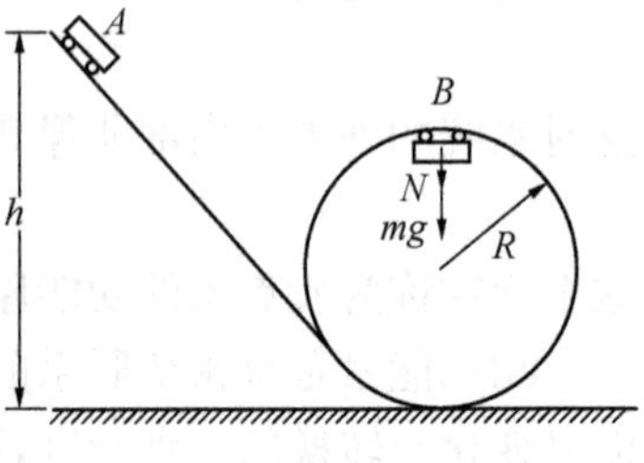

图 3-16　例 3-8 图

解　小车在圆周轨道最高点 B 受到重力 mg 和轨道对它的支持力 N 的作用,具有速率 v_B,由圆周运动中牛顿第二定律得

$$N + mg = m\frac{v_B^2}{R}$$

小车在最高点不出轨的条件是 $N \geqslant 0$,若 $N=0$,则可以得到

$$mg = m\frac{v_B^2}{R}$$

所以小车出轨的临界速度

$$v_B = \sqrt{gR}$$

选小车和地球构成的系统为研究对象，轨道最低点所在平面为重力势能零点，由机械能守恒得，A、B 两位置系统的机械能相等，即

$$mgh = mg \cdot 2R + \frac{1}{2}mv_B^2$$

将 $v_B = \sqrt{gR}$ 代入上式，可得小车下滑的最小高度为

$$h = \frac{5}{2}R$$

我们注意到：当 $h=\frac{5}{2}R$，小车在运动到 B 点时仅受重力作用，其作用效果是作为圆周运动的向心力；当 $h>\frac{5}{2}R$ 时，在 B 点小车除重力外，还会受到轨道向下的作用力，但不会出轨；而当 $h<\frac{5}{2}R$ 时，在 B 点重力已不能维持圆周运动，故会出轨.

复习思考题

3-6 作用在质点系上各质点的非保守力在运动过程中所做的总功为零，问该质点系的机械能是否一定守恒？

3-7 一弹性物体自由落下，并观察它跳回到原来高度或原来高度的一半的状态或过程，从该观察中能得出什么结论？

3-8 质点在均质球内任一点受到的万有引力势能是否可用叠加原理计算？如果可以，必须先解决什么问题？

3.4 能量守恒定律

前面讨论的机械能守恒定律，主要是指系统在运动过程中动能和势能所遵循的规律. 在外力和内部的非保守力不做功或它们做的总功为零的情况下，动能和势能之间能量可以相互转化，但总能量保守不变. 但如果这时有非保守力(如摩擦力)做功，那么系统的机械能将发生变化，不再守恒，将会有一部分能量转化为热能.

大量的事实证明：对于不受外界影响的封闭系统，能量既不会产生，也不能消失，只能以一种形式转换成另一种形式，从系统内的一个物体转移到另一个物体上，但总的能量，包括机械能、热能等，是不会变化的，这就是能量守恒定律. 能量守恒定律是物理学中最重要，最普遍的定律之一，它适用于任何变化过程，不论是机械的、热学的，还是电磁的、原子的、原子核的、化学的甚至生物过程等. 这个定律表明，一个物体或系统的能量发生变化，必然伴随另一物体或系统的能量变化，而这种变化是通过做功来实现的，能量变化的多少在量值上是用功的大小来体现的，所以我们常说：功是能量变换的量度.

能的转换与守恒定律有一个优点：就是不究过程细节而能对系统的状态下结论. 对于一个有待研究的物理过程，物理学家总是先用守恒定律来研究其规律，而不涉及其过程细节，这是因为我们不必知道过程细节，或者说，由于系统太复杂，我们根本不知道其过程细节，只有当守恒定律没有解决我们所研究的问题时，我们才会涉及系统变化的过程细节.

值得注意的是：我们不能把功和能量等同起来，功是和状态变化过程联系在一起的，是过程量，而能量是和系统的状态有关的，是系统状态的函数.

习　题

3-1　选择题.

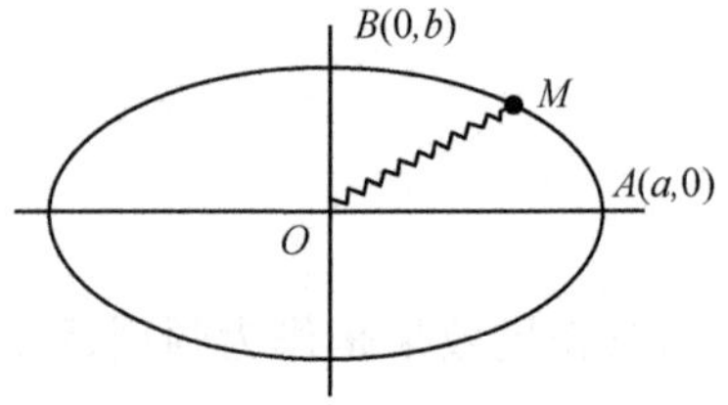

习题 3-1(1)图

(1) 质点 M 与一固定的轻弹簧相连接，并沿椭圆轨道运动，如习题 3-1(1)图所示，已知椭圆的长半轴和短半轴分别为 a 和 b，弹簧原长 $l_0(a>l_0>b)$，劲度系数为 k，则质点由 A 运动到 B 的过程中，弹性力所做的功为(　　).

(A) $\frac{1}{2}ka^2-\frac{1}{2}kb^2$　　(B) $\frac{1}{2}k(a-l_0)^2-\frac{1}{2}k(l_0-b)^2$

(C) $\frac{1}{2}k(a-b)^2$　　(D) $\frac{1}{2}k(l_0-b)^2-\frac{1}{2}k(a-l_0)^2$

(2) 质量为 m 的质点在外力作用下，其运动方程为 $\boldsymbol{r}=A\cos\omega t\boldsymbol{i}+B\sin\omega t\boldsymbol{j}$，式中 A、B、ω 都是正的常数，则力在 $t_1=0$ 到 $t_2=\frac{\pi}{2\omega}$ 这段时间内所做的功为(　　).

(A) $\frac{1}{2}m\omega^2(A^2+B^2)$　　(B) $m\omega^2(A^2+B^2)$　　(C) $\frac{1}{2}m\omega^2(A^2-B^2)$　　(D) $m\omega^2(A^2-B^2)$

(3) 关于质点系内各质点相互作用的内力做功问题，以下说法中正确的是(　　).

(A) 一对内力所做的功之和一定为零

(B) 一对内力所做的功之和不一定为零

(C) 一对内力所做的功之和一般不为零，但不排除为零的情况

(D) 一对内力所做的功之和是否为零，取决于参考系的选择

3-2　填空题.

(1) 一质点在二恒力作用下，位移为 $\Delta\boldsymbol{r}=3\boldsymbol{i}+8\boldsymbol{j}$(SI)，在此过程中，动能增量为 24J，已知其中一恒力 $\boldsymbol{F}_1=12\boldsymbol{i}-3\boldsymbol{j}$(SI)，则另一恒力做的功为________.

(2) 质量为 m 和 M 的两质点间存在万有引力，初始时刻两质点相距无穷远，然后两质点沿连线相向运动，当它们的距离为 r 时，相对速度的大小为________.

(3) 如习题 3-2(3)图所示，质量 $m=2$kg 的物体从静止开始，沿 $\frac{1}{4}$ 圆弧由 A 滑到 B，在 B 处的速度大小为 $v=6$m/s，已知圆半径 $R=4$m，则物体由 A 滑到 B 的过程中，摩擦力对它做的功 $A=$________(B 为圆弧最低点).

(4) 如习题 3-2(4)图所示，质量为 m 的小球系在劲度系数为 k 的轻弹簧的一端，弹簧的另一端固定在 O 点，开始时，弹簧处于水平位置 A 且处于自然长度 l_0. 小球由位置 A 释放，下落到 O 点正下方位置 B 时，弹簧长度为 l，则小球到达 B 点时的速度大小 $v_B=$________.

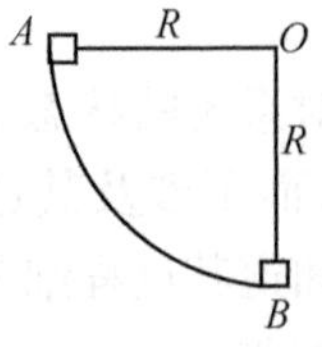

习题 3-2(3)图

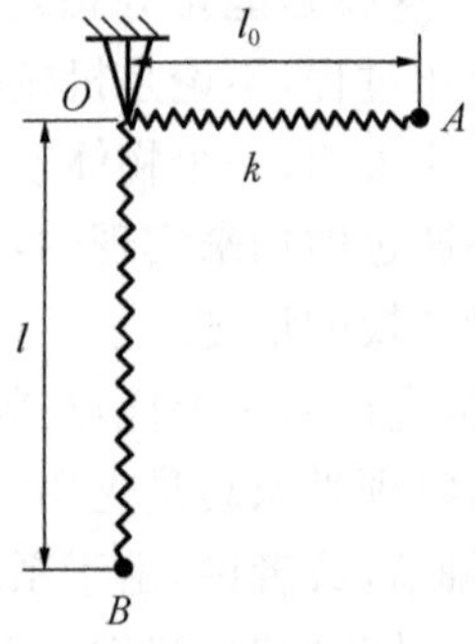

习题 3-2(4)图

(5) 如习题 3-2(5)图所示，一人造地球卫星绕地球做椭圆轨道运动，近地点为 A，远地点为 B，A、B 两点距

地心的距离分别为 r_1、r_2，设卫星质量为 m，地球质量为 M，万有引力常数为 G，则卫星在 A、B 两点处的万有引力势能之差 $E_{pB}-E_{pA}=$________，卫星在 A、B 两点的动能之差 $E_{kA}-E_{kB}=$________.

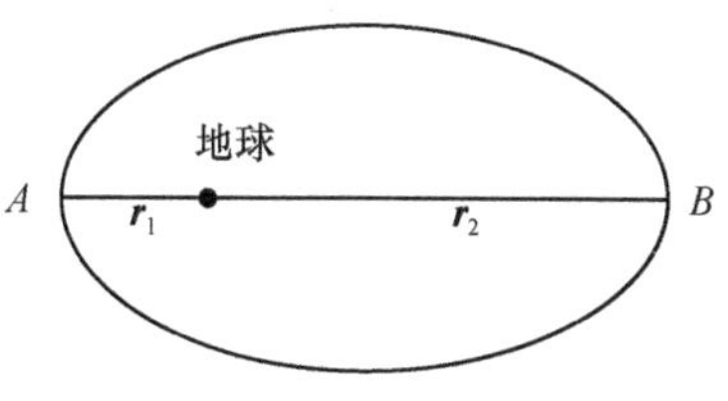

习题 3-2(5)图

3-3　一物体按规律 $x=ct^3$ 做直线运动，设介质对物体的阻力 $f=kv^2$，试求物体由 $x_1=0$ 运动到 $x_2=l$ 时，阻力所做的功. k 为常数.

3-4　一人从 10m 深的井中提水，起始时桶中装有 10kg 的水，由于水桶漏水，每升高 1m 要漏去 0.2kg 的水，求水桶从井中匀速提升到井口，人所做的功.

3-5　一颗速率为 700m/s 的子弹，打穿一块木板后速率降低为 500m/s，如果让它继续穿过与第一块完全相同的第二块木块，则穿过后子弹速率降到多少？

3-6　如习题 3-6 图所示，一根总长为 l，质量为 m 的均质铁链，开始时，下垂长度为 a. 其余放在桌面上. 设链条和桌面的滑动摩擦系数为 μ. 令链条由静止开始运动，则

(1) 到链条离开桌面的过程中，摩擦力对链条做了多少功？

(2) 链条离开桌面时的速率是多少？

3-7　一轻弹簧劲度系数为 $k=100\text{N/m}$，用手推一质量 $m=0.1\text{kg}$ 的物体 A 把弹簧压缩到离开平衡位置为 $x_1=0.02\text{m}$ 处，如习题 3-7 图所示，放手后，物体沿水平方向移动距离 $x_2=0.1\text{m}$ 而停下. 求物体与水平面间的滑动摩擦系数.

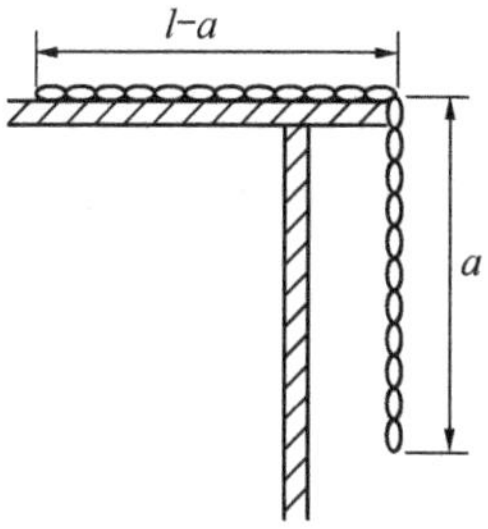

习题 3-6 图

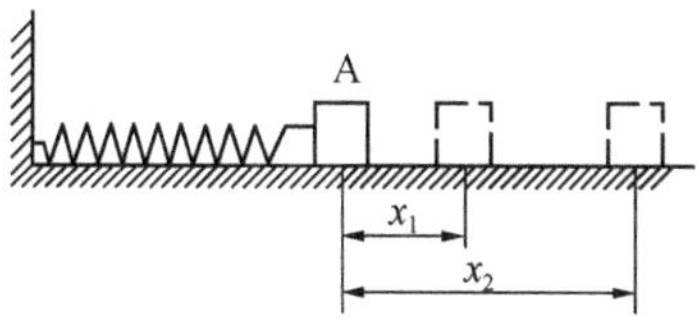

习题 3-7 图

3-8　在倾角为 θ 的光滑斜面上固定一轻弹簧，劲度系数为 k，下挂一质量为 m 的物体，如习题 3-8 图所示，若以物体的平衡位置为坐标原点和势能零点，则物体在任一位置 x 处的势能为多少？

3-9　一劲度系数为 k 的轻质弹簧一端固定于墙上，另一端系一质量为 m_A 的物体 A，放在光滑水平面上，当把弹簧压缩 x_0 后，再靠着物体 A 放一质量 m_B 的物体 B，如习题 3-9 图所示，开始时. 由于外力的作用，系统处于静止. 若撤去外力. 试求 A 与 B 离开时 B 运动的速度和 A 能达到的最大距离.

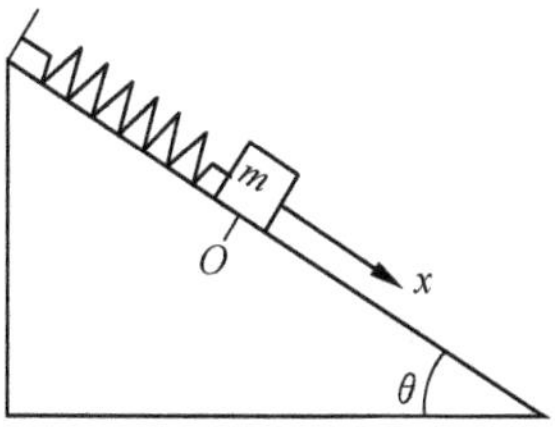

习题 3-8 图

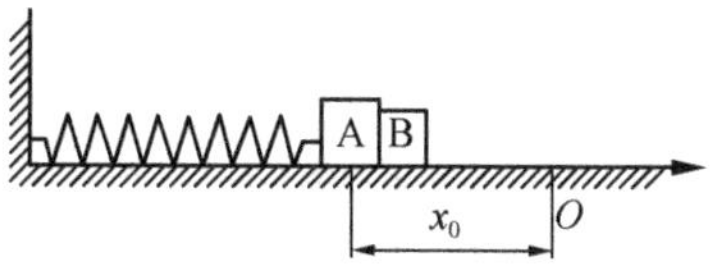

习题 3-9 图

第 4 章　动量守恒　角动量守恒

第 3 章从力对空间的累积效应出发，研究了外力对质点做功与质点动能变化之间的关系，得到动能定理、能量守恒定律. 本章从力对时间的累积效应出发，讨论质点受外力作用一段时间后，质点的动量变化与外力冲量之间的关系，即动量定理；然后讨论合外力为零时，质点系动量变化所遵循的规律，即动量守恒定律；最后讨论角动量在质点受外力作用中所遵循的规律——角动量定理和角动量守恒定律.

4.1　冲量　动量　动量定理

动量定理

动量定理的应用

通过对牛顿运动定律的讨论，我们知道了力是改变物体运动状态的根本原因，而且物体状态的变化取决于物体的质量和速度这两个物理量，所以我们把物体的质量与其速度的乘积定义为一个新的物理量——动量 $\boldsymbol{p}$. 即

$$\boldsymbol{p} = m\boldsymbol{v}$$

在牛顿第二定律中，牛顿的描述是：质点受到的合外力，等于质点的动量对时间的变化率. 即

$$\boldsymbol{F} = \frac{\mathrm{d}(m\boldsymbol{v})}{\mathrm{d}t} = \frac{\mathrm{d}\boldsymbol{p}}{\mathrm{d}t}$$

把上式改写成

$$\boldsymbol{F} \cdot \mathrm{d}t = \mathrm{d}\boldsymbol{p} = \mathrm{d}(m\boldsymbol{v}) \tag{4-1}$$

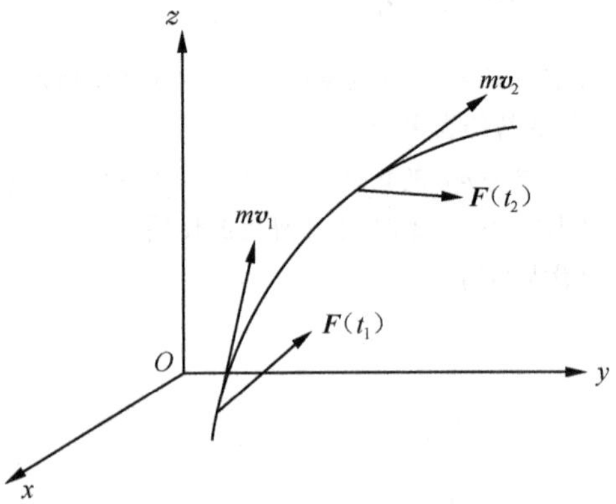

图 4-1　力对时间的累积

式中 $\boldsymbol{F} \cdot \mathrm{d}t$ 称为合外力 $\boldsymbol{F}$ 的**元冲量**，即作用在物体的合外力与它的作用时间的乘积. 上式表明：**质点动量的微分等于作用在质点上的合外力的元冲量**，这就是质点动量定理的微分形式.

一般情况下，力 $\boldsymbol{F}$ 是随时间变化的. 设质点在一变力 $\boldsymbol{F}$ 的作用下沿任一曲线运动，t_1 时刻的动量为 $\boldsymbol{p}_1 = m\boldsymbol{v}_1$，$t_2$ 时刻的动量为 $\boldsymbol{p}_2 = m\boldsymbol{v}_2$，如图 4-1 所示. 将(4-1)式在 t_1 到 t_2 时间内积分，得

$$\boldsymbol{p}_2 - \boldsymbol{p}_1 = m\boldsymbol{v}_2 - m\boldsymbol{v}_1 = \int_{t_1}^{t_2} \boldsymbol{F} \cdot \mathrm{d}t \tag{4-2}$$

式中 $\int_{t_1}^{t_2} \boldsymbol{F} \cdot \mathrm{d}t$ 是在时间 $t_2 - t_1$ 内外力 $\boldsymbol{F}$ 的所有元冲量的矢量和，称为 $\boldsymbol{F}$ 力在时间 $t_2 - t_1$ 内的冲量. 用 $\boldsymbol{I}$ 表示，即

$$\boldsymbol{I} = \int_{t_1}^{t_2} \boldsymbol{F} \cdot \mathrm{d}t \tag{4-3}$$

(4-2)式表示：**物体所受到的合外力在某一段时间内的冲量，等于在该段时间内物体的动量的增量. 这就是质点动量定理的积分形式.**

(4-2)式在直角坐标系中各坐标轴上的投影式为

$$\left.\begin{aligned} p_{2x}-p_{1x}=mv_{2x}-mv_{1x}=\int_{t_1}^{t_2}F_x\,\mathrm{d}t \\ p_{2y}-p_{1y}=mv_{2y}-mv_{1y}=\int_{t_1}^{t_2}F_y\,\mathrm{d}t \\ p_{2z}-p_{1z}=mv_{2z}-mv_{1z}=\int_{t_1}^{t_2}F_z\,\mathrm{d}t \end{aligned}\right\} \tag{4-4}$$

上式表明:**质点的动量在某一坐标轴上的投影的增量.等于作用在该质点上的合外力在该坐标轴上的投影在同一时间段内的冲量.**

在国际单位制中,冲量的单位是 N·s,动量的单位是 kg·m/s.

在应用动量定理的时候,要注意其中的力是质点受到的合外力,而不是质点受到的某一分力,只有合外力的冲量才等于质点的动量的增量.同时,冲量的方向也是瞬时变化的,和力的方向一般亦不相同,只有当力的方向恒定不变时,冲量的方向才和力的方向一致.

在质点受外力的运动过程中,其中间态其实是很复杂的,但不管怎样,它总是遵守动量定理,不管怎样复杂,冲量总是等于质点动量的增量,与中间细节没有关系,常利用这一结果求质点受到合外力的冲量,而用 $\boldsymbol{I}=\int\boldsymbol{F}\cdot\mathrm{d}t$ 求解冲量反而比较复杂困难些.

动量定理是在牛顿第二定律的基础上得到的,所以它也只在惯性系中成立,但与惯性系的选择无关.

一般情况下,由于作用在物体上的力是随时间变化的,在冲击碰撞等过程中相互作用的时间又很短,所以作用力很大且变化很快,这种力一般称为冲力.由于冲力随时间变化比较复杂,很难确定力随时间的变化关系,故常用平均冲力来代替.定义为

$$\overline{\boldsymbol{F}}=\frac{1}{t_2-t_1}\int_{t_1}^{t_2}\boldsymbol{F}\mathrm{d}t \tag{4-5}$$

一般来讲,在力的作用时间 t_2-t_1 内,平均冲力 $\overline{\boldsymbol{F}}$ 的冲量等于变力在同一时间段内的冲量,即 $\overline{\boldsymbol{F}}(t_2-t_1)=\int_{t_1}^{t_2}\boldsymbol{F}\cdot\mathrm{d}t$.

图 4-2 是冲力 $\boldsymbol{F}$ 的大小随时间的变化曲线,可以看到力的变化很快,很难确定它的变化规律,这时我们就用平均冲力来代替它.根据平均冲力的定义,它的冲量应和冲力在该段时间内的冲量相同.由图可以看出 $\boldsymbol{F}$ 在 t_1 到 t_2 时间内的冲量等于曲线下包围的面积,所以只要让 $\overline{\boldsymbol{F}}$ 和 $\boldsymbol{F}(t)$ 在 (t_1,t_2) 内包围的面积相同,这时的力 $\overline{\boldsymbol{F}}$ 就是平均冲力.用不变的平均冲力代替变化的冲力,而不改变冲量的大小和方向,从而使问题简化.

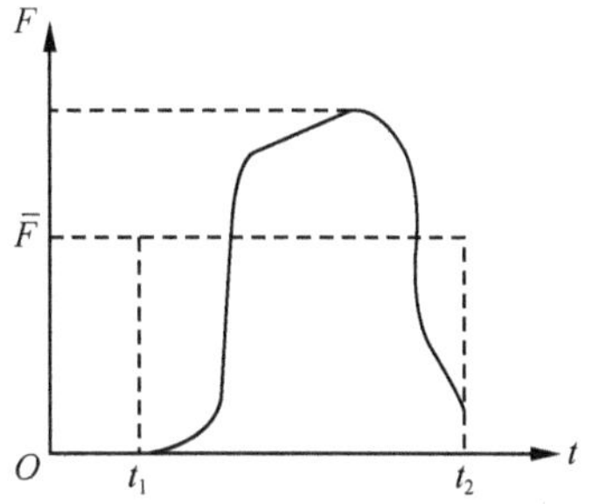

图 4-2 冲力 $\boldsymbol{F}$ 与时间的关系曲线

在日常生活中,有些地方需要增大冲力,如用铁锤钉钉子,铁锤受到钉子对它的冲量作用,要想使这种冲力尽可能的大,则铁锤的动量必须在很短的时间内变为零.只有作用时间很短,铁锤受到的冲力才会很大,而根据牛顿第三定律,钉子受到的反冲也会很大,所以钉子才会被钉进去.而有些地方不需要冲力,需减小冲力,如火车车厢两端的缓冲器和车厢底部的减震器用来延长力的作用时间以减小冲力.

例 4-1 一个质量 $m=140\mathrm{g}$ 的垒球以 $v=40\mathrm{m/s}$ 的速率水平方向飞向击球手,被击后,以相

同的速率沿 $\theta=60°$ 的仰角飞出，求垒球受棒的平均作用力. 垒球和棒的相互作用时间 $\Delta t=1.2$ms. 垒球被击打前后的速率分别用 v_1，v_2 表示.

解　(1) 用动量定理分量式求解，建立如图 4-3 所示的坐标系，利用(4-4)式的分量式得垒球受棒的作用力的 x 方向分量为

$$F_x=\frac{mv_{2x}-mv_{1x}}{\Delta t}=\frac{mv\cos\theta-m(-v)}{\Delta t}=\frac{0.14\times40(\cos60°+1)}{1.2\times10^{-3}}=7.0\times10^3(\mathrm{N})$$

作用力的 y 方向分量为

$$F_y=\frac{mv_{2y}-mv_{1y}}{\Delta t}=\frac{mv\sin\theta}{\Delta t}=\frac{0.14\times40\times\sin60°}{1.2\times10^{-3}}=4.0\times10^3(\mathrm{N})$$

所以球受到棒的平均打击力大小为

$$F=\sqrt{F_x^2+F_y^2}=\sqrt{7.0^2+4.0^2}\times10^3=8.1\times10^3(\mathrm{N})$$

以 α 表示此力和 x 轴正向的夹角，见图 4-4，所以有

$$\tan\alpha=\frac{F_y}{F_x}=\frac{4.0\times10^3}{7.0\times10^3}=0.57\quad 或\quad \alpha=\arctan0.57=30°$$

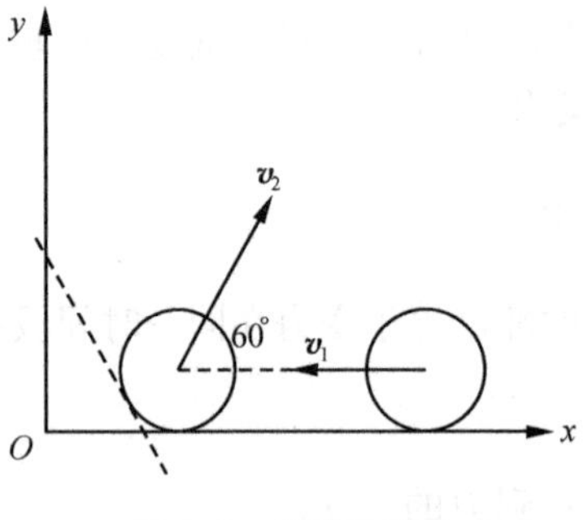

图 4-3　垒球的运动

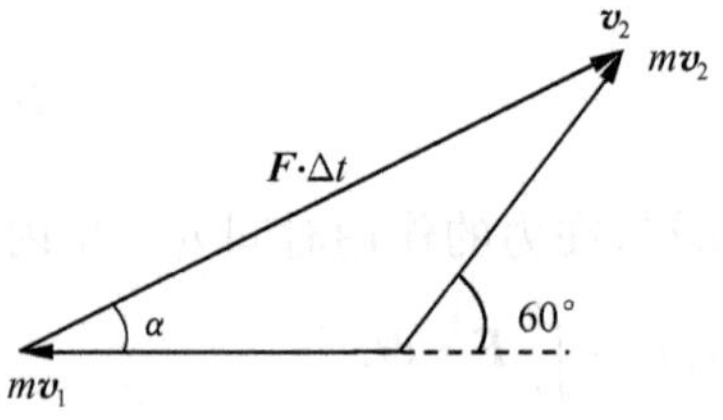

图 4-4　动量定理

(2) 利用矢量(4-3)式求解，如图 4-4 初动量 $m\boldsymbol{v}_1$，末动量 $m\boldsymbol{v}_2$ 和冲量 $\boldsymbol{F}\Delta t$ 构成矢量三角形，其中 $mv_1=mv_2=mv$. 由等腰三角形知，$\boldsymbol{F}$ 与 x 轴正向夹角为 $\alpha=\theta/2=30°$ 且 $|\boldsymbol{F}\Delta t|=2mv\cos\alpha$. 所以

$$|\boldsymbol{F}|=\frac{2mv\cos\alpha}{\Delta t}=\frac{2\times0.14\times40\times\cos30°}{1.2\times10^{-3}}=8.1\times10^3(\mathrm{N})$$

注意到此力约为垒球自重的 5900 倍.

例 4-2　质量为 m 的均质柔软链条，长为 L，上端悬挂，下端刚和地面接触，见图 4-5，现由于悬挂点松脱使链条自由下落，试求链条下落长度为 l 时，链条对地面的作用力.

解　根据题意,链条单位长度的质量 $\lambda=\frac{m}{L}$. 落到地面长度为 l 时,绳子的速度 $v=\sqrt{2gl}$. 考虑此后 $\mathrm{d}t$ 时间间隔内有一质元 $\mathrm{d}m=\lambda\cdot\mathrm{d}x$ 的绳子落到地面,$\mathrm{d}x=v\cdot\mathrm{d}t$,所以

$$\mathrm{d}m=\lambda\cdot\mathrm{d}x=\frac{m}{L}\cdot v\cdot\mathrm{d}t$$

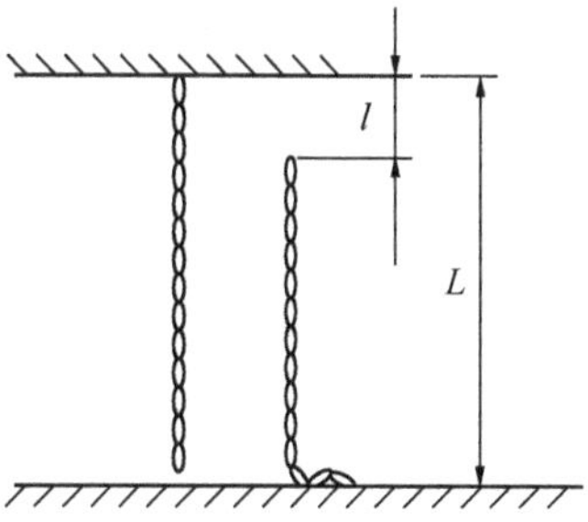

图 4-5　例 4-2 图

在 $\mathrm{d}m$ 与地面接触前瞬间,速率为 v,落地后速率为 0,选向下为正方向,由动量定理知,地面对 $\mathrm{d}m$ 的作用力的冲量为 $F\mathrm{d}t$ 与重力冲量 $\mathrm{d}mg\cdot\mathrm{d}t$ 之和,应等于动量的增量

$$-F\mathrm{d}t+\mathrm{d}mg\cdot\mathrm{d}t=0-\mathrm{d}mv=-\frac{m}{L}v\mathrm{d}t\cdot v$$

忽略二阶无穷小量,所以

$$F=\frac{m}{L}v^2=\frac{2mgl}{L}$$

同时,$\mathrm{d}m$ 对地的作用力 $\boldsymbol{F}'$ 和 $\boldsymbol{F}$ 大小相等,方向相反. 所以地面受到 $\mathrm{d}m$ 的冲力大小 $F'=\frac{2mgl}{L}$. 除了冲力以外,落在地面上的长为 l 的一段绳子对地还有压力 N',其大小为

$$N'=\lambda\cdot l\cdot g=\frac{m}{L}gl.$$

所以作用在地面的总的作用力大小为

$$N=F'+N'=3\,\frac{mgl}{L}$$

复习思考题

4-1　质量为 m 的小球,以水平速度 v_0 向墙壁掷去,碰后以相同的速度沿水平方向弹回,在碰撞过程中,小球的动量增量是多少? 小球对墙壁的冲量如何? 方向如何?

4-2　质量为 m 的质点,做无阻力抛体运动,如思考题 4-2 图所示,已知初速度为 $\boldsymbol{v}_0$,方向与地面的夹角 $\theta=45°$. 试求质点从 O 点运动到 O' 点的过程中,作用于质点上的合力的冲量.

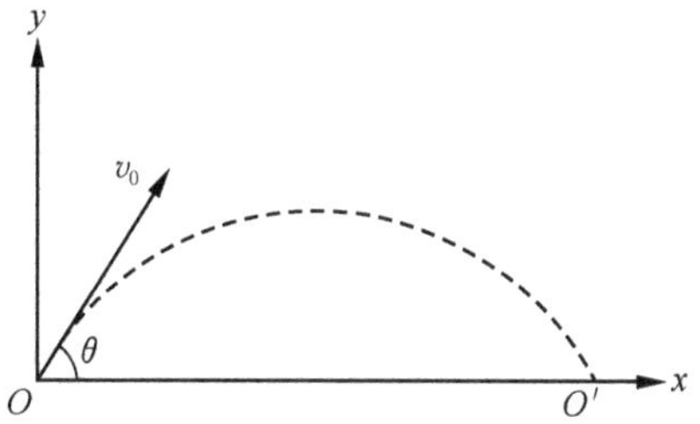

思考题 4-2 图

质点系的动量定理

4.2　质点系的动量定理

在实际问题的研究中,常要把相互作用的很多质点作为一个整体来考虑,就是所谓的质点

系，质点系内所有质点的动量矢量之和称为质点系的动量.

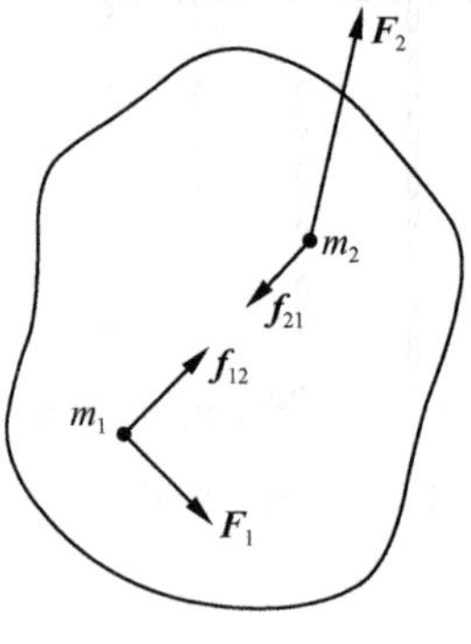

图 4-6　质点系的内外力

设有 n 个质点，质量分别为 $m_1, m_2, \cdots, m_n$，在 t 时刻的速度分别为 $\boldsymbol{v}_1, \boldsymbol{v}_2, \cdots, \boldsymbol{v}_n$，则 t 时刻质点系的动量用 $\boldsymbol{p}$ 表示，即

$$\boldsymbol{p} = \sum_{i=1}^{n} m_i \boldsymbol{v}_i \tag{4-6}$$

先以两个质点组成的系统为例，如图 4-6 所示，在 t 时刻：m_1 质点和 m_2 质点的速度分别为 $\boldsymbol{v}_1$、$\boldsymbol{v}_2$，所受到的外力的合力分别为 $\boldsymbol{F}_1$、$\boldsymbol{F}_2$，m_1、m_2 质点之间的相互作用力分别为 $\boldsymbol{f}_{21}$ 和 $\boldsymbol{f}_{12}$，设 t_0 时刻，m_1、m_2 两个质点的速度分别为 $\boldsymbol{v}_{10}$、$\boldsymbol{v}_{20}$，对质点 m_1 应用质点的动量定理，由(4-1)式得

$$\mathrm{d}(m_1 \boldsymbol{v}_1) = (\boldsymbol{F}_1 + \boldsymbol{f}_{12}) \cdot \mathrm{d}t$$

同理对 m_2 应用动量定理，得

$$\mathrm{d}(m_2 \boldsymbol{v}_2) = (\boldsymbol{F}_2 + \boldsymbol{f}_{21}) \cdot \mathrm{d}t$$

对于 m_1、m_2 两个质点构成的质点系来讲，将上述两式相加，注意到 $\boldsymbol{f}_{12}$ 和 $\boldsymbol{f}_{21}$ 是 m_1、m_2 两个质点之间的相互作用力，且 $\boldsymbol{f}_{12} + \boldsymbol{f}_{21} = 0$ 可得

$$\mathrm{d}(m_1 \boldsymbol{v}_1) + \mathrm{d}(m_2 \boldsymbol{v}_2) = (\boldsymbol{F}_1 + \boldsymbol{F}_2)\mathrm{d}t \tag{4-7}$$

不难理解，对于 n 个质点构成的质点系来讲，由于系统内所有质点之间相互作用力的矢量和为零，所以可以得到下式：

$$\sum_{i=1}^{n} \mathrm{d}(m_i \boldsymbol{v}_i) = \sum_{i=1}^{n} \boldsymbol{F}_i \mathrm{d}t$$

或写成

$$\mathrm{d}\sum_{i=1}^{n} m_i \boldsymbol{v}_i = \sum_{i=1}^{n} \boldsymbol{F}_i \mathrm{d}t \tag{4-8}$$

上式说明：**质点系动量的微分等于作用在质点系上所有外力的元冲量的矢量和，这就是质点系动量的微分式.**

将上式投影到三维直角坐标轴上，可以得到

$$\left.\begin{aligned} \mathrm{d}\sum_{i=1}^{n} m_i v_{ix} &= \sum_{i=1}^{n} F_{ix}\mathrm{d}t \\ \mathrm{d}\sum_{i=1}^{n} m_i v_{iy} &= \sum_{i=1}^{n} F_{iy}\mathrm{d}t \\ \mathrm{d}\sum_{i=1}^{n} m_i v_{iz} &= \sum_{i=1}^{n} F_{iz}\mathrm{d}t \end{aligned}\right\} \tag{4-9}$$

上式说明：**质点系动量沿某一坐标轴的投影的微分，等于作用在质点系上所有合外力在同一坐标轴上投影的元冲量的代数和.**

在 t_0 到 t 时间内，对(4-8)式积分得

$$\sum_{i=1}^{n} m_i \boldsymbol{v}_i - \sum_{i=1}^{n} m_i \boldsymbol{v}_{i0} = \sum_{i=1}^{n} \int_{t_0}^{t} \boldsymbol{F}_i \mathrm{d}t$$

或写成

$$\boldsymbol{p} - \boldsymbol{p}_0 = \sum_{i=1}^{n} \boldsymbol{I}_i = \int_{t_0}^{t} \boldsymbol{F} \mathrm{d}t \tag{4-10}$$

式中，$\boldsymbol{F}=\sum_{i=1}^{n}\boldsymbol{F}_i$ 为质点系所受到的合外力.

上式说明：**在某一段时间内，质点系动量的增量，等于作用在质点系上所有外力在同一时间段内的冲量的矢量和，或等于作用在质点系的合外力在同一时间段内的冲量. 这就是质点系的动量定理.**

在三维直角坐标系下，由(4-10)式可得

$$
\begin{aligned}
p_x - p_{x_0} &= \sum_i I_{ix} = \int_{t_0}^{t} F_x \mathrm{d}t \\
p_y - p_{y_0} &= \sum_i I_{iy} = \int_{t_0}^{t} F_y \mathrm{d}t \\
p_z - p_{z_0} &= \sum_i I_{iz} = \int_{t_0}^{t} F_z \mathrm{d}t
\end{aligned} \tag{4-11}
$$

上式表明：**在某段时间内，质点系动量沿某一方向坐标轴的投影的增量，等于作用在质点系上的所有外力在同一时间段内的冲量在该坐标轴上的投影的代数和，或等于作用在质点系上的合外力在坐标轴上的投影的冲量.**

如果外力为恒力，质点系的动量定理可以写成

$$
\sum_{i=1}^{n} m_i \boldsymbol{v}_i - \sum_{i=1}^{n} m_i \boldsymbol{v}_{i0} = \sum_{i=1}^{n} \boldsymbol{F}_i (t - t_0) \tag{4-12}
$$

从质点系的动量定理可以看出，系统的内力不能改变质点系的动量，只有外力才可以改变系统的动量，但内力可以改变系统内某一质点的动量，也可以改变系统的动能. 例如，坐在自行车后座上的人，推骑车人并不能使人和车系统的动量变大或变小，即让车跑快或跑慢.

例 4-3 一装煤车以 $v=3\mathrm{m/s}$ 的速率从煤斗下面通过，如图 4-7 所示，每秒钟落入车厢的煤为 $\Delta m=500\mathrm{kg}$，如果使车厢的速率保持不变，应用多大的牵引力拉车厢(车厢与钢轨间的摩擦力不计)?

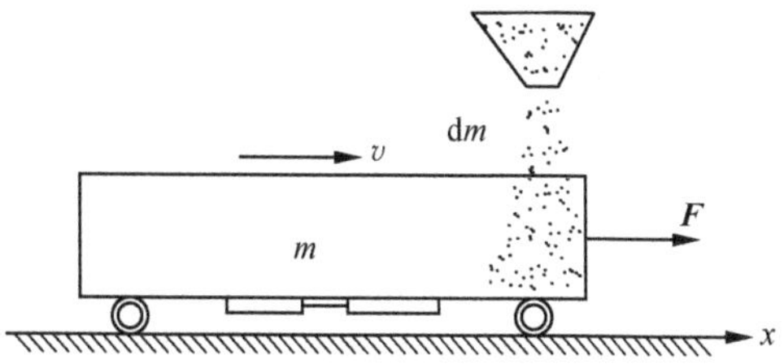

图 4-7 煤车自动装载示意图

解 设 t 时刻，车厢和落入车厢中的煤总质量为 m，在时间 $t\sim t+\mathrm{d}t$ 内，又有 $\mathrm{d}m$ 的煤落进车厢，取 m 和 $\mathrm{d}m$ 为研究对象(质点系)，则在 t 时刻的动量为

$$mv + \mathrm{d}m \cdot 0 = mv$$

在 $t+\mathrm{d}t$ 时刻的动量为

$$mv + \mathrm{d}m \cdot v = (m + \mathrm{d}m)v$$

在 $\mathrm{d}t$ 时间内，动量的增量为

$$\mathrm{d}p = \mathrm{d}m \cdot v$$

设车厢受到的牵引力为 $\boldsymbol{F}$，由动量定理得

$$\boldsymbol{F}\mathrm{d}t = \mathrm{d}\boldsymbol{p} = \mathrm{d}m \cdot \boldsymbol{v}$$

所以

$$
\begin{aligned}
\boldsymbol{F} &= \frac{\mathrm{d}m}{\mathrm{d}t}\boldsymbol{v} = 500 \times 3\boldsymbol{i} \\
&= 1.5 \times 10^3\, \boldsymbol{i}(\mathrm{N})
\end{aligned}
$$

复习思考题

4-3　内力可以改变质点系的动能，但为什么不能改变质点系的动量？

4-4　质点运动的动量与参考系的选择有关，那么动量定理与参考系的选择有关吗？为什么？

4.3　质点系动量守恒定律

4.3.1　质点系动量守恒定律

对于质点系来讲，如果系统所受到的所有外力的矢量和等于零，即

$$\sum_i \boldsymbol{F}_i = 0$$

由(4-8)式可得

$$\mathrm{d}\left(\sum_i m_i \boldsymbol{v}_i\right) = 0$$

即

$$\sum_i m_i \boldsymbol{v}_i = \text{常矢量} \tag{4-13}$$

上式表明：**如果作用在质点系上所有外力的矢量和为零，则该质点系的动量保持不变，这就是质点系的动量守恒定律.**

同样地，当 $\sum \boldsymbol{F}_i = 0$ 时，由于 $\sum\limits_i \boldsymbol{F}_i = \sum\limits_i F_{ix}\boldsymbol{i} + \sum\limits_i F_{iy}\boldsymbol{j} + \sum\limits_i F_{iz}\boldsymbol{k}$. 可以得到 $\sum\limits_i F_{ix} = 0$，$\sum\limits_i F_{iy} = 0$ 及 $\sum\limits_i F_{iz} = 0$，由(4-1)式得

$$\left.\begin{aligned} p_x &= \sum_i m_i v_{ix} = \text{常量}(F_x = 0\text{时}) \\ p_y &= \sum_i m_i v_{iy} = \text{常量}(F_y = 0\text{时}) \\ p_z &= \sum_i m_i v_{iz} = \text{常量}(F_z = 0\text{时}) \end{aligned}\right\}$$

上式说明：**如果作用在质点系上的所有外力沿某坐标轴投影的代数和为零，则该质点系的动量沿同一坐标轴的投影保持不变，这称为质点系动量沿坐标轴投影的守恒定律.**

同时，上式中两个或单个式子也可以单独成立，也就是说，只要质点系所受外力的合外力在某一个或两个轴上的投影为零，则系统动量沿该坐标轴投影就保持不变，在这种情况下，系统的总动量并不一定是守恒的.

动量守恒定律表明，只要质点系受到的合外力的矢量和为零，系统的动量就守恒，与系统的内力、内部运动的剧烈程度无关. 虽然如此，内力却可以改变质点系内各质点的动量，使系统内各质点的动量发生转移，这种转移反映了系统内质点的机械运动的转移，动量守恒反映了机械运动的守恒，系统和外界转移动量反映了系统和外界机械运动的交换.

动量守恒定律是从牛顿第二定律中推导出来的，但绝不是说动量守恒定律是牛顿第二定律的推论，它和牛顿运动定律之间是相互独立的，在有些牛顿运动定律已不成立的问题中，动量守恒定律仍然适用，而且在分子、原子等微观粒子运动中也成立.

在利用动量守恒定律求解具体问题时，必须相对同一惯性参考系来进行分析计算.

例 4-4 如图 4-8 所示，有一个 1/4 圆弧状滑槽形大物体滑块，质量为 M，停在光滑的水平面上，另一质量为 m 的物体自圆弧顶点由静止下滑，求当小物体下滑到底部时，大物体 M 在水平面上移动的距离.

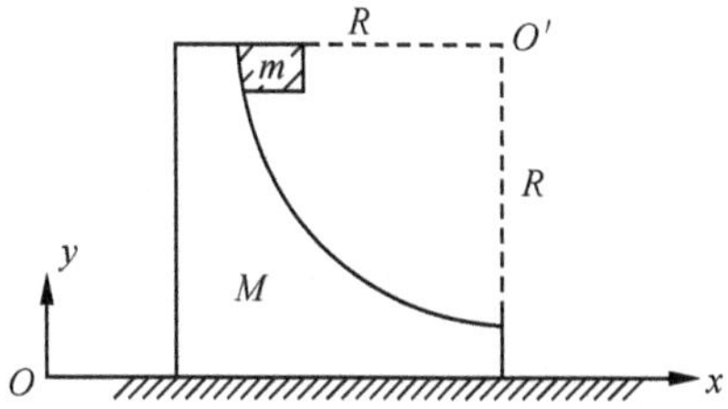

图 4-8 滑槽与滑块的相对移动

解 选如图 4-8 所示的坐标系，取 M 和 m 为研究系统，在 m 的下滑过程中，在水平方向系统受到的合外力为零，故在水平方向动量守恒.

设 $\boldsymbol{V}$ 和 $\boldsymbol{v}$ 分别表示 M 和 m 在任一时刻的速度，由水平方向动量守恒，得

$$0 = -MV + mv_x$$

故

$$mv_x = MV$$

对在下滑的时间 t 内积分，有

$$\int mv_x \mathrm{d}t = \int MV \mathrm{d}t$$

即

$$ms = MS$$

式中，$s = \int v_x \mathrm{d}t$，$S = \int V \mathrm{d}t$ 分别表示下滑过程中 m、M 在水平方向移动的距离. 同时，由于位移的相对性，有 $s + S = R$.

由上二式可得

$$S = \frac{m}{m + M} R$$

由此结果可以看出，滑动的距离与 M、m 之间是否有摩擦力无关，只要地面光滑就可以了.

4.3.2 碰撞

碰撞问题在生产实际和科学研究中普遍存在，其特点是物体间相互作用时间极短，而且由于在作用过程中冲力极大，故在计算中，其他的非碰撞力，如摩擦力等与冲力相比，可以忽略不计.

碰撞过程可以分为：完全弹性碰撞、完全非弹性碰撞和非完全弹性碰撞三种，下面对这几种情况作以简单讨论.

1. 完全弹性碰撞

碰撞中除动量守恒外，在碰撞始、末系统的动能不变. 设有两个质量为 m_1、m_2 的小球（视为质点），发生完全弹性碰撞，设碰撞前速度为 v_{10}、v_{20}，结束时速度为 v_1、v_2，利用碰撞过程中动量守恒和机械能守恒.

$$m_1 v_{10} + m_2 v_{20} = m_1 v_1 + m_2 v_2$$

$$\frac{1}{2} m_1 v_{10}^2 + \frac{1}{2} m_2 v_{20}^2 = \frac{1}{2} m_1 v_1^2 + \frac{1}{2} m_2 v_2^2$$

可以解得

$$v_1 = \frac{(m_1 - m_2) v_{10} + 2 m_2 v_{20}}{m_1 + m_2}$$

$$v_2=\frac{(m_2-m_1)v_{20}+2m_1v_{10}}{m_1+m_2}$$

(1) 若两球质量相等，即 $m_1=m_2$，由上式可以得到

$$v_1=v_{20},\quad v_2=v_{10}$$

即小球碰撞后速度相互交换，如 $v_{20}=0$，即碰前 m_2 静止，则碰后 $v_1=0$，$v_2=v_{10}$ 即 m_1 静止，m_2 以 m_1 的速度运动.

(2) 若碰前 m_2 静止，即 $v_{20}=0$，可解得

$$v_1=\frac{(m_1-m_2)v_{10}}{m_1+m_2}$$

$$v_2=\frac{2m_1v_{10}}{m_1+m_2}$$

当 $m_1\ll m_2$ 时，$v_1\approx -v_{10}$，$v_2=0$，说明质量为 m_1 的小球将以同样大小的速度反弹回来，而小球2几乎不动，如小球对墙壁就属于这种情况；而当 $m_1\gg m_2$ 时，$v_1\approx v_{10}$，$v_2\approx 2v_{10}$，即质量大的小球与质量很小的小球碰撞，它的速度不发生明显变化，而质量小的小球却以近于二倍于质量大的球速度向前运动.

2. 完全非弹性碰撞

碰撞后两个相碰的物体不再分开，而以相同的速度运动，在碰撞过程中动量守恒. 但系统的动能会损失一部分，变成热能、变形能等.

3. 非完全弹性碰撞

两物体在碰撞以后彼此分开，在碰撞过程中动能有所损失，不再守恒，但动量仍然守恒.

实验证明，对于材料一定的两个小球，碰撞前相互接近的速度越大，碰撞以后分开的速度越大，而且是成正比的. 即

$$e=\frac{v_2-v_1}{v_{10}-v_{20}}\tag{4-14}$$

式中，e 为恢复系数，由球的材料决定，可以用实验测定.

我们可以看出，当 $e=1$ 时，

$$v_2-v_1=v_{10}-v_{20}$$

即

$$v_{10}+v_1=v_{20}+v_2$$

即碰撞前后机械能守恒，属于完全弹性碰撞；当 $e=0$ 时，有 $v_2=v_1$，碰撞以后两球具有完全相同的速度，属于完全非弹性碰撞；当 $0<e<1$ 时，属于非完全弹性碰撞.

复习思考题

4-5　光滑水平面上，子弹打击木块过程中，子弹与木块组成的系统在打击前后水平面方向动量是否守恒？

4-6　在系统的动量变化中，内力起什么作用？当系统有外力作用时，在什么情况下可以认为动量是守恒的？试举例说明之.

4-7　一个物体可否是有能量而无动量？可否具有动量而无能量？试说明之.

4.4 质点的角动量和角动量守恒定律

质点的角动量

质点的角动量守恒定律

4.4.1 角动量

前面在研究质点运动学时，我们采用动量这样一个物理量来描述物体的状态，但在有些机械运动中，用动量描述其运动并不是很圆满的，如一个质量均匀分布的圆盘，绕通过圆心、垂直于盘面的轴转动，虽然在运动过程中盘上各质点的动量是变化的，但圆盘的总动量却是零. 显然，在这里需要引入一个新的物理量来描述物体转动时的状态变化. 这个物理量就是角动量，角动量也是描述物体运动状态的一个基本物理量.

如图 4-9 所示，在三维直角坐标系中，一质量为 m 的质点 A，t 时刻它的动量为 $\boldsymbol{p}=m\boldsymbol{v}$，质点相对坐标原点的位矢为 $\boldsymbol{r}$，我们作如下定义.

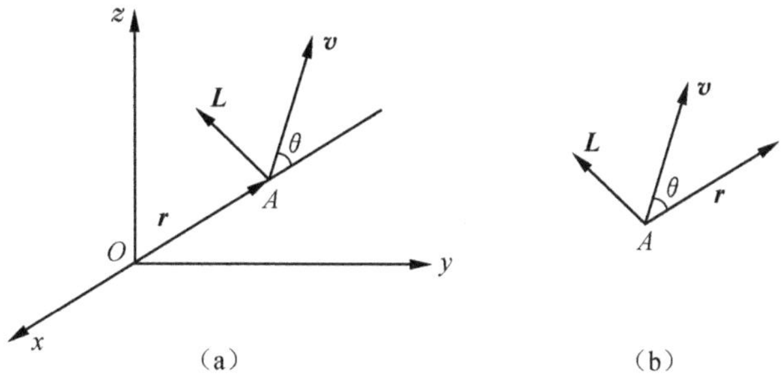

(a)　　(b)

图 4-9 角动量定义用图

质点 m 对坐标原点的角动量为

$$\boldsymbol{L}=\boldsymbol{r}\times\boldsymbol{p}=\boldsymbol{r}\times m\boldsymbol{v} \tag{4-15}$$

角动量 $\boldsymbol{L}$ 是一个矢量，它的大小为

$$L=rp\sin\theta=rmv\sin\theta \tag{4-16}$$

式中，θ 为位矢 $\boldsymbol{r}$ 和速度 $\boldsymbol{v}$ 的夹角，一般情况下取 $0\leqslant\theta\leqslant180°$.

角动量 $\boldsymbol{L}$ 的方向垂直于 $\boldsymbol{r}$ 和 $\boldsymbol{v}$ 构成的平面，指向由 $\boldsymbol{r}$ 经小于 180°角转到 $\boldsymbol{p}$(或 $\boldsymbol{v}$)的右手螺旋前进的方向，角动量也常称为动量矩.

由图可以看出，质点的角动量还取决于矢径，而矢径取决于固定点的选择. 同一个质点，相对于不同的固定点的角动量是不一样的. 因此，在说明一个质点的角动量时，必须指明是对哪一个固定点说的.

在国际单位制中，角动量量纲为 ML^2T^{-1}，单位是 kg · m/s 或 J · s.

4.4.2 质点的角动量定理

一个质量为 m 的质点，相对于参考点 O 的位矢为 $\boldsymbol{r}$，速度为 $\boldsymbol{v}$，如图 4-9 所示，则质点的角动量为

$$\boldsymbol{L}=\boldsymbol{r}\times m\boldsymbol{v}$$

两边同时对时间求导，有

$$\frac{\mathrm{d}\boldsymbol{L}}{\mathrm{d}t}=\frac{\mathrm{d}}{\mathrm{d}t}(\boldsymbol{r}\times m\boldsymbol{v})=\frac{\mathrm{d}\boldsymbol{r}}{\mathrm{d}t}\times m\boldsymbol{v}+\boldsymbol{r}\times\frac{\mathrm{d}}{\mathrm{d}t}(m\boldsymbol{v})$$

式中，$\frac{\mathrm{d}\boldsymbol{r}}{\mathrm{d}t}=\boldsymbol{v}$，所以，$\frac{\mathrm{d}\boldsymbol{r}}{\mathrm{d}t}\times m\boldsymbol{v}=0$. 又由牛顿第二定律知，$\boldsymbol{F}=\frac{\mathrm{d}}{\mathrm{d}t}(m\boldsymbol{v})$，其中，$\boldsymbol{F}$ 是质点受到的合外力，所以有

$$\frac{\mathrm{d}\boldsymbol{L}}{\mathrm{d}t}=\boldsymbol{r}\times\boldsymbol{F}\tag{4-17}$$

上式中，令 $\boldsymbol{r}\times\boldsymbol{F}=\boldsymbol{M}$，$\boldsymbol{M}$ 是合外力 $\boldsymbol{F}$ 对于固定点 O 的力矩，其大小为 $M=rF\sin\theta$，方向满足右手螺旋定则，如图 4-10 所示. 所以

$$\frac{\mathrm{d}\boldsymbol{L}}{\mathrm{d}t}=\boldsymbol{M}\tag{4-18}$$

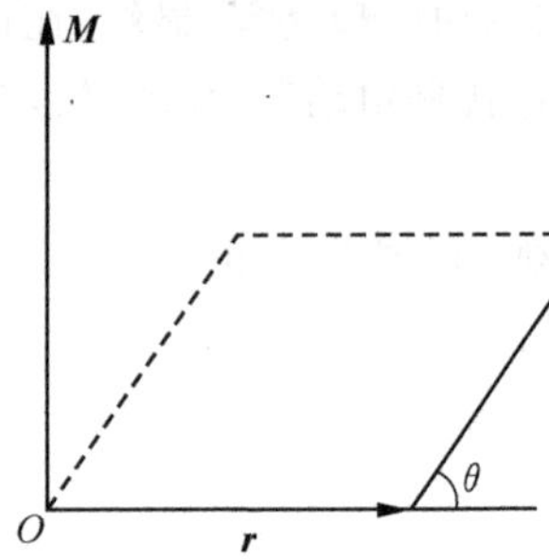

图 4-10　力矩

上式的意义是：**质点所受的合外力矩，等于它的角动量对时间的变化率，这一结论称为质点的角动量定理.**

值得注意的是，上式中角动量 $\boldsymbol{L}$ 和合外力矩 $\boldsymbol{M}$ 必须是相对于同一固定点来说的.

4.4.3　角动量守恒定律

由(4-18)式可以看出，当质点所受的合外力矩为零，即 $\boldsymbol{M}=\boldsymbol{r}\times\boldsymbol{F}=0$ 时，有

$$\frac{\mathrm{d}\boldsymbol{L}}{\mathrm{d}t}=0\quad 或\quad \boldsymbol{L}=恒矢量\tag{4-19}$$

上式说明：如果对于某一固定点，质点所受的合外力矩为零，则此质点对该固定点的角动量保持不变，这一结论称为角动量守恒定律.

与动量守恒定律一样，角动量守恒定律也是自然界中一个普遍成立的规律.

对于外力矩为零这一条件，可以是外力本来就是零，也许是外力并不为零，但在任意时刻，外力总是与质点对于固定点的位矢平行或反平行. 在这两种情况下，都满足角动量守恒这一结论. 如匀速圆周运动和行星绕太阳运行，合外力的作用线总是通过某一固定点，这一固定点称为力心，这种力称为有心力. 所以对于力心，外力矩总是等于零. 故质点在有心力作用下，它的角动量总是守恒的，而且质点总是在通过力心的平面内运动.

例 4-5　人造地球卫星在地球引力作用下沿平面椭圆轨道运动，地球中心可以看作是固定点，如图 4-11 所示，已知地球半径 $R=6370\mathrm{km}$，卫星近地点 A 离地面高度 $h_1=439\mathrm{km}$，远地点离地面距离为 $h_2=2384\mathrm{km}$，若卫星的近地点速度为 $v_1=8.12\mathrm{km/s}$. 求卫星在远地点的速度大小？

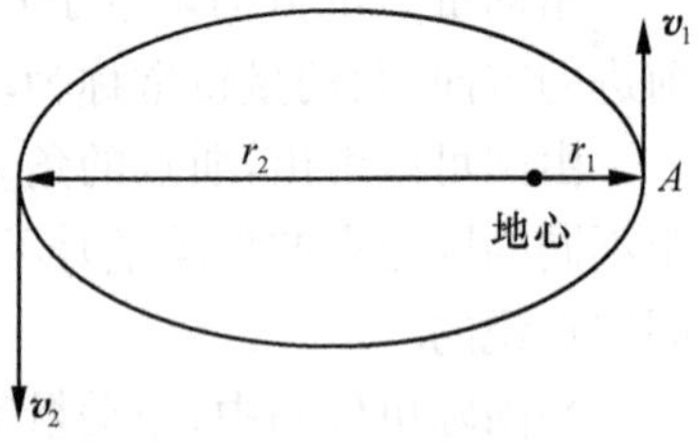

图 4-11　卫星的运动

解　卫星在运动过程中仅受地引力的作用，且通过地心，属于有心力情况，故卫星在运动过程关于地心的角动量守恒.

卫星在近地点 A 的角动量大小为

$$L_1=r_1\cdot mv_1=mv_1(R+h_1)$$

卫星在远地点 B 的角动量大小为

$$L_2=r_2\cdot mv_2=mv_2(R+h_2)$$

由角动量守恒，得

$$mv_1(R+h_1)=mv_2(R+h_2)$$

解得

$$v_2=\frac{R+h_1}{R+h_2}\cdot v_1=\frac{6370+439}{6370+2384}\times 8.12$$
$$=6.32(\text{km/s})$$

例 4-6　质量为 m 的小球系在绳子的一端，绳穿过一铅直套管，使小球限制在一光滑平面内运动，如图 4-12 所示，先使小球以速度 v_0 绕圆心做半径为 r_0 的圆周运动，然后向下拉绳，使小球运动轨迹最后变为半径为 r_1 的圆环，求：

(1) 小球距管心半径为 r_1 时速度 v 的大小；

(2) 由 r_0 缩短为 r_1 的过程中，力 $\boldsymbol{F}$ 做的功.

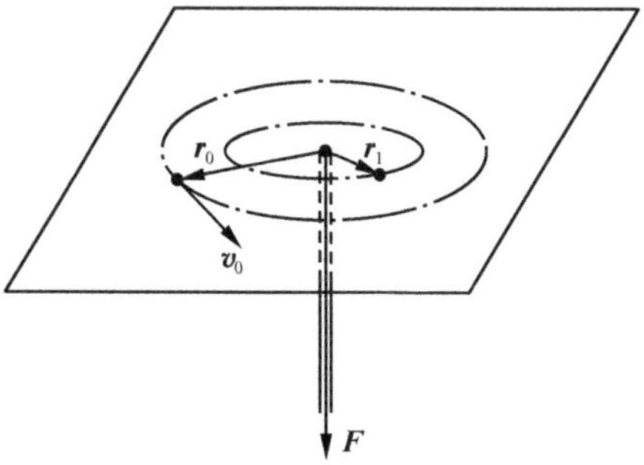

图 4-12　例 4-6 图

解　(1) 在小球运动过程中，只受到通过圆心的力 $\boldsymbol{F}$ 的作用，故小球关于圆心 O 的角动量守恒. 当半径为 r_0 时，角动量的大小为

$$L_0=mr_0v_0$$

当半径为 r_1 时，角动量的大小为

$$L_1=mr_1v_1$$

由角动量守恒得

$$L_1=L_0$$

即

$$mr_0v_0=mr_1v_1,\quad v_1=\frac{r_0}{r_1}v_0$$

(2) 在小球的运动过程中，只有力 $\boldsymbol{F}$ 做功，由质点的动能定理得，力 $\boldsymbol{F}$ 做的功，等于质点动能的增量，所以有

$$A_F=\frac{1}{2}mv_1^2-\frac{1}{2}mv_0^2=\frac{1}{2}m\left(\frac{r_0}{r_1}v_0\right)^2-\frac{1}{2}mv_0^2$$
$$=\frac{(r_0^2-r_1^2)mv_0^2}{2r_1^2}$$

复习思考题

4-8　如果某质点对某参考点的角动量保持不变，其动量是否也保持不变？

4-9　如果一质点对一固定点角动量守恒，那么对另一固定点是否也一定角动量守恒.

习　题

4-1　选择题.

(1) 质点在恒力 $\boldsymbol{F}$ 作用下，由静止开始做直线运动，如习题 4-1(1)图所示，已知在时间 Δt_1 内，速度由 0 增加到 v；在 Δt_2 内，由 v 增加到 $2v$，设该力在 Δt_1 时间内，冲量大小为 I_1，所做功为 A_1，在 Δt_2 内冲量大小为 I_2，所做功为 A_2，则(　　).

(A) $A_1=A_2,I_1<I_2$　　(B) $A_1=A_2,I_1>I_2$　　(C) $A_1<A_2,I_1=I_2$　　(D) $A_1>A_2,I_1=I_2$

(2) 如习题4-1(2)图所示，一质量为M的小车以速度v_1在光滑水平面上运动，一质量为m的小球以速度v_2，俯角θ冲向小车，落到小车上陷入小车上的砂中，此后小车的速度变为(　　).

(A) $(mv_2+Mv_1)/(M+m)$　　(B) $(mv_2\cos\theta+Mv_1)/(M+m)$

(C) $(mv_2\sin\theta+Mv_1)/(M+m)$　　(D) 无法确定

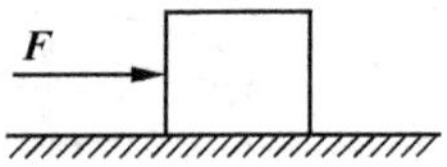

习题4-1(1)图

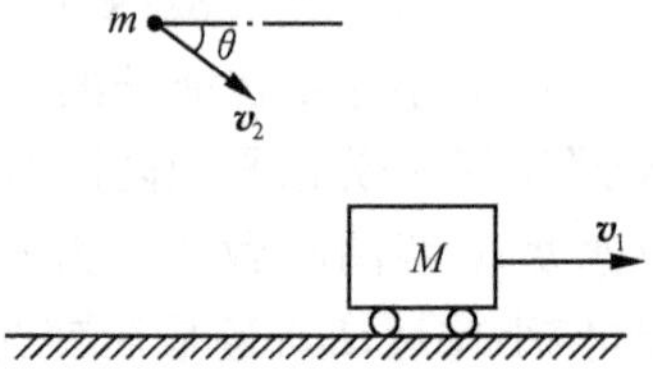

习题4-1(2)图

(3) 质量分别为m_1和m_2的两个小球，连接在劲度系数为k的轻弹簧两端，并置于光滑水平面上，如习题4-1(3)图所示，今以等值反向的水平力$\boldsymbol{F}_1$和$\boldsymbol{F}_2$分别同时作用在两个小球上，若把两个小球和弹簧看成一个系统，则系统在运动过程中(　　).

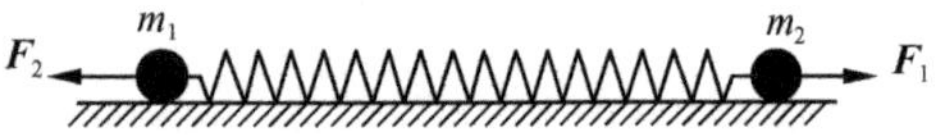

习题4-1(3)图

(A) 动量守恒，机械能守恒

(B) 动量守恒，机械能不守恒

(C) 动量不守恒，机械能守恒

(D) 动量不守恒，机械能不守恒

(4) 质量为M的火箭，原以速度v_0在太空中飞行，现突然向后喷出一股质量为Δm的气体，喷出气体相对火箭的速度为v，则喷出后火箭的速度为(　　).

(A) $(Mv_0+\Delta mv)/M$　　(B) $(Mv_0-\Delta mv)/M$　　(C) $(Mv_0+\Delta mv)/m$　　(D) $(Mv_0-\Delta mv)/m$

4-2　填空题.

(1) 初速度为$\boldsymbol{v}_0=(5\boldsymbol{i}+4\boldsymbol{j})$m/s，质量为$m=0.05$kg的质点，受到冲量$\boldsymbol{I}=(2.5\boldsymbol{i}+2\boldsymbol{j})$N·s的作用，则质点末速度大小为________，其方向与x轴正向夹角为________.

(2) 质量为2.0kg的质点，受到合力$\boldsymbol{F}=2t\boldsymbol{i}$N的作用，沿$Ox$轴做直线运动，已知$t=0$时，$x_0=0$，$v_0=0$，则从$t=0$到$t=3$s这段时间内，合力$\boldsymbol{F}$的冲量$\boldsymbol{I}=$________，3$s$末质点的速度$\boldsymbol{v}=$________.

(3) 质量为m的小球，以水平速度v与竖直放置的钢板发生碰撞，以同样大小的速度反向弹回，如习题4-2(3)图所示，则在碰撞过程中，钢板受到的冲量$\boldsymbol{I}=$________.

(4) 两并排放置的物体A和B，质量分别为m_1和m_2，静止放在光滑水平面上，一子弹水平地穿过两木块，如习题4-2(4)图所示，设子弹穿过两木块所用时间分别为Δt_1和Δt_2，木块对子弹的阻力恒为$\boldsymbol{F}$，则子弹穿出后，木块A的速度大小为________，木块B的速度大小为________.

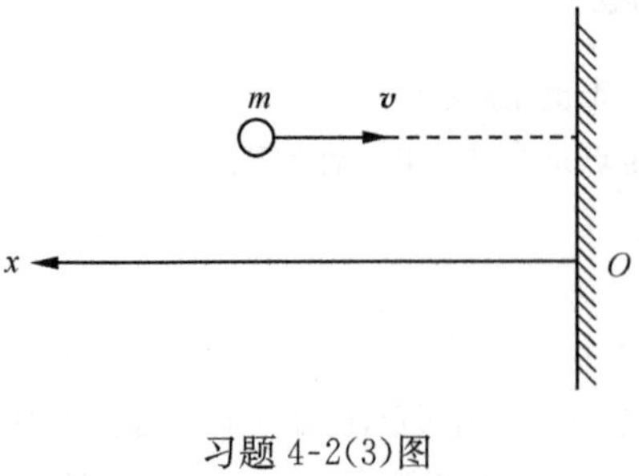

习题4-2(3)图

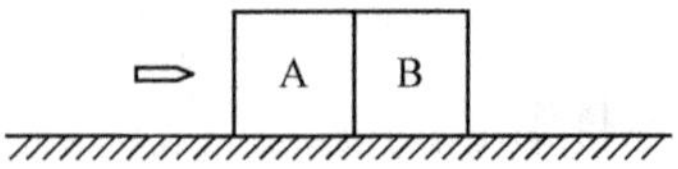

习题4-2(4)图

(5) 一质量为m的质点沿一平面做曲线运动，该曲线在直角坐标系下的方程为$\boldsymbol{r}=a\cos\omega t\,\boldsymbol{i}+b\sin\omega t\,\boldsymbol{j}$，其中$a$、$b$、$\omega$为常数，则此质点所受力对原点的力矩$\boldsymbol{M}=$________；该质点对原点的角动量$\boldsymbol{L}=$________.

4-3　如习题 4-3 图所示，已知绳能承受的最大拉力 $T_0=9.8\mathrm{N}$，小球质量 $m=0.5\mathrm{kg}$，绳长 $l=0.3\mathrm{m}$，水平冲量 $\boldsymbol{I}$ 多大时，才能把绳子拉断(小球原来静止)？

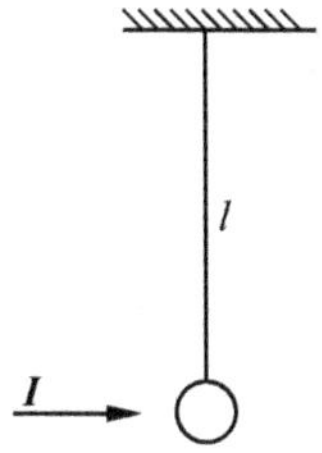

习题 4-3 图

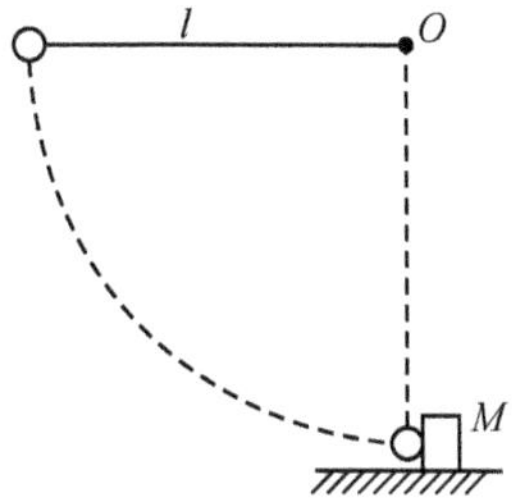

习题 4-6 图

4-4　两个自由质点，其质量分别为 m_1 和 m_2，它们之间的相互作用力只有万有引力，开始时，两质点都静止，距离为 l，当它们的距离变为 $\frac{1}{2}l$ 时，两质点的速度各是多少？

4-5　质量为 5.6g 的子弹，水平射入一静止在水平面上. 质量为 2kg 的木块内，木块和水平面间的摩擦系数为 0.2，当子弹射入后，木块向前移动了 50cm 才静止下来，求子弹的初速度.

4-6　质量为 1kg 的钢球，系在长为 0.8m 的绳子一端，另一端固定，如习题 4-6 图所示，把绳拉到水平位置后，静止释放，球在最低点与一质量为 5.0kg 的钢块作完全弹性碰撞，问碰撞后钢球能达多高？

4-7　两个球质量分别是 $m_1=20\mathrm{g}$，$m_2=50\mathrm{g}$，在光滑桌面上运动，速度分别为 $\boldsymbol{v}_1=10\boldsymbol{i}\,\mathrm{cm/s}$，$\boldsymbol{v}_2=(3.0\boldsymbol{i}+5.0\boldsymbol{j})\,\mathrm{cm/s}$，碰撞后合为一体，求碰撞后的速度.

第 5 章　刚 体 力 学

在前几章,我们研究了质点和质点系的力学规律,这一章,我们考虑一个特殊的质点系,这个视为质点系的物体具有一定的形状和大小,如机器零部件的转动、星球的自转等,对于这些物体来讲,质点的模型不再适用,这里我们用刚体这样一个理想模型来研究这些物体的运动规律,刚体就是一个特殊的质点系.

5.1　刚体的基本运动

刚体的运动及其基本定义　　刚体定轴转动的描述

5.1.1　刚体的概念

实验表明:当物体受力作用时,有些物体的形状和大小会发生明显的变化,如液体和气体,而另一些物体,当受外力作用时,其形状和大小只发生微小的变化,如大多数固体,当物体的这些微小变化对我们所研究的问题是次要因素,以致忽略它而并不影响我们对问题的研究时,我们就认为这个**物体在力的作用下,大小和形状保持不变,这个物体就可以被抽象为刚体模型,即在力的作用下,物体的大小和形状都保持不变的物体称为刚体**.由于物体是由大量的质点组成的,因此也可以这样定义刚体:在力的作用下,组成物体的所有质点之间的距离始终保持不变,如火车的车轮、飞轮等.在研究这些物体上各点的速度和加速度时,这些物体就可以视为刚体.

实际上,任何物体受力作用时,都会发生形变,绝对刚体是不存在的.刚体是我们在力学研究中的一个物理模型,当实际中很多的物体受力作用的形变可以忽略或不重要时,这些物体都可看成是刚体.

5.1.2　刚体的平动和定轴转动

刚体运动时,若在刚体内所作的任一条直线都始终保持和自身平行,这种运动就称为刚体的平动,如电梯的升降,活塞的往返,以及沿直线运动的汽车车厢都属于平动,在平动时,刚体内各质元的运动轨迹都一样,而且在同一时刻的速度和加速度都相等,因此在描述刚体的平动时,就可以用一质点的运动来代表,通常就用刚体质心的运动来代表整个刚体的运动.

刚体运动时,如果刚体的各个质点都在运动中做圆周运动,且圆心都在同一直线上,则这种运动叫转动,圆心所在线叫转轴.刚体的转动是刚体最基本的运动形式之一,如钟摆的运动、地球的自转以及机器上齿轮的转动等.任何刚体的运动,都可以看成是刚体的平动和绕某一轴转动的合成,若在刚体的转动中,转轴是固定不动的,就叫做绕定轴转动,这是整个刚体运动的基础.

刚体在做绕定轴转动时,组成刚体的各质点都在绕转轴做圆周运动,其轨迹圆构成的平面垂直于转轴,这个平面叫做转动平面,如图 5-1 所示,转轴的位置和方向相对于某一参考系是固定的,如门窗的启闭、机器上飞轮的转动等运动,都是绕定轴转动.

如图 5-1 所示,刚体绕 z 轴做定轴转动,通过 z 轴作一固定平面Ⅰ,再通过 z 轴和刚体上任意点作动平面Ⅱ,动平面Ⅱ随刚体一起转动,以 θ 表示Ⅰ、Ⅱ平面的夹角,θ 角自平面Ⅰ算起,若

以 z 轴的正向向负向看，规定 θ 角沿逆时针方向为正(右手螺旋定则)，这样，用 θ 角就可以确定刚体做定轴转动时在空间的位置. θ 角称为刚体绕定轴转动的角坐标。一般情况下，θ 是时间 t 的单值函数，即

$$\theta = f(t) \tag{5-1}$$

这就是刚体绕定轴转动的运动学方程.

和质点做圆周运动一样，用角位移、角速度、角加速度来描述刚体的定轴转动.

刚体在 t 时刻的角速度 ω 等于刚体的角坐标对时间的一阶导数，即

$$\omega = \lim_{\Delta t \to 0} \frac{\Delta\theta}{\Delta t} = \frac{d\theta}{dt} \tag{5-2}$$

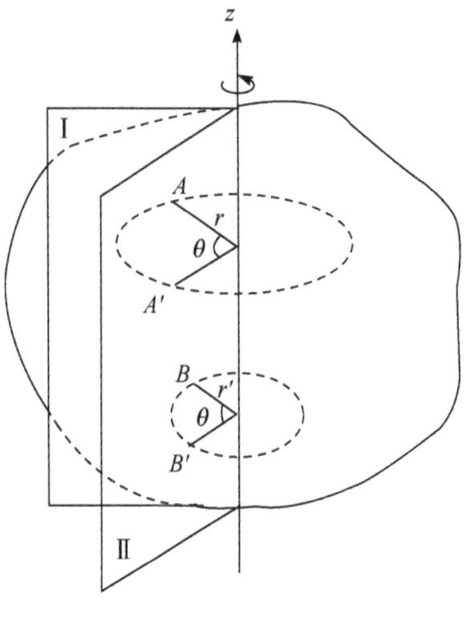

图 5-1 刚体的定轴转动

ω 是描述刚体绕定轴转动的快慢和转动方向的物理量，是一个代数量. 如果刚体沿 θ 角正方向转动，角速度为正，方向沿 z 轴正向；如果刚体沿 θ 角反方向转动，角速度为负，方向沿 z 轴负向.

角速度也可以用矢量表示，如图 5-2 所示，用右手螺旋定则确定. 即让右手螺旋转动的方向和刚体转动方向一致，大拇指的方向便是角速度矢量的正方向，如图 5-2(a)所示，同时，对于刚体上任一点 P 来讲，它与转轴的距离为 r，相应的位矢为 $\boldsymbol{r}$，线速度为 $\boldsymbol{v}$，如图 5-2(b)所示，则位矢 $\boldsymbol{r}$，线速度 $\boldsymbol{v}$ 和角速度 $\boldsymbol{\omega}$ 满足下列关系：

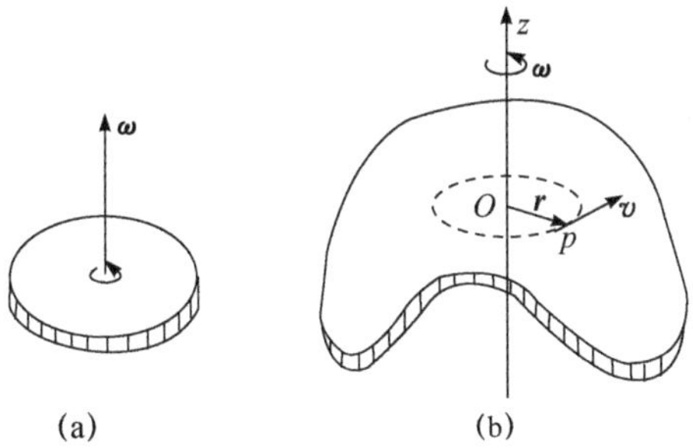

图 5-2 刚体定轴转动的角速度

$$\boldsymbol{v} = \boldsymbol{\omega} \times \boldsymbol{r} \tag{5-3}$$

其大小为

$$v = \omega r \sin 90^\circ = r\omega \tag{5-4}$$

工程上还常用每分钟转过的圈数 n(简称转速)来描述刚体转动的快慢，其单位为 r/min，那么角速度和转速的关系为

$$\omega = \frac{\pi n}{30} \tag{5-5}$$

角速度虽然是在转动平面Ⅱ定义的，但角速度 ω 是描述刚体绕定轴转动的物理量，任意时刻，绕定轴转动的刚体只有一个角速度.

角速度 ω 对时间的一阶导数，就是绕定轴转动的刚体的角加速度，用符号 β 表示，即

$$\beta = \lim_{\Delta t = 0} \frac{\Delta\omega}{\Delta t} = \frac{d\omega}{dt} \tag{5-6}$$

对于刚体绕定轴转动来讲，角加速度也是代数量，$\beta>0$ 说明角加速度的方向与角坐标正方向一致，$\beta<0$ 说明角加速度的方向和角坐标正方向相反.

角加速度也可以看成矢量，在刚体绕定轴转动的过程中，β 的方向要么和转轴正方向相同，要么相反，通过上面的讨论可以看出，知道了刚体绕定轴转动的运动学方程，就可以通过微分求出角速度和角加速度. 同样，知道了角加速度，就可以通过积分和初始条件求得角速度和角位置.

设 t 时间刚体绕定轴转动的角加速度为 β，当 $t=0$ 时，$\omega=\omega_0$，$\theta=\theta_0$，我们可以得到

$$\omega-\omega_0=\int_\theta^t\beta\mathrm{d}t$$

$$\theta-\theta_0=\int_0^t\omega\mathrm{d}t$$

$$\omega^2-\omega_0^2=2\int_{\theta_0}^{\theta}\beta\mathrm{d}\theta$$

当刚体绕定轴做匀加速转动时，β 是常量，故上式也可以写成

$$\omega=\omega_0-\beta t \tag{5-7}$$

$$\theta=\theta_0+\omega t \tag{5-8}$$

$$\omega^2=\omega_0^2+2\beta(\theta-\theta_0) \tag{5-9}$$

这里 θ、ω、β 均与角度有关，故统称为角量. 可以看出，这里关于角量的方程与匀变速圆周运动对应关系一样.

例 5-1　一转速为 150r/min，半径为 0.2m 的飞轮，因受制动而均匀减速，经 30s 停止转动，试求：(1)角加速度和此时间内飞轮所转的圈数；(2)制动开始后 $t=6$s 时飞轮的角速度；(3)$t=6$s 时飞轮边缘一点的线速度、切向加速度和法向加速度.

解　(1) 由题意知：

$$\omega_0=\frac{2\pi\times150}{60}=5\pi(\mathrm{rad/s}),\ \omega=0$$

由于飞轮做匀减速运动，所以

$$\beta=\frac{\omega-\omega_0}{\Delta t}=\frac{0-5\pi}{30}=-\frac{\pi}{6}(\mathrm{rad/s})$$

“—”号说明 β 的方向与 ω_0 方向相反.

由(5-9)式得

$$\Delta\theta=\frac{\omega^2-\omega_0^2}{2\beta}=\frac{0-(5\pi)^2}{2\times\left(-\frac{\pi}{6}\right)}=75\pi(\mathrm{rad})$$

设飞轮转过的圈数为 N，有

$$N=\frac{\Delta\theta}{2\pi}=\frac{75\pi}{2\pi}=37.5(\mathrm{r})$$

(2)由(5-7)式得，$t=6$s 时

$$\omega=\omega_0+\beta t=5\pi-\frac{\pi}{6}\cdot6=4\pi(\mathrm{rad/s})$$

(3)由角量和线量的关系得，$t=6$s 时，边缘一点，

线速度：$v=r\omega=0.2\times4\pi=0.8\pi(\mathrm{m/s})$

切向加速度：$a_\tau=r\beta=0.2\times\left(-\frac{\pi}{6}\right)=-\frac{\pi}{30}(\mathrm{m/s^2})$

法向加速度：$a_n=r\omega^2=0.2\times(4\pi)^2=3.2\pi^2(\mathrm{m/s^2})$

复习思考题

5-1　刚体绕定轴转动，有何特点？如何描述？

5-2　如何理解 ω、β 的正负以及其矢量性？

5.2 刚体的角动量 转动惯量

5.2.1 刚体对定轴的角动量

刚体也可以看成是一个质点系.那么,我们就可以利用角动量这个概念来研究刚体绕定轴转动的问题.质点的角动量是对一固定点而言的,而在刚体绕定轴转动的过程中,组成刚体的每一个质点都在绕轴上一点做圆周运动,那么所有的质点对各自圆心的角动量,就变成了对固定轴的.下边我们先讨论一下刚体对定轴的转动惯量.

如图 5-3 所示,一个刚体绕 z 轴以角速度 $\boldsymbol{\omega}$ 转动,组成刚体的所有质点都在各自垂直于转轴的平面内做圆周运动,这时有任一质点 Δm_i,其速度为 $\boldsymbol{v}_i$,其做圆周运动的圆心为 O_i,质元 Δm_i 相对于 O_i 的位矢为 $\boldsymbol{r}_i$,则质元对 z 轴的角动量为

$$\boldsymbol{L}_i = \boldsymbol{r}_i \times \Delta m_i \boldsymbol{v}_i$$

其方向为 z 轴正向,大小为 $L_i = r_i \Delta m_i v_i = \Delta m_i r_i^2 \omega$. 这是因为其位矢与速度垂直的缘故.

在刚体绕定轴转动过程中,所有质点的角动量方向都是相同的,所以整个刚体对转轴的角动量,等于组成刚体的所有质点对轴的角动量的代数和,即

$$L_z = \sum_i L_i = \sum_i \Delta m_i r_i^2 \omega = \left(\sum_i \Delta m_i r_i^2\right)\omega$$

在这里,我们定义

$$J_z = \sum_i \Delta m_i r_i^2 \tag{5-10}$$

此式称为刚体对 z 轴的转动惯量,它的意义是:**刚体绕定轴转动的转动惯量等于组成刚体的所有质点的质量乘以它到轴的距离平方的代数和.**

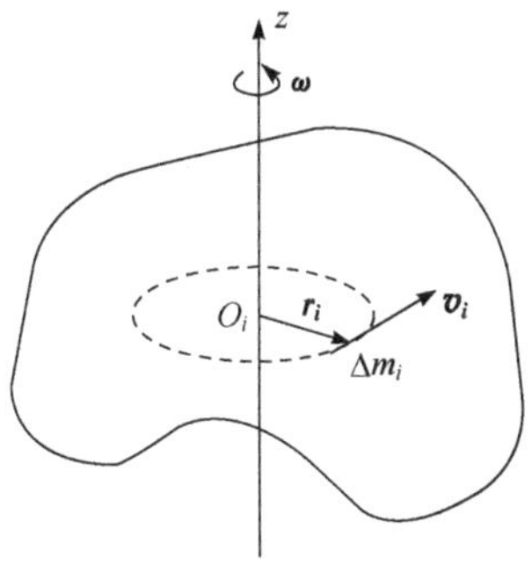

图 5-3 刚体的转动惯量

这里,刚体对转轴的角动量可以写成下式:

$$L_z = J_z \omega \tag{5-11}$$

上式表明:**刚体绕定轴转动的角动量,等于刚体对该轴的转动惯量乘以刚体对该轴转动的角速度.**

5.2.2 转动惯量

根据上边的定义,转动惯量

$$J_z = \sum_i \Delta m_i r_i^2$$

当刚体的质量是连续分布时,上式中求和号可以改写成定积分,即

$$J_z = \int_V r^2 \mathrm{d}m \tag{5-12}$$

式中,V 表示积分遍及整个刚体,$\mathrm{d}m$ 是在刚体中所取的质元的质量,r 是质元 $\mathrm{d}m$ 到转轴的距离.

由转动惯量的定义可以看到,刚体对轴的转动惯量的大小取决于三个因素,即转轴的位置、刚体的质量以及质量的分布情况,它体现了刚体转动的特性,是刚体绕定轴转动惯性的量度.

在国际单位制中,转动惯量的单位是 $\mathrm{kg \cdot m^2}$.

对于形状比较复杂的刚体,转动惯量通常是很难计算的,一般通过实验进行测定.下面我们

举例计算几种特殊形状的刚体的转动惯量. 这些刚体的质量是均匀分布的,且具有一定的几何分布,通过这些计算:主要掌握如何利用微积分来分析和计算简单物理问题的思路和方法.

例 5-2　一长为 L,质量为 M 的均质细杆,如图 5-4 所示,试求该杆在以下三种情况下的转动惯量.

(1) 转轴通过棒的中心 c 并和棒垂直;

(2) 转轴通过棒的一端并和棒垂直;

(3) 转轴通过距棒的中心 c 为 h 的一点并和棒垂直.

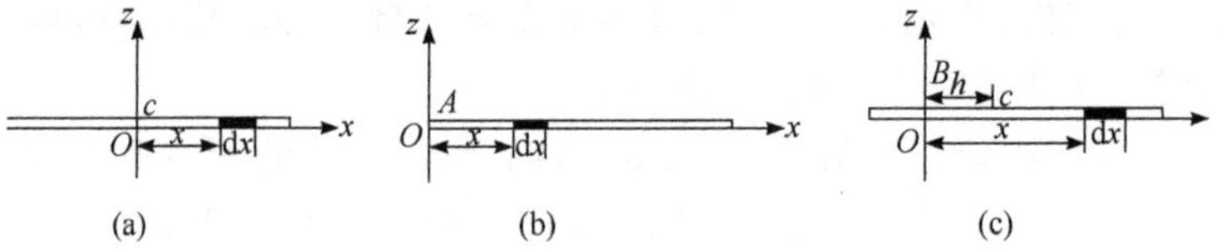

图 5-4　例 5-2 图

解　(1)如图 5-4(a)所示,在距棒的中心 x 处,取一线元 dx;它的质量 $dm=\frac{M}{L}dx$ 作为我们所研究的质元,由(5-12)式得

$$J_z=\int x^2 dm=\int_{-\frac{L}{2}}^{\frac{L}{2}} x^2\cdot\frac{M}{L}dx=\frac{1}{12}ML^2$$

由于均质棒的中心就是它的质心,所以上式得到的就是细杆对过质心的轴的转动惯量,即

$$J_c=\frac{1}{12}ML^2$$

(2)如图 5-4(b)所示,转轴通过棒的一端 A 并和棒垂直,其转动惯量为

$$J_A=\int x^2 dm=\int_0^L x^2\frac{M}{L}dx=\frac{1}{3}ML^2$$

(3) 如图 5-4(c)所示,转轴通过 B 并和棒垂直,有

$$J_B=\int x^2 dm=\int_{h-\frac{L}{2}}^{h+\frac{L}{2}} x^2\frac{M}{L}dx=\frac{1}{12}ML^2+Mh^2$$

此题表明:同一刚体对不同的轴的转动惯量是不同的;同时还发现,如果刚体对通过质心的轴的转动惯量用 J_c 表示,则对任一平行于过质心转轴并和质心相距 h 的轴的转动惯量满足下式:

$$J=J_c+Mh^2 \tag{5-13}$$

其中,M 是刚体的质量,这称为**平行轴定理**.

上式表明:**刚体对任意轴的转动惯量,等于刚体对通过质心并与该轴平行的轴的转动惯量 J_c,加上刚体的质量与两轴垂直距离 h 平方的乘积.**

平行轴定理在实际计算转动惯量中有很大的用处.

例 5-3　试求质量均匀分布的内半径为 R_1,外半径为 R_2 的圆柱体对轴 z 的轴动惯量,其中圆柱体质量为 M,高为 h,如图 5-5 所示.

解　在圆柱体内选取高度为 h,半径为 r,厚度为 dr 的圆柱壳作为体积元,该体积元的质量为

$$dm=\rho\cdot 2\pi rh\cdot dr$$

其中，$\rho=\dfrac{M}{\pi(R_2^2-R_1^2)h}$为圆柱壳的体密度. 由式(5-12)可得，该刚体对 z 轴的转动惯量为

$$J_z=\int r^2\cdot \mathrm{d}m=\int_{R_1}^{R_2} r^2\cdot \rho 2\pi hr\cdot \mathrm{d}r=\frac{1}{2}M(R_1^2+R_2^2)$$

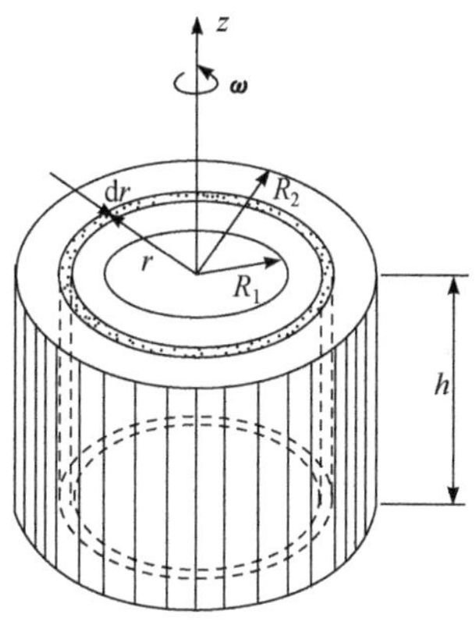

图 5-5 例 5-3 图

圆柱体绕轴的转动惯量与圆柱体的高度 h 无关，说明圆柱体和圆盘在绕过质心的轴转动时，转动惯量是一样的.

对上式作以下讨论：

当 $R_1=0, R_2=R$ 时，圆柱筒变成了圆柱体，其转动惯量为

$$J_z=\frac{1}{2}MR^2$$

当 $R_1=R_2=R$ 时，圆柱体变成了厚度可以忽略的圆柱筒. 这时转动惯量为

$$J_z=MR^2$$

这个结果对圆环以及离轴距离为 R 处的质点同样适用. 表 5-1 给出了几种常见刚体的转动惯量.

复习思考题

5-3 转定惯量由哪些因素确定？一个确定的刚体的转动惯量是确定的吗？试举例说明.

5-4 能否找到一个轴，刚体绕该轴的转动惯量比绕平行于该轴并通过质心的轴的转动惯量还小？

表 5-1 几种常见刚体的转动惯量

刚体	转轴	转动惯量	图
圆环 （质量为 M，半径为 r）	通过圆环中心与环面垂直	Mr^2	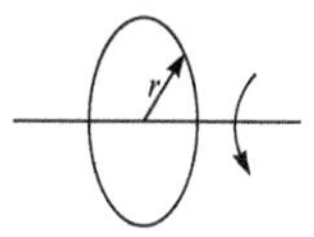
圆盘 （质量为 M，半径为 r）	通过圆环中心与盘面垂直	$\frac{1}{2}Mr^2$	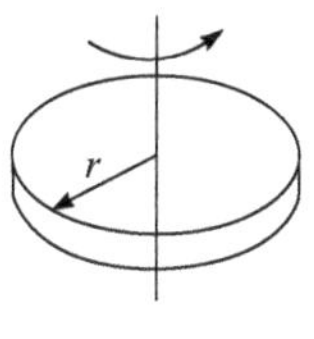
球体 （质量为 M，半径为 r）	沿直径	$\frac{2}{5}Mr^2$	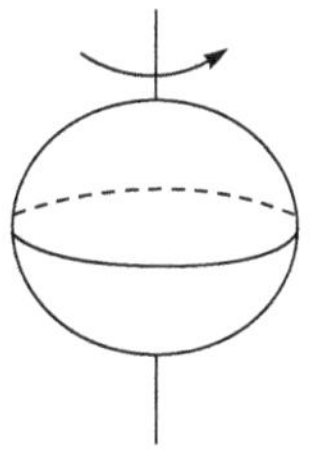

续表

刚体	转轴	转动惯量	图
球壳 (质量为 M,半径为 r)	沿直径	$\frac{2}{3}Mr^2$	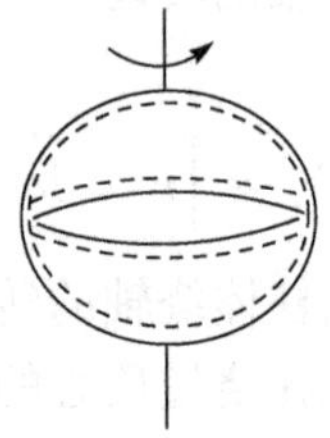
圆柱体 (质量为 M,半径为 r)	沿几何轴	$\frac{1}{2}Mr^2$	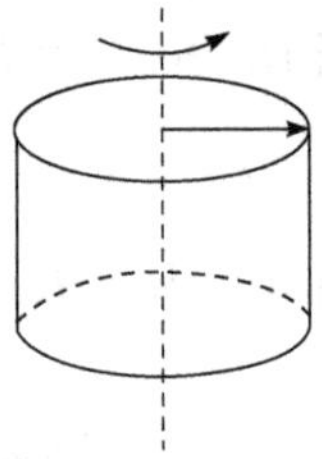
细杆 (质量为 M,半径为 r)	通过中心与杆垂直	$\frac{1}{12}Mr^2$	

5.3　刚体对定轴的转动定律

实验表明:刚体要绕定轴转动,需要力矩的作用,也就是说,只有力矩的作用,才能改变刚体的运动状态,下面我们首先讨论力矩这个概念.

5.3.1　力矩

绕定轴转动的刚体能否转动,关键是外力的作用,不仅取决于力的大小,还与力的方向以及力的作用点和作用线有关,力的这些因素,正好可以用力矩来体现.

如图 5-6 所示,一外力 $\boldsymbol{F}$ 作用在刚体上的 P 点,刚体可以绕 z 轴转动,P 点对坐标原点 O 的位矢为 $\boldsymbol{r}$,则 $\boldsymbol{F}$ 对 O 点之矩为

$$\boldsymbol{M}_0 = \boldsymbol{r} \times \boldsymbol{F}$$

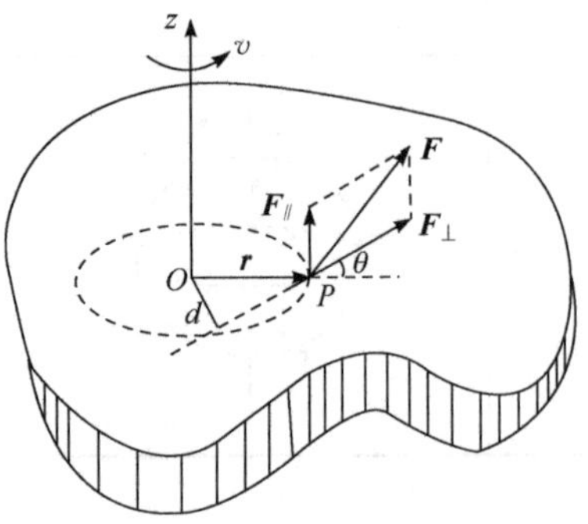

图 5-6　力与力矩

力矩 $\boldsymbol{M}_0$ 是一个矢量,刚体的转动状态的变化取决于作用在刚体上的力矩,但我们注意到,在刚体绕定轴转动的过程中,平行于轴的外力对刚体绕定轴转动不起作用,所以我们把外力 $\boldsymbol{F}$ 分解成平行于轴的分力 $\boldsymbol{F}_{/\!/}$ 和垂直于轴的分力 $\boldsymbol{F}_{\perp}$,垂直分力 $\boldsymbol{F}_{\perp}$ 可以改变刚体的运动状态,所以它对刚体上 O 点之矩的大小为

$$M_z = F_{\perp}\, r\sin\theta = F_{\perp} \cdot d$$

由于固定点在转轴上,所以我们把这个力矩叫做力 $\boldsymbol{F}$ 对转轴 Oz 的力矩. 其方向和 Oz 轴平行,用 $\boldsymbol{M}_z$ 表示. 式中 θ 是

$\boldsymbol{F}_\perp$和位矢之间的夹角. $d=r\sin\theta$是轴Oz到力$\boldsymbol{F}_\perp$作用线上的垂直距离,通常叫力臂. 其实M_z就是$\boldsymbol{F}$对O点的力矩$\boldsymbol{M}$在Oz轴上的投影,对刚体运动有影响的就是这个投影. 另外,x、y方向的分量对刚体绕Oz轴转动没有影响.

在刚体绕定轴转动中,如果刚体同时受到几个外力的作用,那么刚体受到的总力矩就是刚体受到的所有外力矩的代数和,即

$$M_z = \sum_i M_{iz} \tag{5-14}$$

5.3.2 刚体绕定轴的转动定律

刚体既然也是质点系,那么应服从质点系的角动量定理的一般式,即

$$\boldsymbol{M} = \frac{\mathrm{d}\boldsymbol{L}}{\mathrm{d}t} \tag{5-15}$$

当刚体绕z轴转动时,我们用到的是它的z分量,即

$$M_z = \frac{\mathrm{d}L_z}{\mathrm{d}t} \tag{5-16}$$

式中,M_z、L_z分别是质点系所受合外力矩和它的总角动量沿z轴的投影.

由(5-11)式知,$L_z=J_z\omega$,代入(5-16)式得

$$M_z = \frac{\mathrm{d}}{\mathrm{d}t}(J_z\omega) = J_z \cdot \frac{\mathrm{d}\omega}{\mathrm{d}t} = J_z\beta \tag{5-17}$$

式中,J_z为刚体绕z轴转动的转动惯量.

此式表明:**刚体绕定轴转动时,刚体对该轴的转动惯量与角加速度的乘积,等于作用在刚体上所有外力对该轴的力矩的代数和,这就是刚体绕定轴转动的转动定律**,这是解决刚体绕定轴转动的动力学问题的基本方程.

由转动定律可以看出,当刚体所受合外力矩一定时,转动惯量J_z越大,角加速度β越小,意味着角速度越难改变,刚体越容易保持原来的转动状态;反过来讲,转动惯量越小,角加速度越大,刚体越容易改变原来的转动状态,这个结果也证明了转动惯量是刚体转动惯性大小的量度.

例 5-4 试求阿特伍德机两侧悬挂质量分别为m_1、m_2的重物时的加速度. 滑轮的角加速度以及绳中的张力,如图 5-7 所示,已知滑轮的半径为R,质量为M,假设绳为不可伸缩的轻绳,绳与滑轮间无相对滑动,且滑轮轴处的摩擦力可忽略不计.

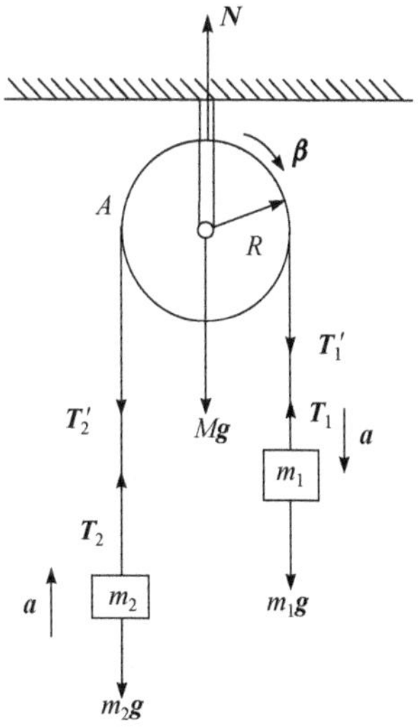

图 5-7 阿特伍德机

解 由题意知,滑轮与绳间有摩擦,这一摩擦力使绳在运动过程中带动滑轮转动.

分别选m_1、m_2、M为研究对象,其受力情况如图 5-7 所示,设m_1加速度为$\boldsymbol{a}$,方向向下,滑轮的角加速度为$\boldsymbol{\beta}$,沿顺时针为正,

对m_1: $m_1g-T_1=m_1a$

对m_2: $T_2-m_2g=m_2a$

对滑轮: $T'_1R-T'_2R=J_z\beta$

且

$$J_z=\frac{1}{2}MR^2$$

$$a=R\beta,\quad T_1=T'_1,\quad T_2=T'_2$$

联立解得

$$\beta = \frac{1}{R}\frac{m_1 - m_2}{m_1 + m_2 + \frac{1}{2}M}g$$

$$a = \frac{m_1 - m_2}{m_1 + m_2 + \frac{1}{2}M}g$$

$$T_1 = \frac{2m_1m_2 + \frac{1}{2}Mm_1}{m_1 + m_2 + \frac{1}{2}M}g$$

$$T_2 = \frac{2m_1m_2 + \frac{1}{2}Mm_2}{m_1 + m_2 + \frac{1}{2}M}g$$

如果忽略滑轮的质量，即 $M=0$，即可得 $T_1=T_2$ 且 $a=\frac{m_1-m_2}{m_1+m_2}g$，这一结果正是中学得到的.

例 5-5　一半径为 R，质量为 m 的均质圆盘，平放在粗糙的水平桌面上，该圆盘和桌面间的摩擦系数为 μ，令圆盘最初以角速度 ω_0 绕通过中心且垂直盘面的轴旋转，问它经历多长时间才会停止转动?

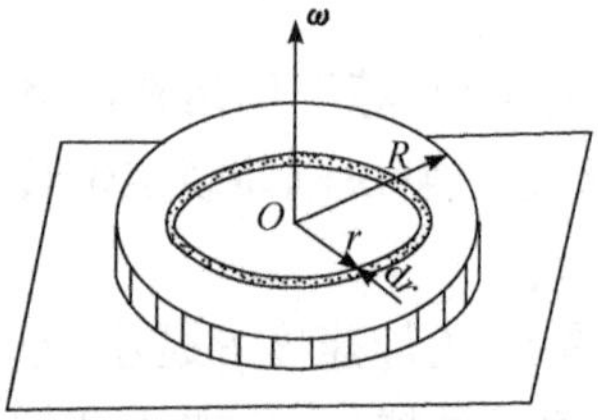

图 5-8　例 5-5 图

解　圆盘最后会停下来，是因为受到了摩擦力矩的作用，摩擦力不是分布在一点，而是分布在整个圆盘与桌子的接触面上，所以首先要计算摩擦力矩.

如图 5-8 所示，在距转轴为 r 处，取半径为 r，厚度为 dr 的环形质元，其质量 $dm=\frac{m}{\pi R^2}\cdot 2\pi r\cdot dr$，其受到的摩擦力矩为

$$dM = \mu dmg \cdot r = \mu \cdot \frac{mg}{\pi R^2} \cdot 2\pi r^2 dr = \frac{2\mu mg}{R}r^2 dr$$

由于 dM 的方向均一致，所以整个圆盘受到的摩擦力矩为

$$M = \int dM = \int_0^R \frac{2\mu mg}{R^2} \cdot r^2 dr$$

$$= -\frac{2}{3}\mu mgR$$

取负值是因为摩擦力矩为阻力力矩. 由刚体的转动定律，得圆盘的角加速度为

$$\beta = \frac{M}{J_z} = -\frac{4}{3R}\mu g = -\frac{4\mu g}{3R} = \frac{d\omega}{dt}$$

其中

$$J_z = \frac{1}{2}mR^2$$

所以

$$dt = -\frac{3R}{4\mu g}d\omega$$

设盘经过 t 时间停止，故有

$$\int_0^t \mathrm{d}t = \int_{\omega_0}^0 -\frac{3R}{4\mu g}\mathrm{d}\omega$$

所以

$$t = \frac{3R\omega}{4\mu g}$$

复习思考题

5-5 一个有固定轴的刚体，受两个力的作用，当这两个力的合力为零时，它们对轴的力矩也为零吗？当这两个力对轴的合力矩为零时，它们的合力也一定为零吗？举例说明.

5-6 在求刚体所受的合外力矩时，能否也用矢量合成法先求刚体所受外力的矢量和，再求此外力矢量和对轴的力矩？

5.4 刚体定轴转动的动能定理

5.4.1 刚体绕定轴转动的动能

刚体可以看成是质点系，当刚体绕定轴转动时，刚体的定轴转动动能应是构成刚体的所有质点的动能之和，设第 i 个质点的质量为 Δm_i，速度为 $\boldsymbol{v}_i$，则该质点的动能：

$$E_{ki} = \frac{1}{2}\Delta m_i v_i^2$$

那么整个刚体的动能为

$$E_k = \sum_i E_{ki} = \sum_i \frac{1}{2}\Delta m_i v_i^2$$

当刚体绕定轴转动时，因为所有质元的角速度都是 ω，那么第 i 个质元的速度大小 $v_i = r_i\omega$，其中，r_i 是第 i 个质点离轴的距离，所以上式可改写成

$$E_k = \sum_i \frac{1}{2}\Delta m_i r_i^2\omega^2 = \frac{1}{2}\left(\sum_i \Delta m_i r_i^2\right)\omega^2$$

式中，$\sum_i \Delta m_i r_i^2$ 刚好是刚体绕定轴转动的转动惯量 J_z，所以动能的表达式可写成

$$E_k = \frac{1}{2}J_z\omega^2 \tag{5-18}$$

即绕定轴转动的刚体的动能，等于刚体对轴的转动惯量与角速度平方的乘积的一半.

可以看出，刚体绕定轴的转动动能 $E_k = \frac{1}{2}J_z\omega^2$ 与质点的动能 $\frac{1}{2}mv^2$ 形式很相似，刚体的转动惯量对应于质点的质量，再次说明了转动惯量是刚体绕定轴转动惯性大小的量度.

5.4.2 力矩的功

对于刚体来讲，由于受力作用时质点间的距离保持不变，所以刚体的内力对刚体不做功，我们只考虑外力的情况. 对于绕定轴转动的刚体来讲，平行于轴的外力是不做功的，只有垂直于轴的力才可能使刚体转动，所以在讨论中可以假定作用在刚体上任一质点 P 的外力 $\boldsymbol{F}_i$ 位于转动平面内，如图 5-9 所示. 设质量为 Δm_i 的质点位于 P 点，受外力 $\boldsymbol{F}_i$ 的作用，刚体绕轴转过一角位移 $\mathrm{d}\theta$，则质点 Δm_i 的位移大小为 $\mathrm{d}s_i = r_i\mathrm{d}\theta$，位移 $\mathrm{d}s_i$ 和力 $\boldsymbol{F}_i$ 的夹角为 α，根据功的定义，$\boldsymbol{F}_i$ 在这

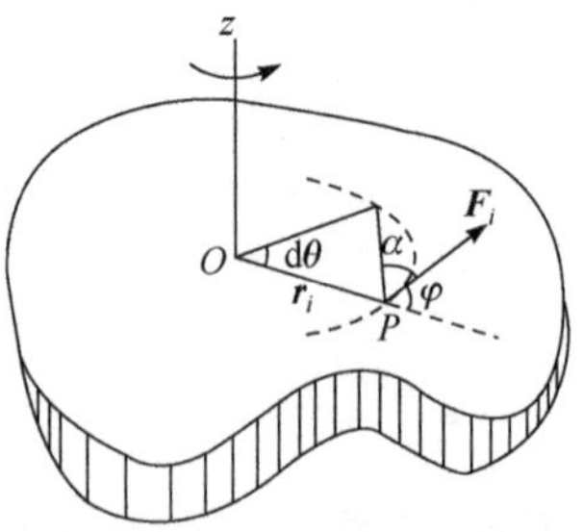

图5-9 力矩的功

段位移中所做的元功是

$$\mathrm{d}A_i = F_i\cos\alpha\mathrm{d}s_i$$

由图可以看出：$\cos\alpha=\sin\varphi$，$\mathrm{d}s_i=r_i\mathrm{d}\theta$，$\boldsymbol{F}_i$ 对轴的力矩的大小为

$$M_i = r_iF_i\sin\varphi$$

故 $\boldsymbol{F}_i$ 做的元功可表示为

$$\mathrm{d}A_i = M_i\mathrm{d}\theta$$

刚体从 θ_1 转到 θ_2 时，$\boldsymbol{F}_i$ 力做的总功为

$$A_i = \int\mathrm{d}A_i = \int_{\theta_1}^{\theta_2}M_i\mathrm{d}\theta \tag{5-19}$$

当刚体受到许多外力作用时，则合外力做的功等于每一个外力做的功的代数和，所以有

$$\begin{aligned} A &= \sum_i A_i = \sum_i\int_{\theta_1}^{\theta_2}M_i\mathrm{d}\theta = \int_{\theta_1}^{\theta_2}\Big(\sum_i M_i\Big)\mathrm{d}\theta \\ &= \int_{\theta_1}^{\theta_2}M\mathrm{d}\theta \end{aligned} \tag{5-20}$$

式中，$M=\sum\limits_i M_i$ 为刚体所受外力的力矩之和. 上式表明：**外力对刚体所做之功，等于合外力矩与刚体角位移乘积的积分，故也称力矩做功.**

当合外力矩 M 为常量时，则上式可以进一步写成

$$A = M(\theta_2-\theta_1) \tag{5-21}$$

即作用在定轴转动刚体上的常力矩在某一转动过程中对刚体所做的功，等于该力矩与刚体角位移的乘积.

必须强调的是，所谓力矩做功，其实质仍是力做功，只不过功的表达式可以写成力矩和角位移的乘积而已.

例 5-6 一长为 l，质量均匀分布的细杆，其质量为 M. 可绕通过 A 端的 z 轴在铅直面内转动，如图 5-10 所示，现将杆从水平位置$\left(\theta_1=\dfrac{\pi}{2}\right)$释放. 试求杆转到铅直位置($\theta_2=0$)的过程中，重力所做的功.

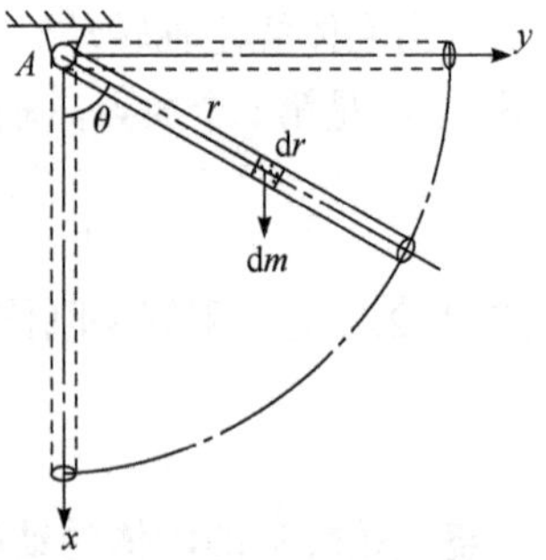

图5-10 例5-6图

解 在距轴 r 处取线元 $\mathrm{d}r$，其质量 $\mathrm{d}m=\dfrac{M}{l}\mathrm{d}r$，当杆有 θ 位移时，线元对 z 轴之矩为

$$\begin{aligned} \mathrm{d}M_z &= -\mathrm{d}m\cdot g\cdot r\sin\theta \\ &= -\frac{Mg}{l}r\sin\theta\mathrm{d}r \end{aligned}$$

杆的重力对轴的总的力矩为

$$M_z = \int\mathrm{d}M_z = -\int_0^l\frac{Mg}{l}\theta\sin r\mathrm{d}r = -\frac{1}{2}Mg\cdot l\sin\theta = -Mg\cdot\frac{1}{2}l\cdot\sin\theta$$

从结果可以看出，对于这样质量均匀分布、具有一定几何形状的刚体来讲，在求重力矩时，可以将全部质量集中到中心来考虑.

当杆在重力矩作用下，有一元位移 $\mathrm{d}\theta$ 时，重力矩的元功为

$$\mathrm{d}A = M_z\cdot\mathrm{d}\theta = -\frac{1}{2}Mgl\sin\theta\mathrm{d}\theta$$

在杆从 $\theta_1=\frac{\pi}{2}$转到 $\theta_2=0$ 的过程中，重力矩做的总功为

$$A=\int M_z \mathrm{d}\theta=\int_{\frac{\pi}{2}}^{0}-\frac{1}{2}Mgl\sin\theta\mathrm{d}\theta$$

$$=\frac{1}{2}Mgl$$

5.4.3 绕定轴转动刚体的动能定理

用功能关系处理力学问题是很方便的，一方面由于功和能都是标量，运算方便；另一方面，能量是一状态量，在物理学中很重要，通过功能关系，也可以把一个过程量的计算转换成状态量的计算.

刚体的转动定律为

$$J\frac{\mathrm{d}\omega}{\mathrm{d}t}=M_z$$

两边同乘以角位移 $\mathrm{d}\theta$，得

$$J\frac{\mathrm{d}\omega}{\mathrm{d}t}\mathrm{d}\theta=M_z\mathrm{d}\theta$$

即

$$J\omega\mathrm{d}\omega=M_z\mathrm{d}\theta$$

或

$$\mathrm{d}\left(\frac{1}{2}J\omega^2\right)=\mathrm{d}A \tag{5-22}$$

上式说明：**绕定轴转动的刚体的动能的微分，等于作用在刚体上的合外力矩所做的元功，这就是刚体绕定轴转动的动能定理的微分式.**

若绕定轴转动的刚体，在外力作用下，角速度由 ω_1 变化到 ω_2，则由(5-22)式可得到

$$\frac{1}{2}J\omega_2^2-\frac{1}{2}J\omega_1^2=A \tag{5-23}$$

式中，A 是绕定轴转的刚体角速度由 ω_1 变到 ω_2 时，作用在刚体上的所有外力所做的功的代数和. 上式说明：绕定轴转动的刚体在某一过程中转动动能的增量，等于在该过程中作用在刚体上所有的外力所做的功的代数和.

从上面的结果可以看出，对于刚体这样一个特殊的质点系来讲，内力做的功的代数和为零，对系统的动能的变化没有贡献，而对于非刚性质点系，一般情况下，上面的结论不成立.

例 5-7 题同例 5-6，现求在忽略一切阻力的情况下，杆由水平位置转到铅直位置时杆的角速度.

解 以杆为研究对象，如图 5-10 所示，杆受重力、轴的拉力等作用. 但只有重力做功，在杆由水平位置转动到铅直位置时，重力做的功为

$$A=\frac{1}{2}Mgl$$

在水平位置，杆的初动能为

$$E_{k0}=\frac{1}{2}J_z\omega_0^2=0$$

在铅直位置，杆的末动能为

$$E_k = \frac{1}{2}J_z\omega^2$$

由动能定理，并注意到杆的转动惯量

$$J_z = \frac{1}{3}Ml^2$$

可得

$$\frac{1}{2}J_z\omega^2 - 0 = \frac{1}{2}Mgl$$

解得

$$\omega = \sqrt{\frac{3g}{l}}$$

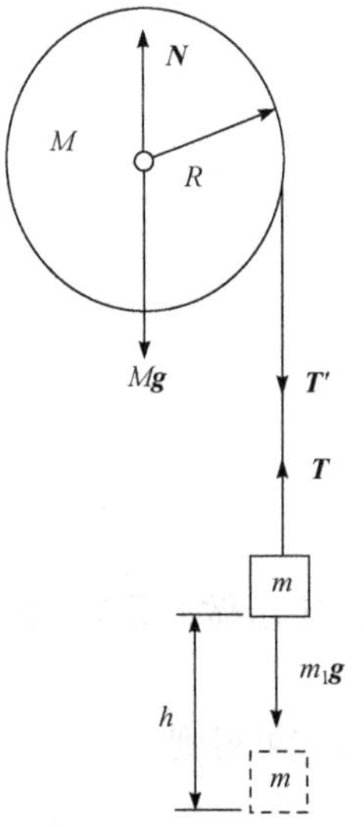

图 5-11　例 5-8 图

例 5-8　如图 5-11 所示，一质量为 M，半径为 R 的圆盘，可绕一无摩擦的水平轴转动，绳索一端系在圆盘的边缘上，另一端挂质量为 m 的物体，问：物体由静止下落高度 h 时，其速度的大小为多少？设绳的质量略去不计.

解　如图 5-11 所示，选圆盘和物体 m 为研究对象，其受力情况如图，对圆盘 M 来讲，只有拉力对圆盘做功，其功的大小等于圆盘的转动动能的增量：

$$TR \cdot \Delta\theta = \frac{1}{2}J\omega^2 - \frac{1}{2}J\omega_0^2$$

$\Delta\theta$ 是在力矩 TR 作用下，圆盘的角位移，其中 $\omega_0=0$，对 m 物体来讲，重力 mg 和绳的拉力 T 均做功，由动能定理得

$$mgh - Th = \frac{1}{2}mv^2 - \frac{1}{2}mv_0^2$$

其中，$v_0=0$，由于绳子和圆盘间无滑动，故 $v=R\omega$.

且 $h=R\cdot\Delta\theta$，解以上二式得

$$v = \sqrt{\frac{2mgh}{m+\frac{J}{R^2}}}$$

由于圆盘 $J=\frac{1}{2}MR^2$，有

$$v = \sqrt{\frac{2mgh}{m+\frac{M}{2}}}$$

5.4.4　刚体的重力势能

在刚体绕定轴转动的过程中，也常受保守力的作用，也有势能存在，在这里涉及的主要是刚体和地球构成的系统之间的重力势能，简称刚体的重力势能.

对于体积不太大的质量为 m 的刚体来讲，它的重力势能应该是组成刚体的所有质点 Δm_i 的重力势能之和，即

$$E_p = \sum_i \Delta m_i g h_i = (\sum_i \Delta m_i h_i) g$$

式中，h_i 是各质点到零势能点的距离，刚体的质心到零势能点的距离为

$$h_c = \frac{\sum_i m_i h_i}{m}$$

所以，刚体的重力势能为

$$E_p = mgh_c \tag{5-24}$$

上式说明：**一个不太大的刚体的重力势能等于把刚体的质量全部集中于质心时的质点所具有的重力势能.**

对于包括刚体的系统，如果在运动过程中，只有保守力做功，则这个系统的机械能是守恒的，这时解题是很方便的.

例 5-9 已知滑轮的半径 R=30cm，转动惯量 J_z=0.5kg·m²，弹簧的劲度系数 k=2.0N/m，如图 5-12 所示，问质量 m=60g 的物体下落 40cm 时的速率是多大？（设开始时物体静止且弹簧无伸长，在物体下落过程中绳子与滑轮之间无相对滑动）

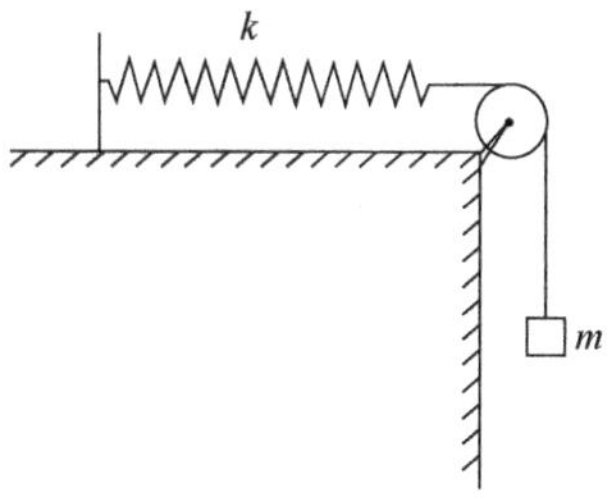

图 5-12 例 5-9 图

解 在物体下落过程中，物体、滑轮、弹簧构成的系统只有重力、弹力等保守力做功，故系统的机械能守恒.

设开始时，物体所在位置为重力势能零点处，弹簧的自然长度处为弹性势能零点处；物体下落 l 时，速度为 v，滑轮的角速度大小为 ω，由机械能守恒得

$$0 = \frac{1}{2}mv^2 - mgl + \frac{1}{2}kl^2 + \frac{1}{2}J\omega^2$$

其中 $\omega = \dfrac{v}{R}$，解得

$$v = \sqrt{\frac{2mg - kl^2}{m + J_z/R^2}} = \sqrt{\frac{2\times0.06\times9.8 - 2\times(0.4)^2}{0.06 + 0.5/0.3^2}}$$
$$= 0.39(\text{m/s})$$

复习思考题

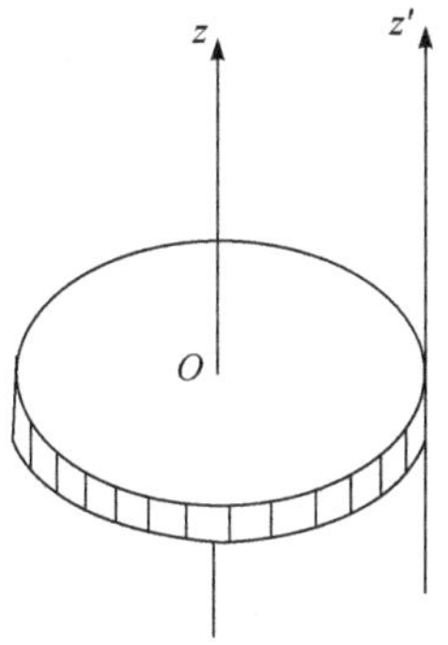

思考题 5-7 图

5-7 如思考题 5-7 图所示，一个质量为 M，直径为 R 的圆盘，绕过中心垂直于盘面的轴的转动惯量 $J_z = \frac{1}{2}MR^2$，那么与 z 轴平行，且和盘缘相切的 z' 轴的转动惯量是多少？

5-8 两个质量相同的球分别用密度为 ρ_1 和 ρ_2 的金属制成，今分别以角速度 ω_1 和 ω_2 绕通过球心的轴转动，试问这两个球的动能之比为多大？

5.5　定轴转动的角动量定理和角动量守恒定律

5.5.1　定轴转动的角动量定理

对于绕定轴转动的刚体，对刚体转动起作用的是合外力矩的轴向分量. 当刚体绕 z 轴转动时

$$L_z = J_z\omega$$

对此式两边同时作时间 t 的一阶导数.

$$\frac{\mathrm{d}L_z}{\mathrm{d}t} = \frac{\mathrm{d}}{\mathrm{d}t}(J_z\omega) = J_z\frac{\mathrm{d}\omega}{\mathrm{d}t} = M_z \tag{5-25}$$

上式说明：绕 z 轴转动的刚体对 z 轴的合外力矩等于刚体对 z 轴的角动量对时间的一阶导数. 这就是刚体绕定轴转动的角动量定理. 式中 M_z 是作用在刚体上的所有外力对 z 轴力矩的代数和.

与转动定律相比较，刚体绕定轴转动的角动量定理的适用范围更广泛. 这正如质点的动量定理比牛顿第二定律的适用范围更广泛一样.

将(5-23)式改写成下式：

$$M_z\mathrm{d}t = \mathrm{d}(J_z\omega)$$

设 t_1 时刻，定轴转动的刚体角速度为 ω_1，t_2 时刻为 ω_2，对上式两边同时积分，得

$$\int_{t_1}^{t_2} M_z\mathrm{d}t = \int_{\omega_1}^{\omega_2}\mathrm{d}(J_z\omega) = J_z\omega_2 - J_z\omega_1 \tag{5-26}$$

式中，$\int_{t_1}^{t_2} M_z\mathrm{d}t$ 称为 t_2-t_1 时间内对 z 轴的冲量矩；$J_z\omega_1$ 和 $J_z\omega_2$ 分别表示 t_1 时刻和 t_2 时刻刚体对 z 轴的角动量. 上式说明：某一段时间内作用在刚体上的冲量矩，等于绕定轴转动的刚体在该段时间内角动量的增量. 这一结果称为角动量定理的积分式.

值得注意的是：角动量定理(5-26)式不仅对绕定轴转动的刚体成立，即对转动惯量为常量的刚体成立，而且对转动惯量变化的刚体或非刚体系统也是成立的.

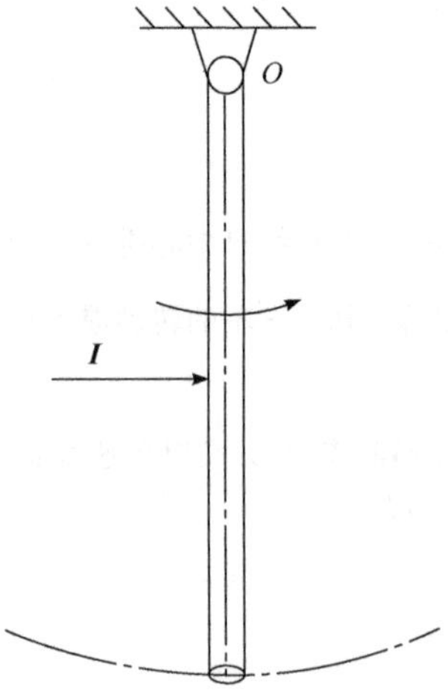

图 5-13　例 5-10 图

例 5-10　长为 l，质量为 M 的均质细杆，一端悬挂，杆可绕悬挂轴在铅直面内自由转动，杆开始时处于静止状态，在杆的中心作用一冲量 $\boldsymbol{I}$，其方向和杆垂直，如图 5-13 所示. 求冲量结束时杆获得的角速度，假定冲量作用时间已知，在冲量作用的整个过程中，杆来不及发生位移.

解　以杆为研究对象：杆在受到冲量 $\boldsymbol{I}$ 作用时，还受到重力和轴的支持力的作用. 但此二力在 $\boldsymbol{I}$ 的作用过程中无力矩作用. 已知作用前杆的角速度 $\omega_1=0$，作用后杆的角速度为 ω_2，由角动量定理(5-26)式得

$$J_z\omega_2 - J_z\omega_1 = \int M_z\mathrm{d}t$$

即

$$J_z\omega_2 = \int_C M_z\mathrm{d}t$$

式中，J_z 为杆绕 z 轴的转动惯量，且 $J_z=\frac{1}{3}Ml^2$，M_z 为冲力矩，τ 为作用时间，所以有

$$J_z\omega_2=\int_z F\cdot\frac{l}{2}\mathrm{d}t=\frac{l}{2}\int_z F\cdot\mathrm{d}t=\frac{l}{2}\mid\boldsymbol{I}\mid$$

式中，$\boldsymbol{F}$ 为杆受的冲力，由上式得

$$\omega=\frac{l\mid\boldsymbol{I}\mid}{2J_\tau}=\frac{3\mid\boldsymbol{I}\mid}{2Ml}$$

5.5.2 定轴转动的刚体的角动量守恒定律

由(5-26)式可以看出：**当作用在刚体上的所有外力对某一轴的力矩之和为零时，则刚体对该轴的角动量将保持不变，这一结论称为刚体绕定轴转动的角动量守恒定律.**

对于绕定轴转动的刚体而言，转动惯量 J_z 是常量，故刚体角动量守恒时，其绕定轴转动的角速度保持不变，这时刚体做惯性转动. 这个结果和平动物体的惯性运动是相似的.

角动量守恒定律不仅对绕定轴转动的刚体是成立的，对刚体系或质点系绕某一轴转动时同样成立. 只是要注意这里必须是对同一轴而言的. 角动量守恒定律在实际生活和工程科技上有着广泛的应用. 例如，花样滑冰的表演者，绕通过重心的铅直轴旋转时，由于重力矩和支持力矩皆为零，摩擦力又可以忽略不计，因此表演者对旋转轴的角动量是守恒的. 表演者可以通过伸展和收缩手脚的动作来改变对轴的转动惯量，进而调节旋转的角速度；在直升机的尾部装置了一个在竖直面内旋转的尾翼，产生了一个反向动量矩，以抵消尾翼在水平面内旋转时产生的角动量，进而避免了直升机在水平面内打转.

刚体的角动量守恒定律在现代科学技术中的一个重要应用是惯性导航，所用的装置叫回转仪也叫做“陀螺”. 它的核心装置是常平架上一个质量较大的转子. 如图 5-14 所示，常平架由套在一起的、分别具有竖直轴和水平轴的两个圆环组成，转子装在内环上，其轴与内环的轴垂直，其重心和固定点重合，若略去轴承的摩擦力以及空气阻力，则这种回转仪可以认为是无外力矩的. 当回转仪以高速绕其对称轴旋转时，不论常平架如何放置，它永远保持对称轴的空间方位不变，故又称定向回转仪，安装在轮船、飞机、导弹或宇宙飞船上的回转仪就能指出这些船或飞机的航行方向相对空间某确定的方向，从而起到导航的作用.

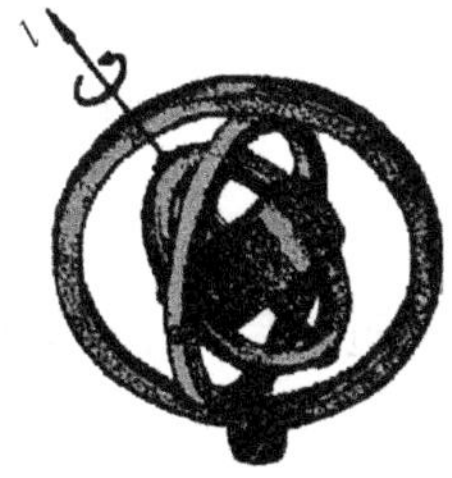

图 5-14 回转仪

角动量守恒定律是以牛顿运动定律为基础推导出来的，但不能认为角动量守恒定律从属于牛顿运动定律，实际上角动量守恒与空间旋转对称性有关，它不仅适合于天体在内的宏观领域，也适合于原子、原子核等牛顿运动定律不再成立的微观领域. 所以说，角动量守恒定律是比牛顿运动定律更普遍的定律.

和牛顿运动定律一样，角动量守恒定律仅适用于惯性系.

例 5-11 一根长为 l，质量为 M 的均质棒，其一端挂在一水平光滑轴上并静止在竖直位置. 今有一子弹，质量为 m，以水平速度 $\boldsymbol{v}_0$ 射入棒的下端且不射出，求棒和子弹开始一起运动时的角速度，如图 5-15 所示.

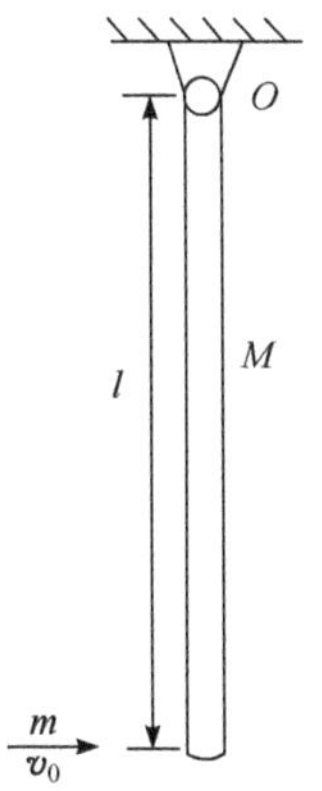

图 5-15 例 5-11 图

解 由于棒和子弹的相互作用时间极短，在这一过程中棒的位置基本未变，仍在竖直位置，故对棒和子弹组成的系统，合外力矩为零，因此系统对过 O 点的水平轴角动量守恒. 设子弹和棒共同运动时的角速度为 ω，由角动量守恒得

$$mlv_0 = \left(ml^2 + \frac{1}{3}Ml^2\right)\omega$$

解得

$$\omega = \frac{3m}{3m+M}\frac{v_0}{l}$$

这里大家可以思考一下，在棒和子弹的碰撞过程中，系统的动量守恒吗？为什么？

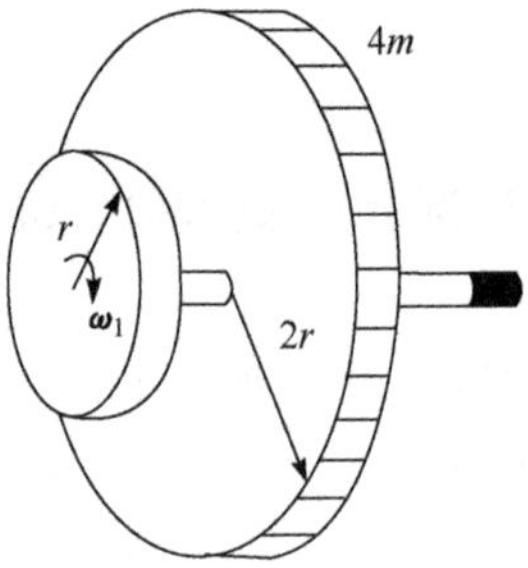

图 5-16　例 5-12 图

例 5-12　轮 A 的质量为 m，半径为 r，以角速度 ω_1 转动；轮 B 的质量为 $4m$，半径为 $2r$，套在轮 A 的轴上，两轮都可视为均质圆盘，将轮 B 移动至与轮 A 接触，若轮轴间摩擦力矩不计，试求两轮共同转动的角速度以及结合过程中动能的损失，如图 5-16 所示.

解　由于两盘是均质盘，且转轴通过两个圆盘的中心；盘受的外力即重力及轴的支撑力在轴的方向上的力矩为零，选 A、B 盘为研究对象，在 B 向 A 靠近的过程中，A、B 系统的角动量守恒：

$$J_A\omega_1 = (J_A + J_B)\omega_2$$

即

$$\left(\frac{1}{2}mr^2\right)\omega_1 = \left(\frac{1}{2}mr^2 + \frac{1}{2}(4m)\cdot(2r)^2\right)\omega_2$$

所以

$$\omega_2 = \frac{1}{17}\omega_1$$

靠近以前，A 的动能为

$$E_{k_1} = \frac{1}{2}J_z\omega_1^2 = \frac{1}{2}\left(\frac{1}{2}mr^2\right)\omega_1^2 = \frac{1}{4}mr^2\omega_1^2$$

靠近以后，A、B 系统的动能为

$$\begin{aligned} E_{k_2} &= \frac{1}{2}J_z\omega_2^2 \\ &= \frac{1}{2}\left(\frac{1}{2}mr^2 + \frac{1}{2}(4m)\,(2r)^2\right)\left(\frac{1}{17}\omega_1\right)^2 \end{aligned}$$

所以在 A、B 结合的过程中损失的动能为

$$\Delta E_k = E_{k_1} - E_{k_2} = \frac{4}{17}mr^2\omega_1^2$$

例 5-13　一均质细棒长为 l，质量为 m，可绕通过其端点 O 的水平轴自由转动，如图 5-17 所示，当棒由水平位置自由释放后，它在竖直位置与放在地面上的、质量也是 m 的物体相撞，该物体与地面的摩擦系数为 μ. 相撞后，物体沿地面滑行了一段距离 s 而停止，求相碰后棒的质心 c 离地面的最大高度 h，并说明碰撞后，棒左摆和右摆的条件.

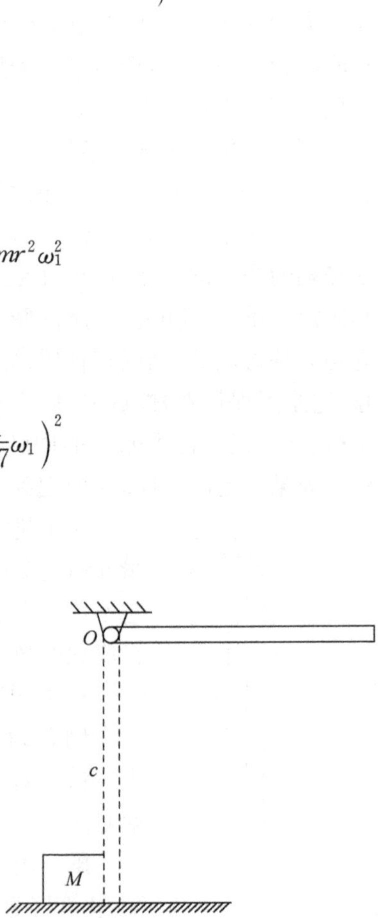

图 5-17　例 5-13 图

解　这个问题可分为三个阶段进行计算，第一阶段是棒的自由下摆过程. 这时，除重力外，其他力都不做功，所以机械能守恒. 选地面为零势能点，ω 表示棒摆到竖直位置时的角

速度,则

$$mgl = \frac{1}{2}mgl + \frac{1}{2}J_z\omega^2$$

其中,转动惯量 $J_z = \frac{1}{3}ml^2$,解得

$$\omega = \sqrt{\frac{3g}{l}}$$

第二阶段是碰撞过程. 因碰撞时间极短,作用力极大,物体虽受到地面摩擦力却可以忽略,这时,棒和物体组成的系统对过 O 点的转轴外力矩为零,即系统对 O 点轴的角动量守恒. 用 v 表示碰撞后物体的速度,则

$$J_z\omega = J_z\omega' + mlv$$

式中,ω'为棒碰撞后的角速度,可正可负. ω'为正值,表示碰撞后棒向左摆,反之,右摆.

第三阶段是物体碰撞以后的滑行过程. 在此过程中,摩擦力做功,由动能定理,得

$$-\mu mgs = 0 - \frac{1}{2}mv^2$$

$$v = \sqrt{2\mu gs}$$

由以上三式可得

$$\omega' = \frac{\sqrt{3gl} - 3\sqrt{2\mu gs}}{l}$$

当 $l > 6\mu s$ 时,$\omega' > 0$,棒左摆.

当 $l < 6\mu s$ 时,$\omega' < 0$,棒右摆.

此时,棒的质心距离地面高度 h,由机械能守恒得

$$mgh = \frac{1}{2}J_z\omega'^2 + mg\frac{l}{2}$$

$$h = l + 3\mu s - \sqrt{6\mu ls}$$

复习思考题

5-9　如果一个质点做直线运动,那么质点相对于哪些点的角动量守恒?

5-10　“角动量的守恒条件是合外力的冲量为零”的说法对吗? 为什么?

5-11　一个站在水平转盘上的人,左手举一自行车轮,使轮子的轴竖直,当他用右手拨动轮缘使车轮转动时,他自己会沿相反方向转动起来,解释其中的道理.

习　题

5-1　选择题.

(1) 有两个半径相同、质量相等的细圆环 A 和 B,A 的质量分布均匀,B 的质量分布不均匀,它们对通过环心与环面垂直的轴的转动惯量分别为 J_A 和 J_B,则(　　).

(A) $J_A > J_B$　　(B) $J_A < J_B$　　(C) $J_A = J_B$　　(D)无法确定哪个大

(2) 轮圈半径为 R,其质量 M 均匀分布在轮缘上,长为 R,质量为 m 的均质辐条固定在轮心和轮缘间,辐条共有 $2N$ 根,今若将辐条数减少 N 根,但保持轮对通过轮心、垂直于轮平面的轴的转动惯量保持不变,则轮圈的质量应为(　　).

(A) $\frac{N}{12}m+M$　　(B) $\frac{N}{6}m+M$　　(C) $\frac{2N}{3}m+M$　　(D) $\frac{N}{3}m+M$

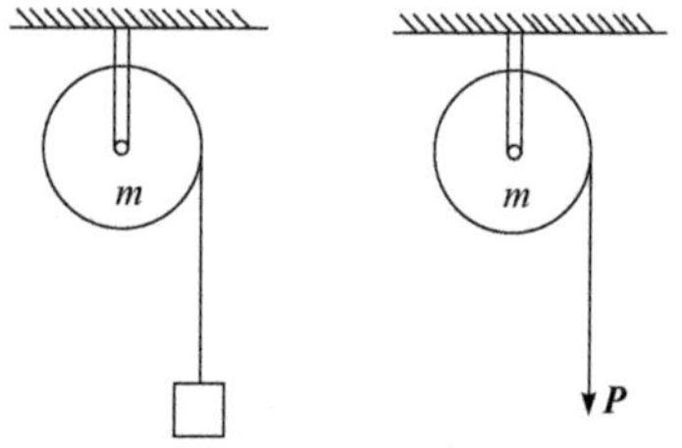

习题 5-1(3)图

(3) 如习题 5-1(3)图所示，一轻绳绕在具有水平轴的固定滑轮上，滑轮质量为 m，绳下挂一物体，物体所受重力为 $\boldsymbol{P}$，滑轮的角速度为 β_1，若将物体去掉，以 $\boldsymbol{P}$ 相等的力直接向下拉绳子，滑轮加速度为 β_2，则(　　).

(A) $\beta_2>\beta_1$　　(B) $\beta_2<\beta_1$

(C) $\beta_2=\beta_1$　　(D) 无法判断

(4) 一块方板，可以绕其一个水平边的光滑固定轴自由转动，最初板自由下垂. 今有一小团黏土垂直板面撞击方板，并黏在板上，对黏土和方板系统如果忽略空气阻力，在碰撞中守恒的量是(　　).

(A)动能　　(B)绕木板转轴的角动量　　(C)机械能　　(D)动量

5-2　填空题.

(1) 一个以恒角加速度转动的圆盘，如果某一时刻的角速度为 $\omega_1=20\pi\text{rad/s}$. 再转 60 圈后，角速度变为 $\omega_2=30\pi\text{rad/s}$. 则角加速度 $\beta=$________ rad/s^2. 转过 60 圈所需时间 $\Delta t=$________.

(2) 如习题 5-2(2)图所示均质大盘，质量为 M，半径为 R，对于过圆心 O 点且垂直盘面的转轴的转动惯量为 $\frac{1}{2}MR^2$，如果在大圆盘中挖去一小圆盘，质量为 m，半径为 r，且 $2r=R$，则挖去小圆盘后，剩余部分对于过 O 点且垂直于盘面的转轴的转动惯量为________.

(3) 以初速度 $\boldsymbol{v}_0$ 从 O 点抛射一质量为 m 的小球，$\boldsymbol{v}_0$ 与水平方向之间的夹角为 α，如习题 5-2(3)图所示，在不考虑空气阻力的情况下，t 时刻小球对 O 点的角动量 $l_0=$________，角动量对时间 t 的导数 $\frac{\mathrm{d}l_0}{\mathrm{d}t}=$________，小球所受合力对 O 点的力矩 $M=$________.

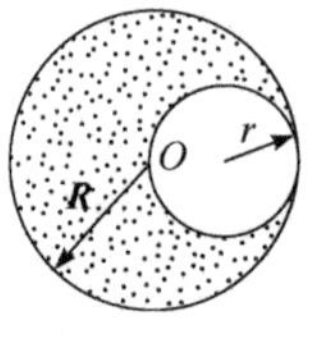

习题 5-2(2)图

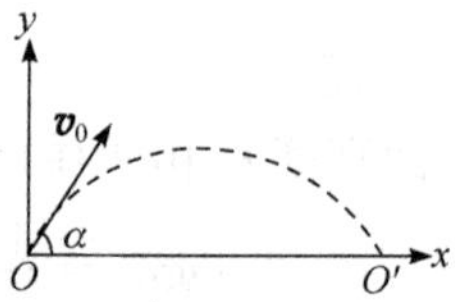

习题 5-2(3)图

(4) 一根质量为 m，长为 l 的均质细杆，可在水平桌面上绕过其一端的竖直固定轴转动，已知细杆与桌面的滑动摩擦系数为 μ，则杆转动时所受的摩擦力矩的大小为________.

(5) 一质量为 m 的人站在一质量为 M，半径为 R 转台的中心，转台以角速度 ω_0 转动，轴的摩擦力可以忽略不计，当人从盘心走到盘的边缘时，盘的角速度 $\omega=$________，系统损失的动能量 $\Delta E_k=$________.

5-3　一汽车发动机的转速在 7.0s 内由 200r/min 均匀增加到 3000r/min.

(1) 求这段时间内的初角速度、末角速度以及角加速度.

(2) 求这段时间内转过的角度和圈数.

(3) 发动机轴上装有一半径为 $r=0.2\text{m}$ 的飞轮，求它边缘上一点在第 7.0s 末时的切向加速度，法向加速度和总加速度.

5-4　以 20N·m 的恒力矩作用在有固定轴的转轮上，在 10s 内该轮的转速由 0 增大到 100r/min，此时移去力矩，转轮因摩擦力矩的作用经 100s 而停止，试推算此转轮对其固定轴的转动惯量.

5-5　如习题 5-5 图所示，滑轮可视为半径为 R，质量为 M 的均质圆盘，滑轮与绳间无滑动，水平面光滑，若 $m_1=50\text{kg}$，$m_2=200\text{kg}$，$M=15\text{kg}$，$R=0.10\text{m}$，求系统自由运动时物体的加速度及绳中的张力.

5-6　如习题 5-6 图所示，两个质量为 m_1 和 m_2 的物体分别系在两条绳子上，这两条绳又分别绕在半径为 r_1 和 r_2 并装在同一轴的二鼓轮上，该轴间摩擦不计，鼓轮和绳的质量均不计，求鼓轮的角加速度.

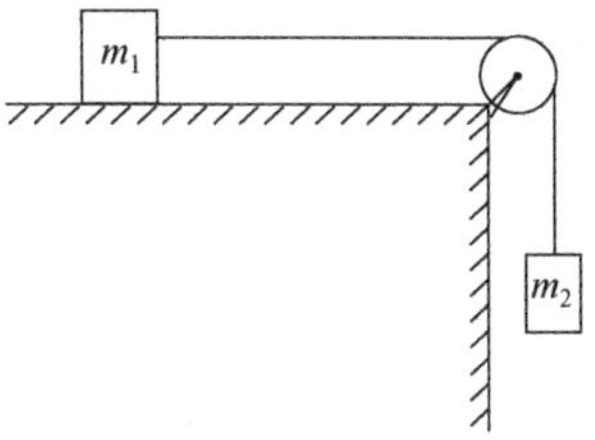

习题 5-5 图

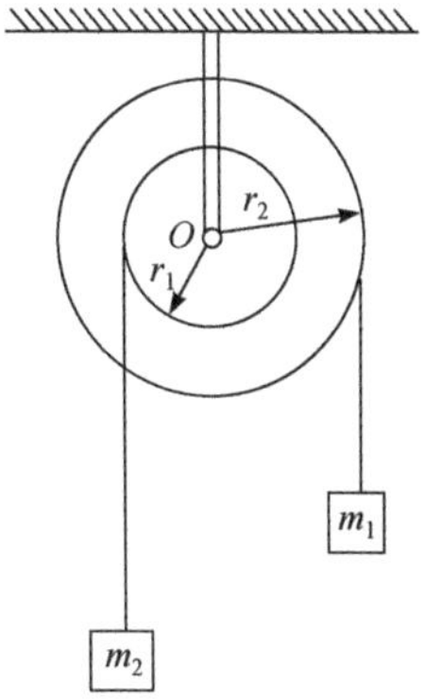

习题 5-6 图

5-7　如习题 5-7 图所示，一轻绳跨滑轮系着两个物体 A 和 B，A 的质量为 m_1，悬在空中，B 的质量为 m_2，放在倾角为 θ 的斜面上，如果物体 B 与斜面的滑动摩擦系数为 μ，已知物体 A 带动物体 B 向下运动，求两物体的加速度 a 和绳子中的拉力 T(滑轮质量为 M，半径为 R).

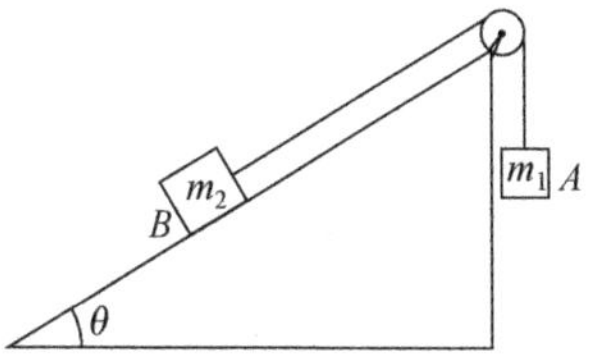

习题 5-7 图

5-8　习题 5-8 图中均质细杆长 $L=0.40\text{m}$，质量 $M=1\text{kg}$，由其上端的光滑水平轴吊起而处于静止，今有一质量 $m=8.0\text{g}$ 的子弹，以 $v=200\text{m/s}$ 的速度水平射入杆中而不复出，射入点在轴下 $d=\dfrac{3}{4}L$ 处.

(1) 求子弹停在杆中时杆的角速度；

(2) 求杆的最大偏角.

5-9　原长为 l_0，劲度系数为 k 的弹簧，一端固定在水平面上的 O 点，另一端系一质量为 M 的小球，开始时弹簧被拉长 λ，并给予小球一个与弹簧垂直的初速度 $\boldsymbol{v}_0$，如习题 5-9 图所示，求当弹簧恢复原长 l_0 时小球的速度 $\boldsymbol{v}$ 的大小和方向(即夹角 α)，设 $M=19.6\text{kg}$，$k=1254\text{N/m}$，$l_0=2\text{m}$，$\lambda=0.5\text{m}$，$v_0=3.0\text{m/s}$.

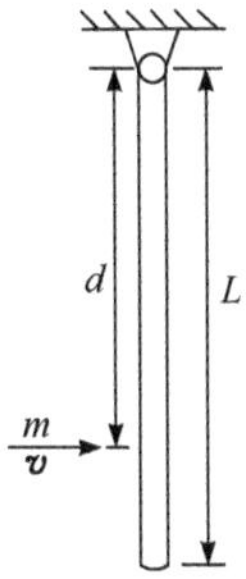

习题 5-8 图

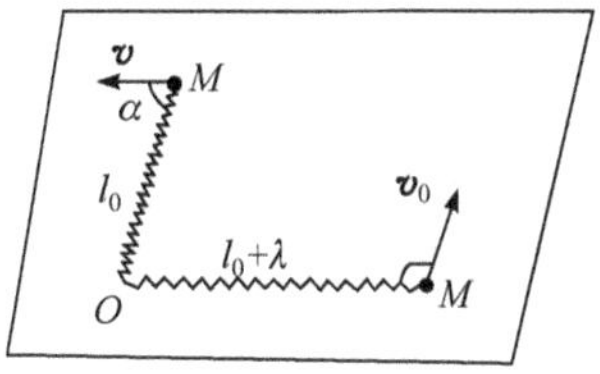

习题 5-9 图

5-10　如习题 5-10 图所示，A 与 B 两飞轮的轴杆可由摩擦啮合器使之连结，A 轮的转动惯量 $J_A=10\text{kg}\cdot\text{m}^2$，开始时 B 静止，A 轮以 $n_1=600\text{r/min}$ 的速度转动，然后使 A 和 B 连结. 因而 B 轮得到加速而 A 轮减速；直到二轮速度都等于 $n_2=200\text{r/min}$ 为止. 求：(1) B 轮的转动惯量；(2) 在啮合过程中损失的机械能.

5-11　轮 A 和轮 B 通过皮带传送动力，轮 B 的半径是轮 A 的 3 倍，如习题 5-11 图所示，设轮和皮带间无相对滑动，求下列两种情况下轮 A 和轮 B 的转动惯量之比：(1) 两轮动能相等；(2) 两飞轮动量矩大小相等.

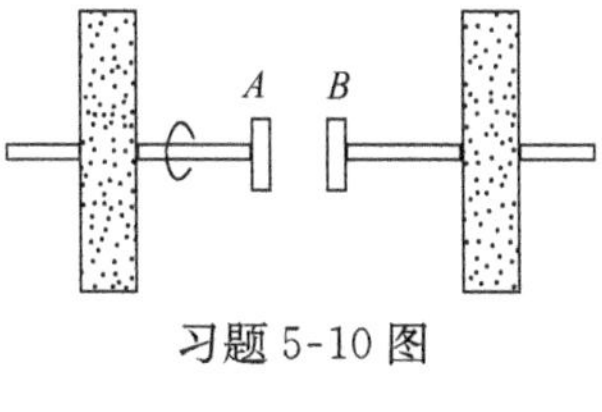

习题 5-10 图

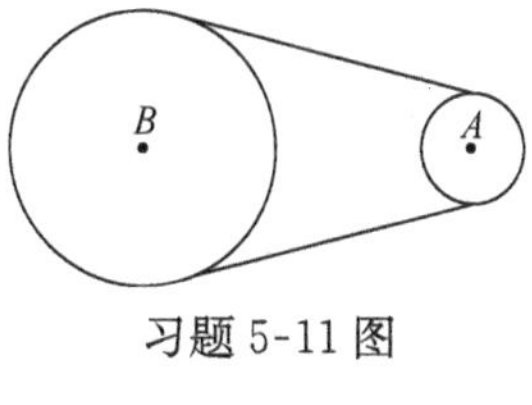

习题 5-11 图

第 6 章　真空中的静电场

任何电荷周围都存在电场，相对于观察者为静止的电荷所激发的电场称为静电场. 本章研究真空中静电场的基本特性，并从电场对电荷作用的电场力以及电荷在电场中移动时电场力将对电荷做功这两个方面，引入电场强度和电势这两个描述电场特性的重要物理量. 同时介绍反映静电场基本性质的场强叠加原理、高斯定理和静电场的环路定理以及电场强度和电势两者之间的关系.

6.1 库仑定律

库仑定律

6.1.1 电荷

物体带电的多少称为电荷量，也称为电量，用 q 表示. 在国际单位制中，电量的单位是库仑，简称库(C). 1C 就是 1A 的电流在 1s 时间内通过导线截面的电量，一个质子或电子所带的电量分别为 $\pm 1.6\times 10^{-19}$C，用 $\pm e$ 表示. 近代物理的发展，使我们对物质带电现象的本质有了进一步的认识. 物质电结构理论进一步表明：电荷是实物粒子的一种属性，它描述实物粒子的电性质，正如质量是反映实物粒子惯性或引力的属性一样. 一切实物粒子都有一定质量(无论宏观物体或微观粒子)，但带电性质则可以不同，如中子不带电，质子带正电，而电子带负电. 电荷只能随带电的基本粒子(电子、质子)的迁移而迁移，而物体的原子核是不容易迁移的，所以物体带电的本质是两种物体间发生了电子的转移.

6.1.2 电荷的量子化

在已知的基本粒子中，不仅电子和质子带有电荷，另有一些粒子也带有电荷. 比如介子、超子中的部分粒子带有电荷；还有一些粒子不带电，如光子、中微子和中子等. 除上述提到的基本粒子之外，还存在反粒子. 例如，反电子(正电子)带的电荷为 $+e$，反质子带的电荷为 $-e$，反中子的电荷为零等.

综上所述，可以看出所有基本粒子所带的电荷有个重要的特点，就是它们都是基本电荷 e 的整数倍，也就是说，电荷只能取 $0,\pm e,\pm 2e,\cdots$，由此可以推知，任何宏观带电体所带电量，只能是基本电荷 e 的整数倍，这表明电荷是量子化的. 基本电荷 e 就是电荷量子. 当一种物理性质像电荷那样以分离、不连续的方式存在时，我们就说这种性质是量子化的.

在近代物理学中，量子化是基本的概念. 在微观世界中，我们将看到如能量、角动量等也是量子化的.

6.1.3 电荷守恒定律

电荷守恒定律是物理学最基本的定律之一，首先是由富兰克林于 1747 年提出的. 定律指出，**在一个与外界没有电荷交换的系统内，无论进行怎样的物理过程，过程中电荷总数(即正负电荷**

的代数和)都保持不变.这就是电荷守恒定律.在宏观物体的带电过程中,随着带电粒子的迁移,物体所带电荷可以从一个物体迁移到另一个物体上,但在其所构成的系统中的电荷总量既不会增加,也不会减少.即使在微观领域内,电荷守恒定律也被证明是正确的.例如,当高能光子穿过铅板后,可以产生正负电子偶(一个为正电子,另一个为负电子).光子并不带电,而产生的正电子和负电子带有等量异号电荷.所以光子穿过铅板前后系统的电荷量值相等且均为零.可见系统的总电量保持不变,电荷守恒定律已被实验所证实.

6.1.4 真空中的库仑定律

带电体之间的相互作用称为电力,当两种物体相距很近时,它们的原子或分子间就会有电力作用.力学中所有的"接触力",如弹性力、摩擦力等,都是大量原子和分子间电力作用的宏观表现.所以,电力和万有引力一样,也支配着人类生活.

现在讨论带电体之间的相互作用即电力.一般来说,带电体之间的相互作用力,与带电体的电荷、带电体的形状大小、电荷的分布、带电体之间的相对位置等多种因素有关.实验表明,随着带电体之间距离的增加,带电体的形状、大小以及带电体上电荷的分布情况,对电力的影响将逐渐减小.当带电体之间的距离远大于带电体本身的线度时,带电体的形状与作用力无关,这时就可把带电体看成一个带电的点.由此可引入**点电荷**的概念,即当带电体的形状和大小与带电体之间的距离相比可以忽略时,可以把带电体看作点电荷.因此,点电荷的概念只有相对的意义,它忽略了带电体的形状和大小,突出了带电体的电量和占据的空间点位置,而本身不一定是很小的带电体.点电荷是一种理想模型,就像我们在力学中建立的质点,热学中的理想气体模型.这是研究客观世界的一种方法,理想模型的提出,在物理学以至任何科学研究中都是至关重要的.另外,正像力学中一切物体可看成质点的集合一样,任何带电体都可看成点电荷的集合.

法国科学家库仑于1777年开始进行著名的扭秤实验,1785年他创立的"库仑定律"是使电磁学研究从定性进入定量的重要里程碑.

库仑定律是表示两个相对静止的点电荷之间的相互作用力的定律,它可表述为:**真空中两个静止点电荷 q_1 和 q_2 之间的相互作用力的大小与电量 q_1 和 q_2 的乘积成正比,与它们之间距离的平方成反比;**作用力的方向沿着它们的连线,同号电荷相斥,异号电荷相吸.其数学表达式为

$$\boldsymbol{F}_{21} = K\frac{q_1 q_2}{r_{21}^3}\boldsymbol{r}_{21} = K\frac{q_1 q_2}{r_{21}^2}\boldsymbol{r}_{21}^0 = -\boldsymbol{F}_{12} \tag{6-1}$$

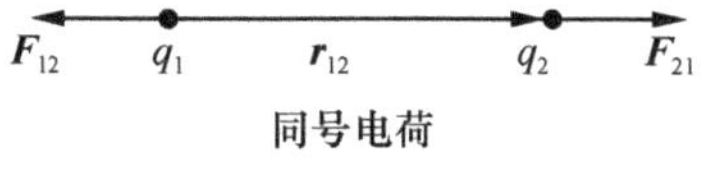

图 6-1 两个点电荷之间的作用力

式中,$\boldsymbol{r}_{21}^0$ 为单位矢径,如图 6-1 所示,其意义是 $\boldsymbol{r}_{21}^0=\frac{\boldsymbol{r}_{21}}{|\boldsymbol{r}_{21}|}$,显然 q_1 和 q_2 为同号点电荷时,相互作用力为斥力;q_1 和 q_2 为异号点电荷时,相互作用力为吸引力.K 为比例系数,它的取值取决于电量 q、距离 r、电力 F 等物理量的单位,在国际单位制中 K 的实验值是

$$K = 8.99\times10^9\,\mathrm{N\cdot m^2/C^2}$$

令(6-1)式中比例系数

$$K = \frac{1}{4\pi\varepsilon_0}$$

式中,ε_0 是真空中的介电常量

$$\varepsilon_0 = 8.85\times10^{-12}\,\mathrm{C^2/(N\cdot m^2)}$$

这种方法称为对物理公式的有理化.

实验证实,真空中的库仑定律在空气中近似成立,常数 K 及 ε_0 可用上述数值.

长期实验证实,库仑定律是一个适应范围很广的基本定律. 对于很小的范围,如卢瑟福 α 粒子散射实验(1910 年)证实,在小到 10^{-15} m 的范围,现代高能电子散射实验更证实小到 10^{-17} m 的范围,库仑定律仍然精确地成立. 对于很大的范围,通过人造地球卫星研究地球磁场时得到库仑定律适用的范围大到 10^7 m.

6.2　电场　电场强度

电场强度的定义　点电荷系的电场强度　连续带电体的电场强度

6.2.1　电场

电荷与电荷之间存在着力的作用,这是事实. 但这种相互作用究竟是怎样实现的,库仑定律并没有作出解释. 为了解答上述问题,在历史上曾有过两种不同的观点,一种是沿袭牛顿用来解释万有引力的"超距作用"论,另一种是 20 世纪初法拉第提出的并为实验证实的场论.

按照超距作用观点,一电荷直接将电力超越空间作用于另一电荷,这种作用的传递不需要时间,不需要媒介,因而电荷间的库仑力是一对作用力和反作用力,这种相互作用可表示为

$$\text{电荷} \leftrightarrow \text{电荷}$$

按照场论的观点,力需要靠物质来传递,这种中间物质就是场. 带电体周围存在着传递电力的中间物质,称为电场. 带电粒子 q 受到带电粒子 q' 对它的库仑力,就是 q' 在 q 处产生的电场施予的,q' 受到的库仑力就是 q 在 q' 处产生的电场施予的,具体表示为

$$\text{电荷} \leftrightarrow \text{电场} \leftrightarrow \text{电荷}$$

由此看来,库仑力是一个点电荷产生的场施予另一个点电荷的力.

在静电的情况下,很难用实验来判定超距作用与场论的观点哪个正确. 但若使带电粒子 q 由静止开始运动起来,由这两种观点得到的结果就不同了. 按照超距作用论,q 的位置的改变对电力的影响应立即被 q' 感受到;而按照场论的观点,q 的运动引起场的扰动,扰动相当于一个信号,根据狭义相对论,没有哪一种信号能以大于光的速度传播,因而场的扰动只能以有限的速度传播,不能立即到达 q',故 q' 只能在 q 开始运动以后经过一段时间才能感受电力的改变. 后一论断已为大量实验所证实. 例如,由天线上电荷运动所发出的电磁信号,总要经历一段时间才能被远处天线所接收. 因此,场论的观点是符合实验事实的.

电场虽然不像由原子、分子组成的实物那样看得见、摸得着,但近代科学的发展证明,它也和实物一样,仍是客观存在的一种物质,具有物质的基本属性,即具有质量、动量和能量. 它不同于一般的实物,如某一实物所占有的空间,不能同时为另一实物所占有,而几个电场却可以同时占有同一空间. 因此,场是一种特殊形式的物质,静电场是普遍存在的电磁场的一种特殊情形.

电场的概念看起来很抽象,但是可以从电场对电荷的作用来认识电场,在电场中的电荷要受到电场的作用力;电荷在电场中运动时,电场力要对电荷做功. 因此,可以从力和能量的角度来研究电场的性质和规律,并相应地引入电场强度和电势两个重要的物理量. 下面先从力的角度来研究电场.

1. 静电场

实践证明电荷周围存在电场,相对观察者静止的电荷产生的场称为静电场. 显然,静电场是

不随时间变化的.场与由分子、原子组成的实物不同,它是看不见,摸不着的特殊物质.正因如此,研究静电场往往是通过静电场对外部的表现来进行的.主要有:

(1) 引入静电场中的任何电荷,将受到电场力的作用;

(2) 电荷在静电场中移动时,电场力对它要做功;

(3) 静电场能使引入静电场中的导体或电介质分别产生静电感应现象或极化现象.

这些表现和大量的实验和理论研究,说明静电场和实物一样,是客观存在,也具有能量、动量、质量.然而,静电场又不同于实物,表现在几个电场可同时占据同一空间,所以静电场又是一种特殊物质.

本节主要通过静电场对电荷有电场力作用来研究场及其规律.为叙述方便,称产生静电场的电荷为场源电荷.为研究电场,将试验电荷引入电场中.

2. 试验电荷

为研究电场各点性质将试验电荷置于电场中,试验电荷必须具备两个条件:其一是它所带的电量必须足够小,以保证由于它的置入不引起场源电荷的重新分布;其二是它的线度必须小到可以被看作点电荷,以便确定的性质是电场中每点的性质.

6.2.2 电场强度

设有场源电荷 Q 产生静电场.为研究该电场,可将试验 q_0 电荷放在该电场中进行观测,实验结果发现了两条规律:

其一是将实验电荷放在电场中不同场点时,q_0 所受到的电场力大小和方向都不同.这一事实说明电场在不同点的强弱和方向是不同的.

其二是把不同的试验电荷 $q_0, 2q_0, \cdots, nq_0$ 放在电场中的同一场点,试验电荷受力分别为 $\boldsymbol{F}$, $2\boldsymbol{F}, \cdots, n\boldsymbol{F}$,也就是说在同一场点试验电荷所受的电场力与其电量的比值为恒矢量,而与 q_0 无关,这一事实说明该点的电场具有确定的大小和方向.因此可以用该比值描述该点电场的大小和方向,且定义这一比值为电场强度(简称场强)矢量.

电场强度矢量的定义:**电场中某点的电场强度在方向和数值上均为单位正试验电荷 q_0 所受到的电场力**.一般用符号 $\boldsymbol{E}$ 表示,其定义式可写作

$$\boldsymbol{E} = \frac{\boldsymbol{F}}{q_0} \tag{6-2}$$

由于试验电荷在电场中不同点受力 $\boldsymbol{F}$ 一般不相同,所以 $\boldsymbol{F}$ 是空间坐标的函数,因此场强也是空间坐标的函数,可记作

$$\boldsymbol{E} = \boldsymbol{E}(x, y, z)$$

空间所有点的场强分布形成一矢量场.

在国际单位制中,场强的单位是牛/库(N/C),也可写成伏/米(V/m).

由(6-2)式可知,当电场中任意点的场强 $\boldsymbol{E}=\boldsymbol{E}(x,y,z)$ 已知时,则任一点电荷 q 在该点所受电场力为

$$\boldsymbol{F} = q\boldsymbol{E} \tag{6-3}$$

式中,q 若为正电荷,则电场力的方向与场强方向相同;若 q 为负电荷,则电场力的方向与场强方向相反.

6.2.3 电场强度叠加原理

以上我们所讨论的是单个点电荷激发的电场. 若空间存在若干个电荷，实验表明，它们的合电场对某个电荷 q 的作用力等于各点电荷单独存在时对该电荷作用力的矢量和. 这就表明，**若干个点电荷在空间某点激发的合场强，等于各个点电荷单独存在时在该点激发的场强的矢量和.** 一个场不影响另一个场的存在，这一重要事实称为**电场强度的叠加原理**，它是自然界最基本的原理之一. 由于力是场所施予的，所以场的可叠加性必然导致力的可叠加性.

设空间同时存在 n 个点电荷 $q_1, q_2, \cdots, q_n$，如果以 $\boldsymbol{E}_1, \boldsymbol{E}_2, \cdots, \boldsymbol{E}_n$ 分别表示各个点电荷单独存在时的电场，由电场强度叠加原理可得

$$\boldsymbol{E} = \boldsymbol{E}_1 + \boldsymbol{E}_2 + \cdots + \boldsymbol{E}_n = \sum_{i=1}^{n} \boldsymbol{E}_i \tag{6-4}$$

即 **n 个点电荷在空间一点的合场强等于各个点电荷单独存在时在该点的场强的矢量和.**

6.2.4 场强的计算

如果电荷分布已知，那么从点电荷的定义出发，根据场强的叠加原理，就可以求出任意电荷分布所激发的场强. 下面说明场强的计算方法.

1. 点电荷的场强

设在真空中有一个静止的点电荷 q，要求距 q 为 r 的 P 点处的场强，其步骤是先设想在距离点电荷 q 为 r 的 P 点放一试验电荷 q_0，根据库仑定律，q_0 受到的电场力为

$$\boldsymbol{F} = \frac{1}{4\pi\varepsilon_0} \frac{qq_0}{r^3} \boldsymbol{r}$$

式中，$\boldsymbol{r}$ 为由点电荷 q 指向 P 点的矢量. 根据场强定义式 $\boldsymbol{E} = \dfrac{\boldsymbol{F}}{q_0}$，可求出 P 点的场强为

$$\boldsymbol{E} = \frac{q}{4\pi\varepsilon_0 r^3} \boldsymbol{r} \tag{6-5}$$

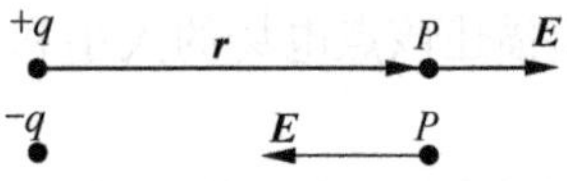

图 6-2 点电荷的场强

如图 6-2 所示，当 q 为正点电荷时，$\boldsymbol{E}$ 的方向和 $\boldsymbol{r}$ 的方向同向；当 q 为负点电荷时，$\boldsymbol{E}$ 的方向与 $\boldsymbol{r}$ 的方向相反. (6-5)式表明，点电荷 q 在空间任一点所激发场强的大小与试验电荷 q_0 的大小无关.

2. 点电荷系的场强

如果电场是由 n 个点电荷 $q_1, q_2, \cdots, q_n$ 共同激发的，这些点电荷的总体称为点电荷系. 设各点电荷指向 P 点的矢量分别为 $\boldsymbol{r}_1, \boldsymbol{r}_2, \cdots, \boldsymbol{r}_n$，则各点电荷在 P 点处激发的场强分别为

$$\boldsymbol{E}_1 = \frac{q_1}{4\pi\varepsilon_0 r_1^3} \boldsymbol{r}_1, \quad \boldsymbol{E}_2 = \frac{q_2}{4\pi\varepsilon_0 r_2^3} \boldsymbol{r}_2, \quad \cdots, \quad \boldsymbol{E}_n = \frac{q_n}{4\pi\varepsilon_0 r_n^3} \boldsymbol{r}_n$$

根据场强叠加原理，这个点电荷系在 P 点所激发的总场强 $\boldsymbol{E}$ 为

$$\boldsymbol{E} = \boldsymbol{E}_1 + \boldsymbol{E}_2 + \cdots + \boldsymbol{E}_n = \sum_{i=1}^{n} \frac{q_i}{4\pi\varepsilon_0 r_i^3} \boldsymbol{r}_i \tag{6-6}$$

3. 连续分布电荷的场强

一般地说，任何带电体所带的电荷都是基本电荷的数亿倍. 在考察物体的宏观电性质时，可以把电荷看成是连续分布在带电体上. 为了表征电荷在任一点附近的分布情况，引入电荷密度的

概念.

如果电荷连续分布在一个体积内，如电子管空间电荷的分布等，这种分布称为体分布. 若在带电体中任取一体积 $\mathrm{d}V$，其带电量为 $\mathrm{d}q$，则电荷分布体密度 ρ 定义为

$$\rho=\frac{\mathrm{d}q}{\mathrm{d}V}$$

研究导体带电时，若发现导体上电荷连续分布在导体的表面层里，这时我们可以把带电薄层抽象为"带电面"，并引入电荷面密度来表征电荷在该面上任一点附近的分布情况. 面上某点的面密度 σ 的定义如下

$$\sigma=\frac{\mathrm{d}q}{\mathrm{d}S}$$

式中，$\mathrm{d}q$ 为面元 $\mathrm{d}S$ 所带电量.

若电荷连续分布在细长的线上，线元 $\mathrm{d}l$ 的带电量为 $\mathrm{d}q$，则电荷线密度 λ 定义如下：

$$\lambda=\frac{\mathrm{d}q}{\mathrm{d}l}$$

在此说明一点，物理上无限小的体积元、面积元、线元是指在宏观上看起来足够小，而在微观上包含大量的基本电荷的微元.

引入连续分布电荷的概念，再应用场强叠加原理，就可以计算任意带电体所激发的场强. 其步骤是把带电体看成是许多极小的连续分布的电荷元 $\mathrm{d}q$ 的集合，每一个电荷元 $\mathrm{d}q$ 都可视为点电荷来处理，如图 6-3 所示. 而电荷元 $\mathrm{d}q$ 在 P 点所激发的场强，按点电荷的场强公式可写为

$$\mathrm{d}\boldsymbol{E}=\frac{1}{4\pi\varepsilon_0}\frac{\mathrm{d}q}{r^3}\boldsymbol{r}$$

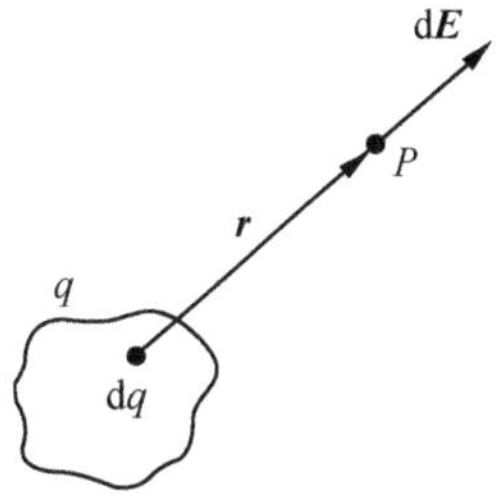

图 6-3 带电体的场强

式中，$\boldsymbol{r}$ 为由 $\mathrm{d}q$ 所在点指向 P 点的矢量. 带电体在 P 点激发的场强，是所有的电荷元激发的场强 $\mathrm{d}\boldsymbol{E}$ 的矢量和，把(6-6)式中的累加号 $\sum$ 换成积分号，求得 P 点的场强为

$$\boldsymbol{E}=\int\mathrm{d}\boldsymbol{E}=\int\frac{1}{4\pi\varepsilon_0}\frac{\mathrm{d}q}{r^3}\boldsymbol{r}\tag{6-7}$$

根据带电体的不同分布，相应的计算场强的(6-7)式写成

$$\begin{aligned}\boldsymbol{E}&=\frac{1}{4\pi\varepsilon_0}\iiint\frac{\rho\mathrm{d}V}{r^3}\boldsymbol{r}\\\boldsymbol{E}&=\frac{1}{4\pi\varepsilon_0}\iint\frac{\sigma\mathrm{d}S}{r^3}\boldsymbol{r}\\\boldsymbol{E}&=\frac{1}{4\pi\varepsilon_0}\int\frac{\lambda\mathrm{d}l}{r^3}\boldsymbol{r}\end{aligned}\tag{6-8}$$

上式是矢量积分式. 具体运算通常将矢量积分式转换为标量积分运算，即将 $\mathrm{d}\boldsymbol{E}$ 在选定坐标系中 x、y、z 轴的投影分量式写出，然后计算标量积分.

下面通过几个例题说明电场强度的计算方法.

例 6-1 两个大小相等的异号点电荷 $+q$ 和 $-q$，相距为 l. 如果要计算电场强度的空间各场点相对这一对电荷的距离 r 比 l 大得很多($r\gg l$)，这样一对点电荷就称为电偶极子，如图 6-4 所

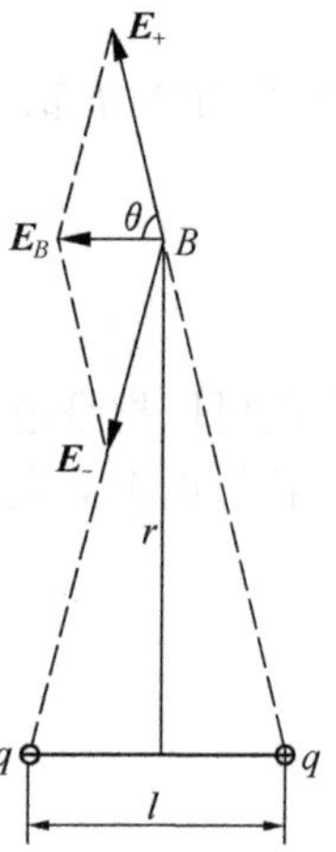

图 6-4　电偶极子轴的垂直平分线上一点的场强

示. 定义

$$\boldsymbol{p}=q\boldsymbol{l}$$

为电偶极子的电偶极矩，$\boldsymbol{l}$ 的方向规定为由负电荷指向正电荷. 试求电偶极子中垂线上一点 B 的电场强度.

解　$E_+=E_-=\dfrac{1}{4\pi\varepsilon_0}\cdot\dfrac{q}{r^2+\left(\dfrac{l}{2}\right)^2}$

但二者方向不同. 根据平行四边形法则可知合场强 $\boldsymbol{E}_B$ 的数值为

$$\begin{aligned}E_B&=2E_+\cos\theta\\&=\frac{2q}{4\pi\varepsilon_0\left[r^2+\left(\dfrac{l}{2}\right)^2\right]}\cdot\frac{\dfrac{l}{2}}{\sqrt{r^2+\left(\dfrac{l}{2}\right)^2}}\\&=\frac{1}{4\pi\varepsilon_0}\cdot\frac{ql}{\left[r^2+\left(\dfrac{l}{2}\right)^2\right]^{3/2}}\approx\frac{1}{4\pi\varepsilon_0}\frac{ql}{r^3}\end{aligned}$$

因 $\left(\dfrac{l}{2}\right)^2\ll r^2$，故可略去.

由图 6-4 可以看出 $\boldsymbol{E}_B$ 的方向与 $\boldsymbol{l}$ 的方向相反. 以上求得的 $\boldsymbol{E}_B$，如用电偶极矩表示，则

$$\boldsymbol{E}_B=-\frac{1}{4\pi\varepsilon_0}\frac{\boldsymbol{p}}{r^3}$$

与点电荷的场强相对比，不难看出电偶极子的场强与距离的三次方成反比，而点电荷的场强则与距离的二次方成反比. 因此在距离相等的情况下，电偶极子的场强比点电荷的场强减小得更快.

例 6-2　图 6-5 表示一根均匀带电的“无限长”直线，试求与此线距离为 a 的 P 点的电场 $\boldsymbol{E}$.

解　令带电直线单位长度上的电荷为 λ，简称电荷线密度，其单位为库/米，因直线均匀带电，故 λ 为常量.

如图 6-5 所示，选取 P 点到带电直线的垂足 O 为坐标轴原点，带电直线为 x 轴，OP 为 y 轴. 离原点为 x 处的电荷元 $\mathrm{d}q=\lambda\mathrm{d}x$ 在 P 点产生的电场 $\mathrm{d}\boldsymbol{E}$ 的数值为

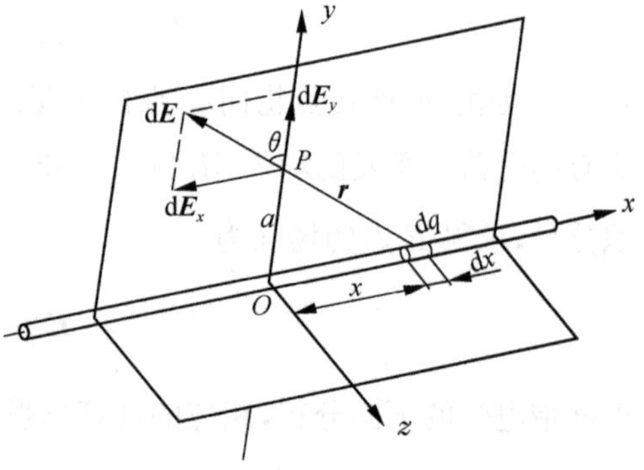

图 6-5　无限长均匀带电直线

$$\mathrm{d}E=\frac{1}{4\pi\varepsilon_0}\frac{\mathrm{d}q}{r^2}=\frac{1}{4\pi\varepsilon_0}\frac{\lambda\mathrm{d}x}{a^2+x^2}$$

矢量 $\mathrm{d}\boldsymbol{E}$ 的分量为

$$\mathrm{d}E_x=-\mathrm{d}E\sin\theta,\quad \mathrm{d}E_y=\mathrm{d}E\cos\theta$$

$\mathrm{d}E_x$ 表达式中的负号表示 $\mathrm{d}E_x$ 指向 x 轴的负方向.

在 P 点，合场强 E 的 x 分量和 y 分量分别为

$$E_x=\int\mathrm{d}E_x=-\int\sin\theta\mathrm{d}E$$

$$E_y=\int\mathrm{d}E_y=\int\cos\theta\mathrm{d}E$$

设长直线对于 O 点两边对称，因此右方每有一个电荷元，在左方必有一电荷元和它对称. 这两个对称的电荷元在 x 方向所产生的场强恰好抵消，因此 $\boldsymbol{E}$ 的方向就是分量 $\boldsymbol{E}_y$ 的方向，即指向 y 方向. 又因直线的左右两半段对 E_y 的贡献相等，故

$$E = 2E_y = 2\int \cos\theta \mathrm{d}E = \frac{\lambda}{2\pi\varepsilon_0}\int_0^{\infty} \frac{\cos\theta}{a^2+x^2}\mathrm{d}x$$

由图 6-5 可知，θ 与 x 并非都是独立变量，二者的关系为

$$x = a\tan\theta$$

于是

$$\mathrm{d}x = a\sec^2\theta\mathrm{d}\theta$$
$$a^2+x^2 = a^2(1+\tan^2\theta) = a^2\sec^2\theta$$

当 $x=0$ 时，$\theta=0$；当 $x=\infty$ 时，$\theta=\frac{\pi}{2}$. 所以

$$E = \frac{\lambda}{2\pi\varepsilon_0 a}\int_0^{\frac{\pi}{2}} \cos\theta\mathrm{d}\theta = \frac{\lambda}{2\pi\varepsilon_0 a}$$

$\boldsymbol{E}$ 的方向与直线垂直，其指向由 λ 的正负来定. 若 λ 为正，$\boldsymbol{E}$ 沿 y 轴的正方向(图 6-5)，若 λ 为负，$\boldsymbol{E}$ 沿 y 轴的负方向. 由计算结果可知：带电长直线附近的场强与距离的一次方成反比.

例 6-3 半径为 R 的均匀带电细圆环带电量为 q，如图 6-6(a)所示. 试计算圆环轴线上任一点 P 的电场强度.

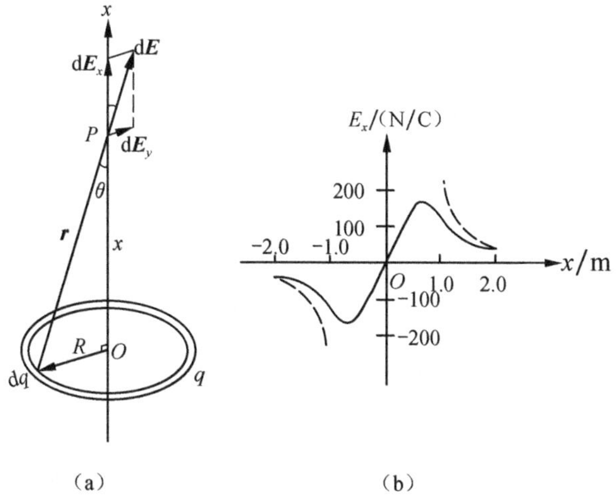

图 6-6 均匀带电细圆环轴线上的电场

解 取坐标轴 Ox 如图 6-6(a)所示，把细圆环分割成许多电荷元，任取一电荷元 $\mathrm{d}q$，它在 P 点产生的电场强度为 $\mathrm{d}\boldsymbol{E}$. 设 P 点相对于电荷元 $\mathrm{d}q$ 的位矢为 $\boldsymbol{r}$，且 $OP=x$，则

$$\mathrm{d}\boldsymbol{E} = \frac{1}{4\pi\varepsilon_0}\frac{\mathrm{d}q}{r^2}\boldsymbol{r}^0$$

对圆环上所有电荷元在 P 点产生的电场强度求积分，即得 P 点的电场强度

$$\boldsymbol{E} = \int \mathrm{d}\boldsymbol{E} = \int \frac{1}{4\pi\varepsilon_0}\frac{\mathrm{d}q}{r^2}\boldsymbol{r}^0$$

这是一矢量积分. 将 $\mathrm{d}\boldsymbol{E}$ 向 Ox 轴和垂直于 Ox 轴的平面投影，得

$$dE_x = dE\cos\theta$$
$$dE_y = dE\sin\theta$$

由于圆环上电荷分布关于 x 轴对称，因此，dE_y 分量之和为零. 故 P 点的电场强度就等于分量 dE_x 之和，即

$$E = E_x = \int dE_x = \frac{1}{4\pi\varepsilon_0}\int \frac{dq}{r^2}\cos\theta = \frac{1}{4\pi\varepsilon_0}\frac{\cos\theta}{r^2}\int dq = \frac{1}{4\pi\varepsilon_0}\frac{q}{r^2}\cos\theta$$

从图中的几何关系可知 $\cos\theta=\frac{x}{r}$，$r=(R^2+x^2)^{1/2}$，代入得

$$E = \frac{1}{4\pi\varepsilon_0}\frac{qx}{(R^2+x^2)^{3/2}}$$

若 q 为正电荷，$\boldsymbol{E}$ 的方向沿 x 轴正方向；若 q 为负电荷，则 $\boldsymbol{E}$ 的方向沿 x 轴负方向（请读者研究，当 P 点位于带电圆环的另一侧时，$\boldsymbol{E}$ 的方向如何？）.

由以上的计算结果，还可以得到下面一些有用的近似结果. 当 $x=0$（即 P 点在圆环中心处）时，$E=0$；当 $x\gg R$ 时，$(R^2+x^2)^{3/2}\approx x^3$，则 $E=\frac{1}{4\pi\varepsilon_0}\frac{q}{x^2}$，即在距圆环足够远处，可以把带电圆环视为一个点电荷，该点电荷位于中心 O 处，其电量等于圆环所带的电量.

复习思考题

6-1　有人提出“对于电场中某确定点，场强的大小由式 $\boldsymbol{E}=\frac{\boldsymbol{F}}{q_0}$ 确定. 可见 $\boldsymbol{E}$ 的大小与试验电荷成反比，可为什么又说 $\boldsymbol{E}$ 与 q_0 无关？”这是什么道理？

6-2　式 $\boldsymbol{E}=\frac{\boldsymbol{F}}{q_0}$ 与 $\boldsymbol{E}=\frac{1}{4\pi\varepsilon_0}\frac{q}{r^3}\boldsymbol{r}$ 有什么区别和联系？

6.3　电通量　高斯定理

电场强度的通量　真空中带电体的高斯定理　利用高斯定理求场强

6.3.1　电场线

前面讲述了根据给定的电荷分布，用计算方法确定电场中各点的电场强度分布. 下面介绍用电场线来形象地描绘电场中电场强度分布的方法.

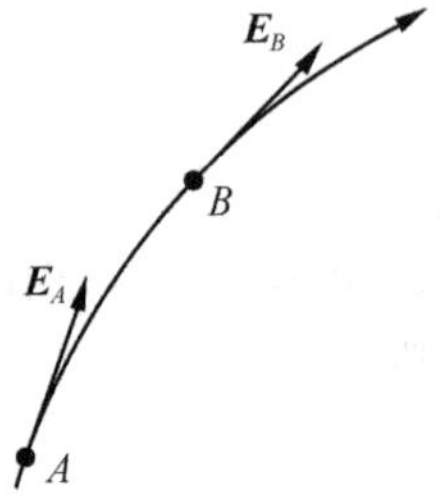

图 6-7　电场中的电场线

电场线是按下述规定画出的一簇曲线：电场线上任一点的切线方向表示该点电场强度 $\boldsymbol{E}$ 的方向，如图 6-7 所示，为了能从电场线的分布直观地看出电场中各点电场强度的大小，规定在电场中任一点处，垂直于电场强度方向上，想象取一极小的面积元 dS，穿过该小面积元的电场线条数 dN 满足 $E=\frac{dN}{dS}$ 的关系，E 为该点电场强度的大小，按这样的规定画出的电场线，密度大的地方，电场强度大；密度小的地方，电场强度也小，图 6-8 是几种典型带电系统产生电场的电场线分布图. 其中图 6-8(g)表示在一密闭盒内的电场线分布图，绘制此图时，可以不知道电荷在盒壁、盒外的分布，只是根据实验绘制而成.

静电场中的电场线有两条重要的性质：①电场线总是起自正电荷，终止于负电荷（或从正电荷起伸向无限远，或来自无限远终止于负电荷）；②电场线不会自成闭合线，任意两条电场线也不

会相交.

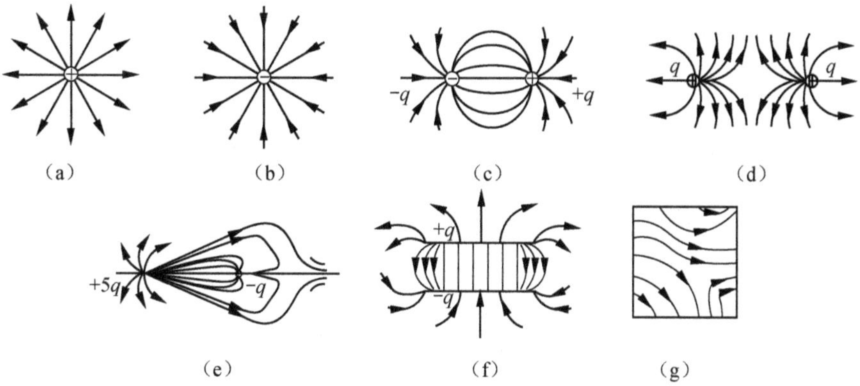

图 6-8 几种典型带电体产生的电场

6.3.2 电通量

在电场中穿过任意曲面 S 的电场线条数称为穿过该面的电通量，用 Φ_e 表示，如图 6-9(a)所示，为求穿过曲面 S 的电通量，可将它分割为无限多个面积元，先来计算穿过任一面积元 dS 的电通量. 因为 dS 无限小，所以可视为平面，其上的电场强度 $\boldsymbol{E}$ 也可视为相同，将 $\boldsymbol{E}$ 分解为 $\boldsymbol{E}_n$ 和 $\boldsymbol{E}_\tau$，按照画电场线的规定，穿过面积元 dS 的电通量为

$$d\Phi_e = E_n dS \tag{6-9}$$

也可将面积元 dS 投影到垂直于$\boldsymbol{E}$ 的方向，如图 6-9(b)所示，来计算穿过面积元 dS 的电通量. 即

$$d\Phi_e = EdS_\perp = E\cos\theta dS$$

电通量是代数量，当 $0<\theta<\frac{\pi}{2}$时，$d\Phi_e$ 为正；当$\frac{\pi}{2}<\theta<\pi$ 时，$d\Phi_e$ 为负.

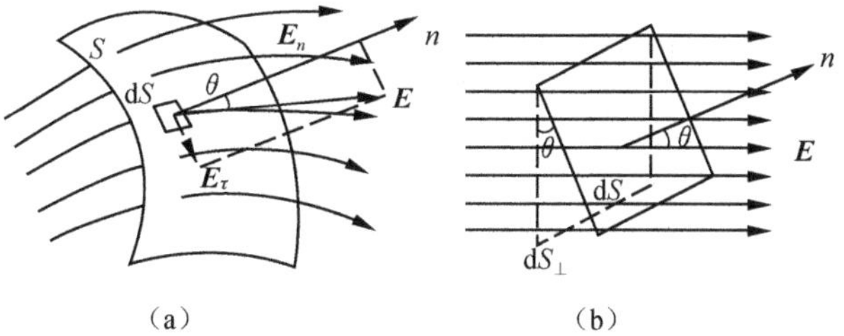

图 6-9 电场通量

为了表示面积元 dS 的方位，可利用面积元的法线方向 $\boldsymbol{n}$ 将它表示为矢量

$$d\boldsymbol{S} = dS\boldsymbol{n}$$

根据矢量标积的定义，穿过面积元 dS 的电通量也可以表示为

$$d\Phi_e = \boldsymbol{E} \cdot d\boldsymbol{S} \tag{6-10}$$

然后求出各面积元电通量的总和，可得穿过整个曲面 S 上的电通量，即

$$\Phi_e = \int d\Phi_e = \int_S \boldsymbol{E} \cdot d\boldsymbol{S} \tag{6-11}$$

式中，符号$\int_S$ 表示对整个曲面 S 的积分.

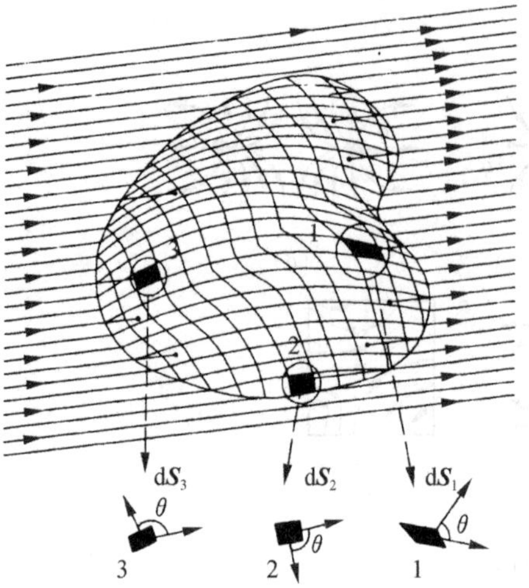

图 6-10　闭合曲面的电通量

对于不闭合曲面，面上各处的法线正方向可以任意选取指向曲面的这一侧或那一侧均可. 对于闭合曲面，因为它把整个空间分为内外两个部分，一般规定由内向外的方向为各面积元法线 $\boldsymbol{n}$ 的正方向，因此，当电场线由闭合曲面内部穿出时，见图 6-10，如 dS_1 处，$0<\theta<\frac{\pi}{2}$，$d\Phi_e$ 为正；当电场线由闭合曲面外穿入闭合曲面时，如在 dS_3 处，$\frac{\pi}{2}<\theta<\pi$，$d\Phi_e$ 为负. 穿过整个闭合曲面的电通量为各面积元上电通量的代数和，即

$$\Phi_e=\oint_S d\Phi_e=\oint_S \boldsymbol{E}\cdot d\boldsymbol{S} \tag{6-12}$$

式中，符号 $\oint_S$ 表示对整个闭合曲面的积分.

6.3.3 高斯定理

设真空中有一正点电荷 q，现来计算它产生的电场中，通过以点电荷为球心，半径为 r 的球面上的 $\boldsymbol{E}$ 通量. 由点电荷场强公式可知，球面上各点场强 $\boldsymbol{E}$ 为

$$\boldsymbol{E}=\frac{q}{4\pi\varepsilon_0 r^3}\boldsymbol{r}$$

场强的方向沿半径呈辐射状，处处和球面 S 垂直，即任一处 $\boldsymbol{E}$ 与 $d\boldsymbol{S}$ 方向相同，如图 6-11 所示，由(6-12)式可求得通过该闭合曲面的 $\boldsymbol{E}$ 通量为

$$\Phi_e=\oint_S \boldsymbol{E}\cdot d\boldsymbol{S}=\oint_S E dS=E\oint_S dS=\frac{q}{4\pi\varepsilon_0 r^2}4\pi r^2=\frac{q}{\varepsilon_0} \tag{6-13}$$

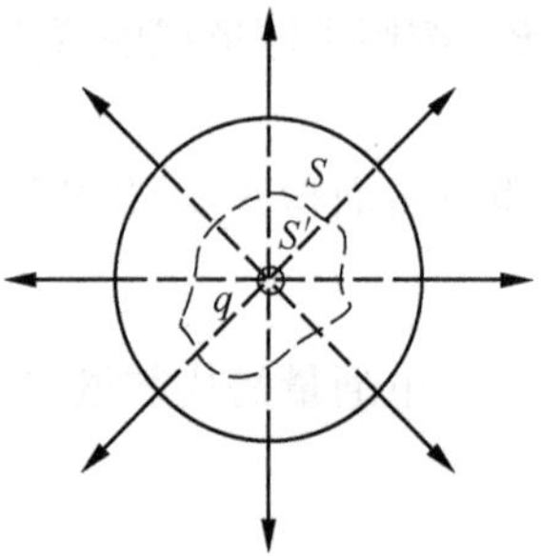

图 6-11　电通量(1)

从这一特例中我们看到，通过闭合球面上的 $\boldsymbol{E}$ 通量和球面所包围的电量成正比，而与所取球面的半径无关，也就是说，穿过任意半径的球面电通量都等于$\frac{q}{\varepsilon_0}$，这说明从正电荷 q 发出的电场线条数为$\frac{q}{\varepsilon_0}$，且电场线连续地伸向无穷远处. 容易想象，如果作一个任意的闭合曲面 S'，只要 q 在闭合曲面之内，那么从 q 发出的全部电场线必然都穿过该闭合曲面，因而穿过它们的 $\boldsymbol{E}$ 通量也是$\frac{q}{\varepsilon_0}$，至于 q 在闭合曲面内的位置，对这一结果并无影响. 如果闭合曲面内包围一个负点电荷 $-q$，那么必有等量的电场线穿入闭合曲面，因此穿过闭合曲面的 $\boldsymbol{E}$ 通量等于$-\frac{q}{\varepsilon_0}$.

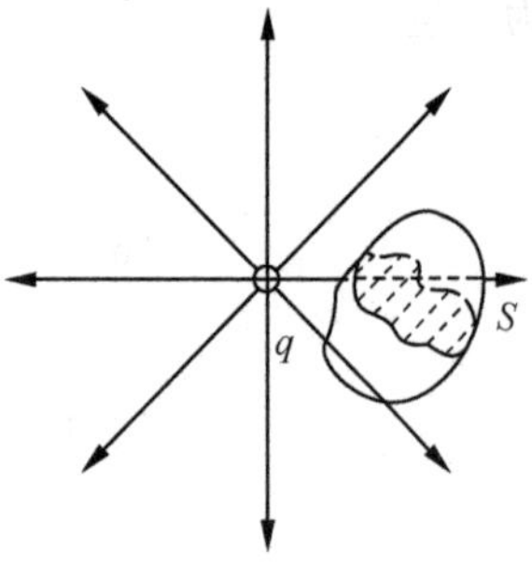

图 6-12　电通量(2)

如果闭合曲面不包围电荷，电荷在它的外面，如图 6-12 所示，从高斯面外的电荷发出的每一条电场线都穿透了整个曲面，有穿入必有穿出，因此就总效果来看，穿过高斯面的电通量为零.

现进一步讨论闭合曲面内含有 n 个点电荷时，通过闭合曲面的电通量，由于任一点电荷 q_i 的电场线条数为 $\frac{q_i}{\varepsilon_0}$，且 n 个点电荷发出的电场线都穿过闭合曲面，因此，n 个点电荷发出的电场线数应为 $\frac{q_1}{\varepsilon_0}+\frac{q_2}{\varepsilon_0}+\cdots+\frac{q_n}{\varepsilon_0}$，其数值应等于 n 个电荷发出的电场线通过该曲面的电通量 Φ_e，即

$$\Phi_e=\oint_S \boldsymbol{E}\cdot \mathrm{d}\boldsymbol{S}=\frac{q_1}{\varepsilon_0}+\frac{q_2}{\varepsilon_0}+\cdots+\frac{q_n}{\varepsilon_0}$$

$$\Phi_e=\oint_S \boldsymbol{E}\cdot \mathrm{d}\boldsymbol{S}=\frac{1}{\varepsilon_0}\sum_{i=1}^{n} q_i \tag{6-14a}$$

如果电场是由连续分布的电荷所激发的，则(6-14a)式可写成

$$\Phi_e=\oint_S \boldsymbol{E}\cdot \mathrm{d}\boldsymbol{S}=\frac{1}{\varepsilon_0}\int_Q \mathrm{d}q \tag{6-14b}$$

这表明，**在任意的真空静电场中，通过任一闭合曲面的 $\boldsymbol{E}$ 通量，等于该曲面所包围的所有的电荷的代数和的 $\frac{1}{\varepsilon_0}$ 倍**，这就是真空中的高斯定理.

对于高斯定理(6-14)式应注意到，通过任意闭合曲面(常称为“高斯面”)的 $\boldsymbol{E}$ 通量只取决于该曲面内包围的电量的代数和，与曲面内电荷的分布无关，而(6-14)式中，场强 $\boldsymbol{E}$ 却是空间所有(包括闭合曲面内外)电荷在闭合曲面上任一点所产生的总场强，也就是说，闭合曲面外的电荷在该曲面上任一面积元有 $\boldsymbol{E}$ 通量，但它们对整个闭合曲面上 $\boldsymbol{E}$ 通量的贡献为零.

6.3.4 高斯定理的应用

在通常情况下，当电荷分布给定时，由高斯定理只能求出通过某一闭合面的 $\boldsymbol{E}$ 通量，并不能确定空间的源电荷所激发电场的具体分布，但当电荷所激发的电场分布具有很强的对称性时(如轴对称、球对称和平面对称等)，应用高斯定理计算场强，要比场强叠加原理计算场强简便得多. 下面我们来举例说明应用高斯定理计算场强的方法.

例 6-4 求“无限长”均匀带电直线的电场强度分布. 已知带电直线的电荷线密度为 λ，求距直线 r 处一点 P 的电场强度.

解 根据电荷分布的特点，可以推知，这一均匀带电无限长直线产生的电场分布具有轴对称性，考虑离直线距离为 r 的一点 P 的电场强度，因为带电直线为无限长，且均匀带电，所以电荷分布相对于 OP 直线上、下是对称的，因而 P 点的电场强度 $\boldsymbol{E}$ 垂直于带电直线而沿径向，如图 6-13(a)所示，与 P 点在同一圆柱面上的各点电场强度大小都相等，方向都沿径向.

过 P 点作一个以带电直线为轴，以 l 为高的圆柱形闭合曲面 S 作为高斯面，则通过闭合曲面 S 的电通量为

$$\Phi_e=\oint_S \boldsymbol{E}\cdot \mathrm{d}\boldsymbol{S}=\int_{侧}\boldsymbol{E}\cdot \mathrm{d}\boldsymbol{S}+\int_{上底}\boldsymbol{E}\cdot \mathrm{d}\boldsymbol{S}+\int_{下底}\boldsymbol{E}\cdot \mathrm{d}\boldsymbol{S}$$

由于在上下底面上电场强度方向与底面平行，因此，穿过上下底面的电通量为零，而侧面上各点的电场强度方向与各点所在处面积元法线方向相同，所以

$$\Phi_e=\oint_S \boldsymbol{E}\cdot \mathrm{d}\boldsymbol{S}=\int_{侧} E\mathrm{d}S=E\int_{侧}\mathrm{d}S=E\cdot 2\pi r\cdot l$$

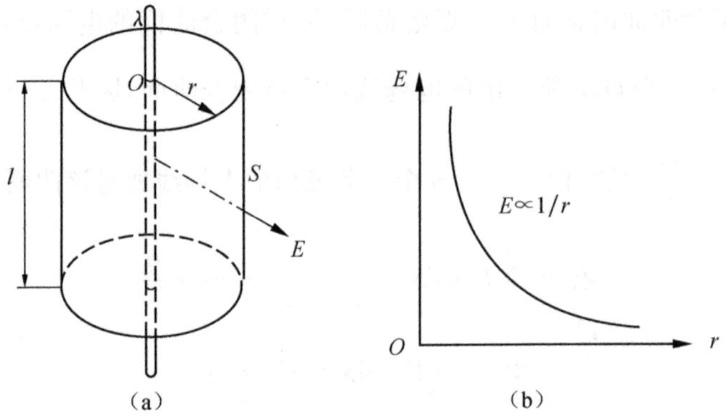

图 6-13　无限长带电导线周围的电场

此闭合曲面内包围的电量 $\sum_i q_i(\text{内}) = \lambda l$，根据高斯定理得

$$E \cdot 2\pi r \cdot l = \frac{1}{\varepsilon_0}\lambda l$$

由此得

$$E = \frac{\lambda}{2\pi\varepsilon_0 r}$$

可以看出电场强度的大小随 r 的一次方成反比地减小，如图 6-13(b)所示.

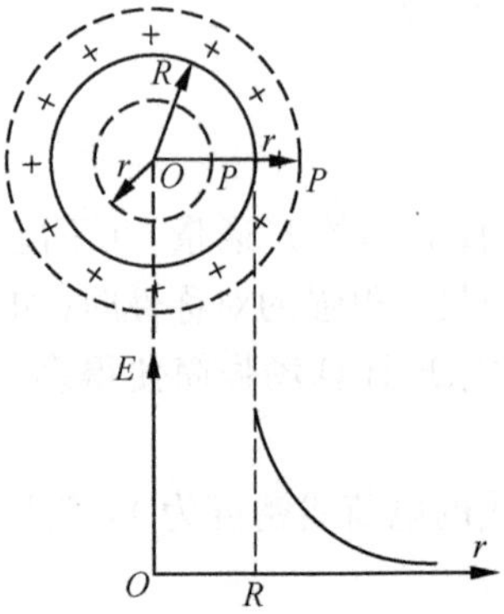

图6-14　均匀带电球面周围的电场

例 6-5　求如图 6-14 所示的均匀带电球面所激发的场强分布，设球的半径为 R，所带电量为 q.

解　首先定性分析一下电场的对称性. 对于任一点 $P(OP=r)$来说，整个球面上的电荷可以分为无数个以 OP 为轴的圆环，每一个圆环在 P 点产生的场强均沿 OP 连线（即沿径向），所以 P 点的合场强 $\boldsymbol{E}$ 一定是沿 OP 连线. 而且在任何与带电球同心的球面上各点的场强的大小都相等，方向都沿径向. 可见，均匀带电球面所激发的电场分布具有球对称性.

根据球对称性的特点，过 P 点作半径为 r 与带电球面同心的球面 S 作为高斯面，通过这个球面的 $\boldsymbol{E}$ 通量为

$$\Phi_e = \oint_S \boldsymbol{E} \cdot d\boldsymbol{S} = E\oint_S dS = 4\pi r^2 E$$

如果 P 点在球外($r>R$)，则高斯面内所包含的电荷量为 q，根据高斯定理有

$$4\pi r^2 E = \frac{q}{\varepsilon_0}$$

$$E = \frac{q}{4\pi\varepsilon_0 r^2}$$

可以看出，均匀带电球面外的电场强度分布与电量全部集中在球心的点电荷产生的电场强度分布一样.

若 P 点在球面内(即 $r<R$)，则高斯面内无电荷，根据高斯定理有

$$\Phi_e = 4\pi r^2 E = 0$$

则 $E=0$. 说明在均匀带电球面内部，场强处处为零. 由以上计算结果，可画出球面内、外各个点的场强随距离 r 变化的曲线关系，如图 6-14 所示，从图中可以看出，场强 E 在球面($r=R$)上是不连续的.

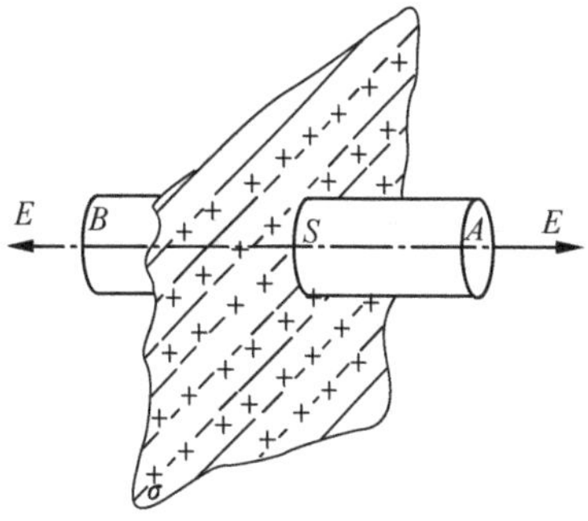

图 6-15 “无限大”带电平面的电场

例 6-6 求均匀“无限大”带电平面外一点的场强(图 6-15).

解 设电荷面密度为 σ，由于电荷均匀而又静止，可知电场线必与平面正交，否则场强将有沿平面的分量，这就意味着电荷不能静止，这与原题所给条件相矛盾. 既然电荷分布均匀，故每单位面积上发出的电场线数目应相等，最后由于平面之外并无其他电荷，故电场线必向平面两侧平行延伸直到无限远处. 根据上述推理，可知均匀电荷平面外的电场是均匀场，而且两侧电场对于带电平面是对称的.

现在应用高斯定律计算平面右侧一点 A 处的场强. 为此，在左方取一点 B 和 A 点相对称，以 AB 为轴线画一圆柱体，底面积为 S，A 与 B 分别位于圆柱体的两个底面上. 圆柱体与电荷平面相交部分的面积也是 S. 这就是在该题中我们所取的高斯面.

由于场的均匀对称性质，圆柱体两底面处的场强数值相等，方向相反且与底面垂直. 圆柱体侧面与电场线平行，故无电场线穿过侧面，所有电场线均垂直穿过两底面，又均由圆柱体内向外穿出. 设两底面处场强的数值为 E，则穿过高斯面的电通量为

$$\Phi = ES + ES = 2ES$$

闭合曲面内所包电荷 $q=\sigma S$，因此

$$2ES = \frac{1}{\varepsilon_0}\sigma S$$

所以

$$E = \frac{\sigma}{2\varepsilon_0}$$

此结果说明，场中某点的场强与点的位置无关，这正是均匀场的特征.

综合以上各例题的分析可以看出，应用高斯定理求电场强度的方法及应该注意的问题有如下几点.

(1) 高斯定理把穿过闭合曲面的电通量 $\oint \boldsymbol{E} \cdot \mathrm{d}\boldsymbol{S}$ 和闭合曲面所包围的电荷的代数和 $\sum q$ 联系起来. 这个定律虽然在任何情况下都是正确的，但在利用它求电场强度时，$\oint \boldsymbol{E} \cdot \mathrm{d}\boldsymbol{S}$ 中的 $\boldsymbol{E}$ 的数值必须能提到积分号外，才能进行计算，这就要求在所画的高斯面的全部或一部分上，场强的数值不变. 要满足这个要求，电场的分布应该具备某种对称性.

(2) 即使电场分布有了某种对称性，也还需要针对具体的电场分布作出与该问题相适应的高斯面，以便能够满足要求.

(3) 选好高斯面后，若整个高斯面 S 可分为 $S_1, S_2, \cdots, S_n$ 等部分(如例 6-4 的底面和侧面)，则对整个高斯面的积分就等于对各部分积分之和. 这样做，有时可以简化计算. 例如，在高斯面的某一部分面积 S_1 上，$\boldsymbol{E}$ 的数值不变，并且 $\boldsymbol{E}$ 垂直穿过该部分，则 $\int_{S_1} \boldsymbol{E} \cdot \mathrm{d}\boldsymbol{S} = ES_1$；又例如，在高斯面的另一部分 S_2 上，电场线与该部分的表面平行或场强为零，则 $\int_{S_2} \boldsymbol{E} \cdot \mathrm{d}\boldsymbol{S} = 0$.

复习思考题

6-3　电场强度、电场线、$\boldsymbol{E}$ 通量的关系怎样？$\boldsymbol{E}$ 通量的正负分别表示什么意义？

6-4　高斯定理 $\oint_S \boldsymbol{E}\cdot \mathrm{d}\boldsymbol{S}=\frac{1}{\varepsilon_0}\sum_{S内} q_i$ 中 $\boldsymbol{E}$ 是否只是闭合曲面内包围的电荷所激发的？它与外面的电荷有无关系？穿过闭合曲面的 $\boldsymbol{E}$ 通量与外面的电荷有无关系？

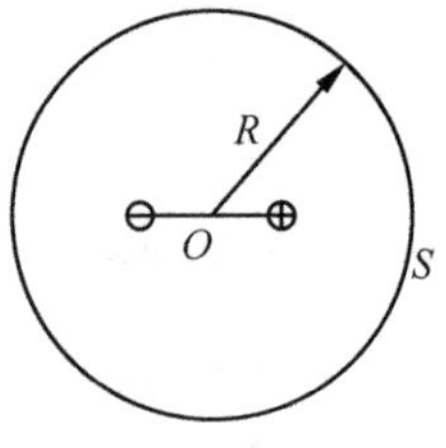

思考题 6-5 图

6-5　有一电偶极子，今以其中心为球心用半径为 R 的高斯球面 S，把电偶极子包围其中，如思考题 6-5 图所示. 高斯球面上各点场强均不为零，因而有 $\oint_S \boldsymbol{E}\cdot \mathrm{d}\boldsymbol{S}\neq 0$，然而，根据高斯定理，因高斯球面内净电荷为零，可得到 $\oint_S \boldsymbol{E}\cdot \mathrm{d}\boldsymbol{S}=\frac{1}{\varepsilon_0}\sum_{S内} q_i=0$，上面两个结论是矛盾的，可见对于非对称分布电场，高斯定理不成立，以上说法错在哪里？

6-6　在真空中有 A、B 两平行板，相距为 d(很小)，板面积为 S(很大)，其带电量分别为 $+q$ 和 $-q$. 有位同学认为 A、B 板间距小面积大，可视为两无限大的平行的带电平面，其间的电场是均匀场，电场强度

$$E=\frac{\sigma}{\varepsilon_0}=\frac{q}{\varepsilon_0 S}$$

因此得出，A 板对 B 板的作用力

$$F=qE=\frac{q^2}{\varepsilon_0 S}$$

试分析他的想法错在哪里？应该怎样求 A 对 B 的相互作用力？

6.4　静电场的环路定理　电势能

静电场的安培环路定理　　电势能

6.4.1　静电力的功　静电场的环路定理

前面从电荷在电场中受力的观点出发研究了静电场的性质，引入了电场强度的概念. 本节将从电荷在静电场中移动时，静电力做功的角度来研究静电场的性质，引入电势的概念. 先讨论点电荷产生的静电场，为叙述方便起见，均以正电荷为例. 如图 6-16 所示，设一正的试验电荷 q_0 在静止的点电荷 q 产生的电场中，由 A 点经某一路径 L 移动到 B 点，则静电力对 q_0 做功为

$$\begin{aligned} A_{AB}&=\int_{A(L)}^{B}\boldsymbol{F}\cdot \mathrm{d}\boldsymbol{l}=\int_{A(L)}^{B}q_0\boldsymbol{E}\cdot \mathrm{d}\boldsymbol{l}=\int_{A}^{B}q_0E\mathrm{d}l\cos\theta \\ &=\frac{qq_0}{4\pi\varepsilon_0}\int_{r_A}^{r_B}\frac{1}{r^2}\mathrm{d}r \\ &=\frac{qq_0}{4\pi\varepsilon_0}\left(\frac{1}{r_A}-\frac{1}{r_B}\right) \end{aligned} \tag{6-15}$$

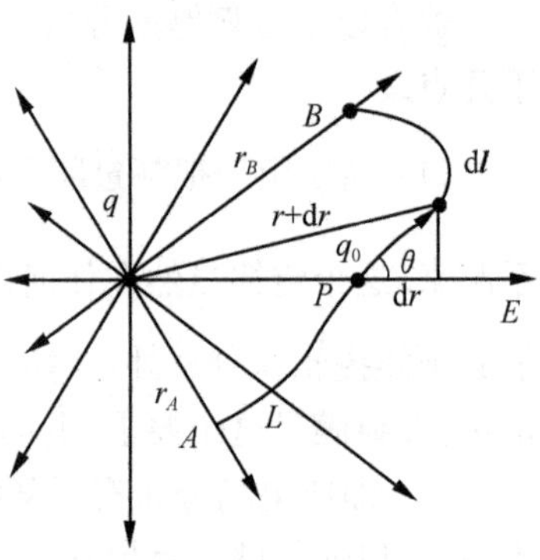

图 6-16　电场力的功

式中，r_A 和 r_B 分别表示从电荷 q 到移动路径的起点 A 和终点 B 的距离. 由此结果可以看出，在点电荷 q 的静电场中，静电力对试验电荷所做的功只取决于移动路径的起点和终点的位置，而与移动的路径无关.

可以证明，上述结论适用于任何带电体产生的静电场，因为对任何带电体都可将其分割成许

多电荷元(视为点电荷).根据电场强度叠加原理,带电体在某点产生的电场强度,等于各电荷单独在该点产生的电场强度的矢量和,即

$$\boldsymbol{E}=\boldsymbol{E}_1+\boldsymbol{E}_2+\cdots+\boldsymbol{E}_n$$

当试验电荷 q_0 在这一电场中从 A 点经某一路径 L 移动到 B 点时,静电力做功为

$$\begin{aligned}A_{AB}&=\int_{A(L)}^{B}\boldsymbol{F}\cdot\mathrm{d}\boldsymbol{l}=\int_{A(L)}^{B}q_0\boldsymbol{E}\cdot\mathrm{d}\boldsymbol{l}=\int_{A(L)}^{B}q_0(\boldsymbol{E}_1+\boldsymbol{E}_2+\cdots+\boldsymbol{E}_n)\cdot\mathrm{d}\boldsymbol{l}\\&=\int_{A(L)}^{B}q_0\boldsymbol{E}_1\cdot\mathrm{d}\boldsymbol{l}+\int_{A(L)}^{B}q_0\boldsymbol{E}_2\cdot\mathrm{d}\boldsymbol{l}+\cdots+\int_{A(L)}^{B}q_0\boldsymbol{E}_n\cdot\mathrm{d}\boldsymbol{l}\end{aligned}$$

由于上式最后一个等号的右端每一项都与路径无关,因此各项之和也必然与路径无关.

综上所述,可以得出如下结论:试验电荷在任意给定的静电场中移动时,静电力对试验电荷所做的功,只取决于试验电荷的电量和所经路径的起点及终点的位置,而与移动的具体路径无关,这和力学中讨论过的万有引力、弹性力等保守力做功的特性类似,所以静电力也是保守力,静电场也是保守场.

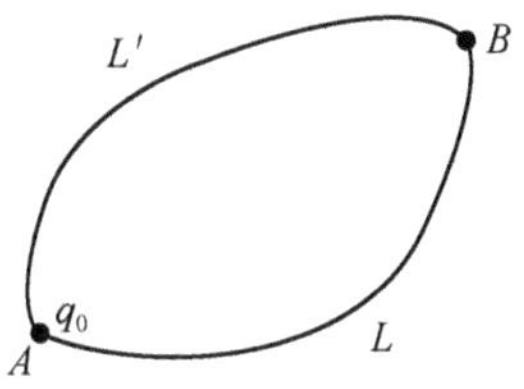

图 6-17 电场力的功

静电力做功与路径无关的特性还可以用另一种形式来表示,设试验电荷 q_0 从场中的 A 点沿路径 L 移动到 B 点,再沿路径 L' 返回 A 点,如图 6-17 所示,作用在试验电荷 q_0 上的静电力在整个闭合路径上所做的功为

$$\begin{aligned}A_{AB}&=\oint\boldsymbol{F}\cdot\mathrm{d}\boldsymbol{l}=\oint q_0\boldsymbol{E}\cdot\mathrm{d}\boldsymbol{l}\\&=\int_{A(L)}^{B}q_0\boldsymbol{E}\cdot\mathrm{d}\boldsymbol{l}+\int_{B(L')}^{A}q_0\boldsymbol{E}\cdot\mathrm{d}\boldsymbol{l}\\&=\int_{A(L)}^{B}q_0\boldsymbol{E}\cdot\mathrm{d}\boldsymbol{l}-\int_{A(L')}^{B}q_0\boldsymbol{E}\cdot\mathrm{d}\boldsymbol{l}\end{aligned}$$

由于静电力做功与路径无关,因此有

$$\int_{A(L)}^{B}q_0\boldsymbol{E}\cdot\mathrm{d}\boldsymbol{l}=\int_{A(L')}^{B}q_0\boldsymbol{E}\cdot\mathrm{d}\boldsymbol{l}$$

将此式代入上式得

$$A_{AB}=\oint q_0\boldsymbol{E}\cdot\mathrm{d}\boldsymbol{l}=0\qquad(6\text{-}16)$$

因为试验电荷 q_0 不为零,因此

$$\oint\boldsymbol{E}\cdot\mathrm{d}\boldsymbol{l}=0\qquad(6\text{-}17)$$

此式表明,**在静电场中,电场强度沿任一闭合路径的线积分(称为电场强度的环流)恒为零**,这称为**静电场的环路定理**.

静电场的环路定理表明,静电场的电场线不可能是闭合的(为什么?)静电场是无旋场,静电场的这一性质,决定了在静电场中可以引入电势的概念.

6.4.2 电势能

在力学中,我们对于重力、弹性力这一类保守力场,引入了势能的概念.静电场力是保守力,静电场是保守力场,因而也可以引入电势能的概念.

设试验电荷 q_0 在电场中 A、B 两点的电势能分别为 W_A 和 W_B,静电场力对电荷所做的功等

于电荷电势能的增量的负值，即

$$-(W_B - W_A) = A_{AB} = \int_A^B q_0 \boldsymbol{E} \cdot \mathrm{d}\boldsymbol{l}$$

电势能也与引力势能相似，是一个相对量. 要确定电荷在电场中某一点电势能的值，必须选定电势能零点，若选 B 点为零电势能点，即 $W_B=0$，则有

$$W_A = \int_A^{\text{“0”}} q_0 \boldsymbol{E} \cdot \mathrm{d}\boldsymbol{l} \tag{6-18}$$

即电荷 q_0 在电场中某一点 A 的电势能 W_A，在数值上等于将 q_0 从 A 点移动到零势能参考点电场力所做的功，当电荷分布在有限区域内时，通常选无限远处为电势能零点，即 $W_\infty=0$，电荷 q_0 在电场 A 点的电势能可写为

$$W_A = A_{a\infty} = \int_A^\infty q_0 \boldsymbol{E} \cdot \mathrm{d}\boldsymbol{l} \tag{6-19}$$

例如，对于点电荷 q 的情况，通常选择无限远处作为电势能零点，q_0 处于某一场点 A 时，由(6-19)式知电势能 W_A 为

$$W_A = \int_r^\infty \frac{qq_0}{4\pi\varepsilon_0 r^2}\mathrm{d}r = \frac{qq_0}{4\pi\varepsilon_0 r}$$

式中，r 为场点 A 到点电荷 q 的距离，此时，电势能的值就等于将 q_0 从该点移到无穷远处过程中电场力所做的功，而 W_A 的正负，则取决于 q_0 与 q 是否同号.

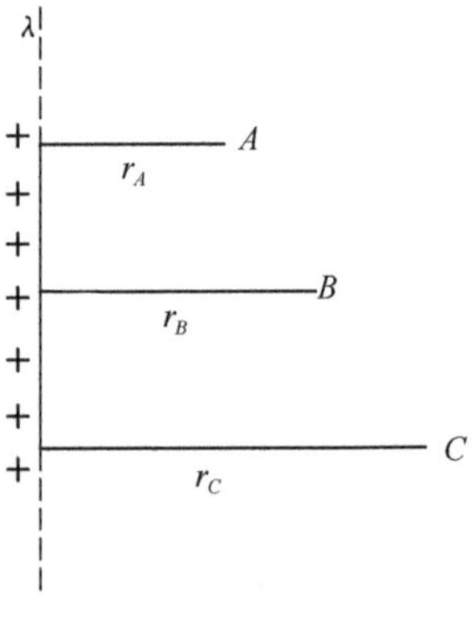

图 6-18　无限大带电体

电势能和其他势能一样，是属于系统的，即为相互作用的带电体系 q 和 q_0 所共有. 其实质是试验电荷与电场之间的相互作用能.

电势能零点可以任意选取，既可以选取无限远处为电势能零点，还可以选取另一有限点为电势能零点，在给定的电场中，选取电势能零点不同，一个电荷在某点具有的电势能也不同，但电荷在两确定点具有的电势能之差是相同的，即电势能差与电势能零参考点的选取是无关的. 但当带电体为无限大时，此时必须选取场中某点为电势能零点，因为若选无限远处为电势能零点，则场中各点电势能均为无限大. 如图 6-18 所示. 有兴趣的读者可自学相关内容.

复习思考题

6-7　当激发电场的全部电荷分布在有限空间内时，选取无穷远为电势能零点，请说明下列两种情况中，点电荷 q 的电势能的正负.

(1) 点电荷 q 在同号电荷激发的电场之中.

(2) 点电荷 q 在异号电荷激发的电场之中.

6-8　在两个相隔一定距离的等值异号电荷激发的电场中，将试验电荷从无穷远处移到两电荷连线中点，电场力做功多少？

6.5　电势　电势差

电势和电势差

6.5.1　电势　电势差

由(6-19)式可以看出，电势能不仅和静电场本身的性质有关，还与引入电场的试验电荷 q_0 的大小和正、负有关，所以电势能 W 不能作为描述电场性质的物理量. 但电荷 q_0 在电场中 A 处

的电势能 W_A 与它的电量的比值 W_A/q_0 和试验电荷无关，只取决于场中给定点 A 处电场的性质，所以我们用这一比值来作为表征静电场中给定点电场性质的物理量，称为电势，用 U_A 表示 A 点的电势，即

$$U_A = \frac{W_A}{q_0} = \int_A^{\text{“0”}} \boldsymbol{E} \cdot \mathrm{d}\boldsymbol{l} \tag{6-20}$$

由(6-20)式可知，静电场中某点的电势，在数值上等于单位正电荷放在该点处的电势能，也等于单位正电荷从该点经过任意路径移到电势能零参考点时电场力所做的功，电势是标量，可正可负，在国际单位制中，电势的单位是伏特，用 V 表示.

电势能的大小与势能零点的选择有关，是个相对量，因而电势也是一个相对量，要确定某场点的电势值，必须选定电势零参考点，参考点的选择具有任意性，但在同一问题中只能选同一个参考点，在理论计算中，对有限带电体，通常选择无限远处为电势零点，即

$$U_A = \int_A^{\infty} \boldsymbol{E} \cdot \mathrm{d}\boldsymbol{l} \tag{6-21}$$

但对无限大带电体只能在场内选一个适当位置作电势零点，为方便起见，在工程实际问题中常取地球的电势为零.

在静电场中，任意两点 A 和 B 的电势差，通常也称电压，用 U_{AB} 表示

$$U_{AB} = \frac{W_A}{q_0} - \frac{W_B}{q_0} = \frac{W_{AB}}{q_0} = \int_A^B \boldsymbol{E} \cdot \mathrm{d}\boldsymbol{l} \tag{6-22a}$$

上式表明，在静电场中，A、B 两点电势差的量值等于单位正电荷由 A 点经任意路径移到 B 点时电场力所做的功. 因此，当任一电荷 q_0 在电场中从 A 点移到 B 点时，电场力所做的功可用电势差表示为

$$A_{AB} = q_0 \int_A^B \boldsymbol{E} \cdot \mathrm{d}\boldsymbol{l} = q_0 (U_A - U_B) \tag{6-22b}$$

在实际应用中，经常用到两点间的电势差，而不是某一点的电势，以任意一点作为量度电势的参考零点，都不会影响任意两点间的电势差值. 所以通常计算电势差时不需选择电势零点.

6.5.2 电势叠加原理

1. 点电荷电场中的电势

设在静止点电荷 q 所激发的电场中有任意一点 P，P 到电荷 q 的距离为 r，由(6-21)式得

$$U_P = \int_P^{\infty} \boldsymbol{E} \cdot \mathrm{d}\boldsymbol{l} = \int_r^{\infty} \frac{q}{4\pi\varepsilon_0 r^2} \mathrm{d}r = \frac{q}{4\pi\varepsilon_0 r} \tag{6-23}$$

由此可见，在点电荷周围空间任一点的电势与该点离点电荷 q 的距离 r 成反比. 如果 q 是正的，则各点的电势是正的，离点电荷越远处电势越低，在无限远处电势为零；如果 q 是负的，则各点的电势也是负的，离点电荷越远处电势越高，在无限远处电势最大为零.

2. 点电荷系电场中的电势

在带电量分别为 $q_1, q_2, \cdots, q_n$ 的点电荷系产生的电场中，任意点 P 的电势由场强叠加原理可得

$$U_P = \int_P^{\infty} \boldsymbol{E} \cdot \mathrm{d}\boldsymbol{l} = \int_P^{\infty} \boldsymbol{E}_1 \cdot \mathrm{d}\boldsymbol{l} + \int_P^{\infty} \boldsymbol{E}_2 \cdot \mathrm{d}\boldsymbol{l} + \cdots + \int_P^{\infty} \boldsymbol{E}_n \cdot \mathrm{d}\boldsymbol{l}$$

$$= \sum_{i=1}^{n}\int_{P}^{\infty}\boldsymbol{E}_i \cdot \mathrm{d}\boldsymbol{l} = \sum_{i=1}^{n}U_i = \sum_{i=1}^{n}\frac{q_i}{4\pi\varepsilon_0 r_i} \tag{6-24}$$

式中，r_i 是 P 点到点电荷 q_i 的相应距离，上式表明，**在点电荷系产生的电场中，任一点的电势等于各点电荷单独存在时在该点产生的电势的代数和**. 这就是电势叠加原理.

3. 电荷连续分布带电体的电势

若电场是由电荷连续分布的带电体所激发的，则应将带电体分割为无数多个无限小的电荷元 $\mathrm{d}q$. 每一个电荷元 $\mathrm{d}q$ 可视为点电荷. 利用电势叠加原理计算带电体电场中电势的分布时，只要将(6-24)式中的求和用积分代替即可. 设任一电荷元 $\mathrm{d}q$ 到场点 P 的距离为 r，则 P 点的电势为

$$U_P = \int \frac{\mathrm{d}q}{4\pi\varepsilon_0 r} \tag{6-25}$$

积分遍及整个带电体，这是电势叠加原理的另一种表现形式，因为电势是标量，这里的积分是标量积分，所以电势的计算与电场强度的计算相比较为简便.

必须强调一点，在(6-23)式、(6-24)式和(6-25)式的计算中，电荷都是分布在有限区域内，也只有这种情况才能选无限远处为电势零点；当电荷分布延伸到无限远时，则应把电势的零点选在场中某个方便的位置上.

6.5.3　电势的计算

计算电场中各点的电势，可以通过两种方式：一是根据已知的电荷分布，由点电荷的电势和电势叠加原理来计算；二是根据已知的电场强度的分布，由电势与场强的积分关系来计算. 下面举具体例子来说明电势的计算方法.

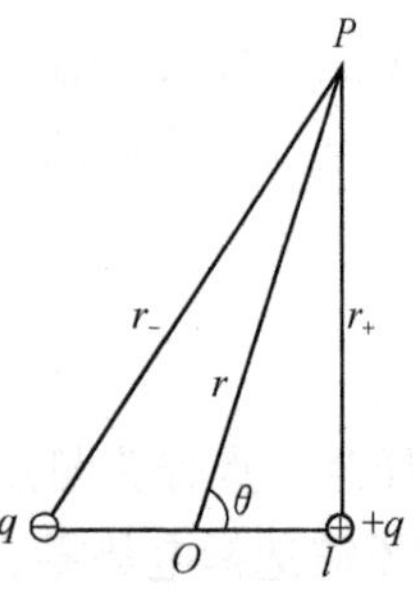

图 6-19　电偶极子周围的电势

例 6-7　已知电偶极子的电偶极矩 $\boldsymbol{p}=q\boldsymbol{l}$，计算电偶极子电场中任一点的电势.

解　设任意点 P 到电偶极子正、负电荷的距离分别为 r_+、r_-，到电偶极子中点的距离为 r，如图 6-19 所示，取无穷远处为电势零点，P 点的电势可根据电势叠加原理计算，即

$$U_P = \frac{q}{4\pi\varepsilon_0 r_+} - \frac{q}{4\pi\varepsilon_0 r_-} = \frac{q(r_- - r_+)}{4\pi\varepsilon_0 r_+ r_-}$$

对电偶极子，由于 $l \ll r$，故 $r_- - r_+ \approx l\cos\theta$，$r_+ r_- \approx r^2$，代入上式可得

$$U_P = \frac{ql\cos\theta}{4\pi\varepsilon_0 r^2} = \frac{\boldsymbol{p}\cdot\boldsymbol{r}}{4\pi\varepsilon_0 r^3}$$

例 6-8　一半径为 R 的均匀带电细圆环，带电量为 q，计算圆环轴线上的电势分布.

解　把带电圆环分割成许多电荷元 $\mathrm{d}q$. 设轴线上任一点 P 至环心 O 的距离为 x，则圆环上任一电荷元 $\mathrm{d}q$ 至 P 点的距离皆为 $r=\sqrt{R^2+x^2}$，如图 6-6 所示. 选无穷远处为电势零点，根据电势叠加原理，整个圆环在 P 点产生的电势为

$$U_P = \int_0^q \frac{\mathrm{d}q}{4\pi\varepsilon_0 r} = \frac{1}{4\pi\varepsilon_0 r}\int_0^q \mathrm{d}q = \frac{q}{4\pi\varepsilon_0 r} = \frac{q}{4\pi\varepsilon_0\sqrt{R^2+x^2}}$$

不难看出，在环心处($x=0$)，电势为 $U_0=\dfrac{q}{4\pi\varepsilon_0 R}$，并不等于零，这与场强 $\boldsymbol{E}$ 的情形不同. 在很远处($x \gg R$)，$U_P=\dfrac{q}{4\pi\varepsilon_0 x}$就与点电荷在空间任一点的电势表达式相同了.

以上两道例题所采用的方法都是电势叠加原理. 当电场强度分布已知，或者是当带电体上电荷分布具有很强的对称性，很方便应用高斯定理求出场强分布时，可以应用场强与电势的积分关系(6-20)式、(6-21)式来求解电势.

例 6-9 设均匀带电球面的半径为 R，总电荷量为 q，计算均匀带电球面内、外的电势分布.

解 均匀带电球面为有限带电体，故选无穷远处为电势零点. 设电场中任一点 P 与球心的距离为 r. 要求场中任一点 P 处的电势，可用电势与场强的积分关系(6-21)式求解. 由例 6-5 的结果可知，均匀带电球面在空间激发的场强沿半径方向，其大小为

$$E=\begin{cases}0, & r<R\\ \dfrac{q}{4\pi\varepsilon_0 r^2}, & r>R\end{cases}$$

利用(6-21)式，并沿半径方向积分，则 P 点的电势为

$$U_P=\int_r^{\infty}\boldsymbol{E}\cdot \mathrm{d}\boldsymbol{l}=\int_r^{\infty}E\mathrm{d}r$$

当 $r>R$ 时

$$U_P=\int_r^{\infty}\frac{q}{4\pi\varepsilon_0 r^2}\mathrm{d}r=\frac{q}{4\pi\varepsilon_0 r}$$

当 $r<R$ 时，由于球内、外场强的函数关系不同，积分必须分段进行，即

$$U_P=\int_r^{R}0\cdot \mathrm{d}r+\int_R^{\infty}\frac{q}{4\pi\varepsilon_0 r^2}\mathrm{d}r=\frac{q}{4\pi\varepsilon_0 R}$$

由此可见，一个均匀带电球面在球外任一点产生的电势，和全部电荷集中于球心的一个点电荷在该点产生的电势相同；在球面内任一点的电势与球面上的电势相等. 故均匀带电球面及其内部是一个等电势的区域. 电势 U 随距离 r 的变化关系如图 6-20 所示.

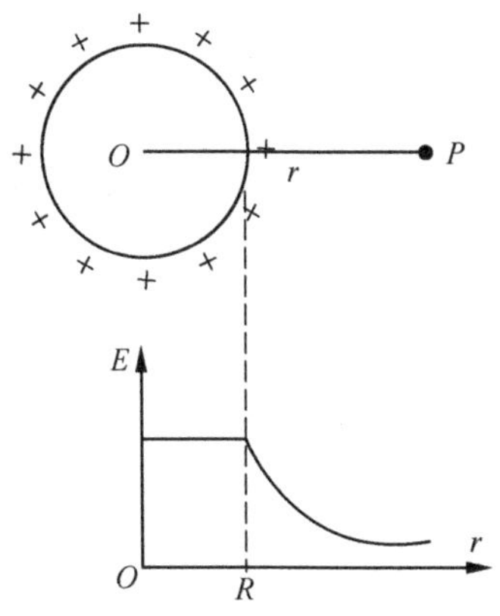

图 6-20 均匀带电球面内外的电势

复习思考题

6-9 如果只知道电场中某点的电场强度 $\boldsymbol{E}$，能否算出该点的电势？如果不能，还应该知道些什么？

6-10 比较下列几种情况下 A、B 两点电势的高低.

(1) 正电荷由 A 移到 B 时，外力克服电场力做正功；

(2) 正电荷由 A 移到 B 时，电场力做正功；

(3) 负电荷由 A 移到 B 时，外力克服电场力做正功.

6.6 等势面 电势与场强的微分关系

电场强度与电势都是描述静电场性质的物理量，两者之间有密切的关系. 前面讨论了两者之间的积分形式关系，本节我们将着重研究两者之间的微分形式关系.

6.6.1 等势面

前面我们曾用电场线来形象地描述电场中电场强度的分布. 电势的分布同样可以用图像来

形象地表示．一般说来，静电场中的电势是位置坐标的函数，是逐步变化的．但是场中总有一些点的电势值是相等的．我们把电势值相等的点所组成的曲面称为**等势面**(图 6-21)．

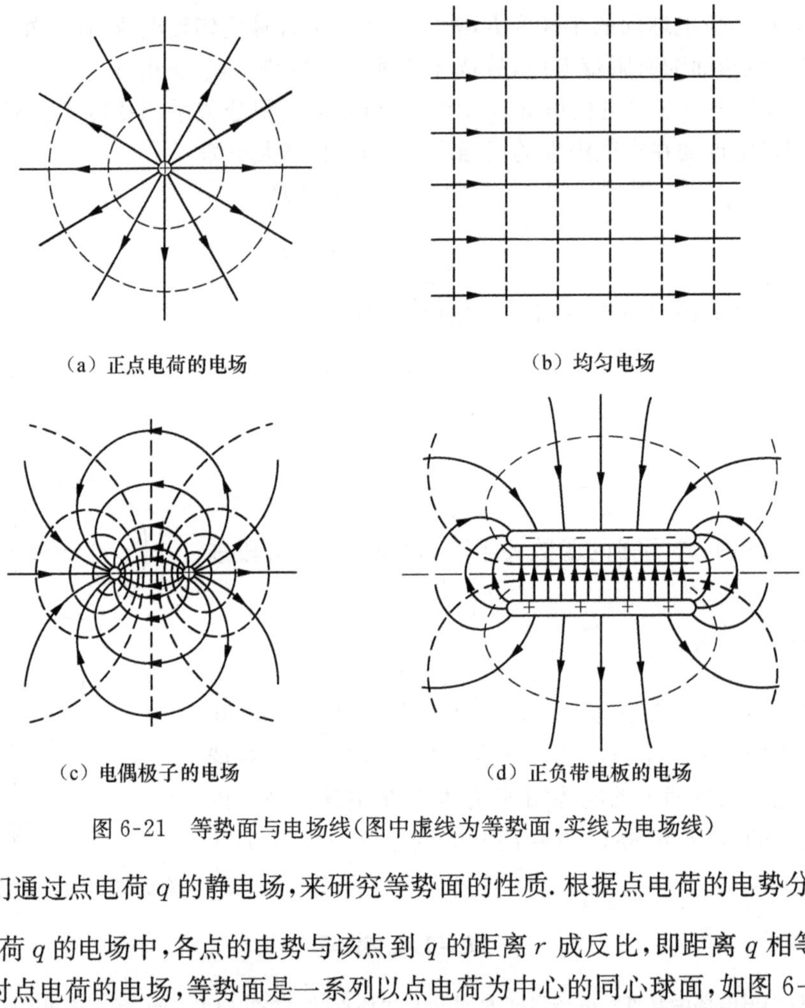

图 6-21　等势面与电场线(图中虚线为等势面，实线为电场线)

现在我们通过点电荷 q 的静电场，来研究等势面的性质．根据点电荷的电势分布 $U=\dfrac{q}{4\pi\varepsilon_0 r}$ 可知，在点电荷 q 的电场中，各点的电势与该点到 q 的距离 r 成反比，即距离 q 相等的各点电势相等．因此，对点电荷的电场，等势面是一系列以点电荷为中心的同心球面，如图 6-21(a)中虚线所示．显然，沿径向的电场线与等势面处处正交，电场线的方向指向电势降落的方向．下面将讨论这一结论是普遍成立的．

设试验电荷 q_0 沿等势面移动，显然 q_0 的电势能并没有变化，这说明在任一位移元 $\mathrm{d}\boldsymbol{l}$ 上电场力所做元功为零，即

$$\mathrm{d}A = q_0\boldsymbol{E}\cdot\mathrm{d}\boldsymbol{l} = q_0E\cos\theta\mathrm{d}l = 0$$

式中，q_0、$\boldsymbol{E}$、$\mathrm{d}\boldsymbol{l}$ 都不为零，所以 $\cos\theta=0$，即 $\theta=\dfrac{\pi}{2}$．这说明 $\boldsymbol{E}$ 与 $\mathrm{d}\boldsymbol{l}$ 始终垂直，即电场线与等势面处处正交．

前面曾用电场线的疏密程度来表示电场的强弱，这里我们也可以用等势面的疏密程度来表示电场的强弱．我们对等势面的疏密作这样的规定：电场中任何两个相邻等势面间的电势差相等．在图 6-21 中绘出几种常见电场的等势面和电场线图．图中的虚线表示等势面，实线表示电场线．按这一规定，等势面密集的地方场强较大，稀疏的地方场强较小．这样，根据等势面的分布图，

就能形象地绘出电场中电势和电场强度的空间分布.

6.6.2　电势与场强的关系

在任意电场中,取两个相邻的等势面 1 和等势面 2,电势分别为 U、$U+\mathrm{d}U$,并设 $\mathrm{d}U>0$,如图 6-22 所示. 过等势面 1 上一点 P 作该面的单位法向矢量 $\boldsymbol{n}^0$,规定其正方向沿电势增加的方向,该法线与等势面 2 交于 P_1 点,P 点的场强 $\boldsymbol{E}$ 指向 $\boldsymbol{n}^0$ 的反方向,令 $PP_1=\mathrm{d}n$,$\mathrm{d}n$ 就是由 P 点到等势面 2 的最短距离.

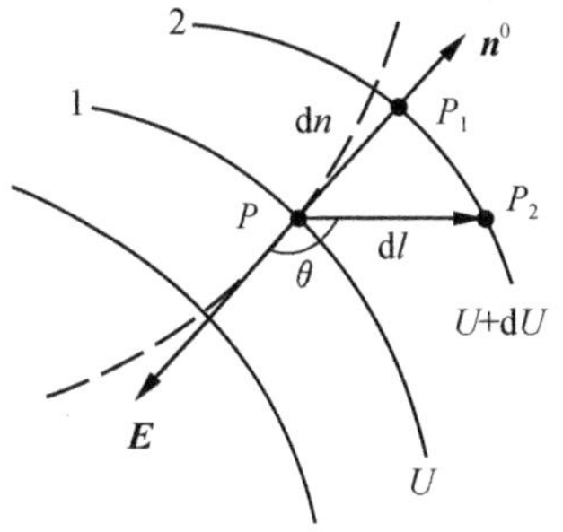

图 6-22　电势与场强的关系

现过 P 点沿任意方向 $\mathrm{d}\boldsymbol{l}$ 作一直线与等势面相交于 P_2 点,令 $\overrightarrow{PP_2}=\mathrm{d}\boldsymbol{l}$,设 $\mathrm{d}\boldsymbol{l}$ 与 $\boldsymbol{E}$ 的夹角为 θ. 由电势差定义,将单位正电荷由 P 点沿 $\mathrm{d}\boldsymbol{l}$ 运动至 P_2 点时,有

$$U-(U+\mathrm{d}U)=\boldsymbol{E}\cdot\mathrm{d}\boldsymbol{l}=E\cdot\mathrm{d}l\cdot\cos\theta$$

即

$$-\frac{\mathrm{d}U}{\mathrm{d}l}=E\cos\theta$$

式中,$\frac{\mathrm{d}U}{\mathrm{d}l}$就是电势沿 $\mathrm{d}\boldsymbol{l}$ 方向的变化率. 沿不同方向,电势变化率不同. 因为 $\mathrm{d}n$ 是 P 点到等势面 2 的最短距离,所以沿法线 $\boldsymbol{n}^0$ 方向电势的变化率$\frac{\mathrm{d}U}{\mathrm{d}n}$最大,由于 $\mathrm{d}n=-\mathrm{d}l\cos\theta$,代入上式可得场强大小为

$$E=\frac{\mathrm{d}U}{\mathrm{d}n}$$

可见,某点电场强度的大小等于该点沿等势面法线方向上电势的变化率. 前面已规定 $\boldsymbol{n}^0$ 沿电势升高的方向,而场强 $\boldsymbol{E}$ 的方向垂直于等势面指向电势减小的方向,因此 $\boldsymbol{E}$ 与法线 $\boldsymbol{n}^0$ 反向,将 $\boldsymbol{E}$ 写成矢量式有

$$\boldsymbol{E}=-\frac{\mathrm{d}U}{\mathrm{d}n}\boldsymbol{n}^0 \tag{6-26}$$

(6-26)式就是电场中某点 $\boldsymbol{E}$ 和 U 的微分关系式. 矢量$\frac{\mathrm{d}U}{\mathrm{d}n}\boldsymbol{n}^0$ 的方向沿等势面的法线方向,即电势变化率最大的方向,其大小$\frac{\mathrm{d}U}{\mathrm{d}n}$是沿该方向的电势变化率. 这一矢量称为该点的电势梯度矢量,以 $\mathrm{grad}U$ 表示,即

$$\mathrm{grad}U=\frac{\mathrm{d}U}{\mathrm{d}n}\boldsymbol{n}^0 \tag{6-27}$$

那么(6-26)式可写成

$$\boldsymbol{E}=-\,\mathrm{grad}U$$

上式表明**电场中某点的场强等于该点电势梯度的负值**.

国际单位制中,电势梯度的单位为 V/m.

上面已建立了场强和电势之间的微分关系. 在应用这些关系式时,一般先求电势分布,然后通过微分运算就可方便地求出场强分布,这样就可以避免较复杂的矢量运算.

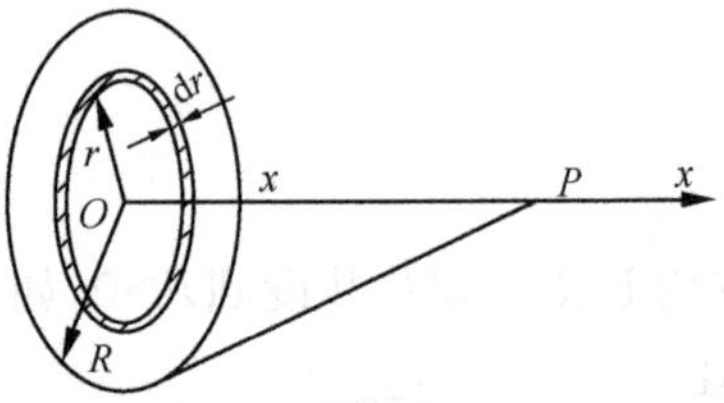

图 6-23　均匀带电圆盘轴线上的电势

例 6-10　设均匀带电圆盘的半径为 R，电荷面密度为 σ，求均匀带电圆盘轴线上任一点的场强.

解　设轴线上任一点 P 距圆盘中心的距离为 x，如图 6-23 所示. 在圆盘上取半径为 r，宽为 $\mathrm{d}r$ 的圆环，环上所带电量为

$$\mathrm{d}q=\sigma\cdot 2\pi r\cdot \mathrm{d}r$$

它在 P 点的电势为

$$\mathrm{d}U=\frac{\mathrm{d}q}{4\pi\varepsilon_0\sqrt{x^2+r^2}}=\frac{\sigma r}{2\varepsilon_0\sqrt{x^2+r^2}}\mathrm{d}r$$

整个带电圆盘在 P 点的电势为

$$U=\int_0^R \mathrm{d}U=\int_0^R\frac{\sigma r}{2\varepsilon_0\sqrt{x^2+r^2}}\mathrm{d}r=\frac{\sigma}{2\varepsilon_0}(\sqrt{x^2+R^2}-x)$$

由于电荷相对 x 轴对称分布，故 x 轴上任一点的场强方向必沿 x 轴，其值为

$$E=E_x=-\frac{\partial U}{\partial x}=\frac{\sigma}{2\varepsilon_0}\left(1-\frac{x}{\sqrt{x^2+R^2}}\right)$$

可以证明，这与用积分的方法计算的结果相同.

复习思考题

6-11　判断下列表述是否正确？为什么？

(1) 场强为零处，电势必定为零；电势为零处，场强必定为零.

(2) 场强大小相等的地方，电势必定相同；电势相同的地方，场强也必定相等.

(3) 场强较小的地方，电势一定较低；场强较大的地方，电势必定较高.

(4) 电势不变的区域，场强必定为零；场强不变的区域，电势也不变.

(5) 场强不为零的区域，必然不是等势区.

习　题

6-1　选择题.

(1) 关于电场强度定义式 $\boldsymbol{E}$，下列说法中哪个是正确的（　　）.

(A) 场强 $\boldsymbol{E}$ 的大小与试验电荷 q_0 的大小成正比

(B) 对场中某点，试验电荷受力 $\boldsymbol{F}$ 与 q_0 的比值不因 q_0 而变

(C) 试验电荷受力 $\boldsymbol{F}$ 的方向就是场强 $\boldsymbol{E}$ 的方向

(D) 若场中某点不放试验点电荷 q_o，则 $\boldsymbol{F}=0$，从而 $\boldsymbol{E}=0$

(2) 如习题 6-1(2)图所示，在坐标$(a,0)$处放置一点电荷 q，在坐标$(-a,0)$处放置另一点电荷 $-q$. P 点是 y 轴上的一点，坐标为$(0,y)$. 当 $y\gg a$ 时，该点场强的大小为（　　）.

(A) $\dfrac{q}{4\pi\varepsilon_0 y^2}$　　(B) $\dfrac{q}{2\pi\varepsilon_0 y^2}$　　(C) $\dfrac{qa}{2\pi\varepsilon_0 y^3}$　　(D) $\dfrac{qa}{4\pi\varepsilon_0 y^3}$

(3) 一点电荷，放在球形高斯面的中心处. 下列哪种情况，通过高斯面的电通量发生变化（　　）.

(A) 将另一点电荷放在高斯面外　　(B) 将另一点电荷放在高斯面内

(C) 将球心处的点电荷移开，但仍在高斯面内　　(D) 将高斯面半径缩小

(4) 空气中的一个均匀带电球体，总带电量为 Q，它位于半径为 R 的同心球面 S 内(习题 6-1(4)图)，在 S 球面外有一点电荷 q，则（　　）.

(A) $\oint_S \boldsymbol{E}\cdot \mathrm{d}\boldsymbol{S}=\dfrac{Q}{\varepsilon_0}$ 成立　　(B) $E\cdot 4\pi R^2=\dfrac{Q}{\varepsilon_0}$ 成立

(C) $\oint_S \boldsymbol{E}\cdot \mathrm{d}\boldsymbol{S}=\dfrac{Q+q}{\varepsilon_0}$ 成立　　(D) $E\cdot 4\pi R^2=\dfrac{Q+q}{\varepsilon_0}$ 成立

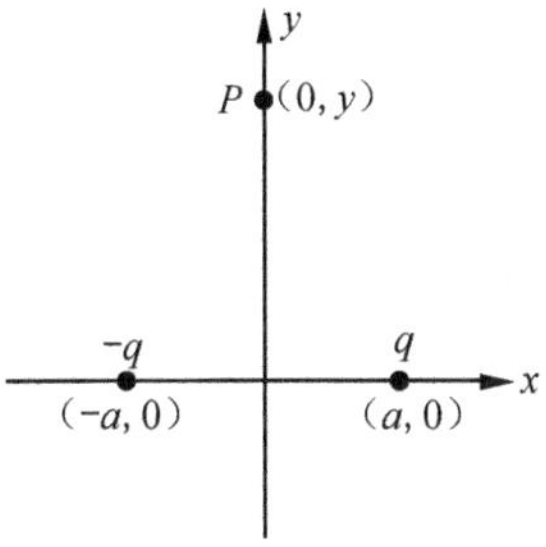

习题 6-1(2)图

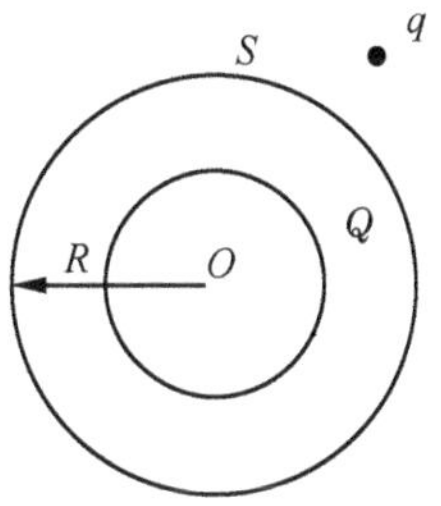

习题 6-1(4)图

(5) 有 N 个电量均为 q 的点电荷(习题 6-1(5)图),以两种方式分布在半径相同的圆周上,一种是无规律地分布,另一种是均匀分布. 比较这两种情况下在过圆心 O 并垂直于圆平面的轴线上任一点 P 的场强与电势,下列说法哪个正确(　　).

(A) 场强相等,电势相等　　(B) 场强不等,电势不等

(C) 场强分量 E_z 相等,电势相等　　(D) 场强分量 E_z 相等,电势不等

(6) 有两个点电荷电量都是 q,相距为 $2a$,现以左边的点电荷所在处为球心. 以 a 为半径作一球形高斯面,在球面上取两块相等的小面积 S_1 和 S_2,其位置如习题 6-1(6)图所示,设通过 S_1 和 S_2 的电场强度通量分别为 Φ_1 和 Φ_2,通过整个球面的电场强度通量为 Φ_S,则(　　).

(A) $\Phi_1>\Phi_2, \Phi_S=q/\varepsilon_0$　　(B) $\Phi_1<\Phi_2, \Phi_S=2q/\varepsilon_0$

(C) $\Phi_1=\Phi_2, \Phi_S=q/\varepsilon_0$　　(D) $\Phi_1<\Phi_2, \Phi_S=q/\varepsilon_0$

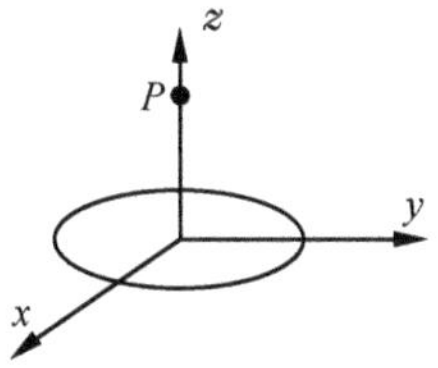

习题 6-1(5)图

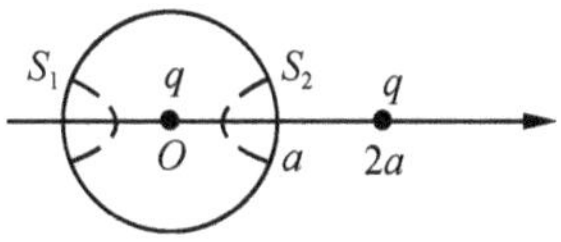

习题 6-1(6)图

6-2　填空题.

(1) 一均匀带电直线长为 d,电荷线密度为 $+\lambda$,以导线中点 O 为球心,R 为半径($R>d$)作一球面,如习题 6-2(1)图所示,则通过该球面的电场强度通量为________,带电直线的延长线与球面交点 P 处的电场强度的大小为________,方向________.

(2) 一半径为 R 的均匀带电球面,其电荷面密度为 σ,该球面内外场强分别为($\boldsymbol{r}$ 表示从球心引出的矢径):$\boldsymbol{E}(\boldsymbol{r})=$________$(r<R)$,$\boldsymbol{E}(\boldsymbol{r})=$________$(r>R)$.

(3) 电量相等的四个点电荷两正两负分别置于边长为 a 的正方形四个角上,如习题 6-2(3)图所示. 以无限远处为电势零点,正方形中心处的电势和场强大小分别为 $U_O=$________,$E_O=$________.

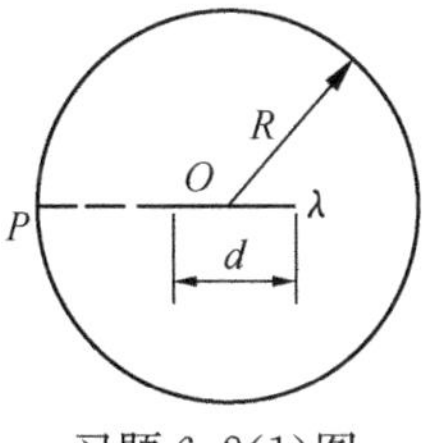

习题 6-2(1)图

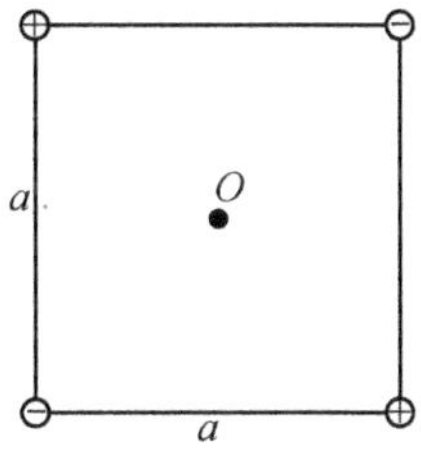

习题 6-2(3)图

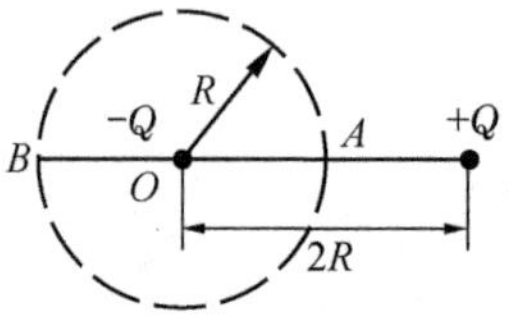

习题 6-2(6)图

(4) 一均匀静电场的场强 $\boldsymbol{E}=(400\boldsymbol{i}+600\boldsymbol{j})$，则点 $A(3,2)$ 和点 $B(1,0)$ 之间的电势差 $U_{AB}=$________.

(5) 半径为 R 的固定圆周上分布着电荷. 现将一个点电荷 q 从无限远移到圆心 O，电场力做功为 A. 取无限远处为电势零点，则 O 点电势 $U_O=$________，圆周上共带电 $Q=$________.

(6) 如习题 6-2(6)图所示，真空中两个点电荷，带电量分别为 $-Q$ 和 $+Q$，相距 $2R$. 若以其中一点电荷所在处 O 点为中心，以 R 为半径作高斯面 S，则通过该球面的电场强度通量 $\Phi_e=$________. 若以 $\boldsymbol{r}^0$ 表示高斯面外法线方向的单位矢量，则高斯面上 A、B 两点的电场强度分别为 $\boldsymbol{E}_A=$________，$\boldsymbol{E}_B=$________.

6-3　在正方形的两个相对的角上各放置一点电荷 Q，在其他两个相对角上各置一点电荷 q，如果作用在 Q 上的力为零，求 Q 与 q 的关系.

6-4　一个正 p 介子由一个 u 夸克和一个反 d 夸克组成. u 夸克带电量为 $\frac{2}{3}e$，反 d 夸克带电量为 $\frac{1}{3}e$，将夸克作为经典粒子处理，试计算正 p 介子中夸克间的电力(设它们之间的距离为 1.0×10^{-15} m).

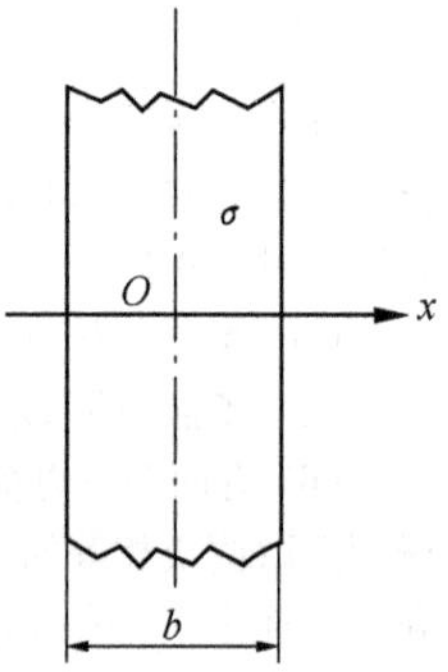

习题 6-6 图

6-5　一长为 l 的均匀带电直线，其电荷线密度为 $+\lambda$，试求直线延长线上距离近端为 A 处一点的电场强度.

6-6　如习题 6-6 图所示，厚度为 b 的"无限大"均匀带电平板，其电荷面密度为 σ. 求板平面外任一点的电场强度.

6-7　电荷均匀分布在半径为 R 的球形空间内，电荷体密度为 ρ，试求球内、外及球面上的电场强度.

6-8　设均匀电场的电场强度 $\boldsymbol{E}$ 与半径为 R 的半球面 S_1 的轴平行(习题 6-8 图)，试计算通过此半球面 S_1 的电通量. 若以半球面的边线为边线，另作一个任意形状的曲面 S_2，则通过 S_2 面的电通量又是多少？

6-9　一对"无限长"的同轴直圆筒，半径分别为 R_1 和 R_2 $(R_1<R_2)$，筒面上都均匀带电，沿轴线单位长度的电量分别为 λ_1 和 λ_2，试求空间的电场强度分布.

6-10　半径分别为 R_1 和 R_2 的同心球面，均匀带电 q_1 和 q_2，如习题 6-10 图所示，求电势在空间的分布.

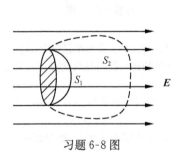

习题 6-8 图

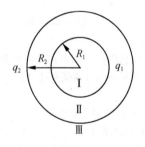

习题 6-10 图

第 7 章　静电场中的导体和电介质

在研究真空中的静电场的基础上，我们将进一步讨论静电场与导体和电介质的相互作用，以及导体或电介质内部的场强计算.

7.1　静电场中的导体

电场中的导体
和静电平衡

7.1.1　导体静电平衡

根据物质的结构，金属导体具有带负电的自由电子和带正电的晶体点阵. 自由电子的负电荷和晶体点阵的正电荷相互中和，整个导体或其中任一部分都是中性的，即导体不显电性. 这时，导体中的自由电子只做热运动. 但是，如果把导体放在电场 $\boldsymbol{E}_0$ 中，如图 7-1 所示，导体中的自由电子由于受到一个电场力 $-e\boldsymbol{E}_0$ 的作用而向电场反方向运动，于是导体的一端出现负电荷，导体另一端出现正电荷. 导体上的电荷在外电场的作用下发生重新分布，这就是大家所熟知的静电感应现象. 当导体两端积累了正、负电荷之后，它们就产生了一个附加电场 $\boldsymbol{E}'$. $\boldsymbol{E}'$ 与 $\boldsymbol{E}_0$ 的叠加，使导体内、外的电场都发生重新分布. 由于导体内部 $\boldsymbol{E}$ 与 $\boldsymbol{E}_0$ 方向相反，当导体两端的正、负电荷积累到一定程度时，$\boldsymbol{E}'$ 的数值与 $\boldsymbol{E}_0$ 完全相等，于是导体达到静电平衡状态.

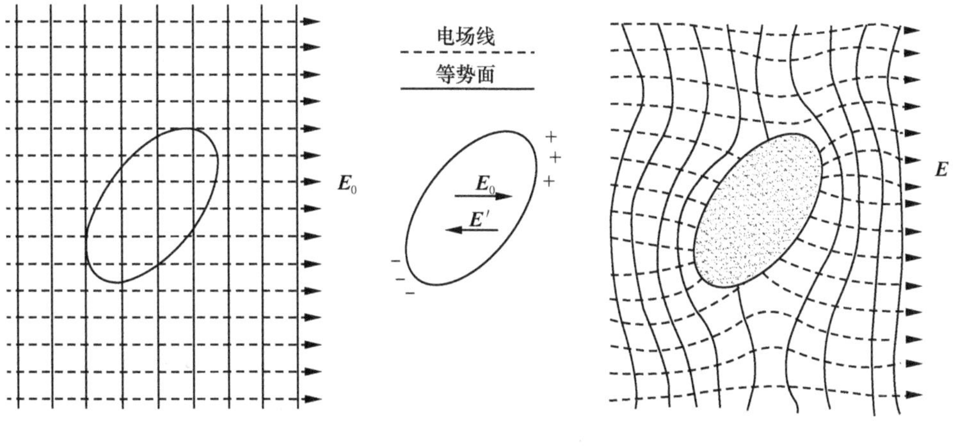

(a)　　(b)　　(c)

图 7-1　导体的静电平衡

7.1.2　导体处于静电平衡时具有的性质

（1）导体是等势体. 由于在静电平衡时，导体内部无电场，即 $\boldsymbol{E}=0$，导体内任意 A、B 两点间电势差 $U_{AB}=\int_A^B \boldsymbol{E}\cdot \mathrm{d}\boldsymbol{l}=0$，因此导体内各点的电势都相等，即整个导体是等势体，其表面是等势面. 将导体置于不同的电场中时，可具有不同的电势，但整个导体仍是等势体.

(2) 电荷只能分布在导体表面上. 将导体放入电场中达到静电平衡时,导体上的电荷要重新分布. 现在考虑一个任意形状的实心导体,在导体内任取一点 P,围绕它作一闭合的高斯面 S,根据静电平衡的必要条件知这个闭合曲面上的任一点的 $\boldsymbol{E}$ 等于零,由高斯定理可知,通过这一闭合曲面的 $\boldsymbol{E}$ 通量等于零,因此在这个闭合曲面内没有净电荷. 由于 P 点是任意的,闭合曲面也可以任意小,上述结论对于导体内部任一点都是成立的. 所以当带电导体处于静电平衡状态时,导体内部处处没有净电荷存在,电荷只能分布于导体表面上.

(3) 导体表面场强方向垂直于导体表面. 静电平衡时,导体表面上的场强可能不等于零,但它必须和其表面垂直. 否则,场强将有沿表面的切向分量,导体表面层内的自由电子将在场强的作用下沿表面运动,这就不是静电平衡状态. 所以,只有表面的场强 $\boldsymbol{E}$ 垂直于导体表面时,才能达到静电平衡状态.

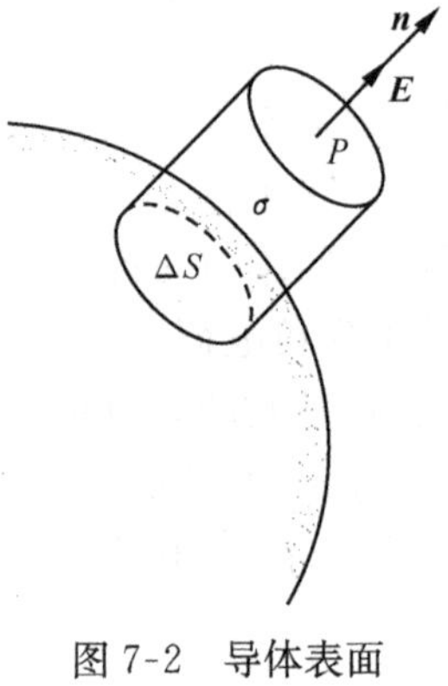

图 7-2　导体表面附近的场强

(4) 导体表面附近的场强与该处电荷面密度成正比. 任意带电导体电荷只能分布在导体表面上,导体表面附近的场强与该表面处电荷面密度的关系可由高斯定理求出. 设想在导体表面外非常靠近表面处任取一点 P,过 P 作一扁平的小圆柱形高斯面,使圆柱面的轴线通过 P 点且与表面垂直. 其中上底面过 P 在导体表面之外,下底面在导体内,两底面与导体表面平行. 因为底面面积 ΔS 取得足够小,该高斯面包围的导体表面的电荷面密度 σ 可认为是均匀的,如图 7-2 所示. 由于导体表面的场强与表面垂直,圆柱面的侧面与场强方向平行,所以通过侧面的 $\boldsymbol{E}$ 通量为零. 又因为导体内部场强为零,通过下底面的 $\boldsymbol{E}$ 通量也为零,所以通过该闭合高斯面的 $\boldsymbol{E}$ 通量就等于圆柱上底面的 $\boldsymbol{E}$ 通量. 应用高斯定理得

$$\oint_S \boldsymbol{E}\cdot \mathrm{d}\boldsymbol{S} = E\Delta S = \frac{\sigma \Delta S}{\varepsilon_0}$$

求得

$$E = \frac{\sigma}{\varepsilon_0}$$

写成矢量形式

$$\boldsymbol{E} = \frac{\sigma}{\varepsilon_0}\boldsymbol{n} \tag{7-1}$$

上式表明带电导体表面附近的场强与该表面的电荷面密度成正比,这一结论对导体普遍适用. 但要注意(7-1)式中的 $\boldsymbol{E}$ 是指非常靠近带电导体表面处的场强,而不是导体外部空间任一点处的场强. 而且场强 $\boldsymbol{E}$ 不仅是由图 7-2 中 ΔS 区域电荷所激发的,它是导体上所有电荷以及周围其他带电体上的电荷,也就是空间所有电荷所激发的合场强,外界的影响已在 σ 中体现出来.

(5) 静电平衡下的孤立导体,其表面某处电荷面密度 σ 与该表面曲率半径成反比关系,曲率半径大的地方,电荷面密度 σ 比较小. 一般说来,电荷在导体表面上的分布不但和导体自身的形状有关,还和附近其他带电体及其分布有关. 但是,对于孤立的带电导体(孤立导体是指远离其他物体的导体. 因而其他物体对它的影响可以忽略不计)来说,电荷在其表面上的分布却只由自身的形状决定. 因此,我们可以考察两个相距很远而半径不同的带电导体球的电荷分布情形,如图 7-3 所示. 假定它们带有同号电荷,并由细导线连接成一体. 如果两球半径分别为 R_1 和 R_2,在达到静电平衡时所带的电量分别为 q_1 和 q_2. 由于它们相距很远,两球可近似视为孤立导体,其表

面上的电荷均匀分布.细线使两球保持等电势,则它们的电势分别为

$$U=\frac{1}{4\pi\varepsilon_0}\frac{q_1}{R_1}=\frac{1}{4\pi\varepsilon_0}\frac{q_2}{R_2}$$

$$\sigma_1=\frac{q_1}{4\pi R_1^2},\quad \sigma_2=\frac{q_2}{4\pi R_2^2}$$

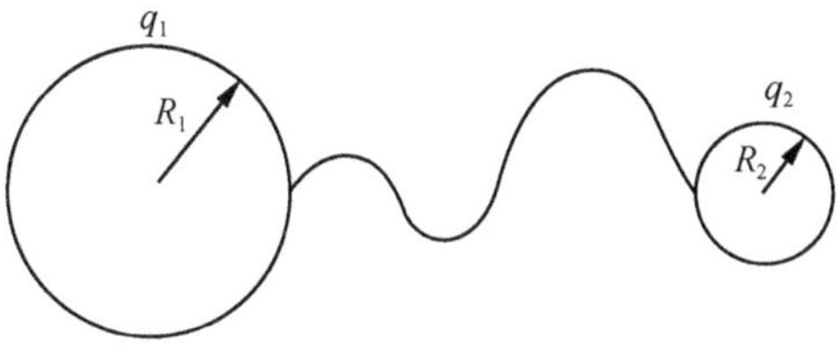

图 7-3 两孤立导体球

所以

$$\frac{\sigma_1}{\sigma_2}=\frac{q_1R_2^2}{q_2R_1^2}=\frac{R_2}{R_1}$$

可见,导体表面的电荷分布与表面的形状有关.从上面分析来看,电荷面密度与导体表面曲率半径成反比.一般说,对于各种实际带电导体不能看成是孤立导体,这个关系不是普适的结论;电荷在导体表面上的分布,通常是不均匀的.但可以肯定孤立带电体上越突出越尖锐的地方,聚集的电荷越多,σ 越大;反之,越平坦越光滑的地方,σ 就越小,而凹陷的地方就更小.

上述所得结论在生产技术上十分重要.带电体表面处的场强是和电荷面密度成正比的,因此在导体表面曲率半径较小的地方,场强较大.对于具有尖端的带电导体,尖端附近的场强特别强.当场强超过击穿场强时,原有少量的离子在这个电场作用下,将发生快速的运动,与空气分子进行激烈频繁碰撞,产生大量的离子.其中与导体上电荷异号的离子,被吸引到尖端上与导体中和,而和导体上电荷同号的离子,则被排斥离开尖端做加速运动,发生尖端放电现象.在高压电器设备中,常采用球形接头,就是为了防止尖端放电,以减少电能损失和避免发生破坏性事故.当然,尖端放电也有可以利用的一面.例如,安装在建筑物上的避雷针,就是应用尖端放电原理保护建筑物免受雷击破坏.避雷针的一端安装在建筑物最高点,另一端用粗铜缆与埋入地下的金属电极连接,保持避雷针与大地良好接触.当带电云层接近建筑物时,由于避雷针处场强特别大,因此发生尖端放电,使本来要发生的雷击,经过避雷针缓慢、连续地放电,消除了带电云层的大量电荷,防止雷击对建筑物的破坏.

7.1.3 静电屏蔽

把一个空心导体(其空腔内无电荷)放入一均匀外电场中时,导体的引进将使原来的电场发生变化,达到静电平衡时,导体上及空腔内部的场强为零,如图 7-4 所示,感应电荷只分布在导体的外表面上,内表面上无电荷分布(这一点很容易用高斯定理证明).空腔内任意一点的电场强度为零,空腔内将不受外电场的影响.通常把这种作用称为静电屏蔽作用.静电屏蔽在生产和技术上有很多用途.为了避免外界电场对精密电磁测量仪器的影响,以及避免高压设备的电场对外界的影响,一般在这些设备的外面安装金属外壳(网、罩).场效应管、集成电路经常放置在屏

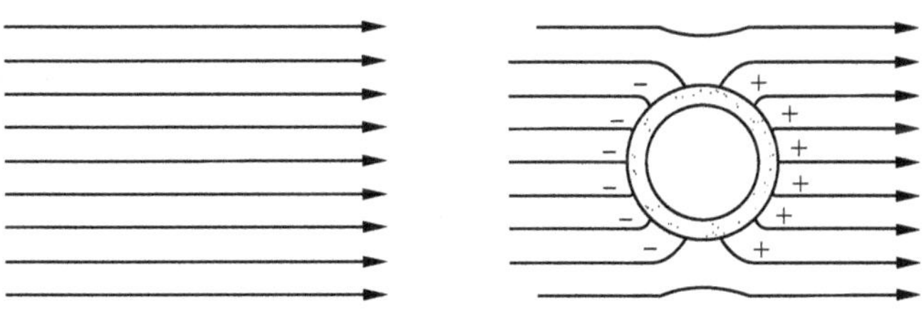
图 7-4 空心导体放入一匀强电场中

蔽盒内. 传输弱信号的电缆线常常在导线的外面包一层金属编制的屏蔽线层以避免外界电磁场的干扰.

如果导体空腔内包围有电荷，如图 7-5(a)所示，则由于静电感应而在空心导体的内外表面产生等量异号的感应电荷. 当腔内电荷变化时，在空心导体外部空间的电场也要随之而变化. 为使空腔内电场对空心导体外部空间不产生影响，也可以把空心导体外表面接地，如图 7-5(b)所示，外表面电荷将全部导入地下，外表面上没有电场线发出，这样接地的导体外壳把内部的电场对外界的影响隔绝了. 这也是一种屏蔽作用.

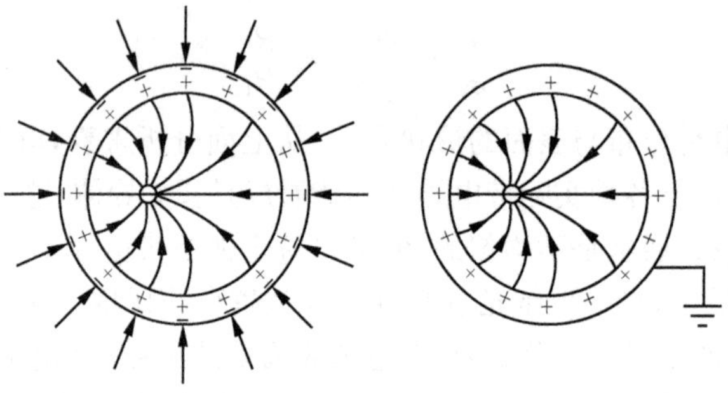

（a）　　　　　　　　　　（b）

图 7-5　腔内有电场时腔内外的电场分布

例 7-1　两平行且面积相等的导体板，其面积 S 比两板间的距离大得多，两极板带电量分别为 Q_A 和 Q_B，计算静电平衡时两极板各表面上电荷的面密度.

解　如果只有 A 极板存在，Q_A 均匀分布在两个表面上，静电平衡时，导体板内电场强度处处为零，若 B 极板靠近 A 极板，则它们都要受到对方激发的电场的作用，因此它们的电荷在四个表面上都要重新分布，最终达到新的静电平衡状态，此时导体板内的电场强度必须为零.

该题可应用静电平衡条件和电荷守恒定律求解，如图 7-6 所示，设极板上四个表面的电荷面密度分别为 σ_1、σ_2、σ_3、σ_4，根据电荷守恒定律

$$\sigma_1 S + \sigma_2 S = Q_A \tag{1}$$

$$\sigma_3 S + \sigma_4 S = Q_B \tag{2}$$

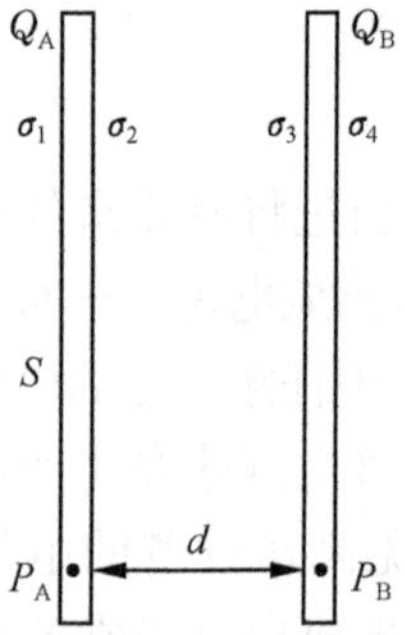

图 7-6　带电平行导体板电荷分布

在两导体板内分别取任意两点 P_A 和 P_B，由静电平衡条件知四个带电平面在这两点激发的合场强必然为零，由于极板面积足够大，可以把各带电面视为无限大均匀带电平面，假设各面所带电荷均为正，则场强方向应垂直于板面向外，取向右的方向为正，根据场强叠加原理可知

$$E_{P_A} = \frac{\sigma_1}{2\varepsilon_0} - \frac{\sigma_2}{2\varepsilon_0} - \frac{\sigma_3}{2\varepsilon_0} - \frac{\sigma_4}{2\sigma_0} = 0 \tag{3}$$

$$E_{P_B} = \frac{\sigma_1}{2\varepsilon_0} + \frac{\sigma_2}{2\varepsilon_0} - \frac{\sigma_3}{2\varepsilon_0} + \frac{\sigma_4}{2\sigma_0} = 0 \tag{4}$$

联立(1)式～(4)式求解得

$$\sigma_1 = \sigma_4 = \frac{Q_A + Q_B}{2S}$$

$$\sigma_2 = -\sigma_3 = \frac{Q_A - Q_B}{2S}$$

可见，相对的平面总是带等量异号电荷；外侧两面总是带等量同号电荷. 读者可以自己讨论当 $Q_A=-Q_B=Q$，或者 $Q_B=0$ 时，各面上的电荷面密度.

在静电平衡情况下，要求解电场强度和电势等有关问题，首先必须确定带电体系上的电荷分布. 由上例题可以看出，要求带电体系上的电荷分布，主要根据电荷守恒定律、电场强度叠加原理等，结合静电平衡条件，得出结果.

复习思考题

7-1 导体静电平衡的条件是什么？处于静电平衡状态的导体具有哪些基本性质？

7-2 A为一无限大的带电导体平板，B为电荷面密度为 σ_1 的均匀带电无限大平面，A和B平行放置，静电平衡后，A板两面的电荷面密度分别为 σ_2 和 σ_3，如思考题 7-2 图所示，求靠近A板右侧面的一点 P 处的场强的大小，有两位同学给出如下两种解法：

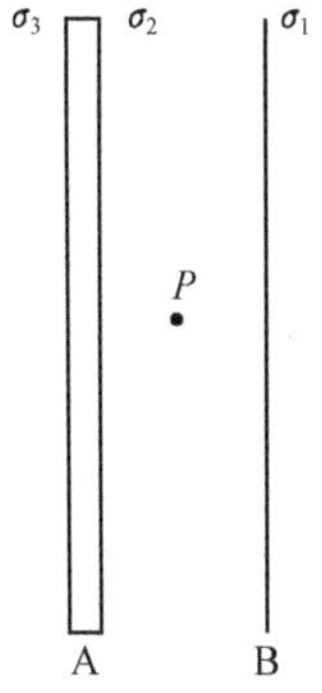

思考题 7-2 图

解法 1 利用静电平衡时导体表面附近任一点的场强的大小与导体表面上对应的电荷面密度之间的关系 $E=\frac{\sigma}{\varepsilon_0}$，计算得

$$E_P=\frac{\sigma_2}{\varepsilon_0}$$

解法 2 利用场强的叠加原理，因为 P 点的场强是由三个无限大的均匀带电平面共同激发的，所以有

$$E_P=\frac{\sigma_3}{2\varepsilon_0}+\frac{\sigma_2}{2\varepsilon_0}-\frac{\sigma_1}{2\varepsilon_0}$$

试问这两种解法哪种对？为什么？

7.2 电容 电容器

电容和电容器

7.2.1 孤立导体的电容

电容是导体的重要电学性质之一，导体可以处于带电状态，成为一个带电体，这说明导体能够集聚电荷或储存电荷，即导体具有“容电”的本领. 现考虑一个半径为 R，电量为 q 的孤立导体球. 当它处于静电平衡时，整个球体是等势体，电势为

$$U=\frac{q}{4\pi\varepsilon_0 R}$$

随着 q 的增加，U 将按比例地增加，不论导体形状如何，U 总与 q 成正比关系. 此结论可以这样理解，如果导体上电荷增加 n 倍，导体表面上的电荷分布状态不变，它周围的电场中各点的场强也必增 n 倍，因此导体的电势也随之升高 n 倍，根据上述分析，下面关系应该成立

$$\frac{q}{U}=\text{常量}$$

由此可以看出比值 $\frac{q}{U}$ 的含义是带电体升高单位电势所需的电荷量. 其值取决于导体的形状，而与带电量多少无关. 比值 $\frac{q}{U}$ 所反映的，其实就是导体储存或容纳电荷的能力，把它定义为导体的电容 C，即

$$C=\frac{q}{U} \tag{7-2}$$

这就是孤立导体电容的定义.

在国际单位制中,电容的单位是法拉(F),1F=1C/V,此单位太大,实际常用较小单位微法(μF)、皮法(pF).

$$1\text{F}=10^{6}\mu\text{F}=10^{12}\text{pF}$$

如果把地球看成孤立的导体球,则由(7-2)式可知其电容为

$$C=\frac{q}{U}=4\pi\varepsilon_0 R$$

C 只与导体形状的大小有关,通常取地球半径为 6.37×10^{6}m,那么地球的电容约为 700μF.

7.2.2　电容器的电容

在实际中,孤立导体并不存在,因为在带电导体周围总会存在其他导体及带电体.这时导体的电势不仅与自身的条件有关,而且还与周围其他导体及带电体的情况有关,为消除这种外来的影响,可以根据静电屏蔽原理,用另一个空腔导体把它包围起来.实际上并不要求完全包围,而只要当两导体间的距离远小于导体本身的线度时,这两个导体间的电场可以近似认为不受外界的影响;另一个原因是外界电场只影响每个导体的电势,并不影响两个导体间的电势差.将这样由两个导体 A、B 形成的导体组称为电容器,电容器的电容定义为

$$C=\frac{q}{U_{AB}} \tag{7-3}$$

C 取决于两极板的大小、形状、相对位置及极板间电介质的电容率.通常将组成电容器的两导体称为极板,q 为正极板的电量,U_{AB} 为两极板间的电势差.

下面计算几种典型电容器的电容.

1. 平行板电容器

平行板电容器是最简单的电容器.它由两块彼此靠得很近、相互平行的金属板组成,如图 7-7 所示,设极板面积为 S,当极板间距离为 $d(d\ll S)$时,可忽略极板边缘处电场不均匀性的影响,那么两极板间的电场是匀强电场.假设极板所带电量为 q 时,平行板电容器内的场强大小为

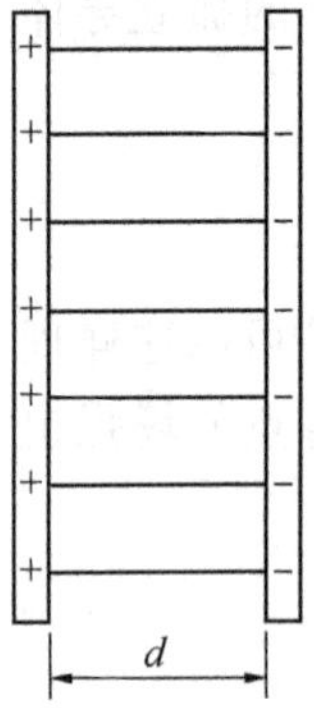

图 7-7　平行板电容器

$$E=\frac{\sigma}{\varepsilon_0}=\frac{q}{\varepsilon_0 S}$$

两极板的电势差为

$$U_{AB}=\int_A^B \boldsymbol{E}\cdot \mathrm{d}\boldsymbol{l}=Ed=\frac{qd}{\varepsilon_0 S}$$

因此平行板电容器的电容

$$C=\frac{q}{U_{AB}}=\frac{\varepsilon_0 S}{d} \tag{7-4}$$

由(7-4)式可以看出,平行板电容器的 C 与极板面积 S 成正比,与两极板内表面间的距离 d 成反比,而与极板上是否带电无关,可见,电容 C 在真空条件下只与电容器本身几何结构有关.改变电容器自身几何结构参数,就可实现电容 C 大小的变化.

2. 圆柱形电容器

如图 7-8 所示，圆柱形电容器是由两个长度为 l，半径分别为 R_A 和 R_B 的同轴金属圆柱面组成，且 $l \gg R_B - R_A$，因此可近似把圆柱面视为“无限长”. 设内圆柱面带电 $+q$，外圆柱面带电 $-q$，这时圆柱面单位长度上的电量为 $\lambda = \dfrac{q}{l}$，应用高斯定理，可求出内圆柱面内部和外圆柱面外部的场强均为零，在两圆柱面之间距离轴线为 $r(R_A < r < R_B)$ 处的场强方向沿径向，大小为

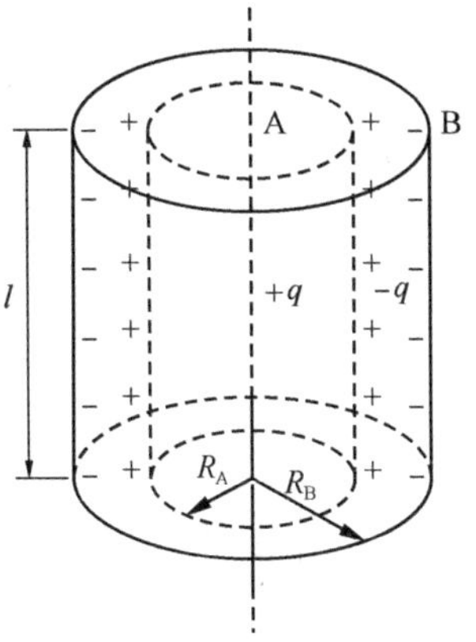

图 7-8 圆柱形电容器

$$E = \frac{\lambda}{2\pi\varepsilon_0 r}$$

两圆柱面间的电势差为

$$U_A - U_B = \int_{R_A}^{R_B} \boldsymbol{E} \cdot \mathrm{d}\boldsymbol{l} = \int_{R_A}^{R_B} E\mathrm{d}r = \int_{R_A}^{R_B} \frac{\lambda}{2\pi\varepsilon_0} \frac{\mathrm{d}r}{r} = \frac{\lambda}{2\pi\varepsilon_0} \ln \frac{R_B}{R_A}$$

因此圆柱形电容器的电容为

$$C = \frac{q}{U_{AB}} = \frac{\lambda l}{\dfrac{\lambda}{2\pi\varepsilon_0} \ln \dfrac{R_B}{R_A}} = \frac{2\pi\varepsilon_0 l}{\ln \dfrac{R_B}{R_A}} \tag{7-5}$$

3. 球形电容器

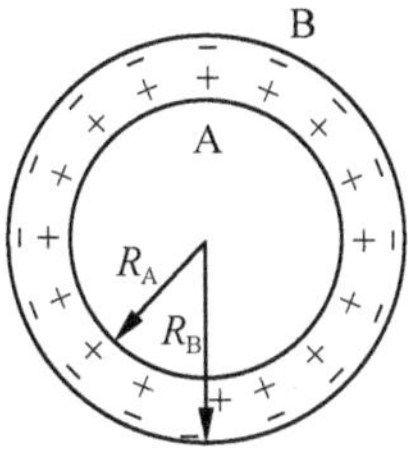

图 7-9 球形电容器

球形电容器由半径分别为 R_A 和 R_B 的两个同心的金属球面组成，如图 7-9 所示，设内球带电 $+q$，外球带电 $-q$，正、负电荷将分别均匀地分布在内球的外表面和外球的内表面上. 两极板之间的电场具有球对称性，由高斯定理可求得距球心为 $r(R_A < r < R_B)$ 处的场强为

$$E = \frac{q}{4\pi\varepsilon_0 r^2}$$

两球面间电势差为

$$U_{AB} = \int_A^B \boldsymbol{E} \cdot \mathrm{d}\boldsymbol{l} = \int_{R_A}^{R_B} E\mathrm{d}r = \int_{R_A}^{R_B} \frac{q}{4\pi\varepsilon_0 r^2}\mathrm{d}r = \frac{q}{4\pi\varepsilon_0}\left(\frac{1}{R_A} - \frac{1}{R_B}\right)$$

因此，球形电容器的电容为

$$C = \frac{q}{U_{AB}} = \frac{4\pi\varepsilon_0 R_A R_B}{R_B - R_A} \tag{7-6}$$

如果组成球形电容器的外球面在无限远处($R_B \to \infty$)，即当 $R_B \gg R_A$ 时，则(7-6)式可写为

$$C = 4\pi\varepsilon_0 R_A$$

此式就是“孤立”导体球的电容公式.

复习思考题

7-3 一导体球上不带电，其电容是否为零？

7-4 增大平行板电容器极板间距，问两极板间的电势差有何变化？极板上的电荷有何变化？极板间的电场强度有何变化？电容是增大还是减小？分别考虑以下两种情况：

(1) 平行板电容器充电后切断电源；

(2) 平行板电容器始终接上电源.

7.3　电 场 能 量

静电场能量

如果给电容器充电，电容器中就有了电场，电场中储藏的能量等于充电时电源所做的功. 这个功是由电源消耗其他形式的能量来完成的. 如果让电容器放电，则储藏在电场中的能量又可以释放出来. 下面以平行板电容器为例，来计算这种称为静电能的电场能量.

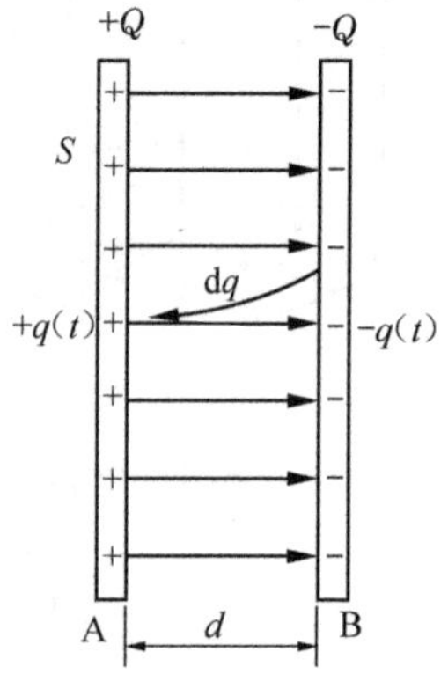

图 7-10　平行板电容器充电过程

设充电时，在电源的作用下把正的电荷元 dq 不断地从 B 板上拉下来，再推到 A 板上去，如图 7-10 所示，若在时间 t 内，从 B 板向 A 板迁移了电荷 $q(t)$，这时两极板间的电势差为

$$u(t)=\frac{q(t)}{C}$$

此时若继续从 B 板迁移电荷元 dq 到 A 板，则电源必须做功

$$dA=u(t)dq=\frac{q(t)}{C}dq$$

这样，从开始极板上无电荷直到极板上带电量为 Q 时，电源所做的功为

$$A=\int dA=\int_0^Q\frac{q(t)}{C}dq=\frac{Q^2}{2C} \tag{7-7}$$

由于 $Q=CU$，所以上式可以写作

$$A=\frac{1}{2}CU^2 \tag{7-8}$$

式中，U 是极板上带电量为 Q 时两极板间的电势差. 此时，电容器中电场所储藏的能量 W 的数值就等于这个功的数值，即

$$W=\frac{Q^2}{2C}=\frac{1}{2}QU \tag{7-9}$$

在平行板电容器中，如果忽略边缘效应，两极板间的电场是均匀的. 因此，单位体积内储藏的能量，即能量密度 w 也应该是均匀的. 把 $U=Ed$，$C=\frac{\varepsilon_0 S}{d}$ 代入(7-9)式得

$$W=\frac{1}{2}\varepsilon_0E^2Sd=\frac{1}{2}\varepsilon_0E^2V$$

式中，V 为电容器中电场遍及的空间的体积，所以能量密度为

$$w=\frac{W}{V}=\frac{1}{2}\varepsilon_0E^2 \tag{7-10}$$

从上式可以看出，只要空间任一处存在着电场，电场强度为 $\boldsymbol{E}$，该处单位体积就储藏着能量 $\frac{1}{2}\varepsilon_0E^2$，这个结果虽然是从平行板电容器中的均匀电场这个特例中推出的，但可以证明它是普遍成立的.

设想在不均匀电场中，任取一体积元 dV，该处的能量密度为 w，则体积元 dV 中储藏的静电能为

$$dW=wdV$$

整个电场中储藏的静电能为

$$W=\int_V \mathrm{d}W=\int_V \frac{1}{2}\varepsilon_0 E^2 \mathrm{d}V \tag{7-11}$$

式中的积分遍及整个电场分布的空间.

例 7-2 有一半径为 a、带电量为 q 的孤立金属球. 试求它所产生的电场中储藏的静电能.

解 该带电金属球产生的电场具有球对称性,电场强度的方向沿着径向,其大小为

$$E=\frac{1}{4\pi\varepsilon_0}\frac{q}{r^2}$$

如图 7-11 所示,先计算半径为 r、厚度为 $\mathrm{d}r$ 的球壳层中储藏的静电能为

$$\begin{aligned}\mathrm{d}W&=w\mathrm{d}V=\frac{1}{2}\varepsilon_0 E^2\cdot 4\pi r^2\cdot \mathrm{d}r\\&=\frac{1}{2}\varepsilon_0\left(\frac{q}{4\pi\varepsilon_0 r^2}\right)^2\cdot 4\pi r^2\cdot \mathrm{d}r\\&=\frac{q^2}{8\pi\varepsilon_0 r^2}\mathrm{d}r\end{aligned}$$

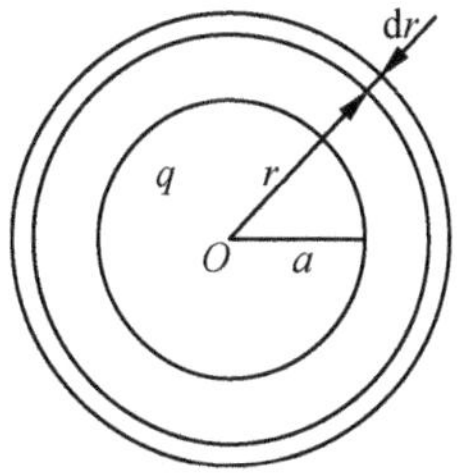

图 7-11 例 7-2 图

则整个电场中储存的静电能为

$$W=\int_V \mathrm{d}W=\int_a^{\infty}\frac{1}{8\pi\varepsilon_0}\frac{q^2}{r^2}\mathrm{d}r=\frac{q^2}{8\pi\varepsilon_0 a}$$

例 7-3 一平行板空气电容器的极板面积为 S、间距为 d,电源充电后两极板上分别带电荷 $\pm q$,断开电源后把两极板的距离拉开到 $2d$,求:

(1) 外力克服两极板相互吸引力所做的功;

(2) 两极板之间的相互吸引力(空气的电容率近似取为 ε_0).

解 (1) 当极板的间距为 d 和 $2d$ 时,此电容器的电容分别为

$$C_1=\frac{\varepsilon_0 S}{d},\quad C_2=\frac{\varepsilon_0 S}{2d}$$

当极板上分别带电 $\pm q$ 时,电容器所储存的电场能分别为

$$W_{e1}=\frac{q^2}{2C_1}=\frac{q^2 d}{2\varepsilon_0 S},\quad W_{e2}=\frac{q^2}{2C_2}=\frac{q^2\cdot 2d}{2\varepsilon_0 S}=\frac{q^2 d}{\varepsilon_0 S}$$

因此,两极板拉开后电场能量的增量为

$$\Delta W=W_{e2}-W_{e1}=\frac{q^2 d}{2\varepsilon_0 S}$$

根据功能原理,这一增量应等于外力所做的功 A,即

$$A=\Delta W=\frac{q^2 d}{2\varepsilon_0 S}$$

(2) 在拉开过程中,因两极板上电量 q 不变,故其电荷面密度 σ 不变,极板间场强 $E=\frac{\sigma}{\varepsilon_0}$ 也不变,所以在移动过程中两极板间的吸引力为常量. 设两极板间的相互吸引力为 F,拉开两极板时所加外力应等于 F,外力所做的功 $A=Fd$,所以

$$F=\frac{A}{d}=\frac{q^2}{2\varepsilon_0 S}$$

复习思考题

7-5　说明下列公式的适用范围和物理意义的不同之处：

(1) $W_e=\int_0^Q U\mathrm{d}q$；　(2) $W_e=\frac{Q^2}{2C}$；　(3) $W_e=\int_V \frac{1}{2}\varepsilon E^2\mathrm{d}V$.

7-6　吹一个带有电荷的肥皂泡，电荷的存在对吹泡有帮助还是妨碍(分别考虑带正电荷和带负电荷)？试从静电能量的角度加以说明.

7.4　静电场中的电介质

电位移 有介质时的高斯定理

静电场中的电介质

电介质是指在通常条件下导电性能极差的物质. 电介质的种类很多，常温下的气体、纯水、油类、玻璃、云母、塑料、陶瓷、橡胶等都是常见的电介质. 以前电介质只是被作为电气绝缘材料来使用，所以通常人们认为电介质就是绝缘体. 其实，电介质除了具有电气绝缘性能之外，在电场作用下的电极化是它的一个重要特性. 随着科学技术的发展，发现某些固体电介质具有许多与极化相关的特殊性能，称为电介质的功能特性.

7.4.1　电介质对电场的影响

下面以电容器充满介质后的实验结果来说明电介质对电场的影响. 电容为 C_0 的平行板电容器(边缘效应不计)，充电后两极板电势差为 U_0，这时极板上的电荷量为 $Q_0=C_0U_0$. 断开电源，并在两极间注满各向同性的均匀电介质(如绝缘油)，如图 7-12 所示. 再测两极板之间的电势差 U，发现 U 减小为 U_0 的 $1/\varepsilon_r$ 倍，即

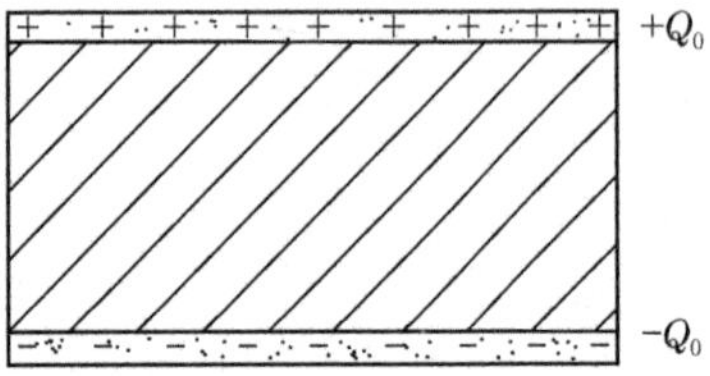

图 7-12　充满电介质的电容器

$$U=\frac{U_0}{\varepsilon_r} \tag{7-12}$$

并且相应地有

$$E=\frac{E_0}{\varepsilon_r} \tag{7-13}$$

式中，E_0 和 E 分别为注入电介质前后两极板间的电场强度的大小.

由于无论有无电介质，极板上的电荷量 Q_0 都不变，故有电介质时电容器的电容 C 应为

$$C=\frac{Q_0}{U}=\frac{\varepsilon_r Q_0}{U_0}=\varepsilon_r C_0 \tag{7-14}$$

对一定的各向同性均匀电介质，ε_r 为一常数，称为该电介质的相对电容率(或相对介电常量)，它是无量纲量，实验表明，除真空中 $\varepsilon_r=1$ 外，所有电介质的 ε_r 均大于 1. (7-14)式表明，充满电介质后，电容器的电容增大为真空时电容的 ε_r 倍. 通常正是利用在极板间填充电介质的办法来提高电容器的电容. 表 7-1 给出了不同电介质的相对介电常量.

表 7-1 不同电介质的相对介电常量

名称	相对介电常量	名称	相对介电常量
聚丙烯	3.3	石蜡	2.1
干燥空气	1.0006	聚乙烯	2.3
胶木	5	聚苯乙烯	2.6
硬胶	2.7	聚氯乙烯	4～8.5
乙醇	26	瓷	5.5
普通玻璃	7	橡胶	3.3
石英玻璃	4.2	硫	4
云母	6	聚四氟乙烯	2.0
氯丁橡胶	8.3	变压器油	2.4
硬纸	5	蒸馏水	81
蜡纸	5	木材	2.5～7

7.4.2 电介质分子的电结构

根据分子电结构的不同，可把电介质分为两类：一类为无极分子；另一类为有极分子. 无极分子是指分子中负电荷对称地分布在正电荷周围，以致在无外电场作用时，分子的正负电荷中心重合，分子无电偶极矩. 如 CH_4、H_2、N_2 等皆为无极分子. CH_4 的结构见示意图 7-13(a)，在无外电场作用时，由无极分子构成的电介质对外呈现电中性. 有极分子是指在无外电场作用时，分子的正负电荷中心就不重合，如图 7-13(b)所示，这时等量的分子正负电荷形成电偶极子，具有电偶极矩 $\boldsymbol{p}$. 在无外电场作用时，大量有极分子组成的电介质，由于分子的无规则热运动，各分子电偶极矩取向杂乱无章，因此宏观上对外也呈现电中性.

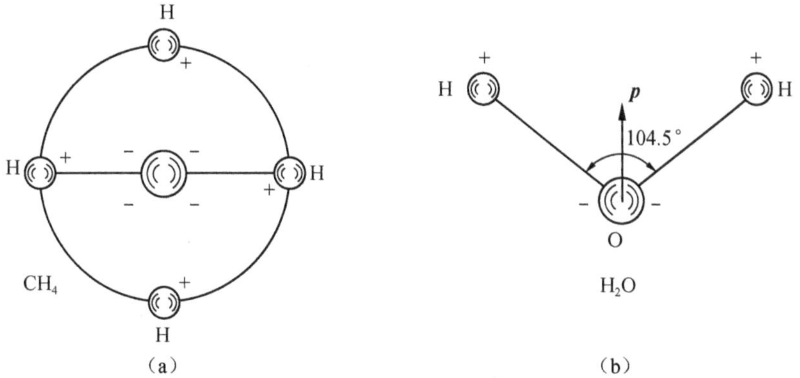

图 7-13 电介质分子的电结构

7.4.3 电介质的极化

由于电介质的电结构有所不同，因而其与外电场的作用机理存在着差异，我们分别讨论两种介质的极化机理.

1. 无极分子的位移极化

当把无极分子组成的电介质置于外电场中时，无极分子中的正负电荷由于受到电场力作用，将沿相反方向运动，从而产生了相对位移，使正负电荷中心被拉开，变成了一个电偶极子，当然就具有了相应的分子电矩，而分子电矩在外电场作用下将沿着电场方向规则排列，使得与外电场垂直的电介质表面上出现了未被抵消的束缚电荷，这种现象称为电介质被极化了，而对无极分子的电介质而言，分子电矩来源于无极分子的位移极化，如图 7-14(a)所示.

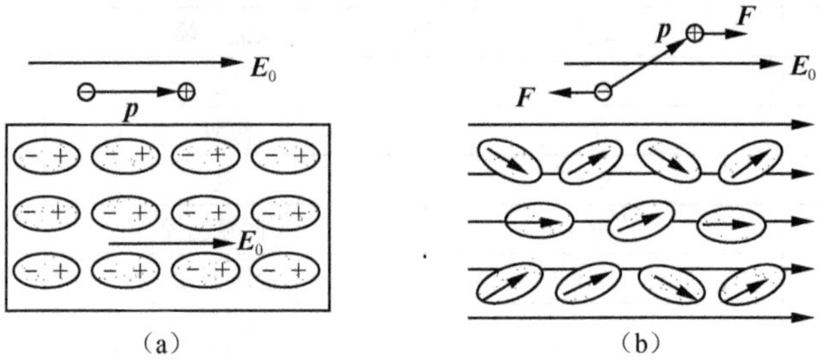

图 7-14　分子的极化

2. 有极分子的取向极化

每个有极分子如同一个电偶极子，在外电场中均受到力矩作用而转动，使得分子电矩与外电场间夹角减小，因此这种电介质置于外电场中时，有极分子的电矩在电场作用下使电矩转向电场方向. 外电场越强时，分子电矩的方向越趋向外电场，从而在电介质表面与外电场垂直的区域出现了未被抵消的束缚电荷. 这种有极分子的电介质被极化了，分子电矩来源于有极分子的取向极化，如图 7-14(b)所示.

总之，无论哪种结构的电介质，处在外电场中时，分子电矩都在一定程度上沿着电场方向规则排列，使介质表面出现了宏观的电荷积累，这种现象统称为电介质的极化现象，极化后所出现的宏观电荷积累称为极化电荷或束缚电荷；极化后的电介质中，分子电矩的矢量和不再为零，外电场越强，分子电矩的矢量和越大，极化电荷也越多，表示电介质极化程度越高.

3. 电介质中的电场

现在我们可以根据电介质极化的理论来解释介质中场强减弱的实验现象. 如前所述，电介质放入静电场时，由于受电场的作用，电介质上将出现极化电荷，这些极化电荷也是要激发电场的，这一附加电场将影响电介质内外原先电场的分布. 可见，在有介质存在的情况下，任一点的场强 $\boldsymbol{E}$ 应是自由电荷激发的场强 $\boldsymbol{E}_0$ 与介质内极化电荷激发的场强 $\boldsymbol{E}'$ 的矢量叠加，即

$$\boldsymbol{E} = \boldsymbol{E}_0 + \boldsymbol{E}' \tag{7-15}$$

上式适用于介质之内也适用于介质之外的空间. 这表明介质的极化普遍地影响了电场分布. 由此也可看出，电场与电介质是一个相互作用的过程，一方面外电场 $\boldsymbol{E}$ 使介质极化，而另一方面介质极化后由极化电荷所激发的附加电场 $\boldsymbol{E}'$ 又会改变介质中的场强，改变介质中各点的极化情况. 因此，介质中任一点的极化程度，就不仅取决于该点的 $\boldsymbol{E}_0$，还取决于 $\boldsymbol{E}'$，即由该点的合场强 $\boldsymbol{E}$ 所决定.

一般来说，要计算在外电场中电介质内部的电场强度是很复杂的. 为简单起见，以充满各向同性均匀电介质的平行板电容器为例，来研究电介质内部的电场.

如图 7-15 所示，平行板电容器两极板的间距为 d，自由电荷面密度为 σ_0，则两极板间的匀强电场的大小为 $E_0=\dfrac{\sigma_0}{\varepsilon_0}$，方向垂直于板面. 将两极板间充满均匀电介质，那么在介质紧贴着极板的

两个表面上，就要出现等量异号的极化电荷面密度 σ'. 由于两表面是平行的平面，因此极化电荷激发的电场也是匀强的，即 $E'=\dfrac{\sigma'}{\varepsilon_0}$，但 $\boldsymbol{E}'$ 和 $\boldsymbol{E}_0$ 的方向相反. 因此，介质内的合场强大小为

$$E=E_0-E'=\frac{\sigma_0-\sigma'}{\varepsilon_0} \tag{7-16}$$

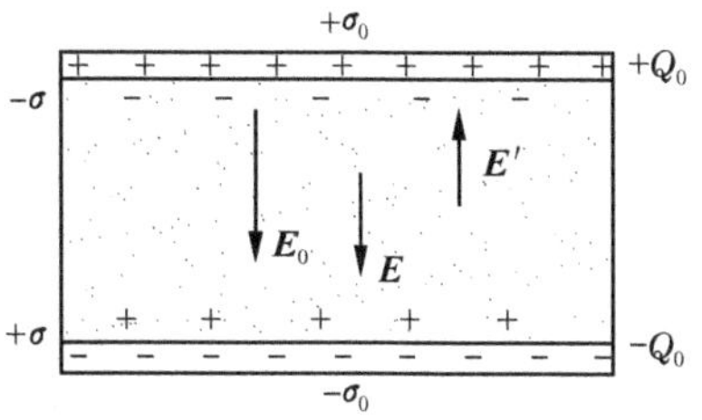

图 7-15　电介质内的电场

上式表明，充满电场的各向同性均匀电介质内部的场强 $\boldsymbol{E}$ 减弱了. 这一结论虽然是从特例得到的，但却是普遍成立的.

7.4 节中的实验结果表明介质中的场强与真空中的场强之间的关系为 $\boldsymbol{E}=\dfrac{\boldsymbol{E}_0}{\varepsilon_r}$，代入(7-16)式，得

$$\sigma'=\left(1-\frac{1}{\varepsilon_r}\right)\sigma_0 \tag{7-17}$$

这表明，极化电荷面密度总是小于自由电荷面密度的，因此，也就可以理解介质中的场强只是真空中的$\dfrac{1}{\varepsilon_r}$倍. 这个结论既是实验确认的，也可从理论上推导得出，但它是有适用条件的，这个条件就是各向同性的均匀电介质要充满整个电场. 进一步可证明，一种各向同性均匀电介质虽未充满电场所在空间，但只要电介质的表面是等势面，或者多种各向同性均匀电介质未充满电场空间，但各种电介质的表面皆为等势面. 在这两种情况下，关系式 $\boldsymbol{E}=\dfrac{\boldsymbol{E}_0}{\varepsilon_r}$仍然是正确的.

令 $\varepsilon_0\varepsilon_r\boldsymbol{E}=\boldsymbol{D}$，$\boldsymbol{D}$ 称为电位移矢量，可以将静电场中的高斯定理改写为

$$\oint_S \boldsymbol{D}\cdot \mathrm{d}\boldsymbol{S}=\sum_i q_i$$

称为介质中的高斯定理，其中 $\sum\limits_i q_i$ 为高斯面 S 中包围的自由电荷. 有兴趣的读者可拓展学习相关内容.

复习思考题

7-7　电介质的极化和导体的静电感应有什么区别?

7-8　给电容器充入电介质后电容为什么会增大?

7-9　给平行板电容器充电后，在不拆除电源的条件下，给电容器充满介电常量为 ε 的各向同性电介质，则极板上的电量变为原来未充电介质时的几倍? 电场强度为原来的几倍? 若充电后拆除电源，然后充入电介质，情况又如何?

习　题

7-1　选择题.

(1) 如习题 7-1(1)图所示，一均匀带电球体总电量为 $+Q$，其外边同心地罩一内、外半径分别为 r_1、r_2 的金属球壳，设无穷远处为电势零点，则在球壳内半径为 r 的 P 点处的场强和电势为(　　).

(A) $E=\dfrac{Q}{4\pi\varepsilon_0 r^2}$，$U=\dfrac{q}{4\pi\varepsilon_0 r}$　　(B) $E=0$，$U=\dfrac{q}{4\pi\varepsilon_0 r_1}$

(C) $E=0, U=\frac{q}{4\pi\varepsilon_0 r}$　　(D) $E=0, U=\frac{q}{4\pi\varepsilon_0 r_2}$

(2) 半径为 R 的导体球原来不带电，在离球心为 b 的地方，放一电量为 q 的点电荷($b>R$)，如习题 7-1(2)图所示，则该导体球的电势为(　　).

(A) $\frac{q}{4\pi\varepsilon_0 b^2}$　(B) $\frac{q}{4\pi\varepsilon_0 b}$　(C) $\frac{q}{4\pi\varepsilon_0 (b-R)}$　(D) $\frac{q}{4\pi\varepsilon_0 (b-R)^2}$

(3) 如习题 7-1(3)图所示，一球形导体带电量 q，置于一任意形状的空腔导体中，当用导线将两者连接后，则与未连接前相比系统静电场能将(　　).

(A) 增大　(B) 减小　(C) 不变　(D) 如何变化无法确定

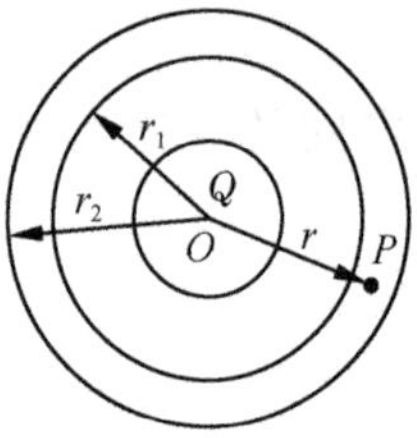

习题 7-1(1)图

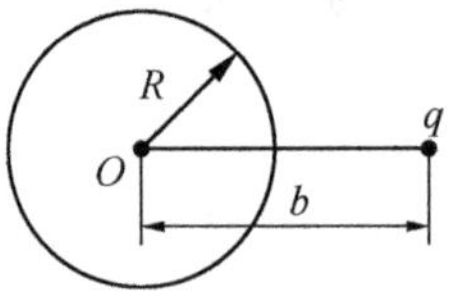

习题 7-1(2)图

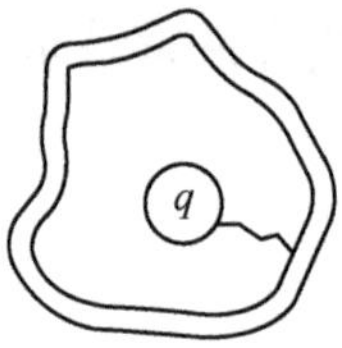

习题 7-1(3)图

7-2　填空题.

(1) 一空气平行板电容器，电容为 C，两极板间距离为 d，充电后，两极板间作用力为 F，则两极板间的电势差为________，极板上的电量大小为________.

(2) 平行板电容器两极板间距离为 d，极板面积为 S，在真空中的电容、自由电荷面密度、电势差、电场强度的大小分别用 C_0、σ_0、U_0、E_0 表示.

① 保持电量不变(如充电后与电源断开)，将 ε_r 的均匀电介质充满电容器，则 $C=$________，$\sigma'=$________，$U=$________，$E=$________.

② 保持其电压不变(与电源连接不断开)，将 ε_r 的均匀介质充满电容器，则 $C=$________，$\sigma'=$________，$U=$________，$E=$________.

7-3　如习题 7-3 图所示，有三块相互平行的金属板面积均为 200cm^2，A 板带正电 $Q=3.0\times10^{-7}$ C，B 和 C 板均接地，A、B 相距 4mm，A、C 板相距 2mm，求：

(1) B、C 板上的感应电荷；

(2) A 板的电势.

7-4　一空气平行板电容器，极板 A、B 的面积都是 S，极板间距离为 d，如习题 7-4 图所示，接上电源后，A 板电势 $U_A=U$，B 板电势 $U_B=0$. 现将一带电量为 q、面积为 S 而厚度可忽略的导体片 C，平行地插在两极板的中间位置，试求导体片 C 的电势.

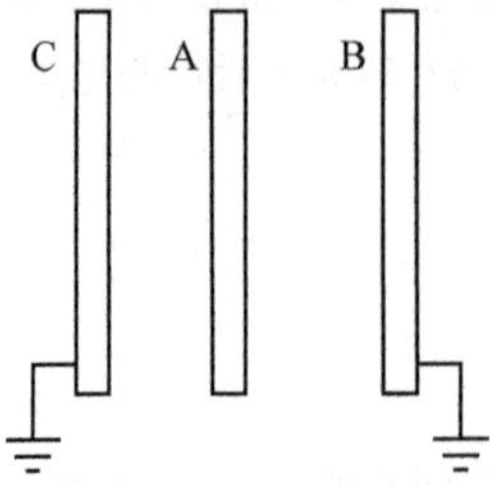

习题 7-3 图

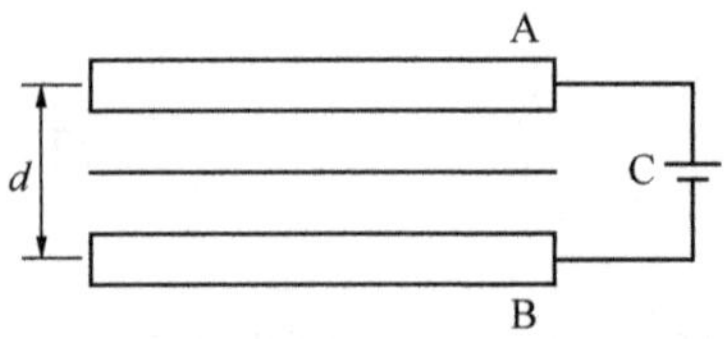

习题 7-4 图

第 8 章　真空中的静磁场

静止的电荷周围存在着静电场，运动的电荷周围除了电场之外，同时还存在着另一种场——磁场，由大量连续的定向运动的电荷所形成的恒定电流，可以在空间产生不随时间变化的静磁场. 从场的基本性质和遵从的规律来说，静磁场不同于静电场，磁场力也不同于电场力，但在研究方法上却有许多类似之处，因此在学习中注意和静电场相比较，从而加深对概念的理解，掌握所学的内容.

8.1　磁场　磁感应强度矢量

磁感应强度

8.1.1　磁场

人类发现磁石吸铁的现象早于电现象，远在战国时期，我国就有发现天然磁石与利用磁现象的记载. 11 世纪中叶北宋科学家沈括就发明了指南针，并发现了地磁偏角. 人们最早发现的天然磁石的主要成分是四氧化三铁(Fe_3O_4). 现在所用的人造磁铁大多是由铁、钴、镍等铁磁物质组成. 无论是天然磁石还是人造磁铁，都具有吸引铁、钴、镍等物质的特性，这种性质称为磁性. 实验发现，一块磁铁上各部分的磁性强弱不同，如条形磁铁的两端磁性最强，磁铁上磁性最强的区域被称为磁极. 同性磁极相互排斥，异性磁极相互吸引.

从公元前到 18 世纪的 2000 多年间，人们对电和磁的研究是各自独立地进行的，直到 1820 年丹麦的物理学家奥斯特发现电流的磁效应. 后经安培实验分析，发现电现象和磁现象有着本质的联系，电流可以产生磁场，磁场对电流有力的作用.

静电学告诉我们，静止电荷之间的相互作用力是通过一种特殊形态的物质——电场来传递的. 与此相似，运动电荷之间的磁相互作用，也是通过一种特殊形态的物质——磁场来传递的. 实验证明，任何运动电荷(电流)在其周围都将产生磁场，而磁场的基本属性就是对磁场中的运动电荷(电流)有力的作用. 其关系可以概括为下面的表述：

$$\text{运动电荷(电流)} \rightleftharpoons \text{磁场} \rightleftharpoons \text{运动电荷(电流)}$$

通常用一个能在空间自由转动的小磁针来探测磁场. 如果将小磁针置于磁场中某点，小磁针总能转到一个确定的方位而停下来，它的 N 极所指的方向规定为该点的磁场方向.

8.1.2　磁感应强度矢量

实验表明，磁场对运动电荷、载流导线或磁体都有力的作用，因而原则上讲，这三者中的任何一个与磁场的作用，都可以用来定义磁感应强度——描述磁场中任意一点的磁场的大小和方向的物理量. 这里我们采用运动电荷在磁场中所受的磁力来定义磁感应强度，运动电荷在磁场中所受的磁力，与电荷的运动速度有关，当电荷的运动方向与磁场方向相同或相反时，它不受磁场力的作用；当电荷的运动方向与磁场方向垂直时，它受到的磁场力最大为 $F_{\max}$；当电荷沿其他方向运动时，它受到的磁场力介于零到 $F_{\max}$之间(图 8-1). 实验发现，在磁场中某点处，$F_{\max}/(qv_{\perp})$是

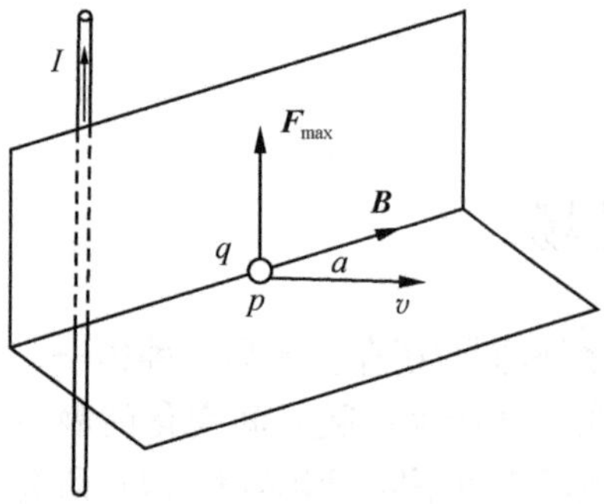

图 8-1　**B** 的定义

一个与运动电荷无关的量，在磁场中不同点处，这个比值一般不同，该比值是空间位置的函数，它反映磁场中某点磁场的强弱. 因此，我们可以用一个试探运动电荷来测定磁场中某点磁场的强弱，该电荷的线度要足够小，带的电量要足够小，从而不至于影响原磁场的分布. 将试探运动电荷放在磁场中某点处，该点的磁感应强度矢量的大小为

$$B=\frac{F_{max}}{qv_{\perp}} \tag{8-1}$$

该点的磁感应强度矢量 **B** 的方向与该处小磁针 N 极的指向相同. 磁感应强度矢量是描述磁场的基本物理量. 在国际单位制中，它的单位为特斯拉(T)，简称特，1T＝1N·s/(C·m). 在静电单位制中磁感应强度的单位是高斯(G)，1 特斯拉(T)＝10^4 高斯(G).

磁感应强度 **B** 的概念比较复杂，有各种定义 **B** 的方法，感兴趣的读者可以参考有关书籍和资料. 表 8-1 给出了部分磁场的磁感应强度 **B** 的数值.

表 8-1　部分磁场的磁感应强度 B 的数值

磁场	磁感应强度的数值/T
在赤道处地球磁场水平强度	$(0.3\sim0.4)\times10^{-4}$
在南北极地区地球磁场竖直强度	$(0.6\sim0.7)\times10^{-4}$
太阳黑子	约 0.3
普通永久磁铁两极附近	0.4～0.7
电动机和变压器	0.9～1.7
超导脉冲的磁场	10～100
脉冲星表面磁场	约 10^3

8.1.3　磁场线

为了形象地描绘磁场的空间分布，与在静电场中引入电场线相似，我们引入磁场线(又称磁感应线或磁力线)来形象地描绘磁场. 磁场线上任意一点的切线方向表示该点的磁感应强度矢量的方向；磁场线的疏密程度与该点的磁感应强度矢量的大小成正比.

磁场线是无头无尾的闭合曲线，磁场线与电流线总是彼此相互套和，满足右手螺旋关系. 若右手握拳拇指伸开，弯曲的四指沿磁场线回转方向，拇指的指向就是电流方向；如果弯曲的四指沿电流方向，拇指的指向就是磁场线方向，如图 8-2 所示.

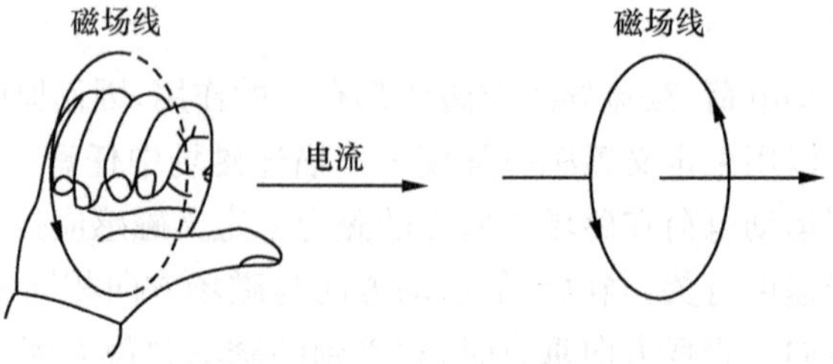

图 8-2　磁场线方向与电流方向的关系

实验上可用铁粉来显示磁场线,常见电流的磁场线分布情况如图 8-3 所示.

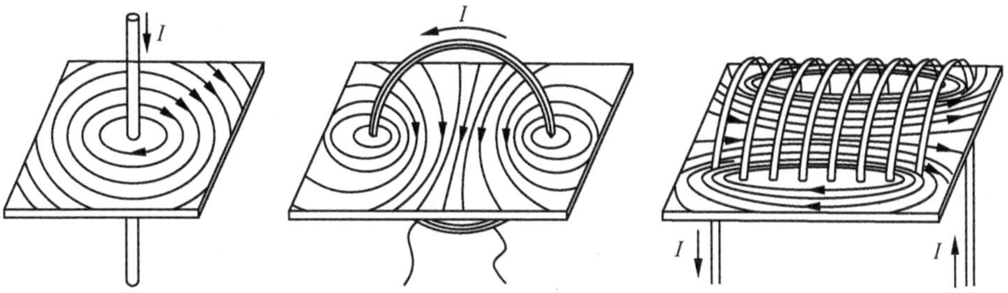

(a) 长直电流　(b) 圆电流　(c) 螺线管电流

图 8-3 几种不同形状电流磁场的磁场线

8.1.4 磁通量 磁场中的高斯定理

在说明磁场规律时,类比电场强度通量可引入磁通量的概念.

定义:通过磁场中某一给定曲面的磁感应线的总数称为通过该曲面的磁通量.

通过有限曲面 S 的磁通量的数学表达式为

$$\Phi_m = \int_S \boldsymbol{B} \cdot \mathrm{d}\boldsymbol{S} = \int_S B\cos\theta \mathrm{d}S \tag{8-2}$$

式中,$\mathrm{d}\boldsymbol{S}=\boldsymbol{n}\mathrm{d}S$ 为面积矢量,θ 为面积元的法线方向 $\boldsymbol{n}$ 与该点处磁感应强度方向之间的夹角,如图 8-4 所示.

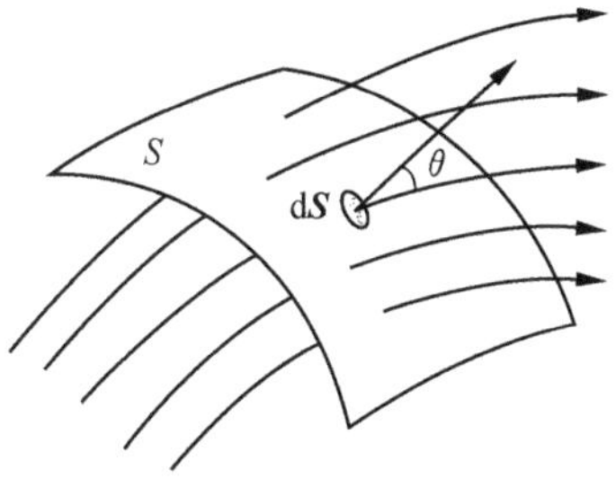

图 8-4 磁通量

在国际单位制中,磁通量的单位是韦伯(Wb),$1\mathrm{Wb}=1\mathrm{T}\cdot\mathrm{m}^2$

如果曲面 S 是一个闭合曲面,则规定曲面的外法线方向为面积元 $\mathrm{d}\boldsymbol{S}$ 的正方向.这样,在磁感应线穿进曲面的地方,磁通量为负,反之,在穿出的地方,磁通量为正.

由于任何磁场的磁感应线都是无头无尾的闭合曲线或是两头伸向无限远处.因此对于磁场中的任一闭合曲面,假如一条磁感应线从它的某一点穿进,就必然会从它的另一点穿出.也就是说,穿入闭合曲面的磁感应线数必然等于穿出闭合曲面的磁感应线数,即通过磁场中任一闭合曲面的总磁感应通量等于零,即

$$\oint_S \boldsymbol{B} \cdot \mathrm{d}\boldsymbol{S} = 0 \tag{8-3}$$

上式是表示磁场主要特性的公式,称为磁场中的高斯定理.

它表明磁场是无源场,真空中静电场的高斯定理 $\oint_S \boldsymbol{E} \cdot \mathrm{d}\boldsymbol{S} = \frac{\sum_{i=1}^{n} q_i}{\varepsilon_0}$ 说明静电场是有源场,与之对应的是正负电荷可以单独存在,然而自然界中至今还没有发现单独存在的——磁单极(单独的 N 极或 S 极),所以通过任何闭合曲面的磁通量一定等于零.

复习思考题

8-1 通过闭合曲面的磁通量 $\oint_S \boldsymbol{B} \cdot \mathrm{d}\boldsymbol{S} = 0$,说明了磁场的什么性质?

8-2　试问在任意的一根磁感应线上，各点的磁感应强度 $\boldsymbol{B}$ 的大小是否一定相等？或一定不相等？举例说明之.

8-3　试判断下列说法是否正确，并说明之.

(1) 如果有一个电子在通过空间某一区域时没有发生偏转，则可以肯定该区域中没有磁场；

(2) 如果有一个电子在通过空间某一区域时发生了偏转，则可以肯定该区域中存在磁场；

(3) 如果电子束无论从什么方向通过空间某一区域时，都没有受到力的作用，则该区域一定不存在磁场；

(4) 如果电子束无论从什么方向通过空间某一区域时，都要受到力的作用，则该区域肯定存在磁场.

8.2　毕奥-萨伐尔定律

毕奥-萨伐尔定律

8.2.1　毕奥-萨伐尔定律

恒定电流产生磁场的定量规律是毕奥-萨伐尔定律. 1820 年 10 月，毕奥和萨伐尔发表了关于长直载流导线在其周围产生磁场的实验规律，$B \propto I/r$，式中 I 是导线中的电流，r 是空间任意一点 P 到导线的距离，后经拉普拉斯分析总结，得出电流元 $I\mathrm{d}\boldsymbol{l}$ 在空间任一点 P 产生的微小磁场 $\mathrm{d}\boldsymbol{B}$ 的大小为

$$\mathrm{d}B = k\frac{I\mathrm{d}l\sin\alpha}{r^2} \tag{8-4}$$

电流元 $I\mathrm{d}\boldsymbol{l}$ 是一个矢量，其方向沿电流 I 的方向，$\mathrm{d}\boldsymbol{l}$ 是电流元的线元. $\boldsymbol{r}$ 为电流元到 P 点的矢径，α 为 $\mathrm{d}\boldsymbol{l}$ 与 $\boldsymbol{r}$ 间的夹角，如图 8-5 所示. 比例系数 k 的取值取决于所采用的单位制，在国际单位制中，$k=\dfrac{\mu_0}{4\pi}=10^{-7}\,\mathrm{T\cdot m/A}$；$\mu_0=4\pi\times10^{-7}\,\mathrm{T\cdot m/A}$，$\mu_0$ 称为真空磁导率. $\mathrm{d}\boldsymbol{B}$ 矢量的方向垂直于 $I\mathrm{d}\boldsymbol{l}$ 与 $\boldsymbol{r}$ 构成的平面，并遵从右手螺旋定则.

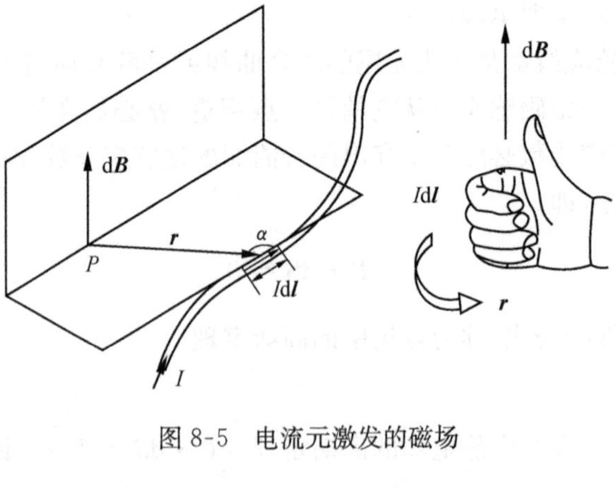

图 8-5　电流元激发的磁场

设 $\boldsymbol{r}^0$ 为 $\boldsymbol{r}$ 的单位矢量，在国际单位制中毕奥-萨伐尔定律为

$$\mathrm{d}\boldsymbol{B} = \frac{\mu_0}{4\pi}\frac{I\mathrm{d}\boldsymbol{l}\times\boldsymbol{r}^0}{r^2} \tag{8-5}$$

毕奥-萨伐尔定律的正确性是不能用实验直接验证的. 因为实验并不能直接测量电流元产生的磁感应强度. 它的正确性是通过毕奥-萨伐尔定律所计算的载流导体在场点产生的磁感应强度

与实验测定结果相符合而证明的.

8.2.2 磁场的叠加原理

事实证明,叠加性是磁场的基本属性.运用磁场的叠加原理和毕奥-萨伐尔定律,可以计算出任意载流回路(一部分或全部)的磁感应强度,即

$$\boldsymbol{B}=\int_L \mathrm{d}\boldsymbol{B}=\frac{\mu_0}{4\pi}\int_L \frac{I\mathrm{d}\boldsymbol{l}\times\boldsymbol{r}^0}{r^2} \tag{8-6}$$

假设有 N 个恒定电流,每个电流在空间任一点 P 产生的磁感应强度分别为 $\boldsymbol{B}_1,\boldsymbol{B}_2,\boldsymbol{B}_3,\cdots,\boldsymbol{B}_N$,那么 P 点的总磁感应强度 $\boldsymbol{B}$ 就等于每个电流单独存在时在该点产生的磁感应强度的矢量和,即

$$\boldsymbol{B}=\boldsymbol{B}_1+\boldsymbol{B}_2+\cdots+\boldsymbol{B}_i+\cdots+\boldsymbol{B}_N=\sum_{i=1}^{N}\boldsymbol{B}_i \tag{8-7}$$

(8-6)式和(8-7)式反映了磁场叠加性的全部内容.应当注意这里的积分(或求和)是矢量积分(或矢量和),只有当各电流元(或电流)产生的 $\mathrm{d}\boldsymbol{B}$(或 $\boldsymbol{B}$)的方向相同(或在一条直线上)时,才能将矢量积分(或矢量和)变成标量积分(或代数和).如果各个电流元产生的 $\mathrm{d}\boldsymbol{B}$ 方向不同,则可根据 $\mathrm{d}\boldsymbol{B}$ 的方向分布特征,建立合适的坐标系,通过积分先求出各个磁场分量,然后再合成求出总磁场.

8.2.3 毕奥-萨伐尔定律的应用

原则上,利用毕奥-萨伐尔定律可以计算任意载流导体和导体回路产生磁场的磁感应强度 $\boldsymbol{B}$.但实际问题因为有些积分太过于复杂而不能求得.下面我们用毕奥-萨伐尔定律计算几种简单几何形状,但具有典型意义的载流导体产生磁场的磁感应强度 $\boldsymbol{B}$.

例 8-1 一段载流直导线在空间任一点的磁场

解 如图 8-6 所示,直线电流的长度为 L,通有电流 I,求空间任一点 P 处的磁感应强度.从 P 点作导线的垂线 PO,O 点是垂足,垂线的长度为 a,建立如图 8-6 所示的平面直角坐标系 Oxy,在距原点为 y 处,取线元 $\mathrm{d}y$,则对应的电流元为 $I\mathrm{d}y$.电流元在 P 点所产生的磁感应强度的方向由 $I\mathrm{d}\boldsymbol{l}\times\boldsymbol{r}$ 确定,即垂直纸面向内,由于各电流元在 P 点所产生的磁感应强度的方向相同,所以可将矢量积分变成标量积分,整个 L 段电流在 P 点产生的磁感应强度的大小为

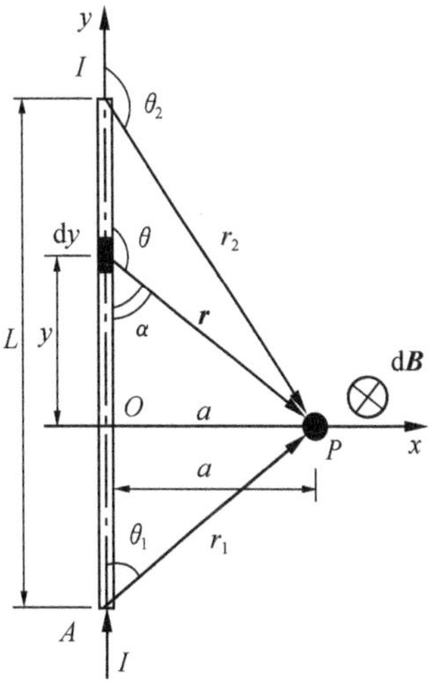

图 8-6 一段载流直导线磁场的计算

$$B=\int_L \mathrm{d}B=\frac{\mu_0}{4\pi}\int\frac{I\mathrm{d}y\sin\theta}{r^2}$$

式中有 r、$\mathrm{d}y$、θ 三个变量,将被积函数化为一个变量的函数,选 θ 作自变量,将线量化为角量,则

$$r=\frac{a}{\sin(\pi-\theta)}=\frac{a}{\sin\theta},\quad y=-a\cot\theta,\quad \mathrm{d}y=\frac{a}{\sin^2\theta}\mathrm{d}\theta$$

将 r 和 $\mathrm{d}y$ 的表达式代入积分式并整理后得

$$B=\int_{\theta_1}^{\theta_2}\frac{\mu_0 I}{4\pi a}\sin\theta\mathrm{d}\theta$$

积分后得
$$B=\frac{\mu_0 I}{4\pi a}(\cos\theta_1-\cos\theta_2) \tag{8-8}$$

(8-8)式是求一段直载流导线在空间任一点产生磁场的磁感应强度公式，式中 θ_1、θ_2 分别为长直导线电流的起点和终点到场点 P 的矢径 $\boldsymbol{r}_1$ 和 $\boldsymbol{r}_2$ 与起点和终点的电流元间的夹角，磁感应强度的方向垂直纸面向内.

讨论：当 $L\gg a$ 时，L 可视为无限长直线电流，将 $\theta_1=0$，$\theta_2=\pi$，代入(8-8)式得
$$B=\frac{\mu_0 I}{2\pi a} \tag{8-9}$$
方向可用磁场线判断. 上述结论与早期毕奥-萨伐尔在实验室中得到的实验结果完全一致.

例 8-2　求载流圆线圈轴线上的磁场.

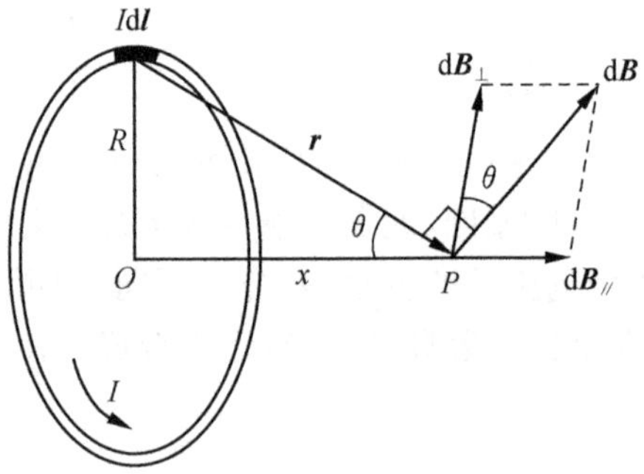

图 8-7　环形电流磁场计算

解　如图 8-7 所示，把圆电流轴线作为 x 轴，并令原点在圆心上，在圆线圈上任取一电流元 $I\mathrm{d}\boldsymbol{l}$，它在轴上任一点 P 处产生的磁场 $\mathrm{d}\boldsymbol{B}$ 的方向垂直于 $\mathrm{d}\boldsymbol{l}$ 与 $\boldsymbol{r}$ 组成的平面，由于 $\mathrm{d}\boldsymbol{l}$ 总与 $\boldsymbol{r}$ 垂直，所以由毕奥-萨伐尔定律可得电流元在 P 点产生的磁感应强度 $\mathrm{d}\boldsymbol{B}$ 的大小为
$$\mathrm{d}B=\frac{\mu_0}{4\pi}\frac{I\mathrm{d}l\sin 90^\circ}{r^2}=\frac{\mu_0}{4\pi}\frac{I\mathrm{d}l}{r^2}$$
把 $\mathrm{d}\boldsymbol{B}$ 分解为平行于轴线的分矢量 $\mathrm{d}B_{/\!/}$ 和垂直于轴线的分矢量 $\mathrm{d}B_{\perp}$，它们的大小分别为
$$\mathrm{d}B_{/\!/}=\mathrm{d}B\sin\theta,\quad \mathrm{d}B_{\perp}=\mathrm{d}B\cos\theta$$
式中，θ 为 r 与轴线的夹角. 由于电流分布对 x 轴是对称的，线圈在一直径两端的电流元在 P 点产生的 $\mathrm{d}\boldsymbol{B}$，在垂直于轴线的平面内的分量 $\mathrm{d}B_{\perp}$ 大小相等，方向相反，所以整个圆电流垂直于 x 轴的磁场分量 $\int \mathrm{d}B_{\perp}=0$，因而 P 点的总磁感应强度大小为
$$B=\int_L \mathrm{d}B_{/\!/}=\int_L \mathrm{d}B\sin\theta=\int_L\frac{\mu_0 I\mathrm{d}l}{4\pi r^2}\sin\theta=\frac{\mu_0 I\sin\theta}{4\pi r^2}\int_0^{2\pi R}\mathrm{d}l$$
$$=\frac{\mu_0 I\sin\theta}{4\pi r^2}2\pi R=\frac{\mu_0 IR}{2r^2}\sin\theta$$

由图 8-7 可知
$$r^2=R^2+x^2,\quad \sin\theta=\frac{R}{r}=\frac{R}{(R^2+x^2)^{1/2}}$$
所以
$$B=\frac{\mu_0 IR^2}{2(R^2+x^2)^{3/2}} \tag{8-10}$$
B 的方向是沿 x 轴正方向，其指向与圆电流流向符合右手螺旋关系.

下面我们考虑两个特殊情形：

(1) 在 $x=0$ 处，即在圆心处的磁场为
$$B=\frac{\mu_0 I}{2R} \tag{8-11}$$

(2) 当 $x \gg R$ 时，即在轴线上很远处 $(R^2+x^2)^{3/2} \approx x^3$，由(8-10)式可得

$$B = \frac{\mu_0 IR^2}{2x^3} \tag{1}$$

圆电流的面积 $S=\pi R^2$，上式可写成

$$B = \frac{\mu_0}{2\pi}\frac{IS}{x^3} \tag{2}$$

在静电场中研究电偶极子产生的电场，曾引入电矩 $\boldsymbol{p}=q\boldsymbol{l}$ 这一物理量. 现研究载流线圈产生的磁场，我们类似地引入磁偶极矩，简称磁矩，用 $\boldsymbol{p}_{\mathrm{m}}$ 表示. 如图 8-8 所示，一平面圆电流面积为 S，电流强度为 I，$\boldsymbol{n}$ 为平面圆电流的正法线方向上的单位矢量，其正方向与电流环绕的方向之间满足右手螺旋定则，现定义圆电流的磁矩为

$$\boldsymbol{p}_{\mathrm{m}} = IS\boldsymbol{n} \tag{3}$$

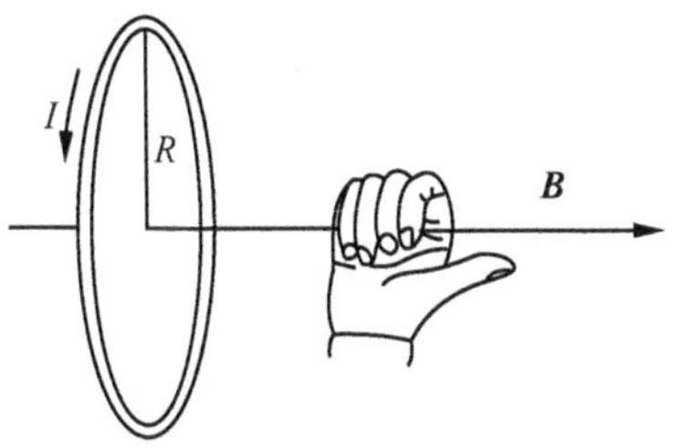

图 8-8 圆形电流的磁矩

$\boldsymbol{p}_{\mathrm{m}}$ 的方向与圆电流的单位正法矢 $\boldsymbol{n}$ 的方向相同. 上式不仅适用于载流圆线圈，对任意形状的载流线圈都是适用的，用磁矩表示，(2)式可写成

$$\boldsymbol{B} = \frac{\mu_0}{2\pi}\frac{\boldsymbol{p}_{\mathrm{m}}}{x^3} \tag{8-12}$$

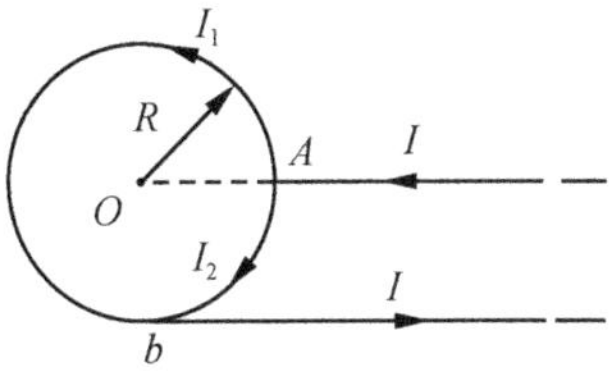

图 8-9 例 8-3 图

例 8-3 用两根彼此平行的半无限长直导线 L_1、L_2，把半径为 R 的均匀导体圆环连到电源上，如图 8-9 所示，已知直导线上的电流为 I，求圆环中心 O 点的磁感应强度. 设 b 点为直导线与圆环的切点.

解 由图可知，O 点在直导线 L_1 的延长线上，因此，L_1 上任一电流元 $I\mathrm{d}\boldsymbol{l}$ 都满足 $I\mathrm{d}\boldsymbol{l}\times\boldsymbol{r}=0$，故 L_1 在 O 点产生的磁感应强度为

$$B_1 = 0$$

由(8-7)式可得 L_2 在 O 点产生的磁感应强度为

$$B_2 = \frac{\mu_0 I}{4\pi R}(\cos 90° - \cos 180°) = \frac{\mu_0 I}{4\pi R}$$

B_2 的方向垂直纸面向外.

电流 I 从 A 点流入圆环，分电流为 I_1 和 I_2，则 $I_1=\frac{1}{4}I$，$I_2=\frac{3}{4}I$，根据(8-11)式，电流为 I_1 的圆弧在 O 点产生的磁感应强度为

$$B_3 = \frac{\mu_0 I_1}{2R}\times\frac{3}{4} = \frac{3\mu_0 I}{32R}$$

方向垂直纸面向外.

同理，电流为 I_2 的圆弧在 O 点产生的磁感应强度为

$$B_4 = -\frac{\mu_0 I_2}{2R}\times\frac{1}{4} = -\frac{3\mu_0 I}{32R}$$

方向垂直纸面向里.

因此，O 点的磁感应强度为

$$\boldsymbol{B} = \boldsymbol{B}_1 + \boldsymbol{B}_2 + \boldsymbol{B}_3 + \boldsymbol{B}_4$$

考虑到 $\boldsymbol{B}_1=0$，$\boldsymbol{B}_3=-\boldsymbol{B}_4$，故有

$$B=B_2=\frac{\mu_0 I}{4\pi R}$$

方向垂直纸面向外.

8.2.4　运动电荷的磁场

电流是由大量的电荷定向运动形成的，因此从本质上来说，电流的磁场也是由大量运动电荷的磁场叠加而得的. 如图 8-10 所示，设载流导体中有一电流元，其横截面积为 S，单位体积内的运动电荷(正电荷)为 n 个，每个电荷的带电量均为 q，且定向速度大小均为 v，则通过导体的电流强度为

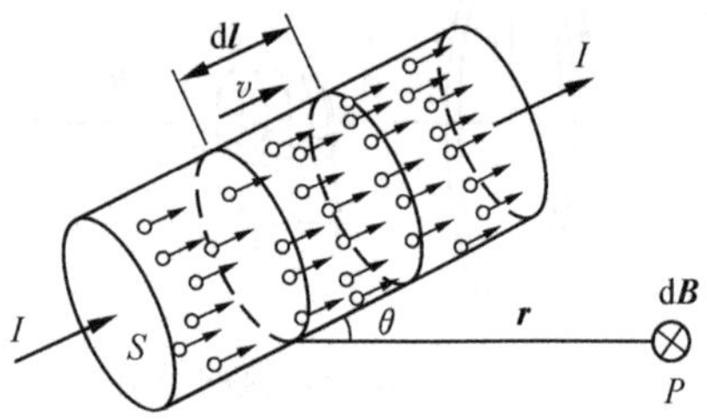

图 8-10　电流元中运动电荷的磁场

$$I=\frac{\mathrm{d}q}{\mathrm{d}t}=\frac{qnvS\mathrm{d}t}{\mathrm{d}t}=qnvS$$

$I\mathrm{d}\boldsymbol{l}$ 的方向和 $\boldsymbol{v}$ 相同，故

$$I\mathrm{d}\boldsymbol{l}=qnS\mathrm{d}l\boldsymbol{v}$$

代入毕奥-萨伐尔定律，得

$$\mathrm{d}\boldsymbol{B}=\frac{\mu_0}{4\pi}\cdot\frac{qnS\mathrm{d}l\boldsymbol{v}\times\boldsymbol{r}}{r^3}$$

式中，$S\mathrm{d}l=\mathrm{d}V$ 为电流元的体积，$\mathrm{d}N=n\mathrm{d}V=nS\mathrm{d}l$ 为电流元中做定向运动的电荷数，故上式电流元 $I\mathrm{d}\boldsymbol{l}$ 中一个电荷在 r 处一点产生的磁感应强度为

$$\boldsymbol{B}=\frac{\mathrm{d}\boldsymbol{B}}{\mathrm{d}N}=\frac{\mu_0}{4\pi}\cdot\frac{q\boldsymbol{v}\times\boldsymbol{r}}{r^3}\tag{8-12a}$$

式中，$\boldsymbol{r}$ 为带电粒子到场点 P 的位矢. 这就是运动电荷在场点 P 产生的磁感应强度的数学表达式. 磁感应强度 $\boldsymbol{B}$ 的方向垂直于电荷运动速度 $\boldsymbol{v}$ 和位矢 $\boldsymbol{r}$ 组成的平面，指向由右手螺旋定则确定，如图 8-11 所示. 应当指出，(8-12)式只适用于运动电荷的速率 v 比光速 c 小得多的情况.

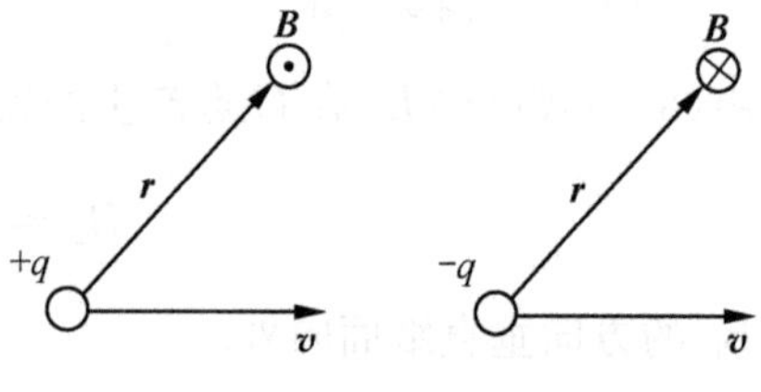

图 8-11　运动电荷激发的磁场

例 8-4　一半径为 R 的薄圆盘，其电荷面密度为 σ，设圆盘以角速率 ω 绕通过盘心且垂直于盘面的轴转动，求圆盘中心的磁感应强度.

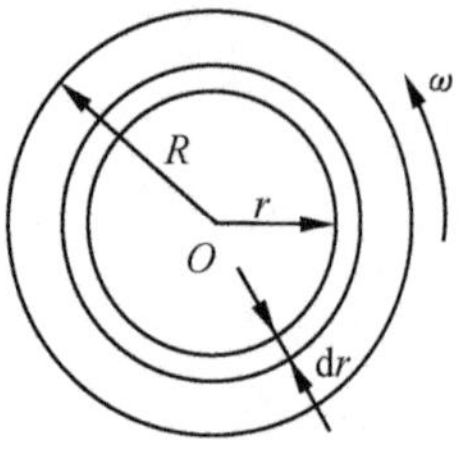

图 8-12　例 8-4 图

解　如图 8-12 所示，在圆盘上取一半径分别为 r 和 $r+\mathrm{d}r$ 的细环带. 环带面积 $\mathrm{d}S=2\pi r\mathrm{d}r$，此环带的电量为 $\mathrm{d}q=\sigma\mathrm{d}S=2\pi\sigma r\mathrm{d}r$. 圆盘以角速度 ω 绕轴 O 旋转，转动周期为 $T=\dfrac{2\pi}{\omega}$，故此环带上的圆电流为

$$\mathrm{d}I=\frac{\mathrm{d}q}{T}=\sigma\omega r\mathrm{d}r$$

由(8-11)式可知，圆电流在圆心的磁感应强度 $B=\frac{\mu_0 I}{2R}$，其中 I 为圆电流，R 为圆电流半径.因此，圆盘上半径为 r 的细环带在盘心 O 点产生的磁感应强度大小为

$$\mathrm{d}B=\frac{\mu_0\mathrm{d}I}{2r}=\frac{\mu_0\sigma\omega}{2}\mathrm{d}r$$

整个圆盘转动时，在盘心 O 点产生的磁感应强度 $\boldsymbol{B}$ 大小为

$$B=\int\mathrm{d}B=\frac{\mu_0\sigma\omega}{2}\int_0^R\mathrm{d}r=\frac{1}{2}\mu_0\omega\sigma R$$

若圆盘带正电，$\boldsymbol{B}$ 的方向垂直纸面向外.

复习思考题

8-4 一长 l 的导线，通电流 I，这根导线可做成圆形或正方形，哪种回路在其中心处产生的磁感应强度较大?

8-5 从回旋加速器中射出一束高速质子流，该质子流是否在周围空间产生磁场和电场? 一做匀速直线运动的点电荷，在真空中给定点所产生磁场的 $\boldsymbol{B}$ 的方向是否恒定?

8.3 安培环路定理及应用

安培环路定理

8.3.1 安培环路定理

在静电场中，电场线是有头有尾的，电场强度 $\boldsymbol{E}$ 沿任意闭合路径 L 的线积分($\boldsymbol{E}$ 的环流)等于零，即 $\oint_L\boldsymbol{E}\cdot\mathrm{d}\boldsymbol{l}=0$，这是静电场作为保守场的一个基本特征. 那么，静磁场中的磁感应强度 $\boldsymbol{B}$ 矢量沿任意闭合路径的线积分 $\oint_L\boldsymbol{B}\cdot\mathrm{d}\boldsymbol{l}$($\boldsymbol{B}$ 的环流)又如何呢? 前面知道，静磁场中的磁感应线与电场线不同，它是环绕电流的闭合线，由此可以预见到 $\boldsymbol{B}$ 的环流 $\oint_L\boldsymbol{B}\cdot\mathrm{d}\boldsymbol{l}$ 不等于零. 下面我们通过一特例，即在无限长直线电流的磁场中计算 $\oint_L\boldsymbol{B}\cdot\mathrm{d}\boldsymbol{l}$ 的值.

如前所述，无限长载流直导线周围的磁场线是一系列在垂直于导线的平面内、圆心在导线上的同心圆. 在垂直于导线的平面内，作一包围无限长载流直导线的任意闭合路径 L，如图 8-13(a)所示，由例 8-1 可知，在位矢为 $\boldsymbol{r}$ 的任一场点 K 处，在回路 L 上，磁感应强度 $\boldsymbol{B}$ 的大小为

$$B=\frac{\mu_0 I}{2\pi r}$$

磁感应强度 $\boldsymbol{B}$ 的方向与位矢 $\boldsymbol{r}$ 垂直，指向由右手螺旋定则确定，在场点 K 处在回路 L 上取一线元 $\mathrm{d}\boldsymbol{l}$，若取闭合路径环绕方向与电流方向满足右手螺旋定则，如图 8-13(a)所示，$\mathrm{d}\boldsymbol{l}$ 与 $\boldsymbol{B}$ 间的夹角为 θ，有 $\mathrm{d}l\cos\theta\approx\overline{KN}=r\mathrm{d}\varphi$，$\mathrm{d}\varphi$ 是 $\mathrm{d}l$ 对圆心 O 点所张的角，将上式代入磁感应强度 $\boldsymbol{B}$ 的环流公式，得

$$\oint_L\boldsymbol{B}\cdot\mathrm{d}\boldsymbol{l}=\oint_L\frac{\mu_0 I}{2\pi r}\cos\theta\mathrm{d}l=\frac{\mu_0 I}{2\pi}\int_0^{2\pi}\mathrm{d}\varphi=\mu_0 I \tag{8-13}$$

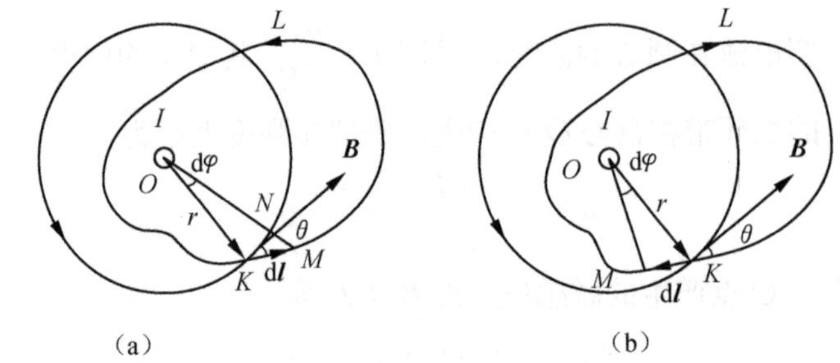

图 8-13　电流正负的判断

如果闭合路径反向绕行，即绕行方向与电流方向之间不再满足右手螺旋定则，如图 8-13(b)所示，这时，$\mathrm{d}\boldsymbol{l}$ 与 $\boldsymbol{B}$ 间的夹角为$(\pi-\theta)$，$\mathrm{d}l\cos(\pi-\theta)=-r\mathrm{d}\varphi$，则有

$$\oint_L \boldsymbol{B}\cdot\mathrm{d}\boldsymbol{l}=-\mu_0 I=\mu_0(-I) \tag{8-14}$$

积分结果为负. 根据以上讨论，可以看出：①磁场中磁感应强度 $\boldsymbol{B}$ 沿闭合路径的线积分与闭合路径的形状及大小无关，只和闭合路径包围的无限长载流直导线的电流有关；②当电流的方向与闭合路径绕行方向间满足右手螺旋定则时，在(8-14)式中电流 I 取正值，反之，I 取负值.

若在磁场中取不包围无限长载流直导线的任意一个平面闭合路径 L，如图 8-14 所示，这时，可以从无限长载流直导线出发作许多条射线，将环路 L 分割为成对的线元，$\mathrm{d}\boldsymbol{l}_1$ 和 $\mathrm{d}\boldsymbol{l}_2$ 就是其中任意一对，它们对无限长载流直导线张有同一圆心角 $\mathrm{d}\varphi$，设 $\mathrm{d}\boldsymbol{l}_1$ 和 $\mathrm{d}\boldsymbol{l}_2$ 分别与导线相距 r_1 和 r_2，则有

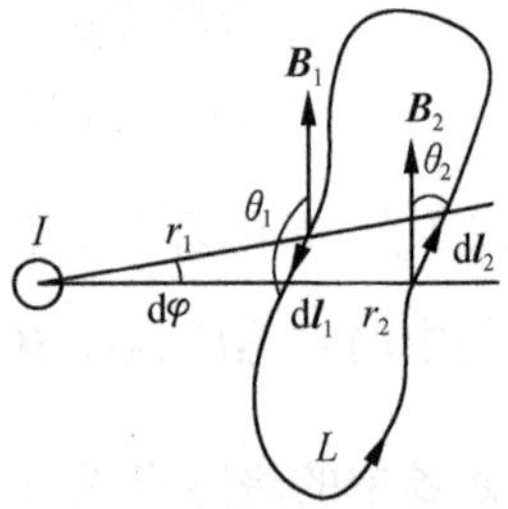

图8-14　环路不包围电流

$$\boldsymbol{B}_1\cdot\mathrm{d}\boldsymbol{l}_1=B_1\mathrm{d}l_1\cos\theta_1=-B_1r_1\mathrm{d}\varphi=-\frac{\mu_0 I}{2\pi}\mathrm{d}\varphi$$

$$\boldsymbol{B}_2\cdot\mathrm{d}\boldsymbol{l}_2=B_2\mathrm{d}l_2\cos\theta_2=B_2r_2\mathrm{d}\varphi=\frac{\mu_0 I}{2\pi}\mathrm{d}\varphi$$

于是，对于每一对线元 $\mathrm{d}\boldsymbol{l}_1$ 和 $\mathrm{d}\boldsymbol{l}_2$，都有

$$\boldsymbol{B}_1\cdot\mathrm{d}\boldsymbol{l}_1+\boldsymbol{B}_2\cdot\mathrm{d}\boldsymbol{l}_2=0$$

这个结果表明，每一对线元对$\oint_L \boldsymbol{B}\cdot\mathrm{d}\boldsymbol{l}$的贡献互相抵消，因此，当闭合积分路径 L 中不包围无限长载流直导线时，有$\oint_L \boldsymbol{B}\cdot\mathrm{d}\boldsymbol{l}=0$，也就是说，不穿过闭合路径的无限长载流直导线尽管在空间产生磁场，但对于 $\boldsymbol{B}$ 的环流却没有贡献.

以上的讨论，虽然是以一根无限长载流直导线和垂直于导线平面积分路径进行的，但可以证明，所得结论对任意闭合积分路径 L，包围有多根载有大小不相同、方向也不相同的恒定电流情况，(8-13)式和(8-14)式仍然是正确的，即

$$\oint_L \boldsymbol{B}\cdot\mathrm{d}\boldsymbol{l}=\mu_0\sum_i I_i \tag{8-15}$$

式中右端的电流是闭合路径 L 包围电流的代数和，左端的 $\boldsymbol{B}$ 则是所有电流(其中也包括未包围在 L 中的电流)分别产生的磁感应强度的矢量和. (8-15)式表明，恒定磁场的磁感应强度 $\boldsymbol{B}$ 沿闭合路径 L 的积分，等于 μ_0 乘以穿过 L 所有电流的代数和，这就是恒定磁场的安培环路定理. 一般地说，(8-15)式对于任何磁场分布、任何电流组态和任何积分路径，都是正确的，这一定理反映

了恒定磁场的基本性质，特别是经过麦克斯韦推广后，在电磁场理论中具有重要意义. 安培环路定理是磁路设计的理论基础.

在矢量分析中，把矢量环流等于零的场称为无旋场，反之称为有旋场(也称涡旋场). 因此，静电场为无旋场，恒定磁场为有旋场.

8.3.2　安培环路定理应用举例

当载流导体具有一定的对称性时，其所产生的磁场可以很方便地用安培环路定理来计算. 应用安培环路定理计算对称载流导体产生磁场磁感应强度 $\boldsymbol{B}$ 的方法与静电场中用高斯定理求电场强度的方法很相似. 以下通过几个例题来说明.

例 8-5　求无限长均匀载流圆柱导体内外的磁场.

如图 8-15 所示，无限长均匀载流圆柱导体半径为 R，横截面通过电流 I，试求柱体内外磁感应强度的分布.

解　先求柱外一点 P 的磁感应强度，过点 P 以轴线为中心作半径为 $r(r>R)$ 的圆，考虑到无限长载流圆柱体的轴对称性，则圆周上各点 $\boldsymbol{B}$ 的数值相同，$\boldsymbol{B}$ 的方向沿着圆的切线方向，规定图示的环路积分方向，则 $\boldsymbol{B}$ 与该点 $\mathrm{d}\boldsymbol{l}$ 的方向相同，即 $\boldsymbol{B}\cdot\mathrm{d}\boldsymbol{l}=B\mathrm{d}l$，因此沿圆周 L，$\boldsymbol{B}$ 的线积分为

$$\oint_L \boldsymbol{B}\cdot\mathrm{d}\boldsymbol{l}=2\pi rB$$

根据安培环路定理

$$\oint_L \boldsymbol{B}\cdot\mathrm{d}\boldsymbol{l}=\mu_0 I$$

所以

$$2\pi rB=\mu_0 I$$

即

$$B=\frac{\mu_0 I}{2\pi r}\quad (r>R)$$

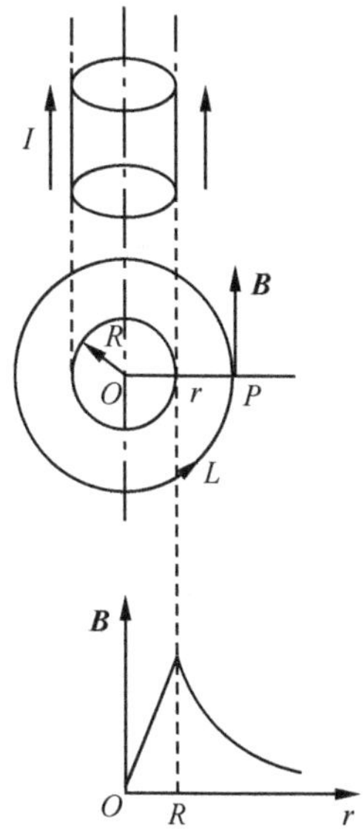

图 8-15　例 8-5 图

由此可以看到，柱外一点的磁感强度与全部电流集中于轴线时的直线电流产生的磁感强度相同.

同理可求柱内一点的磁感应强度，以中心轴上一点为圆心，以 r 为半径作一与中心轴垂直的圆($r\leqslant R$)，则圆上各点的磁感强度的数值相同，方向沿圆周的切线. 需要注意的是，此时回路所包围的电流为

$$I'=\frac{\pi r^2}{\pi R^2}I=\frac{r^2}{R^2}I$$

由安培环路定理

$$\oint_L \boldsymbol{B}\cdot\mathrm{d}\boldsymbol{l}=\mu_0 I'$$

得

$$B\cdot 2\pi r=\mu_0\frac{r^2}{R^2}I$$

故有

$$B=\frac{\mu_0 Ir}{2\pi R^2}\quad (r\leqslant R)$$

由此可见,在圆柱体内,B 与 r 成正比;在圆柱体外,B 与 r 成反比.

例 8-6　无限长载流直螺线管内的磁场.

设螺线管导线中电流为 I,单位长度匝数为 n,求管内的磁感应强度.

解　如图 8-16(a)所示是线圈稀疏的载流螺线管内的磁感应线分布情况,由此可以推测出,当螺线管单位长度内匝数变多时,其内部磁感应线的密度将越来越大于螺线管外磁感应线的密度.当螺线管为无限长时,管内的磁感应线将趋于与螺线管的轴线平行且均匀分布,如图 8-16(b)所示,螺线管外的磁感应强度 $B_外$ 将趋于零.

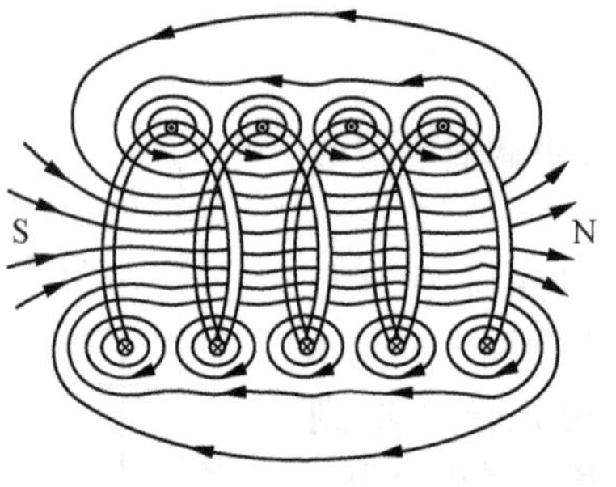

(a) 稀疏螺线管

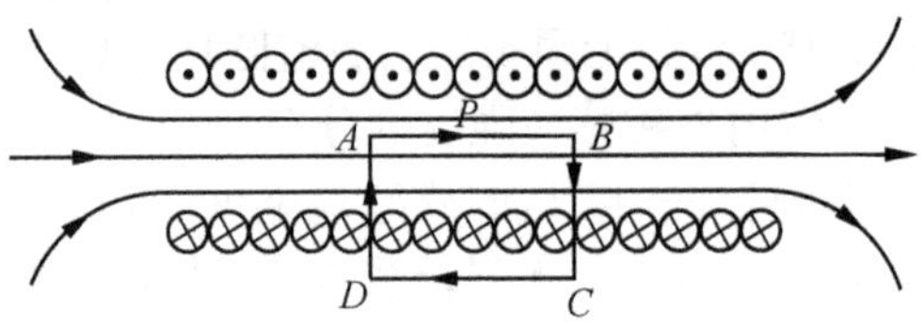

(b) 长直螺线管

图 8-16　例 8-6 图

在图中,过 P 点作矩形积分回路 $ABCDA$.

在 CD 段,由于磁感应强度为零,故$\int_C^D \boldsymbol{B} \cdot \mathrm{d}\boldsymbol{l} = \int_C^D B_外 \cdot \mathrm{d}l = 0$;在 BC 和 DA 段,一部分在螺线管外 $B_外 = 0$,另一部分在螺线管内,但 $\boldsymbol{B}$ 垂直于 $\mathrm{d}\boldsymbol{l}$,所以$\int_B^C \boldsymbol{B} \cdot \mathrm{d}\boldsymbol{l} = \int_D^A \boldsymbol{B} \cdot \mathrm{d}\boldsymbol{l} = 0$;而在 AB 段,磁感应强度 $\boldsymbol{B}$ 大小相等,方向与 $\mathrm{d}\boldsymbol{l}$ 相同,则$\int_A^B \boldsymbol{B} \cdot \mathrm{d}\boldsymbol{l} = \int_A^B B\cos\theta \mathrm{d}l = B\int_A^B \mathrm{d}l = B\overline{AB}$,于是磁感应强度 $\boldsymbol{B}$ 沿闭合路径的积分为

$$\oint_L \boldsymbol{B} \cdot \mathrm{d}\boldsymbol{l} = \int_A^B \boldsymbol{B} \cdot \mathrm{d}\boldsymbol{l} + \int_B^C \boldsymbol{B} \cdot \mathrm{d}\boldsymbol{l} + \int_C^D \boldsymbol{B} \cdot \mathrm{d}\boldsymbol{l} + \int_D^A \boldsymbol{B} \cdot \mathrm{d}\boldsymbol{l} = B\overline{AB}$$

由于回路 $ABCDA$ 包围的总电流为$\overline{AB}nI$,所以根据安培环路定理得

$$\oint_L \boldsymbol{B} \cdot \mathrm{d}\boldsymbol{l} = \mu_0 \sum_i I_i = \mu_0 nI\,\overline{AB}$$

则

$$B\,\overline{AB} = \mu_0 nI\,\overline{AB}$$
$$B = \mu_0 nI$$

复习思考题

8-6　如果$\oint_L \boldsymbol{B} \cdot \mathrm{d}\boldsymbol{l} = 0$,能否说明闭合积分路径上各点的 B 为零?

8-7　如思考题 8-7 图所示,在一段长 $2a$,载电流 I 的直导线的磁场中,对于一圆心在直导线中点、半径为 r、环面与直导线垂直的圆环 L,安培环路定理$\oint_L \boldsymbol{B} \cdot \mathrm{d}\boldsymbol{l} = \mu_0 I$ 成立吗?

8-8 如思考题 8-8 图所示的矩形载流导线回路,通电流 I,设每边电流产生的磁感应强度分别为 $\boldsymbol{B}_1$、$\boldsymbol{B}_2$、$\boldsymbol{B}_3$、$\boldsymbol{B}_4$,试判断下列各式是否正确?

(1) $\oint_L \boldsymbol{B}_1 \cdot \mathrm{d}\boldsymbol{l} = \mu_0 I$; (2) $\oint_{L'} \boldsymbol{B}_1 \cdot \mathrm{d}\boldsymbol{l} = \mu_0 I$;

(3) $\oint_L (\boldsymbol{B}_1 + \boldsymbol{B}_2) \cdot \mathrm{d}\boldsymbol{l} = 0$; (4) $\oint_{L'} (\boldsymbol{B}_1 + \boldsymbol{B}_2) \cdot \mathrm{d}\boldsymbol{l} = 0$;

(5) $\oint_L (\boldsymbol{B}_1 + \boldsymbol{B}_2 + \boldsymbol{B}_3 + \boldsymbol{B}_4) \cdot \mathrm{d}\boldsymbol{l} = \mu_0 I$; (6) $\oint_{L'} (\boldsymbol{B}_1 + \boldsymbol{B}_2 + \boldsymbol{B}_3 + \boldsymbol{B}_4) \cdot \mathrm{d}\boldsymbol{l} = \mu_0 I$;

(7) $\oint_{L'} (\boldsymbol{B}_1 + \boldsymbol{B}_2 + \boldsymbol{B}_3 + \boldsymbol{B}_4) \cdot \mathrm{d}\boldsymbol{l} = 0$.

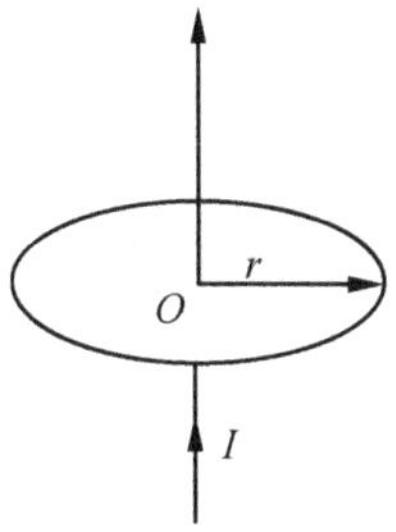

思考题 8-7 图

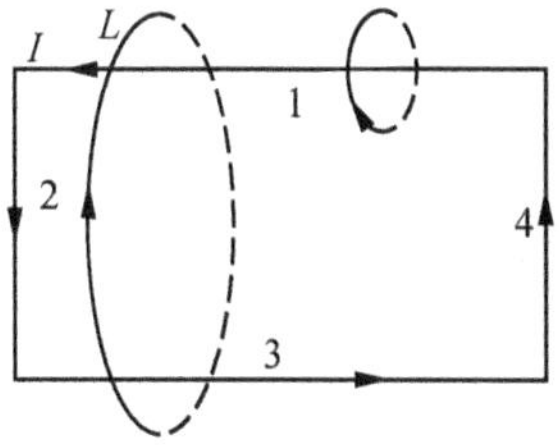

思考题 8-8 图

8.4 磁场对电流的作用

安培力

8.4.1 安培定律

安培通过大量实验,于 1820 年 12 月提出了能够反映磁场对载流导线作用规律的安培定律.它是描述磁场中某点 P 处的电流元所受到的作用力,称为安培力.其表述为:当电流元 $I\mathrm{d}\boldsymbol{l}$ 所在处的磁感应强度矢量为 $\boldsymbol{B}$,$I\mathrm{d}\boldsymbol{l}$ 和所在处的磁感应强度矢量 $\boldsymbol{B}$ 间的夹角为 φ 时,电流元受到的作用力 $\mathrm{d}\boldsymbol{F}$ 的大小与 $I\mathrm{d}l$、B、$\sin\varphi$ 的乘积成正比,即

$$\mathrm{d}F = kI\,\mathrm{d}lB\sin\varphi$$

式中,k 为比例系数,在国际单位制中,$k=1$. $\mathrm{d}\boldsymbol{F}$ 的方向总是垂直于 $I\mathrm{d}\boldsymbol{l}$ 和 $\boldsymbol{B}$ 所构成的平面,并且满足右手螺旋定则,如图 8-17 所示.故上式可写成矢量式

$$\mathrm{d}\boldsymbol{F} = I\mathrm{d}\boldsymbol{l} \times \boldsymbol{B} \tag{8-16}$$

例 8-7 如图 8-18 所示,有一无限长载流直导线,电流强度为 I_1,其旁共面放置的导线 AB 与长直载流导线垂直,长为 L,通有电流 I_2,A 端与长直导线的距离 $AO=a$,求导线 AB 受到的磁场力.

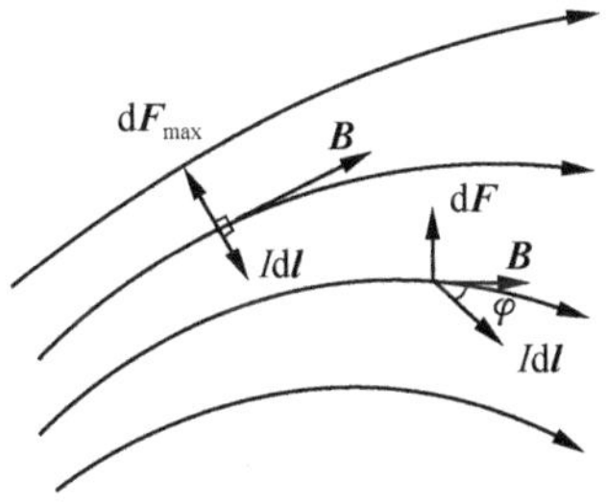

图 8-17 安培力方向

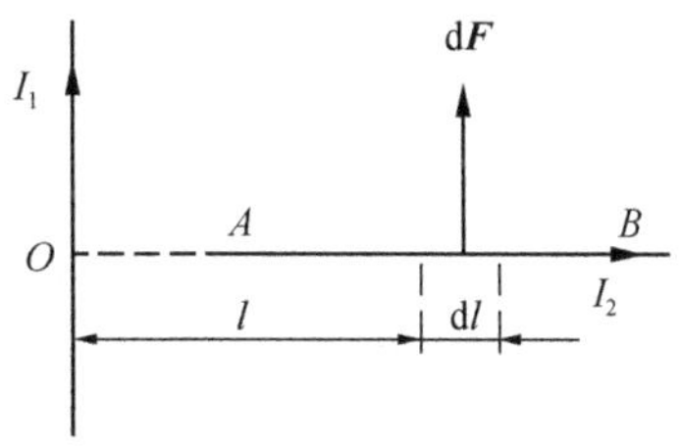

图 8-18 例 8-7 图

解　在距长直导线距离为 l 处取电流元 $I_2\mathrm{d}l$，如图 8-18 所示，则此电流元受到的磁场力大小为

$$\mathrm{d}F = BI_2\mathrm{d}l$$

式中，B 为 I_1 在 l 处产生的磁感应强度，其大小为 $B=\frac{\mu_0 I_1}{2\pi l}$. 因为 AB 上各电流元受力方向一致，所以导线 AB 所受磁场合力为

$$F = \int \mathrm{d}F = \int_a^{a+L} \frac{\mu_0 I_1}{2\pi l} I_2 \mathrm{d}l = \frac{\mu_0 I_1 I_2}{2\pi} \ln \frac{L+a}{a}$$

方向与 I_1 方向相同.

8.4.2　磁场对载流线圈的作用

各种发电机、电动机以及各种电磁式仪表都涉及平面线圈在磁场中的运动. 因此，研究平面线圈在磁场中所受到的力矩具有重要的实际意义.

下面我们讨论一个载流线圈在磁场中所受的力矩. 如图 8-19(a)所示，一个载流圆线圈半径为 R，电流为 I，放在一均匀磁场中. 它的平面法线方向 $\boldsymbol{e}_n$（$\boldsymbol{e}_n$ 的方向与电流的流向符合右手螺旋关系）与磁场 $\boldsymbol{B}$ 的方向夹角为 θ. 下面来求此线圈所受磁场的力和力矩.

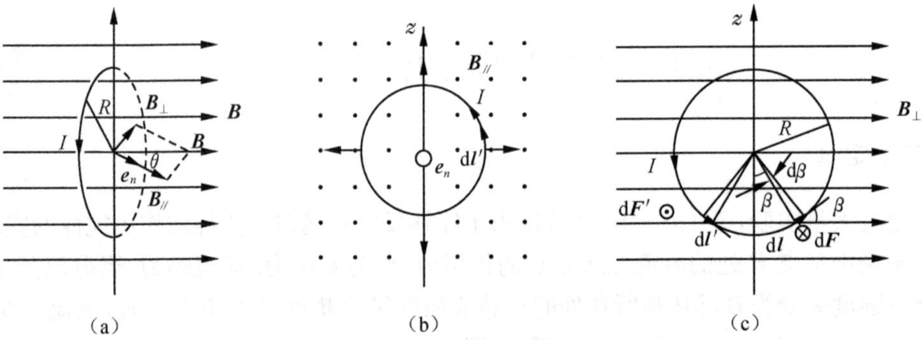

图 8-19　载流线圈受的力和力矩

为了求线圈所受磁场的作用力，可以将磁场 $\boldsymbol{B}$ 分解为与 $\boldsymbol{e}_n$ 平行的 $\boldsymbol{B}_{/\!/}$ 和与 $\boldsymbol{e}_n$ 垂直的 $\boldsymbol{B}_\perp$ 两个分量，分别考虑它们对线圈的作用力.

$\boldsymbol{B}_{/\!/}$ 分量对线圈的作用力如图 8-19(b)所示，各段 $\mathrm{d}l$ 相同的电流元所受的力大小都相等，方向都在线圈平面内沿径向向外. 由于这种对称性，线圈受这一磁场分量的合力为零，合力矩也为零.

$\boldsymbol{B}_\perp$ 分量对线圈的作用如图 8-19(c)所示，右半圈上一电流元 $I\mathrm{d}l$ 受的磁场的大小为

$$\mathrm{d}F = I\mathrm{d}lB_\perp \sin\beta$$

此力的方向垂直纸面向里. 和它对称的左半圈上的电流元 $I\mathrm{d}\boldsymbol{l}'$ 受的磁场力的大小和 $I\mathrm{d}\boldsymbol{l}$ 受的一样，但力的方向相反，向外. 对于右半和左半线圈的各对对称的电流元作同样分析，可知此线圈受 $B_\perp$ 分量的合力也为零. 但由于 $I\mathrm{d}\boldsymbol{l}$ 和 $I\mathrm{d}\boldsymbol{l}'$ 受的磁力不在一条直线上，所以对线圈产生一个力矩. $I\mathrm{d}\boldsymbol{l}$ 受的力对线圈 z 轴产生的力矩的大小为

$$|\mathrm{d}M| = \mathrm{d}Fr = I\mathrm{d}lB_\perp \sin\beta r$$

由于 $\mathrm{d}l=R\mathrm{d}\beta$，$r=R\sin\beta$，所以

$$|\,\mathrm{d}M\,| = IR^2 B_{\perp}\ \sin^2\beta\mathrm{d}\beta$$

对 β 由 0 到 2π 进行积分，即可得线圈所受磁力的力矩的大小为

$$M = \int \mathrm{d}M = IR^2 B_{\perp} \int_0^{2\pi} \sin^2\beta\mathrm{d}\beta = \pi IR^2 B_{\perp}$$

由于 $B_{\perp} = B\sin\theta$，所以又可得

$$M = \pi R^2 IB\sin\theta$$

在此力矩的作用下，线圈要绕 z 轴按逆时针方向（俯视）转动. 用矢量表示力矩，则 $\boldsymbol{M}$ 的方向沿 z 轴正向.

综合上面得出的 $B_{/\!/}$ 和 $B_{\perp}$ 对载流线圈的作用，可得它们的总效果是：均匀磁场对载流线圈的合力为 0，而力矩大小为

$$M = \pi R^2 IB\sin\theta = SIB\sin\theta \tag{8-17}$$

式中，$S = \pi R^2$ 为线圈围绕的面积. 根据 $\boldsymbol{e}_n$ 和 $\boldsymbol{B}$ 的方向以及 $\boldsymbol{M}$ 的方向，此式可用矢量矢积表示为

$$\boldsymbol{M} = SI\boldsymbol{e}_n \times \boldsymbol{B} \tag{8-18}$$

如果采用例 8-2 给出的定义

$$\boldsymbol{p}_{\mathrm{m}} = SI\boldsymbol{e}_n \tag{8-19}$$

并称其为载流线圈的磁偶极矩，简称磁矩（它是一个矢量），则(8-18)式又可写成

$$\boldsymbol{M} = \boldsymbol{p}_{\mathrm{m}} \times \boldsymbol{B} \tag{8-20}$$

此力矩力图使 $\boldsymbol{e}_n$ 的方向，也就是磁矩 $\boldsymbol{p}_{\mathrm{m}}$ 的方向，转向与外加磁场方向一致. 当 $\boldsymbol{p}_{\mathrm{m}}$ 与 $\boldsymbol{B}$ 方向一致时，$M=0$. 线圈不再受磁场的力矩作用.

(8-20)式在此处虽然是根据一个圆线圈的特例导出的，但可以证明它是关于闭合电流所受磁场力矩的普遍公式，而该闭合电流的磁矩就用(8-19)式定义，其大小等于电流所围绕的面积与电流的乘积.

不只是载流线圈有磁矩，原子、电子、质子等微观粒子也有磁矩，磁矩是粒子本身的特征之一. 这方面的知识，读者可查阅有关参考书，本书不再叙述.

磁电式电表结构如图 8-20 所示，由永久磁铁和圆柱形铁芯构成筒形气隙，气隙中磁场均匀地沿着径向，在空气隙内放有可绕圆柱轴线转动的矩形线圈，线圈轴的两端各用游丝固定在支架上，当电流通过线圈时，线圈在磁场中受到磁力矩作用而转动. 当线圈转动至最大角度时，游丝的力矩与磁力矩平衡，线圈带动的指针在该位置静止.

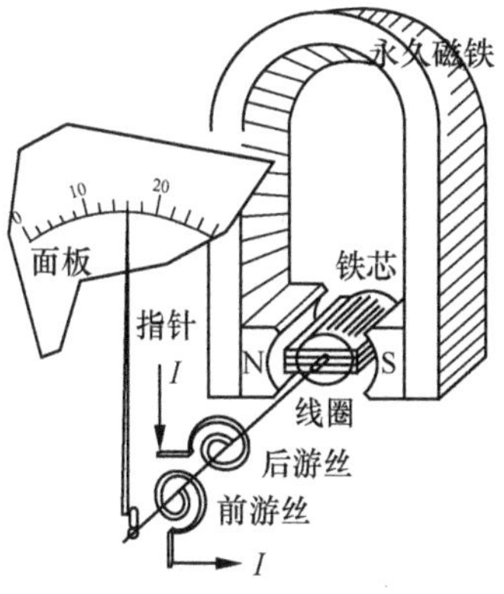

图 8-20 磁电式电表结构示意图

8.4.3 磁力的功

设一均匀磁场 $\boldsymbol{B}$ 中，有一带滑动导线 AB 的载流闭合电路，如图 8-21(a)所示，回路中电流 I 不变，AB 长为 l，在磁力 F 作用下向右移动，当导线从初始位置 AB 移到 $A'B'$ 位置时，磁力 F 所做的功为

$$A = F\overline{AA'} = BIl\,\overline{AA'}$$

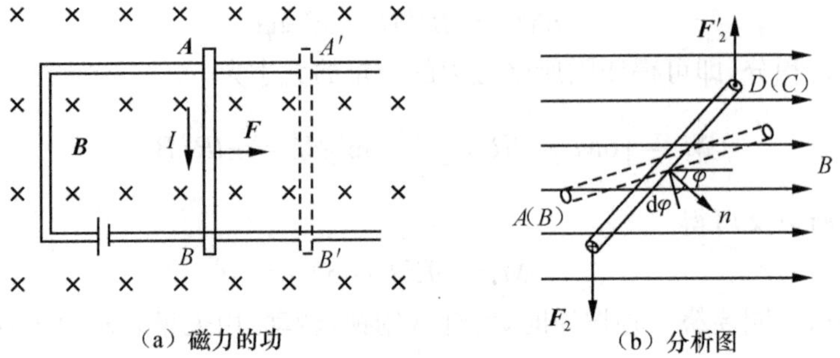

(a) 磁力的功　　　(b) 分析图

图 8-21　磁力的功

在导线移动过程中,通过回路的磁通量增量 $\Delta\Phi = B\Delta S = Bl\overline{AA'}$,故上式写成

$$A = I\Delta\Phi \tag{8-21}$$

这表明,当电流 I 不变时,磁力所做的功等于电流乘以通过回路所包围面积内的磁通量的增量.

计算载流线圈在磁场中转动时磁力所做的功. 设线圈在磁场中沿顺时针方向转过极小角度 $\mathrm{d}\varphi$,线圈所受的磁力矩 $M = BIS\sin\varphi$,可以证明磁力矩所做的元功为

$$\mathrm{d}A = -M\mathrm{d}\varphi = -BIS\sin\varphi\mathrm{d}\varphi = I\mathrm{d}(BS\cos\varphi) = I\mathrm{d}\Phi$$

式中,负号表示磁力矩做正功时,φ 减小即 $\mathrm{d}\varphi < 0$,当线圈从 φ_1 转到 φ_2,磁力矩所做的总功

$$A = \int_{\Phi_1}^{\Phi_2} I\mathrm{d}\Phi = I(\Phi_2 - \Phi_1) = I\Delta\Phi \tag{8-22}$$

可以证明,对于任意的闭合电流回路在磁场中改变位置或形状时,只要回路电流不变,磁力或磁力矩做功都可按 $A = I\Delta\Phi$ 来计算.

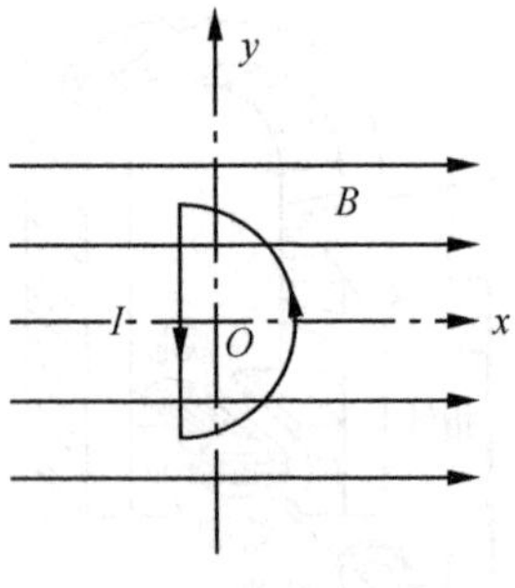

图 8-22　例 8-8 图

例 8-8　一半径 $R = 0.10\text{m}$ 的半圆形闭合线圈,载有电流 $I = 10\text{A}$,放在均匀磁场中,磁场方向与线圈平面平行,如图8-22所示,已知磁感应强度 $B = 0.50\text{T}$,试求:

(1) 线圈所受力矩的大小和方向;

(2) 在力矩的作用下线圈转动 90°时力矩所做的功.

解　(1) 由(8-20)式,线圈所受力矩为

$$\boldsymbol{M} = \boldsymbol{p}_{\mathrm{m}} \times \boldsymbol{B} = IS\boldsymbol{n} \times \boldsymbol{B}$$

其大小为

$$M = ISB\sin 90^\circ = 10 \times \frac{\pi \times 0.1^2}{2} \times 0.5 = 7.85 \times 10^{-2}(\text{N} \cdot \text{m})$$

(2) $\Phi_1 = 0$,　$\Phi_2 = B \cdot \dfrac{\pi R^2}{2}$. 由(8-24)式得

$$A = I\Delta\Phi = I(\Phi_2 - \Phi_1) = I \cdot B \cdot \frac{\pi R^2}{2}$$

$$= 10 \times 0.5 \times \frac{3.14 \times 0.1^2}{2} = 7.85 \times 10^{-2}(\text{J})$$

复习思考题

8-9　定性地解释载有同向电流或反向电流的两根平行导线之间的相互作用力.

8-10　在匀强磁场中放置两个面积相等而且通有相同电流的线圈,一个是三角形,另一个是矩形,试问这两

个线圈所受的最大磁力矩是否相等？磁场力的合矢量是否相等？

8-11 一个弯曲的载流导线在匀强磁场中应如何放置才不受磁场力的作用？

8-12 一圆形导线回路，水平地放置在磁感应强度 $\boldsymbol{B}$ 铅垂向上的匀强磁场中，试问电流沿哪个方向流动时，导线回路处于稳定平衡状态？

8.5 带电粒子在磁场中的运动

洛伦兹力

8.5.1 洛伦兹力

前面我们已指出，带电粒子沿磁场方向运动时，作用在带电粒子上的磁力为零；带电粒子的运动方向与磁场方向垂直时，所受磁力最大，其值为 qvB. 在一般情况下如果带电粒子运动的方向与磁场方向成夹角 θ(图 8-23)，则所受磁力 $\boldsymbol{F}$ 的大小为

$$F = qvB\sin\theta \tag{8-23}$$

方向垂直于 $\boldsymbol{v}$ 与 $\boldsymbol{B}$ 所决定的平面，指向由 $\boldsymbol{v}$ 经小于 180°的角转向 $\boldsymbol{B}$，满足右手螺旋定则. 根据矢量矢积的定义，可以把上式写成矢量式

$$\boldsymbol{F} = q\boldsymbol{v} \times \boldsymbol{B} \tag{8-24}$$

此力称为洛伦兹力，上式即为磁场中运动电荷所受洛伦兹力的表达式.

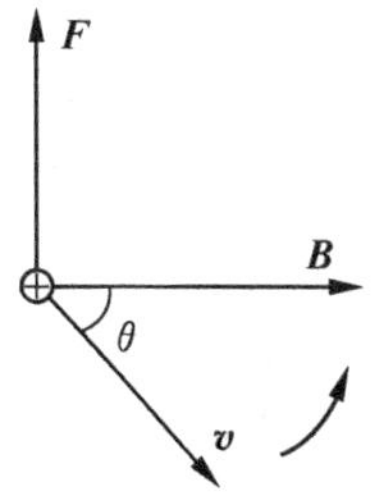

图 8-23 洛伦兹力

显然，当 q 为负电荷时，$\boldsymbol{F}$ 的方向即为 $-\boldsymbol{v}\times\boldsymbol{B}$ 的方向，由于洛伦兹力的方向总与带电粒子速度的方向垂直，因此洛伦兹力永远不对粒子做功，只能改变粒子运动的方向，而不改变其速率和动能.

当电荷在电场和磁场中运动时，作用在运动电荷上的力为电场力 $q\boldsymbol{E}$ 与磁场力 $q\boldsymbol{v}\times\boldsymbol{B}$ 的矢量和，即

$$\boldsymbol{F} = q\boldsymbol{E} + q\boldsymbol{v} \times \boldsymbol{B} = q(\boldsymbol{E} + \boldsymbol{v} \times \boldsymbol{B}) \tag{8-25}$$

8.5.2 带电粒子在均匀磁场中的运动

设有一电量为 q，质量为 m 的带电粒子，以初速度 $\boldsymbol{v}_0$ 进入磁感应强度为 $\boldsymbol{B}$ 的均匀磁场中，略去重力作用，则粒子的运动情况与初速 $\boldsymbol{v}_0$ 的方向有关. 下面分三种情况讨论.

(1) 初速 $\boldsymbol{v}_0$ 与 $\boldsymbol{B}$ 在同一直线上，即夹角为 0 或 π 时，$\boldsymbol{v}_0\times\boldsymbol{B}=0$，由(8-24)式可得 $F=0$，则带电粒子在磁场中做匀速直线运动.

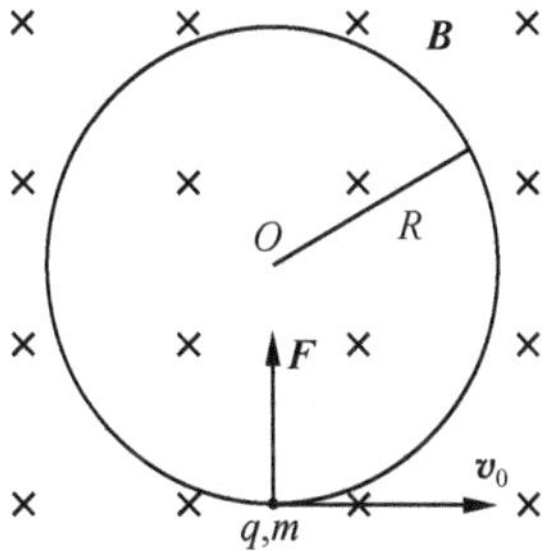

图 8-24 带电粒子在均匀磁场中做圆周运动

(2) 初速 $\boldsymbol{v}_0$ 与 $\boldsymbol{B}$ 垂直，即夹角为 $\theta=\dfrac{\pi}{2}$ 时，作用在粒子上的洛伦兹力 $\boldsymbol{F}$ 的大小为

$$F = qv_0B$$

$\boldsymbol{F}$ 的方向垂直于 $\boldsymbol{v}_0$ 与 $\boldsymbol{B}$ 所构成的平面，由于 $\boldsymbol{F}$ 与 $\boldsymbol{v}_0$ 垂直，所以 $\boldsymbol{F}$ 只改变带电粒子的速度方向，而不改变速度的大小，因此带电粒子进入磁场中，将做匀速圆周运动. 如图 8-24 所示，设圆轨道半径为 R，则有

$$qv_0B = m\frac{v_0^2}{R}$$

所以

$$R=\frac{mv_0}{qB} \tag{8-26}$$

通常我们把 R 称为带电粒子的回转半径，相应地粒子运行一周所需要的时间称为回旋周期，故

$$T=\frac{2\pi R}{v_0}=\frac{2\pi m}{qB} \tag{8-27}$$

而单位时间内粒子所运行的圈数称为回旋频率，则

$$f=\frac{1}{T}=\frac{qB}{2\pi m} \tag{8-28}$$

以上两式表明，带电粒子在垂直于磁场方向的平面内做圆周运动时，其周期 T 及回旋频率 f 只与磁感应强度 B 及粒子本身的电量 q 和质量 m 有关，而与粒子的速度 v_0、回旋半径 R 无关. 也就是说，同种粒子在同样的磁场中运动时，快速粒子在半径大的圆周上运动，慢速粒子在半径小的圆周上运动，但它们绕行一周所需的时间都相同.

(3) 在普遍的情况下，如图 8-25 所示，初速 $\boldsymbol{v}_0$ 与 $\boldsymbol{B}$ 成任意夹角 θ，可将 $\boldsymbol{v}_0$ 分解为两个矢量：平行于 $\boldsymbol{B}$ 的纵向分量 $v_{/\!/}=v_0\cos\theta$；垂直于 $\boldsymbol{B}$ 的横向分量 $v_\perp=v_0\sin\theta$. 由上面的讨论可知，在磁场的作用下，速度的横向分量 $v_\perp$ 将使粒子在垂直于 $\boldsymbol{B}$ 的平面内做匀速圆周运动，而速度的纵向分量 $v_{/\!/}$ 则使粒子沿 $\boldsymbol{B}$ 的方向做匀速直线运动. 因此，当两个分量同时存在时，粒子将沿螺旋线向前运动，螺旋线的半径为

$$R=\frac{mv_\perp}{qB}=\frac{mv_0\sin\theta}{qB} \tag{8-29}$$

粒子的回旋周期为

$$T=\frac{2\pi R}{v_\perp}=\frac{2\pi R}{v_0\sin\theta}=\frac{2\pi m}{qB} \tag{8-30}$$

粒子回转一周所前进的距离称为螺距，其值为

$$h=v_{/\!/}\,T=v_0\cos\theta\,\frac{2\pi m}{qB}=\frac{2\pi m v_0\cos\theta}{qB} \tag{8-31}$$

上式表明，螺距 h 与 $v_\perp$ 无关，只与 $v_{/\!/}$ 成正比. 如在均匀磁场中某点发射一束带电粒子，不管粒子垂直速度 $v_\perp$ 的差别，只要平行分量 $v_{/\!/}$ 相同，则尽管这些带电粒子螺旋线的半径不同，其螺距却是相同的，即它们每转一周后都相交于一点(图 8-26). 这与光束通过光学透镜聚焦的现象很相似，故称其为磁聚焦现象.

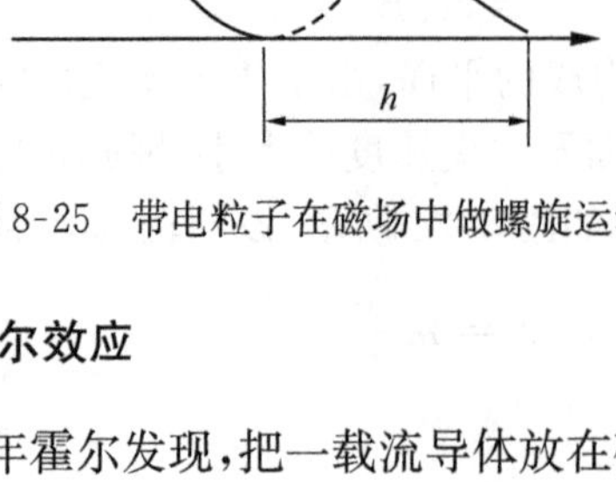

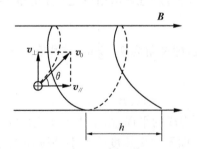

图 8-25　带电粒子在磁场中做螺旋运动

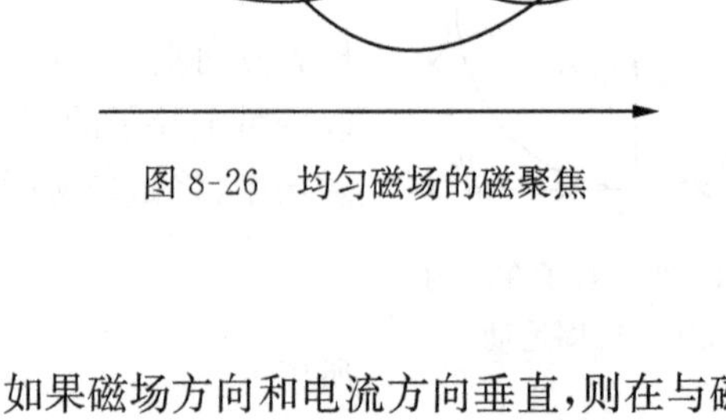

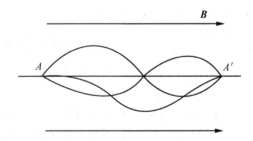

图 8-26　均匀磁场的磁聚焦

8.5.3　霍尔效应

1879 年霍尔发现，把一载流导体放在磁场中，如果磁场方向和电流方向垂直，则在与磁场和

电流两者垂直的方向上出现横向电势差. 这一现象称为霍尔效应,出现的电势差称为霍尔电势差. 实验表明,霍尔电势差的大小与电流 I 成正比,与磁感应强度 $\boldsymbol{B}$ 的大小成正比,与导体板的厚度 d 成反比,即

$$U_{\mathrm{H}} = R_{\mathrm{H}} \frac{IB}{d} \tag{8-32}$$

式中,比例系数 R_{H} 为霍尔系数,它由导体材料的性质决定.

霍尔效应可用带电粒子在磁场中运动时受到洛伦兹力的作用来解释. 如图 8-27 所示,设导体载流子(运动电荷)电量 q 为负,载流子密度为 n,载流子平均漂移速度为 v,它们在洛伦兹力 $F_{\mathrm{m}}=qvB$ 作用下向下侧运动,结果下侧面 a 面带负电,上侧面 b 面带正电,并在板内形成不断增大的横向电场 E(称为霍尔电场),从而使载流子又受到一个与洛伦兹力方向相反的电场力 $F_{\mathrm{e}}=qE$,直到霍尔电场力与洛伦兹力相等时,后续的载流子才不再继续做侧向运动,故在平衡时有

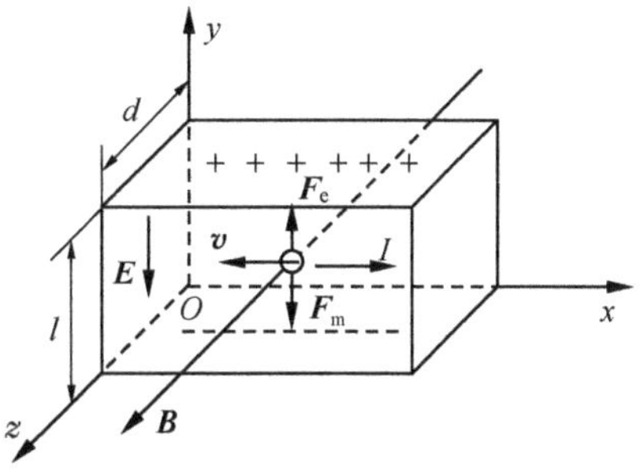

图 8-27 载流子的霍尔效应

$$qvB = qE$$

即霍尔电场的大小为

$$E = vB$$

故霍尔电压为

$$U_{\mathrm{H}} = El = vBl$$

根据电流强度定义可求得

$$I = nqvS = nqvld$$

式中,$S=ld$ 为沿电流方向的横截面积,从上式中消去 v,求得霍尔电势差

$$U_{\mathrm{H}} = \frac{IB}{nqd} = R_{\mathrm{H}} \frac{IB}{d}$$

由此得霍尔系数

$$R_{\mathrm{H}} = \frac{1}{nq} \tag{8-33}$$

通过对霍尔系数的实验测定,可以判定导电材料的性质,对于金属来说,载流子浓度 n 一般很大(约 $10^{30}\,\mathrm{m}^{-3}$),因此金属的霍尔系数很小,霍尔效应不明显. 但半导体的 n 较小(约 $10^{15}\,\mathrm{m}^{-3}$),故能产生较大的霍尔电压,从而使霍尔效应有了实用价值. 例如,半导体的载流子浓度 n 受温度、杂质的影响很大,而且载流子可以是电子或是空穴,于是霍尔效应就为研究半导体材料的性质(如判别导电类型,确定载流子浓度与温度、杂质等因素的关系),提供了有力的手段. 此外,利用半导体制成的霍尔片也可用来测量磁场、电流及温度等量,具有简单、迅速、准确等优点.

例 8-9 在霍尔效应中,导体长 4.0cm,宽 1.0cm,厚 1.0×10^{-3}cm,沿长度方向载有 3A 的电流,当磁感应强度为 1.5T 的磁场垂直地通过该导体时,产生 1.0×10^{-5}V 的横向霍尔电压 U(在宽度两侧),如图 8-28 所示. 试求:

(1) 载流子的漂移速率;

(2) 每立方米载流子的数目;

(3) 设载流子带正电,就给定的电流和磁场方向,确定霍尔电压的极性.

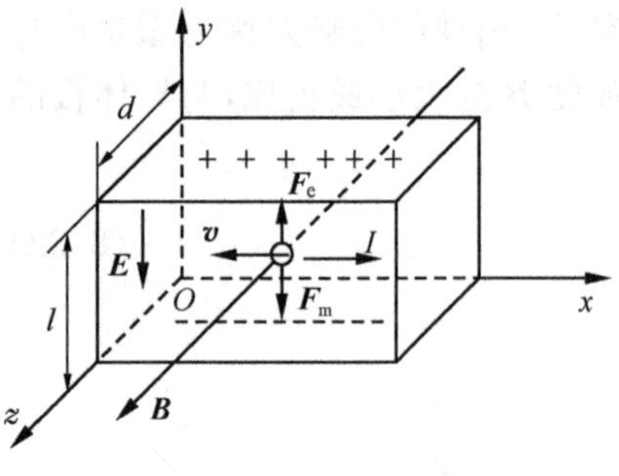

图 8-28　例 8-9 图

解　为了描述和分析的方便，首先以磁感应强度的方向作为 y 轴，以电流方向为 x 轴构造如图 8-28 所示的直角坐标系.

(1) 载流子在导体中运动时，受到磁场的洛伦兹力及霍尔电场的电场力作用. 在稳恒状态下，载流子受到的洛伦兹力和电场力相互平衡，即

$$F_e = F_m$$

若设载流子的漂移速率为 v，则有

$$eE = evB$$

故载流子的漂移速度为

$$v = \frac{E}{B} = \frac{U}{Bl} = \frac{1\times10^{-5}}{1.5\times1\times10^{-2}} = 6.7\times10^{-4}(\text{m/s})$$

(2) 由电流公式 $I=nveS$ 及截面面积 $S=ld$ 可得，每立方米中载流子的数目为

$$n = \frac{I}{evS} = \frac{I}{evld}$$

$$= \frac{3}{1.6\times10^{-19}\times6.7\times10^{-4}\times1\times10^{-2}\times1\times10^{-5}}$$

$$= 2.8\times10^{29}(\text{m}^{-3})$$

(3) 霍尔电势差的极性与图示方向相反，如图 8-28 所示.

复习思考题

8-13　如思考题 8-13 图所示，a、b、c、d、e 是从 O 点发出的一些带电粒子的轨迹，试问：

(1) 哪些轨迹是属于带正电的粒子？

(2) 哪些轨迹是属于带负电的粒子？

(3) a、b、c 三条表示同种粒子的轨迹中，哪条轨迹表示的带电粒子速度(动能)最大？哪条最小？

8-14　一电荷 q 在匀强磁场中运动，判断下列说法是否正确，并说明理由.

(1) 只要电荷运动速度的大小不变，它朝任何方向运动时所受的洛伦兹力都相等；

(2) 在速度不变的前提下，电荷量 $+q$ 改变为 $-q$，它所受的力也反向，而大小不变.

8-15　一根长直载流导线周围有非匀强磁场，今有一带正电粒子平行于导线方向射入这个磁场中，它此后的运动将是怎样的？轨迹如何？试定性说明.

8-16　半导体样品通过的电流为 I，放在磁场 B 中，如思考题 8-16 图所示，实验中测得霍尔电压 $U_{ab}<0$，此半导体是 n 型的还是 p 型的？

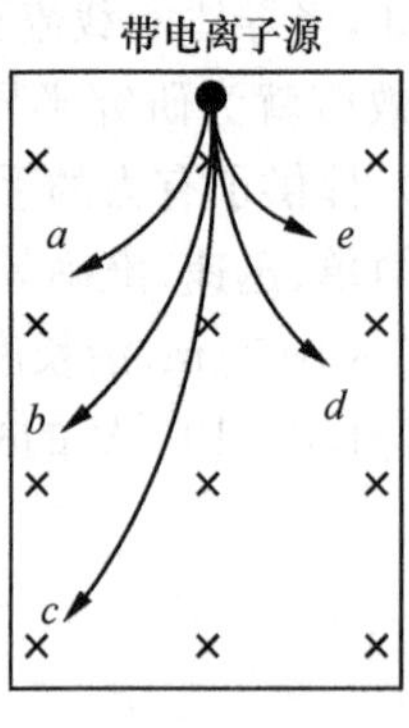

思考题 8-13 图

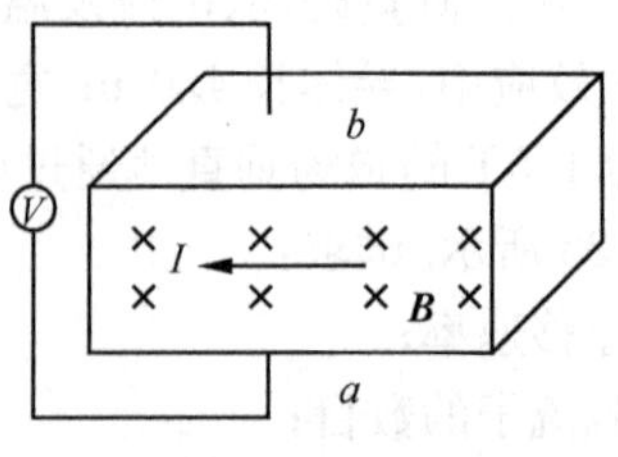

思考题 8-16 图

8.6　磁场中的磁介质

物体是由原子(分子)构成的,原子中有运动着的电子,当把物质放进磁场中时,由于物质中运动粒子受磁力的作用而使物质的性质发生了变化,这样的变化过程称为磁化,放在磁场中的物质能被磁化,同时磁化以后的物质反过来又影响磁场,这样的物质称为磁介质,实际上自然界中的任何物质都是磁介质.

8.6.1　磁介质的分类

实验表明,不同物质对磁场的影响是不一样的,而且差异很大.我们设想真空中的磁场原来的磁感应强度为 $\boldsymbol{B}_0$,那么在介质中总的磁感应强度应是 $\boldsymbol{B}_0$ 和由于磁介质的存在而产生的附加磁场的磁感应强度 $\boldsymbol{B}'$ 的矢量和,即

$$\boldsymbol{B}=\boldsymbol{B}_0+\boldsymbol{B}' \tag{8-34}$$

为了准确研究磁介质对磁场的影响,我们可以设想作一个长直螺线管,先让管内真空,沿导线通入电流,其管内磁感应强度可以测得为 $\boldsymbol{B}_0$,如图 8-29(a)所示,然后在管内充入各向同性的磁介质材料,在保证电流 I 不变的情况下,测得其管内的磁感应强度为 $\boldsymbol{B}$,实验研究表明其二者关系为

$$\boldsymbol{B}=\mu_r\boldsymbol{B}_0 \tag{8-35}$$

式中,μ_r 为磁介质的相对磁导率,它反映介质磁化后对磁场的影响程度.

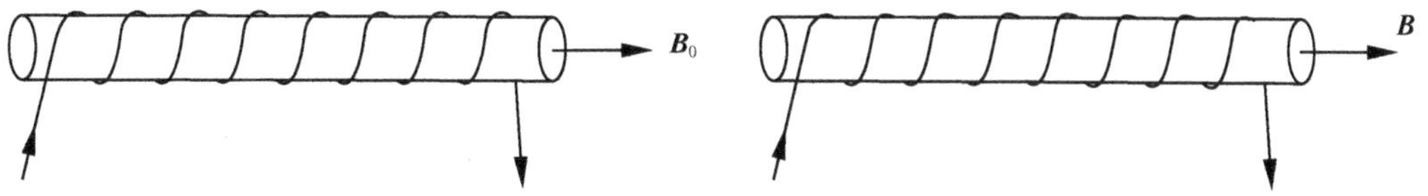

(a)　　　　　　　　(b)

图 8-29　长直螺线管磁场

对于不同的磁介质,其相对磁导率也是不同的,按照 μ_r 大小的不同,可以将磁介质分成三类.

(1) 顺磁质:对于顺磁质,$\mu_r>1$,这时放入磁介质以后的磁感应强度 $\boldsymbol{B}$ 大于真空时的磁感应强度 $\boldsymbol{B}_0$,即顺磁质产生的附加磁场 $\boldsymbol{B}'$ 与原磁场 $\boldsymbol{B}_0$ 的方向相同,如锰、铬、铂、氧、氮等.

(2) 抗磁质:对于抗磁质,$\mu_r<1$,这时放入磁介质以后的磁感应强度 $\boldsymbol{B}$ 小于真空时的磁感应强度 $\boldsymbol{B}_0$,即抗磁质产生的附加磁场 $\boldsymbol{B}'$ 与原磁场 $\boldsymbol{B}_0$ 的方向相反,如金、银、铜、铅、锌、水银、氯、氢、硫等.

对于顺磁质和抗磁质来说,它们的相对磁导率 μ_r 与 1 比较接近,也就是说附加磁场的磁感应强度 $\boldsymbol{B}'$ 比较小,对原磁场的影响比较弱,所以把这两类磁介质统称为弱磁性物质.

(3) 铁磁质:对于铁磁质,$\mu_r\gg1$,即铁磁质产生的附加磁场 $\boldsymbol{B}'$ 与原磁场 $\boldsymbol{B}_0$ 方向相同,且 $\boldsymbol{B}'$ 比 $\boldsymbol{B}_0$ 大得多,可以达到上千倍,对磁场的影响比较强,如铁、镍、钴、铁氧体等.

部分磁介质的相对磁导率和磁化率如表 8-2 所示.

表 8-2　部分常见磁介质的相对磁导率和磁化率

物质	温度/℃	μ_r	$\chi_m/10^{-5}$	物质	温度/℃	μ_r	$\chi_m/10^{-5}$
真空		1	0	汞	20	0.999971	−2.9
空气	标准状态	1.000000	0.04	银	20	0.999974	−2.6
铂	20	1.000260	26.00	铜	20	0.999900	−1.0
铝	20	1.000022	2.20	碳(金刚石)	20	0.999979	−2.1
钠	20	1.000007	0.72	铅	20	0.999982	−1.8
氧	标准状态	1.000001	0.19	岩盐	20	0.999986	−1.4

注：其中$\chi_m=\mu_r-1$，称为磁化率，对于顺磁质，磁化率$\chi_m>0$；抗磁质，$\chi_m<0$；铁磁质，$\chi_m\gg 0$.

8.6.2　顺磁质和抗磁质的微观解释

物质的磁性可以用分子电流予以解释.

任何物质都是由原子或分子构成的，分子或原子中的每一个电子都参与了绕原子核的轨道运动和绕自己轴的自旋运动.轨道运动可以看成一圆形电流，具有一定的轨道磁矩，自旋运动有相应的自旋磁矩，一个分子磁矩，是它包括的所有电子的磁矩的矢量和，称为分子磁矩，用$\boldsymbol{p}_m=I_{分}S\boldsymbol{n}$，其中$I_{分}$为分子环流的电流，$S$为环流包围的面积，$\boldsymbol{n}$是环流的法线方向正向的单位矢量(图 8-30).

对于顺磁质来讲，在没有外磁场作用时，是不具有磁性的，因为每个分子虽然具有一定的磁性，但对于整个物体来讲，由于分子的无规则热运动，各分子磁矩的取向是无规则的，在任一宏观体积内，所有分子磁矩的矢量和为零，故顺磁质对外不呈现磁性. 处于未被磁化的状态，如图 8-31(a)所示.

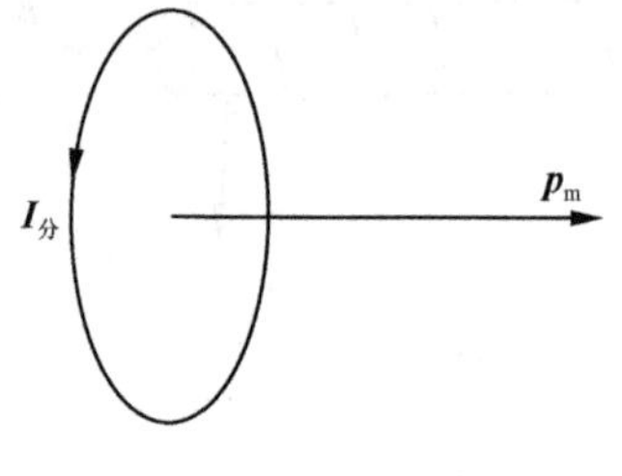

图 8-30　分子磁矩

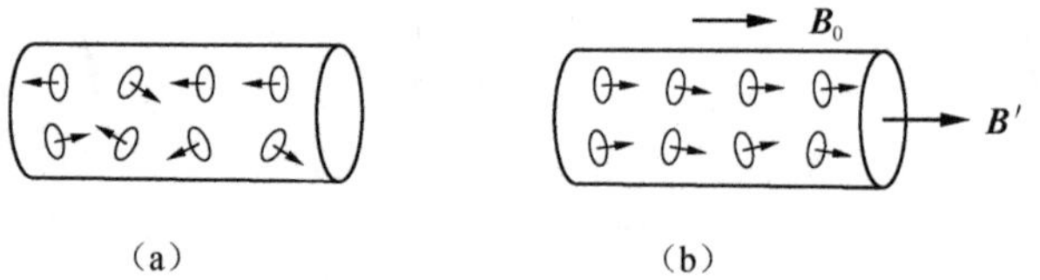

图 8-31　分子磁矩的取向

而当磁介质在磁场$\boldsymbol{B}_0$的作用下时，由于分子固有磁矩受外磁场$\boldsymbol{B}_0$的作用，各分子的磁矩要克服热运动的影响而转向与$\boldsymbol{B}_0$相同的方向，如图 8-31(b)所示，而且外磁场越大，分子磁矩的排列越整齐，各分子的磁矩将沿磁场$\boldsymbol{B}_0$方向产生一附加磁场$\boldsymbol{B}'$，其方向和$\boldsymbol{B}_0$方向相同，对于顺磁质来讲，其内部的磁感应强度为$\boldsymbol{B}=\boldsymbol{B}_0+\boldsymbol{B}'$，且$\boldsymbol{B}=\boldsymbol{B}_0+\boldsymbol{B}'>\boldsymbol{B}_0$.

对于抗磁质来讲，虽然每一分子的磁矩不为零，但在没有外磁场作用时，抗磁质内所有分子的总磁矩为零，因而也不呈现磁性.

将抗磁质放入外磁场中时，由于电子受到径向的洛伦兹力的作用，电子的运动角速度ω越来越大，且$\Delta\boldsymbol{\omega}$的方向和$\boldsymbol{B}_0$的方向相同；如图 8-32(a)所示，所以由此产生的附加磁矩$\Delta\boldsymbol{p}_m$的方向总是与$\boldsymbol{B}_0$的方向相反，这时处于外磁场中的抗磁质分子，其磁矩不再是零，而是出现了一个与外磁场$\boldsymbol{B}_0$方向相反的附加磁矩，从而在抗磁质中产生一磁场方向与$\boldsymbol{B}_0$相反的附加磁场，于是抗磁质内$\boldsymbol{B}=\boldsymbol{B}_0+\boldsymbol{B}'$，且$B=B_0-B'<B_0$.

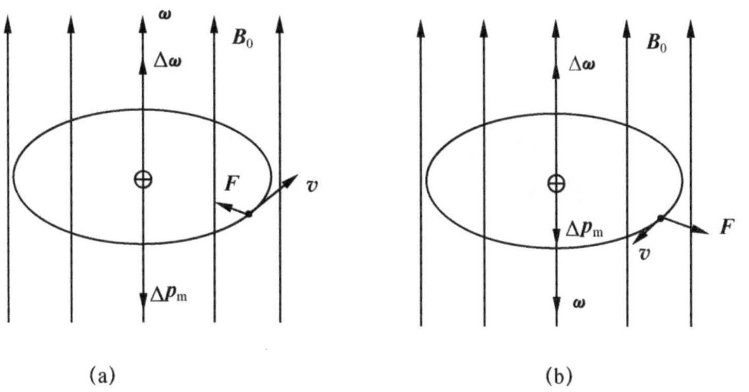

图 8-32 顺磁性与抗磁性的解释

相比较于抗磁质，在顺磁质中也会产生这种和抗磁质一样的附加磁矩 $\Delta \boldsymbol{p}_m$，但由于在顺磁质中分子磁化而产生的总磁矩 $\boldsymbol{p}_m$ 比附加磁矩 $\Delta \boldsymbol{p}_m$ 大得多，所以起主要作用的是总磁矩 $\boldsymbol{p}_m$，忽略了附加磁矩 $\Delta \boldsymbol{p}_m$ 对顺磁质的影响.

磁介质磁化以后，不论是顺磁质还是抗磁质，其内部的分子磁矩的取向发生了变化，使得宏观无限小的体积内分子的磁矩的矢量和不再是零，产生了附加磁矩，而且外磁场越大，产生的附加磁矩也越大，附加磁场 $\boldsymbol{B}'$ 越大.

8.6.3 磁化电流

由于分子的磁效应可以用一个分子电流来表示，所以磁化程度和分子电流之间必然存在一定的关系.

考虑在无限长直载流螺线管中充满均匀磁介质，通电以后，管内将产生均匀磁场，磁介质将会被磁化，在磁介质的任一截面上，分子电流如图 8-33 所示.

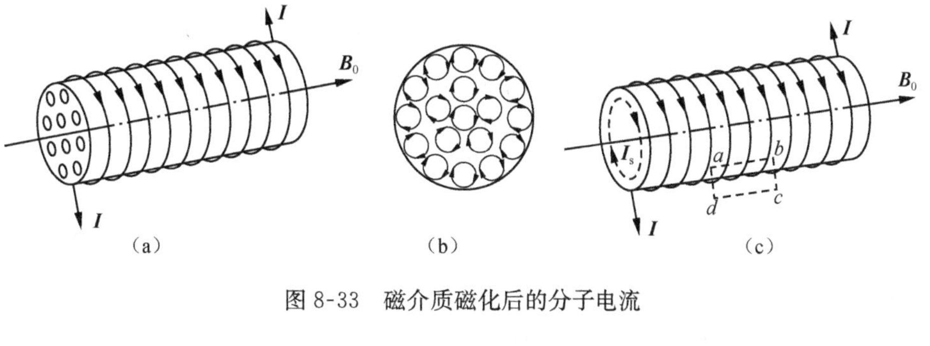

图 8-33 磁介质磁化后的分子电流

由于电子环流绕向一致，且宏观上介质均匀分布，在磁介质内部的任一点，相邻的分子电流总是成对而反向的，因而互相抵消，只在圆柱体磁介质横截面边缘上，各点的分子电流不能抵消，结果在圆柱体磁介质表面上形成流动的圆电流，其方向取决于磁介质的类型. 对于顺磁质，圆电流方向和传导电流方向相同，而对于抗磁质，圆电流方向和传导电流方向相反；圆电流常称为磁化电流也叫束缚电流，用 I_s 表示.

由于磁场的作用，磁介质在磁场中发生了磁化，产生了磁化电流，磁化电流反过来又影响磁场的分布，这时磁介质中的任一点的磁感应强度 $\boldsymbol{B}$ 应是传导电流产生的磁场 $\boldsymbol{B}_0$ 和磁化电流产

生的磁场 $\boldsymbol{B}'$ 的矢量和，即

$$\boldsymbol{B} = \boldsymbol{B}_0 + \boldsymbol{B}'$$

1. *有磁介质时的磁场高斯定理*

理论和实践证明：不论是传导电流还是磁化电流，其在空间产生的磁场的磁感应线都是一些无头无尾的闭合曲线，所以对于磁场中的任意曲面 S，均有

$$\oint \boldsymbol{B}_0 \cdot \mathrm{d}\boldsymbol{S} = 0,\quad \oint \boldsymbol{B}' \cdot \mathrm{d}\boldsymbol{S} = 0$$

对于有磁介质的空间来讲，总有

$$\oint \boldsymbol{B} \cdot \mathrm{d}\boldsymbol{S} = \oint (\boldsymbol{B}_0 + \boldsymbol{B}') \cdot \mathrm{d}\boldsymbol{S} = 0 \tag{8-36}$$

上式说明：不论是否存在磁介质，磁场的高斯定理总是成立的.

2. *有磁介质时的磁场安培环路定理*

由于在磁场中磁介质发生了磁化，产生了磁化电流，这时介质中的磁场是传导电流和磁化电流共同产生的，所以有

$$\oint \boldsymbol{B} \cdot \mathrm{d}\boldsymbol{l} = \oint \boldsymbol{B}_0 \cdot \mathrm{d}\boldsymbol{l} + \oint \boldsymbol{B}' \cdot \mathrm{d}\boldsymbol{l} = \mu_0 \sum (I + I_s)$$

式中，$\sum (I + I_s)$ 是闭合回路包围的传导电流和束缚电流的代数和.

由于磁介质表面的束缚电流难以测量，在均匀各向同性磁介质中，令

$$\mu = \mu_0 \mu_r$$

式中，μ 称为磁介质的磁导率，对各向均匀磁介质，可引入磁化强度，$\boldsymbol{H} = \dfrac{\boldsymbol{B}}{\mu}$，可以证明磁场中的环路定理可写作

$$\oint \boldsymbol{H} \cdot \mathrm{d}\boldsymbol{l} = \sum I$$

和前边电场中引入的电位移 $\boldsymbol{D}$ 一样，磁场强度 $\boldsymbol{H}$ 也是为了描述磁介质中的磁场而引入的一个辅助量，只是由于历史的原因，$\boldsymbol{H}$ 称为磁场强度，$\boldsymbol{B}$ 称为磁感应强度；但在有磁介质的情况下，利用 $\boldsymbol{H}$ 求解问题比较方便，这是因为 $\boldsymbol{H}$ 和磁介质无关而 $\boldsymbol{B}$ 与磁介质有关而已.

8.6.4　铁磁质

相对于顺磁质和抗磁质对磁场影响不太大的情况，铁磁质的突出特点是磁化以后产生的附加磁场特别强，它的相对磁导率 μ_r 不仅很大(在 $10^2 \sim 10^6$ 甚至更大)，而且还与外磁场，磁化的历史等因素有关，因而在实际中经常用到，如电磁铁、电机、变压器和电表的线圈中都放置了铁磁性物质，其磁化规律用一般的磁化理论是无法说明的.

1. *磁化规律　磁滞回线*

用待测的铁磁质为芯做长直螺线管，其单位长度线圈匝数为 n，通以传导电流 I 时，管内磁场强度 $\boldsymbol{H}$($\boldsymbol{H}$ 称为磁场强度，且对各向同性磁介质 $\boldsymbol{B} = \mu_0 \mu_r \boldsymbol{H}$)的大小为 $H = nI$，用仪器同时还可测量出铁磁质磁化时的磁场强度 $\boldsymbol{H}$ 和此时的磁感应强度 $\boldsymbol{B}$，逐步改变电流的大小，测出相应的磁感应强度 B 值，描绘出铁磁质磁化规律的 B-H 曲线，如图 8-34 所示 .

开始时，传导电流 $I = 0$，$H = 0$，铁磁质未被磁化，此时 $B = 0$，随着电流的增大，相应地 $H =$

nI 也按比例增大，实验发现，磁感应强度的大小 B 值先是缓慢地增加，如图 8-34 中的 Oa 段，然后 B 值随 H 值的增大而急剧增加，如 ab 段；但过 b 点以后，B 的增大又缓慢起来，当经过 c 点以后，再增加 H，B 值几乎不再增加，这表明铁磁质的磁化达到了饱和状态，这样的一段 B-H 曲线，通常称为铁磁质的饱和磁化曲线，饱和值 B_S 称为饱和磁感应强度. 可以看出，B-H 曲线不是线性曲线，若按 $B=\mu H$ 定义磁导率，则对于铁磁质来说，磁导率 μ 不是常量，而是随磁场强度 H 的变化而变化的，如图 8-35 所示.

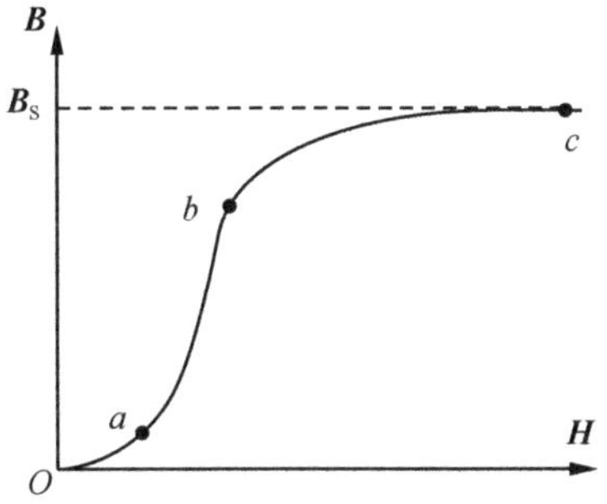

图 8-34 铁磁质的 B-H 曲线

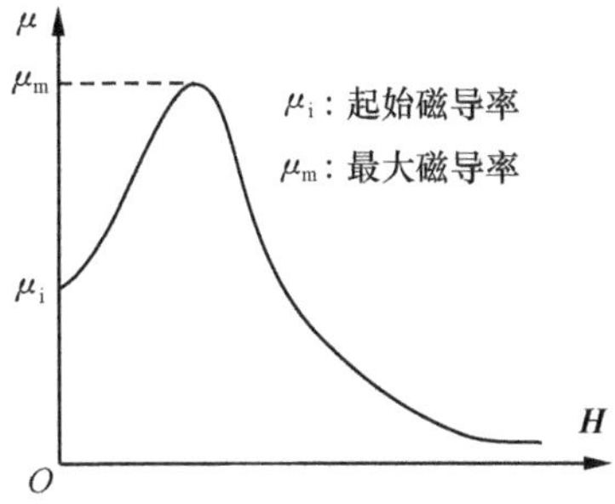

图 8-35 磁导率随磁场强度 H 变化曲线

值得注意的是，当铁磁质达到饱和以后，如果逐步减小电流，磁场强度 $\boldsymbol{H}$ 也随之减小，磁感应强度 B 也随着 H 的减小而减小，但并不沿原来的磁化曲线减小，而是沿另一条曲线 SR 下降，如图 8-36 所示，当电流为零时，此时 $H=0$，铁芯中的磁感应强度 $\boldsymbol{B}$ 的大小并不为零，而是保留一定的值 B_r，B_r 称为剩磁. 为了消除剩磁，使铁芯中的磁场变为零，必须通以反向电流，使铁芯中产生一反向磁场，只有当 $H=-H_c$ 时，铁芯中的磁场完全消失，此时 $B=0$，通常将反向磁场强度 H_c 称为矫顽力，从具有剩磁的 R 态到完全退磁的 c 态这一段 B-H 曲线，称为退磁曲线，这时如果继续增大反向磁场，则铁磁质被反向磁化，直到达到反向饱和状态 S'. 一般情况下，反向饱和的磁感应强度大小和正向饱和时一样. 此后若逐渐减小反向电流，反向磁场 H 也逐步减小到零，然后继续沿正向增加，将继续沿 $S'R'c'S$ 达到正向饱和状态 S，构成了一个具有方向性的闭合曲线，称为磁滞回线，如图 8-36 所示，所谓磁滞，是指铁磁芯中磁化状态的变化总是落后于外加磁场的变化，总而言之，铁磁质的特性是高 μ 值、非线性、磁滞.

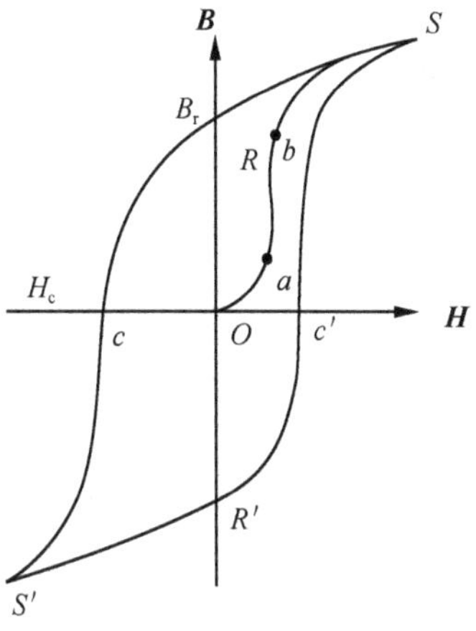

图 8-36 磁滞回线

2. 铁磁质的种类

不同的铁磁质，其磁滞回线有很大的不同；按照铁磁质矫顽力 H_c 的不同，铁磁质可以分为软磁材料和硬磁材料，其中软磁材料矫顽力较小，剩磁 B_r 容易被消除，磁滞回线呈细长形，面积小，故在交变磁场中，磁滞损耗较小(图 8-37(a))，像软铁、硅钢片等软磁材料适用于交变磁场，特别是高频磁场中. 硬磁材料矫顽力较大，剩磁 B_r 难于消除，磁化以后常保留很强的磁性，磁滞损耗较大，如图 8-37(b)所示，像钴、钢、碳钢、铁氧体等，适合于作永久磁铁.

特别像铁氧体，其磁滞回线是近似矩形的，常常可以用来制作电子计算机中存储元件的环形磁芯，如图 8-37(c)所示.

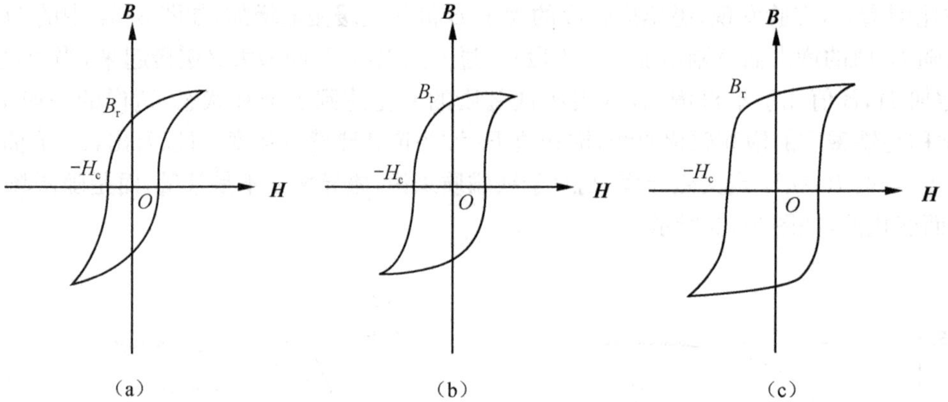

图 8-37　不同铁磁质的磁滞回线

铁磁质在航天、电子仪表、医疗技术等方面有广泛的应用,还可作成永久磁铁.

3. 铁磁质的磁化机理　磁畴

铁磁质的磁性主要来源于电子的自旋磁矩,由近代物理的理论可以知道,相邻的电子磁矩之间存在着很强的"交换耦合"作用.这种作用使得铁磁质在没有外场的情况下,自旋磁矩能在一个个微小的区域内"自发地"整齐排列起来,形成自发的磁化小区,称为**磁畴**,如图 8-38 所示;磁畴的大小在 $10^{-12}\sim10^{-8}\text{m}^3$,包含 $10^{17}\sim10^{21}$ 个原子,各原子的磁矩排列很整齐,有很强的磁性,这称为**自发磁化**,但在整个铁磁质中,由于各个磁畴的方向各不相同,因而整个铁磁质对外并不呈现磁性,而当铁磁质置于外场中时,那些磁畴方向与外磁场方向成小角度的磁畴的体积,随着外磁场的增大而增大,而另外一些自发磁化方向与外磁场方向成大角度的磁畴的体积会随外磁场的增大反而减小,这时铁磁质对外也显示出宏观磁性来,当外磁场继续增强,磁畴的磁化方向将在不同程度上转到外磁场的方向,直到铁磁质中所有的磁畴都沿外磁场的方向排列,这时铁磁质达到了饱和,它所产生的附加磁场 $\boldsymbol{B}'$ 值比外磁场 $\boldsymbol{B}_0$ 要大几十倍到数千倍,具有很大的磁化率和磁导率.

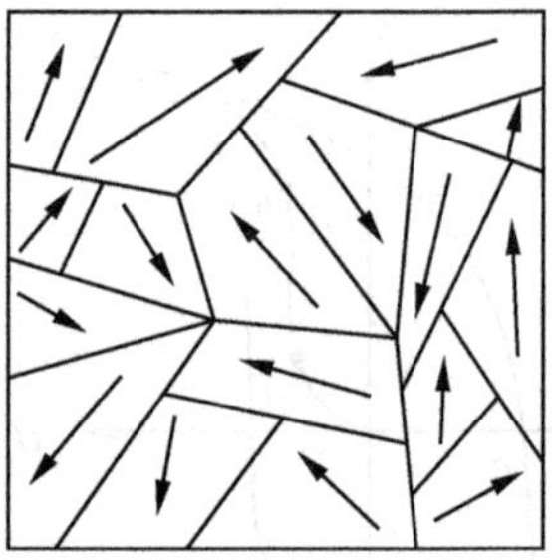

图 8-38　磁畴

去掉磁场以后,由于铁磁质中存在的杂质和内应力等作用,各个磁畴之间存在"摩擦",阻碍磁畴在外场去掉以后重新回到原来的状态,所以铁磁质有很大的剩磁.

值得注意的是,各种铁磁质性质会随温度发生变化,居里发现,各种铁磁质都有一定的临界温度 T_C,称为**居里温度(或称居里点)**,当铁磁材料的温度低于居里温度时,材料具有铁磁质上述的全部性质,然而当温度高于居里温度时,由于分子剧烈的热运动,磁畴便会瓦解,此时铁磁质的各种性质都会消失,铁磁质便转化成一般的顺磁质.一些铁磁质的居里温度是:钝铁的为 1040K,镍的为 1311K,钴的为 1338K,硅钢(含硅 4%)的为 963K,45 度莫合金(合镍 45%)的为 710K,铁氧体的为 370～870K.

复习思考题

8-17　为什么一块永磁体落到地板上就可能部分退磁.

8-18　试根据铁磁质的磁滞回线,说明铁磁质有什么特点和用途?

习　题

8-1　选择题.

(1) 四条互相平行的载流长直导线中的电流均为 I,如习题 8-1(1)图所示.正方形的边长为 a,正方形中心 O 处的磁感应强度的大小为(　　).

(A) $\dfrac{2\sqrt{2}\mu_0 I}{\pi a}$　　(B) $\dfrac{\sqrt{2}\mu_0 I}{\pi a}$　　(C) $\dfrac{2\sqrt{2}\mu_0 I}{2\pi a}$　　(D)0

(2) 如习题 8-1(2)图中六根无限长直导线互相绝缘,通过的电流均为 I,区域Ⅰ、Ⅱ、Ⅲ、Ⅳ均为相等的正方形,则指向纸面内磁通量最大的区域为(　　).

(A) Ⅰ　　(B) Ⅱ　　(C) Ⅲ　　(D) Ⅳ

(3) 如习题 8-1(3)图(a)、(b)中各有一半径相同的圆形回路 L_1 和 L_2,回路内有电流 I_1 和 I_2,其分布相同且均在真空中,但(b)图中 L_2 回路外还有电流 I_3,P_1、P_2 为两圆形回路上的对应点,则有(　　).

(A) $\oint_{L_1} \boldsymbol{B}\cdot \mathrm{d}\boldsymbol{l}=\oint_{L_2} \boldsymbol{B}\cdot \mathrm{d}\boldsymbol{l}, B_{P_1}=B_{P_2}$　　(B) $\oint_{L_1} \boldsymbol{B}\cdot \mathrm{d}\boldsymbol{l}\neq\oint_{L_2} \boldsymbol{B}\cdot \mathrm{d}\boldsymbol{l}, B_{P_1}=B_{P_2}$

(C) $\oint_{L_1} \boldsymbol{B}\cdot \mathrm{d}\boldsymbol{l}\neq\oint_{L_2} \boldsymbol{B}\cdot \mathrm{d}\boldsymbol{l}, B_{P_1}\neq B_{P_2}$　　(D) $\oint_{L_1} \boldsymbol{B}\cdot \mathrm{d}\boldsymbol{l}=\oint_{L_2} \boldsymbol{B}\cdot \mathrm{d}\boldsymbol{l}, B_{P_1}\neq B_{P_2}$

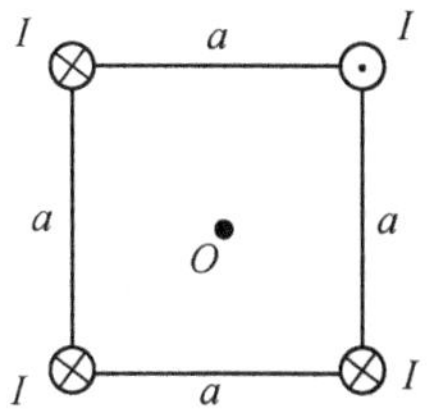

习题 8-1(1)图

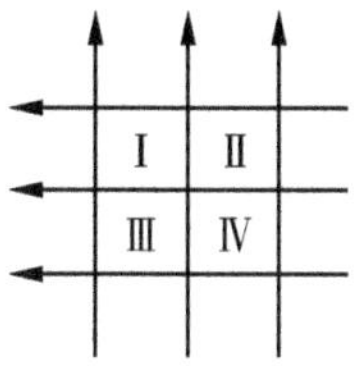

习题 8-1(2)图

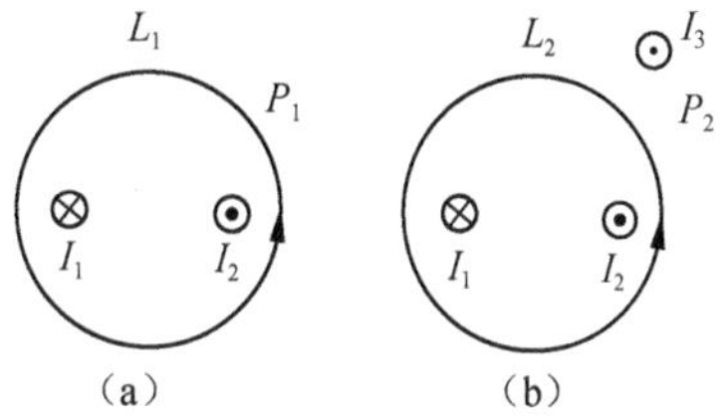

习题 8-1(3)图

(4) 在无限长载流导线附近作一个球形闭合曲面 S,如习题 8-1(4)图所示.当 S 面向长直导线靠近时,穿过 S 面的磁通量 Φ_m 和面上各点磁感应强度的大小将(　　).

(A) Φ_m 增大,B 也增大　　(B) Φ_m 增大,B 不变

(C) Φ_m 不变,B 不变　　(D) Φ_m 不变,B 增大

(5) 如习题 8-1(5)图所示,长直电流 I_2 与圆形电流 I_1 共面,并与直径重合,两者绝缘.设长直电流固定,则圆形电流受安培力作用而(　　).

(A) 绕 I_2 旋转　　(B) 向左运动　　(C) 向右运动　　(D) 不动

(6) 均匀电场 E 与均匀磁场 B 相互垂直,如习题 8-1(6)图所示,若使电子在该区中做匀速直线运动,则电子的速度方向应沿着(　　).

(A) y 轴正方向　　(B) z 轴正方向　　(C) z 轴负方向　　(D) x 轴负方向

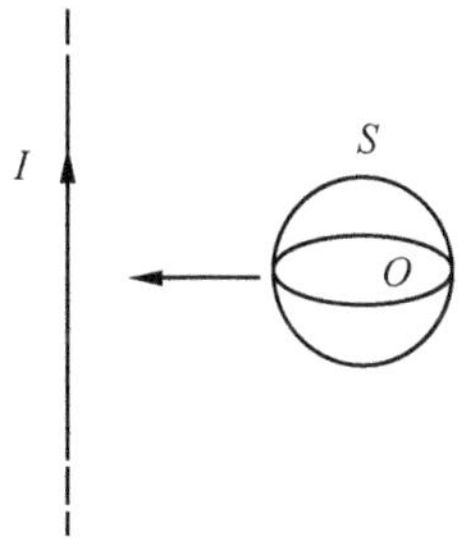

习题 8-1(4)图

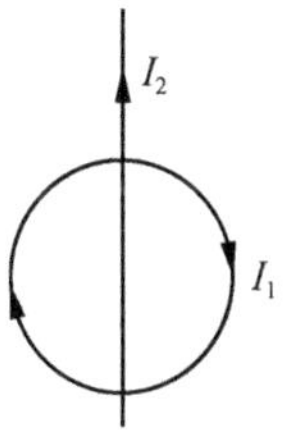

习题 8-1(5)图

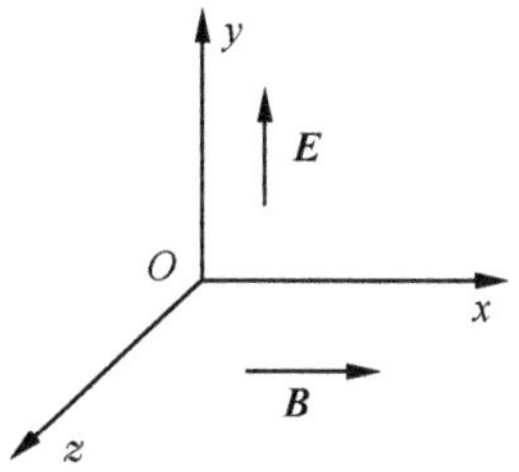

习题 8-1(6)图

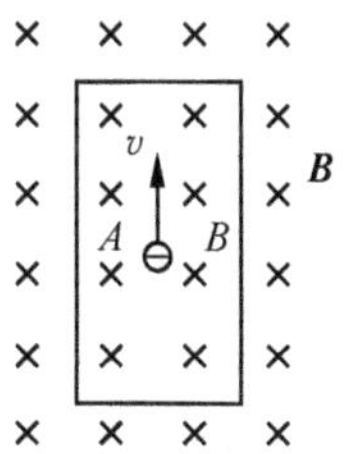

习题 8-1(7)图

(7) 一铜板放在均匀磁场中通以电流，v 为电子运动的速率，如习题 8-1(7)图所示，则对于铜板左右两侧的 A、B 两点，有(　　).

(A) $U_A>U_B$　　(B) $U_A<U_B$　　(C) $U_A=U_B$　　(D) 无法判定

(8) 载电流为 I、磁矩为 p_m 的线圈，置于磁感应强度为 $\boldsymbol{B}$ 的均匀磁场中. 若 p_m 与 $\boldsymbol{B}$ 的方向相同，则通过线圈的磁通量 Φ_m 与线圈所受的磁力矩 M 的大小为(　　).

(A) $\Phi=IBp_m, M=0$　　(B) $\Phi=\frac{Bp_m}{I}, M=0$

(C) $\Phi=IBp_m, M=Bp_m$　　(D) $\Phi=\frac{Bp_m}{I}, M=Bp_m$

8-2　填空题.

(1) 在匀强磁场 $\boldsymbol{B}$ 中，有一个开口的袋形曲面，袋口是半径为 r 的圆平面，其法线 $\boldsymbol{n}$ 与 $\boldsymbol{B}$ 成 θ 角，如习题 8-2(1)图所示，则通过袋形的曲面的磁通量 $\Phi_m=$________.

(2) 在无限长载流直导线右侧，有面积分别为 S_1 和 S_2 的两个矩形回路，两回路与载流长直导线共面，且矩形回路的一边与长直载流导线平行，如习题 8-2(2)图所示. 则通过面积 S_1 的磁通量与通过面积 S_2 的磁通量之比为________.

(3) 真空中两圆形电流如习题 8-2(3)图所示，对于图中所给出的环路来说，安培定理的表示式为：

(A) $\oint_{L_1}\boldsymbol{B}\cdot d\boldsymbol{l}=$________；　(B) $\oint_{L_2}\boldsymbol{B}\cdot d\boldsymbol{l}=$________；　(C) $\oint_{L_3}\boldsymbol{B}\cdot d\boldsymbol{l}=$________.

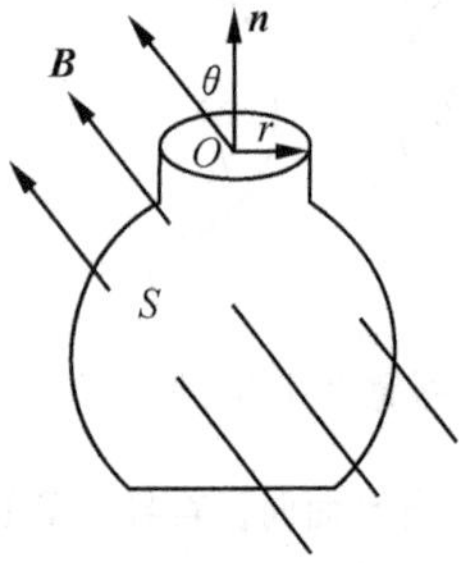

习题 8-2(1)图

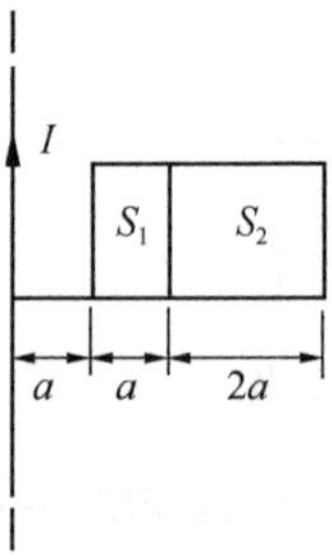

习题 8-2(2)图

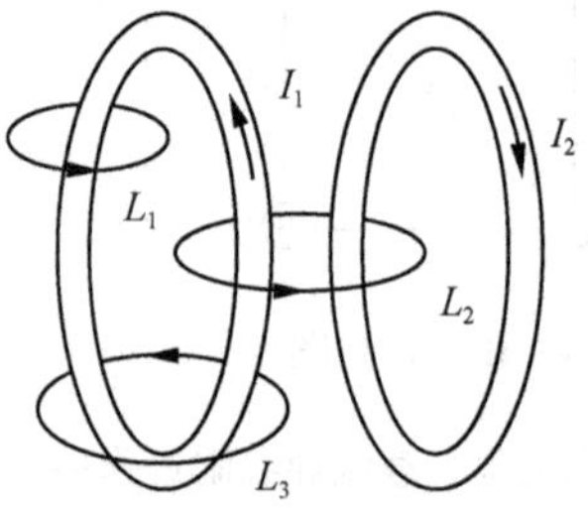

习题 8-2(3)图

(4) 如习题 8-2(4)图所示，一根弯成任意形状的导线，通有电流 I，置于垂直磁场的平面内，A、B 间的距离为 d，则此导线所受磁场力的大小为________，方向为________.

(5) 如习题 8-2(5)图所示，边长为 a，匝数为 N 的正方形线圈通以电流 I，放在磁感应强度为 B 的均匀磁场中，线圈平面与磁力线平行，则线圈的磁矩大小 $p_m=$________，线圈所受磁力矩大小 $M_m=$________.

(6) 铁磁质材料分为硬磁材料和软磁材料，适合做永久磁铁的是________；适合制造变压器铁芯的是________.

(7) 铁磁质对磁场的影响比较大，这是因为在铁磁质中存在________；当铁磁质的温度________时，铁磁质将会变成顺磁质.

(8) 习题 8-2(8)图表示三种不同磁介质的磁化曲线，则表示顺磁质的是曲线________；表示抗磁质的是曲线________；表示铁磁质的是曲线________.

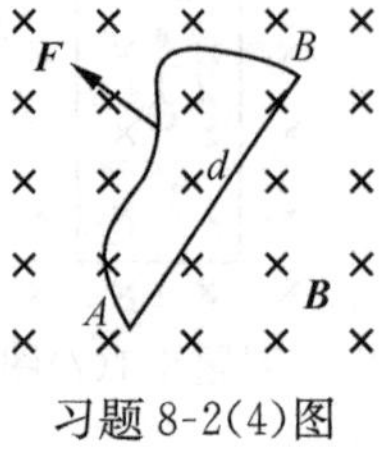

习题 8-2(4)图

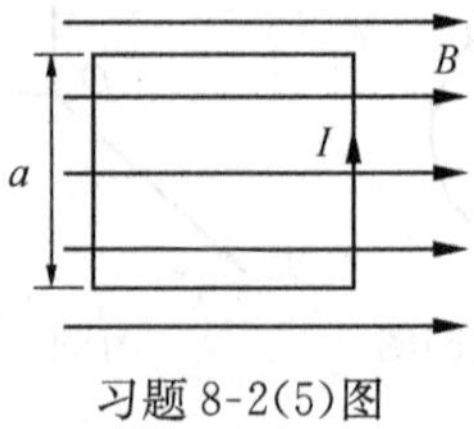

习题 8-2(5)图

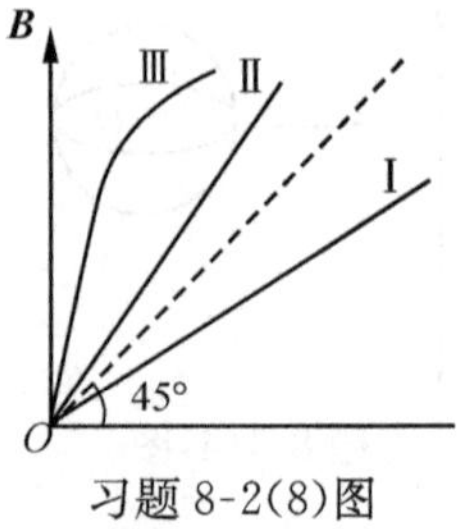

习题 8-2(8)图

8-3　在习题 8-3 图中标出的 I、a、r 为已知量，求各图中 P 点的磁感应强度的大小和方向.

(1) P 点在水平导线延长线上；

(2) P 点在半圆中心处；

(3) P 点在正三角形中心.

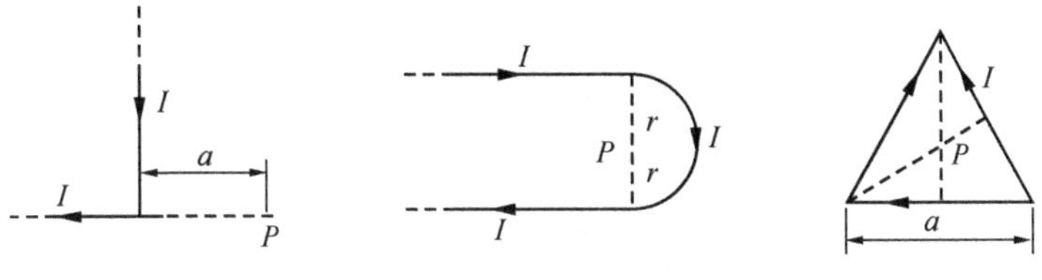

习题 8-3 图

8-4　如习题 8-4 图所示，在由圆弧导线 ACB 和直导线 BA 组成的回路中通电流 I，计算 O 点的磁感应强度(图中标出的 R、φ 为已知量).

8-5　一宽为 a 的无限长金属薄片，均匀地通有电流 I，P 点与薄片在同一平面内，同薄片近边的距离为 b，如习题 8-5 图所示，试求 P 点处的磁感应强度大小.

8-6　两根通有电流为 I 的导线沿半径方向引到半径为 r 的金属圆环上的 A、B 两点，电流方向如习题 8-6 图所示. 求环心 O 处的磁感应强度.

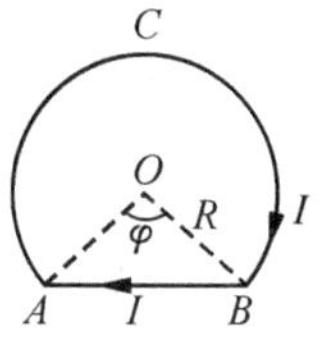

习题 8-4 图

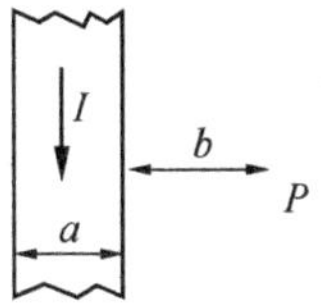

习题 8-5 图

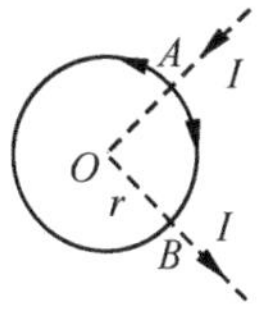

习题 8-6 图

8-7　质谱仪如习题 8-7 图所示，德姆斯特测定离子质量所用的装置. 离子源 S 产生一个质量为 m，电荷为 $+q$ 的离子，离子产生出来时基本上是静止的，离子源是气体正在放电的小室，离子产生出来后，被电场加速，再进入磁感应强度为 $\boldsymbol{B}$ 的磁场中，在磁场中，离子沿一半圆周运动后射到离入口缝隙 x 远处的照相底片上，并由照相底片把它记录下来，试证明离子的质量 m 可由下式给出：

$$m=\frac{B^2q}{8V}x^2$$

8-8　有两个与纸面垂直的磁场以平面 AA' 为界面，如习题 8-8 图所示，已知它们的磁感应强度的大小分别为 B 和 $2B$，设有一质量为 m，电荷量为 q 的粒子以速度 $\boldsymbol{v}$ 自下向上地垂直射达界面 AA'，试画出带电粒子运动的轨迹，并求出带电粒子运动的周期和沿分界面方向的平均速率.

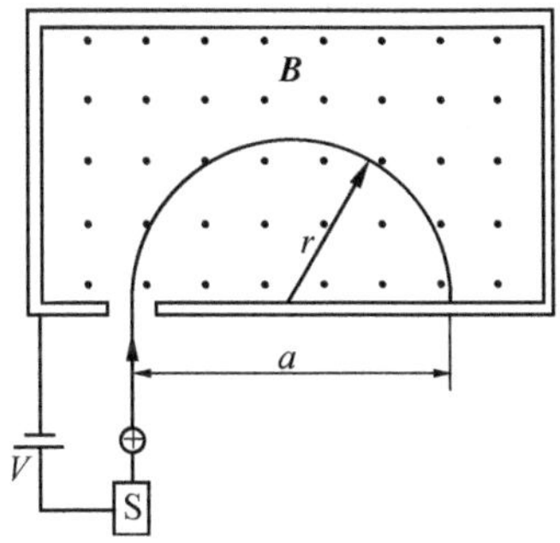

习题 8-7 图

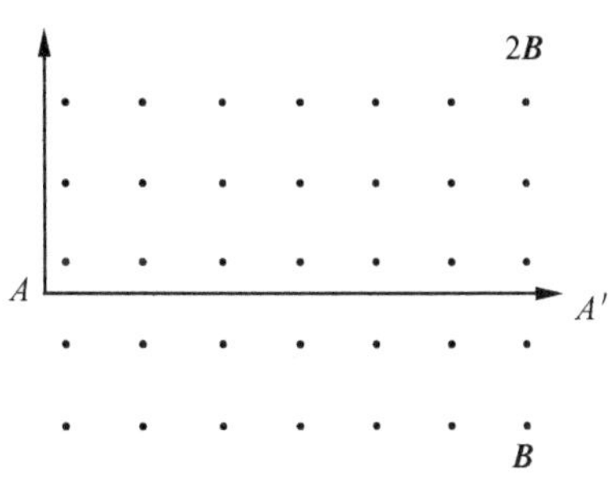

习题 8-8 图

第 9 章　电磁感应　电磁场

第 6～8 章我们讨论了不随时间变化的电场和磁场，现在进一步来研究随时间变化的电场和磁场之间的相互联系，即变化的磁场会激发电场，变化的电场也会激发磁场，电场和磁场是同一电磁现象的两个方面.

本章首先介绍电磁感应现象、法拉第定律和楞次定律，然后讨论动生电动势、感生电动势和自感、互感等电磁感应现象，分析磁场的能量及分布，最后给出电磁场所遵循的规律——麦克斯韦方程组. 通过讨论，认识电磁现象的本质及其变化的规律，建立起统一的电磁场的概念.

9.1　电磁感应的基本规律

电动势

9.1.1　电动势

一般地讲，当我们把电势不相等的导体用导线连接起来时，在导线中会有电流流过，像我们学过的电容器放电就是这样一个现象. 随着电流流动，两导体板上的电荷会逐渐减少，在极板之间不会形成静电场，要想实现极板间的电场的稳恒，必须让流到负极板的正电荷重新回到正极板，使极板上的电荷分布保持不变，以维持极板间的电场为稳恒电场. 但要想让正电荷从负极板回到正极板，靠静电场力是不能完成的，必须靠其他类型的力，这些力使正电荷从负极板回到正极板，这样的力统一称为非静电场力. 能够提供这种非静电场力的装置称为电源，如图 9-1 所示. 不同的电源非静电场力的性质是不一样的，如发电机中是电磁力，化学电池中的非静电力称为化学力等. 一般地，用 $\boldsymbol{F}_k$ 表示非静电场力，电源有正、负两个极，正极电势高于负极电势. 用导线联结正、负极时，就形成了闭合回路，出现了电流，在回路中，我们把电源以外的部分称为外电路，在电源内部，非静电力使电流逆着稳恒电场的方向由负极流向正极.

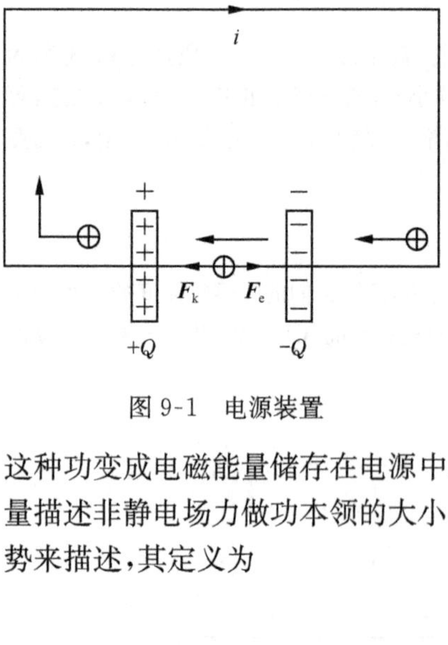

图 9-1　电源装置

在电源内部，非静电场力 $\boldsymbol{F}_k$ 在反抗静电力把正电荷从负极移到正极的过程，非静电场力 $\boldsymbol{F}_k$ 对于电荷做了功，这种功变成电磁能量储存在电源中. 不同的电源，非静电场力 $\boldsymbol{F}_k$ 做功的能力是不同的，为了定量描述非静电场力做功本领的大小，将电源把其他形式的能量转化成电能的本领，用电源的电动势来描述，其定义为

$$\mathscr{E} = \frac{A_{非}}{q} \tag{9-1}$$

式中，$A_{非}$ 表示电源内非静电场力把正电荷 q 从负极移到正极的过程中所做的功，(9-1)式的微分形式为

$$\mathscr{E} = \frac{\mathrm{d}A_{非}}{\mathrm{d}q} \tag{9-2}$$

上式说明,**电源的电动势等于非静电场力把单位正电荷由电源负极经电源内部移到正极所做的功**.

电动势是标量,一般规定电动势的方向为从负极经电源内部指向电源正极,或由电源的低电势极经电源内部指向高电势极.

电动势反映了电源内部非静电场力做功的能力,其完全取决于电源本身的性质而与外电路无关,而电路中电势的分布和外电路的情况有关.

以场的概念来讲,也可以把非静电场力的作用看成是一种非静电场的作用,和静电场类似,引入 $\boldsymbol{E}_\mathrm{k}$ 表示非静电场的强度,则有

$$\boldsymbol{F}_\mathrm{k}=q\boldsymbol{E}_\mathrm{k} \tag{9-3}$$

或

$$\boldsymbol{E}_\mathrm{k}=\frac{\boldsymbol{F}_\mathrm{k}}{q} \tag{9-4}$$

其方向是由负极板指向正极板;这时,当在非静电场力 $\boldsymbol{F}_\mathrm{k}$ 的作用下,把正电荷 q 由负极板移到正极板时,非静电场力做的功为

$$A_\mathrm{k}=\underset{(电源内)}{\int_-^+}\boldsymbol{F}_\mathrm{k}\cdot\mathrm{d}\boldsymbol{l}=q\underset{(电源内)}{\int_-^+}\boldsymbol{E}_\mathrm{k}\cdot\mathrm{d}\boldsymbol{l}$$

将此式代入(9-1)式,可得

$$\mathscr{E}=\underset{(电源内)}{\int_-^+}\boldsymbol{E}_\mathrm{k}\cdot\mathrm{d}\boldsymbol{l} \tag{9-5}$$

如果闭合回路上到处都存在非静电场力 $\boldsymbol{F}_\mathrm{k}$,这时候整个回路上的总电动势为

$$\sum\mathscr{E}=\oint_L\boldsymbol{E}_\mathrm{k}\cdot\mathrm{d}\boldsymbol{l} \tag{9-6}$$

积分遍及整个回路 L,在电源外部或没有非静电场的地方,$\boldsymbol{E}_\mathrm{k}=0$,所以(9-6)式比(9-5)式具有更普遍的意义,应用更广泛.

9.1.2 法拉第电磁感应定律

在丹麦物理学家奥斯特发现电流的磁效应以后,英国物理学家法拉第经过多年的大量实验发现:**不论用什么办法,当通过一个闭合导体回路的磁通量发生变化时,此回路中就有电流产生,这种现象称为电磁感应现象**,回路中产生的电流称为感应电流,产生感应电流的电动势称为感应电动势,这种电动势是由穿过导体回路的磁通量的变化引起的.

法拉第又经过大量实验研究发现:**当通过回路的磁通量发生变化时,导体回路中的感应电动势 $\mathscr{E}_\mathrm{i}$ 与磁通量变化率 $\mathrm{d}\Phi/\mathrm{d}t$ 成正比,这就是法拉第电磁感应定律**,也称为电磁感应定律,在国际单位制中,其数学表达式为

$$\mathscr{E}_\mathrm{i}=-\frac{\mathrm{d}\Phi}{\mathrm{d}t} \tag{9-7}$$

式中,"—"号表示感应电动势的方向.具体确定电动势方向的方法如下,先任意选择一个方向作为回路的绕行正方向,再按右手螺旋定则确定回路所包围的面积的法线正方向 $\boldsymbol{n}$,即用右手四指弯曲方向沿绕行正方向,伸直拇指的方向就是 $\boldsymbol{n}$ 的正方向,当磁感应强度 $\boldsymbol{B}$ 与 $\boldsymbol{n}$ 的夹角小于 90°时,穿过回路的磁通量 Φ 为正,反之 Φ 为负,再根据 Φ 的变化情况确定$\frac{\mathrm{d}\Phi}{\mathrm{d}t}$的正负.若$\frac{\mathrm{d}\Phi}{\mathrm{d}t}>0$,由

(9-7)式知，$\mathscr{E}_i<0$，说明这时感应电势的方向与回路的绕行正方向相反；若$\frac{d\Phi}{dt}<0$，由(9-7)式知，$\mathscr{E}_i>0$，说明这时产生的感应电动势的方向与回路的绕行正方向相同.

如图 9-2 所示，用磁铁上、下移动的方法来改变磁通量，同时选择了回路的绕行正方向，即都是逆时针为正，可以看到，这时 $\Phi>0$，而图 9-2(a)中，磁铁上移，$\frac{d\Phi}{dt}>0$，所以有 $\mathscr{E}_i<0$，这时感应电动势的方向和回路的绕行正方向相反，即为顺时针方向；图 9-2(b)中，磁铁下移，$\frac{d\Phi}{dt}<0$，由(9-7)式知，$\mathscr{E}_i>0$，说明这时感应电动势的方向和回路的绕行正方向相同，即也为逆时针方向，在图 9-2 中，已经标示出了 $\mathscr{E}_i$ 的方向.

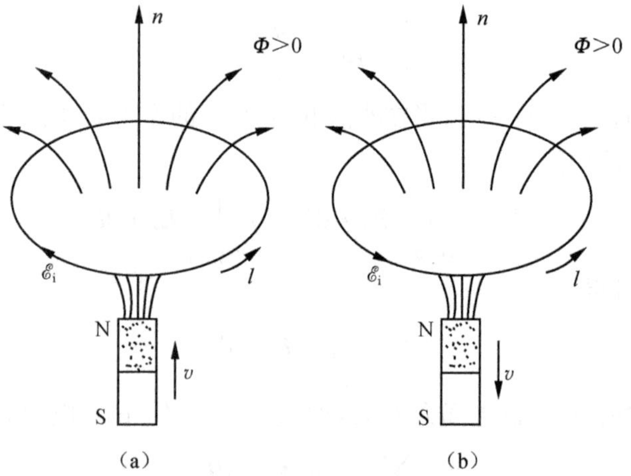

图 9-2 感应电动势方向的判断

(9-7)式仅适用于单匝导体回路，如果回路有 N 匝串联线圈，由于磁通量的变化，整个线圈的感应电动势 $\mathscr{E}_i$ 应等于各匝线圈中的感应电动势的代数和，即

$$
\begin{aligned}
\mathscr{E}_i &= \mathscr{E}_1+\mathscr{E}_2+\cdots+\mathscr{E}_N \\
&= \left(-\frac{d\Phi_1}{dt}\right)+\left(-\frac{d\Phi_2}{dt}\right)+\cdots+\left(-\frac{d\Phi_N}{dt}\right) \\
&= -\frac{d}{dt}(\Phi_1+\Phi_2+\cdots+\Phi_N) \\
&= -\frac{d}{dt}\sum_{i=1}^{N}\Phi_i = -\frac{d\Psi}{dt}
\end{aligned}
\tag{9-8}
$$

式中，$\Psi=\sum_{i=1}^{N}\Phi_i$ 是穿过整个线圈的总磁通量，也称磁通链数，$\Phi_1, \Phi_2, \cdots, \Phi_N$ 是穿过各匝线圈的磁通量，如果穿过各匝线圈的磁通量相等，即 $\Phi_1=\Phi_2=\cdots=\Phi_N=\Phi$，那么磁通链数 $\Psi=N\Phi$，这时，法拉第电磁感应定律变为

$$\mathscr{E}_i=-\frac{d\Psi}{dt}=-N\frac{d\Phi}{dt} \tag{9-9}$$

如果回路是电阻为 R 的导体回路，则回路中的感应电流为

$$I_i=\frac{\mathscr{E}_i}{R}=-\frac{1}{R}\frac{d\Phi}{dt} \tag{9-10}$$

根据电流定义，$I=\frac{\mathrm{d}q}{\mathrm{d}t}$，则从 t_1 到 t_2 时间内通过导体回路的电量为

$$q=\int_{t_1}^{t_2}I\mathrm{d}t=-\frac{1}{R}\int_{\Phi_1}^{\Phi_2}\mathrm{d}\Phi=\frac{1}{R}(\Phi_1-\Phi_2) \tag{9-11}$$

式中，Φ_1、Φ_2 分别是 t_1、t_2 时刻导体回路的磁通量. 上式说明，在一段时间内通过导体回路的电量，与这段时间导体回路所包围面积的磁通量的变化成正比，与磁通量的变化率无关.

俄国物理学家楞次通过大量的实验研究，于 1833 年总结出了确定感应电流的方法，即楞次定律，在闭合回路中感应电流的方向总是使得它自身所产生的磁通量反抗，引起感应电流的磁通量的变化，当引起感应电流的磁通量增加时，感应电流引起的磁通量将反抗(阻碍)原磁通量的增加；当引起感应电流的磁通量减小时，感应电流引起的磁通量将反抗(补偿)原磁通量的减小. 在这里特别要注意的是感应电流产生的磁通量反抗的是原磁通量的变化，而不是原磁通量本身，这个思想也就是(9-7)式中“－”号所体现的，利用楞次定律确定感应电动势的方向和利用法拉第定律得到的结果完全一样.

例 9-1 有一螺绕环，其截面积 $S=1.0\times10^{-3}\,\mathrm{m}^2$，单位长度上的匝数 $n=10^4$ 匝/m，在环上还绕有一线圈 A，如图 9-3 所示，若螺绕环中的电流按 2A/s 的变化率减小，求：

(1) 在线圈 A 中产生的感生电动势(其中线圈 A 为 5 匝).

(2) 已知线圈 A 回路的总电阻 $R=2\Omega$，若测得回路中感应电量 $\Delta q=4\times10^{-4}\mathrm{C}$，求 A 中磁通量的变化值.

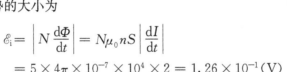

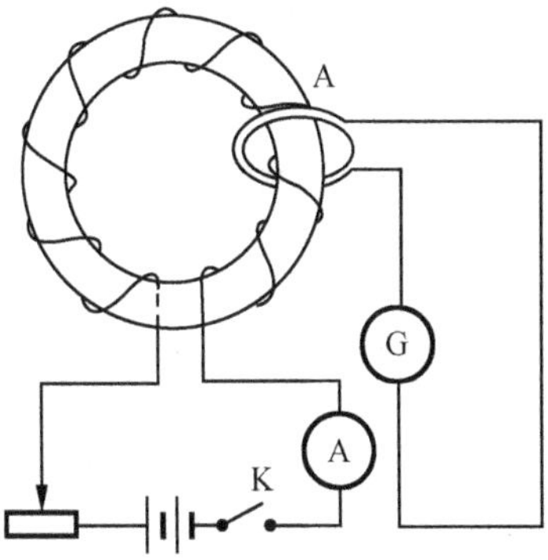

图 9-3 例 9-1 图

解 (1) 给螺绕环通以电流 I，则螺绕环内的磁感应强度

$$B=\mu_0 nI$$

由于螺绕环外无磁场，所以通过 A 的磁通量为

$$\Phi=\boldsymbol{B}\cdot\boldsymbol{S}=\mu_0 ISn$$

线圈 A 中的感应电动势的大小为

$$\begin{aligned}\mathscr{E}_\mathrm{i}&=\left|N\frac{\mathrm{d}\Phi}{\mathrm{d}t}\right|=N\mu_0 nS\left|\frac{\mathrm{d}I}{\mathrm{d}t}\right|\\&=5\times4\pi\times10^{-7}\times10^4\times2=1.26\times10^{-1}(\mathrm{V})\end{aligned}$$

(2) 线圈 A 中感应电流为 I_i，且

$$I_\mathrm{i}=\frac{\mathscr{E}_\mathrm{i}}{R}=-\frac{N}{R}\frac{\mathrm{d}\Phi}{\mathrm{d}t}$$

得

$$\Delta q=\int_{t_1}^{t_2}I_\mathrm{i}\mathrm{d}t=\frac{N}{R}(\Phi_1-\Phi_2)$$

所以

$$\Phi_1-\Phi_2=\frac{\Delta q\cdot R}{N}=\frac{4\times10^{-4}\times2}{5}=1.6\times10^{-4}(\mathrm{Wb})$$

如果 t_1 时刻为刚接通螺绕环的时刻，那么 $\Phi_1=0$，t_2 为螺绕环中电流 I 达到稳定值的时刻，则 $\Phi_2=BS$，利用上面关系可得 $B=\frac{\Delta qR}{NS}$，本题的结果可以测量电流为 I 时的螺绕环内的磁感应强度.

复习思考题

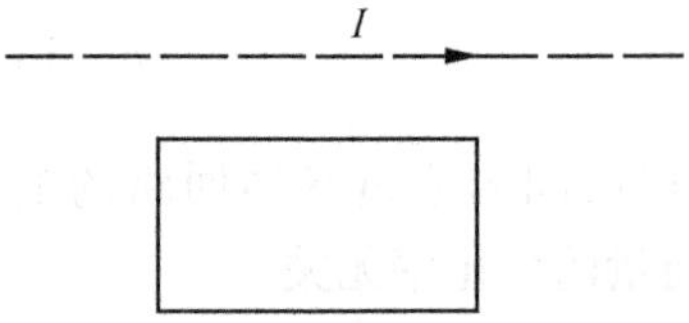

思考题 9-3 图

9-1　电动势和电势差有什么区别？电场强度 $\boldsymbol{E}$ 和非静电场场强 $\boldsymbol{E}_k$ 有什么区别？

9-2　影响感应电动势的大小有哪些因素？

9-3　如思考题 9-3 图所示，一长直载流导线附近放一导体框，可以采用哪些方法，使导线框中的感应电动势不为零？

9.2　动生电动势和感生电动势

动生电动势　感生电动势

根据法拉第电磁感应定律，当穿过一个闭合导体回路的磁通量发生变化时，回路中就产生感应电动势，根据磁通量变化的不同原因，感应电动势可分为两类.

(1) 动生电动势：导体或导体回路在恒定不变的磁场中运动从而在导体或导体回路中产生的感应电动势.

(2) 感生电动势：导体或导体回路不动，仅仅由于磁场的变化从而在导体或导体回路中产生的感应电动势.

9.2.1　动生电动势

如图 9-4 所示，一矩形导体框，可动的一边是一根长为 l 的导体棒 AB，以恒定的速度 v 在垂直于磁场 $\boldsymbol{B}$ 的平面内，沿垂直于它自身的方向向右运动，其余边不动，若取顺时针方向为回路的绕行正方向，则它包围的面积的法线方向和磁感应强度 $\boldsymbol{B}$ 的方向相同，则某一时刻，穿过回路的磁通量为

$$\Phi = \boldsymbol{B} \cdot \boldsymbol{S} = BS\cos 0^\circ = Blx$$

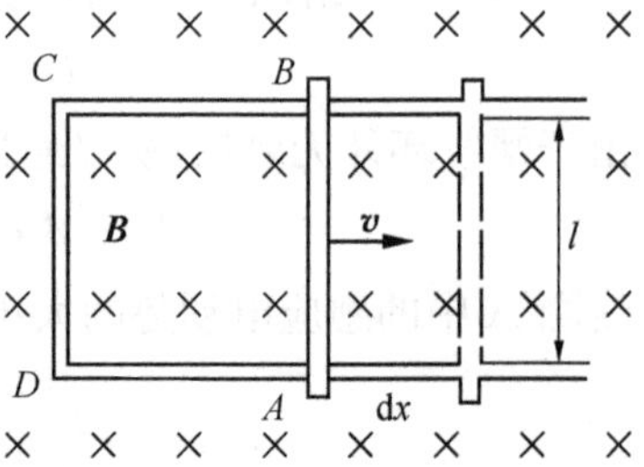

图 9-4　动生电动势的计算

由于 AB 边的运动，通过回路的磁通量是变化的，根据法拉第电磁感应定律，在 AB 边上的动生电动势为

$$\mathscr{E}_i = -\frac{d\Phi}{dt} = -Bl\frac{dx}{dt} = -Blv \qquad (9\text{-}12)$$

"—"号说明电动势的方向和回路的绕行方向相反，为逆时针方向，由于其他边未动，只有 AB 边运动，所以这一段可视为回路的电源部分，在 AB 边上，电动势的方向是由 $A \to B$，A 点的电势低，B 点的电势高.

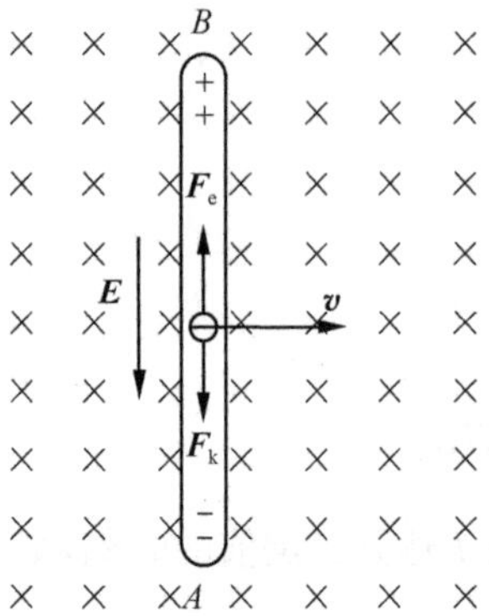

图9-5　导体棒在磁场中运动

那么，为什么在 AB 边上会产生电动势呢？在图 9-5 中，我们注意到，当 AB 以速度 $\boldsymbol{v}$ 向右运动时，导体内电子受到洛伦兹力 $\boldsymbol{F}_k$ 的作用，即

$$\boldsymbol{F}_k = (-e)\boldsymbol{v} \times \boldsymbol{B}$$

式中，洛伦兹力 $\boldsymbol{F}_k$ 的方向与 $\boldsymbol{v} \times \boldsymbol{B}$ 的方向相反，由 B 指向 A，电子在 $\boldsymbol{F}_k$ 的作用下，沿导线 AB，从 B 端向 A 端运动，致使 A 端因电子积累而带上负电，B 端带上正电. 从而在导体 AB 内产生一个由 B 指向 A 的电场，这时电子受到和洛伦兹力方向相反的静电场力 $\boldsymbol{F}_e$ 的作用，

随着 A、B 两端的电荷的累积，当 $\boldsymbol{F}_e$ 的大小增大到和 $\boldsymbol{F}$ 的大小相同时，在导体两端 A、B 间形成稳定的电势差而不再变化，这说明，洛伦兹力是 AB 边在磁场中运动时产生感应电动势的根本原因，所以，洛伦兹力是这个电动势产生的非静电场力，导体 AB 内与洛伦兹力相对应的非静电场强 $\boldsymbol{E}_k$ 为

$$\boldsymbol{E}_k = \frac{\boldsymbol{F}}{-e} = \boldsymbol{v} \times \boldsymbol{B}$$

由电动势的定义，在磁场中运动的 AB 边产生的动生电动势为

$$\mathscr{E}_i = \int_A^B \boldsymbol{E}_k \cdot d\boldsymbol{l} = \int_A^B (\boldsymbol{v} \times \boldsymbol{B}) \cdot d\boldsymbol{l} \tag{9-13}$$

对于图 9-4 中的 AB 边，由于 $\boldsymbol{v}$ 垂直于 $\boldsymbol{B}$，且 $\boldsymbol{v} \times \boldsymbol{B}$ 的方向和 $d\boldsymbol{l}$ 的方向相同，所以由上式可得

$$\mathscr{E}_i = \int_A^B v \cdot B\sin 90° \cdot dl\cos 0° = Blv$$

对于任意一段导线 AB，如图 9-6 所示，在恒定的非均匀磁场中运动时，导体中载流电子随导线一起运动，因而也受到洛伦兹力 $\boldsymbol{F}_k$ 的作用，一般情况下，导线内部出现 $\boldsymbol{E}_k$ 并产生动生电动势，AB 边上的动生电动势等于每一段线元 $d\boldsymbol{l}$ 上的动生电动势之和. 设导线 AB 上一段线元 $d\boldsymbol{l}$ 以速度 $\boldsymbol{v}$ 在磁场中运动，则在线元 $d\boldsymbol{l}$ 两端产生的动生电动势 $d\mathscr{E}_i$ 为

$$d\mathscr{E}_i = (\boldsymbol{v} \times \boldsymbol{B}) \cdot d\boldsymbol{l} \tag{9-14}$$

导线 AB 上产生的总的动生电动势为

$$\mathscr{E}_i = \int_A^B d\mathscr{E}_i = \int_A^B (\boldsymbol{v} \times \boldsymbol{B}) \cdot d\mathrm{l}$$

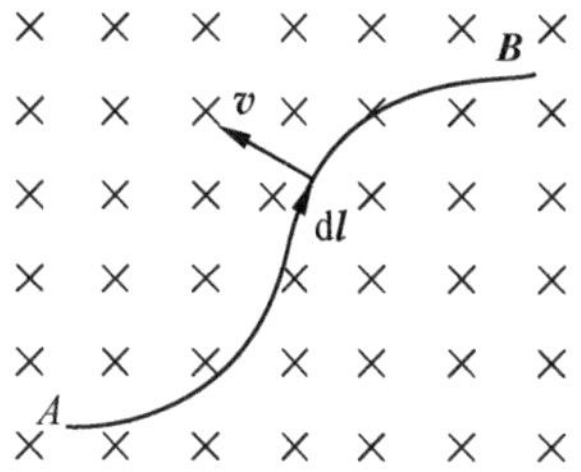

图 9-6 任意导线在磁场中运动

如果导体回路 L 在恒定的磁场中运动，根据电动势的意义，回路 L 中的总的动生电动势也应等于回路所有线元 $d\boldsymbol{l}$ 上产生的动生电动势之和，即

$$\mathscr{E}_i = \oint_L \boldsymbol{E} \cdot d\boldsymbol{l} = \oint_L (\boldsymbol{v} \times \boldsymbol{B}) \cdot d\boldsymbol{L} \tag{9-15}$$

积分遍及整个回路 L.

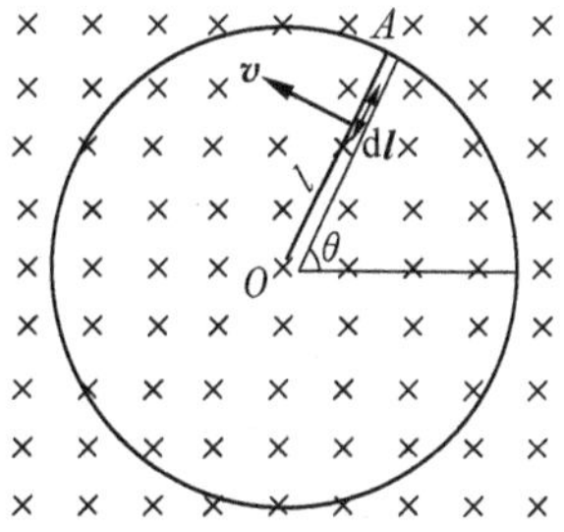

图 9-7 例 9-2 图

例 9-2 一根长为 $L=40\text{cm}$ 的金属棒，在磁感应强度 $B=0.02\text{T}$ 的匀强磁场中沿逆时针方向绕棒的一端 O 做匀速转动，如图 9-7 所示，角速度 $\omega=100\pi\text{rad/s}$，试求金属棒两端之间产生的动生电动势的大小和方向.

解 在距 O 点 l 处取线元 $d\boldsymbol{l}$，则线元的速度为 v，$v=l\omega$，且 $\boldsymbol{v}$、$\boldsymbol{B}$、$d\boldsymbol{l}$ 相互垂直，因此线元 $d\boldsymbol{l}$ 两端产生的电动势为

$$d\mathscr{E}_i = (\boldsymbol{v} \times \boldsymbol{B}) \cdot d\boldsymbol{l} = -vB\,dl = -Bl\omega\,dl$$

则整个金属棒总的感应电动势等于所有线元上动生电动势之和，即

$$\mathscr{E}_i = \int d\mathscr{E}_i = -\int_0^L Bl\omega\,dl = -\frac{1}{2}B\omega L^2$$

$$= -\frac{1}{2} \times 0.02 \times 100\pi \times (0.4)^2 = -0.5(\text{V})$$

$\mathscr{E}_i < 0$，说明其方向由 A 指向 O，O 点带正电荷，A 点带负电荷.

由于动生电动势是感应电动势的一种情况，所以本题也可以直接利用法拉第电磁感应定律

求解，设金属棒在 Δt 时间内扫过的面积为 ΔS，且 $\Delta S=\frac{1}{2}L\cdot(L\cdot\Delta\theta)=\frac{1}{2}L^2\omega\Delta t$，在 Δt 时间内的磁通量为

$$\Delta\Phi=\boldsymbol{B}\cdot\Delta\boldsymbol{S}=\frac{1}{2}BL^2\omega\cdot\Delta t$$

在转动过程中产生的动生电动势为

$$\mathscr{E}_{\mathrm{i}}=\frac{\Delta\Phi}{\Delta t}=\frac{1}{2}B\omega L^2=0.5\mathrm{V}$$

和直接用动生电动势公式求得的结果完全一致.

例 9-3　一通有恒定电流 I 的长直导线旁边有一与它共面的三角形线圈 ADC，如图 9-8 所示，AC 长为 l_1，与长直通电导线平行且相距 r_0，CD 长为 l_2 且与长直通电直导线垂直，试求线圈以速度 $\boldsymbol{v}$ 沿平行于长直导线向上运动时，三角形线圈 CD 边上的动生电动势及方向.

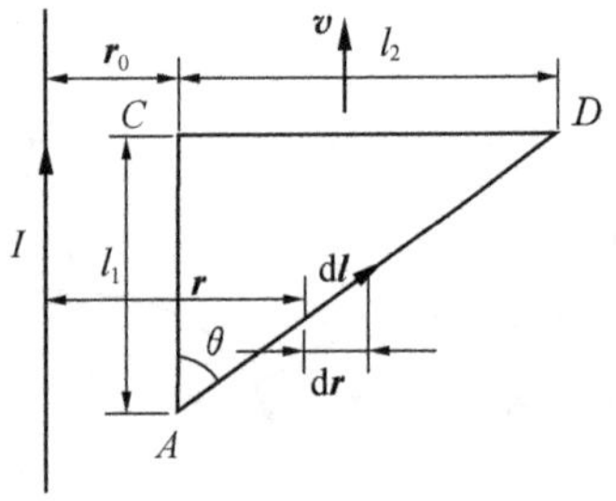

图 9-8　例 9-3 图

解　在三角形线圈所在区域，长直导线产生的磁场的磁感应强度大小为 $B=\frac{\mu_0 I}{2\pi r}$，方向是垂直于纸面向内.

对于 AC，其上任一线元 $\mathrm{d}\boldsymbol{l}$ 都满足 $(\boldsymbol{v}\times\boldsymbol{B})\cdot\mathrm{d}\boldsymbol{l}=0$，所以

$$\mathscr{E}_{AC}=\int_A^C(\boldsymbol{v}\times\boldsymbol{B})\cdot\mathrm{d}\boldsymbol{l}=0$$

我们发现，这时 AC 未切割磁感线，所以结果和中学一样.

对于 CD 边，在距导线 r 处取线元 $\mathrm{d}\boldsymbol{l}$，且 $\mathrm{d}l=\mathrm{d}r$，该处

$$B=\frac{\mu_0 I}{2\pi r}$$

所以有

$$\mathscr{E}_{CD}=\int_C^D(\boldsymbol{v}\times\boldsymbol{B})\cdot\mathrm{d}\boldsymbol{l}=\int_{r_0}^{r_0+l_2}-\frac{\mu_0 I}{2\pi r}v\mathrm{d}r=-\frac{\mu_0 Iv}{2\pi}\ln\frac{r_0+l_2}{r_0}$$

“－”号说明电动势的方向是由 $D\to C$，C 点电势高于 D 点电势.

*9.2.2　感生电动势、有旋电场

前边我们讨论了由于导体运动，引起回路的磁通量的变化而产生的感应电动势，其产生的本质是洛伦兹力对运动电荷的作用，但却无法解释当导体回路保持不动时，由于磁场的变化而引起的穿过回路的磁通量发生变化，而产生感应电动势的现象，麦克斯韦分析研究了这些实验现象以后提出：**不管有无导体回路，变化的磁场都将在其周围空间产生具有闭合电场线的电场，这种电场称为感生电场或有旋电场**，其电场强度用 $\boldsymbol{E}_{\mathrm{v}}$ 表示，大量的实验证明有旋电场是存在的.

有旋电场和我们前边介绍的静电场有一个共同的性质，就是对放在电场中的电荷都有力的作用，但有旋电场和静电场之间还是有不同之处：静电场是由空间静止电荷产生的，其电场线始于正电荷，止于负电荷，其电场是保守力场，场强 $\boldsymbol{E}$ 的环路积分等于零. 即 $\oint\boldsymbol{E}\cdot\mathrm{d}\boldsymbol{l}=0$. 而有旋电场是变化的磁场产生的，其电场线是无头无尾的闭合曲线，像涡旋一样，所以有旋电场也称为涡旋电场，有旋电场是非保守力场，不能定义电势. 场强 $\boldsymbol{E}_{\mathrm{v}}$ 的环路积分也不等于零，正是这样的非静电场力使导体回路产生了感应电动势，这种电动势称为感生电动势.

根据电动势的定义和法拉第电磁感应定律，沿任意闭合回路的感生电动势为

$$\mathscr{E}_{\mathrm{i}}=\oint \boldsymbol{E}_{\mathrm{v}} \cdot \mathrm{d} \boldsymbol{l}=-\frac{\mathrm{d} \Psi}{\mathrm{d} t}=-\frac{\mathrm{d}}{\mathrm{d} t} \iint_{S} \boldsymbol{B} \cdot \mathrm{d} \boldsymbol{S} \tag{9-16a}$$

当回路固定不动时，只有磁场的变化，上式可写成

$$\mathscr{E}_{\mathrm{i}}=\oint \boldsymbol{E}_{\mathrm{v}} \cdot \mathrm{d} \boldsymbol{l}=-\iint_{S} \frac{\partial \boldsymbol{B}}{\partial t} \cdot \mathrm{d} \boldsymbol{S} \tag{9-16b}$$

式中，积分面 S 是以闭合路径 L 为边界的曲面或平面. 对于 L 是否是导体回路，在什么介质中都没有关系，如果是导体回路，回路中将产生感生电流，如果不是导体回路，将不会有感生电流产生.

(9-16a)式说明：在变化的磁场中有旋电场强度对任意闭合路径的线积分等于这一闭合路径所包围的面积上磁通量的变化率.

同时还可以看到，$\boldsymbol{E}_{\mathrm{v}}$ 线的方向与$\frac{\partial \boldsymbol{B}}{\partial t}$的方向之间满足左手螺旋定则，如图 9-9 所示，假设 $\boldsymbol{B}$ 增大，于是$\frac{\partial \boldsymbol{B}}{\partial t}$的方向和 $\boldsymbol{B}$ 的方向相同，规定回路 L 逆时针绕行，则闭合回路所包围的面积的法线方向和$\frac{\partial \boldsymbol{B}}{\partial t}$方向相同；于是由(9-16b)式得到$\oint \boldsymbol{E}_{\mathrm{v}} \cdot \mathrm{d} \boldsymbol{l}<0$，表明 $\boldsymbol{E}_{\mathrm{v}}$ 线方向和 L 的方向相反，为顺时针方向，由图 9-9 可以看出，此时 $\boldsymbol{E}_{\mathrm{v}}$ 线方向和$\frac{\partial \boldsymbol{B}}{\partial t}$满足左手螺旋定则.

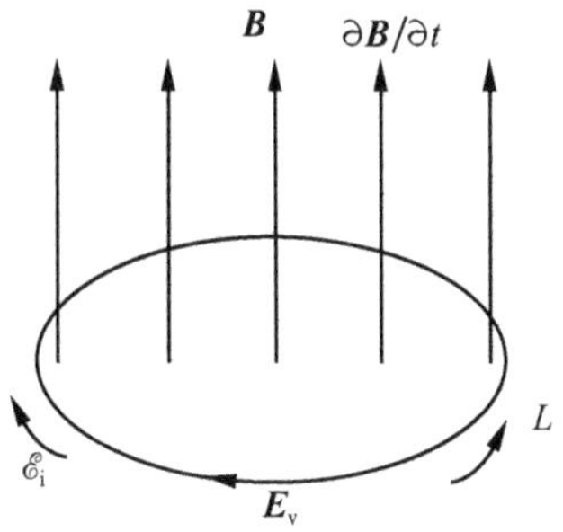

图 9-9 感生电场方向判断

9.2.3 涡电流

处于变化的磁场或在非均匀磁场中运动的大块金属，由于电磁感应的作用，在金属内部会形成感应电流，沿金属内部自成的闭合路径流动，这种电流称为涡电流或涡流，由于大块金属电阻较小，涡旋很大，所以涡流会在金属内产生很大的焦耳热. 这种热效应在真空提纯金属和半导体等方面有很好的效果. 而在电机和变压器等交流电设备中，要尽可能减少涡电流的热效应，同时涡流还会发生阻尼作用阻碍导体在磁场中的运动，这种作用称为电磁阻尼，磁电式仪表就是利用这种作用使线圈和固定在它上面的指针迅速停止运动.

复习思考题

9-4 分析说明动生电动势和感生电动势的共同点和不同点.

9-5 把一铜环套在磁棒上不动，这时有没有感应电动势产生？

9.3 自感和互感

自感 互感

9.3.1 自感现象 自感系数 自感电动势

根据法拉第电磁感应定律，只要穿过闭合回路的磁通量发生变化，就会产生感应电动势，这时，穿过回路的磁通量也有一部分是自身的电流产生的，如图 9-10 所示，所以自感现象指的就是：**导体回路中由于自身电流的变化，而在自身回路中产生感应电动势的现象，这种电动势称为**

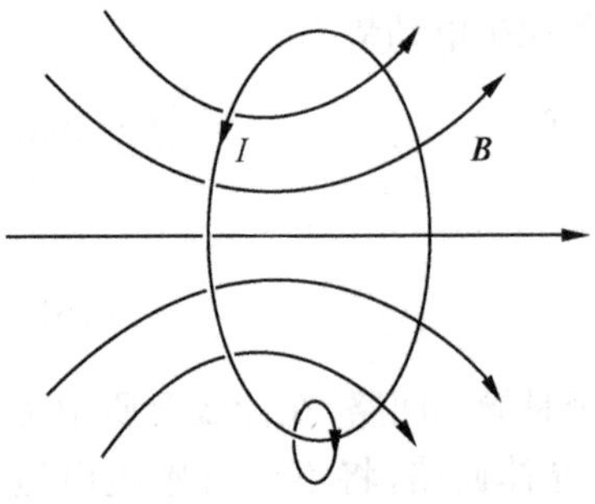

图 9-10 自感

自感电动势.

如图 9-10 所示,设一回路通有电流 I,由毕奥-萨伐尔定律知,回路中电流 I 在空间产生的磁感应强度与电流 I 成正比,所以,此时穿过此回路的磁通量也与电流 I 成正比,即

$$\Psi = LI \tag{9-17}$$

式中的比例系数 L 称为该回路的自感系数,简称自感,单位为亨利(H).实验和理论研究发现,当回路中没有铁磁质时,自感系数 L 是一个与电流 I 无关,仅仅由回路的匝数、形状和大小以及周围介质的磁导率决定,当上述因素都保持不变时,自感系数 L 是一个不变的常量,如果回路的自感 L 保持不变,那么回路中的总磁通量 Ψ 仅随回路中的电流 I 变化而变化,根据法拉第电磁感应定律,自感电动势为

$$\mathscr{E}_L = -\frac{d\Psi}{dt} = -L\frac{dI}{dt} \tag{9-18}$$

式中,"−"号表示的是电动势的方向,它说明:自感电动势 $\mathscr{E}_L$ 产生的感应电流的方向,总是阻碍回路中电流的变化,而不是电流本身.由(9-18)式还可以看到,在回路确定的情况下,自感在数值上等于回路中电流的变化率$\frac{dI}{dt}=1A/s$时,该回路中产生的自感电动势的大小;在回路中的电流变化率$\frac{dI}{dt}$保持不变的情况下,回路的自感 L 越大,产生的自感电动势 $\mathscr{E}_L$ 越大,回路中的电流越不容易变化,其保持回路电流不变的能力越强,因此常把自感系数 L 不太确切地称为"电磁惯性".

例 9-4 一单层密绕螺线管,总匝数为 N,长为 l,半径为 R,且 $l \gg R$,管中真空,求螺线管的自感系数.

解 利用(9-17)式计算自感系数 L 时,应先假设回路通有电流 I,然后算出其中的磁通量 Φ,代入(9-17)式求 L 的值.

首先给螺线管通电流 I,由于 $l \gg R$,则管内各处的磁感应强度为

$$B = \mu_0 nI = \mu_0 \frac{N}{l} I$$

总磁通为

$$\Psi = NBS = \mu_0 \frac{N^2}{l} \pi R^2 I$$

代入(9-17)式得螺线管的自感系数为

$$L = \frac{\Psi}{I} = \frac{\mu_0 N^2 \pi R^2}{l} = \mu_0 n^2 V$$

其中,$V=\pi R^2 l$,是螺线管的体积;自感 L 与电流 I 无关,是螺线管本身所具有的,由螺线管的体积、单位长度匝数及管内有无磁介质确定,而当用铁磁质作为铁芯时,由于 μ 与 I 有关,所以自感 L 与电流 I 有关.

自感线圈是电子技术中的基本元件之一,在稳流、滤波及产生电磁振荡中有重要作用,如电工中的扼流圈和镇流器都是一些具有一定 L 值的自感元件.

9.3.2 互感现象 互感系数 互感电动势

如图 9-11 所示，**互感现象指的是由于某导体回路中电流发生变化，而在邻近导体回路产生感应电动势的现象**，这样的感应电动势，称为**互感电动势**，这样的两个回路，常称为互感耦合回路，各种变压器、互感器都是利用互感现象制造的，两路电话线之间的串音，电子仪器中线路之间的相互干扰都是一些互感现象.

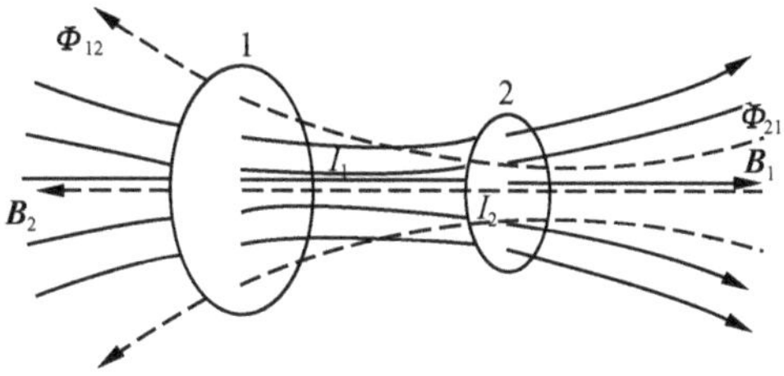

图 9-11 互感

以 Ψ_{21} 表示 1 回路中通过电流 I_1 时，它激发的磁场在 2 回路中的磁通量，当两个回路之间的相对位置、结构及周围介质的磁导率保持不变时，根据毕奥-萨伐尔定律，Ψ_{21} 一定与 I_1 成正比，即

$$\Psi_{21} = M_{21} \cdot I_1 \tag{9-19a}$$

同理，回路 2 中通有电流 I_2 时，在回路 1 中的总磁通量：Ψ_{12} 与 I_2 成正比，即

$$\Psi_{12} = M_{12} \cdot I_2 \tag{9-19b}$$

系数 M_{21} 称为回路 1 对回路 2 的互感系数，M_{12} 称为回路 2 对回路 1 的互感系数，理论和实验上都证明，M_{12} 和 M_{21} 总是相等的，即

$$M_{21} = M_{12} = M \tag{9-20}$$

M 称为这两个回路的互感系数，简称互感，其大小由两个回路的相对位置、几何形状、大小、匝数及周围介质的磁导率有关，如果回路的周围有铁磁质存在，那么 M 还会与回路中的电流有关.

当 M 不变时，应用法拉第电磁感应定律以及(9-19a)式可得，电流 I_1 的变化在回路 2 中引起的互感电动势为

$$\mathscr{E}_{21} = \frac{\mathrm{d}\Psi_{21}}{\mathrm{d}t} = -M\frac{\mathrm{d}I_1}{\mathrm{d}t} \tag{9-20a}$$

同理，电流 I_2 的变化在回路 1 中引起的互感电动势为

$$\mathscr{E}_{12} = \frac{\mathrm{d}\Psi_{12}}{\mathrm{d}t} = -M\frac{\mathrm{d}I_2}{\mathrm{d}t} \tag{9-20b}$$

上两式可统一写成下式：

$$\mathscr{E}_M = -M\frac{\mathrm{d}I}{\mathrm{d}t} \tag{9-20c}$$

和自感系数 L 一样，互感系数 M 的单位也是亨利(H)，一般通过实验进行测定，同时还可以看到，当线圈中的电流随时间的变化率一定时，互感系数越大，在另一线圈中引起的互感电动势就越大，反之亦然，所以互感系数描述两个电路互感强弱或耦合程度.

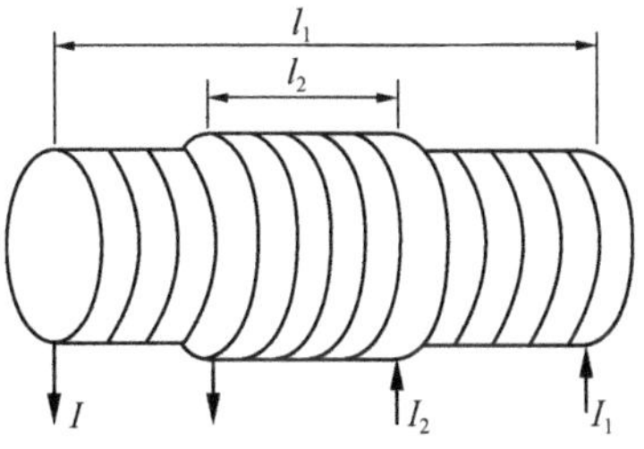

图 9-12 例 9-5 图

例 9-5 图 9-12 为两个同轴螺线管 1 和 2. 同轴分层绕制，绕向相同，截面积可近似地认为相同，螺线管 1 和 2 的长分别为 l_1 和 l_2，单位长度上的匝数分别为 n_1 和 n_2，且 $l_1 \gg R, l_2 \gg R$，试求：

(1) 互感系数，且证明 $M_{12} = M_{21}$；

(2) 两线圈的自感系数 L_1 和 L_2 与互感系数 M 的关系.

解　(1) 给螺线管 1 中通电 I_1，它产生的磁感应强度大小为

$$B_1 = \mu_0 n_1 I_1$$

在螺线管 2 中产生的总磁通量为

$$\begin{aligned}\Psi_{21} &= N_2 \cdot B_1 S_2 = n_2 l_2 \cdot \mu_0 n_1 I_1 \pi R^2 \\ &= \mu_0 n_1 n_2 l_2 I_1 \pi R^2\end{aligned}$$

所以互感系数为

$$\begin{aligned}M_{21} &= \frac{\Psi_{21}}{I_1} = \mu_0 n_1 n_2 l_2 \pi R^2 \\ &= \mu_0 n_1 n_2 V_2\end{aligned}$$

同理，在螺线管 2 中通电流 I_2，它产生的磁感应强度大小为

$$B_2 = \mu_0 n_2 I_2$$

在螺线管中，管 2 以外的磁感应强度为零，所以螺线管 2 中的磁场在螺线管 1 中产生的总磁通量为

$$\begin{aligned}\Psi_{12} &= N_1' B_2 S_1 = n_1 l_2 \cdot \mu_0 n_2 I_2 \cdot \pi R^2 \\ &= \mu_0 n_1 n_2 I_2 V_2\end{aligned}$$

所以

$$M_{12} = \frac{\Psi_{12}}{I_2} = \mu_0 n_1 n_2 V_2$$

此结果表明：$M_{12}=M_{21}=M=\mu_0 n_1 n_2 V_2$.

(2) 由上例已知 $L_1=\mu_0 n_1^2 V_1$，$L_2=\mu_0 n_2^2 V_2$. 可以得到

$$M = \sqrt{\frac{l_2}{l_1}} \cdot \sqrt{L_1 L_2}$$

更普遍的表达式为

$$M = k\sqrt{L_1 L_2} \tag{9-21}$$

式中，k 为耦合系数，由线圈的相对位置决定，其取值为 $0 \leqslant k \leqslant 1$，当两线圈垂直放置时，$k=0$.

复习思考题

9-6　一个线圈的自感的大小由哪些因素决定？怎样绕制一个自感为零的线圈？两个线圈的互感与哪些因素有关？怎样放置可以使两个线圈的互感最大？

9-7　如果电路通有强电流，当你打开刀闸断电时，就会有一大火花跳过刀闸，为什么？

9.4　磁　　能

电场是有能量的，那么磁场有能量吗？我们知道，在空间形成磁场时，总是伴随着电磁感应现象，下面我们就通过一电磁感应现象，来分析一下磁场的能量问题.

如图 9-13 所示，当电路已通时，在自感线圈 L 支路中，由于自感电动势的作用，在电流由零

上升到恒定值 I 的过程中，电流激发的磁场也逐渐增强，在这个过程中，电流做了两部分的功：一部分是电路产生了热能；另一部分是为克服自感电动势做功而转化成磁能，即磁场能量.

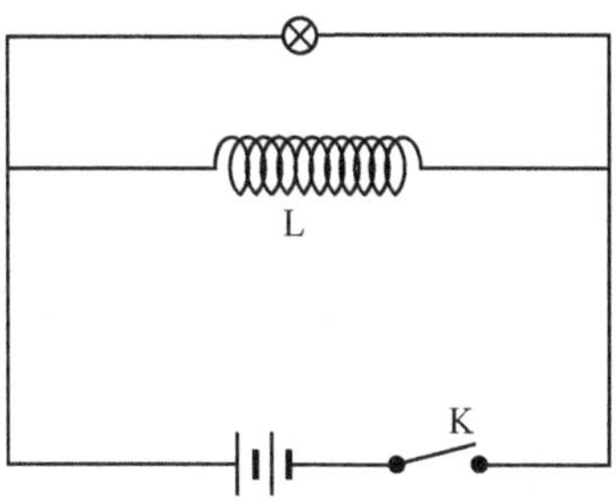

图 9-13 磁能

当接通电源后，某一时刻回路中电流为 i，则在 $\mathrm{d}t$ 时间内电源克服自感电动势 $\mathscr{E}_L$ 所做的元功为

$$\mathrm{d}A = -\mathscr{E}_L i \mathrm{d}t$$

式中，$\mathscr{E}_L$ 为自感电动势，且 $\mathscr{E}_L = -L\dfrac{\mathrm{d}i}{\mathrm{d}t}$，所以

$$\mathrm{d}A = Li\mathrm{d}i$$

在线圈电流由零增大到 I 的过程中，电源克服自感电动势而做的总功为

$$A = \int \mathrm{d}A = \int_0^I Li\mathrm{d}i = \frac{1}{2}LI^2$$

这部分功就以磁场能量的形式储存在线圈中.

当断开电源时，经过一段时间，线圈中电流才由 I 减少到零，根据电磁感应定律，线圈中的自感电动势会阻碍电流的减小，其电流方向和电路中电流方向相同，在 $\mathrm{d}t$ 时间内，自感电动势做的元功为

$$\mathrm{d}A' = \mathscr{E}_L i\mathrm{d}t = -Li\mathrm{d}i$$

自感电动势做的总功为

$$A' = \int \mathrm{d}A' = \int_I^0 -Li\mathrm{d}i = \frac{1}{2}LI^2$$

上式说明：断开电源后，自感电动势所做的功，恰好等于接通电源形成稳定电流后，电源储存在线圈中的能量，所以，一个自感为 L 的线圈，通以电流 I 时所储存的磁能为

$$W_m = \frac{1}{2}LI^2 \tag{9-22}$$

式中，自感系数 L 的单位是亨利(H)；电流 I 的单位是安培(A)；磁能 W_m 的单位为焦耳(J)；W_m 称为自感磁能，和电容器一样，自感线圈也是一个储能元件.

9.5 麦克斯韦电磁理论简介

麦克斯韦在总结了前人经验和理论的基础上，提出了“变化的电场(位移电流)产生磁场”和“变化的磁场产生有旋电场”的假设，总结出电磁场的基本变化规律，预言了电磁波的存在，总结出反映电磁场性质的麦克斯韦方程组，概括和总结了全部电场和磁场的性质及规律，为电磁学理论奠定了基础.

9.5.1 位移电流

前边介绍了恒定电流的磁场满足安培环路定理，即

$$\oint_L \boldsymbol{H} \cdot \mathrm{d}\boldsymbol{l} = \sum_{(L_{内})} I_i$$

式中，电流是穿过以 L 为边界的任意曲面 S 的电流，也称为传导电流，它是由电荷定向运动形成的. 上式说明磁场强度沿任意回路 L 的积分，等于此回路包围的传导电流的代数和，对于非静磁

场,安培环路定理还适用吗?

如图 9-14 所示,是一个电容器充放电电路,在电容器的任一极板附近,任取一个包围载流导线的回路 L,然后以 L 为边界作 S_1 和 S_2 两个曲面,载流导线穿过了 S_1 面,由于 S_2 面在电容器内部,所以载流导线没有穿过,对于 S_1 面,由安培环路定理得

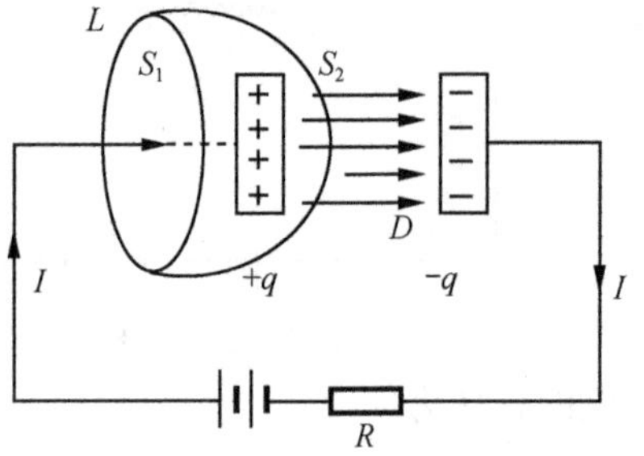

图 9-14　包含传导电流和位移电流的电路

$$\oint_L \boldsymbol{H} \cdot \mathrm{d}\boldsymbol{l} = I$$

对于 S_2 面,同样由安培环路定理得

$$\oint \boldsymbol{H} \cdot \mathrm{d}\boldsymbol{l} = 0$$

我们看到,在静磁场中,把安培环路定理应用到以 L 为边界的不同曲面上时,得到的结果完全不一样的.

麦克斯韦认为上述矛盾的出现,是由于把磁场强度 $\boldsymbol{H}$ 的环流认为是由传导电流 I 唯一确定的,这样,当以 L 为边界的 S_2 面处于电容器内部时,没有传导电流导致环路积分为零,但他同时注意到:在电容器充电过程中,导线中出现了传导电流的同时,在电容器的内部,由于电容器极板上电量的变化,形成了变化的电场,若极板面积为 S,某一时刻极板上电荷面密度为 σ,那么电位移 $D=\sigma$,则板间电位移通量为 $\Phi_{\mathrm{D}}=DS=\sigma S=q$,其对时间的变率为

$$\frac{\mathrm{d}\Phi_{\mathrm{D}}}{\mathrm{d}t} = \frac{\mathrm{d}}{\mathrm{d}t}(DS) = \frac{\mathrm{d}}{\mathrm{d}t}(\sigma S) = \frac{\mathrm{d}q}{\mathrm{d}t}$$

$\frac{\mathrm{d}q}{\mathrm{d}t}$刚好是导线中的传导电流。上式说明:**穿过 S_2 面的电位移通量对时间的变化率,在数值上刚好等于电路中的传导电流 I,所以麦克斯韦把$\frac{\mathrm{d}\Phi_{\mathrm{D}}}{\mathrm{d}t}$称为位移电流 I_{D}**,即

$$I_{\mathrm{D}} = \frac{\mathrm{d}\Phi_{\mathrm{D}}}{\mathrm{d}t} \tag{9-23}$$

在引入位移电流概念以后,传导电流 I 在电容器内部就被位移电流 I_{D} 所代替,这样就使整个回路的电流保持连续不断,我们把传导电流和位移电流之和,称为全电流,即 $I+I_{\mathrm{D}}$,这样,在非稳恒情况下,安培环路定理就可以写成

$$\oint_L \boldsymbol{H} \cdot \mathrm{d}\boldsymbol{l} = (I + I_{\mathrm{D}}) \tag{9-24}$$

称为全电流安培环路定理,它说明不仅是传导电流可以产生有旋磁场,位移电流也能产生有旋磁场,但要注意的是,位移电流不是真实电荷在空间的运动,而是电位移通量对时间的变化率,它的单位和传导电流一样,都是安培(A),但它们还有一个更重要的特性,就是都可以产生有旋磁场,而且 I_{D} 的方向和 $\boldsymbol{H}$ 的方向之间满足右手螺旋定则,位移电流反映了电场和磁场的内在关系.

9.5.2　电磁场　麦克斯韦方程组的积分形式

我们看到,通过麦克斯韦提出的有旋电场和位移电流这两个物理概念,不仅变化的磁场可以产生有旋电场,而且变化的电场同样可以产生有旋磁场,它揭示了电场和磁场的内在联系;说明变化的电场和变化的磁场是永远联系在一起的,它们共同组成了电磁场的统一体,这就是麦克斯韦的电磁场理论.

回顾前边学过的静电场和静磁场的基本性质及基本规律，可以得到以下四个定理.

(1) 静电场的高斯定理

$$\oint_S \boldsymbol{D} \cdot \mathrm{d}\boldsymbol{S} = \sum_i q_i$$

它说明静电场是有源场，电荷是产生静电场的根源.

(2) 静电场的环路定理

$$\oint_L \boldsymbol{E} \cdot \mathrm{d}\boldsymbol{l} = 0$$

它表明静电场是保守的无旋场.

(3) 静磁场的高斯定理

$$\oint_S \boldsymbol{B} \cdot \mathrm{d}\boldsymbol{S} = 0$$

它说明磁场是无源场.

(4) 静磁场的环路定理

$$\oint_L \boldsymbol{B} \cdot \mathrm{d}\boldsymbol{l} = \sum_i I_i$$

它表明静磁场是非保守的有旋场.

在麦克斯韦引入"有旋电场"和"位移电流"两个物理概念以后，电场将包含静电场和有旋电场，磁场也将包含传导电流产生的磁场和位移电流产生的磁场，在这种情况下，电磁场的四个规律变成以下四个。

(1) 电场高斯定理

$$\oint_S \boldsymbol{D} \cdot \mathrm{d}\boldsymbol{S} = \sum_i q_i$$

(2) 法拉第电磁感应定律

$$\oint_L \boldsymbol{E} \cdot \mathrm{d}\boldsymbol{l} = -\iint_S \frac{\partial \boldsymbol{B}}{\partial t} \cdot \mathrm{d}\boldsymbol{S}$$

(3) 磁场高斯定理

$$\oint_S \boldsymbol{B} \cdot \mathrm{d}\boldsymbol{S} = 0$$

(4) 全电流安培环路定理

$$\oint_L \boldsymbol{H} \cdot \mathrm{d}\boldsymbol{l} = \sum (I_\mathrm{D} + I)$$

这四个方程称为麦克斯韦方程组.

麦克斯韦方程组，适用于描述各种宏观电磁现象，如高速运动的电荷的电磁场以及电磁辐射问题，但一般并不用于描述微观过程的电磁现象，这些微观电磁现象的解决要依靠量子电动力学，可以认为麦克斯韦方程组是量子电动力学在某些特殊情况下的宏观近似结果.

复习思考题

9-8 试比较传导电流和位移电流的区别及相同之处?

9-9 从以下三个方面比较静电场和有旋电场:(1) 产生原因;(2) 电场线;(3) 对导体中电荷的作用.

9-10 变化的电场产生的磁场和变化的磁场产生的电场是否一定随时间变化?

习　题

9-1　选择题.

(1) 一棒状铁芯密绕着线圈 1 和线圈 2,如习题 9-1(1)图所示,按下电链 K,并取回路 2 面积的法线方向为正方向 $\boldsymbol{n}$,应用法拉第电磁感应定律判断感应电动势 $\mathscr{E}_i$ 的方向的方法,对于回路 2,(　　)组的判断完全正确.

(A) $\Phi<0,\dfrac{d\Phi}{dt}>0,\mathscr{E}_i<0,U_A<U_B$

(B) $\Phi>0,\dfrac{d\Phi}{dt}<0,\mathscr{E}_i>0,U_A>U_B$

(C) $\Phi<0,\dfrac{d\Phi}{dt}<0,\mathscr{E}_i<0,U_A<U_B$

(D) $\Phi<0,\dfrac{d\Phi}{dt}<0,\mathscr{E}_i<0,U_A<U_B$

(2) 导体棒 AD 在均匀磁场中绕 OO' 轴匀角速度转动,磁感应强度为 $\boldsymbol{B}$,方向平行于 OO' 轴,角速度 ω,OO' 轴过棒 AD 中点 C 且垂直于棒,棒长 l,如习题 9-1(2)图所示,A、C、D 三点电势用 U_A、U_C、U_D 表示,则(　　)是正确的.

(A) $U_A>U_C$　　(B) $U_C>U_A$　　(C) $U_D>U_C$　　(D) $U_D<U_C$

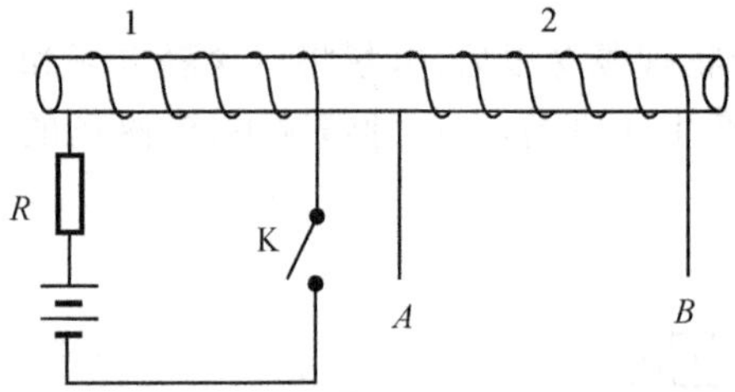

习题 9-1(1)图

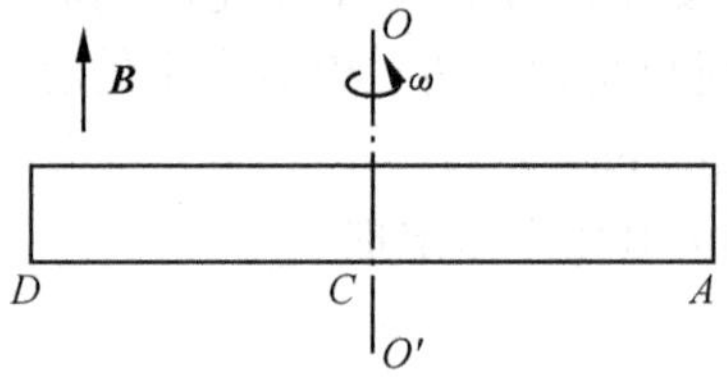

习题 9-1(2)图

(3) 有一单位长度上绕有 n_1 匝线圈的空心长直螺线管,其自感系数为 L_1,另有一单位长度上绕有 $n_2=2n_1$ 匝的线圈的空心长螺线管,其自感系数为 L_2,已知两者的截面积和长度皆相同,则 L_1 和 L_2 的关系是(　　).

(A) $L_1=L_2$　　(B) $2L_1=L_2$　　(C) $\dfrac{1}{2}L_1=L_2$　　(D) $4L_1=L_2$

9-2　填空题.

(1) 一根导线被弯成扇形回路,两半径 AC、BC 长为 l,夹角为 θ,如习题 9-2(1)图所示,在垂直纸面的磁场中按图示方向运动,(a)BC 段上的动生电动势 $\mathscr{E}_{BC}=$________,(b)ADB 段上的动生电动势 $\mathscr{E}_{ADB}=$________.

(2) 一长为 $l=0.60\text{m}$ 的金属棒,绕垂直于棒的 $O'CO$ 轴在水平面内以每秒 10 圈旋转,如习题 9-2(2)图所示,已知 AC

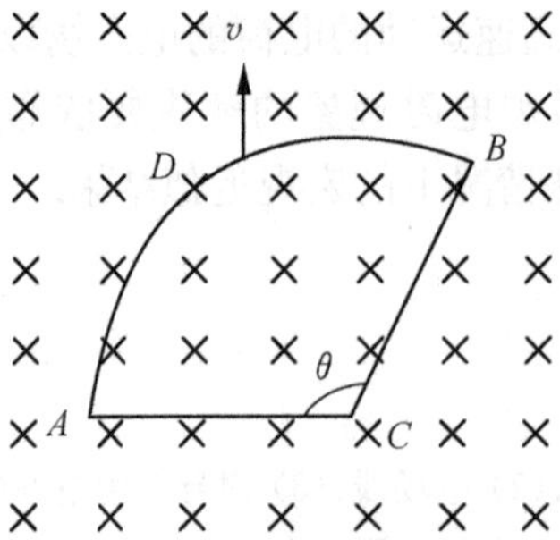

习题 9-2(1)图

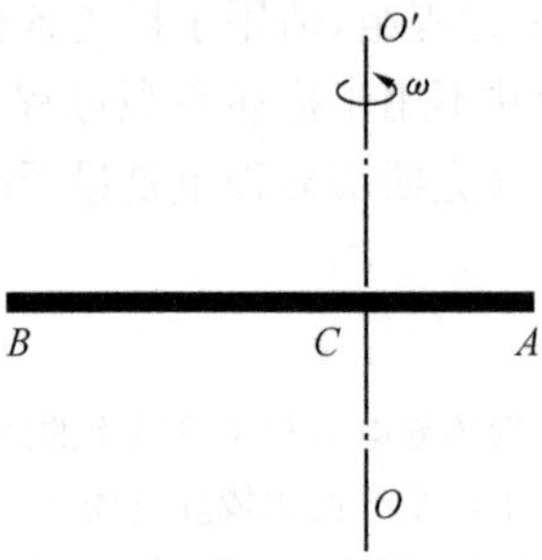

习题 9-2(2)图

长为棒长的$\frac{1}{3}$,该处磁场在竖直方向上的分量$B=0.45\times10^{-4}$T,则$\mathscr{E}_{AC}=$____,$\mathscr{E}_{BC}=$____.

9-3　如习题9-3图所示,一金属棒OA长$l=0.60$m,在均匀磁场中绕过端点O的铅直轴在水平面内旋转,转速为每秒2圈,试求棒两端的电势差,棒的哪一端电势较高?设磁感应强度$B=4.0\times10^{-3}$T.

9-4　长为L的直导线AC,在均匀磁场中与竖直方向的夹角为θ,以角速度ω沿顺时针方向旋转,如习题9-4图所示,求:

(1) 当转到图示位置时,A、C两点间的动生电动势的大小和方向.

(2) 当由C点转到D点时,A、C两点间的电动势的大小.

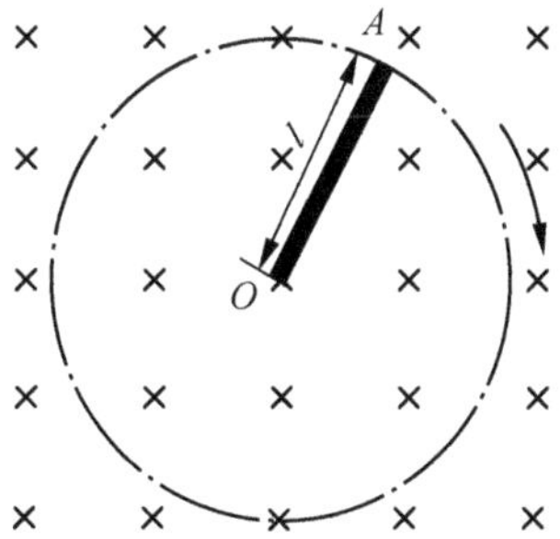

习题9-3图

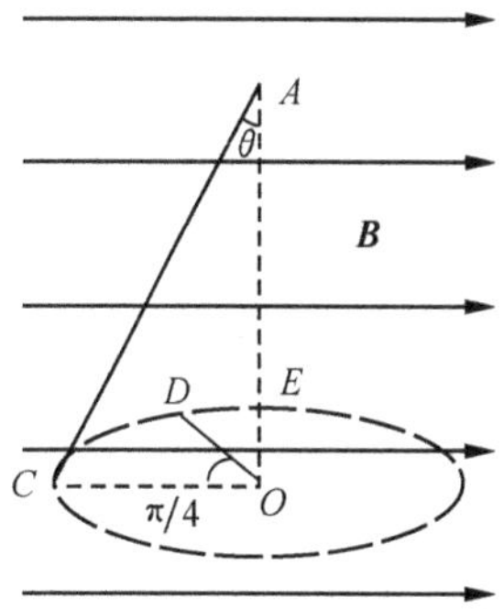

习题9-4图

9-5　边长为$a=5.0$cm的由铜线做成的正方形线圈,在$B=0.84$T的均匀磁场中绕对称轴OO'做匀速转动如习题9-5图所示,已知铜线圈共有10匝,转速$n=10$r/s,转轴与B垂直,开始时线圈平面与B垂直,求转过30°时,线圈中的感应电动势.

9-6　有一PA和PC两段导线,其长均为10cm,在P处构成30°的角,如习题图9-6所示,放在$B=2.5\times10^{-2}$T方向垂直于纸面向里的匀强磁场中,求:

(1) 若以$v=1.5$m/s的速度沿与BC平行的方向向右运动,其感应电动势多大?

(2) 若以$v=1.5$m/s的速度沿与BC垂直的方向向上运动,其动生电动势$\mathscr{E}_{AB}$、$\mathscr{E}_{BC}$各多大?试比较A、C两点中哪一点的电势高?

9-7　如习题9-7图所示,在长直导线近旁有一矩形平面线圈,线圈的匝数为N,线圈和直导线共面,已知矩形线圈的边长为b和d,长直导线的距离为a,通过$I=I_0\cos\omega t$的电流,求:(1) 它们的互感;(2) 长直导线产生的互感电动势.

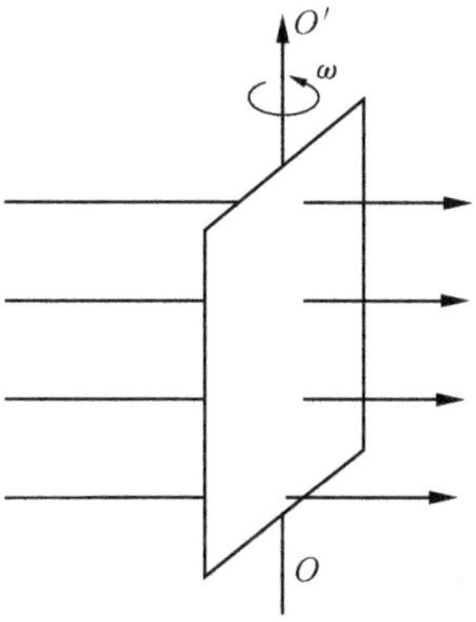

习题9-5图

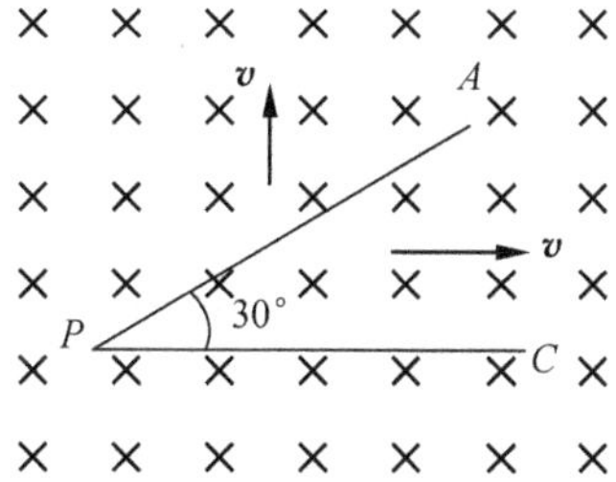

习题9-6图

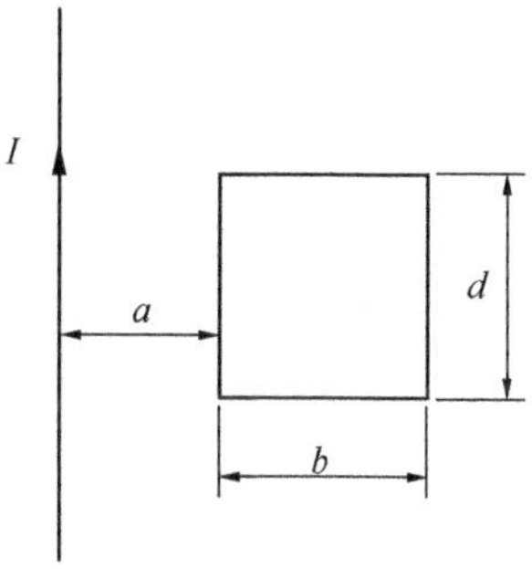

习题9-7图

9-8　两个线圈的自感分别为5mH和8mH,有人告诉你他们的互感为10mH,对吗?为什么?

第 10 章　气体动理论

气体动理论是从物质的微观结构观点出发，以气体为研究对象，运用统计的方法，研究气体的宏观性质和规律，并对气体的一些性质给予微观本质的揭示.

10.1　分子动理论的基本概念

10.1.1　宏观物体是由大量的分子或原子组成

气体、液体和固体这些宏观物质具有内部结构，虽然人们用肉眼不能直接观察到，但已得到现代科学理论和实验的完全证实，借助于现代的实验仪器和实验方法，我们已经知道，宏观物体是由大量的分子或原子组成的. 实验证明，任何一种物质，每摩尔(mol)所含的分子(或原子)数目均相同，把这个数称为阿伏伽德罗常量，用符号 N_A 表示，即

$$N_A = 6.0221367 \times 10^{23}\,\text{mol}^{-1}$$

通常取 $N_A=6.02\times10^{23}\,\text{mol}^{-1}$，可见 N_A 是一个巨大的数字，分子的直径(或线度)数量级一般约为 10^{-10}m；分子的质量很小，如氢分子质量为 0.332×10^{-29}kg，氧分子质量为 5.31×10^{-29}kg.

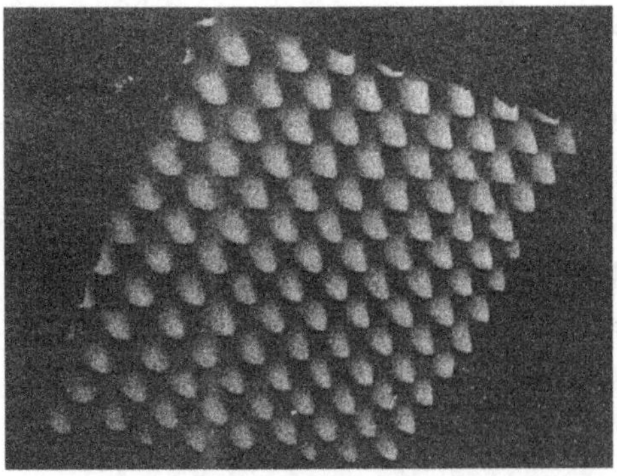

图 10-1　STM 技术观察到的 GaAs(110) 表面的 As 原子排列图像

组成物体的分子之间存在一定的空隙，气体很容易被压缩，水与乙醇混合后的体积小于二者原来的体积之和等，都说明气体和液体的分子之间有空隙，用 2×10^4atm 的压强压缩储存于钢管中的油，会发现油透过钢管壁而渗出钢管外，这说明钢作为固体其分子之间也有空隙.

现在，用扫描隧道显微镜(STM)能直接观察到物质表面的原子. 图 10-1 所示为中国科学院化学研究所用 STM 技术观察到的 GaAs(110)表面的 As 原子排列图像，每个圆包是一个 As 原子，宏观物体由分子(或原子)组成的概念，已由过去的假设变为今天的现实展现在人们面前.

10.1.2　物体的分子在永不停息地做无序热运动

人们在较远的地方就能闻到物体发出的气味，一滴墨水滴入水中会慢慢地扩散开来，这类扩散现象说明了气体、液体中的分子是在不停息地运动着，固体中也会发生扩散现象，如把两块不同的金属紧压在一起，经过较长时间后，会在每块金属接触面内发现另一种金属成分.

在显微镜下观察悬浮在液体中的小颗粒(如花粉的小颗粒)，可以看到它们都在永不停息地运动着，其中任意一个的运动都是无规则的或无序的，如果每隔相等时间记录一次悬浮颗粒的位置，就会得到类似于图 10-2 的运动路径，它明确地显示出这种运动的无序性质，这一现象是苏格

兰植物学家布朗在1827年发现的,称为**布朗运动**.布朗运动是分子运动的反映,液体分子在热运动中由于相互碰撞,每个分子的运动方向和速度大小都在不断地变化着,当这些分子从四面八方不断地冲击悬浮颗粒时,任一时刻作用于悬浮颗粒的冲击力不可能完全相互抵消,因而悬浮颗粒就会改变它原来的运动方向和速度大小,由于悬浮颗粒受到的冲击力的方向和大小会不断改变,从而悬浮颗粒的运动方向和速度大小也会随之不断改变.这样,我们看到的就是悬浮颗粒的布朗运动.布朗运动的无序性,实质上正是反映了分子运动的无序性.另外,布朗运动的剧烈程度随温度升高而增大,这反映了分子无规则运动随温度升高而加剧.正是由于分子的无序运动与温度有关,所以通常把它称为**分子热运动**.

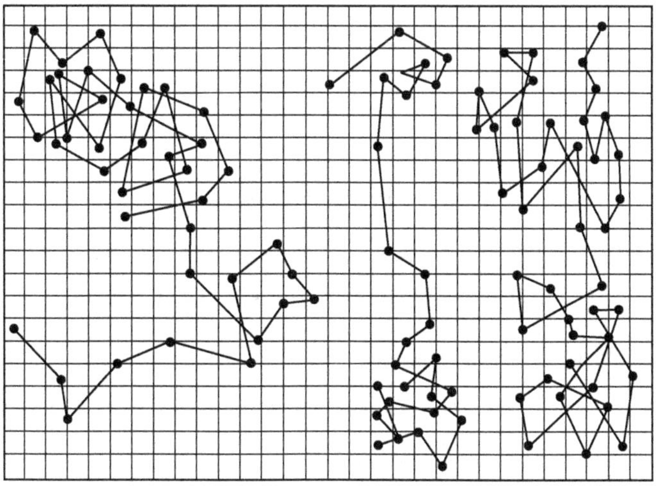

图10-2 布朗运动

爱因斯坦对布朗运动做过深入研究,得出的结论不仅对统计力学理论,而且对验证和建立涨落理论都有重要作用,特别是解决了科学界和哲学界争论超过半个世纪的有关原子是否存在的问题.

布朗运动理论在许多领域,如对测量仪表精度限度的研究,对高倍放大的电讯电路中背景噪声的研究等,都有着重要作用.

10.1.3 分子间存在相互作用力

分子间存在的相互作用力,称为**分子力**.分子与分子比较接近时,分子力表现为吸引力,拉断一根钢丝必须用很大的力,就是分子间存在吸引力的证明.当分子与分子非常接近时,则分子力表现为排斥力,液体和固体都很难压缩,证明了分子间有排斥力存在.

分子力是很复杂的.初步讨论时,常假定分子间的相互作用力有球对称性,并近似地用如下**半经验公式**表示

$$f=\frac{\lambda}{r^s}-\frac{\mu}{r^t}\quad(s>t)$$

式中,r表示两个分子中心的距离;λ、μ、s、t都是正数,其值由实验确定;第一项代表斥力,第二项代表引力,图10-3(a)给出了分子力与分子间距离的关系曲线.图中两条虚线分别表示斥力和引力随距离的变化规律.由图可知,在$r=r_0=\left(\frac{\mu}{\lambda}\right)^{\frac{1}{t-s}}$处,斥力和引力互相抵消,$f=0$,这个位置称

为平衡位置(约 10^{-10}m). 显然 $r<r_0$ 时,分子力表现为斥力;$r>r_0$时,分子力表现为引力. 由于 $s>t$,斥力的有效作用距离比引力的小.

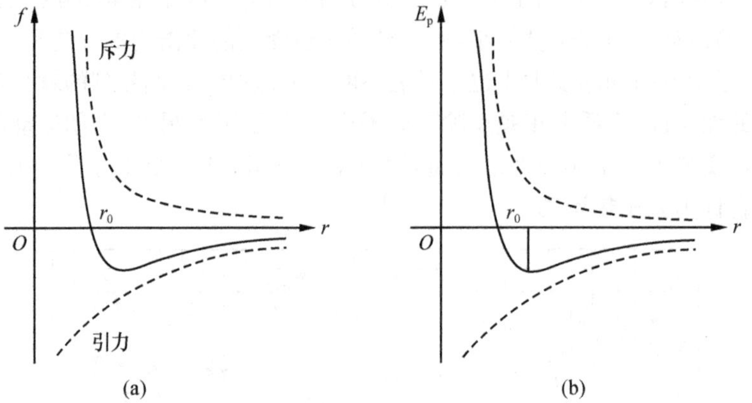

图 10-3　分子作用力与势能曲线

分子间的相互作用也可用势能曲线来表示,图 10-3(b)给出了分子势能与分子间距离的关系曲线. 由于分子力是保守力,当分子间距离改变 $\mathrm{d}r$,相应的分子势能增量为 $\mathrm{d}E_p$ 时,分子力 f 的元功 $f\mathrm{d}r=-\mathrm{d}E_p$,或写成 $f=-\dfrac{\mathrm{d}E_p}{\mathrm{d}r}$. 由图可知,在平衡位置 $r=r_0$ 处,$f=0$,势能有极小值,分子处于稳定状态. 当 $r<r_0$ 时,势能曲线斜率为负,说明这个区间内分子力为斥力;当 $r>r_0$ 时,势能曲线斜率为正,说明这里是引力作用的区域. 当分子位置偏离了 r_0,分子势能就要增大,分子将处于不稳定状态,这时分子力总具有力图使分子回到势能最低状态的趋势. 如果分子处在平衡位置附近处,且动能小于势能绝对值,则分子不能自由移动,而在平衡位置附近作微小振动,这时物质处在液态或固态. 利用分子力曲线和分子势能曲线还可以解释气体、液体、固体的一些物理性质.

综上所述,可以得出以下结论:**一切宏观物体都是由大量分子或原子组成的,分子都在永不停息地做无序热运动,分子之间有相互作用的分子力.**

这些就是有关分子和分子运动的基本概念.

复习思考题

10-1　物体为什么能够被压缩,但又不能被无限压缩?

10-2　1mol 水占有多大体积? 其中有多少水分子? 假定水分子是紧密排列的,试估算 1cm 长度上排列有多少水分子,两相邻水分子间的距离和水分子的线度有多大?

10-3　布朗运动是不是分子的运动? 为什么说布朗运动是分子热运动的反映?

10.2　平衡态　理想气体状态方程

10.2.1　气体的状态参量

用来描述物体状态的物理量称为**状态参量**. 例如,在力学中我们用物体的位置矢量和速度描述物体机械运动的状态,位置矢量和速度就是两个力学状态参量,热学的研究对象是由大量粒子组成的宏观系统,要全面描述热学系统的状态,仅用力学状态参量是不够的,还需引入一些新的物理量.气体是一种最简单的热学系统,也是本章及下章的主要研究对象,对于一定质量的气体,其宏观状态可用气体的体积、压强和温度来描述,气体的体积、压强和温度这三个物理量称为**气体的状态参量**.其中体积和压强是力学量,而温度是反映气体分子热运动剧烈程度的量,是气体冷热程度的量度,是热运动特有的一个物理量,属**热学量**.

必须指出,气体的体积、压强和温度是气体系统整体特征的物理量,它们都是宏观量.与组成气体的单个分子的质量、速度、体积等微观量是不同的两类参量.本章的气体动理论就是根据假设的气体分子模型,用统计的方法建立二者的关系,从而揭示宏观现象的微观本质,下面我们对气体的三个状态参量作简单介绍.

气体的体积是指分子热运动所能达到的空间体积.容器中气体的体积就是容器的体积.不能把气体的体积与气体中分子本身体积的总和相混淆,在国际单位制中,体积单位是 m^3.

气体的压强是大量气体分子对容器壁的碰撞而产生的,它等于容器壁上单位面积所受的正压力.在国际单位制中,压强的单位是帕斯卡,符号为 Pa.除国际单位之外,目前常使用的单位还有标准大气(atm),简称为大气压,$1\text{atm}=1.013\times10^5\text{Pa}$.

温度的概念比较复杂,宏观上可以简单地认为是物体冷热程度的量度,较热物体具有较高的温度.要想定量地确定某一物体的温度,必须对不同冷热的物体给以具体的温度数值表示,温度的数值表示方法称为**温标**,如摄氏温标、热力学温标等.根据 1968 年对国际实用温标的规定,以建立在热力学第二定律基础上的热力学温标作为基本的温标,一切温度的测量最终都应以热力学温标为准.在国际单位制中,热力学温度 T 是基本量之一,单位名称是开尔文,符号是 K.日常生活中,目前使用较多的另一种温标是摄氏温标 t,单位是摄氏度,符号是℃.摄氏温标与热力学温标的换算关系为

$$t = T - 273.15 \quad \text{或} \quad T = 273.15 + t$$

理论研究发现,温度本质上与物体内大量分子热运动剧烈程度相关.热运动越剧烈,温度越高.

10.2.2 平衡态和平衡过程

上面我们说明了气体的状态可以用体积、压强和温度等少数几个宏观参量来描述.其实这是有条件的,并不是在任何情况下都能做到,这个条件就是系统必须处于所谓的平衡态.

考虑一定质量的气体装在一定体积的容器中,经过一段时间以后,容器中各部分气体的压强相同、温度相同,单位体积中的分子数(即分子数密度)也相同.此时气体的三个状态参量都有确定的值.如果容器中的气体与外界之间没有能量和物质的传递,气体分子的能量也没有转化,则气体的状态参量将不随时间而变化,这种状态称为**平衡态**.对于普遍的热力学系统来说,**平衡态是指系统的这样一种状态,即在没有外界**(指与系统有关的周围环境)**影响的条件下,系统各部分的宏观性质长时间内不发生变化的状态**.这里所说的没有外界影响,指的是系统与外界之间不通过做功或传热的方式与外界交换能量.但不要求系统不受外力作用,只要外力不做功,对系统的热力学状态就没有影响,为了对平衡态有更深刻的认识,需要注意以下几点.

(1) 不受外界影响和系统的各部分宏观性质不随时间变化,这是判别一个系统是否处于平衡态的两个必要条件,缺一不可.如果第一个条件不满足,即使系统所有宏观性质不随时间变化,系统也不处于平衡态.例如,一根铁棒的两端分别与温度不同的两个恒温热源接触,经过一段时间后,铁棒上各点的温度将不再随时间变化而处于稳定状态,但由于系统(即铁棒)与外界有热交

换,故铁棒不处于平衡态.

(2) 系统在不受外力的情况下达到平衡态,其内部的所有宏观性质处处相同.但在外力的作用不可忽略的情况下,系统达到平衡态时,其内部的某些宏观性质就是不均匀的.例如,重力场中的大气处于平衡态时,由于大气受重力作用,不同高度处大气的压强和密度不相同.

(3) 平衡态仅是系统的宏观性质不随时间变化,从它的微观状态来看,系统内的分子仍在做永不停息的热运动,只不过分子热运动的平均效果不随时间变化而已.也正是这种分子热运动的平均效果不随时间变化,系统在宏观上表现为处于平衡态.因此,热力学中的平衡实质上是一种动态平衡,通常称**热动平衡**.

系统与外界有相互作用时,系统的状态将发生变化.当系统从一个状态不断变化到另一个状态时,系统经历的过程,我们称其为**热力学过程**.一个理想的、又具有特别意义的过程是所谓的**平衡过程**.在平衡过程中,系统所经历的任一中间状态都无限接近平衡态.显然,平衡过程是一种理想过程.因为状态的变化,必须破坏系统原有的平衡,经过一段时间之后才能达到新的平衡态.不可能使任何中间状态都是完全彻底的平衡态.因此,在变化过程中系统经历了一系列非平衡态,这样的过程就是一个非平衡过程.不过,只要过程进行得足够缓慢,使得过程中的每一步中间状态都非常接近平衡态,我们都可以近似地把它们看成是平衡过程.

10.2.3 理想气体状态方程

一定质量的气体处在平衡态时,可以用体积 V、压强 p 和温度 T 三个状态参量来描述,当气体从一个平衡态经历一过程到达另一平衡态时,状态参量发生变化,但三个状态参量之间保持一定的关系,我们把反映气体的 p、V、T 之间的关系式称为**气体的状态方程**.一般来说,方程的具体形式是很复杂的,它与气体的性质有关,通常可以通过实验确定.这里我们先讨论理想气体的状态方程.那么什么样的气体是理想气体呢?

我们知道,任何物理定律都是一定条件下的实验总结.中学物理告诉我们,气体在压强不太高(与大气压相比)和温度不太低(与室温相比)的实验条件下,遵守玻意耳定律、盖吕萨克定律、查理定律.应该指出,对不同气体来说,这三条定律的适用范围是不同的,不易液化的气体,如氮、氢、氧、氦等,其适用的范围比较大.在任何情况下都服从上述三个实验定律的气体是没有的.我们将实际气体抽象化,提出理想气体的概念,认为理想气体能无条件地服从上述三条实验定律.如上所述,一般气体在温度不太低,压强不太高时,都可以近似当作理想气体.根据这些定律,不难推导出 1mol 理想气体的状态方程为

$$pV = RT \tag{10-1}$$

式中,R 称为摩尔气体常量(也称普适气体常量),在国际单位制中

$$R = 8.31\mathrm{J/(mol \cdot K)}$$

如果理想气体的质量为 M,摩尔质量为 μ,则气体的摩尔数是 $\nu = M/\mu$.此时气体的状态方程为

$$pV = \frac{M}{\mu}RT = \nu RT \tag{10-2}$$

上式也就是**克拉珀龙方程**.

理想气体的状态方程(10-1)式和(10-2)式,是从一定实验条件下的实验定律推导出来的,实际气体并不完全符合这些实验条件,所以各种实际气体都只是近似遵守理想气体状态方程,当温

度越高，压强越小时，近似的程度越高，仅当压强趋于零的极限条件下，各种实际气体才严格地遵守(10-1)式或(10-2)式，这是各种气体的共性，是气体内在规律的表现. 我们提出理想气体的概念，就是抓住了气体的这一共同规律.

从上面的讨论中还可以看出，对一定质量的气体，它的状态参量 p、V、T 中只有两个是独立的. 因此，任意两个参量给定，就确定了气体的一个平衡态. 如图 10-4 所示的 p-V 图上，任意一点对应着一个平衡态. 对一个平衡过程来说，由于过程的中间状态都是平衡态，都有 p-V 图上的对应的状态点，故整个平衡过程对应着 p-V 图上的一条连续曲线. 图 10-4 给出的就是系统由平衡态Ⅰ到平衡态Ⅱ的一个平衡过程.

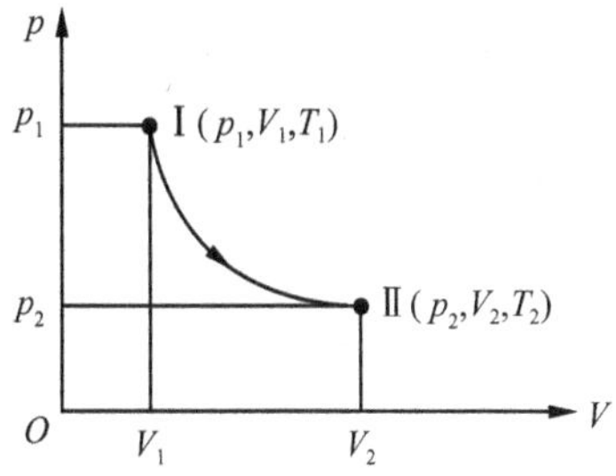

图 10-4 平衡状态和平衡过程

例 10-1 一氧气瓶内装有质量为 3.0kg，压强为 60×10^5 Pa，温度为 32℃的氧气，因漏气，经过一段时间后，压强降到 54×10^5 Pa，温度降为 27℃，求：

(1) 容器的容积；

(2) 漏去的氧气质量.

解： (1) 根据理想气体状态方程

$$pV=\frac{M}{\mu}RT$$

可得氧气瓶的容积为

$$V=\frac{MRT}{\mu p}=\frac{3.0\times8.31\times(32+273)}{32\times10^{-3}\times60\times10^5}=4.0\times10^{-2}(\mathrm{m}^3)$$

(2) 设经过一段时间后气体压强为 p_1，温度为 T_1，瓶内剩余的氧气质量为 M_1，由理想气体状态方程得

$$M_1=\frac{\mu p_1V}{RT_1}=\frac{32\times10^{-3}\times54\times10^5\times4.0\times10^{-2}}{8.31\times(27+273)}=2.8(\mathrm{kg})$$

故漏出氧气的质量为

$$\Delta M=M-M_1=3.0-2.8=0.2(\mathrm{kg})$$

复习思考题

10-4 什么是热学系统的平衡态？气体在平衡态时有何特征？热力学中的平衡与力学中的平衡有何不同？

10.3 气体分子的热运动 统计规律

10.3.1 气体分子热运动可以看成是在惯性支配下的自由运动

宏观物体中的分子都在永不停息地运动着. 固体分子间相互作用的分子力较强，固体中的分子不能自由运动；液体中的分子一般也不能自由运动. 由于气体分子间距离很大，而且分子力的作用范围又很小，因而气体分子间相互作用的分子力，除分子与分子、分子与器壁相互碰撞的瞬间外，是极其微小的；又由于气体分子质量一般很小，因此重力对其作用一般可以忽略，所以气体分子在相邻两次碰撞之间的运动可以看成是在惯性支配下的自由运动.

10.3.2　气体分子间的相互碰撞

理论计算表明,气体分子热运动的平均速率是很大的,在室温下,其数量级大约为每秒几百米. 这样看来,似乎气体从一个地方迁移到另一个地方应当是很快的,但是实验表明,情况并非如此. 在房间里打开一瓶香水,1m 以外的人,并非立即就能闻到香味,而要经过一段时间后才能闻到,这说明气体的迁移实际上是很慢的,这是什么原因呢? 原来气体分子在无规则热运动中彼此要发生碰撞,从单个分子看,它们实际上都是沿着迂回曲折路线前进的.

我们知道,气体的分子数目是很大的,在标准状态下,$1cm^3$ 的气体中就约有 2.7×10^{19} 个分子,而气体分子热运动的速率又是很大的,这两种因素决定了分子间的相互碰撞一般说来是极其频繁的. 根据计算,在标准状态下,一秒钟内一个分子和其他分子碰撞次数的数量级约为 10^9 次,即大约一秒钟内一个分子和其他分子要碰撞几十亿次.

对单个气体分子来说,由于受到大量其他分子的影响和制约,它的运动过程变得非常复杂. 然而,不管运动情况多么复杂,它仍然遵循着力学规律,如在碰撞中,分子间仍然是按动量守恒定律和能量守恒定律进行动量与能量的传递与交换.

研究气体分子间的碰撞是非常重要的. 气体分子间的相互碰撞是气体分子热运动的重要特征,气体分子的运动之所以杂乱无章就是由于气体分子间的相互碰撞;它也是气体中产生某些宏观物理现象的重要原因,如气体处于平衡态时有确定的压强,气体分子按速率有确定的分布等,都与碰撞有密切的关系;它还是气体处于非平衡态时出现某些内迁移现象(如后面将要讲到的扩散和热传导现象等)的重要原因.

这里有必要指出,所谓气体分子间的碰撞,实质上是在分子力作用下分子的散射过程. 当分子与分子相互靠拢以至于彼此相距极近(如 10^{-10}m 左右)时. 分子间的相互作用力表现为斥力,这种斥力随着分子间距离的进一步减小而急剧地增大,在这样强大的斥力作用下,分子与分子又重新分开,这就是所谓的分子碰撞的物理过程.

10.3.3　气体分子热运动服从统计规律

气体中单个分子的运动情况千变万化,非常复杂,偶然性占主导地位,但对组成气体大量分子的整体来看,常常表现出确定的规律. 例如,气体处于平衡状态且无外场作用时,就单个分子而言,某一时刻它究竟沿哪个方向运动,这完全是偶然的,不能预测的,但就大量分子的整体而言,任一时刻,平均看来,沿各个方向运动的分子数都相等,或者说气体分子沿各个方向运动的概率相等,即在气体中,不存在任何一个特殊方向,气体分子沿这个方向的运动比沿其他方向更占优势. 实验表明在平衡状态下,气体中各处的分子数密度相等,便是上述结论的有力证明,在平衡状态下,气体分子沿各个方向运动的概率相等,说明分子的速度在各个方向投影的各种统计平均值也应相等.

下面介绍在平衡状态下,大量分子速度投影、速度投影平方以及速率、速率平方的统计平均值的计算方法. 这里所介绍的方法是求统计平均值的普遍方法,这些统计平均值,在后面讨论压强公式等问题时就要用到.

设容器中储有一定量的气体,分子总数为 N,气体不受任何外场的作用并处于平衡,为了讨论的方便,我们将所有分子分成若干组,每组分子具有相同的速度(包括大小和方向). 将速度分

别为 $v_1, v_2, \cdots, v_i, \cdots$，的分子数分别用 $\Delta N_1, \Delta N_2, \cdots, \Delta N_i, \cdots$，表示，显然，$\Delta N_1 + \Delta N_2 + \cdots + \Delta N_i + \cdots = \sum_i \Delta N_i = N$. 设速度 $v_1, v_2, \cdots, v_i, \cdots$，沿 x、y、z 三个坐标轴的投影分别为 $(v_{1x}, v_{1y}, v_{1z}), (v_{2x}, v_{2y}, v_{2z}), \cdots, (v_{ix}, v_{iy}, v_{iz}), \cdots$，所有分子的速度沿 x、y、z 三个坐标轴投影的统计平均值 $\bar{v}_x$、$\bar{v}_y$、$\bar{v}_z$ 定义为

$$\left.\begin{aligned}
\bar{v}_x &= \frac{\Delta N_1 v_{1x} + \Delta N_2 v_{2x} + \cdots + \Delta N_i v_{ix} + \cdots}{\Delta N_1 + \Delta N_2 + \cdots + \Delta N_i + \cdots} = \frac{\sum_i \Delta N_i v_{ix}}{N} \\
\bar{v}_y &= \frac{\Delta N_1 v_{1y} + \Delta N_2 v_{2y} + \cdots + \Delta N_i v_{iy} + \cdots}{\Delta N_1 + \Delta N_2 + \cdots + \Delta N_i + \cdots} = \frac{\sum_i \Delta N_i v_{iy}}{N} \\
\bar{v}_z &= \frac{\Delta N_1 v_{1z} + \Delta N_2 v_{2z} + \cdots + \Delta N_i v_{iz} + \cdots}{\Delta N_1 + \Delta N_2 + \cdots + \Delta N_i + \cdots} = \frac{\sum_i \Delta N_i v_{iz}}{N}
\end{aligned}\right\} \tag{10-3}$$

考虑到气体处于平衡状态时，气体分子沿各个方向运动的概率相等，故有

$$\bar{v}_x = \bar{v}_y = \bar{v}_z = 0 \tag{10-4}$$

所有分子的速度沿 x、y、z 三个坐标轴投影平方的统计平均值 $\overline{v_x^2}$、$\overline{v_y^2}$、$\overline{v_z^2}$ 定义为

$$\left.\begin{aligned}
\overline{v_x^2} &= \frac{\sum_i \Delta N_i v_{ix}^2}{N} \\
\overline{v_y^2} &= \frac{\sum_i \Delta N_i v_{iy}^2}{N} \\
\overline{v_z^2} &= \frac{\sum_i \Delta N_i v_{iz}^2}{N}
\end{aligned}\right\} \tag{10-5}$$

所有分子速率和速率平方的统计平均值 $\bar{v}$（常称平均速率）和 $\overline{v^2}$ 分别定义为

$$\bar{v} = \frac{\sum_i \Delta N_i v_i}{N} \tag{10-6}$$

$$\overline{v^2} = \frac{\sum_i \Delta N_i v_i^2}{N} \tag{10-7}$$

速率平方统计平均值的平方根（$\sqrt{\overline{v^2}}$）称为**方均根速率**.

考虑到气体处于平衡状态时，气体分子沿各个方向运动的概率相等，故有

$$\overline{v_x^2} = \overline{v_y^2} = \overline{v_z^2}$$

因为

$$v_1^2 = v_{1x}^2 + v_{1y}^2 + v_{1z}^2$$

$$v_2^2 = v_{2x}^2 + v_{2y}^2 + v_{2z}^2$$

$$\cdots\cdots$$

$$v_i^2 = v_{ix}^2 + v_{iy}^2 + v_{iz}^2$$

给以上各式两端分别乘以 $\Delta N_1,\Delta N_2,\cdots,\Delta N_i,\cdots$，且把各等式两边相加并除以总分子数 N，则有

$$\overline{v^2}=\frac{\Delta N_1 v_1^2+\Delta N_2 v_2^2+\cdots+\Delta N_i v_i^2+\cdots}{N}=\frac{\sum\limits_i \Delta N_i v_{ix}^2}{N}+\frac{\sum\limits_i \Delta N_i v_{iy}^2}{N}+\frac{\sum\limits_i \Delta N_i v_{iz}^2}{N}$$

由(10-5)式及(10-7)式可得

$$\overline{v^2}=\overline{v_x^2}+\overline{v_y^2}+\overline{v_z^2}$$

注意到 $\overline{v_x^2}=\overline{v_y^2}=\overline{v_z^2}$，故有

$$\overline{v_x^2}=\overline{v_y^2}=\overline{v_z^2}=\frac{1}{3}\,\overline{v^2} \tag{10-8}$$

根据 $\overline{v^2}$ 的定义，可得大量相同气体分子热运动平均平动动能的统计平均值为

$$\bar{\varepsilon}=\frac{1}{2}m\,\overline{v^2}=\frac{\frac{1}{2}m\sum\limits_i \Delta N_i v_i^2}{N} \tag{10-9}$$

式中，m 为一个分子的质量.

以上各定义中，$N=\sum\limits_i \Delta N_i$，即总分子数必须充分大，这是统计平均值与一般算术平均值的原则区别，而后者并无这一条件限制.

一般说来，一个系统处在一定的宏观状态时，它还可以处在许多不同的微观状态，当测定描述系统宏观状态的某一物理量 M 的数值时，由于系统的微观状态在变化着，所以各次实验所测得 M 的值不尽相同，设在对 M 的测量中，系统处于微观状态 A 从而出现测量值为 M_A 的次数为 N_A，系统处于微观状态 B 从而出现测量值为 M_B 的次数为 N_B……实验总次数为 $N_A+N_B+\cdots=N$. 将各次实验所得 M 的数值的总和与实验总次数之比，当实验总次数足够多时，此比值定义为 M 的统计平均值，并用 $\overline{M}$ 表示，即

$$\overline{M}=\frac{N_A M_A+N_B M_B+\cdots}{N} \tag{10-10}$$

实验总次数越多，平均值就越精确.

当实验次数无限增多时，以上比值将趋近一个极限值，此时

$$\overline{M}=\lim_{N\to\infty}\frac{N_A M_A+N_B M_B+\cdots}{N}$$

统计平均的方法，在日常工作中也常会遇到，例如某高级中学对在校学生的身高进行测定，从而求出学生身高的统计平均值. 设学生总人数为 N，身高为 A_1 的学生有 N_1 个，身高为 A_2 的学生为 N_2 个……则学生身高的统计平均值近似为

$$\overline{A}=\frac{N_1 M_1+N_2 M_2+\cdots}{N}$$

显然学生人数越多，平均值就越精确.

将系统处于微观状态 A 的次数 N_A，除以实验总次数 N 所得的比值，在实验总次数足够多时，定义为系统处于状态 A 的概率，并用 W_A 表示，即

$$W_A=\frac{N_A}{N} \tag{10-11}$$

由(10-10)式和(10-11)式可得

$$\overline{M}=\frac{N_AM_A}{N}+\frac{N_BM_B}{N}+\cdots=W_AM_A+W_BM_B+\cdots=\sum_i W_iM_i \tag{10-12}$$

即 M 的平均值 $\overline{M}$ 是系统处于所有可能状态的概率与相应的各状态 M 数值的乘积的总和.

系统处于一切可能状态的次数的总和应等于实验次数，故系统处于一切可能状态的概率的总和应等于 1，即

$$\sum_i W_i=1 \tag{10-13}$$

这个关系称为**归一化条件**.

10.3.4 统计规律的特征

为了形象地说明统计规律的特征，先介绍伽尔顿板实验.

如图 10-5 所示，在一块竖直放置的木板上部，规则地钉上许多铁钉，把木块下部用竖直隔板隔成许多等宽的狭槽，然后用透明板封盖，在顶端装一漏斗形入口. 这个装置称为伽尔顿板.

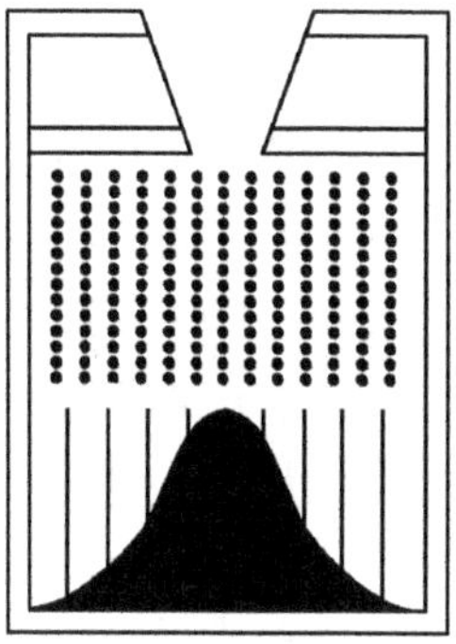

图 10-5　伽尔顿板

取一个小球(如小钢珠)，从入口投入，小球在下落过程中，先后多次与铁钉碰撞，最后落入某一狭槽，重复几次同样的实验发现，单个小球最后落入哪个狭槽完全是偶然、无法预测的. 取少量小球一起从入口投入，小球在下落过程中，除了与铁钉碰撞外，小球与小球之间也要相互碰撞，最后分别落入各个狭槽，形成一个小球按狭槽的分布，重复几次同样的实验发现，少量小球按狭槽的分布，也是完全不定的，带有明显的偶然性，但是，如果把大量小球从入口处倒入，实验发现，落入中央狭槽的小球数占小球总数的百分率最大，落入中央狭槽两边离中央狭槽越远的狭槽内的小球数占小球总数的百分率越小. 重复几次同样的实验，可以看到各次小球按狭槽的分布情况几乎相同，这说明大量小球按狭槽的分布遵从确定的规律.

上述小球按狭槽的分布规律，是一种统计规律，统计规律有以下两个重要特征：

(1) 统计规律是大量偶然事件的总体所遵从的规律. 在伽尔顿板实验中，单个小球落入哪个狭槽是无法预测的偶然事件，少量小球按狭槽的分布也带有明显的偶然性，只有把大量小球从入口处倒入，多次重复同样的实验所得小球按狭槽的分布几乎相同，呈现出确定的规律性，可见统计规律是大量偶然事件的总体所遵从的规律.

热现象是大量分子热运动的集体表现，单个分子微观运动是不可预测的偶然事件，少量分子运动也带有明显的偶然性，大量分子热运动从整体上表现出的热现象，却服从着确定的统计规律.

(2) 统计规律和涨落现象是分不开的. 统计规律所反映的一般是与某宏观量相联系的某些微观量的统计平均值. 例如，前面讲过的气体分子平动动能等的统计平均值.

由于系统的微观运动瞬息万变，因而任一瞬时，实验观测到的宏观量的数值，与统计规律所给出的统计平均值相比较，总是或多或少存在着偏差，这种相对于统计平均值出现偏离的现象，称为涨落. 像布朗运动、电信号中出现的噪声等，都是涨落现象的体现.

单个分子的微观运动尽管应遵从力学规律，但是由于物体中的分子数极多，要追踪每个分子，研究它们的运动规律，实际上无法做到，更重要的是，统计规律是大量分子集体所遵从的规律，它在本质上不同于力学规律；热运动本质上也是不同于机械运动的另一种复杂的物质运动形式. 因此，有关热现象所遵从的统计规律，就不可能单纯用力学方法得到.

要从分子热运动的观点出发,说明宏观热现象,寻求它所遵从的统计规律,就必须找出描写物体宏观性质的宏观量与描写其中分子的运动微观量之间的联系,基于分子数极多,我们可以采用统计方法去解决这个问题,这就是说,我们将从分子运动的基本概念出发,采用统计平均的方法,求出大量分子的某些微观量的统计平均值,并且进一步确定宏观量与微观量的联系,找到分子热运动遵从的统计规律,从而解释与揭示宏观热现象的微观本质.

以气体分子数密度为例,说明宏观量的统计性质.通常说气体的分子数密度为 n,就是指从宏观上看来,任一小体积 $\mathrm{d}V$ 中的分子数 $n\mathrm{d}V$ 具有确定值.但从微观上看来,由于分子的热运动和碰撞,在任一短时间 $\mathrm{d}t$ 内,都有很多分子出入于 $\mathrm{d}V$,因而 $\mathrm{d}V$ 中的分子数是涨落不定的.由于宏观的分子数密度是相应微观量的统计平均值,所以只有从微观上来看 $\mathrm{d}V$ 足够大而 $\mathrm{d}t$ 足够长时,也就是说 $\mathrm{d}V$ 中包含的分子数很多,而 $\mathrm{d}t$ 时间内包括了多次的分子碰撞,才能使因分子运动而产生的微观上分子数随时间变化在宏观上显示不出来.只有这样,作为统计平均结果的分子数密度 n 才有确定值.但是,从宏观上看,$\mathrm{d}V$ 和 $\mathrm{d}t$ 都应该足够小,否则宏观上分子数密度随地点和时间改变的现象就表现不出来,宏观上要小,而微观上要大,表面上来看这两个要求是矛盾的,但实际上却不难办到.例如,标准状态下,每立方厘米气体中的分子数约为 2.7×10^{19} 个,每秒内总共要碰撞约 10^{29} 次,如果取 $\mathrm{d}V=10^{-10}\,\mathrm{cm}^3$,$\mathrm{d}t=10^{-10}\,\mathrm{s}$,宏观上就足够小了,但其中仍含有 2.7×10^9 个分子和总共 10^9 次碰撞.可见这样的 $\mathrm{d}V$ 和 $\mathrm{d}t$,在微观上看来又是足够大的.应当指出,在实际问题中,当把统计规律应用于宏观热现象时,涨落现象往往表现不出来.例如,在稳定的宏观条件下和足够长的时间内观测物体的宏观性质时,会发现表征它们的物理量(如压强、温度等)实际上都是常量,并且等于它们的统计平均值而很少出现明显的偏离.这实质上正是分子数极多的反映,系统包含的分子数越多,就越是这样.同样,这也说明了对于分子数极少的系统,统计规律就失去了意义.

复习思考题

10-5　气体处于平衡状态时,有 $\bar{v}_x=\bar{v}_y=\bar{v}_z=0$,问此时平均速率 $\bar{v}$ 是否也等于零?分子平均速度 $\bar{\boldsymbol{v}}$ 是否也等于零?若为零,是否表示分子静止不动?

10-6　力学中质点的平均速率与分子运动论中分子的平均速率有何不同?

10-7　统计规律有哪些重要特征?

10.4　理想气体的压强公式

气体对容器壁有压强作用,这个压强是大量气体分子对器壁的碰撞产生的,它的大小可以用气体动理论进行定量的解释.气体动理论是热现象的微观理论,它从气体分子的微观结构出发,应用统计方法,认为宏观量是相应微观量的统计平均值.理想气体的压强公式是我们应用统计方法讨论的第一个问题.

关于理想气体,前面已经给了一个定义,那是宏观上的定义,为了从微观上解释气体的压强,须从理想气体分子结构及运动特征出发,对理想气体的微观模型做出一些假设.假设的合理与否,从它导出的结论与实验结果的比较来判断.结果与实验结果相符,假设合理,否则,假设错误.

理想气体微观假设的基本内容可以分成两部分:一部分是关于分子个体的;另一部分是关于

分子整体的.

理想气体分子模型假设：

(1) 气体分子的大小与气体分子间的距离相比较，可以忽略不计；

(2) 除碰撞的瞬间外，分子之间以及分子与器壁之间的相互作用可略去不计；

(3) 分子之间或分子与器壁之间的碰撞看成是完全弹性碰撞，遵守动量和能量守恒定律.

以上这些假设可概括为：理想气体分子可看作一个个除碰撞外彼此间无相互作用的遵从经典力学规律的弹性质点.

理想气体整体的统计假设：

(1) 平衡态时，若忽略重力的影响，每个分子处在容器空间中任一点的概率是完全一样的，即分子在空间均匀分布. 分子数密度 n(单位体积内的分子数目)在空间处处一样，设总分子数为 N，容器体积为 V，则

$$n = \frac{\mathrm{d}N}{\mathrm{d}V} = \frac{N}{V}$$

(2) 平衡态时，每个分子的速度方向指向任何一方的概率都是一样的，即分子速度按方向的分布是均匀的，由(10-5)式、(10-7)式、(10-8)式可得

$$\overline{v_x^2} = \overline{v_y^2} = \overline{v_z^2}$$

$$\overline{v^2} = \overline{v_x^2} + \overline{v_y^2} + \overline{v_z^2}$$

$$\overline{v_x^2} = \overline{v_y^2} = \overline{v_z^2} = \frac{1}{3}\overline{v^2}$$

分子整体的统计性假设，是大量分子无规则热运动的反映，只要气体包含数目非常巨大，这些假设总是合理的，上面的 $n, \overline{v_x^2}, \overline{v_y^2}, \overline{v_z^2}, \overline{v^2}$ 等都是统计量，只对大量分子的集体才有意义.

有了上述几条基本假设，就可以定量推出理想气体的压强公式，设一定质量的理想气体，在体积为 V 的容器中，处于热力学平衡态. 分子总数目为 N，每个分子的质量为 m，每个分子的速度各不相同，我们按速度由小到大，划分若干个速度区间，在每一区间内各分子的速度大小和方向可近似认为是相同的. 例如，第 i 组分子的速度都在 $v_i \sim v_i + \mathrm{d}v_i$ 这一区间内，它们的速度基本上都是 v_i，以 n_i 表示这一组分子的数密度，则总分子数密度 n 为

$$n = n_1 + n_2 + \cdots + n_i + \cdots$$

我们取容器壁上一小块面积 $\mathrm{d}A$，以 $\mathrm{d}A$ 上的某点为原点建立直角坐标系，取垂直于该面指向容器外的方向为 x 轴正方向(图 10-6). 首先考虑速度在 $v_i \sim v_i + \mathrm{d}v_i$ 这一区间内的分子对器壁的碰撞. 设器壁是光滑的，对器壁无切向作用力. 在碰撞前后，每个分子在垂直于 x 轴的方向上的速度分量不变，由于碰撞是完全弹性的，分子在 x 轴方向的速度分量由 v_{ix} 变成 $-v_{ix}$，分子动量的增量为 $m(-v_{ix}) - mv_{ix} = -2mv_{ix}$. 由动量定理可知，分子在一次碰撞中动量的增量等于器壁对分子的冲量. 而一次碰撞中，每个分子对器壁的冲量，应该为 $2mv_{ix}$，方向沿 x 轴正向.

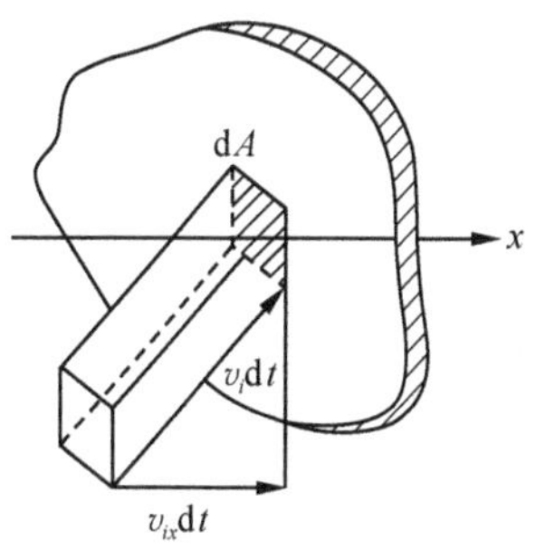

图 10-6 分子对器壁碰撞示意图

考虑在 $\mathrm{d}t$ 时间内速度在 v_i 附近的分子，有多少能够碰到 $\mathrm{d}A$ 面积上？凡是在底面积为 $\mathrm{d}A$，斜高为 $v_i\mathrm{d}t$(高为 $v_{ix}\mathrm{d}t$)的斜形柱体内的分子在 $\mathrm{d}t$ 时间内都能与 $\mathrm{d}A$ 相碰. 该斜柱体的体积为

$v_{ix}\mathrm{d}t\mathrm{d}A$，设速度在 v_i 附近的分子数密度为 n_i，则柱体内这类分子数为

$$n_i v_{ix}\mathrm{d}A\mathrm{d}t$$

这些分子在 $\mathrm{d}t$ 时间内对 $\mathrm{d}A$ 的总冲量为

$$n_i v_{ix}\mathrm{d}A\mathrm{d}t(2mv_{ix})$$

考虑各种速度的分子与器壁 $\mathrm{d}A$ 相碰撞. 只要把上式对所有 $v_{ix}>0$ 的分子求和(因为 $v_{ix}<0$ 的分子不会撞向器壁 $\mathrm{d}A$)，可得 $\mathrm{d}t$ 时间内具有各种速度的分子对 $\mathrm{d}A$ 的总冲量为

$$\mathrm{d}I=\sum_{(v_{ix}>0)}2mn_i v_{ix}^2\mathrm{d}A\mathrm{d}t$$

由于分子运动的无规则性，撞向器壁 $\mathrm{d}A$ 和背离器壁 $\mathrm{d}A$ 的分子数应该各占总分子数的一半. 所以对全部分子求和，有

$$\mathrm{d}I=\frac{1}{2}\sum_i 2mn_i v_{ix}^2\mathrm{d}A\mathrm{d}t=\sum_i mn_i v_{ix}^2\mathrm{d}A\mathrm{d}t$$

因此，气体对 $\mathrm{d}A$ 面积上的作用力为 $\mathrm{d}F=\mathrm{d}I/\mathrm{d}t$，而气体对容器壁的宏观压强 p 为

$$p=\frac{\mathrm{d}F}{\mathrm{d}A}=\frac{\mathrm{d}I}{\mathrm{d}A\mathrm{d}t}=\sum_i mn_i v_{ix}^2=m\sum_i n_i v_{ix}^2$$

因为

$$\overline{v_x^2}=\frac{\sum\limits_i n_i v_{ix}^2}{n},\quad \overline{v_x^2}=\frac{1}{3}\overline{v^2}$$

所以

$$p=nm\overline{v_x^2}=\frac{1}{3}nm\overline{v^2}$$

也可写成

$$p=\frac{2}{3}n\left(\frac{1}{2}m\overline{v^2}\right)=\frac{2}{3}n\bar{\varepsilon}\tag{10-14}$$

其中

$$\bar{\varepsilon}=\frac{1}{2}m\overline{v^2}\tag{10-15}$$

$\bar{\varepsilon}$ 表示分子的**平均平动动能**，是大量分子的统计平均值，(10-14)式就是气体动理论的压强公式，它把宏观量 p 与统计平均值 n 和 $\bar{\varepsilon}$(或 $\overline{v^2}$)联系起来，表明了宏观量气体的压强具有统计意义. 由于 p 和 n 是可由实验测定的，而 $\bar{\varepsilon}$ 却不能直接测定，因而压强公式无法通过实验直接验证. 但是，由它导出的各种结论与实验是符合的，从而间接证实了公式的正确性.

复习思考题

10-8　从微观结构上看，理想气体与实际气体有什么区别?

10-9　在推导压强公式的过程中，什么地方用到了理想气体的微观模型? 什么地方用到了统计性假设?

10.5　理想气体的温度公式

根据 10.4 节导出的理想气体压强公式，结合理想气体的状态方程，可以得到气体温度与气体分子平均平动动能之间的关系，从而揭示温度这一宏观量的微观本质.

10.5.1 温度公式

设理想气体的一个分子的质量为 m，气体分子的个数为 N，气体质量为 M，则有 $M=Nm$. 设气体的摩尔质量为 μ，阿伏伽德罗常量为 N_A，则有 $\mu=N_A m$，代入理想气体状态方程 $pV=\frac{M}{\mu}RT$，得

$$p=\frac{Nm}{N_A m}\frac{RT}{V}=\frac{N}{V}\cdot\frac{R}{N_A}T$$

式中，$\frac{N}{V}=n$ 为分子数密度，R 与 N_A 都是常量，二者的比值用 k 表示，k 称为**玻尔兹曼常量**.

$$k=\frac{R}{N_A}=\frac{8.31}{6.02\times10^{23}}\text{J/K}=1.38\times10^{-23}\text{J/K}$$

于是，理想气体状态方程可改写成

$$p=nkT \tag{10-16}$$

相比较，得到分子的平均平动动能为

$$\bar{\varepsilon}=\frac{1}{2}m\overline{v^2}=\frac{3}{2}kT \tag{10-17}$$

上式是宏观量温度与微观量 $\bar{\varepsilon}$ 的关系式，是气体动理论的基本公式之一，说明分子的平均平动能仅与热力学温度成正比. 上式也说明了宏观量温度的微观意义，即**气体的温度是气体分子平均平动动能的量度**. 气体的温度越高，分子的平均平动动能越大，分子无规则热运动的程度越剧烈，所以我们说温度是表征大量分子无规则热运动剧烈程度的宏观物理量，是大量分子的热运动的集体表现. 温度也是一个统计量，若对单个分子或少数几个分子讨论其温度，显然是无意义的.

若有两种处于平衡态的气体，它们的温度相等. 根据(10-17)式，它们的分子平均平动动能一定也相等. 这时将这两种气体相接触，两种气体之间没有宏观的能量传递，它们的平衡状态不发生变化，我们说温度相同的两气体处于热平衡状态，也可以说温度是表征气体处于热平衡状态的物理量.

利用理想气体的温度公式(10-17)，可以计算出任何温度下理想气体分子的平均平动动能 $\bar{\varepsilon}$，计算发现，$\bar{\varepsilon}$ 一般是很小的，如 $T=300\text{K}$ 时，$\bar{\varepsilon}$ 约为 $6.2\times10^{-21}\text{J}$. 但由于气体分子数密度很大，气体分子的平均平动动能的总和就很大了.

10.5.2 气体分子的方均根速率

从温度公式(10-17)，我们可计算出任何温度下理想气体分子的**方均根速率** $\sqrt{\overline{v^2}}$，这是气体分子速率的一种统计平均值. 气体分子运动速率有大有小，并且不断改变，分子的方均根速率是对整个气体分子速率总体上的描述，由(10-17)式得方均根速率为

$$\sqrt{\overline{v^2}}=\sqrt{\frac{3kT}{m}}=\sqrt{\frac{3RT}{\mu}} \tag{10-18}$$

表 10-1 列出了几种气体在温度为 0℃时的方均根速率，从中我们可以知道分子速率的一个大致情况.

表 10-1　在 0℃ 时气体分子的方均根速率

气体种类	方均根速率/(m/s)	摩尔质量/(10^{-3}kg/mol)
O_2	4.61×10^2	32.0
N_2	4.93×10^2	28.0
H_2	1.84×10^2	2.02
CO_2	3.93×10^2	44.0
H_2O	6.15×10^2	18.0

(10-18)式还表明，如果两种气体分别处于各自的平衡态，并且温度相等时，那么两种气体分子的平均平动动能必须相等，但是这两种气体分子的方均根速率并不相等，分子质量大的，其方均根速率较小.

例 10-2　容器内装有温度 $T=273\text{K}$，压强 $p=1.0\times10^3\text{Pa}$ 的理想气体，其密度 $\rho=1.24\times10^{-2}\text{kg/m}^3$，求：

(1) 气体分子的方均根速率.

(2) 气体的摩尔质量，该气体是何种气体？

(3) 分子的平均平动动能.

解　(1) 由理想气体状态方程可得

$$p=\frac{M}{V}\cdot\frac{RT}{\mu}=\rho\frac{RT}{\mu}$$

由此得

$$\frac{RT}{\mu}=\frac{p}{\rho}$$

方均根速率

$$\sqrt{\overline{v^2}}=\sqrt{\frac{3RT}{\mu}}=\sqrt{\frac{3p}{\rho}}=\sqrt{\frac{3\times1.0\times10^3}{1.24\times10^{-2}}}=492(\text{m/s})$$

(2) 由理想气体状态方程，求得气体摩尔质量为

$$\mu=\rho\frac{RT}{p}=1.24\times10^{-2}\times\frac{8.31\times273}{1.0\times10^3}\approx28\times10^{-3}(\text{kg})$$

该气体为氮气.

(3) 该氮气分子的平均平动动能为

$$\bar{\varepsilon}=\frac{1}{2}m\overline{v^2}=\frac{1}{2}\frac{\mu}{N_A}\overline{v^2}=\frac{1}{2}\times\frac{28\times10^{-3}}{6.022\times10^{23}}\times492^2=5.63\times10^{-21}(\text{J})$$

复习思考题

10-10　两种不同种类的气体，其温度和压强相同但体积不同. 试问：它们的分子数密度、分子平均平动动能、单位体积内气体分子的总质量和总平动动能是否相同？

10.6　能量均分定理　理想气体的内能

10.6.1　自由度

前面研究大量气体分子热运动问题时，只考虑了分子的平动，而一般气体分子都具有比较复

杂的结构，不能简单当作质点来讨论，因此，分子的运动不仅有平动，还有转动和分子内各原子间的振动，分子的热运动能量应把这些运动形式的能量都包括在内. 为了讨论这一问题，我们将借助于力学中自由度的概念.

我们把**确定一个物体在空间的位置需要的独立坐标数目**称为该物体的**自由度**.

对空间自由运动的质点，其位置需要三个独立坐标(比如 x,y,z)来确定，因此，自由质点的自由度为 3. 若质点被限制在一个平面或曲面上运动，自由度将减少，此时只需两个独立坐标就能确定它的位置，故自由度为 2. 若质点被限制在一直线或曲线上运动，显然只需一个坐标就能确定它的位置，故自由度为 1. 天空中的小鸟、大海中的船只和铁道上的火车都看作质点时，它们的自由度分别是 3、2 和 1.

对刚体而言，我们可以将刚体的运动分解为质心的平动和绕质心的转动. 质心的平动需要三个独立坐标. 绕质心的转动需要确定通过质心轴线的方位角和绕该轴线转过的角度. 如图 10-7 所示，轴线的方位角 α、β、γ 是轴线与直角坐标系的三个坐标轴的夹角，它们满足 $\cos^2\alpha+\cos^2\beta+\cos^2\gamma=1$，因此，三个方位角中只有两个是独立的，加上确定绕轴转动的一个独立坐标 φ，因此，整个自由刚体的自由度为 6，其中 3 个为平动自由度，3 个是转动自由度.

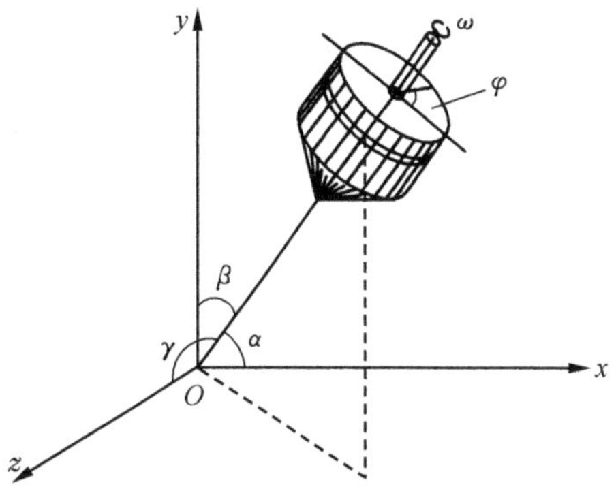

图 10-7 刚体的自由度

因气体分子有多种结构，分子运动的自由度也就各不相同. 单原子分子可看成自由质点，共 3 个自由度. 刚性双原子分子可看成是距离确定的两个质点，确定两质点连线的方位需 2 个自由度，而绕两质点的连线为轴的转动没有意义，比一般自由刚体少一个自由度，因此共有 5 个自由度. 对于刚性多原子分子(包括三原子分子)，可看成自由刚体，自由度为 6. 几种气体分子的自由度数如表 10-2 所示.

表 10-2 气体分子的自由度

分子种类	平动自由度 t	转动自由度 r	总自由度 $i(i=t+r)$
单原子分子	3	0	3
刚性双原子分子	3	2	5
刚性多原子分子	3	3	6

10.6.2 能量均分定理

10.5 节已求出，理想气体分子的平均平动动能与温度的关系为

$$\bar{\varepsilon}=\frac{1}{2}m\overline{v^2}=\frac{3}{2}kT$$

理想气体分子有 3 个平动自由度，故上式可写成

$$\bar{\varepsilon}=\frac{1}{2}m\overline{v_x^2}+\frac{1}{2}m\overline{v_y^2}+\frac{1}{2}m\overline{v_z^2}=\frac{3}{2}kT$$

考虑到气体处于平衡态时，分子沿各方向运动的机会相等，因而$\overline{v_x^2}=\overline{v_y^2}=\overline{v_z^2}$，代入上式得

$$\frac{1}{2}m\overline{v_x^2}=\frac{1}{2}m\overline{v_y^2}=\frac{1}{2}m\overline{v_z^2}=\frac{1}{2}kT$$

这个结论的物理意义是,在平衡态下的气体分子的平均平动动能,平均分配在每一个平动自由度上,每个自由度的能量都是$\frac{1}{2}kT$.

在分子有转动的情况下,这种能量的分配应该扩及转动自由度.也就是说,在分子的无规则碰撞过程中,平动和转动之间以及各转动自由度之间也可以交换能量,而且就能量来说,这些自由度中也没有哪个更特殊.因此,我们得出更为一般的结论:**在温度为 T 的平衡态下,气体分子每个自由度的平均动能都相等,并且都等于**$\frac{1}{2}kT$.这一结论称为**能量均分定理**.在经典物理中,这一结论也适用于液体和固体的分子.

能量均分定理是大量分子统计平均所得的结果.对气体中的个别分子来说,任一瞬时它的各种形式的动能都可能与能量均分定理给出的平均值有很大的差别,每个自由度的动能也不一定相等,但大量分子组成的气体处于平衡态时,能量就被平均地分配到各个自由度上.

10.6.3 理想气体的内能

由于气体的分子之间存在着相互作用力,因而气体的分子之间也具有一定的势能,气体所包含的所有分子的动能和分子间的相互作用势能的总和,称为**气体的内能**,对于理想气体来说,不计分子之间的相互作用力,所以分子之间相互作用的势能也就忽略不计.理想气体的内能就是所有分子各种形式动能的总和.应该注意,内能与力学中的机械能有着明显的区别.静止在地球表面上的物体的机械能(动能和重力势能)可以等于零,但物体内部的分子仍然在运动着和相互作用着,因此内能永远不会等于零.

设理想气体分子有 i 个自由度,每个分子的平均总动能是$\frac{i}{2}kT$,而 1mol 理想气体有 N_0 个分子,所以 1mol 理想气体的内能是

$$E = N_{\mathrm{A}}\left(\frac{i}{2}kT\right) = \frac{i}{2}RT \tag{10-19}$$

而质量为 M,摩尔质量为 μ 的理想气体的内能为

$$E = \frac{M}{\mu}\frac{i}{2}RT \tag{10-20}$$

由此可以看出,**一定质量的理想气体的内能完全取决于分子运动的自由度 i 和气体的热力学温度 T**.对于给定的气体,i 是确定的,所以内能只与气体的温度有关,而与气体的体积和压强无关.这与宏观的实验结果是一致的.一定质量的理想气体在不同的状态变化过程中,只要温度的变化量相等,那么它的内能的变化量就相同,与过程无关.

例 10-3 质量为 0.1kg 的氮气,装在容积为 $0.01\mathrm{m}^3$ 的容器中,容器以 $v=100\mathrm{m/s}$ 的速率做匀速直线运动,若容器突然停下来,定向运动的动能全部转化为分子热运动的动能,则平衡后氮气的温度和压强各增加多少?

解 容器做匀速直线运动时,气体的内能不会改变,当容器突然停止,分子定向运动的动能将通过相互碰撞转化为分子热运动的动能,使气体温度升高,因容器体积不变,根据克拉珀龙方程,气体的压强将会增大.

氮气可视为刚性双原子分子,其自由度 $i=5$,则氮气的内能

$$E = \frac{M}{\mu}\cdot\frac{5}{2}RT$$

内能增量为

$$\Delta E=\frac{M}{\mu}\cdot\frac{i}{2}R\Delta T$$

这里的内能增量来自分子定向运动的动能的转化，即

$$\Delta E=\frac{1}{2}Mv^2=\frac{1}{2}\times 0.1\times 100^2=500(\mathrm{J})$$

因此

$$\Delta T=\frac{2\Delta E\mu}{5MR}=\frac{2\times 500\times 28\times 10^{-3}}{5\times 0.1\times 8.31}=6.7(℃)$$

即平衡后氮气的温度增加了 6.7℃.

当容器突然停止运动时，容器内的气体做等容变化而达到平衡态，由克拉珀龙方程

$$pV=\frac{M}{\mu}RT$$

得

$$\Delta p=\frac{MR}{\mu V}\Delta T=\frac{0.1\times 8.31}{28\times 10^{-3}\times 0.01}\times 6.7=2.0\times 10^4(\mathrm{Pa})$$

复习思考题

10-11　试指出下列各式所表示的物理意义：

(1) $\frac{1}{2}kT$；　(2) $\frac{i}{2}RT$；　(3) $\frac{M}{\mu}\frac{i}{2}RT$；　(4) $\frac{3}{2}kT$.

10-12　He、N_2 和 H_2 三种气体，如果质量相同，温度相同，分子平均平动动能是否相同，内能是否相同？

10.7　麦克斯韦速率分布律

在没有外力场作用的情况下，气体处于平衡态时，从宏观上看，气体有确定的温度、压强和分子数密度；但从微观上看，气体的分子运动很复杂，尽管有确定的方均根速率，但并不是每个分子都按方均根速率运动. 分子间的频繁碰撞，使分子的速度的大小和方向时刻不停地发生变化，分子的速率大小可取从零到无穷大之间的任何可能的值. 从另一角度看，(10-18)式告诉我们，在给定温度的平衡态下，气体分子的方均根速率是确定的. 这意味着，在给定温度下，处于热平衡的气体，虽然个别分子的速率是偶然的，不确定的，而大量分子速率的分布遵从着一定统计规律. 这个规律早在 1859 年由麦克斯韦应用统计理论首先导出，后来于 1877 年又由玻尔兹曼从经典统计力学中导出. 受限于当时的技术条件，气体分子速率分布的实验工作，直到 1920 年斯特恩才首次得以实现. 在此之后，人们又发现了各种不同的实验方法或采用不同的金属蒸气分子，从实验中证实了麦克斯韦的分子按速率分布的统计定律. 本节首先对测定气体分子速率的实验原理作一介绍，然后给出麦克斯韦的速率分布律及其简单应用，限于数学上的难度，我们不重复麦克斯韦的数学推导.

10.7.1　测定气体分子速率的实验

典型的测定气体分子速率分布的分子射线实验原理如图 10-8 所示. 图中 O 为蒸气源，其中的金属蒸气由加热的金属获得，金属蒸气分子(如汞蒸气分子)从侧面的小孔射出，分子在穿过狭

缝S后,形成一条很窄的分子射线. A和B是两个相距为l的共轴圆盘,盘上各开一个很窄的狭缝,两狭缝成一个很小的夹角θ,大约2°左右. 从下面的分析可知,A、B以一定的角速度转动,只有一定速率的分子才能通过A、B两狭缝,通过A、B的分子最后沉积在显示屏上面.

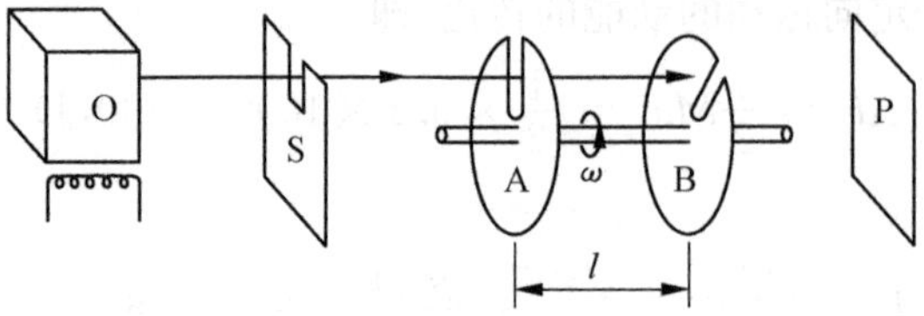

图10-8 测定气体分子速率分布的分子射线实验原理图

当圆盘以角速度ω转动,每转一周,分子射线通过A狭缝一次. 设分子速度的大小为v,分子从A到B所需的时间为t,则只有满足$vt=l$和$\omega t=\theta$的分子才能通过B,最后到达显示屏P,消去两关系式中的t,得

$$v=\frac{\omega}{\theta}l$$

这就是说,A、B起着速度选择器的作用,满足上式的分子才能通过,改变ω可以让不同速率的分子通过. 由于A、B盘上的狭缝有一定的宽度,所以实际上ω一定时,能到达显示屏的分子的速率并不是完全相同的,而是分布在速率区间$v\sim v+\Delta v$内.

实验时,令圆盘以不同的角速度$\omega_1,\omega_2,\cdots$,转动,从屏上可测量出每次沉积的金属层的厚度(对应着不同速率区间内的分子数). 比较这些厚度,就可以知道在分子射线中,速率在$v_1\sim v_1+\Delta v, v_2\sim v_2+\Delta v,\cdots$,各不同速率区间内的分子数与总分子数之比,用$N$表示到达屏P上的总分子数,$\Delta N$表示角速度为$\omega$时到达P上的分子数,也就是分布在速率间隔$v\sim v+\Delta v$中的分子数. 显然,$\Delta N/N$是速率在$v\sim v+\Delta v$间的分子数占总分子数的百分比,而相应的金属层厚度必定正比于$\Delta N/N$. 测定对应于$\omega_1,\omega_2,\omega_3,\cdots$,的各金属层厚度,就可以知道分布在各速率间隔$v_1\sim v_1+\Delta v, v_2\sim v_2+\Delta v,\cdots$,内的分子数占总分子数的百分比.

一般情况下,在不同速率v附近的相等速率间隔Δv中,分子数是不同的,即$\Delta N/N$与v值有关,是速率v的函数. 当Δv足够小时,用$\mathrm{d}v$表示,相应的ΔN则用$\mathrm{d}N$表示. 比率$\mathrm{d}N/N$的大小与间隔$\mathrm{d}v$的大小显然也成正比,因此,应该有

$$\frac{\mathrm{d}N}{N}=f(v)\mathrm{d}v \tag{10-21}$$

或

$$f(v)=\frac{\mathrm{d}N}{N\mathrm{d}v}$$

式中,函数$f(v)$称为速率分布函数,它的物理意义是:**速率在v附近的单位速率区间的分子数占分子总数的百分比**.

10.7.2 麦克斯韦速率分布律

1859年,麦克斯韦经过理论研究,指出在平衡态下气体分子的速率分布函数的具体形式为

$$f(v)=4\pi\left(\frac{m}{2\pi kT}\right)^{3/2}\mathrm{e}^{-\frac{mv^2}{2kT}}v^2 \tag{10-22}$$

式中,T为气体的温度,m为分子的质量,k为玻尔兹曼常量. 上式中的$f(v)$称为**麦克斯韦速率**

分布函数. 结合(10-21)式,可得气体分子速率在 $v\sim v+\mathrm{d}v$ 的分子数占总分子数的百分比,即

$$\frac{\mathrm{d}N}{N}=f(v)\mathrm{d}v=4\pi\left(\frac{m}{2\pi kT}\right)^{3/2}\mathrm{e}^{-\frac{mv^2}{2kT}}v^2\mathrm{d}v \tag{10-23}$$

以 v 为横轴,$f(v)$ 为纵轴,画出的图线称为**麦克斯韦速率分布曲线**(图 10-9),它能形象地表示出气体分子按速率分布的情况. 图中曲线下面宽度为 $\mathrm{d}v$ 的细条面积就等于在该区间内的分子数占总分子数的百分比 $\mathrm{d}N/N$. 也表示某分子的速率在间隔 $v\sim v+\mathrm{d}v$ 内的概率.

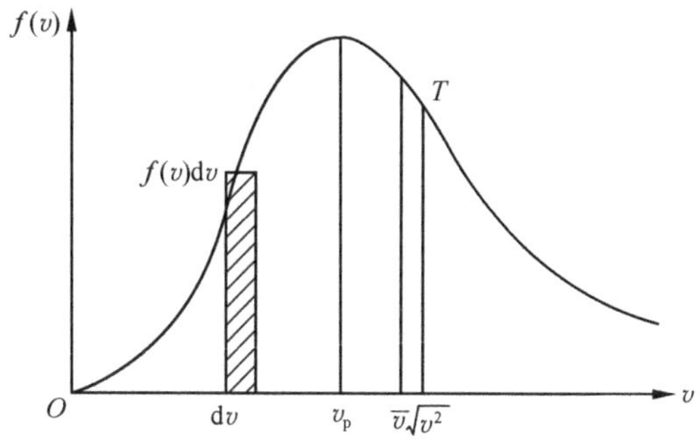

图 10-9 麦克斯韦速率分布曲线

任一速率间隔 $v_1\sim v_2$ 中的分子数所占总分子数的百分比,可用积分法求出,即

$$\frac{\Delta N}{N}=\int_{v_1}^{v_2}f(v)\mathrm{d}v$$

如果对从 0 到∞的所有可能速率积分,则应有

$$\int_0^{\infty}f(v)\mathrm{d}v=1 \tag{10-24}$$

上式就是所有分布函数都必须满足的条件,称为**归一化条件**.

10.7.3 从速率分布函数 $f(v)$ 导出三种统计速率

由麦克斯韦分子速率分布曲线可知,分子速率分布在从 0 到∞的范围内,但速率特别小和特别大的分子相对较少,而中等速率的分子相对较多. 下面作为分布函数的应用,我们来计算速率的三个统计值.

1. 最概然速率 v_p

最概然速率是指一定温度下气体分子中最可能具有的速率,即在最概然速率 v_p 处,分布函数 $f(v)$ 应有极大值,由极值条件可知

$$\left.\frac{\mathrm{d}f(v)}{\mathrm{d}v}\right|_{v=v_\mathrm{p}}=0$$

将(10-22)式的分布函数代入上式后,可求得最概然速率为

$$v_\mathrm{p}=\sqrt{\frac{2kT}{m}}=\sqrt{\frac{2RT}{\mu}}\approx1.41\sqrt{\frac{RT}{\mu}} \tag{10-25}$$

其中,$\mu=N_0m$. (10-25)式表明,v_p 随温度的升高而增大,又随 m 增大而减小. 图 10-10 给出某种气体在不同温度下的速率分布曲线,可以看出温度对速率分布的影响,温度越高,最概然速率越大,$f(v_\mathrm{p})$越小. 由于曲线下的面积恒等于1,所以温度升高时曲线变得平坦些,并向高速率区域扩展. 也就是说,温度越高,速率越大的分子数越多. 这就是通常所说的温度越高,分子运动越剧烈的真正含意.

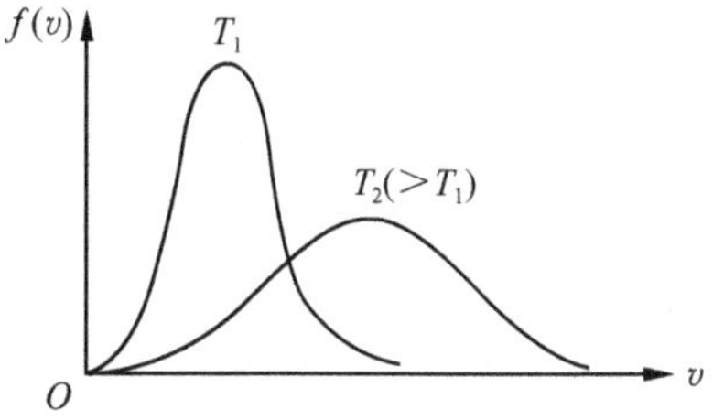

图 10-10 某种气体在不同温度下的速率分布曲线

2. 平均速率

大量气体分子速率的算术平均值称为平均速率 $\bar{v}$. 为了讨论问题的方便,我们把所有分子分

成若干组,并近似认为每组分子具有相同的速率. 设速率分别为 $v_1, v_2, \cdots, v_i, \cdots$,的分子数分别为 $\Delta N_1, \Delta N_2, \cdots, \Delta N_i, \cdots$,显然总分子数 $N=\Delta N_1+\Delta N_2+\cdots+\Delta N_i+\cdots=\sum_i \Delta N_i$,因此平均速率 $\bar{v}$ 应为

$$\bar{v}=\frac{\Delta N_1 v_1+\Delta N_2 v_2+\cdots+\Delta N_i v_i+\cdots}{N}=\frac{\sum_i \Delta N_i v_i}{N}$$

上面讨论的是假定在同一组中的分子速率相同,事实上 ΔN_i 个分子的速率并不都是 v_i. 但我们将总分子数 N 分成无限多组,速率在 $v\sim v+\mathrm{d}v$ 内的分子数为 $\mathrm{d}N$,则可认为 $\mathrm{d}N$ 个分子的速率都是 v,因此平均速率可由下面积分运算,即

$$\bar{v}=\frac{\int_0^{\infty} v \mathrm{d}N}{N}$$

结合(10-21)式,上式可表示为

$$\bar{v}=\int_0^{\infty} v f(v) \mathrm{d}v \tag{10-26}$$

将麦克斯韦速率分布函数 $f(v)$ 代入上式,可求得气体分子平均速率为

$$\bar{v}=\sqrt{\frac{8kT}{\pi m}}=\sqrt{\frac{8RT}{\pi\mu}}\approx 1.60\sqrt{\frac{RT}{\mu}} \tag{10-27}$$

3. 方均根速率 $\sqrt{\overline{v^2}}$

与求平均速率类似,速率平方的平均值为

$$\overline{v^2}=\int_0^{\infty} v^2 f(v) \mathrm{d}v$$

将(9-22)式中的 $f(v)$ 代入上式,求得

$$\overline{v^2}=\frac{3kT}{m}$$

因此,方均根速率为

$$\sqrt{\overline{v^2}}=\sqrt{\frac{3kT}{m}}=\sqrt{\frac{3RT}{\mu}}\approx 1.73\sqrt{\frac{RT}{\mu}} \tag{10-28}$$

比较由压强公式推出的方均根速率公式(10-18),两者完全一致.

同一种气体分子的三种速率中,$\sqrt{\overline{v^2}}>\bar{v}>v_{\mathrm{p}}$,且都与 $\sqrt{T}$ 成正比,与 $\sqrt{m}$ 或 $\sqrt{\mu}$ 成反比. 这三种速率,有各自不同的应用. 在讨论速率分布时,要用到最概然速率,它是概率密度最大时对应的速率;在计算分子运动的平均距离时,要用到算术平均速率;计算分子平均平动动能时就要用到方均根速率.

例 10-4　计算在 0℃时,氧气、氢气、氮气的方均根速率.

解　对于氧气,$\mu=0.032\mathrm{kg/mol}$,则

$$\sqrt{\overline{v^2}}=\sqrt{\frac{3RT}{\mu}}=\sqrt{\frac{3\times 8.31\times 273}{0.032}}=461(\mathrm{m/s})$$

同理可求出氢气与氮气的方均根速率分别为 1800m/s 和 500m/s. 由此可看到,气体分子热运动速率是很大的,一般都在每秒几百米左右.

复习思考题

10-13 速率分布函数的物理意义是什么？说明下列各量的意义：

(1) $f(v)\mathrm{d}v$； (2) $Nf(v)\mathrm{d}v$； (3) $\int_0^{v_p} f(v)\mathrm{d}v$；

(4) $\int_{v_1}^{v_2} Nf(v)\mathrm{d}v$； (5) $\int_0^{\infty} Nf(v)\mathrm{d}v$； (6) $\int_0^{\infty} \frac{1}{2}\mu v^2 f(v)\mathrm{d}v$.

10-14 三个密闭容器中分别储有氢气、氧气和氮气，如果它们的温度相同，那么其分子的速率分布是否相同？试在同一图中画出它们的速率分布曲线并进行比较.

10.8 分子的平均碰撞次数和平均自由程

我们曾经多次提到气体内的分子之间频繁地发生相互碰撞以及分子与器壁之间的碰撞. 分子间通过碰撞来实现动量、能量等相互交换. 气体由非平衡态达到平衡态的过程，就是通过分子间的碰撞来实现的，达到平衡后，分子间的碰撞仍在进行. 我们知道，常温下气体分子的热运动速率很大，平均可达每秒几百米，如此看来，气体中的一切过程，似乎应在瞬间完成. 但实际情况并非如此，常识告诉我们，打开香水瓶以后，香味要经过几秒或更长的时间才能传过几米的距离. 历史上曾有人利用这一问题向物理学家克劳修斯发难，因为克劳修斯导出压强公式，并求得气体分子的方均根速率在常温下为每秒数百米. 克劳修斯坚持自己的分子做无规则热运动的观点，认为除非气体分子不与其他分子碰撞，那么分子在一秒内就能走几百米的直线距离，只要一开瓶塞，香味立即就能嗅到. 但是，气体分子数密度是如此巨大，气体中的分子在运动中必然十分频繁地与其他分子发生相互碰撞，从而使分子的运动路径是复杂的折线，如图 10-11 所示. 因此，尽管分子的平均速率很大，而分子扩散的速率却很小. 为解决这类问题，克劳修斯提出了碰撞次数和自由程的概念，使气体的动理论更加完善.

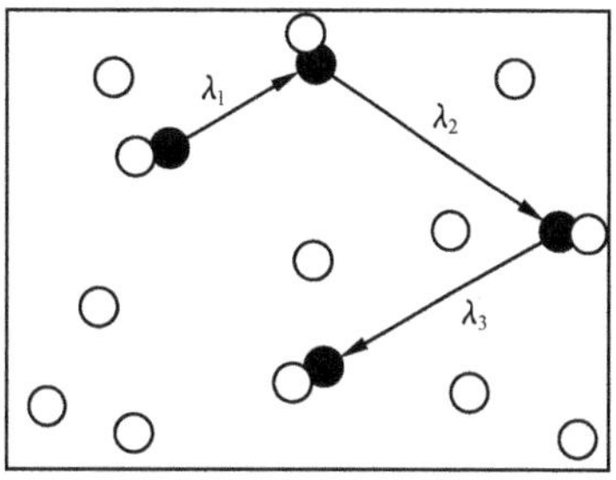

图 10-11 气体分子的碰撞

分子在相邻两次碰撞之间自由通过的路程叫做**自由程**. 从图 10-11 可看出自由程有长有短，似乎没有规律可循，但对大量热运动分子，自由程的长短分布规律也是确定的，为简单起见，我们讨论自由程的平均值，即**分子在连续两次碰撞间所经历的路程的平均值**，称为**平均自由程**，用 $\bar{\lambda}$ 表示.

在一秒时间内分子和其他分子碰撞的平均次数，称为**分子的平均碰撞次数**，用 $\bar{Z}$ 表示. $\bar{Z}$ 和 $\bar{\lambda}$ 的大小都反映了分子间碰撞的频繁程度. 二者之间存在如下关系

$$\bar{\lambda} = \frac{\bar{v}}{\bar{Z}} \tag{10-29}$$

式中，$\bar{v}$ 为分子热运动的平均速率. 从中我们看到，分子间的碰撞越频繁，$\bar{Z}$ 就越大，而 $\bar{\lambda}$ 就越小.

下面我们来计算分子的平均碰撞频率. 研究碰撞时，分子间的相对运动是个关键问题. 为使问题尽可能简化，我们假定每个分子都是直径为 d 的小球，并且所有分子中只有一个分子 A 以平均相对速率 $\bar{u}$ 运动，其余分子均看成是静止不动的.

分子 A 与其他分子发生弹性碰撞，分子 A 的球心轨迹是一条折线，凡是其他分子的球心离

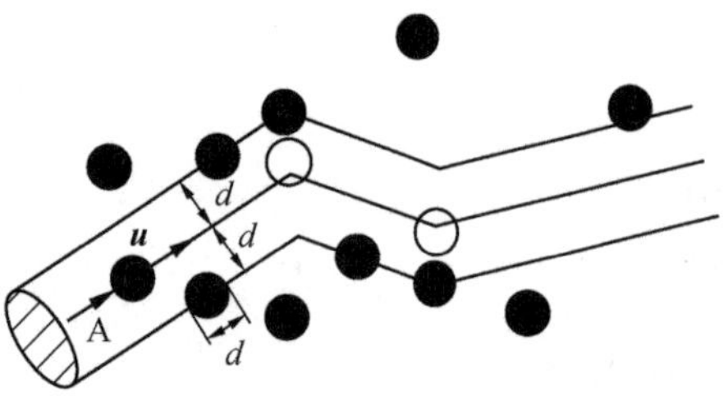

图 10-12　$\overline{Z}$ 与 $\overline{\lambda}$ 的计算

折线的距离小于 d，都将与分子 A 相碰撞，如图 10-12 所示. 所有能与 A 发生碰撞的分子都处在一个截面半径为 d 的曲折圆柱体内，该圆柱体的轴线就是分子 A 的运动轨迹. 一秒时间内形成的圆柱体长度为 $\bar{u}$，圆柱体的体积为 $\pi d^2\bar{u}$. 该体积内的分子将在这一秒内与分子 A 相碰. 若气体的分子数密度为 n，则该体积内的分子数就是分子的平均碰撞频率，即

$$\overline{Z} = \pi d^2 \bar{u} n$$

根据麦克斯韦速率分布律，平均相对速率与算术平均速率有关系式 $\bar{u}=\sqrt{2}\bar{v}$（推导从略），代入上式即得分子的平均碰撞次数为

$$\overline{Z} = \sqrt{2}\pi d^2 \bar{v} n \tag{10-30}$$

利用(10-29)式，可以求出分子的平均自由程为

$$\bar{\lambda} = \frac{\bar{v}}{\overline{Z}} = \frac{1}{\sqrt{2}\pi d^2 n} \tag{10-31}$$

根据 $p=nkT$，上式还可以写成

$$\bar{\lambda} = \frac{kT}{\sqrt{2}\pi d^2 p} \tag{10-32}$$

可见，当温度一定时，$\bar{\lambda}$ 与压强成反比，即气体的压强越大（气体越密集），分子的平均自由程越短；反之，气体压强越小（气体越稀疏），分子的平均自由程越长.

应该指出，在前面的讨论中把气体分子看成直径为 d 的小球，并把分子间的碰撞看成是完全弹性的，这只是实际情况的一个近似. 因为分子并不是一个真正的球体，分子间的作用力也很复杂. 分子间的碰撞实质上是分子相互接近后，在分子斥力的作用下改变运动方向而彼此分开的相互作用过程，所以用(10-31)式和(10-32)式计算出来的分子直径，称为**分子的有效直径**.

对于空气分子，$d\approx 3.5\times10^{-10}$ m. 利用(10-32)式可求出标准状态下，空气分子的 $\bar{\lambda}=6.9\times10^{-8}$ m. 即约为分子直径的 200 倍. 可算出此时 $\overline{Z}\approx 6.5\times10^{9}\ \mathrm{s}^{-1}$. 每秒钟内一个分子竟发生几十亿次碰撞！

在 0℃，不同压强下空气分子的平均自由程计算结果如表 10-3 所列.

表 10-3　0℃不同压强下空气分子的平均自由程计算结果

p/Pa	$\bar{\lambda}$/m
1.01×10^{5}	7×10^{-8}
1.33×10^{2}	5×10^{-5}
1.33	5×10^{-3}
1.33×10^{-2}	0.5
1.33×10^{-4}	50

从上表看出，压强低于 1.33×10^{-2} Pa（相当于普通白炽灯泡内的空气压强）时，空气分子的平均自由程就比一般气体的容器线度大（比如灯泡）. 此时气体分子间很少碰撞，只是不断地来回与器壁相碰.

例 10-5　设氮分子的平均有效直径为 $d=3.76\times10^{-10}$m. 试求在标准状态下：

(1) 单位体积中的氮气分子数 n；

(2) 氮分子的平均速率 $\bar{v}$；

(3) 氮分子的平均自由程 $\bar{\lambda}$；

(4) 氮分子的平均碰撞次数 $\bar{Z}$.

解　(1) 在标准状态下，$V_0=22.4\times10^{-3}\text{m}^3$ 的体积内有 N_A 个分子，则单位体积中的氮气分子数

$$n=\frac{N_A}{V_0}=\frac{6.023\times10^{23}}{22.4\times10^{-3}}=2.69\times10^{25}(\text{m}^{-3})$$

或者由 $n=\dfrac{p_0}{kT_0}$求得

$$n=\frac{p_0}{kT_0}=\frac{1.013\times10^5}{1.38\times10^{-23}\times273}=2.69\times10^{25}(\text{m}^{-3})$$

(2) 氮分子的平均速率为

$$\bar{v}=\sqrt{\frac{8RT}{\pi\mu}}=\sqrt{\frac{8\times8.31\times273}{3.14\times28\times10^{-3}}}=454(\text{m/s})$$

(3) 平均自由程

$$\bar{\lambda}=\frac{1}{\sqrt{2}\pi d^2n}=\frac{1}{1.41\times3.14\times(3.76\times10^{-10})^2\times2.69\times10^{25}}=6.0\times10^{-8}(\text{m})$$

(4) 平均碰撞次数

$$\bar{Z}=\frac{\bar{v}}{\bar{\lambda}}=\frac{454}{6\times10^{-8}}=7.57\times10^{9}(\text{s}^{-1})$$

复习思考题

10-15　一定质量的气体，保持容积不变. 当温度增加时分子运动得更加剧烈，因而平均碰撞次数增多，平均自由程是否也因此而减小？为什么？

10-16　在恒压下，加热理想气体，则气体分子的平均自由程和平均碰撞次数将如何随温度的变化而变化？

习　题

10-1　选择题.

(1) 一定量的理想气体储于某一容器中，温度为 T，气体的分子质量为 m，根据理想气体分子模型和统计假设，分子速度在 x 方向的分量平方的平均值为(　　).

(A) $\overline{v_x^2}=\sqrt{\dfrac{3kT}{m}}$　　(B) $\overline{v_x^2}=\dfrac{1}{3}\sqrt{\dfrac{3kT}{m}}$　　(C) $\overline{v_x^2}=\dfrac{3kT}{m}$　　(D) $\overline{v_x^2}=\dfrac{kT}{m}$

(2) 氦气和氧气各一瓶，它们的质量、体积、分子热运动平均平动动能相同，则(　　).

(A) 温度、压强都相同

(B) 温度、压强都不同

(C) 温度相同，但氦气的压强比氧气的大

(D) 温度相同，但氦气的压强比氧气的小

(3) 在恒定不变的压强下，气体分子的平均碰撞频率 $\overline{Z}$ 与气体的热力学温度 T 的关系为(　　).

(A) $\overline{Z}$ 与 T 无关　　(B) $\overline{Z}$ 与$\sqrt{T}$成正比

(C) $\overline{Z}$ 与$\sqrt{T}$成反比　　(D) $\overline{Z}$ 与 T 成正比

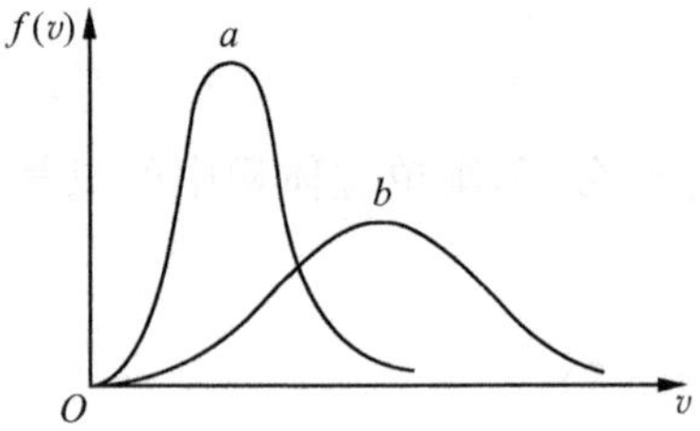

习题 10-1(4)图

(4) 习题 10-1(4)图所示两条曲线分别表示在相同温度下氧气和氢气分子速率分布曲线，$(v_p)_{O_2}$ 和 $(v_p)_{H_2}$ 分别表示氧气和氢气的最概然速率，则(　　).

(A) 图中 a 表示氧气分子的速率分布曲线 $(v_p)_{O_2}/(v_p)_{H_2}=4$

(B) 图中 a 表示氧气分子的速率分布曲线 $(v_p)_{O_2}/(v_p)_{H_2}=1/4$

(C) 图中 b 表示氧气分子的速率分布曲线 $(v_p)_{O_2}/(v_p)_{H_2}=1/4$

(D) 图中 b 表示氧气分子的速率分布曲线 $(v_p)_{O_2}/(v_p)_{H_2}=4$

(5) 一定量的理想气体，在容积不变的条件下，当温度升高时，分子的平均碰撞次数 $\overline{Z}$ 和平均自由程 $\overline{\lambda}$ 的变化情况是(　　).

(A) $\overline{Z}$ 增大，$\overline{\lambda}$ 不变　　(B) $\overline{Z}$ 不变，$\overline{\lambda}$ 增大　　(C) $\overline{Z}$ 和 $\overline{\lambda}$ 都增大　　(D) $\overline{Z}$ 和 $\overline{\lambda}$ 都不变

(6) 一定量的某种理想气体，在温度分别为 T_1、T_2 时的分子最概然速率分别为 v_{p_1} 和 v_{p_2}，分子速率分布函数的最大值分别为 $f(v_{p_1})$ 和 $f(v_{p_2})$，若 $T_1>T_2$，则(　　).

(A) 若 $v_{p_1}>v_{p_2}$，则 $f(v_{p_1})>f(v_{p_2})$　　(B) 若 $v_{p_1}>v_{p_2}$，则 $f(v_{p_1})<f(v_{p_2})$

(C) 若 $v_{p_1}<v_{p_2}$，则 $f(v_{p_1})>f(v_{p_2})$　　(D) 若 $v_{p_1}<v_{p_2}$，则 $f(v_{p_1})<f(v_{p_2})$

第 11 章　热力学基础

热力学主要是从能量转换的观点来研究物质的热学性质，它指出了在热现象中能量从一种形式转换为另一种形式时所遵循的宏观规律，它是总结宏观现象而得出的热学理论，并不涉及物质的微观结构和微观粒子的相互作用. 它的基本定律是从大量实验观测中总结归纳出来的，所以具有高度的可靠性和普遍性.

本章主要讨论热力学第一定律和第二定律，前者实际上是包含热现象在内的能量守恒与转换定律，后者则指明了热力学过程进行的方向和条件.

11.1　热力学第一定律

11.1.1　内能　热量　做功

内能等于除宏观能量(包括动能和势能)之外系统内所有分子的无规则运动动能及各分子间相互作用的势能的总和. 在热力学中常以符号 E 代表内能. 在一定的状态下，系统具有一定的内能. 例如，一定量的气体的状态参量 p、V、T 确定之后，与这个状态相应的内能只有一个数值. 所以，一个系统的内能是状态的单值函数. 在国际单位制中，内能的单位是焦耳(J)，纯粹用统计方法来研究一个系统的内能，将分子的动能和势能明确地表达出来，必须详细地知道系统分子如何组成，分子间的相互作用力和分子运动的情况，除理想气体外，这些情况实际上很难知道，因此，单用统计方法来研究内能是有困难的. 本章以气体动理论中建立起来的内能概念为基础，采用热力学方法，主要研究内能同热量和功之间的关系，而不考虑内能所包含的细节.

热量是由于各系统之间存在温度差而引起其间分子热运动能量传递多少的量度. 是在系统状态变化过程中出现的物理量，其值与过程有关，故不是状态量. 热量的单位，历史上规定为卡(cal)：即在标准大气压下使 1g 纯水温升 1℃所需的热量，现在国际单位制中"卡"已被停止使用，因为热量既然是热能传递的量度，就应采用能量的单位"焦耳"(J)，二者之间的关系为 1cal＝4.1868J，常用 1cal＝4.2J. 这一关系是焦耳以精确的实验结果给出的，它反映了不同形式能量之间的等价性.

做功是通过系统与外界物体之间发生宏观相对位移把机械能转化为内能来完成的. 也是在系统状态变化过程中出现的物理量. 其值与过程有关，故是过程量. 在国际单位制中，功的单位是焦耳(J).

在热力学系统的状态变化过程中，热传递和做功是改变内能的两种常用方式，焦耳当量说明：做 4.1868J 的功，能够使一个系统增加的内能与 1cal 的热量传递所增加的内能相同，这定量反映了热传递和做功在改变内能方面的共性，即做功和热传递有相同的作用，它们都是内能变化的量度. 但它们是有本质区别的. 做功是外界物体有规则宏观机械运动能量转化为系统内分子无规则热运动能量的过程，如摩擦生热就是相互接触而做相对运动的物体中分子的有规则运动能量，通过两物体分子相互作用而转化为分子无规则运动的能量，从而改变了系统的内能；而传递

“热量”是通过系统与外界接触边界处分子之间的碰撞来完成的，是系统外分子无规则热运动与系统内分子无规则热运动之间交换能量的过程. 当系统与温度较高的外界接触时，外界的分子和系统内的分子不断发生碰撞，相互交换能量，由于温度较高的外界，其分子的平均动能传递给平均动能较小的系统分子，从而增加了系统内分子的平均动能，这在宏观上就表现为系统内能的增加. 这就说明，热传递的微观本质是分子的无规则运动能量从高温物体向低温物体的传递.

11.1.2　热力学第一定律

一般情况下，系统内能的改变可能是做功和热传递的共同结果. 系统从外界吸收的热量为 Q，它对外界做的功为 A，系统的内能由初始平衡态的 E_1 改变为末平衡态的 E_2，由能量转换与守恒定律，有

$$Q = E_2 - E_1 + A = \Delta E + A \tag{11-1}$$

这就是**热力学第一定律**. 即系统从外界吸收的热量，一部分使系统内能增加，另一部分用于系统对外界做功，Q、ΔE 和 A 三个量的单位必须一致，在国际单位中都用焦耳. Q、ΔE 和 A 可以是正值，也可以是负值. 一般规定系统自外界吸收热量时，Q 为正值，向外界放出热量时，Q 为负值. 系统对外界做功时，A 为正，外界对系统做功时，A 为负.

对于系统状态的无限小变化过程，热力学第一定律可表达为

$$\mathrm{d}Q = \mathrm{d}E + \mathrm{d}A \tag{11-2}$$

式中，$\mathrm{d}E$ 表示在无限靠近的末、初两态的内能的差值，称为内能的增量. 而功 A 和热量 Q 则和过程有关，因此它们不是状态函数，只是分别表示在无限小的过程中功和热量的无限小量，不能称为功和热量的增量.

热力学第一定律适用于从一个平衡态开始到另一个平衡态终止的每一过程. 当我们能够用一组适当的恒定系统参量，如压强、体积、温度、磁感应强度和电场强度等来描述一个系统时，我们就说该系统处于平衡态. 如果系统从它的初平衡态到末平衡态所经历的状态不是平衡态，第一定律仍然适用. 例如，我们可以将热力学第一定律应用于鞭炮在密闭钢桶中的爆炸的研究.

历史上企图制造一种机器，此机器的系统经过变化后，又回到原始状态，如此不停地做功，而无须向它传递能量. 这种机器称为**第一类永动机**，经多次尝试，终归失败，这类尝试的失败引致热力学第一定律的发现. 因此，热力学第一定律也可表述为：**第一类永动机是不可能制成的.**

11.1.3　准静态过程

一般说来，从平衡态Ⅰ到平衡态Ⅱ之间的过渡，原则上总要经过非平衡态，对于非平衡态，由于不断发生宏观变化，因此就整个体系来讲，甚至没有确定的宏观物理量，状态参量需要另行考虑. 在热力学中，为了能够利用系统处于平衡态的性质来研究热力学过程的规律，引入了准静态过程的概念. 若系统状态的变化近似地由许多无限接近的平衡态组成，从而保证系统在每时每刻都有确定的状态参量，则我们称这样的过程为**准静态过程**. 虽然，准静态过程是一个理想过程，但只要实际过程进行得足够缓慢，使得体系在每时每刻都来得及重新达到相应的新的平衡，我们就可以把这样的过程看成一个准静态过程. 例如，实际内燃机气缸内的气体经历一次压缩的时间大约是 10ms，而气缸内处于平衡态的气体受到压缩后再达到新的平衡态所需的时间大约是 1ms，从理论上对这种压缩过程作初步研究时，就可近似地把它作为准静态过程处理.

11.1.4 准静态过程中热量的计算,摩尔热容(C)

物体所吸收的热量是根据其温度变化来计算的,一个物体的温度升高 1K 时所吸收的热量称为该物体的热容. 单位质量的热容称为比热容. 1mol **物质的热容称为摩尔热容,即** 1mol **的物质,温度升高** 1K **时所吸收的热量**,用大写的字母 C 表示. 1mol 的物质,若温度上升 $\mathrm{d}T$ 时所吸收的热量为 $\mathrm{d}Q$,则有

$$C=\frac{\mathrm{d}Q}{\mathrm{d}T} \tag{11-3}$$

如果一质量为 M 的物体的温度由初态值 T_1 变化到末态值 T_2,则吸收(或放出)的热量为

$$Q=\frac{M}{\mu}\int_{T_1}^{T_2}C\mathrm{d}T=\nu\int_{T_1}^{T_2}C\mathrm{d}T \tag{11-4}$$

式中,μ 为摩尔质量;$\nu=\dfrac{M}{\mu}$为摩尔数.

摩尔热容 C 在一般情况下是温度的函数. 对于气体,只有在压强不太大,温度不太低(即气体可视为理想气体)的情况下,摩尔热容 C 可视为常量,则有

$$Q=\nu C(T_2-T_1) \tag{11-5}$$

在这种情况下,有摩尔热容

$$C=\frac{Q}{\nu(T_2-T_1)} \tag{11-6}$$

可见,由于热量 Q 是过程量,摩尔热容 C 也是过程量,由热力学第一定律知,Q 可正可负,C 也可正可负.

摩尔热容的测定不仅在工程实际中有重要意义,而且在理论上对物质微观结构的研究也有很重要的意义.

11.1.5 准静态过程中功的计算

对于一定量的气体,假定在过程的开始和终末,体系分别处于平衡态Ⅰ和平衡态Ⅱ,在 p-V 图上分别对应于Ⅰ、Ⅱ两个确定的点,p-V 图上任何一根连接这两点的曲线都代表一个准静态过程,下面,我们可以计算相应于任一准静态过程,体系对外界所做的功 A.

图 11-1 表示一个带有活塞的容器,活塞的面积为 S. 令其中气体的压强为 p,当活塞移动一微小距离 $\mathrm{d}l$ 时,气体经历了一个微小的变化过程,其中压强 p 处处均匀,而且几乎不变(忽略 $\mathrm{d}p$ 的微小变化),气体所做的功为

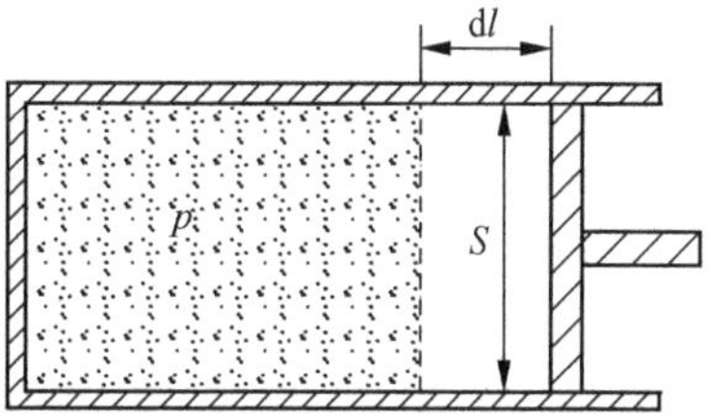

图 11-1 气体膨胀所做的功

$$\mathrm{d}A=pS\mathrm{d}l=p\mathrm{d}V \tag{11-7}$$

式中,$\mathrm{d}V$ 是气体体积的微小增量. 在气体膨胀时,$\mathrm{d}V$ 是正的,$\mathrm{d}A$ 也是正的,表示系统对外做功;在气体被压缩时,$\mathrm{d}V$ 是负的,$\mathrm{d}A$ 也是负的,表示外界对系统做功. 这样,对于气体的微小变化过程,热力学第一定律可写作

$$\mathrm{d}Q=\mathrm{d}E+p\mathrm{d}V \tag{11-8}$$

在系统的整个状态变化过程中,如图 11-2 所示,$\mathrm{d}A$ 可以用阴影小面积来表示,状态Ⅰ到状态Ⅱ的整个过程中气体所做的总功等于上述所有小面积 $\mathrm{d}A$ 的总和,即等于 p-V 图上过程曲线

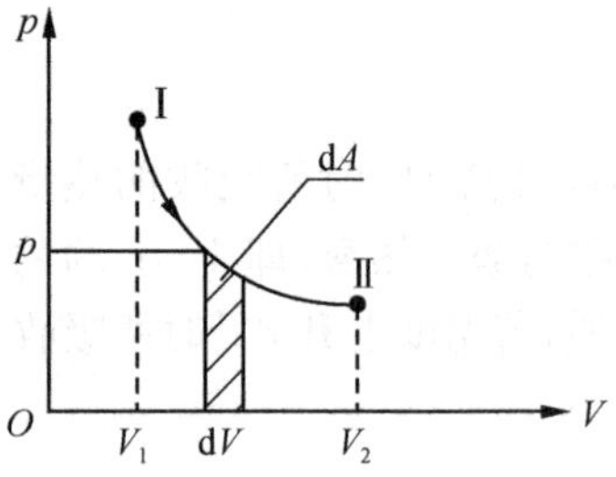

图 11-2　准静态过程的功

下的面积，用积分法求得

$$A = \int_{V_1}^{V_2} p\mathrm{d}V \tag{11-9}$$

显然，只要知道这是一个什么样的准静态过程(即 p-V 变化关系)，就能具体地算出这个功的数值，由于同样的始末状态之间对应着很多准静态过程，而不同的过程中 p-V 变化关系是不同的，求出的功的数值一般也是不同的. 因此，系统由一个状态变化到另一个状态时，所做的功不仅取决于系统的始末状态，而且与系统所经历的过程有关，将热力学第一定律应用于整个准静态过程，得

$$Q = E_2 - E_1 + \int_{V_1}^{V_2} p\mathrm{d}V \tag{11-10}$$

由上式可知，系统吸收或放出的热量一般也随过程的不同而不同，功和热量都是过程量. 对于理想气体，内能是温度的单值函数，根据第 10 章讨论的内能表达式，对摩尔数为 ν，自由度为 i 的理想气体，(11-10)式可进一步表示为

$$Q = \nu \frac{i}{2} R(T_2 - T_1) + \int_{V_1}^{V_2} p\mathrm{d}V \tag{11-11}$$

应该注意的是，在系统的状态变化过程中，功和热的转换不是直接的，总是通过热力学系统来完成. 外界对系统做功，使系统的内能增加，再由系统内能的减少向外传递热量；向系统传递热量，使系统的内能增加，再由系统内能的减少而对外做功. 在热力学中，通俗地称以上两过程为**功热转换**和**热功转换**.

复习思考题

11-1　为什么一般地说只有在准静态过程中，功才能用 $\int_{V_1}^{V_2} p\mathrm{d}V$ 来计算?

11-2　摩尔热容是如何定义的? 你怎样理解它们是否与过程有关?

11-3　在什么情况下，气体的摩尔热容为正值? 在什么情况下，气体的摩尔热容为负值? 在什么情况下，摩尔热容为零? 什么情况下摩尔热容为无限大?

11.2　热力学第一定律对理想气体在典型准静态过程中的应用

对于理想气体的一些典型准静态过程，可以利用热力学第一定律和它的状态方程($pV=\nu RT$)计算过程中的功、热量和内能的改变量以及它们之间的转换关系.

11.2.1　等体过程

在等体过程中，系统的体积保持不变，即 $V=$常量或 $\mathrm{d}V=0$ 是等体过程的特征. 气体的任一准静态等体过程，在 p-V 图中可表示为平行于 p 轴的一条直线段，如图 11-3 所示.

理想气体在等体过程中遵循关系式

$$\frac{p}{T} = \frac{\nu R}{V} = 常量 \tag{11-12}$$

当气体由状态(p_1, V_1, T_1)变化到(p_2, V_1, T_2)，并且定容摩尔热容 C_V 是常量，则有

$$Q_V = \nu C_V (T_2 - T_1) \tag{11-13}$$

理想气体等体过程中系统不对外做功($A_V=0$)，由热力学第一定律得

$$Q_V = E_2 - E_1$$

已知自由度为 i 的理想气体内能为

$$E = \nu \frac{i}{2} RT$$

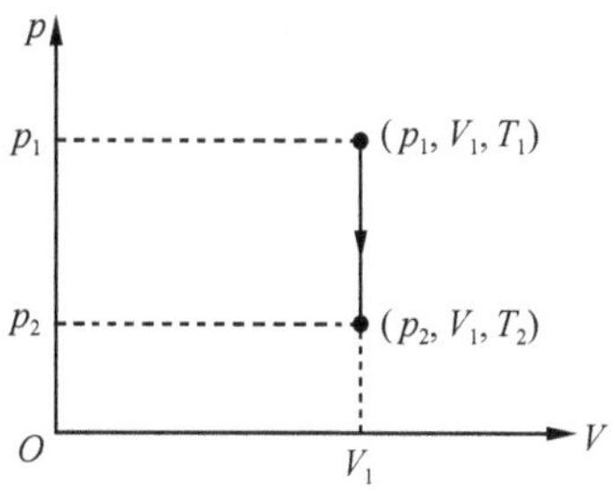

图 11-3 等体过程

由此得

$$Q_V = \nu \frac{i}{2} R (T_2 - T_1)$$

与(11-13)式比较得

$$C_V = \frac{i}{2} R \tag{11-14}$$

这说明理想气体的定容摩尔热容是一个只与分子自由度 i 有关的量，它与气体的温度无关. R 为气体的普适常量，对于单原子气体，$i=3$，$C_V \approx 12.5\mathrm{J/(mol \cdot K)}$；对于双原子气体，$i=5$，$C_V \approx 20.8\mathrm{J/(mol \cdot K)}$；对于多原子气体，$i=6$，$C_V \approx 24.9\mathrm{J/(mol \cdot K)}$.

应该注意，由于理想气体的内能只与温度有关，所以 νmol 理想气体在不同的状态变化过程中，如果温度的升高皆为 ΔT，则吸收的热量虽然随过程的不同而不同，但是，它的内能的增量却始终是

$$\Delta E = \nu \frac{i}{2} R \Delta T = \nu C_V \Delta T$$

11.2.2 等压过程

在压强不变的条件下，系统的状态变化过程就是等压过程，$p=$常量或 $\mathrm{d}p=0$ 是等压过程的特征. 在大气压下发生的变化过程，都可以看成等压过程，气体的任一准静态等压过程，在 p-V 图中可表示为平行于 V 轴的一条直线段，如图 11-4 所示. 理想气体在等压过程中遵守关系式

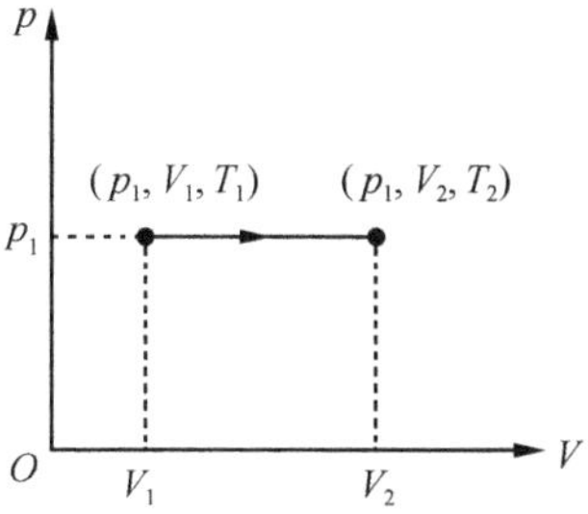

图 11-4 等压过程

$$\frac{V}{T} = \nu \frac{R}{p} = 常量 \tag{11-15}$$

当气体由状态(p_1, V_1, T_1)变为状态(p_1, V_2, T_2)时，对外做功为

$$A_p = \int_{V_1}^{V_2} p \mathrm{d}V = p_1 (V_2 - V_1)$$

由(11-7)式得

$$A_p = p_1 (V_2 - V_1) = \nu R (T_2 - T_1) \tag{11-15a}$$

根据热力学第一定律，可知理想气体在等压过程中吸收的热量为

$$\begin{aligned} Q_p &= E_2 - E_1 + A_p = \nu C_V (T_2 - T_1) + \nu R (T_2 - T_1) \\ &= \nu (C_V + R)(T_2 - T_1) \end{aligned} \tag{11-16}$$

假定气体的定压摩尔热容 C_p 是常量，则有

$$Q_p = \nu C_p (T_2 - T_1) \tag{11-17}$$

(11-16)式与(11-17)式对比得

$$C_p = C_V + R = \left(\frac{i}{2}+1\right)R \tag{11-18}$$

此式称为**迈耶公式**.

实际应用时,常常用到 C_p 与 C_V 的比值,用 γ 表示,称为比热容比,即

$$\gamma = \frac{C_p}{C_V} = \frac{i+2}{i} \tag{11-19}$$

表 11-1 列出了一些气体的热容和比热容比的理论值和实验值. 可以看出,对于单原子分子气体和双原子分子气体,其值符合得很好,而对于多原子分子气体,理论值与实验值有较大差别.

表 11-1　室温下一些气体的热容与比热容比

气体	理论值			实验值	
	C_V/R	C_p/R	γ	C_p/R	γ
He	1.5	2.5	1.67	2.50	1.67
Ar	1.5	2.5	1.67	2.50	1.67
H_2	2.5	3.5	1.40	3.49	1.41
N_2	2.5	3.5	1.40	3.46	1.40
CO	2.5	3.5	1.40	3.50	1.37
O_2	2.5	3.5	1.40	3.51	1.40
H_2O	3	4	1.33	4.36	1.31
CH_4	3	4	1.33	4.28	1.30

实验还发现气体的摩尔热容是随温度作不同程度变化的. 例如,氢气在低温时,摩尔热容与理论值符合得很好,在中等温度时,比理论值大约大 R,而在高温时,比理论值大约大 $2R$. 以上事实说明以能量按自由度均分定理为基础的古典热容理论只能近似地反映客观事实. 其最直接的原因是忽略了分子的振动能量,而这种能量在结构复杂的分子中,或温度很高的情况下,是不能略去的;但根本的原因是古典热容理论采用了能量连续的概念,不能正确地处理分子和原子领域内的问题. 量子理论认为能量是不连续的,并指出振动能量与温度及振动频率有关. 进一步的研究和实验表明,原子、分子等微观粒子的运动遵从量子力学规律,只有利用量子理论才能正确地解决热容的问题. 限于课程的范围,在此不进行深入讨论.

11.2.3　等温过程

系统温度保持不变的过程称为等温过程. 在温度恒定的环境下发生的过程,都可以看成是等温过程,等温过程的特征是 $T=$常量或 $\mathrm{d}T=0$,在准静态等温过程中,理想气体遵守关系式

$$pV = \nu RT = 常量 \tag{11-20}$$

在 p-V 图中,与它对应的是等轴双曲线,如图 11-5 所示,该曲线称为等温线.

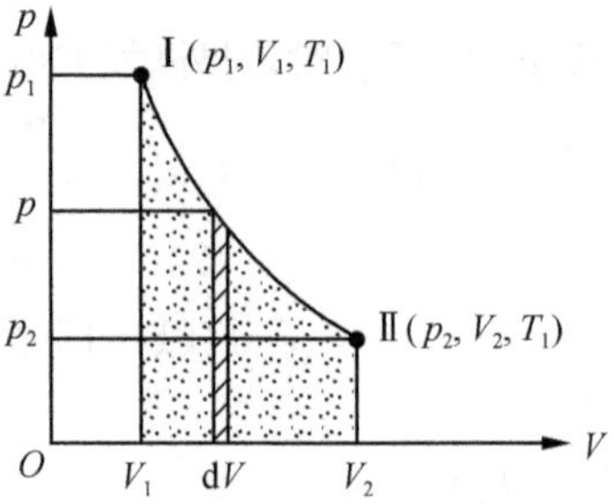

图 11-5　等温过程

由于理想气体的内能只与其温度有关,因此在等温过程中内能保持不变(即 $\Delta E=0$),根据热力学第一定律有

$$Q_T = A_T \tag{11-21}$$

即在等温膨胀过程中,理想气体吸收的热量 Q_T 全部用来对外做功;在等温压缩过程中,外界对气体所做的功,都转化为气体向外界放出的热量. 当气体从状态

(p_1, V_1, T_1)等温变化到状态(p_2, V_2, T_1)时，有

$$Q_T = A_T = \int_{V_1}^{V_2} \nu R T_1 \frac{\mathrm{d}V}{V}$$

即

$$Q_T = A_T = \nu R T_1 \ln \frac{V_2}{V_1} \tag{11-22}$$

热量Q_T和功A_T的值都等于等温线下的面积(请读者想一想:等温过程的摩尔热容$C_T=$?).

例 11-1　把压强为$1.013\times10^5\,\mathrm{Pa}$,体积为$100\,\mathrm{cm}^3$的氧气压缩到$20\,\mathrm{cm}^3$时,气体内能的增量,吸收的热量和所做的功各是多少?假定经历的是下列两种过程:

(1)等温压缩;

(2)先等压压缩,然后再等体升压到同样状态,该氧气可视为理想气体.

解　(1) 如图11-6所示,当气体从初状态Ⅰ等温压缩到末状态Ⅲ时,由于温度不变,其内能也不变,即

$$E_3 - E_1 = 0$$

气体吸收的热量和所做的功为

$$\begin{aligned} Q_T = A_T &= \nu R T_1 \ln \frac{V_2}{V_1} = p_1 V_1 \ln \frac{V_2}{V_1} \\ &= 1.013\times10^5 \times 100\times10^{-6} \ln \frac{20\times10^{-6}}{100\times10^{-6}} \\ &= -16.3(\mathrm{J}) \end{aligned}$$

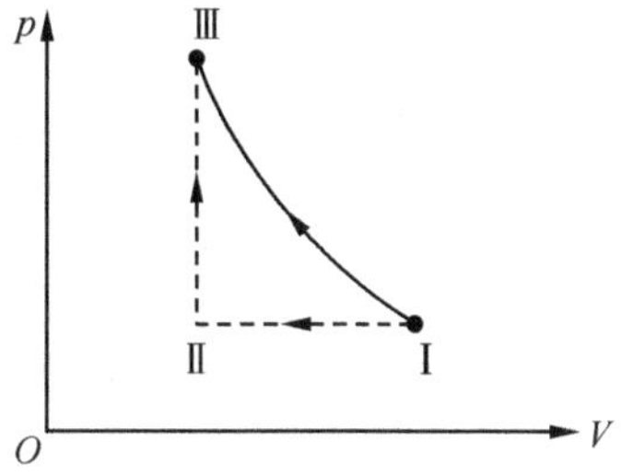

图 11-6　例 11-1 图

负号表示在等温压缩过程中,外界向气体做功而气体向外界放出热量.

(2) 在第二个过程中,气体先由状态Ⅰ(p_1, V_1, T_1)等压压缩到状态Ⅱ(p_1, V_2, T_2),然后等体升压到状态Ⅲ(p_2, V_2, T_1).由于状态Ⅰ、Ⅲ的温度相同,所以尽管气体经历的不是等温过程,Ⅰ和Ⅲ两状态的内能也相等,即

$$E_3 - E_1 = 0$$

所以气体吸收的总热量Q与所做的总功A为

$$Q = A = A_p + A_V$$

等体过程中气体不做功,即$A_V=0$,气体在等压过程Ⅰ～Ⅱ中所做的功为

$$\begin{aligned} A_p = p_1(V_2 - V_1) &= 1.013\times10^5 \times (20\times10^{-6} - 100\times10^{-6}) \\ &= -8.1(\mathrm{J}) \end{aligned}$$

最后得

$$Q = A = A_p = -8.1\,\mathrm{J}$$

从以上结果可见,尽管初末状态相同,但过程不同时,气体吸收的热量和所做的功也不相同.这个例子再一次说明,热量和功都与过程有关.

复习思考题

11-4　能否对物质加热而使物质温度不升高?若能,是否与热量的概念相矛盾?

11-5　理想气体在等体过程、等压过程和等温过程中,其内能增量的表达式$\Delta E = E_2 - E_1 = \nu C_V (T_2 - T_1)$是否都适用?

11.3 绝热过程

如果一个过程在进行期间，没有热量流进或流出系统，则称为**绝热过程**，特征是 $Q=0$（或 $dQ=0$），在实验中，这样的过程，或者是用绝热物质将系统和它的周围隔离开来而达到的，如气体在杜瓦瓶内；或者是让过程进行得比较迅速而实现的. 由于热量流动较为缓慢，所以任何一个过程，只要进行得足够迅速就可成为实用上的绝热过程，如气缸内气体的迅速压缩和膨胀，空气中声音传播时引起的局部膨胀或压缩过程等.

在绝热过程中 $Q=0$，由热力学第一定律 $Q=E_2-E_1+A$ 可知，$\Delta E=E_2-E_1=-A$. 说明理想气体对外做功是以消耗自身的内能为代价的，反过来，外界对气体所做的功将全部转换为内能. 同时也可注意到，在此过程中，气体的三个宏观状态参量都在改变. 对非准静态过程，因初、末两平衡态对应的过程不唯一，而且无法用状态参量描述，处理起来过于复杂，故我们主要讨论理想气体在准静态过程中三个宏观参量之间的约束关系.

由于理想气体的内能只与温度有关，在任意的绝热过程中，只要系统温度从 T_1 变到 T_2，则系统对外做的功都可写成

$$A=-(E_2-E_1)=-\nu C_V(T_2-T_1) \tag{11-23}$$

在无限小的准静态绝热过程中，由上式可得

$$dA=-dE=-\nu C_V dT$$

即

$$p dV=-\nu C_V dT$$

对理想气体的状态方程 $pV=\nu RT$ 两边微分得

$$p dV+V dp=\nu R dT$$

从上面两式中消去 dT，得

$$(C_V+R)p dV+C_V dp=0$$

将 $C_V+R=C_p$，$\frac{C_p}{p}+\nu\frac{dV}{V}=0$ 代入上式，并对上式积分，有

$$\ln p+\gamma\ln V=\text{常量}$$

即

$$pV^{\gamma}=\text{常量} \tag{11-24a}$$

将理想气体状态方程 $pV=\nu RT$ 代入上式，分别消去 p 或 V，可得

$$TV^{\gamma-1}=\text{常量} \tag{11-24b}$$

$$p^{\gamma-1}T^{-\gamma}=\text{常量} \tag{11-24c}$$

以上三式称为**绝热过程方程**（也称为**泊松方程**），简称**绝热方程**.

当气体做绝热变化时，根据(11-24a)式，可以在 p-V 图上画出 p 与 V 的关系曲线，称为**绝热线**.

理想气体在绝热过程中所做的功，可以应用(11-23)式，还可以用状态参量 p、V 表示，由状态方程可得 $p_1V_1=\nu RT_1$，$p_2V_2=\nu RT_2$，将其代入(11-24)式得

$$A=\frac{C_V}{R}(p_1V_1-p_2V_2) \tag{11-25a}$$

将 $C_p-C_V=R,\gamma=C_p/C_V$ 代入上式得

$$A=\frac{1}{\gamma-1}(p_1V_1-p_2V_2) \qquad (11\text{-}25b)$$

通常采用 p-V 图来表示气体的状态变化过程，将泊松方程和等温过程方程进行比较，就可以看出在气体膨胀或压缩时，两者压强的变化是不同的. 图 11-7 中的实线是绝热线，虚线是等温线，两者在 A 点相交. 由式(11-24a)可求得绝热线在该点的斜率为

$$\left(\frac{\mathrm{d}p}{\mathrm{d}V}\right)_Q=-\gamma\frac{p_A}{V_A}$$

由状态方程可求得等温线在 A 点的斜率为

$$\left(\frac{\mathrm{d}p}{\mathrm{d}V}\right)_T=-\frac{p_A}{V_A}$$

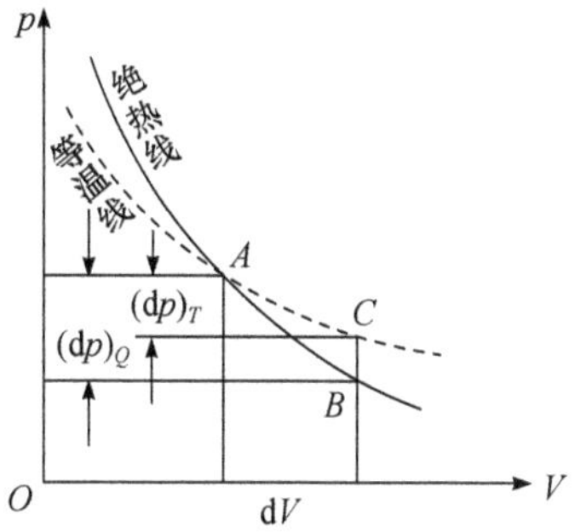

图 11-7 绝热线与等温线的斜率的比较

因 $\gamma>1$，所以在 p-V 图上的绝热线比等温线要陡一些，即同一气体从同一初状态做同样的体积膨胀时，压强的降低在绝热过程中比在等温过程中要多.

从宏观上可解释为：从交点 A 起，气体的体积增加了 $\mathrm{d}V$，在等温过程中，温度不变，所以压强的减少量$(\mathrm{d}p)_T$ 只源于体积的膨胀；在绝热过程中，压强的降低不仅源于体积的膨胀，还源于温度的下降.

从分子运动论的观点看，因为 $p=nkT$，T 不变时，分子热运动的平均平动动能不变，压强的降低是由分子数密度 n 的下降引起的. n 的减小引起单位时间内器壁受到分子碰撞的次数减少，以致压强降低$(\mathrm{d}p)_T$；在绝热过程中，不但单位时间内分子碰撞次数与等温膨胀时同样减少，而且，气体对外做功引起的温度下降，使分子的平均速率减小，导致分子碰壁的力也减小了. 因此，绝热膨胀时压强的降低$(\mathrm{d}p)_Q$ 比等温膨胀时的$(\mathrm{d}p)_T$ 要大.

例 11-2 质量为 0.01kg 的氧气，温度为 300K 时，体积为 $0.40\times10^{-3}\mathrm{m}^3$，试计算下列两过程中气体所做的功.

(1) 绝热膨胀至体积 $4.0\times10^{-3}\mathrm{m}^3$；

(2) 等温膨胀至体积 $4.0\times10^{-3}\mathrm{m}^3$.

解 (1) 理想气体在绝热过程中 $Q=0$，因此，气体所做的功为

$$A=-\Delta E=\nu C_V(T_1-T_2)$$

只要求出末态的温度 T_2，就可算出这个功，由绝热过程方程

$$V_1^{\gamma-1}T_1=V_2^{\gamma-1}T_2$$

得

$$T_2=T_1\left(\frac{V_1}{V_2}\right)^{\gamma-1}$$

式中 γ 为比热容比，对氧气分子 $i=5$，由(11-20)式得

$$\gamma=\frac{C_p}{C_V}=\frac{i+2}{i}=\frac{5+2}{5}=1.4$$

将已知量代入上式，得

$$T_2=300\times\left(\frac{0.40}{4.0}\right)^{1.4-1}=300\times\left(\frac{1}{10}\right)^{0.4}=119(\mathrm{K})$$

故

$$A = \nu C_V(T_1 - T_2) = \frac{0.01}{0.032} \times \frac{5}{2} \times 8.31 \times (300 - 119) = 1175(\text{J})$$

(2) 理想气体等温过程的功为

$$A = \int_{V_1}^{V_2} p\mathrm{d}V = \int_{V_1}^{V_2} \nu RT \frac{\mathrm{d}V}{V} = \nu RT \ln \frac{V_2}{V_1}$$

$$= \frac{0.01}{0.032} \times 8.31 \times 300 \times \ln \frac{4.0 \times 10^{-3}}{0.4 \times 10^{-3}} = 1794(\text{J})$$

11.4　循环过程　卡诺循环

11.4.1　循环过程

热力学研究各种过程的主要目的之一，就是探索怎样才能提高热机的效率. 所谓热机，就是通过某种工作物质(简称工质)不断地把吸收的热量转换为机械功的装置，如蒸汽机、内燃机、汽轮机、喷气发动机、火箭发动机等都是不同种类的热机. 通过前面的学习，我们注意到，在理想气体的等温膨胀过程中，气体吸收的热量全部转换为机械功，热功的转换效率达到了 100%. 然而，单由等温过程无法构成实用的热机. 原因是随着过程的进行，气体体积越来越大，压强则越来越小，当气体的压强低于外界的压强时，气体无法再对外做功；另外，气缸的长度总是有限的，气体的膨胀过程不可能无限制地持续下去. 实用的热机，要源源不断地向外做功，就必须重复某些过程，使工质的状态能够复原才行. 若物质系统的状态经历一系列变化后又回到原来状态，就说它经历了一个循环过程，简称**循环**. 热机是实现这种循环的机器. 在 p-V 图上，准静态循环过程是一条封闭曲线，由于内能是状态的单值函数，所以经过一个循环后工质回到原来状态时，内能变化 $\Delta E=0$，这是循环过程的基本特征.

热机效能的一个重要指标就是其效率，即吸收的热量中有多少转换为有用的功. 下面我们通过分析来简单讨论热机的效率问题.

设热机工质通过循环过程 $ABCDA$ 进行工作，在膨胀过程 ABC 中吸热 Q_1(图 11-8(a))，对外做功 A_1，A_1 等于曲线 $ABCNM$ 所包围的面积；在压缩过程 CDA 中，放热为 Q_2，外界对系统做功为 A_2，A_2 等于曲线 $CDAMN$ 所包围的面积. 在一个完整的循环中，工质对外所做净功

$$A = A_1 - A_2$$

等于曲线 $ABCDA$ 所围面积. 对整个循环，工质的内能改变量 $\Delta E=0$，根据热力学第一定律，以及以上分析，在一个循环中，体系吸收总热量 Q_1，放出总热量 Q_2，净吸收热量

$$\Delta Q = Q_1 - Q_2 = A$$

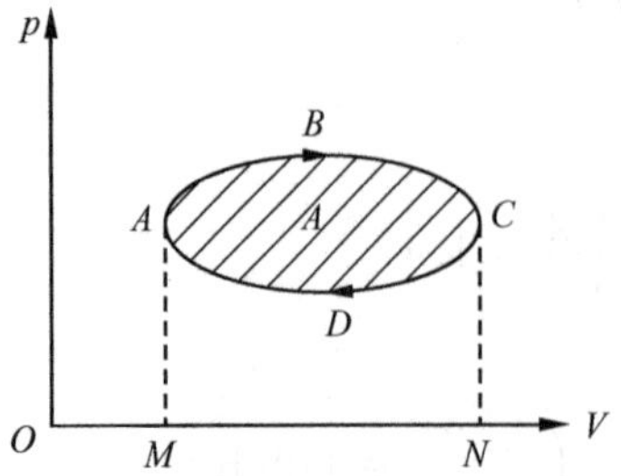

(a) 正循环过程

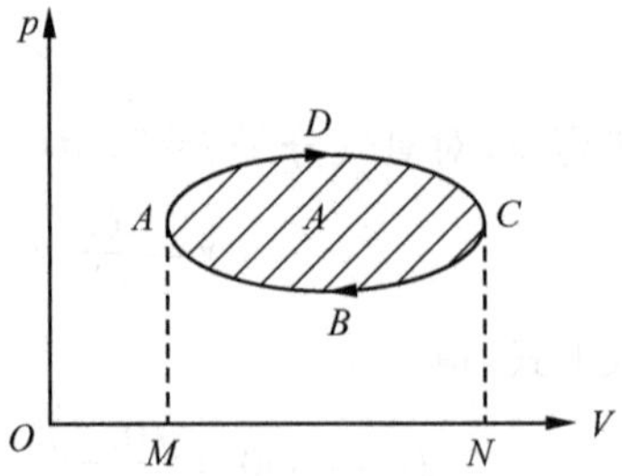

(b) 逆循环过程

图 11-8　循环过程

在一个完整的循环过程中，系统对外做的净功 A 与吸收的热量 Q_1 的比值，称为**热机效率**或**循环效率**，即

$$\eta=\frac{A}{Q_1}=\frac{Q_1-Q_2}{Q_1}=1-\frac{Q_2}{Q_1} \tag{11-26}$$

热机工作时，工质从高温热源吸收的热量，一部分用于对外做功；另一部分放给低温热源，以使自己回到初始状态继续下一个循环. 热机效率实质上就是热机的热功转换率. 不同种类的热机，工质不同，组成循环的分过程也不同，p-V 图上循环曲线的形状就不一样，因此，尽管工作原理相同，但热机的效率往往是不同的.

上面讨论的循环是沿顺时针方向进行的，对应于热机的工作过程，通常称为**正循环**. 实际中，也可使过程反向做逆循环，即依靠外界对气体做功，使工作物质由低温热源吸热而向高温热源放热，这种循环称为**逆循环**，对应于制冷机的工作过程(图 11-8(b)).

若在一个完整的循环中，气体从低温热源吸收的热量为 Q_2，外界对气体所做的功为 A，则气体向高温热源传递热量 $Q_1=A+Q_2$，即 $A=Q_1-Q_2$.

从实用观点看，最佳的制冷机，应消耗最少的功 A，从低温热源吸收最多的热量 Q_2. 因此，我们定义制冷系数 ω 为制冷机从低温热源吸收的热量 Q_2 与外界对制冷机所做的功 A 之比，即

$$\omega=\frac{Q_2}{A}=\frac{Q_2}{Q_1-Q_2} \tag{11-27}$$

11.4.2 卡诺循环

为了从理论上提高热机的效率，1824 年法国青年工程师卡诺提出了一种理想的循环，称为**卡诺循环**. 其循环过程由两个等温过程和两个绝热过程构成. 为具体起见，我们可将工作物质设想成被限制在气缸中的理想气体，这个气缸的底是导热的，而壁和活塞是不导热的. 外界备有高温热源 T_1 和低温热源 T_2 以及一个绝热台. 准静态的卡诺循环，在 p-V 图上对应于图 11-9(a). 下面我们研究理想卡诺热机的循环效率.

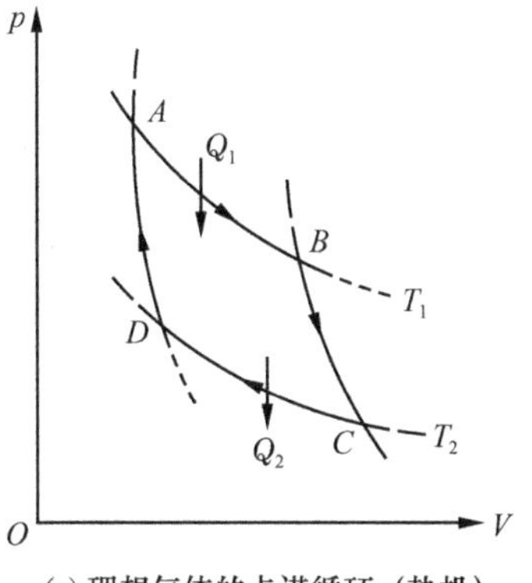

(a) 理想气体的卡诺循环（热机）

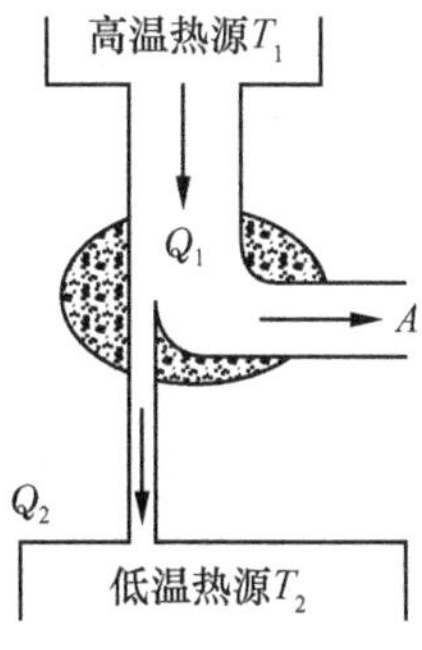

(b) 卡诺热机的能流图

图 11-9 卡诺循环

AB 等温膨胀过程：将气缸放在温度为 T_1 的高温热源上，并使气体从 A 态相对缓慢地膨胀到状态 B. 在此过程中，通过气缸底的热传导，气体吸收了热量 Q_1，同时膨胀而对外做功 A_1，温度保持为 T_1. 由(11-22)式可知

$$Q_1 = A_1 = \nu R T_1 \ln \frac{V_B}{V_A}$$

BC 绝热膨胀过程:将气缸放在绝热台上,并使气体缓慢膨胀至状态 C. 在此过程中,没有热量进入或离开系统,气体在对外做功的同时内能减少,从而使温度逐渐降为 T_2.

CD 等温压缩过程:将气缸再移到温度为 T_2 的低温热源上,并将气体缓慢压缩到状态 D. 在此过程中,外界对气体做功为 A_2,气体向低温热源放出热量 Q_2,温度保持为 T_2.

由等温过程的特征可知

$$Q_2 = A_2 = \nu R T_2 \ln \frac{V_C}{V_D}$$

DA 绝热压缩过程:将气缸放在绝热台上并缓慢地将气体压缩至初态 A. 在压缩过程中,没有热量进入或离开气体,外界所做的功将全部转化为气体的内能.

由循环过程的基本特征可知,经过这样一个完整的循环,气体对外所做的净功 A 等于四个过程中气体对外做功的代数和,也等于循环曲线 $ABCDA$ 所包围的面积,即

$$A = Q_1 - Q_2$$

图 11-9(b)给出了卡诺热机中的能量交换与转化的关系,是上式的具体体现.

由热机效率的定义(11-26)式,得到上述卡诺循环的效率为

$$\eta = \frac{A}{Q_1} = \frac{Q_1 - Q_2}{Q_1} = 1 - \frac{Q_2}{Q_1} = 1 - \frac{\nu R T_2 \ln \frac{V_C}{V_D}}{\nu R T_1 \ln \frac{V_B}{V_A}}$$

对 BC 与 DA 两个绝热过程,利用绝热方程(11-25b)可得如下关系:

$$T_1 V_B^{\gamma-1} = T_2 V_C^{\gamma-1}$$

$$T_1 V_A^{\gamma-1} = T_2 V_D^{\gamma-1}$$

两式相比,可得

$$\frac{V_B}{V_A} = \frac{V_C}{V_D}$$

由此得到理想气体的卡诺循环的效率为

$$\eta = \frac{T_1 - T_2}{T_1} = 1 - \frac{T_2}{T_1} \tag{11-28}$$

这说明,在同样两个热源之间工作的各种工质的卡诺循环的效率都是相同的. 经过严格的证明,我们发现上式给出了实际热机效率的上限. 这是卡诺循环的一个基本特征,它给出了提高热机效率的途径. 实际上,没有一台真实热机能达到此极限效率. 首先,由摩擦、热传导和辐射等损失的能量只可减少而无法避免;其次,为了尽量接近准静态过程以提高效率,热机必须缓慢运行,这就限制了热机的使用. 为了减少损耗提高效率,在提高高温热源温度的同时,往往使热机的容量尽量大些,以降低必要损耗所带来的影响.

热力学第一定律明确了效率大于 100%的热机(第一类永动机)是不可能制成的. 那么,我们是否能制成一种循环动作的热机,从一个高温热源吸收热量,将热量全部转换为功,而不放出热量到低温热源中去(即 $Q_2=0$)? 对这个问题的进一步研究和探索,导致了热力学第二定律的发现.

另外,人们自然想到,如果设法使低温热源的温度 $T_2=0$,则由(11-31)式可知卡诺热机的效

率也将为 100%. 这实际上要求仅当低温热源的温度为绝对零度时,卡诺热机从高温热源吸收的热量才可能完全转变为功. 在对这个问题的探索中,人们发现,温度越低的热力学系统,要进一步降低其温度越困难,并在此基础上总结出了热力学第三定律,即:**热力学的绝对零度是不可能达到的**. 也就是说,**不论采取怎样理想的步骤,绝不可能使任何系统的温度在有限次的操作中降低到绝对零度**. 从这个意义上说,温度为绝对零度的热源是无法获得的,因此,我们不可能制成效率为 100%的热机.

11.5 宏观自然过程的不可逆性及其相互等价

"瀑布在其底端溅起的泡沫将会重新聚集并落入水中;热运动将会重新聚集它们的能量,使落下的水滴重新组成一股上升的水流;由固体相互摩擦而产生,因传导、辐射及吸收而消耗的热,将会返回固体相接的地方,并使运动物体抵抗它先前受到的力做相反的运动. 泥土将会变成砾石,砾石将会恢复它们原来参差不齐的形状,最后重新组合成原先它们有之而未碎裂的山峰. 而且,如果关于生命的唯物主义假说是正确的,那么生命将返老还童,它们所记忆的是将来而不是过去,最后会变成未出生的状态."这是英国著名的物理学家威廉·汤姆孙早在 1874 年关于自然过程的逆过程的形象描述. 这些逆过程,是能量转换与守恒定律所允许的,实际上又是不可能发生的,反映了现在的物理事件能够影响未来,却不能影响过去的基本事实. 这说明:**宏观自然过程是具有方向性的,是不可逆的**. 下面我们集中探讨宏观热力学过程的不可逆性.

如果系统经历的每一步都可以沿相反的方向进行,同时不引起外界的任何变化,那么这样的过程称为**可逆过程**,在可逆过程中,系统和外界都能恢复到原来状态. 反之,对于某一过程,**如果用任何方法都不可能使系统和外界完全复原**,则称为**不可逆过程**.

我们做扭摆实验时,扭摆转动的幅值会越来越小,并最终停下来. 在此过程中,摆的机械能通过摩擦逐渐转变为轴的内能. 相反,温度再高的轴,通过自然冷却,把自身的内能转变为扭摆的机械能的过程却未曾发生过. 同样的实例比比皆是,再快的汽车、火车没油后都会因摩擦而停下来,而因铁轨很热导致火车运行的过程是不可想象的. 这说明,通过摩擦而使功变热的过程是不可逆的. 由于实际的热力学过程总是伴随着摩擦生热,而这些热又不能被热机收回而变为有用的机械功. 因此,**功变热的过程是不可逆的**. 必须注意,对于功变热的不可逆性不能简单地理解为:**功可以完全变为热,而热不能完全变为功**. 在等温膨胀中,理想气体就把从热库中吸收的热量全部变成了功,但并不能由此推翻功热转换的不可逆性. 因为,这一命题的正确含义是:**在不引起其他变化或不产生其他影响的条件下,热不能完全变为功**. 或更简洁地描述为:**热不可能自动地转换为功**. 即便在最理想的情况下,气体的等温膨胀也引起了其他变化,表现在气体体积的增大上. 在热机循环中,工质除了把从高温热源吸收的热变成了有用功外,还产生了其他影响,表现在一定的热量从高温热源传给了低温热源,而这是不可避免的.

在炎热的夏日,把啤酒置于冰块中,很快就可喝上凉爽的啤酒;而在寒冷的冬天,把酒瓶置于热水中,就可得到祛寒的热酒……这些生活实例告诉我们,温度不同的物体相接触时,热量总是由高温物体自动地传向低温物体,直到二者达到热平衡状态. 而热量自动地由低温物体传向高温物体,致使温差变大的过程却从未发生过. 这说明,**热传导是有方向性的,热量总是自动地由高温物体传向低温物体,而不可能由低温物体传向高温物体而不引起其他变化**. 例如,冰箱把低温热库中的热量传向高温热库,但引起了其他变化,外界必须做功. 一旦停电,冰箱内的低温环境自动被破坏，直至冰箱内外达到热平衡. 这就是**热传导的不可逆性**.

墨水滴进水里会迅速扩散开来，直到水的颜色均匀，而相反的过程是不会发生的. 打开瓶的香水，香味儿不可能再自动收回去. 散发至空气中的 SO_2、H_2S 等工业废气，要回收以消除不良影响是不可能的，而这些废气从工厂里排出又何其容易……以上种种实例都说明：**所有的自发扩散过程都是不可逆的**.

以上三种典型的实际过程都是与热现象有关的宏观过程，而自然界中一切与热现象有关的实际宏观过程都涉及这三种典型的过程，它们的不可逆性或方向性说明：**凡与热现象有关的宏观热力学过程都是不可逆的，满足能量转换与守恒定律的热力学过程是有方向性的**. 那么，既然都是与热现象有关的实际过程，它们之间到底有什么本质的联系呢？下面就来进一步探讨这个问题.

如果自发扩散过程是可逆的，就意味着存在以下过程. 如图 11-10 所示，绝热容器被中间隔板分成两部分，一边盛有理想气体，一边为真空. 现将隔板抽掉，气体就自由膨胀而充满整个容器，这是自发扩散过程. 如果自发扩散过程是可逆的，就意味着存在逆过程 R，在该过程中，气体收缩到原来状态而不使外界发生任何变化. 则我们就可以设计如图 11-11 所示的过程，使理想气体和单一热源接触，从热源吸收热量 Q 进行等温膨胀从而对外做功 $A=Q$. 然后再通过 R 过程使气体复原. 经过这样一个循环，所产生的唯一效果就是自单一热源吸热全部用来对外做功而没有产生其他影响. 即热可以全部转换为功而不产生其他影响. 也就是说，热功转换是可逆的，是无方向性的. 这就证明了，若自发扩散过程是可逆的，则功热转换也是可逆的. 从以上过程也不难理解到，若功热转换是可逆的，则逆过程只是必然的，即自发扩散也是可逆的. 这就证明了这两种不可逆过程是等价的. 因此，**功热转换的不可逆性与自发扩散的不可逆性是等价的**.

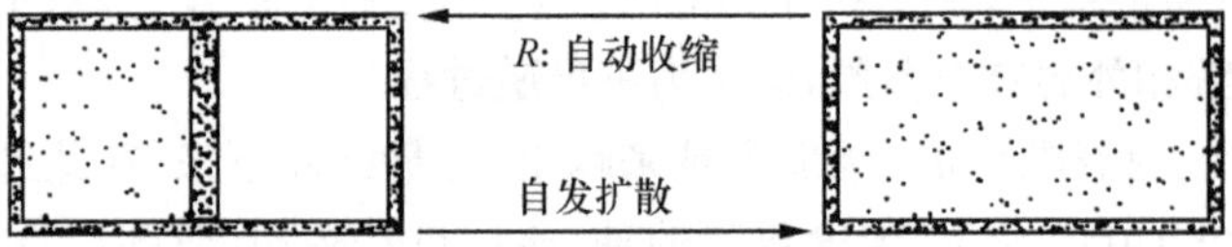

图 11-10　假想的可逆自发扩散

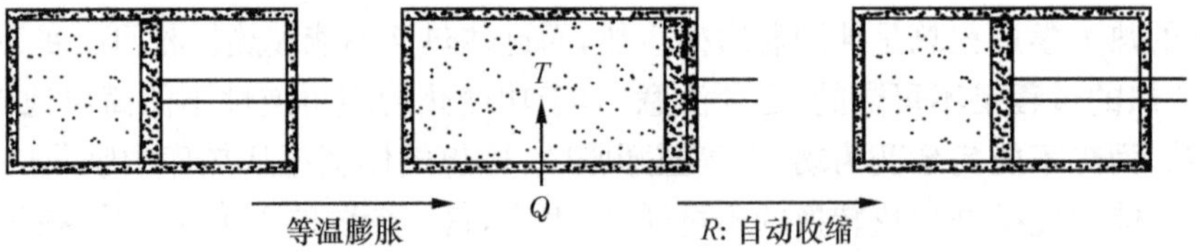

图 11-11　假想的单热源热机

若热量可完全转换为功而不引起其他变化，即功热转换是可逆的，则如图 11-12(a)所示，我们可以由这种理想热机在一个循环中从高温热源 T_1 吸收热量 Q_1，并把这些热量全部转换为功 $A=Q_1$ 去带动一个制冷机，使它在循环中从低温热源 T_2 吸收热量 Q_2，并向高温热源放出热量 $A+Q_2=Q_1+Q_2$. 两台机器联合工作的总效果就是在一个完整的工作循环过程中，Q_2 从低温热源传向了高温热源，而未引起其他变化. 这就是说，热也可自动地由低温热源传至高温热源，即热传导也是可逆的. 反过来，若热传导是可逆的，则意味着热量能自动地经过某种假想装置从低温热源传向高温热源. 我们利用这种机器可设计出如图 11-12(b)所示的热机. 在一个完整的循环中，卡诺热机先从高温热源 T_1 吸收 Q_1 的热量，对外做功 A，向低温热源 T_2 放热 $Q_2=Q_1-A$，然后利用自动传热装置再从低温热源 T_2 中吸收 Q_2 的热量，并把这些热量自动地传给高温热源 T_1，从而使低温热源恢复原态. 由这种自动装置和卡诺热机构成的热机运行的总效果是，工质从高温热源 T_1 中净吸收的热量 Q_1-Q_2，全部转换为对外所做的功 A，而未引起其他任何变化. 即功热转换也是可逆的. 通过这样正反两方面的证明，可以得出这样的结论：**功热转化的不可逆性与热传导的不可逆性是完全等价的.**

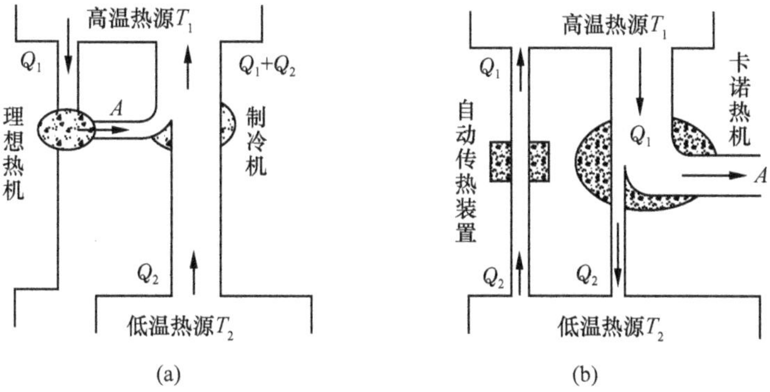

图 11-12　假想的制冷机和热机

由于自然界中与热现象有关的所有的不可逆性都可归结于这三种基本的不可逆性之中，而这三种不可逆性又是相互等价的，因此，与热现象有关的所有的不可逆性都是相互等价的. 承认其中的一种不可逆性，就可推出其他的不可逆性. 否认任何一种自发过程的不可逆性，必然推翻其他过程的不可逆性.

仔细观察实际的自发过程，可以发现它们有着共同的特征，这就是系统中原来存在着某种不平衡因素，或者存在着摩擦等耗散因素. 如自发扩散源于分子数密度或压强的不平衡、热传导源于温度的不平衡、功热转换的不可逆源于摩擦等耗散因素. 自发过程的方向总是由不平衡趋向平衡，并且在达到新的平衡状态后，过程就自动终止. 由此可见，**不平衡和耗散等因素的存在是导致过程不可逆的宏观原因.**

由以上的分析可以知道，若系统在状态变化过程中的每一步都接近平衡态(准静态)，并且消除了摩擦、辐射等耗散因素，则该过程就是可逆过程. 因此，**只有无耗散的准静态过程才是可逆过程. 显然，它是一种理想模型，是实际过程的一种极限近似.** 这种抓主去次的理想模型不仅在理论研究中具有重要意义，也是研究实际问题的主要途径之一. 通常在讨论中提到的准静态过程，不做说明时总是指可逆过程.

习　　题

11-1　选择题.

(1) 1mol 理想气体从 p-V 图上初态 A 分别经历如习题 11-1(1)图所示的 1 或 2 过程到达末态 B，已知 $T_A<T_B$，则这两个过程中气体吸收的热量 Q_1 和 Q_2 的关系是(　　).

(A) $Q_2>Q_1>0$　　(B) $Q_1>Q_2>0$　　(C) $Q_2<Q_1<0$　　(D) $Q_1<Q_2<0$

(2) 若在某个过程中，一定量的理想气体的内能 E 随压强 P 的变化关系为一直线，如习题 11-1(2)图所示，则该过程为(　　).

(A) 等容过程　　(B) 等压过程　　(C) 等温过程　　(D) 绝热过程

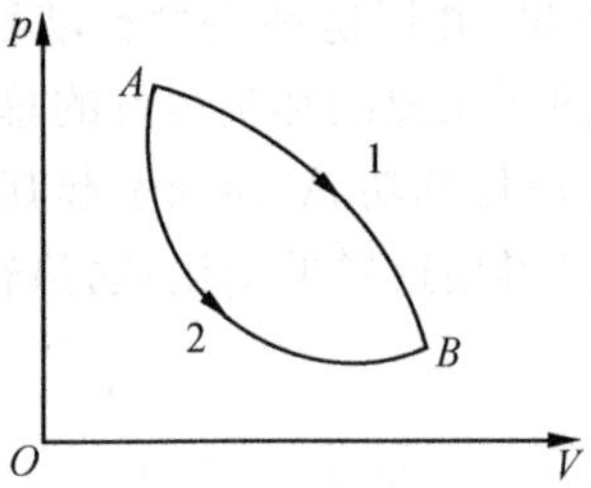

习题 11-1(1)图

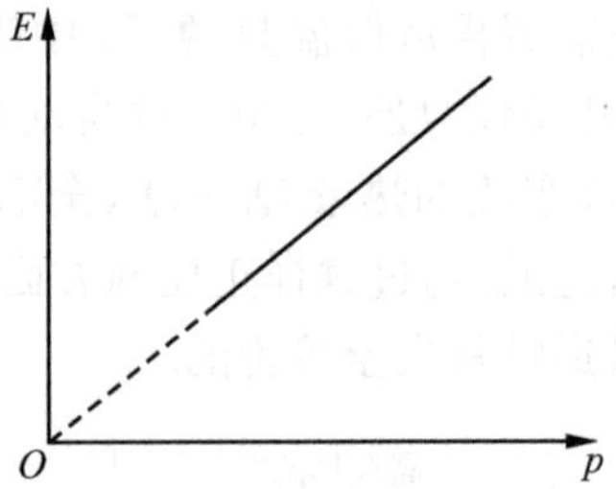

习题 11-1(2)图

(3) 质量一定的理想气体，从相同状态出发，分别经历等温、等压和绝热三个过程，使其体积增加一倍，那么气体温度的改变(绝对值)为(　　).

(A) 绝热过程中最大，等压过程中最小　　(B) 绝热过程中最大，等温过程中最小

(C) 等压过程中最大，绝热过程中最小　　(D) 等压过程中最大，等温过程中最小

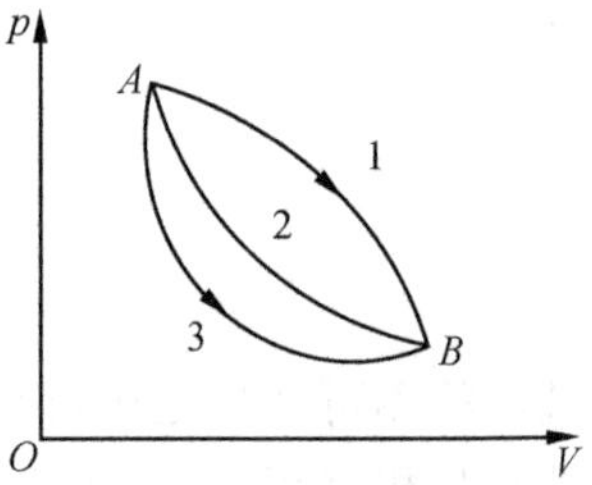

习题 11-1(4)图

(4) 如习题 11-1(4)图所示，理想气体分别经 1、2、3 三个过程，其中 2 过程为绝热过程，则(　　).

(A) 1 与 3 两过程都吸热

(B) 1 与 3 两过程都放热

(C) 1 过程吸热，3 过程放热

(D) 1 过程放热，3 过程吸热

(5) 用公式 $\Delta E=\nu C_V\Delta T$(式中 C_V 为定容摩尔热容，ν 为摩尔数)计算理想气体内能增量时，此式(　　).

(A) 只适用于准静态过程　　(B) 适用于一切等容过程

(C) 适用于一切准静态过程　　(D) 适用于一切始末态为平衡态的过程

(6) 根据热力学第二定律可知(　　).

(A)功可以全部转化为热，但热不能全部转化为功

(B)热可以从高温物体传到低温物体，但不能从低温物体传到高温物体

(C)不可逆过程就是不能向相反方向进行的过程

(D)一切自发过程都是不可逆的

11-2　填空题.

一定量的气体由状态 A 经习题 11-2 图示(实线)过程至状态 B，对该过程用符号(>，=，<)填空.

ΔE ______ 0；　A ______ 0；　Q ______ 0.

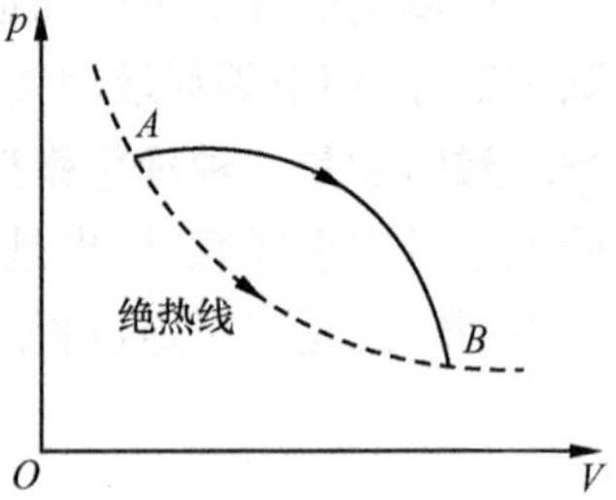

习题 11-2 图

11-3　1mol 单原子理想气体从 300K 加热至 350K，求下面两过程中吸收的热量、内能的增量以及气体对外做的功.

(1) 容积保持不变；

(2) 压强保持不变.

11-4　一定量的理想气体在标准状态下体积为$1.0\times10^{-2}\,\mathrm{m^3}$，求出下列两过程中气体吸收的热量.

(1) 等温膨胀到体积为 $2.0\times10^{-2}\,\mathrm{m^3}$；

(2) 先等容冷却，再等膨胀到(1)中所述的终态$\left(设气体\ C_V=\frac{5}{2}R\right)$.

11-5　理想气体做绝热膨胀，由初状态(p_1, V_1)至末状态(p_2, V_2)，试证明在此过程中气体所做的功为

$$A=\frac{p_1V_1-p_2V_2}{\gamma-1}$$

11-6　p-V 图上，AB 为等温线，AD 为绝热线，如习题 11-6 图所示，试分析理想气体在过程 AC 和 AE 中的热容是正还是负？

11-7　如习题 11-7 图所示，1mol 双原子理想气体从状态 $A(p_1, V_1)$ 沿 p-V 图中的直线变到状态 $B(p_2, V_2)$，试求此过程的摩尔热容(已知 AB 延长线经过 O 点).

11-8　如习题 11-8 图所示，AB、DC 为绝热线，$CO'A$ 为等温线，已知 $CO'A$ 过程中放热 100J，$O'AB$ 的面积是 30J，$O'DC$ 的面积为 70J，试问在 $BO'D$ 过程中系统是吸热还是放热？热量是多少？

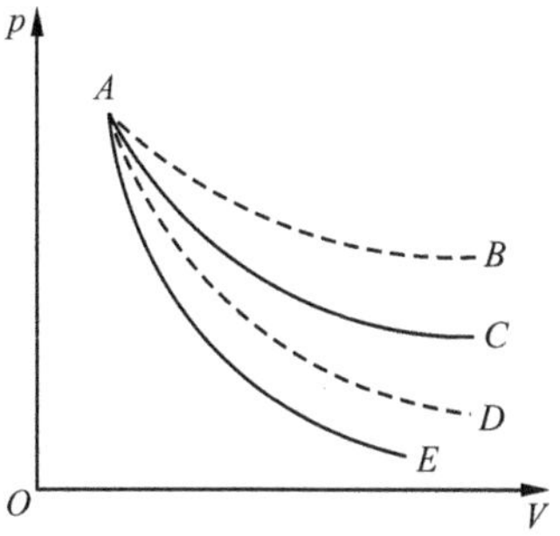

习题 11-6 图

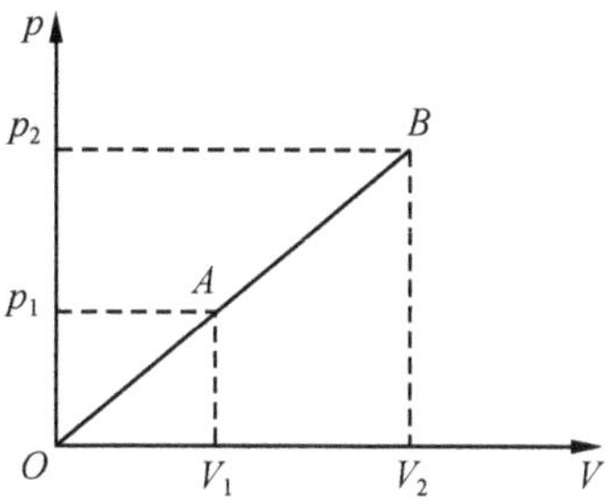

习题 11-7 图

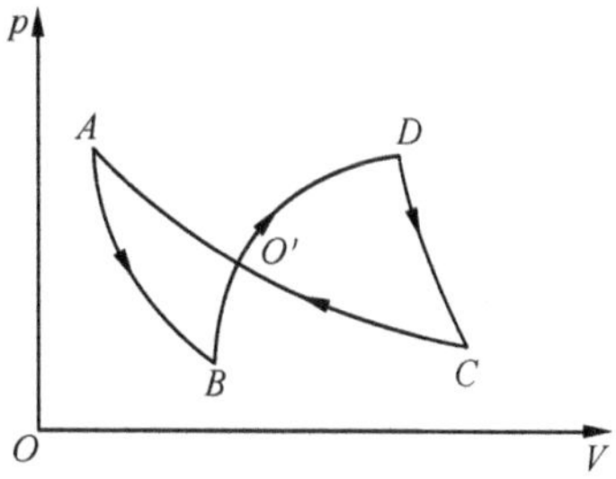

习题 11-8 图

11-9　一卡诺热机在温度为 27℃ 及 127℃ 两个热源之间工作. 若在正循环中热机从高温热源吸收热量 3000J，问该热机向低温热源放出多少热量？对外做功多少？

第 12 章　机 械 振 动

物体在一定位置附近所做的来回往复运动称为机械振动，它是物体的一种运动形式. 振动广泛存在于日常生活、生产实践及自然界中. 一切发声体、机器运转、海水的起伏以及地震都伴随有振动，就连表面上看起来静止不动的物体，其内部的大量原子也在永不停息地振动着.

振动并不局限于机械振动，从广义上讲，**任何一个物理量随时间在某一数值附近的周期性变化都可以称为振动**. 例如，在电容器充放电过程中电流、极板上的电压、极板间的电场强度的变化也都是振动. 这种振动与机械振动有着本质的不同. 自然界存在的振动与机械振动可能也有着本质的不同，但在各物理量随时间变化的情况以及许多性质上都具有共同的规律. 机械振动是一种简单的振动形式，而简谐振动又是最简单最基本的机械振动. 研究表明，任何复杂的振动都可以看成是由许多简谐振动合成的. 因此研究简谐振动是研究一切复杂振动的基础.

本章将重点研究简谐振动的规律. 具体来说，将从简谐振动的运动规律、数学表达式、动力学方程、描述的各物理量、旋转矢量法、振动的能量以及合成方面作详细的讨论，并在最后简要介绍阻尼振动.

12.1　简谐振动及其物理描述

简谐振动

12.1.1　简谐振动

物体在运动的过程中，如果离开平衡位置的位移(或角位移)按余弦(或正弦)函数的规律随时间变化，这种运动称为简谐振动，简称为谐振动. 简谐振动的一种常见形式就是弹簧振子. **一个轻质弹簧的一端固定，另一端系一可自由运动的物体，就构成了一个弹簧振子**. 如图 12-1 所示，就是一水平放置的弹簧振子. 开始时，让弹簧自由伸长，这时物体所受合外力为零，处于平衡位置. 为以后研究方便，以平衡位置为坐标原点 O，水平向右为正方向建立一维坐标轴 Ox. 现将物体水平向右拉动一段距离后释放，此后物体就以平衡位置为中心周期性地来回往复运动. 下面以弹簧振子为例来说明简谐振动的运动规律. 当物体运动至右方正的最大位移时，物体速度为零，受到水平向左的弹簧弹力，继续向左加速运动，在运动至平衡位置的过程中，因弹簧弹力逐渐减小，加速度逐渐减小. 当运动至平衡位置时，速度达到最大值，加速度为零，后因惯性继续向左减速运动，在运动至负的最大位移的过程中，因受向右的逐渐增大的弹簧弹力，加速度逐渐增大，速度却逐渐减小. 运动至负的最大位移时，速度为零，却受到向右的弹簧弹力，后又向着平衡位置加速运动，在运动至平衡位置的过程中，因弹簧弹力逐渐减小，加速度逐渐减小，速度逐渐增大. 运动至平衡位置时，速度达到最大值，加速度

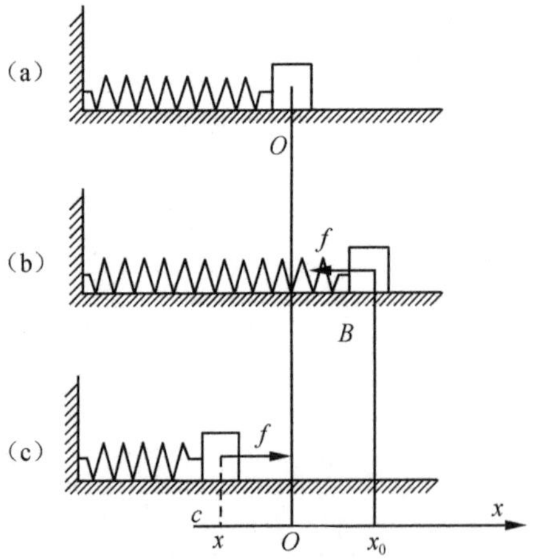

图 12-1　弹簧振子的振动

为零，后因惯性又继续向右减速运动，在运动至正的最大位移的过程中，加速度逐渐增大，速度逐渐减小. 当再次运动至正的最大位移时即完成一次往复运动. 此后物体就以平衡位置为中心周期性地来回往复运动.

定性地分析了弹簧振子的振动过程之后，再进行定量的研究. 选取图 12-1 所示的一维坐标轴 Ox，可看出弹簧的伸长量（或压缩量）等于物体相对于平衡位置位移 x 的大小. 物体所受的合外力等于弹簧的弹力，根据胡克定律，物体受到的弹性力为

$$F_{合外力} = f = -kx \tag{12-1}$$

式中的负号表示物体所受的合外力的方向与物体位移的方向始终相反，k 为弹簧的劲度系数. 此式表明，物体的位移与所受合外力的大小成正比，方向始终相反.

除了上述弹簧振子的简谐振动以外，只要满足物体所受的合外力的大小与位移大小成正比，方向始终相反，即满足(12-1)式，那么物体的振动就称**简谐振动**. 并且式中的 k 称为比例系数，物体受的合外力称为**准弹性力**，因合外力总有使物体回到平衡位置的趋势，所以将简谐振动中的合外力称为**回复力**.

由牛顿第二定律 $F=ma=m\dfrac{\mathrm{d}^2x}{\mathrm{d}t^2}$ 及(12-1)式，可得

$$m\frac{\mathrm{d}^2x}{\mathrm{d}t^2} = -kx$$

整理为

$$\frac{\mathrm{d}^2x}{\mathrm{d}t^2} + \frac{k}{m}x = 0 \tag{12-2}$$

令 $\omega=\sqrt{k/m}$，则上式可变为

$$\frac{\mathrm{d}^2x}{\mathrm{d}t^2} + \omega^2 x = 0 \tag{12-3}$$

上式中 ω 称为简谐振动的**角频率**，又称为**圆频率**，由 $\omega=\sqrt{k/m}$ 可看出，ω 是简谐振动系统的固有属性. 对弹簧振子来说，ω 由弹簧振子的劲度系数 k 和振子的质量 m 决定.

(12-2)式为二阶常系数微分方程，其通解为

$$x = A\cos(\omega t + \varphi) \tag{12-4}$$

或

$$x = A\sin(\omega t + \varphi')$$

式中 A、φ 或 φ' 为积分常量，可由初始条件，即 $t=0$ 时物体的位移 x_0 和速度 v_0 确定. 由上面的分析可看出，物体在受到合外力满足 $F_{合外力}=-kx$ 的条件时，物体的位移随时间就按余弦函数或正弦函数作周期性的变化. 以后为统一起见，均采用余弦函数的形式.

(12-2)式被称为简谐振动的**动力学方程**，(12-4)式称为简谐振动的**数学表达式**，或称为简谐振动的**振动方程**，或称为简谐振动的**运动学方程**. 以后只要物体所受合外力满足(12-1)式，或者位移满足(12-2)式，或者位移满足(12-4)式，就可判定物体的运动是简谐振动. 因此(12-1)式、(12-2)式和(12-4)式也成为物体是否做简谐振动的判定式.

以上研究的(12-1)式、(12-2)式和(12-4)式中的 x 为物体的位移. 从广义上讲，上式中的 x 也可理解为其他的物理量，如电场强度、磁场强度、电流强度、电压等物理量，与此相对应，这些物理量的变化也可认为在做简谐振动，因此上面的三个方程也就是广义的简谐振动的方程.

根据速度和加速度的定义，可以得到物体做简谐振动时的速度和加速度，即

$$v=\frac{\mathrm{d}x}{\mathrm{d}t}=-A\omega\sin(\omega t+\varphi)=-v_{\max}\sin(\omega t+\varphi)=v_{\max}\cos\left(\omega t+\varphi+\frac{\pi}{2}\right) \tag{12-5}$$

$$a=\frac{\mathrm{d}^2x}{\mathrm{d}t^2}=-A\omega^2\cos(\omega t+\varphi)=-a_{\max}\cos(\omega t+\varphi)=a_{\max}\cos(\omega t+\varphi+\pi) \tag{12-6}$$

式中，$v_{\max}$和$a_{\max}$称为速度的幅值和加速度的幅值. 由(12-5)式和(12-6)式可得到简谐振动的初始条件：即 $t=0, x_0=A\cos\varphi, v_0=-A\omega\sin\varphi$，由(12-4)式～(12-6)式可见，物体简谐振动时位移、速度和加速度都随时间作周期性的变化. 图 12-2 描绘了简谐振动过程中位移、速度、加速度与时间的关系.

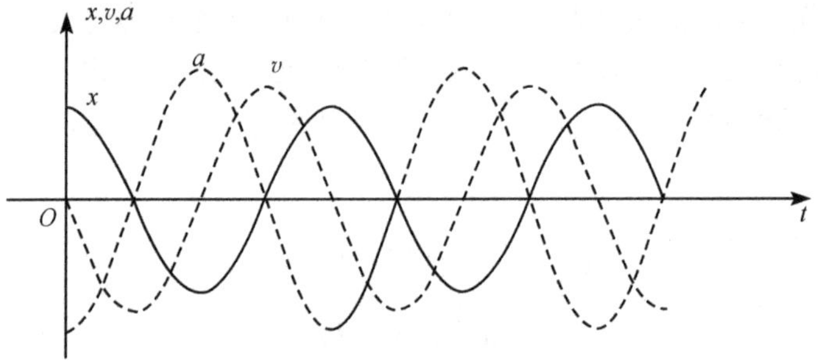

图 12-2 简谐振动中的位移、速度、加速度与时间的关系

12.1.2 描述简谐振动的振幅、周期、频率以及相位、相位差

下面根据简谐振动的运动学方程 $x=A\cos(\omega t+\varphi)$来研究一下该式中各量的物理意义.

1. 振幅

简谐振动的运动学方程 $x=A\cos(\omega t+\varphi)$中的 A 称为振幅，由余弦函数的性质可看出振动物体的位移在$[-A,+A]$的区间上变化，振幅 A 是简谐振动的物体能离开平衡位置最大位移的绝对值，在国际单位制(SI)中，振幅的单位是**米**，符号为 m. 通过以后的学习就可进一步知道，对于一个简谐振动的系统，振动系统的总能量与振幅的平方成正比. 因此，系统振幅的大小反映了系统能量的大小. 且振幅大小与振动系统起始振动时的外界作用有关，如图 12-1 所示的弹簧振子，其振幅就等于开始振动时外界将物体水平拉离平衡位置的距离. 因此，对一个确定的简谐振动系统，振幅 A 由初始状态决定.

2. 周期和频率

物体完成一次全振动(或来回往复一次)所需要的时间称为周期，用 T 表示. 在国际单位制中，周期的单位是**秒**，符号为 s. 例如，振动物体由正的最大位移出发，经过平衡位置到达负的最大位移，并再次经过平衡位置，又回到正的最大位移，即**完成一次全振动，经历这一过程所需要的时间就是一个周期**. 也可理解为：**振动物体由某一状态出发，再次返回此状态时所经历的时间就是一个周期**，这里的状态指确定的位移和速度所对应的状态.

根据周期的定义，振动物体经历一个周期之后，将返回原出发态，即振动物体在 t 时刻与 $t+T$ 时刻将具有相同的位移和速度. 由(12-4)式有

$$x=A\cos(\omega t+\varphi)=A\cos[\omega(t+T)+\varphi]$$

根据余弦函数的最小周期是 2π，就有 $\omega T=2\pi$，从而有

$$T=\frac{2\pi}{\omega} \tag{12-7}$$

将角频率 $\omega=\sqrt{k/m}$代入上式,有

$$T=2\pi\sqrt{m/k} \tag{12-8}$$

(12-8)式表明简谐振动的周期是系统的固有属性.例如,弹簧振子的振动周期仅由弹簧的劲度系数 k 和物体的质量 m 决定.

振动物体在单位时间内完成全振动的次数称为频率,用 ν 表示,在国际单位制中,频率是一个无量纲的量,其辅助单位是**赫兹**,符号为 Hz.所以

$$\nu=\frac{1}{T} \tag{12-9}$$

将系统固有周期对应的频率称为固有频率.

根据(12-7)式和(12-9)式可得

$$\omega=2\pi\nu \tag{12-10}$$

上式表明了角频率和频率的关系,并反映了角频率的物理意义是 2π 秒内完成全振动的次数.

周期和频率是反映物体简谐振动快慢的物理量.

3. 相位和相位差

简谐振动的运动学方程 $x=A\cos(\omega t+\varphi)$中的$(\omega t+\varphi)$称为 t 时刻的**相位**(也称位相、相、周相),用 ϕ 表示.

由简谐振动的位移公式(12-4)和速度公式(12-5)可得

$$x=A\cos(\omega t+\varphi)=A\cos\phi \tag{12-11}$$

$$v=\frac{\mathrm{d}x}{\mathrm{d}t}=-A\omega\sin(\omega t+\varphi)=-A\omega\sin\phi \tag{12-12}$$

由上面两个关系式可看出,**对一个确定的简谐振动系统来说,一定的相位就对应一定时刻的运动状态,即一定时刻的位置和速度**.因此,在说明简谐振动的振动状态时,**常不分别指出物体的位置和速度,而是直接用某一时刻的相位表示物体某一时刻振动的状态**.例如,在用余弦函数表示简谐振动时,根据位移 $x=A\cos(\omega t+\varphi)$和速度 $v=-A\omega\sin(\omega t+\varphi)$知,$(\omega t+\varphi)=0$,即相位为零的状态,就表示物体在正的最大位移处速度为零;$(\omega t+\varphi)=\pi/2$,即相位为 $\pi/2$ 的状态,就表示物体正越过平衡位置并以最大速率向 x 轴负向运动;$(\omega t+\varphi)=\pi$,即相位为 π 的状态,就表示物体在负的最大位移而速度为零;$(\omega t+\varphi)=3\pi/2$,即相位为 $3\pi/2$ 的状态,就表示物体正越过平衡位置并以最大速率向 x 轴正向运动;等等.并且不同的相位表示物体处在不同的振动状态,凡是位移和速度都相同的振动状态,它们对应的相位就相差 2π 或 2π 的整数倍.因此,相位是一个极其重要又较为抽象的物理量.

相位不仅能表征振动物体的状态,而且可以比较两个简谐振动的步调,设有两个同频率的简谐振动,振动方程为

$$x_1=A_1\cos(\omega t+\varphi_1)$$

$$x_2=A_2\cos(\omega t+\varphi_2)$$

定义两个简谐振动的相位差

$$\Delta\phi=(\omega t+\varphi_2)-(\omega t+\varphi_1)=\varphi_2-\varphi_1 \tag{12-13}$$

由上式可见,两个同频率的简谐振动任意时刻的相位差等于它们的初相差而与时间无关,并

由此可判断它们的步调是否相同.

如果 $\Delta\phi=0$（或者 2π 的整数倍），两振动物体将同时到达各自同方向的最大位移处，并且同时越过各自的平衡位置而且向同方向运动，两振动物体的步调始终相同. 把这种情况称为二者**同相**.

如果 $\Delta\phi=\pi$（或者 π 的奇数倍），两振动物体将同时到达相反方向各自的最大位移处，并且同时越过各自的平衡位置但向相反方向运动，两振动物体的步调始终相反. 把这种情况称为二者**反相**.

当两简谐振动的相位差 $\Delta\phi$ 为其他值时，一般把这种情况称为二者**不同相**. 当 $\Delta\phi=\varphi_2-\varphi_1>0$ 时，x_2 将先于 x_1 到达各自同方向的最大位移，一般称 x_2 超前于 x_1 振动 $\Delta\phi$ 个相位，或者说 x_1 落后于 x_2 振动 $\Delta\phi$ 个相位；当 $\Delta\phi=\varphi_2-\varphi_1<0$ 时，就称 x_1 将先于 x_2 到达各自同方向的最大位移，一般称 x_1 超前于 x_2 振动 $|\Delta\phi|$ 个相位，或者说 x_2 落后于 x_1 振动 $|\Delta\phi|$ 个相位. 对于这种说法，因为相位差以 2π 为周期，所以一般将 $|\Delta\phi|$ 的值限制在 π 以内. 例如，当 $\Delta\phi=3\pi/2$ 时，一般不说 x_2 超前 x_1 振动 $3\pi/2$ 个相位，而改写成 $\Delta\phi=3\pi/2-2\pi=-\pi/2$，就说 x_1 超前 x_2 振动 $\pi/2$ 个相位，或者说 x_2 落后 x_1 振动 $\pi/2$ 个相位.

相位不但可以用来比较两个相同物理量简谐振动的步调，也可以用来比较不同的物理量简谐振动的步调. 例如，通过(12-4)式、(12-5)式及(12-6)式或者由图 12-2 可看出加速度与位移反相，速度超前于位移 $\pi/2$ 个相位，而落后于加速度 $\pi/2$ 个相位.

4. 振幅和初相的确定

在相位 $\omega t+\varphi$ 中的 φ 称为**初相**. 为统一起见，一般将 φ 限制在 $[0,2\pi)$ 或 $[-\pi,+\pi)$ 的区间上. 即简谐振动的初始时刻（或计时时刻）$t=0$ 时的相位. 它是确定振动物体初始状态的物理量，并由研究简谐振动时所选取的初始时刻决定.

初相和振幅按下述方法来确定.

由(12-11)式和(12-12)式可得

$$x_0=A\cos\varphi \tag{12-14}$$

$$v_0=-A\omega\sin\varphi \tag{12-15}$$

对一个确定的简谐振动，已知位移 x_0，初速度 v_0，可由上面两个关系式解出初相 φ 和振幅 A，即

$$A=\sqrt{x_0^2+\frac{v_0^2}{\omega^2}} \tag{12-16}$$

$$\tan\varphi=-\frac{v_0}{x_0\omega},\quad \varphi=\arctan\left(-\frac{v_0}{x_0\omega}\right) \tag{12-17}$$

有时根据问题中给出的已知条件，也可这样来确定初相 φ，由(12-14)式得

$$\cos\varphi=\frac{x_0}{A}$$

由该式可确定出 φ 的两个可能值，再由 $\sin\varphi=-\dfrac{v_0}{A\omega}$ 的正负号，即可唯一地确定出 φ 的值.

例 12-1　一质点沿 x 轴做简谐振动，振幅 $A=0.12\text{m}$，周期 $T=2\text{s}$，当 $t=0$ 时，质点对平衡位置的位移 $x_0=0.06\text{m}$，此时质点向 x 轴正向运动. 求：

(1) 此简谐振动的表达式（振动方程）；

(2) $t=T/4$ 时，质点的位置、速度、加速度；

(3) 从初始时刻开始第一次通过平衡位置的时刻.

解 (1) 以平衡位置为 x 轴的坐标原点,假定其位移表达式为

$$x = A\cos(\omega t + \varphi)$$

式中,$A=0.12\text{m}$,角频率 $\omega=\frac{2\pi}{T}=\frac{2\pi}{2}=\pi$,只需求出初相 φ. 由题目的已知条件,可得初始条件为 $t=0$ 时,$x_0=0.06\text{m}$,$v_0>0$. 当 $t=0$ 时,由 $x=A\cos\varphi$ 可得 $\cos\varphi=\frac{x_0}{A}=\frac{1}{2}$,$\varphi=\pm\pi/3$.

再由 $v=\frac{\mathrm{d}x}{\mathrm{d}t}=-A\omega\sin(\omega t+\varphi)$,当 $t=0$ 时,得

$$v_0 = -A\omega\sin\varphi > 0$$

$\sin\varphi<0$,故 $\varphi=-\frac{\pi}{3}$,也就可得质点的位移表达式为

$$x = 0.12\cos\left(\pi t - \frac{\pi}{3}\right)$$

(2) 将 $t=T/4$ 分别代入位移、速度和加速度的表达式,可得 $t=T/4$ 时,

$$x = 0.12\cos\left(\pi\times\frac{1}{2}-\frac{\pi}{3}\right) = 0.104(\text{m})$$

$$v = -0.12\pi\sin\left(\pi\times\frac{1}{2}-\frac{\pi}{3}\right) = -0.188(\text{m/s})$$

$$a = -0.12\pi^2\cos\left(\pi\times\frac{1}{2}-\frac{\pi}{3}\right) = -1.03(\text{m/s}^2)$$

(3) 通过平衡位置时,$x=0$,由位移表达式可得

$$0 = 0.12\cos(\pi t - \pi/3)$$

则

$$\pi t - \frac{\pi}{3} = (2k-1)\frac{\pi}{2}, \quad k = 1,2,\cdots$$

$$t = \frac{k\pi - \frac{\pi}{6}}{\pi} = k - \frac{1}{6}$$

第一次通过平衡位置的时刻 $k=1$,即

$$t = \frac{5}{6} = 0.83(\text{s})$$

例 12-2 一劲度系数为 k 的轻弹簧,上端固定,下端悬挂质量为 m 的物体,平衡时,弹簧将伸长一段距离 δ_{st},δ_{st}称为静止形变,见图 12-3,如果再用手拉物体,然后无初速地释放. 试写出物体的运动微分方程,并说明其运动规律.

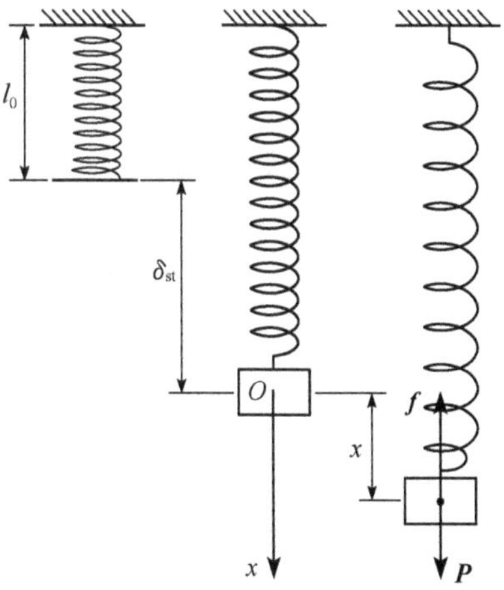

图 12-3 例 12-2 图

解 以物体为研究对象,它共受重力 $\boldsymbol{P}$ 和弹性回复力 $\boldsymbol{f}$ 两个力的作用,以悬挂以后物体的平衡位置为坐标轴 x 的坐标原点,如图 12-3 所示,当物体处于平衡位置时,有

$$mg - k\delta_{st} = 0$$

所以

$$\delta_{st}=\frac{mg}{k}$$

假定在运动的过程中，物体的坐标为 x 时，物体所受的合力 F_R 为

$$F_R=mg-k(\delta_{st}+x)=-kx$$

说明物体在重力和弹性力作用下的合力是一个弹性回复力，满足质点振动的动力学方程

$$F_{合}=-kx,\quad m\ddot{x}=-kx$$

$$\ddot{x}+\frac{k}{m}x=0,\quad \ddot{x}+\omega^2x=0$$

说明物体做简谐振动，平衡位置在坐标原点.

例 12-3 长为 l 的不可伸缩轻绳，一端固定，另一端悬挂一质量为 m 的小球，小球受扰动后在铅直面内的平衡位置 O' 附近来回摆动，这样的系统称为单摆，见图 12-4，试证明单摆的运动在摆角很小时，也是简谐振动.

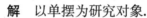

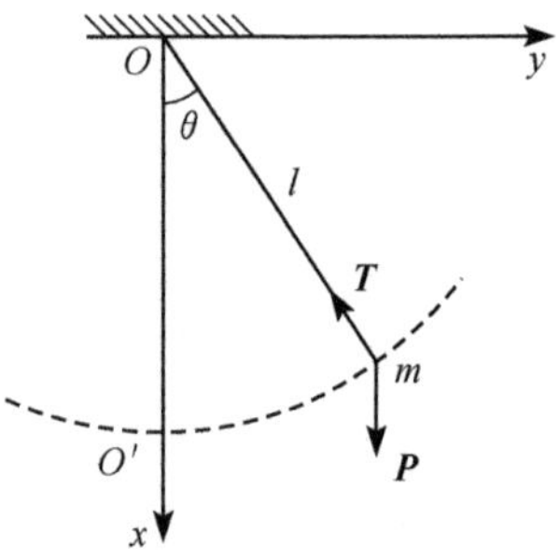

图 12-4 例 12-3 图

解 以单摆为研究对象.

摆球受重力 $\boldsymbol{P}$ 及绳子拉力 $\boldsymbol{T}$ 的作用. 取右手坐标系 $Oxyz$ 如图 12-4 所示，θ 角从 Ox 铅直算起，从 z 轴正向看，θ 角沿逆时针方向为正，其合力沿切线方向的分量为 $mg\sin\theta$，它决定重物沿圆周做切线运动，切向加速度为 $a_\tau=l\dfrac{\mathrm{d}^2\theta}{\mathrm{d}t^2}$，在切线方向应用牛顿第二定律，并考虑切向分力 $mg\sin\theta$ 反向，故有

$$-mg\sin\theta=ma_\tau=ml\frac{\mathrm{d}^2\theta}{\mathrm{d}t^2}$$

在 θ 很小时，$\sin\theta\approx\theta$，则

$$\frac{\mathrm{d}^2\theta}{\mathrm{d}t^2}+\frac{g}{l}\theta=0$$

此式和(12-2)式相比较可知，在摆角 θ 很小时，单摆在平衡位置附近做简谐振动，并且振动的周期为

$$T=\frac{2\pi}{\omega}=2\pi\sqrt{\frac{l}{g}}$$

单摆振动方程为

$$\theta=\theta_m\cos(\omega t+\varphi)$$

式中，θ_m 为最大角位移，即角振幅，φ 为初相，它们由初始条件决定.

复习思考题

12-1 什么是简谐振动？下列运动中哪个是简谐振动？

(1) 拍皮球时球的运动；

(2) 锥摆的运动；

(3) 一小球在半径很大的光滑凹球面底部的小幅度摆动.

12-2 什么是相位？它表征简谐振动的什么特点？什么是初相位？它由什么决定？

12-3 把一单摆从其平衡位置拉开，使悬线与竖直方向成小角度 φ，然后放开任其摆动，如果从放手时开始计时，此 φ 角是否为振动的初相？单摆的角速度是否为振动的角频率？

12.2 旋转矢量法

旋转矢量法是一种研究简谐振动非常直观且有用的方法. 借助旋转矢量法，可以将简谐振动的三个特征量——振幅 A、角频率 ω 和较为抽象的初相 φ 形象化，以此来更好地理解简谐振动.

如图 12-5 所示，设有一矢量 $\boldsymbol{A}$ 绕 O 点，以恒定的角速度 ω 在纸面内做逆时针方向的转动. 建立以圆心 O 为坐标原点，水平向右为正方向的 x 轴. 以矢量 $\boldsymbol{A}$ 与 x 轴的夹角为 φ 时作为计时零点，即 $t=0$. 则在任意时刻 t，矢量 $\boldsymbol{A}$ 与 x 轴的夹角为 $\omega t+\varphi$，矢量 $\boldsymbol{A}$ 的端点 M 在 x 轴上的投影点 P 的坐标为

$$x = A\cos(\omega t + \varphi)$$

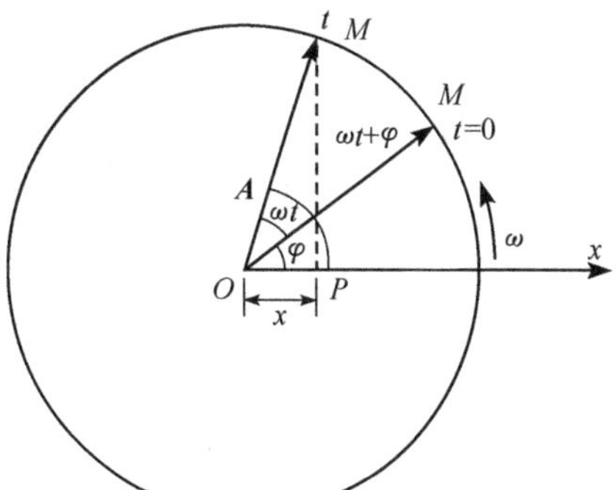

图 12-5 简谐振动的旋转矢量表示

可看出这一关系式与简谐振动的运动学方程(12-4)相同. 由此可得出，匀速旋转的矢量 $\boldsymbol{A}$ 在某一直径(取作 x 轴)上的投影大小可用来表示简谐振动. 因此圆周运动的角速度(或周期)就等于简谐振动的角频率(或周期)；矢量 $\boldsymbol{A}$ 的长度即圆周运动的半径就等于简谐振动的振幅；计时时刻矢量 $\boldsymbol{A}$ 与 x 轴正向的夹角 φ 就等于简谐振动的初相.

借助于匀速旋转的矢量 $\boldsymbol{A}$，还可以求出其端点 M 在 x 轴上投影点 P 的速度和加速度. 矢量 $\boldsymbol{A}$ 的端点 M 在任意时刻 t 的速率是 $v_{\mathrm{m}}=A\omega$，它在 x 轴上的投影值为 $v=-v_{\mathrm{m}}\sin(\omega t+\varphi)=-A\omega\sin(\omega t+\varphi)$. 这正是(12-5)式给出的简谐振动的速度公式. 端点 M 只有向心加速度没有切向加速度，并且向心加速度 $a_{\mathrm{n}}=A\omega^2$. 在任意时刻 t，其在 x 轴上的投影值为 $a=-a_{\mathrm{n}}\cos(\omega t+\varphi)=-A\omega^2\cos(\omega t+\varphi)$，这正是(12-6)式给出的简谐振动的加速度公式.

由上面的论述可以看出匀速旋转的矢量 $\boldsymbol{A}$ 可以帮助我们更为形象地理解简谐振动. 我们把**这样一个匀速转动的矢量称为旋转矢量**，并把**借助旋转矢量研究简谐振动的方法称为旋转矢量法**.

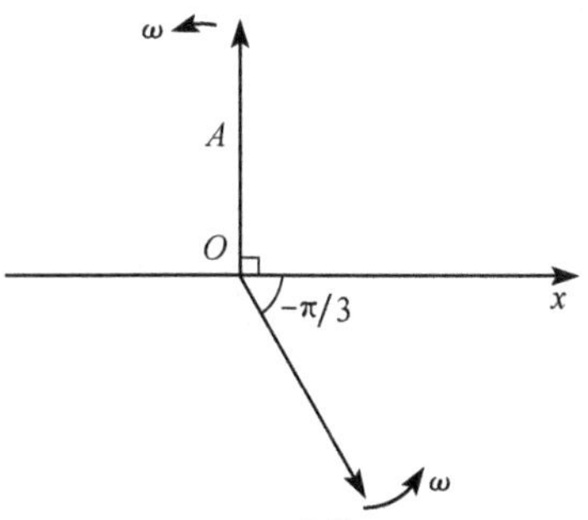

图 12-6 例 12-4 图

必须注意，**旋转矢量法只是研究简谐振动的一种方法，而旋转矢量本身的运动并非简谐振动，而是逆时针方向上的匀速转动，旋转矢量的端点在 x 轴上的投影点的运动才是简谐振动.**

例 12-4 应用旋转矢量法求取例 12-1 中的(1)，(3).

解 (1) 依据题意，可作出旋转矢量图如图 12-6 所示. $\cos\varphi=\dfrac{x_0}{A}=\dfrac{1}{2}$，$\varphi=\pm\dfrac{\pi}{3}$，再由旋转矢量处于 x 轴下方可得 $\varphi=-\dfrac{\pi}{3}$，由此该质点的位移表达式为

$$x=0.12\cos\left(\pi t-\frac{\pi}{3}\right)$$

(2) 由旋转矢量图,可看出质点第一次通过原点,旋转矢量需转过的角度为

$$|\varphi|+\frac{\pi}{2}=\frac{\pi}{3}+\frac{\pi}{2}=\frac{5\pi}{6}$$

由旋转矢量转动的角速度为 $\omega=\pi$,可得

$$t=\frac{5\pi/6}{\omega}=0.83(\mathrm{s})$$

例 12-5 两质点沿 x 轴做同方向,同振幅 A 的谐振动,其周期均为 5s,当 $t=0$ 时,质点 1 在 $\frac{\sqrt{2}}{2}A$ 处且向 x 轴负向运动,而质点 2 在 $-A$ 处,试用旋转矢量法求这两个谐振动的初相差,以及两个质点第一次经过平衡位置的时刻.

解 设两质点的谐振动方程分别为

$$x_1=A\cos\left(\frac{2\pi t}{5}+\varphi_1\right)$$

$$x_2=A\cos\left(\frac{2\pi t}{5}+\varphi_2\right)$$

由已知有质点 1 在 $t=0$ 时,$x_0=\frac{\sqrt{2}}{2}A$,并向 x 轴负方向运动,因此质点 1 对应的旋转矢量 $\boldsymbol{A}_1$ 在 $t=0$ 时与 x 轴之间的夹角,即 $\varphi_1=\pi/4$,如图 12-7 所示. 类似地可知,质点 2 对应的旋转矢量 $\boldsymbol{A}_2$ 与 x 轴之间的夹角,即初相角 $\varphi_2=\pi$,因此,这两个质点的初相差

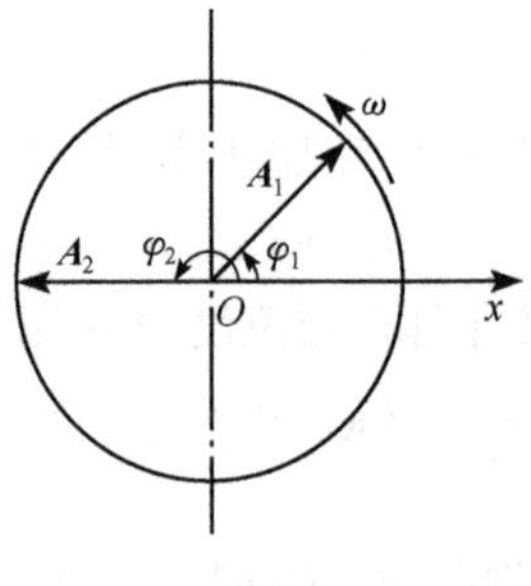

图 12-7 例 12-5 图

$$\Delta\varphi=\varphi_2-\varphi_1=\pi-\frac{\pi}{4}=\frac{3\pi}{4}$$

说明质点 2 比质点 1 振动超前 $3\pi/4$ 相位,由图可见,质点 1 经过平衡位置的时刻 $t_1=\frac{T}{8}=0.625\mathrm{s}$,质点 2 第一次经过平衡位置的时刻 $t_2=T/4=1.25\mathrm{s}$.

复习思考题

12-4 旋转矢量同谐振动的关系如何? 如何用旋转矢量表示谐振动的速度?

12-5 已知一简谐振动物体在 $t=0$ 时处在平衡位置,试结合旋转矢量说明由此能否确定谐振动的初相?

12.3 简谐振动的能量

弹簧振子的能量及单摆

任何运动都伴随有能量. 现以常见的弹簧振子为例来研究简谐振动的能量. 因为忽略了弹簧的质量,所以系统的总机械能就等于振动物体的动能和弹簧势能的总和. 即

$$E=E_{\mathrm{k}}+E_{\mathrm{p}}=\frac{1}{2}mv^2+\frac{1}{2}kx^2 \tag{12-18}$$

利用(12-4)式和(12-5)式,可得任意时刻弹簧振子的弹性势能和动能分别为

$$E_p = \frac{1}{2}kx^2 = \frac{1}{2}kA^2\cos^2(\omega t + \varphi) \tag{12-19}$$

$$E_k = \frac{1}{2}mv^2 = \frac{1}{2}m\omega^2 A^2\sin^2(\omega t + \varphi) \tag{12-20}$$

再利用 $\omega = \sqrt{k/m}$,得

$$E_k = \frac{1}{2}kA^2\sin^2(\omega t + \varphi) \tag{12-21}$$

因此,弹簧振子系统的总机械能为

$$E = E_k + E_p = \frac{1}{2}kA^2 \tag{12-22}$$

由上式可知,弹簧振子的总机械能不随时间改变,即弹簧振子机械能守恒. 这是因为振动的过程只有弹簧弹力做功.

(12-22)式还说明,简谐振动的总机械能与其振幅的平方成正比,这样,振幅不仅反映了振动物体位移的范围,而且反映了简谐振动系统能量的大小,或者说反映了简谐振动的强度.

由(12-19)式和(12-20)式可知,简谐振动的过程中动能和势能都随时间周期性变化,图 12-8 即动能、势能及总能量随时间的变化曲线. 为了将它们的变化同振动位移的变化相比较,图中也给出了位移的变化曲线. 从图中可看出,动能和势能的变化频率是位移的变化频率的两倍. 总能量不随时间变化,是一常量.

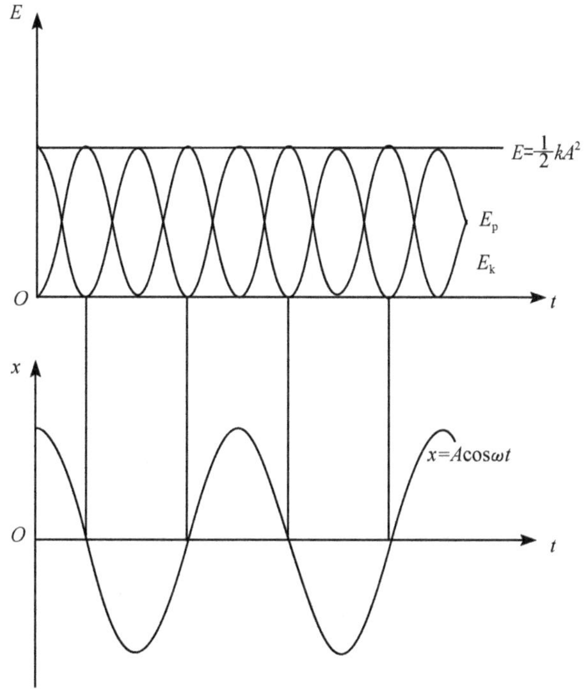

图 12-8 简谐振动的动能、势能和总能量随时间的变化曲线

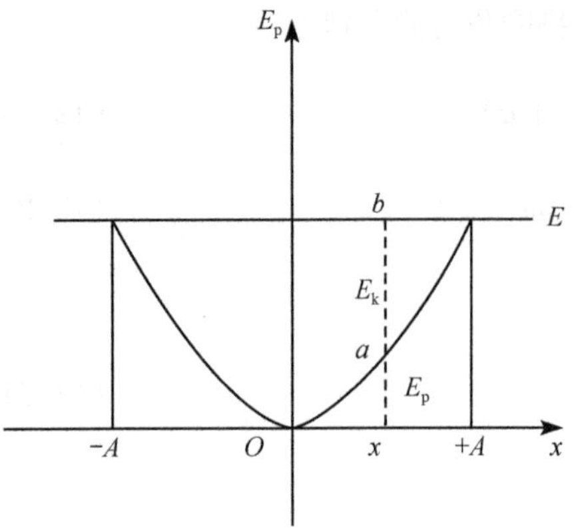

图 12-9　弹簧振子的势能曲线

势能随位移的变化曲线称为势能曲线. 由势能 $E_p=\frac{1}{2}kx^2$ 可知,简谐振动的势能曲线是一条抛物线.如图 12-9 所示,由图可以清楚地看出,在一次全振动中,总能量不变.当位移为 x 时,势能和动能分别用直线段 xa 和 ab 表示.当物体振动到 $-A$ 或 $+A$ 时,简谐振动的动能为零,并开始返回,不可能越过势能曲线到达势能更大的区域,因为在那里,动能会变为负值,这是不可能的.

以上这些结论对所有简谐振动都适用.

12.4　振动的合成

在实际问题中,常常会遇到一个质点同时参与几个简谐振动的情况.这时该质点的运动就是几个简谐振动的合成,研究该问题时将涉及简谐振动的合成.一般振动的合成问题是比较复杂的,本节只就几种特殊情况予以讨论.振动合成的理论依据是运动的叠加原理.**振动的合成一般按照振动的方向和频率两种角度分类,按振动的方向可分成同方向和相互垂直方向上振动的合成;按振动的频率可分成同频率和不同频率的振动的合成.**

12.4.1　同方向同频率的简谐振动的合成

先讨论一个质点参与两个简谐振动的情况.

假定一个质点同时参与 x 轴方向上的两个同频率的简谐振动,两个简谐振动位移的数学表达式分别为

$$x_1=A_1\cos(\omega t+\varphi_1)$$
$$x_2=A_2\cos(\omega t+\varphi_2)$$

式中,A_1、A_2 和 φ_1、φ_2 分别表示两个简谐振动的振幅和初相;ω 表示两个简谐振动的角频率;x_1、x_2 表示质点在 x 轴方向上,单独参与两个分振动时相对于同一平衡位置的位移.根据运动的叠加原理,质点同时参与两个分振动时的位移 x 为

$$x=x_1+x_2$$

对上式,利用三角函数的和差化积公式不难求得合成结果,但是利用旋转矢量法可以更简捷直观地得出合成结果.

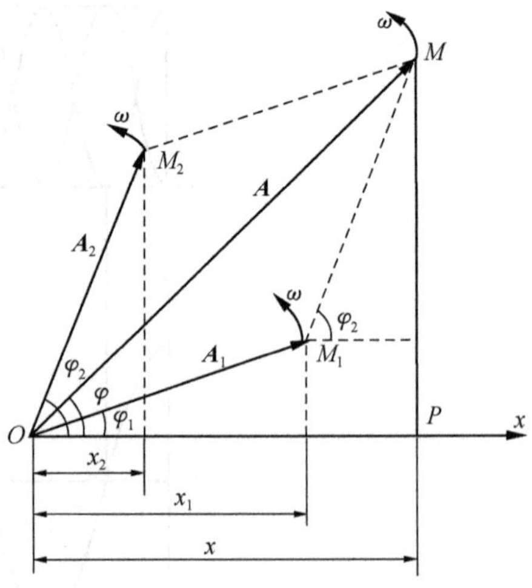

图 12-10　在 x 轴上的两个同频率的简谐振动合成的矢量图

如图 12-10 所示,$\boldsymbol{A}_1$ 和 $\boldsymbol{A}_2$ 分别表示上述两个简谐振动的旋转矢量,$t=0$ 时,两旋转矢量与 x 轴的夹角分别为 φ_1 和 φ_2,其转动的角速度都为 ω.由矢量合成的平行四边形法则可知,两旋转矢量的合矢量为 $\boldsymbol{A}=\boldsymbol{A}_1+\boldsymbol{A}_2$.因为 $\boldsymbol{A}_1$ 和 $\boldsymbol{A}_2$ 以相同的匀角速度 ω 绕 O

点做逆时针旋转，平行四边形的形状不发生变化，合矢量 $\boldsymbol{A}$ 的长度也不变化，且 $\boldsymbol{A}$ 与 $\boldsymbol{A}_1$ 和 $\boldsymbol{A}_2$ 的夹角也不变化，并且合矢量 $\boldsymbol{A}$ 也以匀角速度 ω 绕 O 点做逆时针旋转. 所以合矢量 $\boldsymbol{A}$ 也是一个旋转矢量，其在 x 轴上的投影点 P 的运动也是简谐振动.

由图中可看出，在任意时刻，合矢量 $\boldsymbol{A}$ 在 x 轴上的投影等于矢量 $\boldsymbol{A}_1$ 和 $\boldsymbol{A}_2$ 在 x 轴上的投影之和，即有 $x=x_1+x_2$. 因此合矢量就是合振动的旋转矢量，$t=0$ 时，旋转矢量 $\boldsymbol{A}$ 与 x 轴的夹角就是合振动的初相位 φ，则合振动的位移为

$$x = A\cos(\omega t + \varphi)$$

以上讨论表明，同方向同频率**简谐振动的合振动仍然为简谐振动，且与分振动频率相同.**

参照图 12-10，利用余弦定理可求出合振动的振幅为

$$A = \sqrt{A_1^2 + A_2^2 + 2A_1A_2\cos(\varphi_2 - \varphi_1)} \tag{12-23}$$

由直角三角形△OMP 可以求得合振动的初相为

$$\varphi = \arctan\frac{\overline{QM}}{\overline{OP}} = \frac{A_1\sin\varphi_1 + A_2\sin\varphi_2}{A_1\cos\varphi_1 + A_2\cos\varphi_2} \tag{12-24}$$

(12-23)式表明，合振幅不仅与两个分振幅有关，而且与它们的初相位 $\varphi_2-\varphi_1$ 有关. 下面再来讨论两种特殊情况，其结论将在研究波的干涉、光的干涉及衍射中用到.

(1) **两分振动同相**时，即满足

$$\phi_2 - \phi_1 = \varphi_2 - \varphi_1 = \pm 2k\pi, \quad k = 0,1,2,\cdots$$

就有 $\cos(\varphi_2-\varphi_1)=1$，由(12-23)式得

$$A = \sqrt{A_1^2 + A_2^2 + 2A_1A_2} = A_1 + A_2$$

由此可知：**两分振动相位差为 π 的偶数倍时，合振动的振幅等于两分振动振幅之和，这时合振幅最大，表明振动加强.**

由旋转矢量图来看，这种情况下两分振动的旋转矢量方向始终一致，始终保持重合. 两分振动步调一致. 例如，它们同时到达各自正的最大位移，又同时越过平衡位置且向相同方向运动.

(2) **两分振动反相**时，即满足

$$\phi_2 - \phi_1 = \varphi_2 - \varphi_1 = \pm(2k+1)\pi, \quad k = 0,1,2,\cdots$$

就有 $\cos(\varphi_2-\varphi_1)=-1$，由(12-23)式得

$$A = \sqrt{A_1^2 + A_2^2 - 2A_1A_2} = |A_1 - A_2|$$

由此可知：**两分振动相位差为 π 的奇数倍时，合振动的振幅等于两分振动振幅之差的绝对值，这时合振幅最小，表明振动减弱.**

由旋转矢量图来看，这种情况下两分振动的旋转矢量方向始终相反. 两分振动步调始终相反，例如，它们一个到达自己的正的最大位移，另一个到达自己的负的最大位移，虽然同时越过平衡位置但却向相反方向运动.

(3) **当两振动的相位差为其他值时**，合振幅在 A_1+A_2 与 $|A_1-A_2|$ 之间取值.

12.4.2　同方向不同频率的简谐振动的合成

假设有一质点同时参与两个振动方向均在 x 轴方向上，但振动频率 $\omega_1 \neq \omega_2$ 的简谐振动. 从旋转矢量图来看，这时两分振动的旋转矢量的角速度不同，它们之间的夹角也要随时间改变，合成的合旋转矢量也就随时间改变. 这时旋转矢量的端点在 x 轴上的投影不再做简谐振动，由此可知这时的合振动不是简谐振动. 这种情况下振动的合成比较复杂. 这里只讨论两个分振幅相同的振动合成问题.

虽然从旋转矢量图来看，两旋转矢量旋转的角速度 $\omega_1 \neq \omega_2$，但它们总会相遇或者说旋转至同一方向. 为方便起见，以此时刻作为计时时刻，就有二者的初相位相同，即 $\varphi_2 = \varphi_1 = \varphi$. 由此可假设两分振动的振动方程分别为

$$x_1 = A\cos\omega_1 t$$

$$x_2 = A\cos\omega_2 t$$

根据三角函数的和差化积公式，就可以得到合振动的振动方程为

$$x = x_1 + x_2 = A\cos\omega_1 t + A\cos\omega_2 t = 2A\cos\left(\frac{\omega_2 - \omega_1}{2}t\right)\cos\left(\frac{\omega_2 + \omega_1}{2}t\right)$$

式中的 $\left|2A\cos\left(\frac{\omega_2 - \omega_1}{2}t\right)\right|$ 为合振动的振幅，$\frac{\omega_2 + \omega_1}{2}$ 为合振动的角频率.

一般情况下，合振动不会出现明显的周期性. 但当 ω_1，ω_2 满足：①二者都较大，且 $\omega_2 > \omega_1$；②$\omega_2 - \omega_1$ 很小，即 $\omega_2 - \omega_1$ 远小于 ω_1 或 ω_2 时，就会出现明显的周期性. 具体分析过程如下.

合振动方程中有两个因子 $\cos\left(\frac{\omega_2 - \omega_1}{2}t\right)$ 和 $\cos\left(\frac{\omega_2 + \omega_1}{2}t\right)$，根据条件 $\omega_2 - \omega_1 \ll \omega_2 + \omega_1$ 可知，前一因子 $\cos\left(\frac{\omega_2 - \omega_1}{2}t\right)$ 是做缓慢周期性变化的量，表明这种情况下合振幅随时间做缓慢的周期性变化；后一因子 $\cos\left(\frac{\omega_2 + \omega_1}{2}t\right)$ 可近似看成随时间快速变化的频率为 ω_1 或 ω_2 的量，显然后一因子比前一因子变化频率大得多. 因此可这样理解：第一个量的变化比第二个量慢得多，以至在某较短的时间内，第一个量几乎没有变化，而第二个量则已反复变化了多次. 因此，由上述两个因子决定的合振动就可**近似地**看成振幅为 $\left|2A\cos\left(\frac{\omega_2 - \omega_1}{2}t\right)\right|$（因为振幅总为正值，所以这里取绝对值）、角频率为 $\frac{\omega_2 + \omega_1}{2}$ 的简谐振动. 所谓近似简谐振动是因为这里的合成振幅随时间周期性缓慢变化. 也正因为这里的振幅随时间周期性变化，就出现合振动的振幅忽大忽小或者说合振动忽强忽弱的现象. 正如拍的形成曲线(图 12-11)所示. 两个彼此靠边，振动频率满足上述两个条件，且在空中同时振动的音叉可十分明显地表现出这一现象. **物理上把这种合振动忽强忽弱的现象称为拍现象. 单位时间内振动加强或减弱的次数称为拍频**. 现在来计算一下拍频. 由于合振动的振幅由 $\left|2A\cos\left(\frac{\omega_2 - \omega_1}{2}t\right)\right|$ 决定，由余弦函数的性质知道，合振幅在余弦函数一个周期内两次达到最大值，所以在余弦函数的一个周期内最大振幅出现的频率应为余弦函数的变化频率的两倍. 即拍频为

$$\nu = \left|2 \times \frac{1}{2\pi}\left(\frac{\omega_2 - \omega_1}{2}\right)\right| = \left|\frac{1}{2\pi}(\omega_2 - \omega_1)\right| = |\nu_2 - \nu_1| \tag{12-25}$$

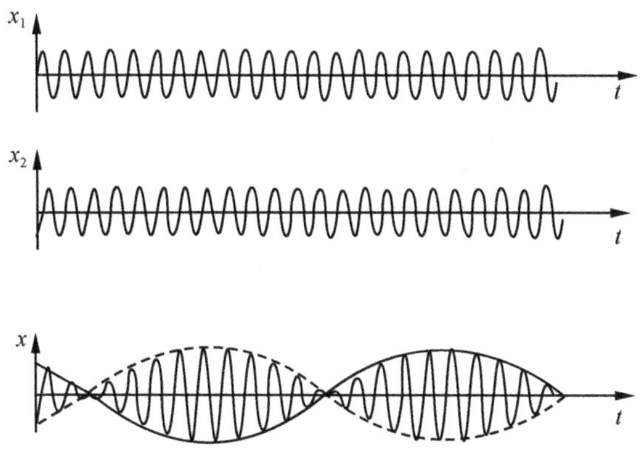

图 12-11 拍的形成

也就是说，**拍频等于两分振动频率之差**. 这一关系式也常常被用来测定振动的频率. 例如，已知一个高频率的振动，让它和另一个频率与它接近但未知的振动叠加，测定出合振动的拍频，就可计算出后者的频率.

12.4.3 相互垂直的同频率简谐振动的合成

在日常实际问题中，也常常遇到不同方向上振动的合成问题. 下面就来介绍相互垂直的同频率简谐振动的合成.

假定一个质点同时参与两个分别在 x 轴和 y 轴方向上振动的同频率的简谐振动，它们的振动方程分别为

$$x = A_1\cos(\omega t + \varphi_1)$$
$$y = A_2\cos(\omega t + \varphi_2)$$

在任意时刻 t，质点在 x 轴和 y 轴上的位移分别为 x 和 y，这时质点离开平衡位置的合位移为 x 轴方向和 y 轴方向上分位移的矢量和，其离开平衡位置的位移 $r=\sqrt{x^2+y^2}$，质点的位置坐标为(x,y)，t 改变时，质点的位置坐标也将随之改变. 上面的两个关系式联立后，可看作质点运动轨迹的参数方程，消去其中的参量 t，可得到质点振动过程的轨迹方程

$$\frac{x^2}{A_1^2}+\frac{y^2}{A_2^2}-\frac{2xy}{A_1A_2}\cos(\varphi_2-\varphi_1)=\sin^2(\varphi_2-\varphi_1) \tag{12-26}$$

一般情况下，这个方程是一个椭圆方程.

下面分析几种特殊情况：

(1) $\varphi_2-\varphi_1=0$，**即两分振动同相.**

这时根据(12-26)式就有

$$\frac{x}{A_1}-\frac{y}{A_2}=0$$

这是一个直线方程，表明质点的运动轨迹是一条直线，经过坐标原点，位于一、三象限，斜率为 A_2/A_1(图 12-12(a))，即分振动振幅之比. 在任意时刻 t，质点离开平衡位置的位移大小为

$$r=\sqrt{x^2+y^2}=\sqrt{A_1^2+A_2^2}\cos\omega t$$

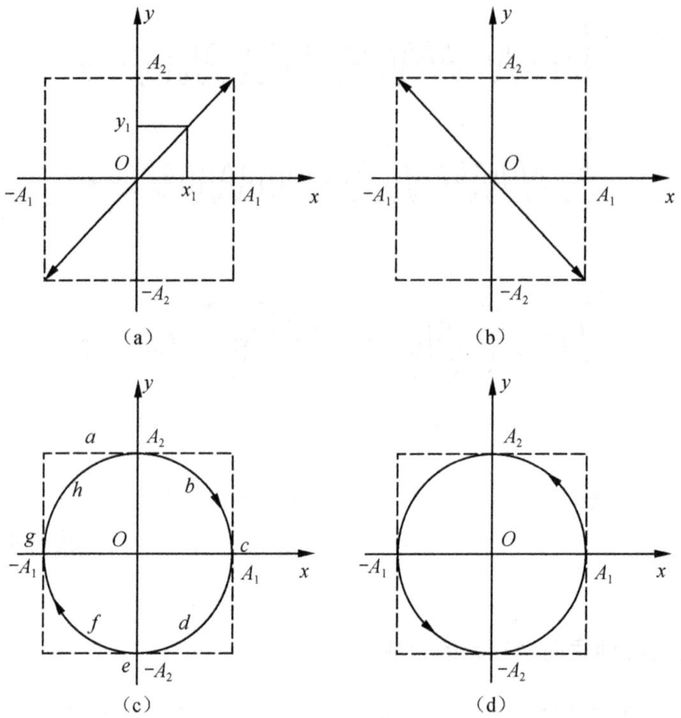

图 12-12　相互垂直振动的合成

(a) $\varphi_1-\varphi_2=0$;(b) $\varphi_1-\varphi_2=\pi$;(c) $\varphi_1-\varphi_2=\pi/2$;(d) $=\varphi_1-\varphi_2=-\pi/2$

上式说明这时的合振动也是简谐振动,其振动频率等于分振动频率,振幅等于$\sqrt{A_1^2+A_2^2}$.

(2) $\varphi_2-\varphi_1=\pi$,**即两分振动反相.**

这时根据(12-26)式就有

$$\frac{x}{A_1}+\frac{y}{A_2}=0$$

这也是一个直线方程,表明质点的运动轨迹是一条直线,经过坐标原点,位于二、四象限,斜率为$-A_2/A_1$(图 12-12(b)),即分振动振幅之比.在任意时刻 t,质点离开平衡位置的位移大小为

$$r=\sqrt{x^2+y^2}=\sqrt{A_1^2+A_2^2}\cos\omega t$$

上式说明这时的合振动也是简谐振动,其振动频率等于分振动频率,振幅等于$\sqrt{A_1^2+A_2^2}$.

(3) $\varphi_2-\varphi_1=\pi/2$,**即 y 轴方向的分振动比 x 轴方向的分振动相位超前** $\pi/2$.

这时根据(12-26)式就有

$$\frac{x^2}{A_1^2}+\frac{y^2}{A_2^2}=1$$

这是一个椭圆方程,说明这时的合振动不再是简谐振动,质点周期性沿一个椭圆轨迹运动(图 12-12(c)).运动的方向可这样判定:因为 $\varphi_2-\varphi_1=\pi/2$,$y$ 轴方向的分振动比 x 轴方向的分振动相位超前 $\pi/2$,质点的 x 坐标由 0 变为 A_1,对应的 y 坐标应由 A_2 变为 0,如图 12-12(c)所示,依次由 $a\to b\to c\to d$ 运动.所以质点将沿顺时针方向运动,通常称此运动为右旋运动.

(4) $\varphi_2-\varphi_1=-\pi/2$，即 y 轴方向的分振动比 x 轴方向的分振动相位落后 $\pi/2$.

这时根据(12-26)式就有

$$\frac{x^2}{A_1^2}+\frac{y^2}{A_2^2}=1$$

这也是一个椭圆方程，说明这时的合振动也不再是简谐振动，质点周期性沿一个椭圆轨迹运动(图 12-12(d)). 这时运动的方向可同理判定. 质点将沿逆时针方向运动，通常称此运动为左旋运动. 上面的后两种情况下，如果两分振幅相等，即 $A_1=A_2$，这时质点的运动轨迹为圆，运动方向同上. 由此可知，沿椭圆或圆的运动可分解为两个相互垂直方向上的简谐振动. 这一结论将在光的偏振中应用.

以上分析了几种特殊情况，当 $\varphi_2-\varphi_1$ 为其他值时，一般质点的运动轨迹是椭圆，其形状(长短半轴的大小和方向)和运动的方向由分振动的振幅和相位差决定.

12.4.4 相互垂直的不同频率简谐振动的合成

当两分振动的振动方向相互垂直，但振动频率不相同时，其振动的合成就更加复杂，而且运动的轨迹也不稳定. 这里只简单介绍两种特殊情况下的振动的合成.

(1) 两分振动的频率相差非常小. 这时合成振动可看作同频率的振动合成，只是相位差在随时间发生变化，因此质点这时将按照图 12-13 所示的顺序在图示的矩形范围内自直线变成椭圆再变成直线. 这一现象可在示波器的振动合成实验中观察到.

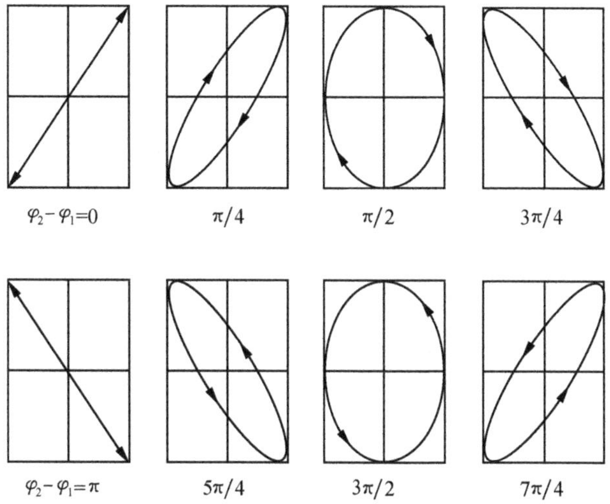

图 12-13 几种相差不同的合运动轨迹

(2) 两分振动的频率相差较大，但有简单的整数比. 这时振动的合成运动轨迹是一稳定的封闭的运动轨迹.

图 12-14 表示了两分振动的频率整数比为 1∶1、2∶1、3∶1 及 3∶2 时的合成运动轨迹. 物理上把这种图形称为李萨如图形. 如果已知一个分振动频率，就可以根据李萨如图形求出未知的另一分振动频率，这种方法简单方便，经常被用来测定信号频率.

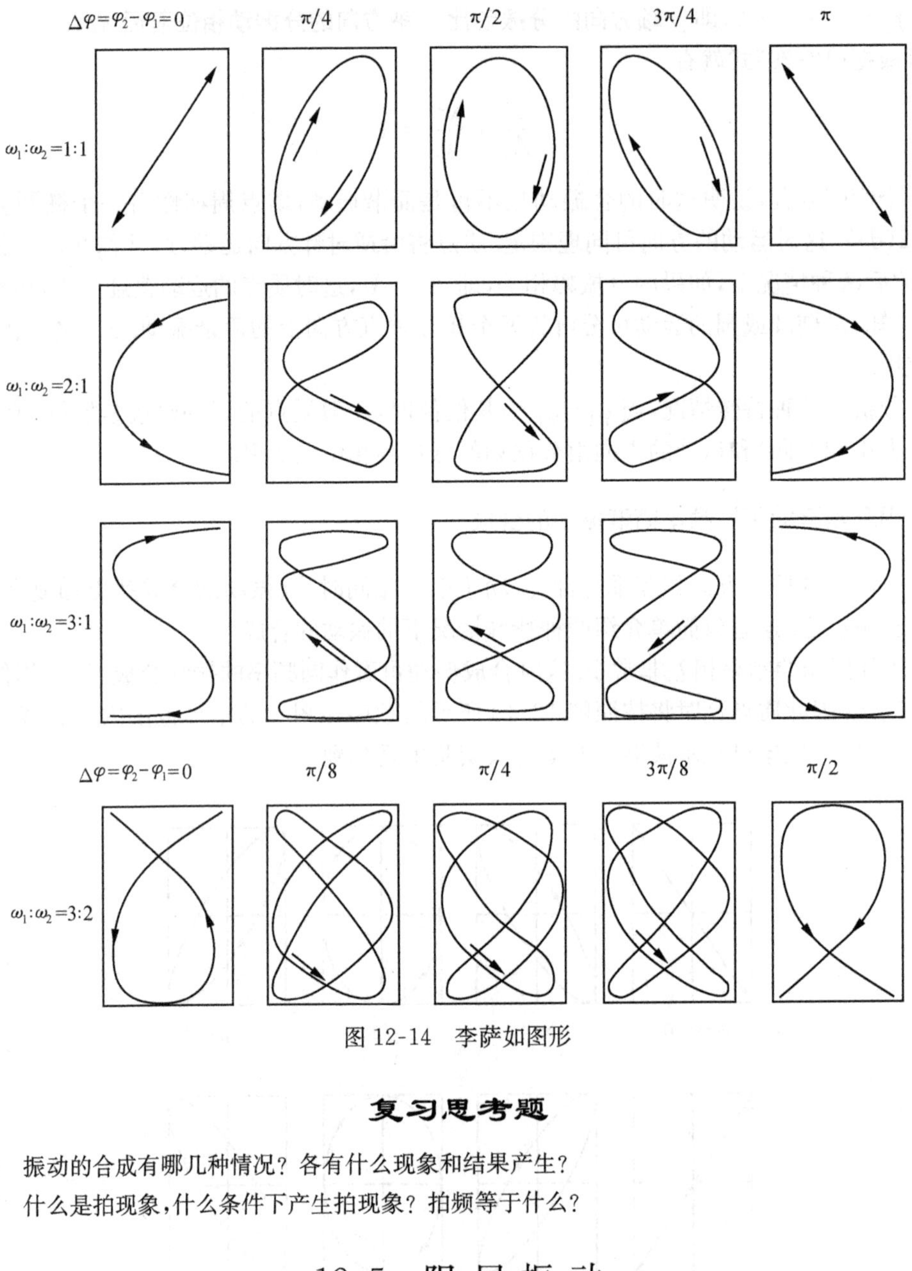

图 12-14 李萨如图形

复习思考题

12-6 振动的合成有哪几种情况？各有什么现象和结果产生？

12-7 什么是拍现象，什么条件下产生拍现象？拍频等于什么？

12.5 阻尼振动

前几节讨论的都是最简单最基本的振动——简谐振动，它是物体在受到弹性力或准弹性力的作用下所产生的，没有受到外界的其他力，例如摩擦阻力的作用. 一般也把这样的振动称为**无阻尼自由振动**（"尼"字据《辞海》是阻止的意思）. **无阻尼自由振动只是一种理想化的物理模型.** 实际的振动系统除受线性的回复力或回复力矩的作用外，总要受到阻力或周期性的外力作用. 如果在振动的过程中不断地受到阻力的作用，系统就要克服阻力做功，所以振动系统的能量会不断地减少，表现为振幅不断地减小，这时的振动称为**阻尼振动**，又称**减幅振动**. 也可以让阻尼振动的振幅不减小，使系统做等幅振动，这时就需在阻尼振动的过程中施加周期性外力，不断地对系统做正功,补充振动的能量.这样的周期性外力称为**驱动力或策动力,在驱动力的作用下所发生的振动称为受迫振动.并且如果周期性外力的频率等于振动系统的频率,振幅将达到最大值,这种现象称为共振**.下面对阻尼振动作以简要介绍.

实际的振动系统都处在气体或液体当中,在振动的过程中要受到周围介质的阻力作用.通过实验发现,在物体运动的速度不是很大时,介质对运动物体的阻力与速度成正比,且总与速度的方向相反,这样阻力 f_r 与速度 v 的关系为

$$f_r = -\gamma v = -\gamma \frac{dx}{dt} \tag{12-27}$$

式中,γ 为比例系数,且 $\gamma>0$,它由物体的形状、大小、表面状况及介质的性质决定.

假定质量为 m 的物体,在弹性力(或准弹性力)和满足上式关系的阻力作用下运动,根据牛顿第二定律有

$$m\frac{d^2x}{dt^2} = -kx - \gamma \frac{dx}{dt} \tag{12-28}$$

令 $\omega_0^2=\dfrac{k}{m}$,$2\beta=\dfrac{\gamma}{m}$,ω_0 为振动系统的固有角频率,β 称为阻尼系数.代入上面的关系式就有

$$\frac{d^2x}{dt^2} + 2\beta\frac{dx}{dt} + \omega_0^2 x = 0$$

这是一个二阶常系数微分方程.当阻尼较小,即有 $\beta<\omega_0$ 时,此方程的解为

$$x = A_0 e^{-\beta t}\cos(\omega t + \varphi_0) \tag{12-29}$$

其中 $\omega=\sqrt{\omega_0^2-\beta^2}$,$A_0$ 和 φ_0 是由初始条件决定的积分常数.(12-29)式称为**阻尼振动的振动方程**,也即阻尼振动的位移表达式.图 12-15 表示相对应的位移时间曲线.(12-29)式中的 $A_0e^{-\beta t}$ 是一个随时间不断减小的因子,表示阻尼振动过程中振幅不断地衰减.由图 12-15 可清楚地看出:阻尼系数 β 越大,振幅衰减得越快.由(12-27)式、(12-28)式及图 12-15 可看出阻尼振动不是简谐振动,也不是严格的周期性运动,因为它的位移不能恢复原值.**一般把相邻位移最大值处出现的时间间隔或因子 $\cos(\omega t+\varphi_0)$ 的相位变化 2π 所经历的时间间隔称为阻尼振动周期 T**.则

$$T = \frac{2\pi}{\omega} = \frac{2\pi}{\sqrt{\omega_0^2-\beta^2}} \tag{12-30}$$

因为 $\beta>0$,所以阻尼振动的周期比振动系统的固有周期大.把这种阻尼较小的情况称为**欠阻尼**,图 12-16 中的曲线 a 即表示这时位移随时间变化的情况.

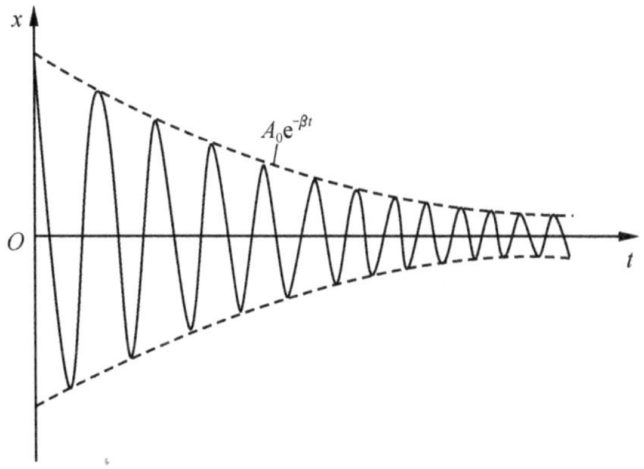

图 12-15　阻尼振动曲线

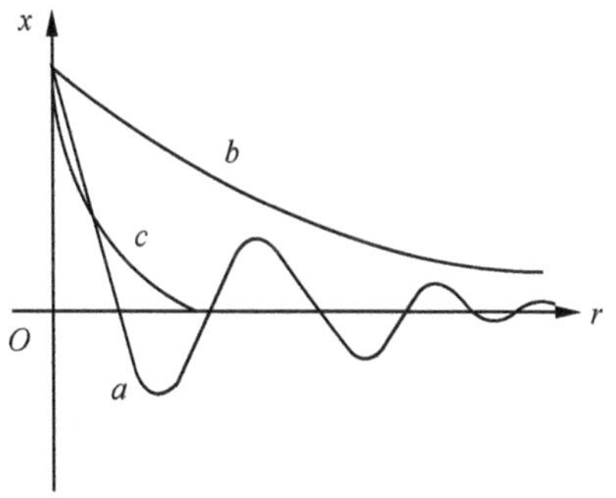

图 12-16　三种阻尼的比较

当 $\beta>\omega_0$ 时，表明阻尼过大，图 12-16 中的曲线 b 即表示这时位移随时间变化的情况，此时物体以非周期性的形式慢慢地回到平衡位置. 这种情况称为**过阻尼**.

当 $\beta=\omega_0$，即阻尼振动的阻尼系数等于振动系统的固有频率时，物体恰好做非周期性运动，最后回复到平衡位置. 这种情况称为**临界阻尼**，图 12-16 中的曲线 c 即表示这时位移随时间变化的情况. 与过阻尼情况相比，这时物体返回平衡位置所需要的时间最短.

阻尼振动在生产和技术上常被用来控制系统的振动. 例如，各类机器上的避振器大多采用阻尼装置，使冲击引起的强烈振动变为缓慢振动并迅速衰减，以达到保护机器的目的. 又如精密天平和灵敏电流计等，当希望指针不产生来回摆动而又最快地回复到平衡位置时，就在仪器和仪表上加上阻尼装置，使偏离平衡位置的指针以临界阻尼的形式运动，迅速地停下来以便测量.

习　　题

12-1　选择题.

(1) 一质点做简谐振动，周期为 T，它由平衡位置沿 x 轴负方向运动到离最大位移 1/2 处所需要的最短时间为(　　).

(A) $T/4$　　(B) $T/12$　　(C) $T/6$　　(D) $T/8$

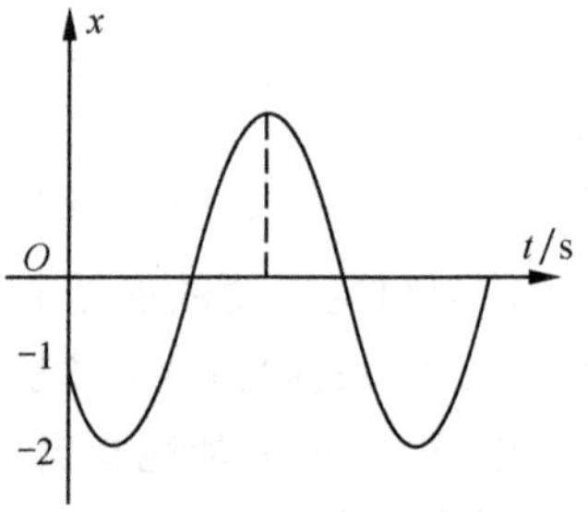

习题 12-1(2)图

(2) 已知某谐振动的振动曲线如习题 12-1(2)图所示，位移单位为 cm，时间单位为 s，周期 $T=3$s，则此谐振动的振动方程为(　　).

(A) $x=2\cos\left(\frac{2}{3}\pi t+\frac{2}{3}\pi\right)$cm

(B) $x=2\cos\left(\frac{2}{3}\pi t-\frac{2}{3}\pi\right)$cm

(C) $x=2\cos\left(\frac{4}{3}\pi t+\frac{2}{3}\pi\right)$cm

(D) $x=2\cos\left(\frac{4}{3}\pi t-\frac{2}{3}\pi\right)$cm

(3) 有两个谐振动的 $x(t)$ 图如习题 12-1(3)图所示，它们之间的初相差对习题 12-1(3)图(a)情况为(　　)；对图(b)情况为(　　).

(A) $\frac{1}{2}\pi$　　(B) $\frac{3}{2}\pi$　　(C) π　　(D) $-\frac{1}{2}\pi$　　(E) $-\frac{3\pi}{2}$

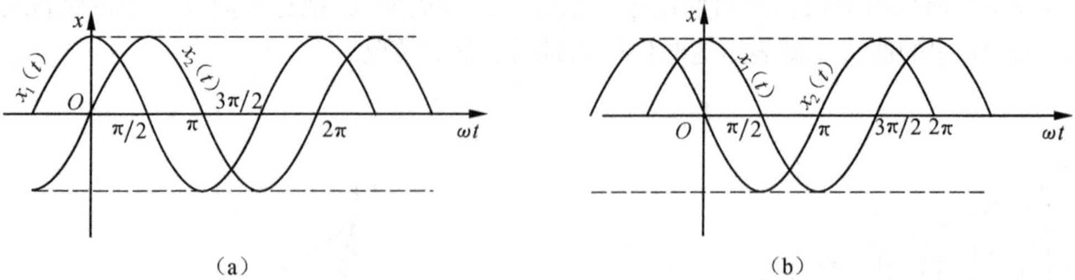

习题 12-1(3)图

(4) 已知弹簧的劲度系数为 1.3N/cm，振幅为 2.4cm，这一弹簧振子的机械能为(　　).

(A) 7.48×10^{-2}J　　(B) 1.87×10^{-2}J　　(C) 3.74×10^{-2}J　　(D) 5.23×10^{-2}J

(5) 一长度为 l，劲度系数为 k 的均匀轻质弹簧被分割成长度分别为 l_1 和 l_2 的两部分，且 $l_1=nl_2$，n 为正整数，则相应的劲度系数 k_1 和 k_2 为(　　).

(A) $k_1=kn/(n+1)$，$k_2=k(n+1)$　　(B) $k_1=k(n+1)/n$，$k_2=k/(n+1)$

(C) $k_1=k(n+1)/n, k_2=k(n+1)$　　　　(D) $k_1=kn/(n+1), k_2=k/(n+1)$

12-2　填空题.

(1) 当谐振子的振幅增大两倍时,它的周期________,劲度系数________,机械能________,速度的最大值 $v_{\max}$________,加速度最大值 $a_{\max}$________(填增大、减小、不变或变化为原来的几倍).

(2) 一弹簧振子的振动频率为 ν_0,若将其剪去一半,则此弹簧振子的振动频率 ν 和原有频率 ν_0 的关系是________.

(3) 质点做简谐振动,振动方程为 $x=A\cos(\omega t+\varphi)$,其中 A,ω 为常量,若 $t=0$ 时质点的状态如下,分别确定初相 φ.

① $x_0=-A, v_0=0, \varphi=$________.

② $x_0=0, v_0>0, \varphi=$________.

③ $x_0=\sqrt{2}A/2, v_0>0, \varphi=$________.

④ $x_0=A, v_0=0, \varphi=$________.

(4) 弹簧振子在光滑水平面上做简谐振动时,弹性力在半个周期内做的功为________.

12-3　一个小球和轻弹簧组成的系统,按 $x=0.05\cos\left(8\pi t+\frac{\pi}{3}\right)$ 的规律振动.

(1) 求振动的角频率、周期、振幅、初相、最大速度和最大加速度;

(2) 求 $t=1\text{s}, 2\text{s}$ 时刻的相位;

(3) 分别画出位移、速度、加速度与时间的关系曲线.

12-4　一水平弹簧振子,振幅 $A=2.0\times10^{-2}\text{m}$,周期 $T=0.50\text{s}$. 当 $t=0$ 时,

(1) 物体经过 $x=1.0\times10^{-2}\text{m}$ 处,向负方向运动;

(2) 物体经过 $x=-1.0\times10^{-2}\text{m}$ 处,向正方向运动.

分别求出以上两种情况下弹簧振子的振动表达式.

12-5　一物块悬于弹簧下端并做谐振动,当物块位移为振幅的一半时,这个振动系统的动能占总能量的多大部分?势能占多大部分?又位移多大时,动能和势能各占总能量的一半?

12-6　两分振动分别为 $\cos\omega t$ 和 $\sqrt{3}\cos\left(\omega t+\frac{\pi}{2}\right)$,若在同一直线上合成,求合振动的振幅 A 及初相位 φ.

第 13 章　机　械　波

振动的传播过程称为波动. 波动是自然界中一种常见的运动形式. 例如，声波、水波、地震波等，这些都是机械振动在弹性介质中的传播过程. 又如光波、无线电波、X 射线等，这些都是电磁振动(变化的电场)在空间的传播过程，被称为电磁波. 近代研究表明，微观粒子具有明显的波粒二象性——粒子性和波动性. 由此可见，波动是自然界极其常见的一种现象. 虽然各类波的本质可能有所不同，具有其自身的特殊性质和运动规律，但是它们也具有许多共同的特征和规律，如都具有一定的传播速度，都伴随有能量的传播，都能产生反射、折射.

本章将主要研究波动中最简单最基本的波动——机械波. 以此为波动的研究奠定基础，掌握波动所遵从的基本规律.

本章依次介绍了机械波的产生和传播、平面简谐波的表达和特征、波的能量、波的传播规律——惠更斯原理、波的干涉.

13.1　机械波的产生和传播

13.1.1　机械波的产生

在弹性介质中，各质点之间都有弹性回复力的作用. 当弹性介质中的某一质点由于受到外界的扰动而偏离自己的平衡位置时，临近质点就对其作用一个弹性回复力，扰动过后该质点就围绕自己的平衡位置振动起来. 这一质点振动的同时，也会对临近的各质点产生扰动. 同理，临近的各质点也会围绕各自的平衡位置振动起来. 这样，扰动使弹性介质中的某一质点振动起来，而该质点又引起它的临近质点振动起来，这样依次带动，就使振动以一定的速度由近及远传播出去，从而形成机械波. 例如，当向平静的水面投一石子，与石子接触的那部分水就先振动起来，成为波源，带动临近的水由近及远相继振动起来，在水面形成半径越来越大的一圈圈的水圈，从而形成水波. 由上面的分析及例子可以看出，要形成机械波，首先必须要有做机械振动的物体，即波源；其次还必须有可传播机械振动的弹性介质. **波源和弹性介质是产生机械波必须具备的两个条件.**

在机械波的传播过程中，弹性介质中各质点的振动方向和机械波的传播方向不一定相同. 如图 13-1 所示，绳子的一端固定，手拿着另一端不停地上下抖动，保持垂直于绳子的振动，就可形成一个接一个的波形沿绳子向固定端传播，从而形成绳波. 在绳波的传播过程中，绳上各质元的振动方向与绳波的传播方向垂直. **这种各质元的振动方向与波的传播方向垂直的波称为横波.** 又如图 13-2 所示，将一根较长的轻质弹簧水平悬挂着，用手拿着左端使该端左右振动起来，而后就可以看到弹簧的各部分呈现出由左向右不断移动的疏密相间的波形，这时振动状态沿着弹簧从左向右传播，各质元的振动方向也在水平方向，二者相同. **这种各质元的振动方向与波的传播方向一致的波称为纵波. 横波和纵波是波的两种类型. 各种复杂的波都可分解为横波和纵波两种简单波的叠加.**

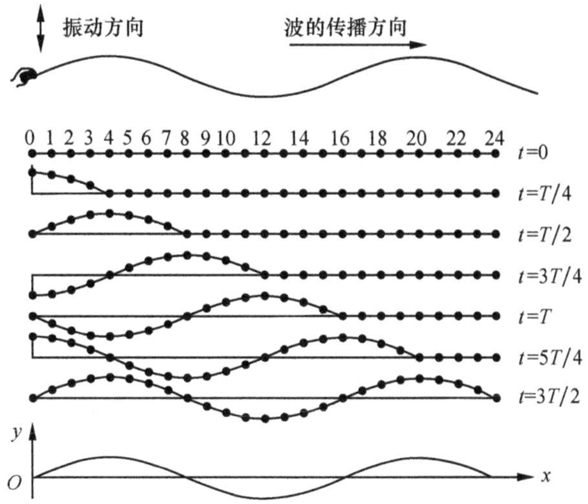

图 13-1 绳索上的横波

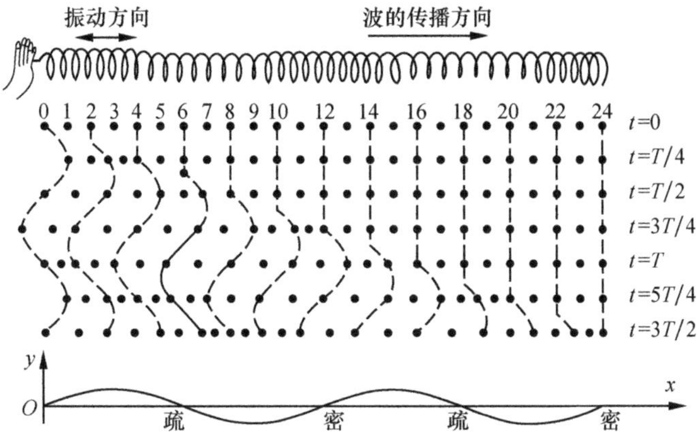

图 13-2 弹簧中的纵波

应该注意的是，不论是横波还是纵波，在波动过程中，各质元在自己的平衡位置附近振动，并不随波逐流. 波动只是振动状态在介质中的传播.

一般地，介质中各质元的振动情况是很复杂的，由此产生的波动也很复杂. **各质元都做简谐振动时的波动称为简谐波**. 简谐波是最简单又非常重要的波，各种复杂的波可看成是由简谐波合成而来的.

13.1.2 波线和波面

为了形象地描述波在空间的传播情况，常用几何图形表示诸如波的传播方向、各质点振动的相位等. **沿波的传播方向作的一些带箭头的线称为波线或波射线**. 在波的传播过程中，介质中的各质点都在各自的平衡位置附近振动，**把振动相位相同的(即振动状态相同)各点连接形成的曲面称为波面(也称同相面)**. **将某一时刻波动到达的各点所连成的曲面称为波前或波阵面**. 在任意时刻，波前只有一个，而波面有任意多个. 按照**波前的形状波可分为球面波和平

面波等. 波面为球面的波称为球面波,波面为平面的波称为平面波. 在各向同性的介质中,波线总与波面垂直. 如图 13-3 所示,平面波的波射线是垂直于波面的平行直线. 球面波的波射线是沿半径方向的直线.

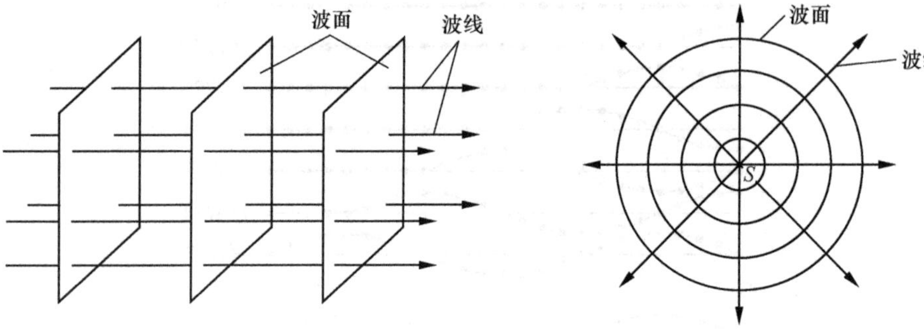

图 13-3　波面与波线

复习思考题

13-1　什么叫波动? 波动和振动有什么区别与联系? 产生机械波必须具备哪些条件?

13-2　横波和纵波有何区别?

13-3　什么叫波面? 波面与波前有何异同? 波线与波面又有何关系?

13.2　平面简谐波

机械波的产生和描述

振动在介质中传播形成波. 如果波源做简谐振动时,介质中的各质点也随之做同频率、同振幅的简谐振动,这时在介质中就形成**简谐波**,也称为**余弦波**或**正弦波**. 一般情况下,波源振动时,在介质中形成的波是非常复杂的. **但可以证明:任何复杂的波都可以看成是由许多不同频率的简谐波叠加而成的.** 因此,简谐波是一种最简单,而又最重要的波,研究简谐波是研究更加复杂波的基础. 波面是平面的简谐波称为平面简谐波. 本章主要研究在无吸收(即介质不吸收所传播的振动的能量)、各向同性、均匀无限大介质中传播的平面简谐波.

13.2.1　平面简谐波的波函数

波源在介质中做简谐振动时,各质点也随着做同频率的简谐振动,但各质点的振动相位与波源的振动相位不同,它们之间也不尽相同. 但根据波面的定义可知,任意时刻,在同一波面上的各点有相同的相位,它们离开各自的平衡位置有相同的位移,如图 13-4 所示. 因此,只要知道了与波面垂直的任意一条波线上波的传播规律,就可知整个波的传播规律了.

设有一平面简谐波沿 x 轴的正向传播,介质中各质点的振动方向在 y 轴方向. 取任意一条波线为 x 轴,在其上选取一点 O 作为坐标原点,如图 13-5 所示. 如果知道了在任意时刻 t,波线(x 轴)上任意点 P(坐标为 x)的位移 y,也即知道了平面简谐波的波函数或数学表达式. 即

$$y = y(x,t)$$

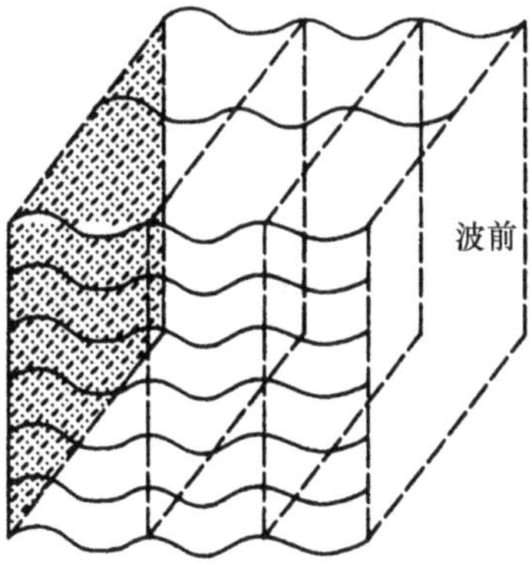

图 13-4 波的传播规律图

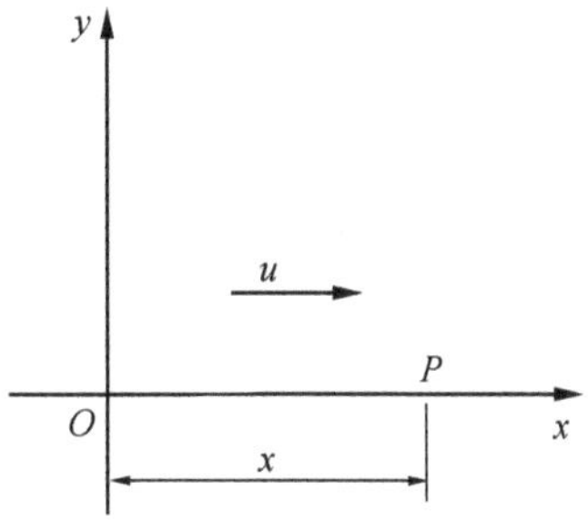

图 13-5 推导波函数用图

设在 $x=0$ 处(即坐标原点 O)的振动方程为

$$y_0(t) = A\cos(\omega t + \varphi_0) \tag{13-1}$$

因为 O 点的振动状态以波速 u 传至 P 点所需时间为 x/u,所以任意点 P,在时刻 t 的振动状态比 O 点落后 x/u 时间间隔,则 P 点在时刻 t 的位移等于 O 点在$(t-x/u)$时刻的位移. 因此 P 点在任意时刻 t 的位移应为

$$y(x,t) = A\cos\left[\omega\left(t - \frac{x}{u}\right) + \varphi_0\right] \tag{13-2}$$

该式即是沿 x 轴正向传播的平面简谐波的波函数.

13.2.2 描述波的各物理量

波传播时,在波线上两个相邻的相位差为 2π 的质点间的距离称为波长,用 λ 表示. 波源做一次全振动,波前进一个波长的距离,波长反映了**波的空间周期性. 波前进一个波长的距离所需的时间称为波的周期**,用 T 表示. 显然,波的周期与介质中波源的振动周期相同,它反映了波的**时间周期性. 单位时间内波前进完整波长的数目称为波的频率**,用 ν 表示. 波的频率也等于波源在单位时间内完成的全振动的次数,因而波的频率就等于波的周期的倒数,即

$$\nu = \frac{1}{T} \tag{13-3}$$

因此,具有一定振动周期和频率的波源,在不同的介质中激起的机械波的周期和频率是相同的,与介质的性质无关. **振动状态在介质中的传播速度称为波速**. 因为**波速也是相位在介质中的传播速度,因而波速又称为相速**,用 u 表示.

波速与许多因素有关,但其大小主要取决于介质的性质. 波在固体、液体及气体中的传播速度不同.

可以证明,在拉紧的绳索或细线中,横波的波速 u_t 为

$$u_t = \sqrt{\frac{F}{\rho_l}} \tag{13-4}$$

式中,F 为绳索或细线中的张力;ρ_l 为其质量线密度.

在弹性棒中纵波的传播速度为

$$u_l = \sqrt{\frac{E}{\rho}} \tag{13-5}$$

式中，E 为棒材料的杨氏模量；ρ 为棒的质量密度.

在“无限大”的各向同性均匀固体介质中，纵波比(13-5)式给出的还要大些，而横波波速则为

$$u_t = \sqrt{\frac{G}{\rho}} \tag{13-6}$$

式中，G 为介质的切变模量；ρ 为介质的密度. 同种材料的切变模量 G 总小于其杨氏模量 E，因此在同一种介质中，横波波速要比纵波波速小一些.

在液体和气体中，由于不可能发生切变，所以不可能传播横波. 但因为它们具有体变弹性，所以能传播纵波. 液体和气体中的纵波波速为

$$u_l = \sqrt{\frac{K}{\rho}} \tag{13-7}$$

式中，K 为介质的体变模量；ρ 为其质量密度.

在一个周期的时间内，某一确定的振动状态(某一确定的相位)所传播的距离为一个波长，所以波速可表示为

$$u = \frac{\lambda}{T} = \nu\lambda \tag{13-8}$$

上式也表明时间周期性与空间周期性具有确定的关系. 并且在确定的介质中，波速取决于介质的性质. 因此，在同一种介质中波长由波的频率决定，波的频率越高，波长越短，二者成反比.

由(13-8)式得 $uT=\lambda$ 和 $\omega=\frac{2\pi}{T}=2\pi\nu$，可以将平面简谐波的波函数(13-2)式改写为以下形式：

$$y(x,t) = A\cos\left[2\pi\left(\nu t - \frac{x}{\lambda}\right) + \varphi_0\right] \tag{13-9}$$

$$y(x,t) = A\cos\left[2\pi\left(\frac{t}{T} - \frac{x}{\lambda}\right) + \varphi_0\right] \tag{13-10}$$

$$y(x,t) = A\cos\left[\frac{2\pi}{\lambda}(ut - x) + \varphi_0\right] \tag{13-11}$$

下面分三种情况来进一步理解平面简谐波的波函数.

(1) 当 $x=x_0$(即波线上一定点)时，位移 y 只是 t 的函数. 这时的波函数表示波线上坐标为 x_0 的质点 P 做频率为 ν 的简谐振动. 其谐振动方程为

$$y(t) = A\cos\left(2\pi\nu t - 2\pi\frac{x_0}{\lambda} + \varphi_0\right)$$

其初相为 $-2\pi\frac{x_0}{\lambda}+\varphi_0$，其中 $2\pi\frac{x_0}{\lambda}$ 为该点比坐标原点 O 所落后的相位，可看出二者都与所取的 O 点有关. 若令 $\varphi=-2\pi\frac{x_0}{\lambda}+\varphi_0$，$P$ 点的振动方程可进一步简化为 $y(t)=A\cos(2\pi\nu t+\varphi)$，相应的位移时间曲线如图 13-6 所示.

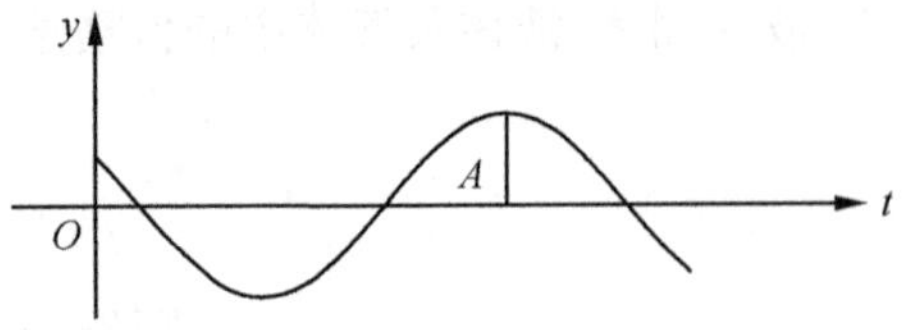

图 13-6　给定质点的振动

(2) 当 $t=t_0$(即取某一确定时刻)时，位移 y 只是 x 的函数. 这时的波函数表示在 $t=t_0$ 时刻，波线上的各质点离开各自的平衡位置的位移分布情况. 也即 $t=t_0$ **时刻波的形状，这时作出的** y-x **曲线，称为** $t=t_0$ **时刻的波形图.** 图 13-7(a)表示在 $t=0$、初相 $\varphi_0=0$ 的波形图；图 13-7(b)表示 $t=T/4$ 时的波形图.

(3) 如果 x 和 t 都变化，表示波线上各个质点在不同时刻的位移分布情况. 设时刻 t_1 位于 x_1 的质点位移为

$$y(x_1, t_1) = A\cos\omega\left(t_1 - \frac{x_1}{u}\right)$$

经过时间 Δt 到达时刻 $t_1 + \Delta t$，位于 $x_2 = x_1 + \Delta x$ 处质点的位移为

$$y(x_1 + \Delta x, t_1 + \Delta t) = A\cos\omega\left(t_1 + \Delta t - \frac{x_1 + \Delta x}{u}\right)$$

波以波速 u 传播，若有 $\Delta x = u\Delta t$，则 $x_2 = x_1 + u\Delta t$，

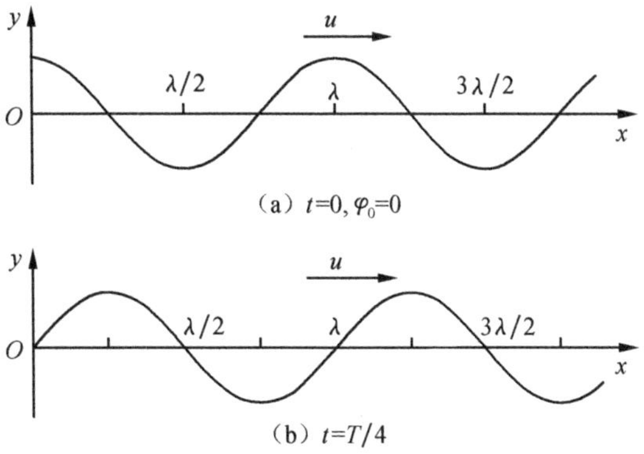

图 13-7 在给定时刻各质点的位移与平衡位置的关系

$$y(x_1 + u\Delta t, t_1 + \Delta t) = A\cos\omega\left(t_1 + \Delta t - \frac{x_1 + u\Delta t}{u}\right) = A\cos\omega\left(t_1 - \frac{x_1}{u}\right) = y(x_1, t_1)$$

上面的结果表明，在时刻 $t_1 + \Delta t$，位于 $x_2 = x_1 + u\Delta t$ 处的质点的位移正好等于在时刻 t_1 位于 x_1 处质点的位移. 也就是说振动状态经过时间 Δt 传播了 $\Delta x = u\Delta t$ 的距离. 由于上述的振动状态是任意选取的，所以上述讨论进一步表明**任意振动状态经过时间 Δt 都会向前传播 $\Delta x = u\Delta t$ 的距离**. 也就是说，**在波形图上，经过时间 Δt，整个波形图就会沿波的传播方向向前传播 $\Delta x = u\Delta t$ 的距离**. 图 13-8 画出了 t_1 时刻和 $t_1 + \Delta t$ 时刻的两条波形曲线. 在一个周期的时间内波形向前平移一个波长的距离.

以上讨论的都是波沿 x 轴正向传播. 当波沿 x 轴负向传播时，如图 13-9 所示. 设坐标原点 O 处质点的振动方程为

$$y_0(x, t) = A\cos(\omega t + \varphi_0)$$

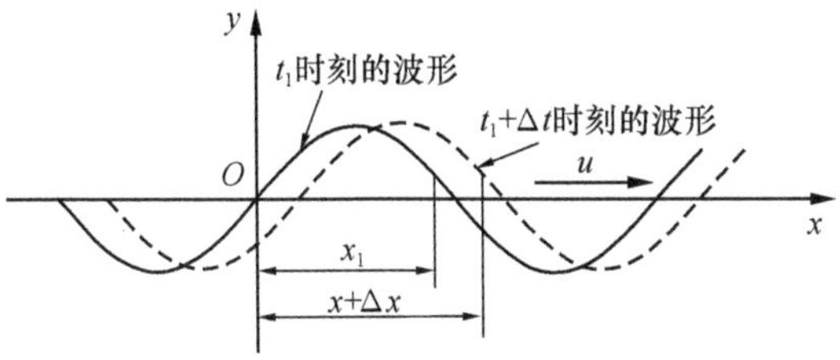

图 13-8 波的传播

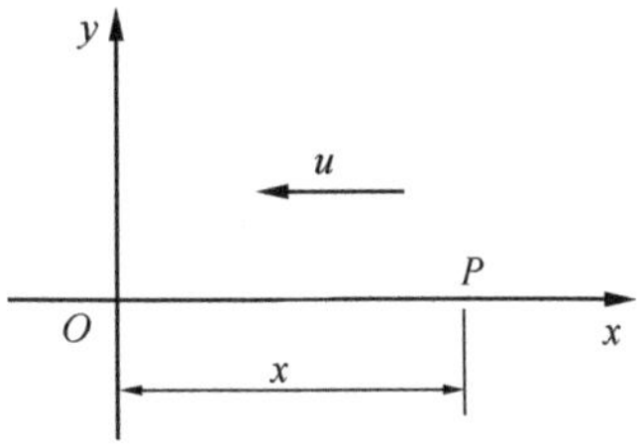

图 13-9 推导沿 x 轴负向传播的波函数用图

在波线上选取坐标为 x 的 P 点为任意点. 由于波沿 x 轴负向传播，P 点的振动较坐标原点 O 处的振动超前一段时间 x/u，则 P 点的相位较 O 点的相位超前 $\omega x/u$，所以在任意时刻 t，P 点处的质点振动方程为

$$y(x, t) = A\cos\left[\omega\left(t + \frac{x}{u}\right) + \varphi_0\right] \tag{13-12}$$

该式就是沿 x 轴负方向传播的平面简谐波的波函数. 同样也可改写为如下几种形式

$$y(x, t) = A\cos\left[2\pi\left(\nu t + \frac{x}{\lambda}\right) + \varphi_0\right] \tag{13-13}$$

$$y(x,t) = A\cos\left[2\pi\left(\frac{t}{T}+\frac{x}{\lambda}\right)+\varphi_0\right] \tag{13-14}$$

$$y(x,t) = A\cos\left[\frac{2\pi}{\lambda}(ut+x)+\varphi_0\right] \tag{13-15}$$

13.2.3　平面波的波动微分方程

设沿 x 轴正向传播的平面简谐波的波函数为

$$y(x,t) = A\cos\omega\left(t-\frac{x}{u}\right)$$

分别对 t 和 x 求二阶偏导数，有

$$\frac{\partial y}{\partial t} = -\omega A\sin\omega\left(t-\frac{x}{u}\right)$$

$$\frac{\partial^2 y}{\partial t^2} = -\omega^2 A\cos\omega\left(t-\frac{x}{u}\right)$$

$$\frac{\partial y}{\partial x} = \frac{\omega}{u}A\sin\omega\left(t-\frac{x}{u}\right)$$

$$\frac{\partial^2 y}{\partial x^2} = -\frac{\omega^2}{u^2}A\cos\omega\left(t-\frac{x}{u}\right)$$

比较两个二阶偏导数就有

$$\frac{\partial^2 y}{\partial x^2} = \frac{1}{u^2}\frac{\partial^2 y}{\partial t^2} \tag{13-16}$$

(13-16)式表示的微分方程称为平面波的**波动微分方程**. 这里虽以平面简谐波的波函数通过求导得出结论，但可以**从数学上普遍证明它是各种平面波(即不局限于平面简谐波)所满足的微分方程式**. 它是物理学中最重要的方程之一. 其普遍意义在于：任何物理量 y，不论是力学量、电学量或其他量，只要它对时间和坐标的二阶偏导数满足上式，则这一物理量就按照波的规律传播，而且式中的系数 u 就是它所对应的波的传播速度.

例 13-1　一平面简谐波沿 x 轴正方向传播，已知波函数为 $y=0.02\cos\pi(25t-0.10x)$m. 求：

(1) 波的振幅、波长、周期及波速；

(2) 质点振动的最大速率.

解　(1) 由所求物理量的定义求解. 振幅 A 为位移的最大值，得 $A=0.02$m，周期 T 为波的周期，而波的周期等于各质点振动的周期，也等于质点的相位变化 2π 所经历的时间. 设 x 处在 $T=t_2-t_1$ 的时间内相位变化 2π，就有

$$\pi(25t_2-0.10x)-\pi(25t_1-0.10x) = 25\pi(t_2-t_1) = 25\pi T = 2\pi$$

$$T = \frac{2}{25} = 0.08(\text{s})$$

或当 x 固定时，波动方程就为坐标 x 处质点的振动方程，这时质点振动的角频率 $\omega=\frac{2\pi}{T}=25\pi$，所以 $T=\frac{2}{25}=0.08(\text{s})$.

波长 λ 即一个完整波的长度，就是指某一时刻波线上相位差为 2π 的两点间的距离. 如图 13-10所示，设 t 时刻 x_1 和 x_2 处两质点的相位差为 2π，则有

$$\pi(25t-0.10x_2)-\pi(25t-0.10x_1)=0.10\pi(x_1-x_2)=-2\pi$$

$$0.10\pi\lambda=2\pi,\quad \lambda=20\text{m}$$

波速 u 即质点振动相位传播的速度，也就是单位时间内振动状态传播的距离．如图 13-11 所示，设 t_1 时刻，x_1 处的振动状态在 t_2 时刻传播至 x_2 处，就有

$$\pi(25t_2-0.10x_2)=\pi(25t_1-0.10x_1)$$

$$25\pi(t_2-t_1)=0.10\pi(x_2-x_1)$$

$$u=\frac{x_2-x_1}{t_2-t_1}=250\text{m/s}$$

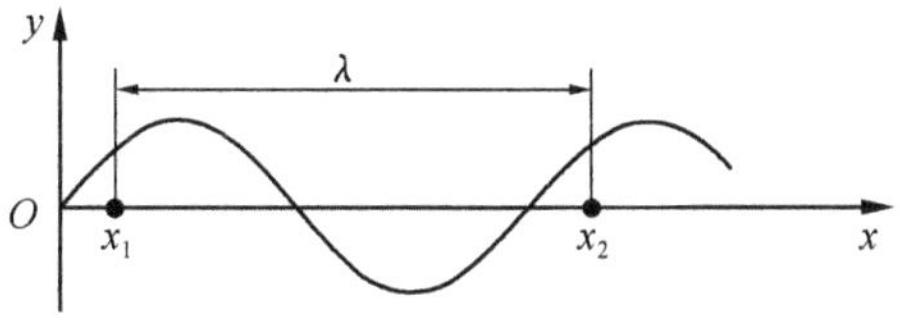

图 13-10　例 13-1 图(求波长)

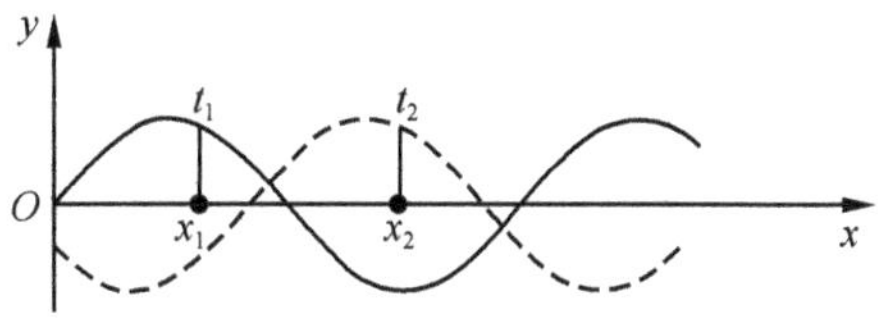

图 13-11　例 13-1 图(求波速)

这种方法对初学者来说，有利于加深对基本概念的理解．

比较系数法．当平面简谐波沿 x 轴正向传播时，平面简谐波的波函数为

$$y=A\cos\left[2\pi\left(\frac{t}{T}-\frac{x}{\lambda}\right)+\varphi_0\right]$$

将此题所给的波函数按照上述形式可变为

$$y=0.02\cos\left[2\pi\left(\frac{t}{2/25}-\frac{x}{20}\right)\right]$$

相比较后，得

$$A=0.02\text{m},\quad T=\frac{2}{25}=0.08(\text{s})$$

$$\lambda=20\text{m},\quad u=\frac{\lambda}{T}=250\text{m/s},\quad \varphi_0=0$$

(2) 质点振动的速度

$$v=\frac{\partial y}{\partial t}=-0.02\times 25\pi\sin\pi(25t-0.10x)$$

可得 $v_{\max}=0.02\times 25\pi=1.57(\text{m/s})$．

例 13-2　一平面简谐波以 400m/s 的波速在均匀介质中沿一直线传播．已知波源的振动周期为 0.01s，振幅 $A=0.01$m．以波源经过平衡位置向正方向运动时作为计时起点，求：

(1) 以距波源 2m 处为坐标原点写出波函数；

(2) 距波源 2m 和 1m 的两点振动的相位差．

解　(1) 依题意可得，传播方向为 x 轴正方向，以波源所在处为坐标原点，建立坐标系 Oxy，如图 13-12 所示，根据题中的已知条件，波源周期为 0.01s，振幅 A 为 0.01m，而波源振动方程中的初相由初始条件 $\begin{cases} y_0=0 \\ v_0=\dfrac{\partial y}{\partial t}>0 \end{cases}$ 确定，用

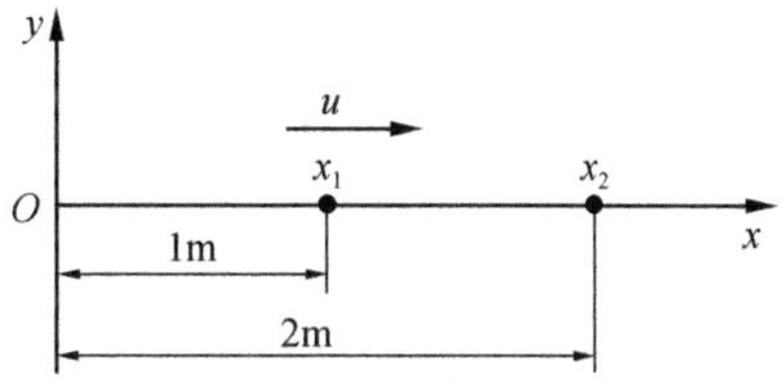

图 13-12　例 13-2 图

第12章机械振动中介绍的解析法或旋转矢量法，求出波源的初相 $\varphi_0=-\frac{\pi}{2}$，故波源的振动方程为

$$y_0(t)=A\cos\left(\frac{2\pi}{T}t+\varphi_0\right)=0.01\cos\left(200\pi t-\frac{\pi}{2}\right)$$

再求距波源2m处质点的振动方程.波由波源传播到2m处，所需时间 $\Delta t=\frac{x_2}{u}=\frac{2}{400}\text{s}$，则距波源2m处质点的振动方程为

$$\begin{aligned}y&=A\cos\left[\frac{2\pi}{T}(t-\Delta t)+\varphi_0\right]=0.01\cos\left[200\pi\left(t-\frac{2}{400}\right)-\frac{\pi}{2}\right]\\&=0.01\cos\left(200\pi t-\frac{3\pi}{2}\right)\end{aligned}$$

上式中的 $-\frac{3\pi}{2}=\varphi$ 为距波源2m处质点振动的初相，以距波源2m处为坐标原点的波函数为

$$y(x,t)=A\cos\left[\omega\left(t-\frac{x}{u}\right)+\varphi\right]=0.01\cos\left[200\pi\left(t-\frac{x}{400}\right)-\frac{3\pi}{2}\right]$$

(2) 由波长的定义及物理意义知，在波的传播方向上，相距为 $\lambda=uT=4(\text{m})$ 的两点间的相位差为 2π，现两点 x_1 和 x_2 相距 $l=1\text{m}$，则有 $\frac{l}{\lambda}=\frac{\Delta\varphi}{2\pi}$，相位差 $\Delta\varphi=2\pi\frac{l}{\lambda}=2\pi\times\frac{1}{4}=\frac{\pi}{2}$，由波的传播方向知，坐标为 x_2 的质点比坐标为 x_1 的质点振动相位落后 $\frac{\pi}{2}$.

复习思考题

13-4　平面简谐波的波函数与简谐振动的振动方程有何区别与联系？

13-5　什么是波长、波的周期和波的频率、波速？它们之间有何联系？

13-6　平面简谐波的波函数 $y=A\cos[\omega(t-x/u)+\varphi_0]$ 中，x/u 表示什么？x/u 前面为何出现负号？φ_0 与 ω 又表示什么？

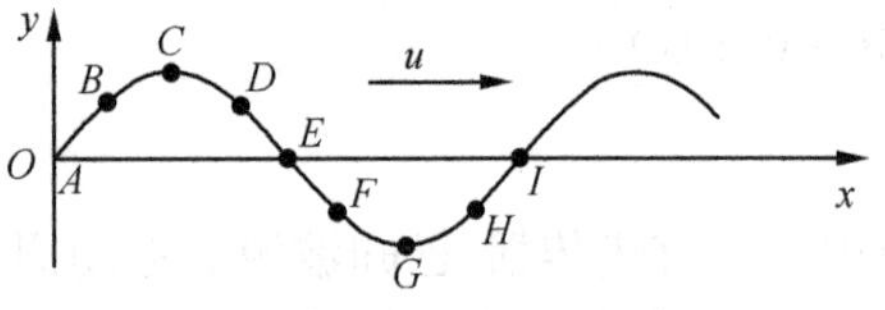

思考题13-8图

13-7　波若从一种介质进入另一种介质，在波长、频率、波速三个物理量中，哪些会发生变化？哪些不会发生变化？

13-8　某时刻向右传播的横波波形曲线如思考题13-8图所示，试画出图中 A、B、C、D、E、F、G、H、I 各质点在该时刻的运动方向，并画出经过1/4周期后的波形曲线.

13.3　波 的 能 量

波的能量

在波的传播过程中，介质中的各质点在其平衡位置附近振动，因而具有动能.与此同时，弹性介质发生了形变，因而又具有势能.在波动过程中，各质点不随波发生迁移，而能量随着波动而向外传播出去，也就是说**波动是能量的传播过程**.下面将以绳子上传播的横波为例说明波的能量传播和波的强度问题.

13.3.1 波的能量和能量密度

设有一单位长度质量为 ρ_l 的绳子沿 x 轴放置. 现有一波速为 u,沿 x 轴正向传播的平面简谐波沿绳子传播. 绳子的振动方向沿 y 轴,则简谐波的波函数为

$$y(x,t)=A\cos\left[\omega\left(t-\frac{x}{u}\right)+\varphi_0\right]$$

将绳子看成由无穷多的线元组成,每一线元都随着波动过程而在其平衡位置附近做简谐振动. 如图 13-13 所示,在绳子上坐标为 x 处,选取一段长为 Δx 的线元,则此线元的质量为 $\Delta m=\rho_l\Delta x$. 该线元的振动速度为

$$v=\frac{\partial y}{\partial t}=-A\omega\sin\left[\omega\left(t-\frac{x}{u}\right)+\varphi_0\right]$$

所以该线元的动能为

$$W_k=\frac{1}{2}\Delta mv^2=\frac{1}{2}\rho_l\Delta xA^2\omega^2\sin^2\left[\omega\left(t-\frac{x}{u}\right)+\varphi_0\right] \tag{13-17}$$

波在传播的过程中,线元不仅在 y 方向发生位移,而且因受到两侧的线元的张力而发生形变,由原长 Δx 变为 Δl,如图 13-13 所示. 其伸长量为 $\Delta l-\Delta x$,线元两端要受到张力的作用. 当线元的形变很小时,在研究线元 y 方向的运动规律时,可以认为线元两端的张力大小相等,即 $T_1=T_2=T$. 在线元发生形变的过程中,张力所做的功就等于线元具有的势能,即有

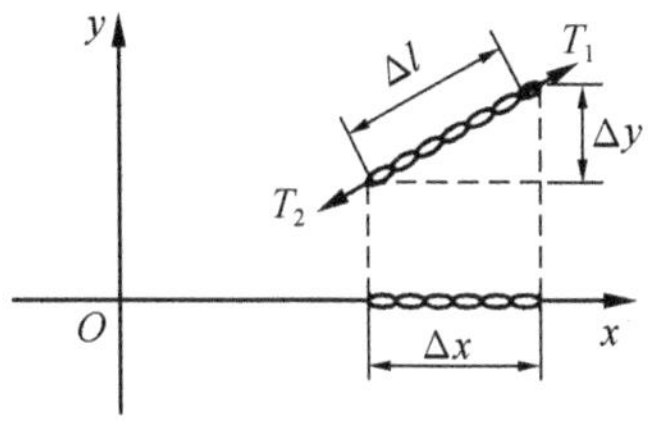

图 13-13 线元谐振动动能、势能推导用图

$$W_p=T(\Delta l-\Delta x)$$

在 Δx 很小时,有

$$\Delta l=\sqrt{(\Delta x)^2+(\Delta y)^2}=\Delta x\left[1+\left(\frac{\Delta y}{\Delta x}\right)^2\right]^{1/2}$$

$$\approx\Delta x\left[1+\left(\frac{\partial y}{\partial x}\right)^2\right]^{1/2}$$

对此式利用二项式定理展开,并略去高次项,则有

$$\Delta l\approx\Delta x\left[1+\frac{1}{2}\left(\frac{\partial y}{\partial x}\right)^2\right]$$

有

$$W_p=T(\Delta l-\Delta x)=\frac{1}{2}T\left(\frac{\partial y}{\partial x}\right)^2\Delta x$$

对波函数求一阶偏导数

$$\frac{\partial y}{\partial x}=A\frac{\omega}{u}\sin\left[\omega\left(t-\frac{x}{u}\right)+\varphi_0\right]$$

由关系式 $u_t=\sqrt{\dfrac{T}{\rho_l}}$ 得 $T=u_t^2\rho_l$,u_t 为绳中横波波速,即 u,并将此两结果代入 W_p 关系式中,则得线元的势能表达式为

$$W_p=\frac{1}{2}\rho_l\Delta xA^2\omega^2\sin^2\left[\omega\left(t-\frac{x}{u}\right)+\varphi_0\right] \tag{13-18}$$

该段线元的机械能等于其动能与势能之和，即

$$W = W_k + W_p = \rho_l \Delta x A^2 \omega^2 \sin^2\left[\omega\left(t - \frac{x}{u}\right) + \varphi_0\right] \tag{13-19}$$

由(13-17)式和(13-18)式可看出：

(1) 在波的传播过程中，任意线元的动能和势能都随时间变化，且在任意时刻都是同相位的，二者的数值完全相等，即动能最大时，势能也达到最大值；动能为零时，势能也为零. 波动过程中任意**线元的动能和势能的这种变化关系与弹簧振子的动能和势能的变化关系完全不同.**

(2) 由(13-19)式看出，**在波的传播过程中，任意线元的总机械能不是一个常量，而随时间做周期性的变化，这与弹簧振子的总机械能是一常量完全不同.**

(3) 用前面通过波函数分析波在介质中传播过程的分析方法，分析(13-19)式可知，能量以速度 u 在介质中随波传播. **在均匀、各向同性介质中，能量的传播速度和传播方向与波的传播速度和传播方向总是相同的.**

综上所述，**波的传播过程也是能量的传播过程. 通常把有振动状态和能量传播的波称为行波.**

介质中单位体积内波的能量称为能量密度，用 w 表示. 上述的线元体积为 $\Delta V = \Delta x \cdot \Delta s$，用(13-19)式除以线元的体积得 t 时刻、x 处单位体积中波的能量. 即

$$w = \frac{W}{\Delta V} = \frac{W}{\Delta x \cdot \Delta s} = \rho A^2 \omega^2 \sin^2\left[\omega\left(t - \frac{x}{u}\right) + \varphi_0\right] \tag{13-20}$$

式中的 ρ 为绳子的单位体积质量. 由上式可见，波的能量密度也随时间做周期性的变化. **一个周期内能量的平均值称为平均能量密度**，用 $\overline{w}$ 表示. 因为正弦函数的平方在一个周期内的平均值是 1/2，所以有

$$\overline{w} = \frac{1}{2}\rho A^2 \omega^2 \tag{13-21}$$

由以上讨论看出，波的能量、能量密度(以及平均能量密度)都与介质的密度 ρ、波的振幅平方 A^2 及角频率的平方 ω^2 成正比.

13.3.2　能流密度

能流密度是用来描述波的能量传播的物理量. **单位时间内，沿波速方向垂直通过单位面积的平均能量称为波的能流密度.** 能流密度是一个矢量，用 $\boldsymbol{I}$ 来表示. 在各向同性的介质中，能流密度矢量的方向与波速方向相同，它的大小反映了波的强弱，因此波的能流密度又称为**波的强度**. 设在均匀介质中，垂直于波速方向取一面积 S，如图 13-14 所示，已知介质中的平均能流密度为 $\overline{w}$，则在 S 面的左方体积 uTS 内的能量 $\overline{w}uTS$ 恰好在一个周期的时间内通过面积 S. 因而能流密度的大小为

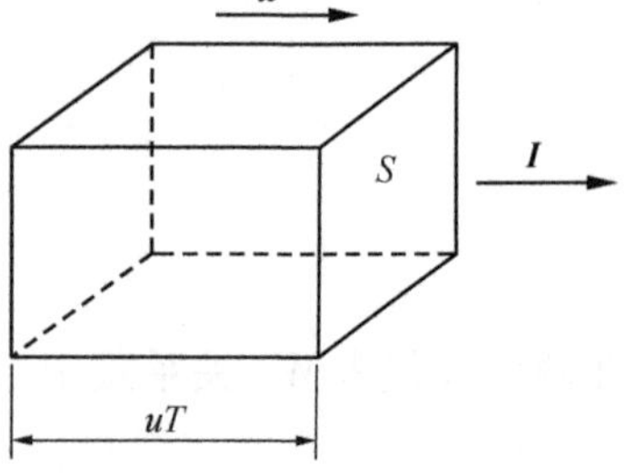

图 13-14　波的能流密度计算用图

$$I = \frac{\overline{w}uTS}{TS} = \overline{w}u \tag{13-22}$$

将(13-21)式代入上式，就可写成

$$I = \frac{1}{2}\rho A^2\omega^2 u \tag{13-23}$$

其矢量式为

$$\boldsymbol{I} = \overline{w}\boldsymbol{u} \tag{13-24}$$

由(13-23)式可看出波的强度与波的振幅平方成正比. 这一结论具有普遍意义.

复习思考题

13-9 波的能量与哪些物理量有关,它与简谐振动的能量有何不同?

13-10 在波动过程中,体积元的总能量随时间改变,这与能量守恒定律相矛盾吗? 在波动过程中,体积元的动能、势能及总能量随时间如何变化?

13.4 惠更斯原理

本节讨论有关波的传播方向的规律.

13.4.1 惠更斯原理及应用

在图 13-15 中,水波在水面上传播时,遇到一带有小孔的挡板,当障碍物上小孔的线度与波的波长相差不大时,就可以看到挡板后面出现了圆形的水波,这圆形的水波好像以小孔为波源产生的波. 荷兰物理学家惠更斯观察和研究了大量的类似现象,并于 1690 年总结出一条有关波传播特性的重要定理,称为**惠更斯原理**.

其内容为:介质中任意波阵面上的各点,都可以看成是发射子波的波源,其后任意时刻,这些子波的包迹就是新的波阵面. 这里所说的“波阵面”是指波传播时最前面的那个波面,也称为波前. 惠更斯原理对任何波动过程(机械波或电磁波)都是适用的,而且传播波动的介质,不论是均匀的或非均匀的,是各向同性或各向异性的,如果已知某一时刻的波阵面,根据惠更斯原理,用几何作图的方法就可以确定出下一时刻的波阵面. 因此,它在相当大的程度上解决了波的传播方向问题.

图 13-15 障碍物上的小孔成为新的波源

下面举例说明惠更斯原理的应用. 如图 13-16 所示,一球面波的波源位于 O 点,波源所发出的波以波速 u 在各向同性的均匀介质中传播,t 时刻的波阵面是以 O 为球心,R_1 为半径的球面 S_1. 根据惠更斯原理,波阵面 S_1 上的各点可以看作是发射子波的子波源,经过 Δt 时间,各子波源发出的子波面是以各点为中心,以 $r=u\Delta t$ 为半径的球形波面. 画出各子波源的子波面,这些子波面在波行进的前方形成的包迹为 S_2 面,它就是 $t+\Delta t$ 时刻新的波阵面. 由作图的过程可知,包迹 S_2 是以 O 为球心,以 $R_2=R_1+u\Delta t$ 为半径的球面. 图 13-17 为平面波传播的示意图. 设平面波在各向同性,均匀介质中以波速 u 传播,如果 t 时刻的波阵面为平面 S_1,根据惠更斯原理,按照上述同样的方法,可作出 $t+\Delta t$ 时刻的波面 S_2,很明显,此时的波面仍然为平面.

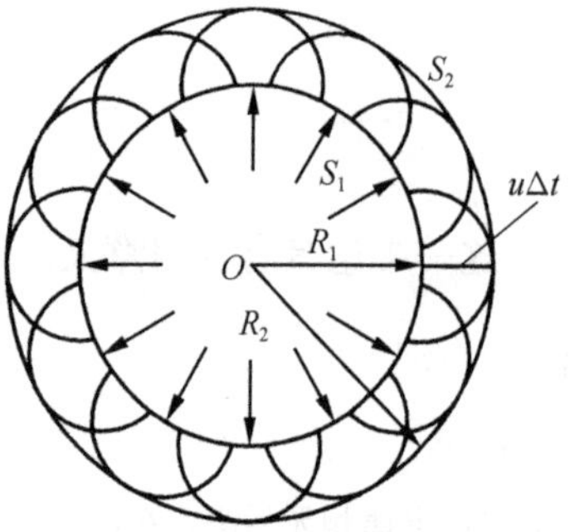

图 13-16　用惠更斯作图法推导球面波新的波阵面

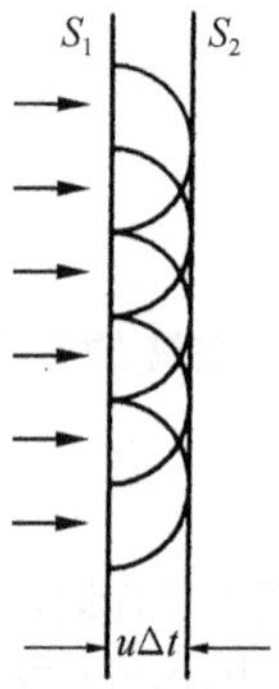

图 13-17　平面波新的波阵面

在无障碍物的各向同性的均匀介质中，波传播时，根据惠更斯原理作出的波阵面形状不发生变化，这与实际情况相符合. 对在各向异性，非均匀介质中的波传播问题，此处不作深入的讨论.

13.4.2　波的衍射

所谓波的衍射是指波在传播的过程中遇到障碍物时，其传播方向发生变化，能绕过障碍物的边缘继续前进的现象. 如图 13-18 所示，当一平面波通过障碍物上宽度与其波长相近的开口后，波扩展到了依照直线传播应该出现阴影的区域. 也即波发生了衍射现象. 根据惠更斯原理，某一时刻，波阵面传播到障碍物的开口处，这时开口处的波阵面上的各点是可以发射子波的子波源，按照几何方法作出这些子波面的包迹，就得出新的波阵面. 很明显，此时波阵面的形状在开口的边缘附近发生了弯曲，对应的波就向阴影区域传播. 也即波绕过了障碍物而继续向前传播. 若开口的宽度比波长小得多，衍射现象会更明显. 由此可见，波长越大，衍射现象越明显.

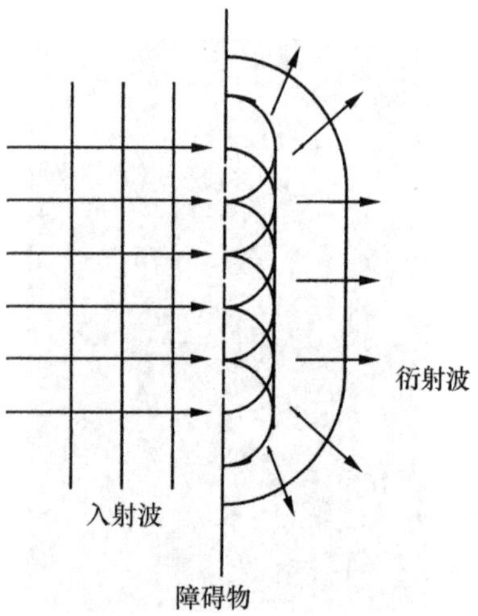

图 13-18　波的衍射

衍射现象是一切波动具有的共同特征之一. 无论机械波还是电磁波都会发生衍射现象，而且服从相同的规律. 因为惠更斯原理没有给出子波源发出的子波的振幅、相位等分布规律，所以对衍射现象都只能作出粗略的定性解释. 例如，它不能解释光波经过诸如小孔、小圆盘等衍射后出现明暗相间条纹的现象. 菲涅耳对惠更斯原理作了重要的补充，建立了惠更斯-菲涅耳原理，这一原理是解决波的衍射问题的理论基础，将在后面介绍.

13.4.3　波的反射和折射

波从一种介质传播到另一种介质的界面上时，会发生反射和折射现象. 下面根据惠更斯原理推导波的反射定律和折射定律.

1. 波的反射定律

如图 13-19 所示，入射波的波阵面和两介质的分界面均垂直于图面. 在 t 时刻，此波阵面与

图面的交线 AB 到达图示位置，波阵面上的 A 点先与分界面相遇，随后，波阵面上的 A_1、A_2 和 B 点依次到达界面上的 E_1、E_2 和 C 点. 设在时刻 $t+\Delta t$，B 点到达 C 点，并假定 $AA_1=A_1A_2=A_2B$. 入射波到达分界面上的各点都可作为发射子波的波源，为清楚起见，图中只画出了 A、E_1、E_2 和 C 点发出的子波面. 由于波在同一介质中的速度 u 不变，所以在 $t+\Delta t$ 时刻，从 A、E_1、E_2 发出子波的半径分别为 d、$2d/3$、$d/3(d=u\Delta t)$，显然，这些子波的包迹也是与图面垂直的平面. 它与图面的交线为 CD，且有 $AD=BC$. 与波阵面 AB 垂直的线是入射波的入射线. 作垂直于 CD 的直线，即为反射线，令 An、Cn 为分界面的法线，入射线与法线的夹角 i 称为入射角，反射线与法线的夹角 i' 称为反射角，由图可看出，任一条入射线和它的反射线以及入射点的法线在同一平面内，并由图可看出两个直角三角形△ABC，△CDA 全等，因此∠ACB=∠CAD，也就有 $i=i'$，表明入射角等于反射角. 这一结论称为波动的反射定律.

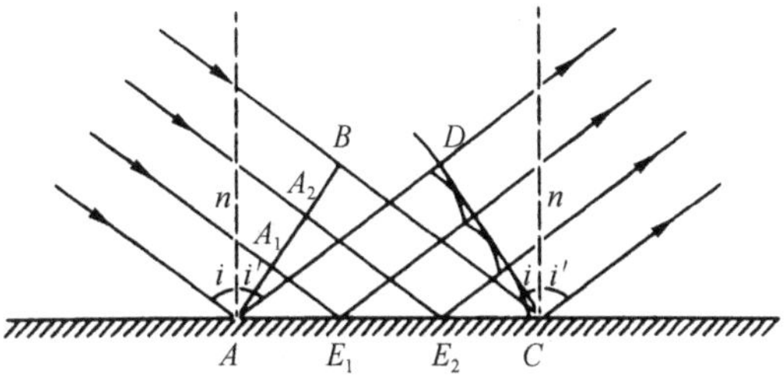

图 13-19 波的反射

2. 波的折射定律

当波从第一种介质进入第二种介质时，由于波速取决于介质本身，所以波在两种介质中的波速有所不同，在两种介质的界面上就会发生折射现象. 分别用 u_1、u_2 表示波在第一种和第二种介质中的波速. 如图 13-20 所示，设 t 时刻入射波波阵面与图面的交线到达图示位置 AB. 其后经过相等的时间此波阵面依次到达 E_1、E_2 和 C 点. 设在 $t+\Delta t$ 时，B 点到达 C 点，画出 $t+\Delta t$ 时刻从 A、E_1、E_2 向第二种介质中发出的子波面，子波面的半径分别为 d、$2d/3$、$d/3$（这里 $d=u\Delta t$），显然，这些子波的包迹也是与图面垂直的平面. 它与图面的交线为 CD，而且有 $\Delta t=\dfrac{BC}{u_1}=\dfrac{AD}{u_2}$，作垂直于此波阵面的直线，也即折射线. 图中的 r 表示折射角，且有∠$ACD=r$. 用 i 表示入射角，则有∠$BAC=i$，根据图示的几何关系可得

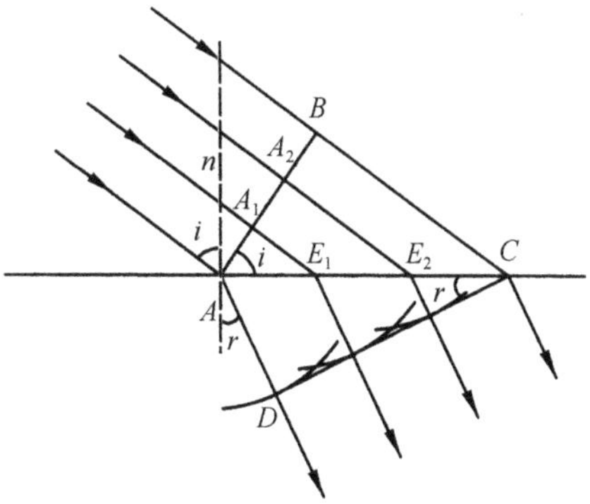

图 13-20 波的折射

$$BC=u_1\Delta t=AC\sin i$$
$$AD=u_2\Delta t=AC\sin r$$

两式相除就有

$$\frac{\sin i}{\sin r}=\frac{u_1}{u_2}=n_{21}$$

上式中的 $n_{21}=\dfrac{u_1}{u_2}$，称为第二种介质相对于第一种介质的相对折射率. 从图中可以看出，入射线、折射线和分界面的法线在同一平面内. 这一结论称为波动的折射定律.

复习思考题

13-11 试叙述惠更斯原理的内容，它可用来解决什么问题？

波的干涉

13.5　波 的 干 涉

前面讨论的都是一列波在介质中的传播. 当有几列波同时在介质中传播时，通过实验观察和研究后可得如下的规律：

(1) 各列波相遇分开后仍然保持各自的原有属性(频率、波长、振幅和振动方向等)不变，按照原来的传播方向继续向前传播，好像它们没有相遇一样，即各列波互不干扰. 这称为**波的传播独立性**.

例如，管弦乐合奏或几个人同时说话，虽然在空中存在许多声波，但人们仍然可以从中辨别出各种乐器的音调或每个人的声音，这就是波传播的独立性的例子. 一般情况下，空中存在许多电台所发出的无线电波，但我们仍然可以从中选出某一电台的广播，这也是波传播的独立性的例子.

(2) 在相遇的区域内，任一点处质点的振动，为各列波单独存在时引起的该点振动的合振动，即在任一时刻，该点处质点的振动位移是各列波单独存在时引起该点的振动位移的矢量和，这一规律称为**波的叠加原理**.

进一步的研究发现，波的叠加原理并不是在任何情况下都普遍成立的. 通常在波的强度不很大时，描述波的微分方程是线性的，波的叠加原理是成立的；而在波的强度很大时，描述波的微分方程不再是线性的，波的叠加原理不再成立. 例如，强烈的爆炸产生的声波，就会相互影响，不满足波的独立性原理.

在一般情况下，几列波在介质中传播时的叠加问题是很复杂的. 但当有两列简谐波满足频率相同、振动方向相同、相位差恒定的条件时，两列波在相遇处引起的合振动仍然是简谐振动，具有相同的振动方向和振动频率，而且合振动的振幅随该处的两分振动的相位差而定，同相的地方合振幅最大，反相的地方合振幅最小. 因此，**在两列波相遇的地方，有些地方振动始终加强，有些地方振动始终减弱，这种现象称为波的干涉现象. 能产生干涉的两列波称为相干波，其波源称为相干波源**. 上述的**两列波满足的频率相同、振动方向相同、相位相同或相位差恒定的条件称为相干条件.**

以下将应用波的叠加原理和振动合成理论来说明波的干涉.

设有两相干波源 S_1 和 S_2，对应的振动方程分别为

$$y_{01} = A_{10}\cos(\omega t + \varphi_1)$$
$$y_{02} = A_{20}\cos(\omega t + \varphi_2)$$

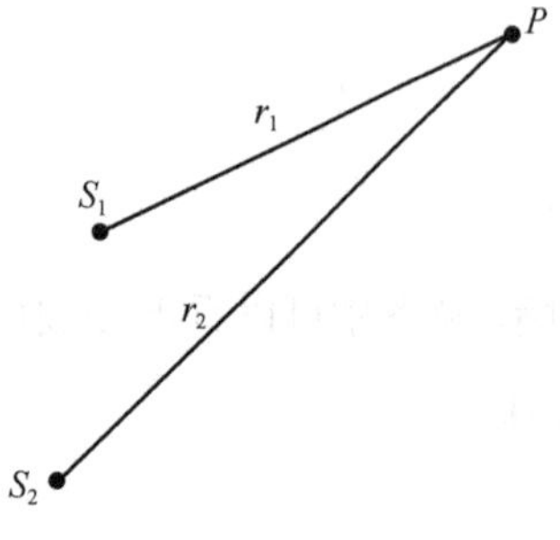

图 13-21　波的干涉

考虑离两波源距离分别为 r_1 和 r_2 的 P 点的振动情况，如图 13-21 所示. 设两波源发出的两列波传播至 P 点时的振幅分别为 A_1 和 A_2，则两列波分别单独引起 P 点的振动方程为

$$y_1 = A_1\cos\left(2\pi\nu t - 2\pi\frac{r_1}{\lambda} + \varphi_1\right)$$

$$y_2 = A_2\cos\left(2\pi\nu t - 2\pi\frac{r_2}{\lambda} + \varphi_2\right)$$

因为两个分振动的振动方向相同，根据同方向同频率振动的合成，P 点的运动仍为谐振动，振动方程为

$$y = y_1 + y_2 = A\cos(\omega t + \varphi) \qquad (13\text{-}25)$$

上式中的 A 为合振动的振幅，由下式决定：

$$A=\sqrt{A_1^2+A_2^2+2A_1A_2\cos\Delta\varphi} \tag{13-26}$$

由于波的强度正比于振幅的平方，如果以 I_1、I_2 和 I 分别表示两相干波和合成波在该点处的强度，则有

$$I=I_1+I_2+2\sqrt{I_1I_2}\cos\Delta\varphi \tag{13-27}$$

上面两式中的 $\Delta\varphi$ 为两波在 P 点处的相位差：

$$\Delta\varphi=(\varphi_2-\varphi_1)-2\pi\frac{r_2-r_1}{\lambda} \tag{13-28}$$

对确定的 P 点，$\Delta\varphi$ 为一恒量，对应 P 点的合振动的振幅也是恒量，当 P 点变动时，$\Delta\varphi$ 为一变量，对应的空间点的合振动的振幅随之发生变化.

由上式可知，满足条件

$$\Delta\varphi=(\varphi_2-\varphi_1)-2\pi\frac{r_2-r_1}{\lambda}=\pm 2k\pi,\quad k=0,1,2,\cdots \tag{13-29}$$

的各点，其合振幅 $A=A_1+A_2$，合振动的振幅最大，这种情况称为**干涉相长或干涉加强**，而满足条件

$$\Delta\varphi=(\varphi_2-\varphi_1)-2\pi\frac{r_2-r_1}{\lambda}=\pm(2k+1)\pi,\quad k=0,1,2,\cdots \tag{13-30}$$

的各点，其合振幅 $A=|A_2-A_1|$，合振动的振幅最小，这种情况称为**干涉相消或干涉减弱**. 特别当两波源的初相相等时，即 $\varphi_1=\varphi_2$，上式可进一步简化为

$$\delta=r_2-r_1=\pm k\lambda,\quad k=0,1,2,\cdots\quad(\text{合振幅最大，即干涉相长}) \tag{13-31}$$

$$\delta=r_2-r_1=\pm\frac{2k+1}{2}\lambda,\quad k=0,1,2,\cdots\quad(\text{合振幅最小，即干涉相消}) \tag{13-32}$$

式中的 $\delta=r_2-r_1$ **表示从波源 S_1 和 S_2 所发出的波到达 P 点时所经过的路程之差，称为波程差**. 上式表明两列相干波源为同相时在相遇的区域内，在波程差等于零或等于波长的整数倍的各点，振幅最大，振动始终加强；在波程差等于半波长或等于半波长的奇数倍的各点，振幅最小，振动始终减弱；在其他情况下，合振幅的数值分布在最大值 A_1+A_2 和最小值 $|A_2-A_1|$ 之间.

应当说明，当两波源不是相干波源时，不会出现波的干涉现象.

波的干涉在光学中是一个非常重要而有趣的内容，将在光的干涉内容中详细地讨论它.

复习思考题

13-12　波的相干条件是什么？

13-13　在两相干机械波相遇的区域内，什么地方呈现振动加强，什么地方呈现振动减弱？

习　题

13-1　选择题.

(1) 已知一平面简谐波的波函数为 $y=A\cos(at-bx)$（a,b 为正值），则（　　）.

(A) 波的频率为 a　　(B) 波的周期为 $\frac{2\pi}{a}$

(C) 波的传播速度为 $\frac{b}{a}$　　(D) 波长为 $\frac{\pi}{b}$

(2) 一平面简谐波沿 x 轴负方向传播，波速 $u=10\mathrm{m/s}$，$x=0$ 处质点的振动曲线如习题 13-1(2)图所示，则该波的波函数为(　　).

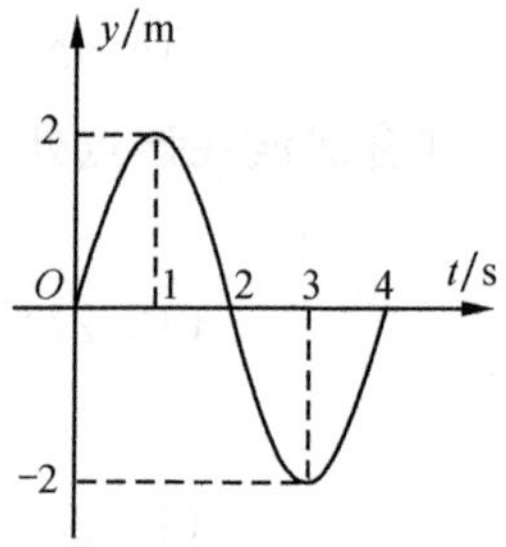

习题 13-1(2)图

(A) $y=2\cos\left(\frac{\pi}{2}t+\frac{\pi}{20}x+\frac{\pi}{2}\right)\mathrm{m}$

(B) $y=2\cos\left(\frac{\pi}{2}t+\frac{\pi}{20}x-\frac{\pi}{2}\right)\mathrm{m}$

(C) $y=2\sin\left(\frac{\pi}{2}t+\frac{\pi}{20}x+\frac{\pi}{2}\right)\mathrm{m}$

(D) $y=2\sin\left(\frac{\pi}{2}t+\frac{\pi}{20}x-\frac{\pi}{2}\right)\mathrm{m}$

(3) 一平面简谐波沿 x 轴正方向传播，波速为 $u=160\mathrm{m/s}$，$t=0$ 时刻的波形图如习题 13-1(3)图所示，则该波的波函数为(　　).

(A) $y=3\cos\left(40\pi t+\frac{\pi}{4}x-\frac{\pi}{2}\right)\mathrm{m}$

(B) $y=3\cos\left(40\pi t+\frac{\pi}{4}x+\frac{\pi}{2}\right)\mathrm{m}$

(C) $y=3\cos\left(40\pi t-\frac{\pi}{4}x-\frac{\pi}{2}\right)\mathrm{m}$

(D) $y=3\cos\left(40\pi t-\frac{\pi}{4}x+\frac{\pi}{2}\right)\mathrm{m}$

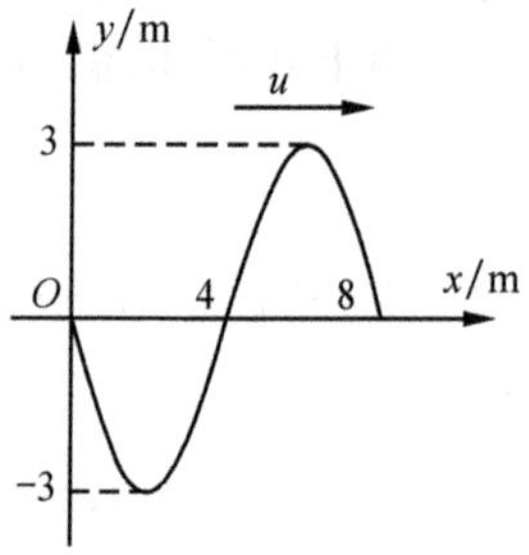

习题 13-1(3)图

(4) 传播速度为 $100\mathrm{m/s}$，频率为 50Hz 的平面简谐波，在波线上相距为 0.5m 的两点之间的相位差是(　　).

(A) $\frac{\pi}{3}$　　(B) $\frac{\pi}{6}$　　(C) $\frac{\pi}{2}$　　(D) $\frac{\pi}{4}$

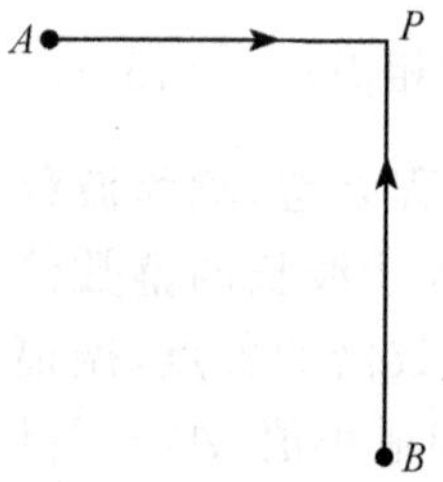

习题 13-1(5)图

(5) 两相干平面简谐波沿不同方向传播，如习题 13-1(5)图所示，波速均为 $u=0.40\mathrm{m/s}$，其中一列波在 A 点引起的振动方程为 $y_1=A_1\cos\left(2\pi t-\frac{\pi}{2}\right)$，另一列波在 B 点引起的振动方程为 $y_2=A_2\cos\left(2\pi t+\frac{\pi}{2}\right)$，它们在 P 点相遇，$\overline{AP}=0.8\mathrm{m}$，$\overline{BP}=1.00\mathrm{m}$，则两波在 P 点的相位差为(　　).

(A) 0　　(B) $\frac{\pi}{2}$　　(C) π　　(D) $\frac{3}{2}\pi$

(6) 在下列的平面简谐波的波函数中，选出相干波的波函数(　　).

(A) $y_1=A\cos\frac{\pi}{4}(x-20t)$　　(B) $y_2=4\cos 2\pi(x-5t)$

(C) $y_3=A\cos 2\pi\left(2.5t-\frac{x}{8}+0.2\right)$　　(D) $y_4=A\cos\frac{\pi}{6}(x-240t)$

13-2　填空题.

(1) 产生机械波的必要条件是________和________.

(2) 已知平面简谐波的波函数为 $y=A\cos(bt-cx+\varphi)$，式中 A、b、c、φ 均为常量，则此平面简谐波的频率为________，波速为________，波长为________.

(3) 一平面简谐波的周期为 2.0s，在波的传播路径上有相距为 2.0cm 的 M、N 两点，如果 N 点的相位比 M 点的相位落后 $\frac{\pi}{6}$，那么该波的波长为________，波速为________.

(4) 机械波在弹性介质中传播时，若介质中某质元刚好经过平衡位置，则它的能量为：动能最____，势能最____.

13-3　已知一波的波函数为 $y=5.0\sin(10\pi t-0.6x)\mathrm{cm}$.

(1) 求波长、频率、波速和周期；

(2) 说明 $x=0$ 时波函数的意义.

13-4　一横波，其波函数为

$$y = A\cos\frac{2\pi}{\lambda}(ut - x)$$

若 $A=0.01\text{m}$，$\lambda=0.20\text{m}$，$u=25\text{m/s}$，试求 $t=0.10\text{s}$ 时 $x=2.0\text{m}$ 处的质点的位移、速度、加速度.

13-5　波源的振动方程为 $y=6.0\times10^{-2}\cos\frac{\pi}{5}t\text{m}$，它所激起的波以 2.0m/s 的速度在一直线上传播，求：

(1) 距波源 6.0m 处一点的振动方程；

(2) 该点与波源的相位差.

13-6　如习题 13-6 图所示，一简谐波沿 x 轴正向传播，波速 $u=500\text{m/s}$，P 点的振动方程为 $y=0.03\cos\left(500\pi t-\frac{\pi}{2}\right)$(SI)，$\overline{OP}=x_0=1\text{m}$. (1)求该波的波函数；(2)画出 $t=0$ 时刻的波形曲线.

13-7　如习题 13-7 图所示，一平面波在介质中以速度 $u=20\text{m/s}$ 沿 x 轴负方向传播，已知 A 点的振动表达式为 $y_A=3\cos\pi t$，t 的单位为 s，y 的单位为 m.

(1) 以 A 为坐标原点写出波函数；

(2) 以距 A 点 5m 处的 B 点为坐标原点，写出波函数.

13-8　一平面简谐波沿 x 轴正向传播，已知 $x=20\text{m}$ 处的质点的位移-时间曲线如习题 13-8 图所示，波速 $u=4\text{m/s}$，

(1) 画出原点处质点的振动曲线；

(2) 写出波函数.

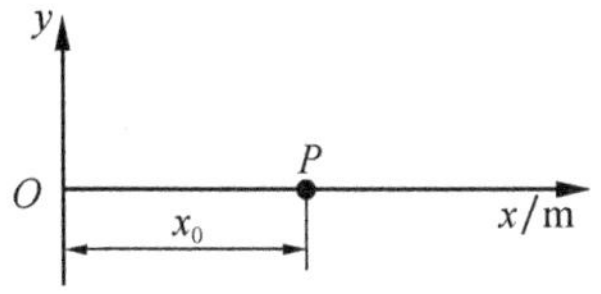

习题 13-6 图

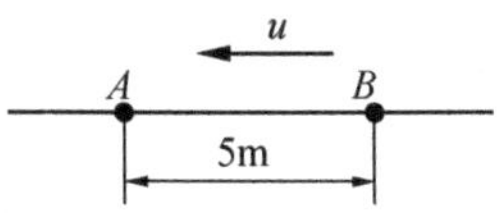

习题 13-7 图

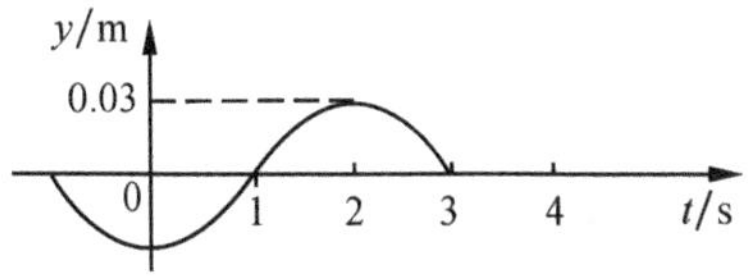

习题 13-8 图

13-9　一平面谐波沿 x 轴正向传播，波速 $u=0.08\text{m/s}$，如习题 13-9 图所示为 $t=0$ 时的波形，求：

(1) O 点的振动方程；

(2) 波函数；

(3) P 点的振动方程；

(4) a、b 两点的振动方向.

13-10　一列沿 x 轴正向传播的简谐波，已知 $t_1=0$ 和 $t_2=0.25\text{s}$ 时的波形图如习题 13-10 图所示，试求：

(1) P 点的振动表达式；

(2) 此波的波动表达式.

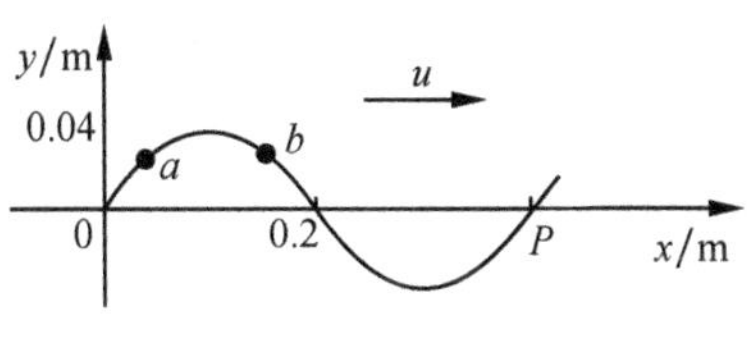

习题 13-9 图

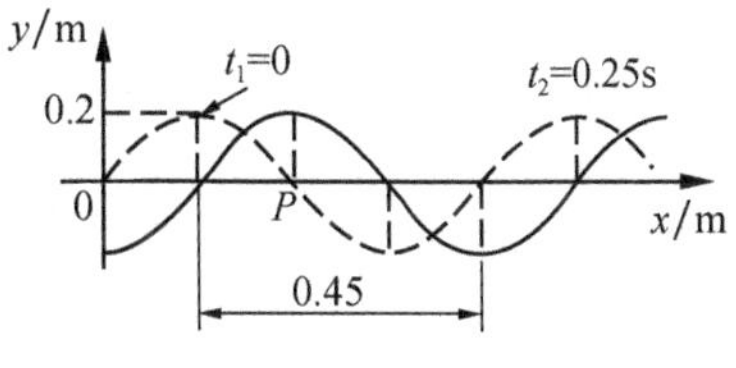

习题 13-10 图

第14章 波动光学

光是我们最熟悉的现象之一. 我们的周围是一个充满光明的世界. 据统计在人类感官接收到外部世界的总信息量中，有90%以上是通过视觉获得的，因此，光是人类生存、发展的最重要的因素. 那么，光是什么？这个问题很早就引起了人们的关注，光学成为最早得到发展的学科之一.

早在周朝，我国劳动人民就已经能利用铜镜取火，利用铜锡合金制成镜子；在我国春秋战国时期的墨翟及其弟子所著的《墨经》中，就已经记载了光的直线传播特性以及平面镜、凸面镜和凹面镜的成像现象. 到了宋朝，科学家沈括在《梦溪笔谈》中对小孔成像、凸面镜和凹面镜的成像，以及凹面镜的焦点作了详细的叙述. 古希腊和古埃及对光学的发展也有很重要的贡献，如希腊数学家欧几里得(Euclid)所著的《光学》中，也研究了平面镜成像问题，但却比我国的《墨经》晚了100多年.

经过漫长的光学发展时期，到了17世纪下半叶，对光的认识有两派针锋相对的观点：一派是以牛顿为首的微粒说. 微粒说认为，光是由光源飞出来的微粒流，同时预言光在水中的传播速度大于光在空气中的传播速度；另一派是以惠更斯为首的波动学说. 波动学则认为光是类似于水波、声波，在"以太"中传播的弹性波，并且预言光在水中的传播速度小于光在空气中的传播速度. 二者都能解释光的反射和折射现象，但都没有对光的干涉和衍射现象作出满意的解释. 对于这两种截然不同的观点，由于当时的生产水平所限，仅仅因为牛顿的崇高威望，而惠更斯尚还年轻，因而微粒说占据了主导地位. 到了19世纪初人们进行了两个重要的实验：双缝干涉实验，单缝衍射实验. 稍后，菲涅耳(Fresnel)等又用光的波动学说和干涉原理系统地研究了光通过障碍物和小孔时所产生的衍射图样，并对光的直线传播做出了满意的解释. 这是光的波动说的巨大胜利. 后来，马吕斯(Malus)等对光的偏振现象做了进一步研究，从而确认光具有横波特性. 关于光在水中和空气中的传播速度问题，在牛顿提出微粒学说之后的200年，即1850年，才由傅科(Foucault)解决，他从实验中测量出光在水中的速度比空气中要小，印证了惠更斯的预言，光的波动学说取得了决定性的胜利. 但惠更斯的波动学说也不能完全说明光的本质.

在19世纪初，麦克斯韦在前人研究的基础上，建立了电磁理论，预言了电磁波的存在，特别指出光也是一种电磁波. 到了19世纪80年代，赫兹用实验证实了电磁波的存在，并测定了电磁波的速度恰好等于光的速度，麦克斯韦理论为光波特性的研究奠定了理论基础. 后来，迈克耳孙(Michelson)实验否定了"以太"的存在，也就否定了弹性波性质的波动说，更加确立了光的电磁理论学说. 20世纪初，由于爱因斯坦量子理论的提出和发展，人们对光的认识更加深化. 由光的干涉、衍射和偏振等现象所证实的光的波动性，和由黑体辐射、光电效应和康普顿(Compton)效应所证实的光的量子性——粒子性，都客观地反映了光的特性，因此，光具有波粒二象性. 实际上，近代物理理论告诉我们，一切实物粒子都具有波粒二象性.

光学是人们研究光的本性，光的产生、传播、接收，以及光和物质相互作用的科学. 通常认为，基础光学由物理光学和几何光学两大部分组成. 几何光学在中学物理中已学过一部分，物理光学研究的是光物质的基本属性、传播规律和它与其他物质的相互作用. 物理光学包含有波动光学和量子光学两部分内容. 前者研究光的波动性，后者研究光的量子性. 几何光学则是采用光的直线传播概念，研究光传播的基本规律和光学系统成像的原理及其应用.

本章讨论波动光学，其主要内容有：光的干涉及其应用、光的衍射和光的偏振现象等.

14.1 光的电磁波特性

光是电磁波

根据麦克斯韦的电磁理论，光是一种电磁波，可以这样来理解电磁波在空间的传播：设在空间某一区域中电场发生了变化，则它在临近的区域就会产生变化的磁场，这变化的磁场又要引起较远的区域产生变化的电场，接着又要在更远的区域产生变化的磁场，如此继续下去，变化的磁场和变化的电场不断地相互交替激发，就由近及远地传播出去. 这种变化的电磁场在空间以一定的速度传播的过程，就是电磁波.

14.1.1 电磁波的产生和传播

欲产生电磁波，首先要有适当的波源. 理论上已证明电磁波在单位时间内辐射的能量是与频率的四次方成正比的，即振荡电路的频率越高，就能更有效地将能量辐射出去. 我们知道，在 LC 振荡电路中，有电场能量和磁场能量的交替变化，其固有频率为 $\nu=\dfrac{1}{2\pi\sqrt{LC}}$. 但它不适合用作辐射电磁波的波源，原因有二：其一，因 L 和 C 都比较大，其固有频率很小，电磁波能量不能有效地传播出去；其二，LC 电路相对较为封闭，只有电场能量和磁场能量的交替变化，并没有电磁能量的辐射. 为了有效地把电磁能辐射出去，必须改变振荡电路的形状，使之既能提高电路的固有频率，又便于将电磁能分散到空间.

如果我们把 LC 振荡回路中电容器两极板间的距离逐渐扩大，同时将线圈的匝数减少并逐渐拉直，最后简化成一根直导线，如图 14-1 所示，则由于电路形状的改变，电场和磁场便逐渐分散到周围的空间，同时由于电路中 L 和 C 的减小也提高了电路的振荡频率. 当电流在直线形的回路来回振荡时，直线形回路的两端就会出现正负交替的等量异号电荷(即电偶极子)，相当于这等量的正负电荷沿直线来回振荡，即电偶极子的振荡，这样的电路即可作为发射电磁波的波源.

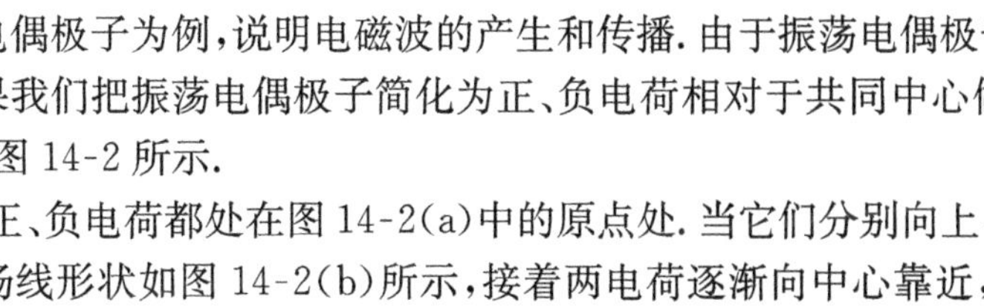

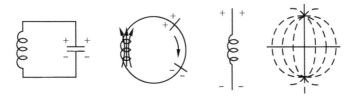

图 14-1 电磁波的辐射

下面，我们以电偶极子为例，说明电磁波的产生和传播. 由于振荡电偶极子中的正、负电荷不断地交替变化，如果我们把振荡电偶极子简化为正、负电荷相对于共同中心做谐振动的模型，则其电场线的变化如图 14-2 所示.

设 $t=0$ 时刻，正、负电荷都处在图 14-2(a)中的原点处. 当它们分别向上、下移动至某一距离时，两电荷间的电场线形状如图 14-2(b)所示，接着两电荷逐渐向中心靠近，电场线也逐渐改变成如图 14-2(c)所示的情形，然后它们又回到中心处重合，完成前半个周期的谐振荡，其电场线的形状便成闭合状了，如图 14-2(d)所示. 此后，在后半个周期的过程中，正、负两电荷的位置相

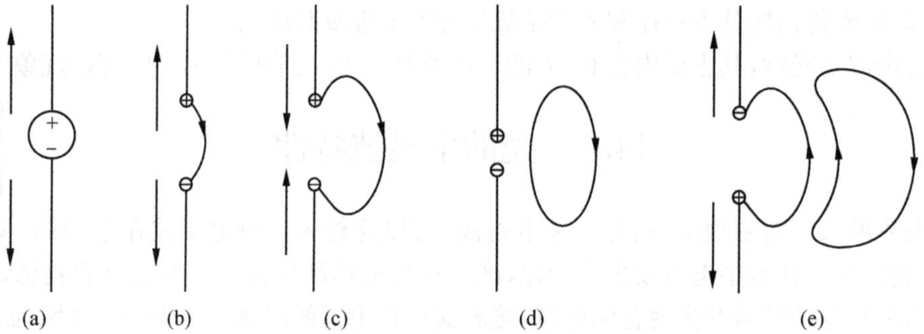

图 14-2　不同时刻振荡电偶极子附近的电场线

互对调，电场线的形状如图 14-2(e)所示，当后半个周期终了时，又形成了一条与上述方向相反的一条闭合电场线. 闭合电场线的形成表明已产生了涡旋电场. 当电偶极子来回往返振荡时，在电偶极子的周围，电场线分布如图 14-3 所示.

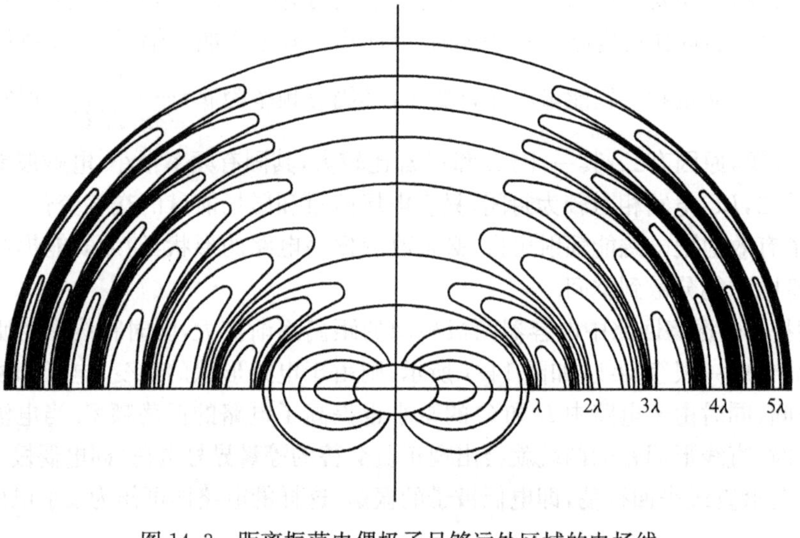

图 14-3　距离振荡电偶极子足够远处区域的电场线

可以看出，在较远的区域，电场线都是闭合的，而且随着距离增大，波面逐渐趋于球形. 因电场强度沿着切线方向，则在这个区域内电场强度 $\boldsymbol{E}$ 跟矢径 $\boldsymbol{r}$ 相互垂直. 此外，闭合电场线所表征的变化电场将产生变化的磁场，变化的磁场将产生变化的电场，两者相互激发和相互感生，并不断地向外扩展传播着. 磁场强度 $\boldsymbol{H}$、电场强度 $\boldsymbol{E}$ 和矢径 $\boldsymbol{r}$ 三者是相互垂直的. 如果用余弦来表示振荡的磁场和振荡的电场，二者是同相位的. 在电磁波传播的某一个给定的方向上来考虑问题，三者之间的关系如图 14-4 所示.

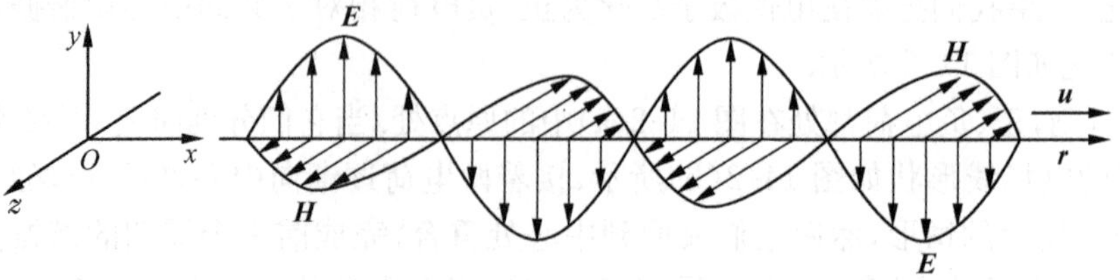

图 14-4　电磁波的波矢量图

14.1.2 光是电磁波

精确实验测定表明，光在真空中的传播速率等于电磁波在真空中的传播速率 c；光与电磁波在两种不同介质分界面上都发生反射和折射；光与电磁波都表现出波动特有的干涉、衍射现象，并且二者都有横波才具有的偏振特性. 另外，用电磁波理论可以解释光学现象的结果，这一切都说明光是一种电磁波. 实验证明，电磁波的范围很广，从无线电波、红外线、可见光、紫外线到 X 射线、γ 射线等都是电磁波，这些电磁波的本质完全相同，只是它们的频率（或波长）不同，从而表现出不同的特性. 为了便于比较，对各种电磁波做了全面了解，我们可以按照波长（或频率）大小，把它们依次排列成电磁波谱，如图 14-5 所示.

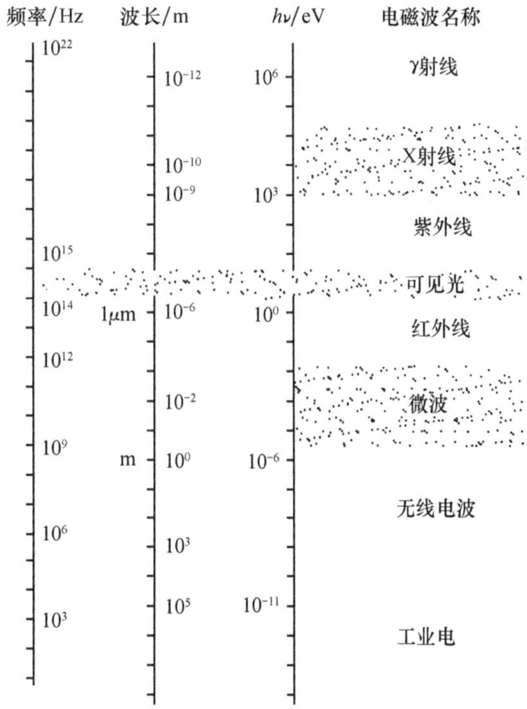

图 14-5 电磁波谱图

通常意义上的光是指可见光，即能引起人的视觉的电磁波. 可见光的频率和波长范围见图 14-5，不同频率的可见光给人以不同颜色的感觉. 频率从大到小所对应的颜色分别是紫、蓝、青、绿、黄、橙、红.

实验表明，可见光中引起视觉和光化学效应的是光波中电场矢量 $\boldsymbol{E}$. 另外，一般带电粒子运动时（$v \ll c$）受磁场的作用力要远远小于受电场的作用力，以至于磁场力可以忽略不计. 因此，常把电场矢量 $\boldsymbol{E}$ 称为**光矢量**.

14.2 光源 相干光

光源、光波的叠加

14.2.1 光源

能发射光波的物体称为光源，如太阳、电灯、日光灯、霓虹灯、闪电等. 不同的光源采用不同的发光材料，不同的发光材料对应不同的发光过程. 一般光源发光机理是处于激发态的原子或分子（下面以原子为例）的自发辐射. 处于激发态的原子是不稳定的，它会自发地回到低激发态或基态，这一过程称为从高能级向低能级的**跃迁**. 在这种跃迁过程中，原子的能量减少，原子向外界发射电磁波，电磁波携带着原子所减少的能量. 这一跃迁过程所经历的时间很短，为 $10^{-9} \sim 10^{-8}$ s，可看作一个原子一次发光所持续的时间. 光是电磁波，一个原子每次发光就只能发出一段长度有限、频率一定和振动方向一定的光波，这一段光波称为一个波列. 人眼感觉到的光波，是光源中大量原子或分子发出的多个波列的总效应. 一方面，构成光源的原子或分子，是各自相互独立地发出一个个波列的，它们的发射是偶然的，彼此间没有联系，因此，在同一时刻，各原子或分子发出的光，频率、相位和振动方向各不相同（图 14-6）；另一方面，原子或分子的发光是

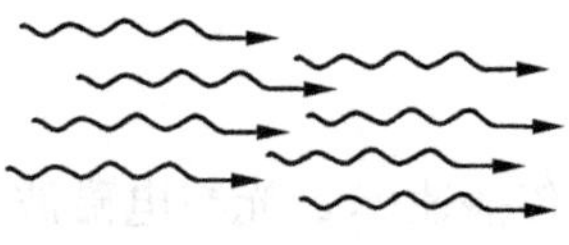

图 14-6　电磁波的波列图

间歇的，当它们发出一个波列之后，要停留若干时间再发出第二个波列，所以同一个原子所发出的前一个波列和后一个波列在频率、相位和振动方向上也不一定相同. 由此可知，对于两个独立的光源或同一光源的不同部分来说，产生干涉的三个条件很不容易得到满足，它们发出的光波在空间相遇时，光的能量均匀分布，不能产生干涉现象.

14.2.2　相干光

频率相同、振动方向平行、相位差恒定的两束简谐光波相遇时，在光波重叠区，光强在空间形成强弱相间的稳定分布，把光波的这种叠加称为**相干叠加**. 满足上述三个条件的光源称为**相干光源**.

那么，怎样才能获得两束相干光呢？如果将一光源上同一原子或分子在同一次跃迁中发出的同一个波列分开，使之沿两条不同的路径传播，这时每一个波列都分成两个频率相同、振动方向相同、相位差恒定的波列，然后再使它们相遇，这两个波列在相遇区域就能产生干涉现象. 获得相干光的方法很多，大体上可分为两大类：**分波面法**和**分振幅法**. 前者是在同一个波阵面上取两个子波源作为相干光源，如杨氏双缝干涉实验、双面镜、洛埃镜实验等；后者是利用光在薄膜的两个界面上的反射在同一个波列的前后两个波阵面上各取一个子波源作为相干光源，如在日常生活中看到的油膜、肥皂膜上所呈现的彩色条纹，还有牛顿环、迈克耳孙干涉仪实验等采用的都是分振幅法的思想. 我们在下面的篇幅中将对上述实验一一介绍. 另外，由于激光的出现，光源的相干性大大提高，现在已经能实现两个独立激光束的干涉.

14.2.3　相干叠加的光强分布

普通光源发出的光在空间相遇，相遇区域光强均匀分布，任一处的光强等于两束光强之和，看不到干涉现象. 那么，相干叠加区域，光强如何分布呢？

设两同频率单色光源发出的电磁波如图 14-7 所示，波源和发出的电磁波可表示如下：

$$\boldsymbol{E}_1 = \boldsymbol{E}_{01}\cos\left(\omega t - \frac{\omega r_1}{c} + \varphi_1\right) \tag{14-1}$$

$$\boldsymbol{E}_2 = \boldsymbol{E}_{02}\cos\left(\omega t - \frac{\omega r_2}{c} + \varphi_2\right) \tag{14-2}$$

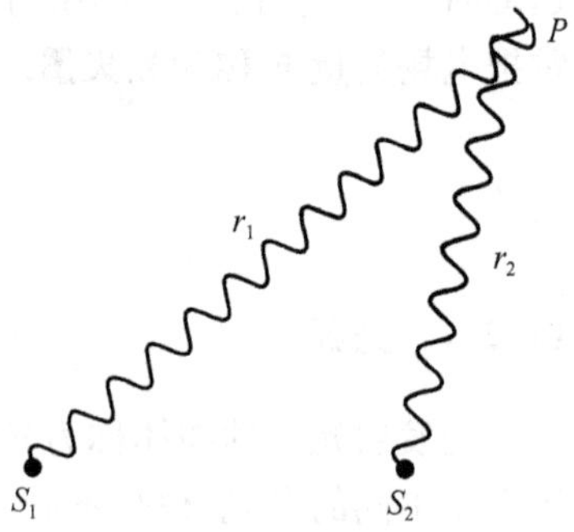

图 14-7　电磁波叠加图

在 P 点的合光矢量 $\boldsymbol{E}=\boldsymbol{E}_1+\boldsymbol{E}_2$，则

$$E^2 = E_1^2 + E_2^2 + 2E_1E_2\cos\Delta\varphi$$

这里的 $\Delta\varphi=(\varphi_2-\varphi_1)-\omega\dfrac{r_2-r_1}{c}$ 为两束光在 P 点的相位差. 根据平面简谐波理论，光强（波的强度）I 正比于振幅的平方，则有 $I=I_1+I_2+2\sqrt{I_1I_2}\cos\Delta\varphi$，$I_1$、$I_2$ 和 I 分别指的是 S_1 和 S_2 发出的光强和 P 点的叠加光强.

两束光在空间某点的相位差 $\Delta\varphi$ 不随时间变化，但却随空间位置的变化而变化，因此光强大小会随空间位置不同而变化.

当 $\Delta\varphi=\pm 2k\pi(k=0,1,2,\cdots)$时，叠加光强达到最大，即

$$I_{\max}=I_1+I_2+2\sqrt{I_1I_2}=(\sqrt{I_1}+\sqrt{I_2})^2 \tag{14-3}$$

当 $\Delta\varphi=\pm(2k+1)\pi(k=0,1,2,\cdots)$时，叠加光强达到最小，即

$$I_{\min}=I_1+I_2-2\sqrt{I_1I_2}=(\sqrt{I_1}-\sqrt{I_2})^2 \tag{14-4}$$

若 $I_1=I_2$，则光强最大值 $I_{\max}=4I_1$，最小值 $I_{\min}=0$.

若 $\varphi_1=\varphi_2$，则

$$\Delta\varphi=-\frac{\omega}{c}(r_2-r_1)$$

令 $\Delta r=r_2-r_1$，当 $\Delta r=\pm 2k\dfrac{\lambda}{2}$时，$\Delta\varphi=\pm 2k\pi(k=0,1,2,\cdots)$，干涉加强；当 $\Delta r=\pm(2k+1)\dfrac{\lambda}{2}$时，$\Delta\varphi=\pm(2k+1)\pi(k=0,1,2,\cdots)$，干涉相消.

复习思考题

14-1 两束光的叠加区域，若 $I_1=I_2$，则光强最大值 $I_{\max}=4I_1$，此能量从哪来？最小值$I_{\min}=0$这里的能量又去了哪里？

14.3 杨氏双缝干涉 洛埃镜

获得相干光的方法、杨氏双缝实验

14.3.1 杨氏双缝干涉

杨氏双缝干涉实验是最早利用单一光源形成两束相干光，从而获得干涉现象的典型实验.

实验装置及实验现象分别如图 14-8(a)、(b)所示，由光源发出的一束平面单色光照射在单缝 S 上(S 相当于缝光源)，发出一系列柱面波，双缝屏上的缝 S_1 和 S_2 正好在同一个波阵面上，作为次波源的 S_1 和 S_2 是来自于同一个波阵面的频率、相位、振动方向均相同的相干波，这就是我们前面所提到的**分波面法**. 在接收屏上将出现稳定的、平行于缝的、明暗相间的干涉条纹.

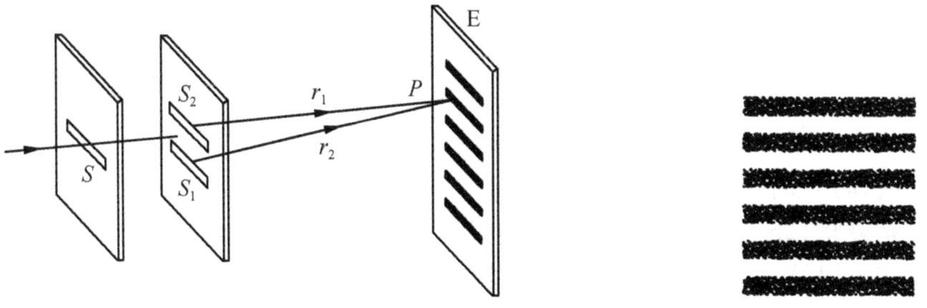

(a) (b)

图 14-8 杨氏双缝干涉装置及干涉条纹图

下面，我们给出上述干涉现象的理论分析，如图 14-9 所示. 设 S_1 和 S_2 间的距离为 d，双缝与接收屏间的距离为 D. 今在接收屏上取一点 P，它与 S_1 和 S_2 间的距离分别为 r_1 和 r_2，则 $\Delta r=r_2-r_1$，O 点为 S_1S_2 的中垂线和接收屏的交点，以 O 为原点，沿接收屏向上建立 x 坐标轴，

设 P 点的坐标为 x. 实验中,d 和 x 是以 mm 作计量的,而 D 是以 m 作计量的,所以 $D\gg d$. 从图上可以看出

$$r_1^2 = D^2 + \left(x - \frac{d}{2}\right)^2 \tag{14-5}$$

$$r_2^2 = D^2 + \left(x + \frac{d}{2}\right)^2 \tag{14-6}$$

所以

$$r_2^2 - r_1^2 = (r_2 - r_1)(r_2 + r_1) = 2xd \tag{14-7}$$

因为 $D\gg d$,故有 $r_2+r_1\approx 2D$,由上式可解出

$$\Delta r = r_2 - r_1 \approx \frac{d}{D}x \tag{14-8}$$

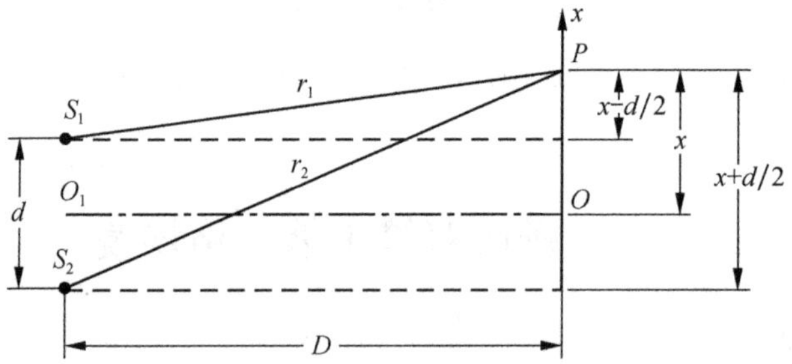

图 14-9　杨氏双缝干涉光路图

由波动理论可知,因为这两束光的初相相同,干涉情况仅由 Δr 来决定,若入射光波波长为 λ,则当 $\Delta r=\dfrac{xd}{D}=\pm k\lambda$,即 $x=\pm\dfrac{D}{d}k\lambda\,(k=0,1,2,\cdots)$时,两束光干涉加强(最强),该处为明条纹中心. 式中取±号,表示干涉条纹是在原点两边对称分布的,对于原点 $x=0$,$k=0$,两束光相位相同,相互加强为零级明条纹,或叫中央明条纹,如图 14-10(a)所示. 在 O 点两侧,与 $k=1,2,\cdots$ 相应的 Δr 为 $\pm\lambda,\pm 2\lambda,\cdots$为半波长的偶数倍,相遇点光矢量振动方向相同,如图 14-10(b)所示,相互加强称之为第一级、第二级……亮条纹.

当 $\Delta r=\dfrac{dx}{D}=\pm(2k-1)\dfrac{\lambda}{2}$ 或 $x=\pm\dfrac{D}{d}(2k-1)\dfrac{\lambda}{2}\,(k=1,2,\cdots)$时,两束光在相遇点的 Δr 为半波长的奇数倍,振动方向相反,干涉相消分别称之为第一级、第二级……暗条纹中心,如图 14-10(c)所示,它们分别分布在中央明条纹的两侧. 若在 P 点的 Δr 不满足上面两式,则 P 点既不是最明也不是最暗,处于最明和最暗之间的过渡状态. 不同的点,Δr 不同,光强分布也不相同.

从上式我们可以算出,相邻明条纹或相邻暗条纹之间的距离均为

$$\Delta x = x_{k+1} - x_k = \frac{D}{d}\lambda$$

即干涉明暗条纹是等间距分布的.

综上所述,在干涉区域内,我们在屏幕上可以看到**以中央明条纹为中心的、两侧对称的、明暗相间的、等间距分布的干涉条纹**.

14.2.2 节我们曾提到过,在非相干叠加区域光强均匀分布,在这里我们可以给出定性的解释:假设从 S_1 和 S_2 发出的波初相差为 π,则通过相似的分析有:光到达 O 处及 P_0 处时反相为暗

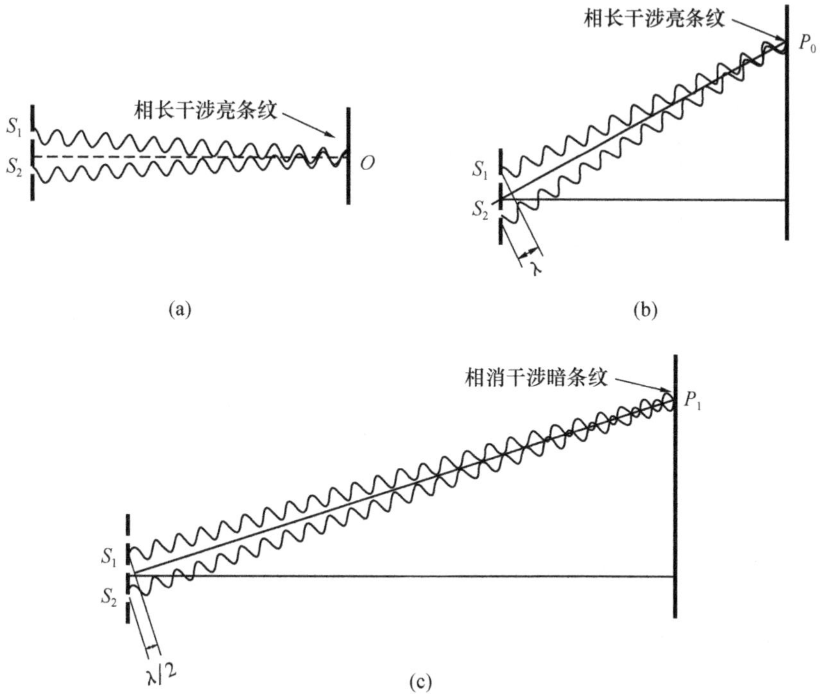

图 14-10 双缝干涉光波叠加图

条纹，到达 P_1 处同相为亮条纹，即仍可以产生一套干涉图样，但亮条纹和暗条纹的位置发生了改变. 将此论点推广到其他初相差值，可知从两缝发出的两个波的相位差为任何一个特定值时都会产生一套干涉图样，改变两个波的相位差，结果只会使条纹位置发生移动. 现在假设两波的相位差随机变化，若此相位差变化的时间与观察时间相比很短，我们看到的现象将是许多套干涉图样的重叠，即光强均匀分布，看不到干涉条纹！要能看到稳定的干涉图样，来自 S_1 和 S_2 的波要保持恒定的相位差.

另外，我们只能在接收屏中央的有限区域看到干涉图样. 随着 x 增大，光程差 Δr 也在增大，而一个波列的长度是有限的，当 Δr 大于一个波列的长度时，在叠加区域，来自 S_1 和 S_2 的两列波不是来自同一个波列，不满足相干条件，也就不能看到干涉图样.

以上讨论都是针对单色光而言，即入射光的波长为定值. 当用白光(复色光)入射时，每一波长的色光都对应于自己的一套干涉图样，复合后的干涉现象即为：中央明条纹中心为白光，在中央明条纹的两侧，对称分布着彩色条纹，波长越短越靠近中央亮条纹中心，依次为紫、蓝、青、绿、黄、橙、红，高级次彩色条纹会出现不同波长干涉条纹的重叠现象.

14.3.2 洛埃镜实验

洛埃镜实验装置如图 14-11 所示，ML 为一块背面涂黑的玻璃片. 从狭缝 S_1 射出的光，一部分直接照射到屏幕 P 上，如图中的光线①，另一部分掠入射(入射角近似为 90°)到玻璃面 ML 经反射后到达屏幕上，如图中光线②所示. 反射光可看成是由虚光源 S_2 发出的. S_1、S_2 构成一对相干光源. 图中的阴影区域表示相干光的叠加区域，处于阴影区域的接收屏上可以观测到明暗相间的干涉图样，类似于杨氏双缝干涉.

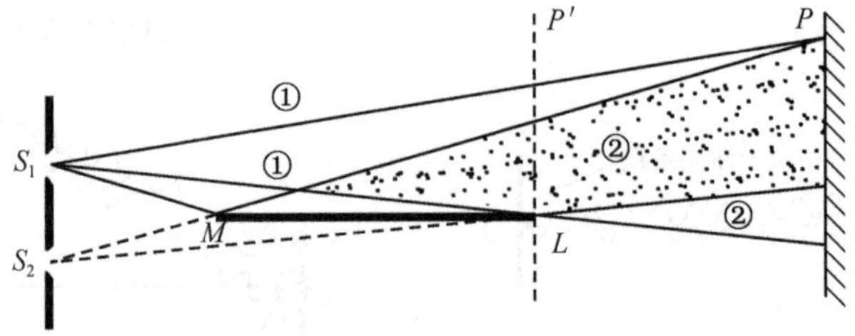

图 14-11　洛埃镜实验简图

洛埃镜实验不但能显示光的干涉现象，而且还能显示光由光疏介质（折射率较小）射向光密介质（折射率较大）而反射回来时的相位变化. 若把屏幕放到 $P'L$ 的位置上，这时屏幕和镜面相接触. 在接触处 L 点，从 S_1、S_2 发出的光路程相等，相当于双缝干涉实验接收屏的中央位置处，应该出现的是明条纹，但是实验结果表明：**该处为一暗条纹**. 事实上，不管接收屏放在什么位置，根据理论计算应该出现明条纹的地方出现了暗条纹，而应该出现暗条纹的地方出现了明条纹. 这说明双缝实验和洛埃镜实验不尽相同，本质的区别在什么地方？双缝实验中，叠加区域的光直接来自于 S_1、S_2，而洛埃镜实验中，一束光直接来自于 S_1，来自于虚光源 S_2 的光事实上是经平面玻璃的反射光. 事实表明：直接射到屏幕上的光与由镜面反射出来的光在接触处的相位相反，最小相位差为 π. 因为入射光在均匀介质或真空中传播，不可能有这种相位的改变，这一相位的改变只能发生在反射过程中. 我们把这种光在两种介质界面上反射时发生的现象称为“π 相位的突变”，这一突变等效于反射光的光程在反射过程中改变（多走或少走）了半个波长，因而，这种现象也称为“半波损失”.

事实证明，并不是光在任何一种界面上反射时都有半波损失，**只有光由光疏介质进入光密介质并在其界面反射时才会发生半波损失**.

复习思考题

14-2　双缝干涉实验用白光作光源时，若在一条缝后放红色滤光片，另一条缝后放绿色滤光片，在屏上能否看到干涉条纹？为什么？

14.4　光　　程

光程与光程差

14.4.1　光程

在前面我们讨论的干涉实验中，两束光都在空气中（空气的折射率为 1.0029，接近真空的折射率，相当于在真空中）传播，光的波长不发生变化，所以根据两束光的几何路径差 Δr 就可以确定相位差，从而确定它们的干涉情况. 但当光在不同的介质中传播时，不同的介质中波长不同，这时就不能只根据几何路径差来计算相位差了. 为此，我们引入光程这一概念.

已知介质的折射率为 n，光在介质中传播过的几何路径为 r，令

$$x = nr \tag{14-9}$$

则 x 为光在该介质中的**光程**.

为什么作如此的定义呢？可以从以下两个方面去理解.

第一，已知单色光的传播速率在不同的介质中是不同的，在折射率为 n 的介质中，光的速率

为 $u=c/n$. 光在介质中传播的距离为 r 时所用时间为 $t=\frac{r}{u}=\frac{x}{nu}=\frac{x}{c}$，可见 $x=ct$，c 为光在真空中的速率，光程相当于在相等的时间内，光在真空中走过的路程.

第二，若在介质中单色光的频率为 ν，则在介质中光波的波长为

$$\lambda_n=\frac{u}{\nu}=\frac{c}{n\nu}=\frac{\lambda}{n} \tag{14-10}$$

式中，λ 为真空中的波长. 显然，在不同的介质中，同一频率单色光的波长是不同的. 但是，不管在哪一种介质中，光波向前传播一个波长，相位都改变 2π，因此，在改变相同相位 $\Delta\varphi$ 的条件下，光波在不同的介质中传播的路程是不同的. 若光波在介质中传播的距离为 r，相应地，在真空中传播的路程为 x，则有

$$\Delta\varphi=2\pi\frac{r}{\lambda_n}=2\pi\frac{x}{\lambda} \tag{14-11}$$

则

$$x=\frac{\lambda r}{\lambda_n}=nr \tag{14-12}$$

可以证明，在相位变化相同的条件下，光波在介质中传播的路程 r 相应地可以折合为光在真空中传播的路程 nr.

综上所述，**光程是一个折合量，在传播时间相同或相位改变相同的条件下，把光在介质中传播的路程折合为光在真空中传播的相应路程. 在数值上，光程等于介质折射率乘以光在介质中传播的路程.**

光程具有可加性，若一束光分别在折射率为 $n_1, n_2, \cdots$ 的介质中走过的几何路程为 $r_1, r_2, \cdots$，则全程的光程为 $\sum\limits_i n_i r_i$.

引进光程这一概念，我们就可以把单色光在不同介质中的传播都折算为光在真空中的传播. 由此可见，两束相干光通过不同的介质后，在空间某点相遇时所产生的干涉现象，与两者的**光程之差**(简称**光程差**)有关. 用 δ 表示两束光的光程差，光程差和相位差的关系为

$$\Delta\varphi=2\pi\frac{\delta}{\lambda}$$

当

$$\delta=\pm k\lambda \quad (k=0,1,2,\cdots)$$

时，有

$$\Delta\varphi=\pm 2k\pi$$

此时干涉加强为亮条纹.

当

$$\delta=\pm(2k-1)\frac{\lambda}{2} \quad (k=1,2,3,\cdots)$$

时，有

$$\Delta\varphi=\pm(2k+1)\pi$$

此时干涉相消为暗条纹.

注意：这里的 λ 为真空中的波长，因为无论在什么样的介质中传播，光程差都已经换算成真空中的路程差 δ.

例 14-1　在杨氏双缝实验中设两缝距离为 d，缝到屏的距离为 D，用波长为 λ 的单色光照

射,如果用折射率为 n 的透明薄膜盖在缝 S_1 上(图 14-12),发现原来的中央明条纹向上移至原来的第三级明条纹位置,即 P 点.

(1) 试求薄膜的厚度;

(2) 现将薄膜移去,设此时 P 点处为第三级明条纹,再把整个装置浸入某种透明液体中,P 点处变为第四级明条纹,求此液体的折射率.

(3) 装置浸入液体后,求干涉条纹宽度.

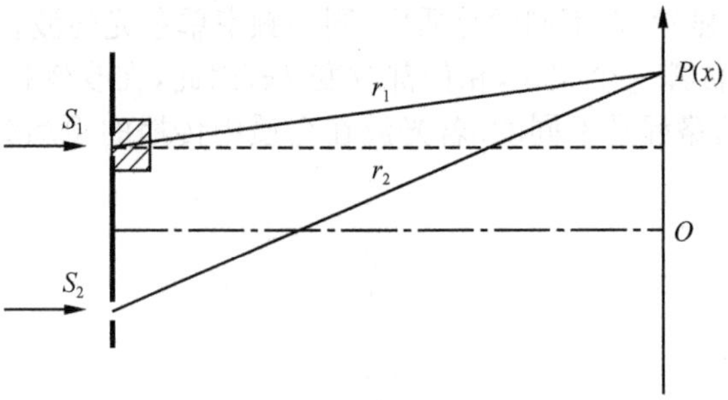

图 14-12　例 14-1 图

解　(1) 若 P 点为放入薄膜后的零级明条纹位置,则两束光线到达 P 点的光程差为零,设薄膜厚度为 e,则

$$r_2-(ne+r_1-e)=0$$

因为 P 点处是原来的第三级明条纹的位置,所以

$$r_2-r_1=3\lambda$$

由以上两式可求得

$$e=\frac{3\lambda}{n-1}$$

(2) 浸入前,两束光的光程差为 r_2-r_1,且 $r_2-r_1=3\lambda$,浸入后光程差变为 nr_2-nr_1. P 点处由第三级变为第四级,这表明装置没入液体中,P 点处的光程差增加了一个波长,即

$$(nr_2-nr_1)-(r_2-r_1)=\lambda$$

$$(n-1)(r_2-r_1)=\lambda$$

所以

$$n-1=\frac{1}{3},\quad n=\frac{4}{3}$$

(3) 装置浸入液体后,两光束的光程差为

$$\delta=n(r_2-r_1)\approx nd\sin\theta\approx nd\tan\theta=\frac{nd}{D}x$$

干涉条纹为亮条纹的位置满足

$$\delta=\frac{nd}{D}x=\pm k\lambda\quad(k=0,1,2,\cdots)$$

因此

$$x=\pm\frac{kD\lambda}{nd}$$

光屏上干涉条纹宽度为

$$\Delta x=x_{k+1}-x_k=\frac{D\lambda}{nd}$$

即干涉条纹宽度变小.

14.4.2　透镜的等光程性

在观察光的干涉和衍射时，经常要用到薄透镜.在此我们简单介绍一下凸透镜物点和像点之间的等光程性问题.

我们知道，平行光束通过透镜后，会聚于焦平面上.我们也可以说通过透镜的平行光在焦点处干涉加强为一亮点.这说明平行光的任何一个波阵面上的任意一点到薄透镜焦平面的光程相等，光程差为零.图 14-13(a)表示光线沿主光轴平行入射，Σ 表示平行光的任意一个波阵面，则 Σ 上任意一点 A、B、C、D、E 到 F 的光程相等，尽管 AaF，BbF，…的几何路径不同；图 14-13(b)表示平行光斜入射到透镜上，则 Σ' 为入射光的一个波阵面，Σ' 上的任一点 A、B、C、D、E 到副焦点 F' 的光程也相等.因此，在观测干涉和衍射现象时，**使用透镜不引起附加的光程差**.以上结论称为透镜的**等光程性**，可以得到实验和理论上的严格证明.

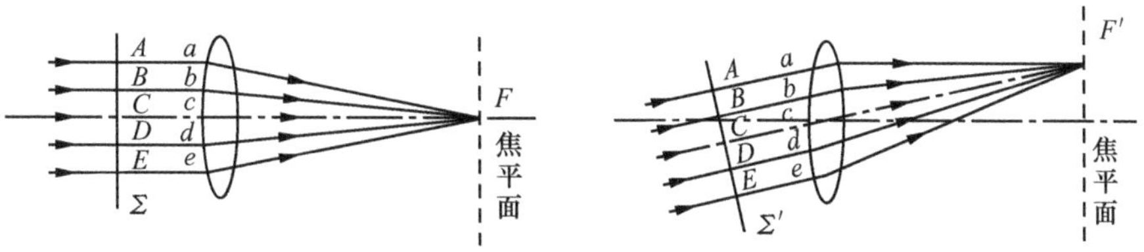

(a)　(b)

图 14-13　透镜的等光程性示意图

14.5　平行薄膜干涉

薄膜干涉

前面我们提到获得相干光源的另外一种方法，即**分振幅法**，就是利用光在薄膜的两个界面上的反射，在同一个波列的前后两个波阵面上各取一个子波源作为相干光源，如在日常生活中看到的，在日光的照射下，油膜、肥皂膜上所呈现的彩色条纹都属于薄膜干涉.

14.5.1　薄膜干涉的光程差分析

如图 14-14 所示，上下两面平行的、厚度为 e 的、折射率为 n_2 的介质块处于折射率为 n_1 的均匀介质中($n_1<n_2$)，AB、CD 分别为介质的上下两个界面，设单色入射光以入射角 i 投射到薄膜界面 AB 的 a 点(见图中光线 1)，经反射和透射，光束被分为两部分：一部分由 a 点反射(见图中光线 2)；另一部分透射到界面 CD 上并在 b 点反射，再由 c 点透射出去(见图中光线 3)，光线经透镜会聚于 P 点，光线 2、光线 3 满足相干条件，在 P 点会产生干涉图样.

干涉图样取决于光线 2、光线 3 的光程差.过 c 作辅助线 cd，设 $cd\perp ad$，则 cd 之后到 P 点 3、2 光线的光程相等(透镜的等光程性)，a 点分开之前也不会有光程差.因此，光线 3 和光线 2 在反射方向上的光程差为

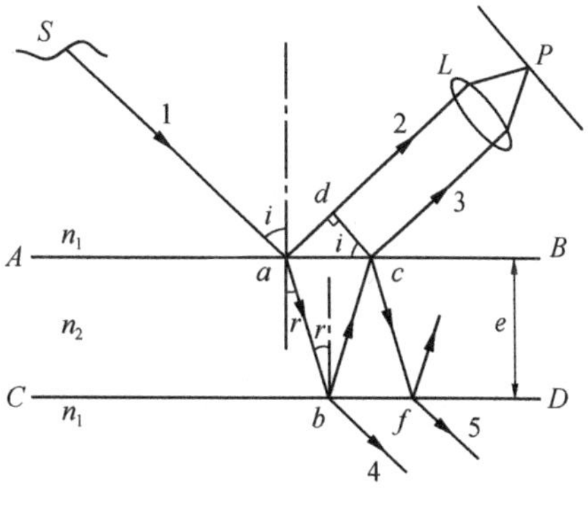

图 14-14　薄膜干涉

$$\delta = n_2(ab + bc) - n_1 ad + \frac{\lambda}{2} \tag{14-13}$$

式中的$\frac{\lambda}{2}$来自于反射时的半波损失（上下两面反射时都有或都没有半波损失时，光程差中不计及半波损失，上下两面有一个面上反射时有半波损失，而另一个面上没有半波损失时则要计及半波损失，半波损失前用"＋"或用"－"都可以，用"＋"或用"－"影响的只是干涉级次，不影响干涉图样，在这里，干涉图样的级次对我们来说并不重要. 为了统一起见，我们在需要考虑半波损失的时候都用"＋"号）.

从图中可以看出

$$ab = bc = e/\cos\gamma \tag{14-14}$$

$$ad = ac\sin i = 2e\tan\gamma\sin i \tag{14-15}$$

将(14-14)式、(14-15)式代入(14-13)式，则得

$$\delta = 2\frac{e}{\cos\gamma}(n_2 - n_1\sin\gamma\sin i) + \frac{\lambda}{2} \tag{14-16}$$

根据折射定律 $n_1\sin i = n_2\sin\gamma$，(14-16)式可写成

$$\begin{aligned}\delta &= \frac{2e}{\cos\gamma}n_2(1-\sin^2\gamma) + \frac{\lambda}{2} = 2n_2 e\cos\gamma + \frac{\lambda}{2} \\ &= 2en_2\sqrt{1-\sin^2\gamma} + \frac{\lambda}{2} \\ &= 2e\sqrt{n_2^2 - n_1^2\sin^2 i} + \frac{\lambda}{2}\end{aligned} \tag{14-17}$$

根据光的干涉理论可知

当 $\delta = 2e\sqrt{n_2^2 - n_1^2\sin^2 i} + \frac{\lambda}{2} = k\lambda\ (k=1,2,\cdots)$时，干涉加强为亮条纹；

当 $\delta = 2e\sqrt{n_2^2 - n_1^2\sin^2 i} + \frac{\lambda}{2} = (2k+1)\frac{\lambda}{2}\ (k=0,1,\cdots)$时，干涉相消为暗条纹.

值得注意的是，这里的薄膜厚度是一个有限的值，当厚度大到一定值时，光程差大于一个波列的长度，波源不再满足相干条件，看不到干涉现象.

14.5.2　平行膜——平行光垂直入射

前面，我们分析光程差时，只考虑到反射方向上的干涉，其实在介质块的下方，即透射方向上，也有光的干涉现象. 如图 14-14 中，光线 ab 在 b 点时，一部分反射，一部分透射，也就是图中的光线 4，同时光线 cf 在 f 点也是一部分反射，另一部分透射，即光线 5，同理可得，透射方向上光线 4 和光线 5 的光程差为

$$\delta' = 2e\sqrt{n_2^2 - n_1^2\sin^2 i} \tag{14-18}$$

比较 δ 与 δ'，二者相差 $\lambda/2$，即在透射方向和反射方向上相位相反，当反射方向干涉增强时，透射方向必然干涉相消；反射方向干涉相消时，透射方向必然干涉增强.

当光线垂直入射平行膜时，图 14-14 中的 a、c 两点将会聚于入射点 a. 即反射光线会聚于薄膜的上表面. 光程差变为

$$\delta = 2en_2 + \frac{\lambda}{2} \tag{14-19}$$

在这种情况下，上表面任一点的光程差相等，干涉情况完全相同，光强均匀分布.

值得注意的是，光程差中是否要考虑半波损失，要视薄膜及周围的介质情况来定. 但不管是否计及半波损失，反射方向和透射方向上干涉互补的结论是始终成立的.

在反射方向上，当光程差 $\delta=k\lambda(k=1,2,\cdots)$ 时，反射方向必然干涉增强，则透射方向干涉相消. 即此种情况下，入射在该薄膜上的光线只反射不透射，我们称它为**增反膜**.

相反，当 $\delta=(2k+1)\frac{\lambda}{2}(k=0,1,\cdots)$ 时，反射方向干涉相消，透射方向干涉增强. 即此种情况下，入射在该薄膜上的光线只透射不反射，我们称它为**增透膜**.

为了减少由于反射而对光能的损失，在光学仪器中常用到增透膜. 在照相机和助视光学仪器中，往往使膜的厚度对应于人眼最敏感的波长为 550nm 的黄绿光.

例 14-2 为了提高光学仪器镜头对波长为 λ 的光的透射能力，常在镜头上镀上一层透明介质薄膜，如果薄膜厚度合适，可使波长为 λ 的光因干涉效应只透射不反射，这种薄膜称为增透膜. 波长 $\lambda=550\text{nm}$ 的黄绿光对人眼和照相底片最敏感. 要使照相机对此波长反射相消，可在照相机镜头上镀一层氟化镁(MgF_2)薄膜，已知氟化镁的折射率 $n_2=1.38$，求氟化镁薄膜的最小厚度.

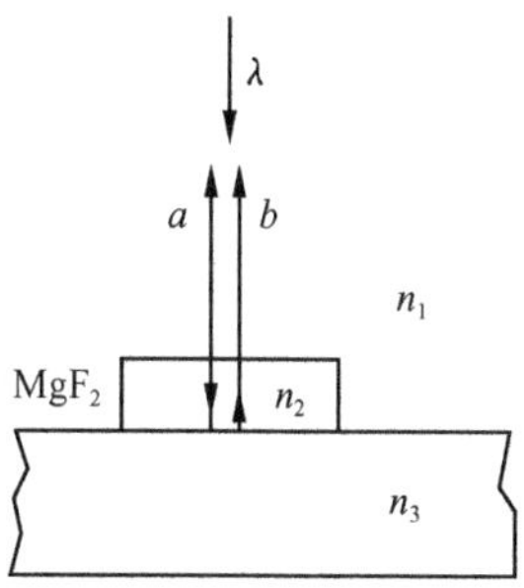

图 14-15 例 14-2 图

解 如图 14-15 所示，$n_1=1$，玻璃 $n_3=1.5$，由于 $n_3>n_2>n_1$，故 MgF_2 薄膜的上下两表面反射时都有半波损失. 设光垂直入射($i=0$)，因此，两条反射光之间的光程差就等于薄膜厚度的两倍($2d$)乘以氟化镁的折射率 n_2，两条反射光干涉减弱的条件是光程差 δ 满足

$$\delta=2n_2d=(2k+1)\frac{\lambda}{2},\quad k=0,1,2,\cdots$$

取 $k=0$，得氟化镁增透膜的最小厚度为

$$d=\frac{\lambda}{4n_2}=\frac{550}{4\times 1.38}\approx 100(\text{nm})$$

在这个例子中，因为反射光中缺少黄绿色而呈蓝紫色. 因此，如果我们看到薄膜呈蓝紫色，就知道它的最小厚度大约是 100nm. 在半导体元件生产中，估计二氧化硅薄膜厚度的一种简便方法就是根据二氧化硅表面反射光的颜色来判断的.

有些光学器件需减小其透射率，以增加反射光的强度. 在上述例子中，若薄膜光学厚度(nd)仍为 $\lambda/4$，但膜层折射率 $n_2>n_3$，于是膜层上表面反射光有半波损失，但下表面反射光却没有半波损失. 因此，两束反射光叠加后产生相长干涉.

14.5.3 平行膜——非平行光入射

读者可参考相关书籍.

14.6 劈尖 牛顿环

等厚干涉和等倾干涉

前面，我们讨论了平行膜的干涉. 当薄膜的上下两面不平行时，有什么样的干涉现象？下面我们将要给大家介绍的劈尖和牛顿环就属于这种情况.

14.6.1 劈尖干涉

14.5 节里讨论了平行膜的干涉情况. 在这里我们改变介质膜的上下两平面的夹角，使之不再平行，而是相交于一棱边，见图 14-16(a)，形成一劈尖形介质膜，简称**劈尖**. 劈尖的上下两表面为平面，其间加一很小的夹角 θ，其剖面图如图 14-16(b)所示. 实验室里，我们可以很方便地制作空气劈尖，两个平行放置的平面晶体(简称平晶)，一端叠合，另一端稍稍抬起，如夹上一页纸，即可形成一空气劈尖，其剖面图见图 14-16(c).

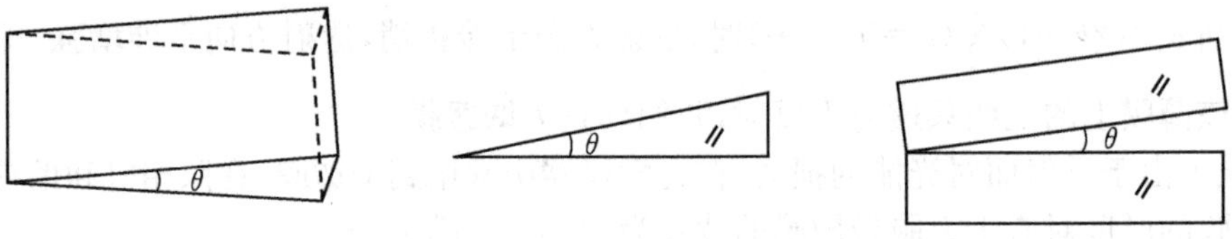

图 14-16　劈尖实验简图

值得注意的是，劈尖的夹角 θ 非常小，以保证劈尖任一处的厚度很小(几个微米)，小于半个波列的长度，否则将看不到干涉现象.

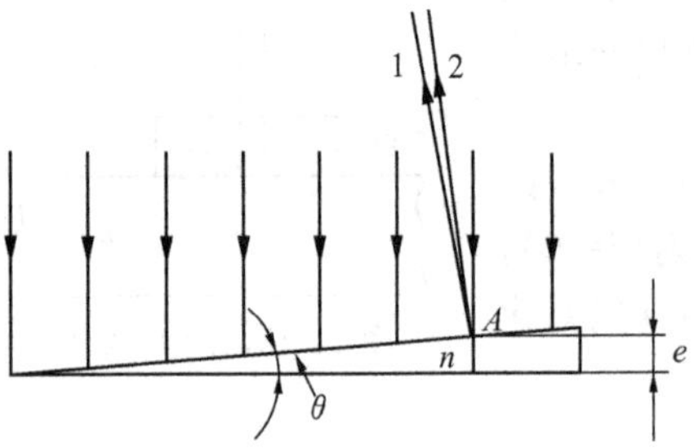

图 14-17　劈尖实验光路分析图

实验时采用的是平行单色光垂直地入射到劈面上(严格地说，光线垂直劈尖的下表面入射，但因为劈尖的夹角很小，上下两面近似平行，所以，光线也近似垂直于上表面). 见图 14-17，置于空气中的劈尖的折射率为 n，从劈尖上下两表面反射的光，就在膜的上表面处相遇(严格地说，相遇于膜的上表面附近，毕竟入射光线不严格垂直上表面，但这一差距对于观测者来说，可以忽略). e 表示在入射点 A 处的劈尖厚度，则两束反射光的光程差为

$$\delta = 2ne + \frac{\lambda}{2}$$

空气劈尖的光程差也可以用上式表示，只是对应于空气的折射率近似为 1.

由于各处的膜的厚度 e 不同，所以光程差也不同，因而会产生干涉加强或干涉相消. 干涉加强产生明条纹的条件是

$$\delta = 2ne + \frac{\lambda}{2} = k\lambda, \quad k = 1,2,3,\cdots \tag{14-20}$$

干涉相消产生暗条纹的条件是

$$\delta = 2ne + \frac{\lambda}{2} = (2k+1)\frac{\lambda}{2}, \quad k = 0,1,2,\cdots \tag{14-21}$$

这里 k 是干涉条纹的级次. 以上两式表明，每级明条纹或暗条纹都与一定的膜厚 e 相对应. 因此在介质膜上表面的同一条厚线上，就形成同一级次的一条干涉条纹. 这样形成的干涉条纹为等厚条纹.

由于劈尖的等厚线是一些平行于棱边的直线，所以等厚条纹是一些与棱边平行的明暗相间的直条纹，如图 14-18 所示.

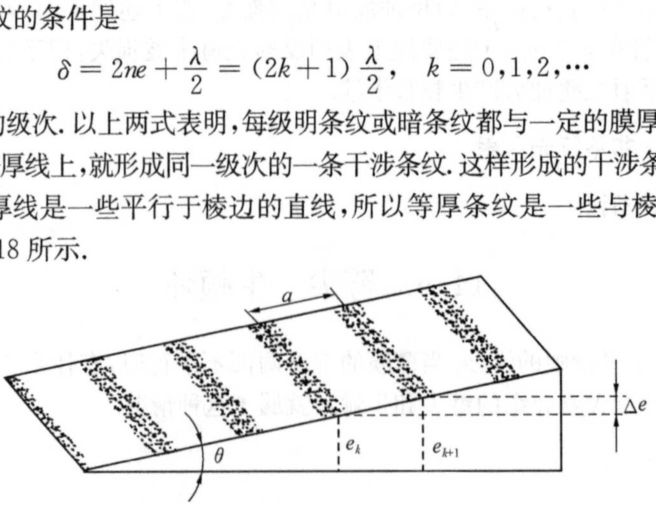

图 14-18　等厚干涉条纹

在棱边处 $e=0$，只是由于有半波损失，两相干光相位差为 π，因而形成暗纹.

以 a、Δe 分别表示相邻的两条亮条纹或相邻的两条暗条纹在表面上的间距和厚度差，则 $k+1$ 级及 k 级明纹满足

$$2ne_{k+1}+\frac{\lambda}{2}=(k+1)\lambda \tag{14-22}$$

$$2ne_k+\frac{\lambda}{2}=k\lambda \tag{14-23}$$

两式相减得

$$\Delta e=e_{k+1}-e_k=\frac{\lambda}{2n} \tag{14-24}$$

且由图可知

$$a=\frac{\Delta e}{\sin\theta}=\frac{\lambda}{2n\sin\theta} \tag{14-25}$$

通常 θ 很小，所以 $\sin\theta\approx\theta$，上式可写成 $a=\frac{\lambda}{2n\theta}$.

综上所述，**劈尖干涉条纹是一组平行于棱边的、等宽、等间距的、明暗相间的直条纹.**

对于给定的入射光，干涉条纹的间距取决于劈尖的夹角 θ，θ 越大，条纹间距越小，条纹越密. 当 θ 大到一定程度，条纹也就密不可分了. 所以，从这方面考虑问题，劈尖夹角 θ 也不能太大.

从上式还可以看出，实验中如果已知夹角 θ，则测出条纹间距 a，就可算出波长 λ. 反之，如果波长 λ 已知，则测出条纹间距 a，就可算出微小角度 θ.

上面讨论的薄膜等厚干涉法是测量和检验精密机械零件或光学元件的重要方法，在现代科学技术中有着广泛的应用. 我们通过例 14-3 对它的用途略作说明.

例 14-3 为测定半导体硅片($n_3=3.4$)上的 SiO_2($n_2=1.5$)的厚度，将薄膜一侧腐蚀成劈尖状，如图 14-19 所示，用波长为 5.893×10^{-7} m 的钠光从空气($n_1=1$)中垂直照到 SiO_2 薄膜表面上，观察其劈尖膜的反射光干涉条纹. 若看到共有七条暗条纹，且第七条恰位于 N 处，求薄膜厚度.

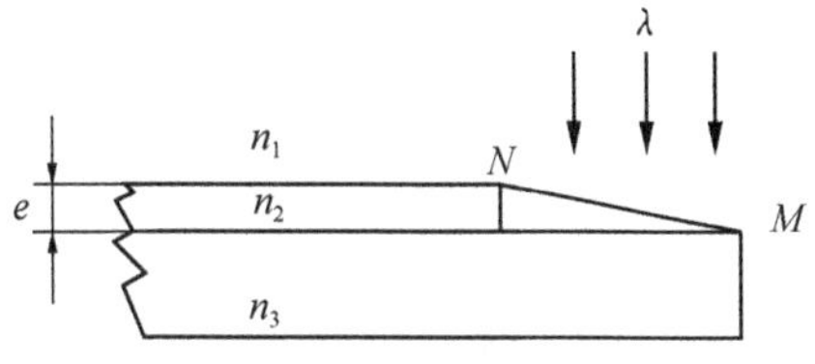

图 14-19 例 14-3 图

解法一 用等厚干涉光程差满足暗条纹条件的公式求解. 因 $n_1<n_2<n_3$，故在光程差公式中不计$\frac{\lambda}{2}$，劈尖棱边处为明条纹

$$\delta=2n_2e=(2k-1)\frac{\lambda}{2}\quad(k=7)$$

$$e=\frac{2k-1}{4n_2}\lambda=\frac{2\times7-1}{4\times1.5}\times5.893\times10^{-7}=12.768\times10^{-7}(\text{m})$$

其中 k 取 7 是因为本题给出 MN 中共七条暗条纹，而棱边为明条纹.

解法二 用劈尖的相邻明(暗)条纹的膜厚度公式解. 劈棱处的明条纹与一级暗条纹间的膜厚为 e_1，第一条暗条纹与七条暗条纹的膜厚为 e_2(注意，是 6 个间隔)，则 SiO_2 的膜厚为

$$\begin{aligned}e&=e_1+e_2\\&=\frac{\lambda}{4n_2}+\frac{\lambda}{2n_2}\times6=\frac{5.893\times10^{-7}}{4\times1.5}+\frac{5.893\times10^{-7}}{2\times1.5}\times6\end{aligned}$$

$$= 12.768 \times 10^{-7}(\mathrm{m})$$

14.6.2 牛顿环

以上我们讨论的是上下两个表面都是平面的劈尖，当单色光垂直入射时，干涉条纹是均匀分布的直条纹. 如果劈尖的一个表面是弯曲的，又会出现什么样的现象？这里我们将要介绍的牛顿环实验就属于这种情况. 牛顿环实验装置如图 14-20(a)所示，在一块平板玻璃上放一曲率半径 R 很大的平凸透镜，在二者之间形成一薄的劈形空气层，和前面介绍过的空气劈尖所不同的是，这里的空气薄层不同的地方所对应的劈尖夹角不同. 实验时用单色光垂直入射，则由于空气层的上下两个表面的反射光产生干涉，会在空气层的上表面即平凸透镜的球面上形成干涉图样，两反射光的光程差为 $\delta = 2e + \frac{\lambda}{2}$.

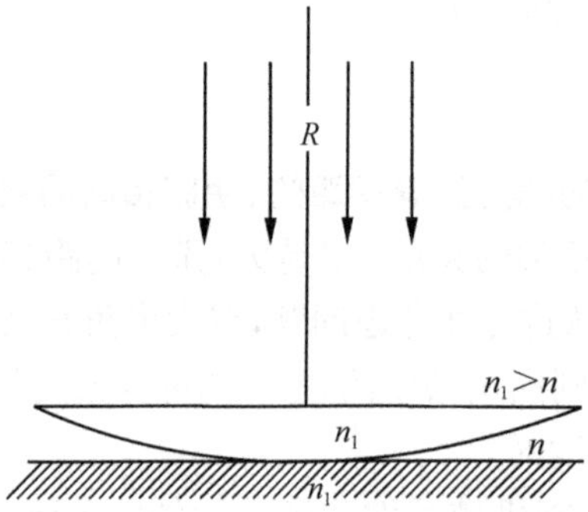

(a) 球面与平面构成的空气薄膜

(b) 牛顿环干涉图样

图 14-20 牛顿环实验装置及干涉图样

可以看出，牛顿环干涉也属于等厚干涉，在空气薄层上，凡厚度相等的点都构成一个个以平凸透镜接触点为圆心的圆，形成的干涉条纹也是一圈圈明暗相间的同心环状条纹，这种干涉条纹称为**牛顿环**，见图 14-20(b). 我们注意到，因为光程差中有半波损失，牛顿环的中心为一暗斑. 且越向外，条纹越密. 这是因为，随着牛顿环半径 r 增加，对应的劈尖夹角越大，条纹间距越小.

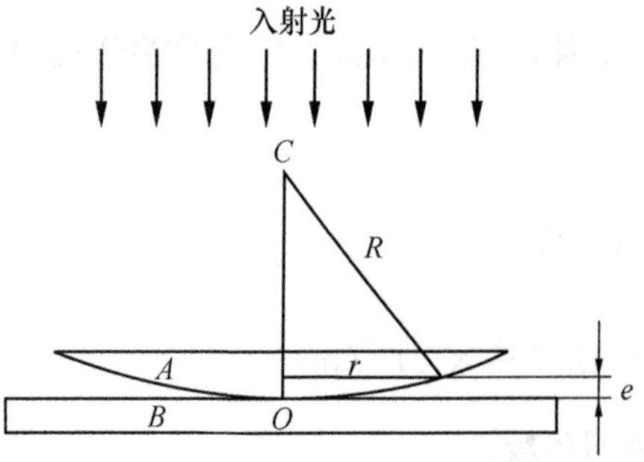

图 14-21 计算牛顿环半径用图

下面，我们研究平凸透镜的曲率半径 R 和牛顿环半径 r 的关系，见图 14-21，由图中可知

$$r^2 = R^2 - (R - e)^2 = 2Re - e^2 \qquad (14\text{-}26)$$

因 $R \gg e$（通常 R 为几百到几千毫米，r 为几个毫米，而 e 为几个微米），所以 $e^2 \ll 2Re$，可以将 e^2 从式中略去，从而得到

$$e = \frac{r^2}{2R} \qquad (14\text{-}27)$$

这一结果也可以表明，离中心越远（r 越大），光程差增加越快，所看到的牛顿环也变得越来越密.

根据干涉加强条件，可知牛顿环的明条纹条件为

$$\delta = 2 \cdot \frac{r^2}{2R} + \frac{\lambda}{2} = k\lambda, \quad k = 1, 2, 3, \cdots \qquad (14\text{-}28)$$

暗条纹条件为

$$\delta = 2 \cdot \frac{r^2}{2R} + \frac{\lambda}{2} = (2k+1)\frac{\lambda}{2}, \quad k = 0,1,2,3,\cdots \tag{14-29}$$

由此可得牛顿环的明、暗条纹半径分别为

$$\left.\begin{aligned} r &= \sqrt{\frac{(2k-1)R\lambda}{2}}, \quad k = 1,2,3,\cdots \quad \text{明环} \\ r &= \sqrt{kR\lambda}, \qquad\quad k = 0,1,2,\cdots \quad \text{暗环} \end{aligned}\right\} \tag{14-30}$$

若透镜凸面和平玻璃上表面之间不是空气层，而是折射率为 n 的介质，则在介质厚度为 e 处，从介质上、下两表面反射的两相干光，不管 $n > n_{玻璃}$，还是 $n < n_{玻璃}$，其光程差都可以用以上类似的讨论方法，可得透镜和平玻璃间充满介质时，干涉条纹的半径为

$$\left.\begin{aligned} r &= \sqrt{\frac{(2k-1)R\lambda}{2n}}, \quad k = 1,2,3,\cdots \quad \text{明环} \\ r &= \sqrt{\frac{kR\lambda}{n}}, \qquad\quad k = 0,1,2,\cdots \quad \text{暗环} \end{aligned}\right\} \tag{14-31}$$

复习思考题

14-3 光在界面反射时，什么情况下有半波损失？什么情况下没有半波损失？在薄膜干涉实验的光程分析中，什么情况下考虑半波损失？什么情况下不考虑半波损失？

14.7 光的衍射现象 惠更斯-菲涅耳原理

14.7.1 光的衍射现象

光的衍射现象是光波在传播过程中，遇到障碍物，就可以绕过障碍物，传播到障碍物的几何阴影区域中，并在障碍物之后的观察屏上呈现出光强的不均匀分布，通常将屏上的这种光强不均匀分布称为衍射图样. 光的衍射现象是光的波动性的另一重要标志.

如图 14-22 所示，一束平行光通过一个宽度可以调节的狭缝 K 以后，在屏幕 P 上将呈现光斑 E. 若狭缝的缝宽比波长大得多，屏幕 P 上的光斑和狭缝完全一致(图 14-22(a))，这时光可看成是沿直线传播的. 若缩小缝宽使它可与光波波长相比较，在屏幕 P 上出现的光斑亮度虽然降低，但范围反而增大，形成如图 14-22(b)所示的明暗相间的条纹，这就是光的衍射现象.

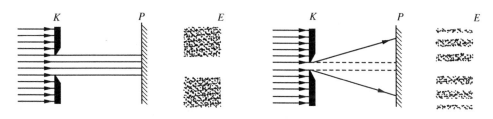

(a) 缝宽比波长大得多时，光可看成是直线传播　　(b) 缝宽可与波长相比较时，出现衍射条纹

图 14-22 光的衍射

光的衍射现象与光的干涉现象就其实质来讲，都是相干光波的叠加引起的光强的重新分布，不同之处在于：干涉现象是有限个相干波的叠加，而衍射现象则是无限多个相干波的叠加结果。因此对于衍射现象的理论处理，从本质上来说与干涉现象的理论处理相同，但是由于衍射现象的特殊性，在数学上严格求解时遇到了很大的困难，因而，实际上，我们为了简化问题必须作一些近似处理.

14.7.2　菲涅耳衍射和夫琅禾费衍射

按照光源、衍射孔（或缝）、接收屏三者不同的相互位置，通常将衍射分为两类：一类是衍射孔（或缝）离光源或接收屏的距离为有限远时的衍射，称为**菲涅耳衍射**，如图 14-23(a)所示；另一类是孔（或缝）与光源和接收屏的距离都是无穷远的衍射，也就是照射到孔（或缝）上的入射光和离开孔（或缝）的衍射光都是平行光的衍射，称为**夫琅禾费衍射**，如图 14-23(b)所示. 在实验室中，常把光源放在透镜 L_1 的焦点上，并把屏幕 P 放在透镜 L_2 的焦平面上，如图 14-23(c)所示，则到达和离开孔（缝）的光都能满足夫琅禾费衍射的条件.

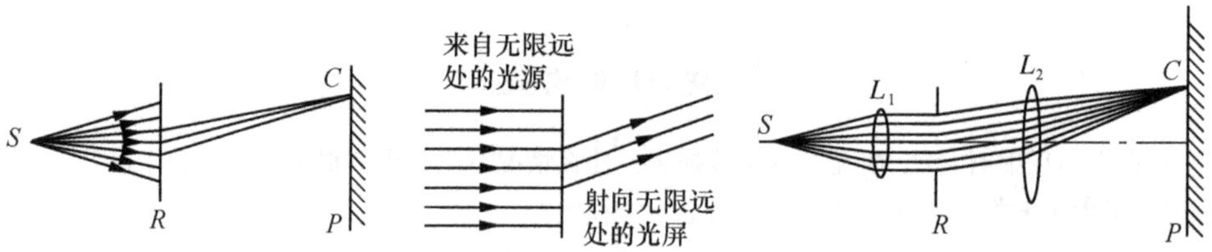

（a）菲涅耳衍射　　（b）夫琅禾费衍射　　（c）在实验室中产生夫琅禾费衍射

图 14-23　菲涅耳衍射和夫琅禾费衍射

14.7.3　惠更斯-菲涅耳原理

在波动理论中，我们曾用惠更斯原理解释了波的衍射，将惠更斯原理应用于光波，可以解释光遇到障碍物时偏离直线传播的现象. 但是惠更斯原理不能解释为什么在屏上会出现光强的重新分布，即出现明暗条纹.

菲涅耳接受了惠更斯的子波源概念，并提出各子波都是相干的，应用波的干涉原理补充了惠更斯原理，称为**惠更斯-菲涅耳原理**. 该原理说明：**波阵面上的每一点都可以看成一子波源，同一波阵面上的子波源满足相干条件，它们发出的子波经过传播在空间某一 P 点相遇时，P 点的振动是所有这些子波在该点的相干叠加，P 点的光强取决于干涉结果.**

具体地利用惠更斯-菲涅耳原理计算衍射图样中的光强分布时，需要考虑每个子波源发出的子波的光强和传播方向及距离的关系. 详细的计算涉及菲涅耳积分，这种计算相当复杂，考虑到夫琅禾费衍射的重要实际用途，也为了比较简单地阐述衍射的基本规律，我们在以下的篇幅中主要介绍一种近似但简便的方法计算夫琅禾费衍射.

14.8　单缝夫琅禾费衍射

单缝的夫琅禾费衍射　　单缝衍射的条纹宽度和圆孔衍射

14.8.1　实验装置及现象

图 14-24(a)为观察和研究单缝夫琅禾费衍射现象的装置，单缝

垂直于纸面放置，缝宽为 a（非常小，可以和光波的波长比较，为了便于解说，在此图中大大扩大了缝的宽度）.

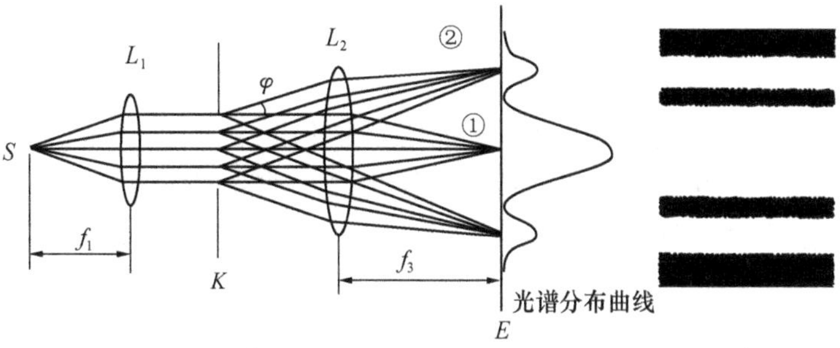

图 14-24 单缝衍射实验装置及衍射条纹图

该实验装置的特点是平行光垂直射向单缝，缝平面与波阵面重合，波阵面上各点都发出次波，由各点发出的向不同方向传播的平行光束射向透镜 L_2，再由 L_2 会聚于接收屏 E 上. 接收屏上的衍射图样如图 14-24(b)所示.

14.8.2 菲涅耳半波带法

从实验结果我们可以看出，接收屏上的光强分布是不均匀的，屏的正中央光强分布最大，几乎占到总入射光强的 80%以上，我们定义它为中央亮条纹，以中央亮条纹为中心，从里向外，两侧对称地，依次交替分布着第一级暗条纹、第一级亮条纹、第二级暗条纹、第二级亮条纹……随着衍射级次提高，亮条纹的光强依次降低，以至于后面的条纹我们几乎分辨不出. 严格地计算接收屏上任一 P 点的光强分布，根据惠更斯-菲涅耳原理，需要用积分学的方法计算整个波阵面所有的子波传到 P 点的光的干涉结果及干涉强度. 但这个积分过于复杂，在此我们用一种近似的，但相当简便的方法来定量地解释单缝衍射出现的现象，该方法就是下面将要讨论的**菲涅耳半波带法**.

首先考虑沿入射方向传播的各子波射线（在图 14-24(a)中用光束①来表示），它们形成沿入射方向传播的平行光束，经透镜会聚于焦点 O. 由于在单缝处的波阵面 AB 是同相位的，子波经透镜后不会引起附加的光程差，在 O 点会聚时依然保持相位相等，因而互相加强形成中央亮条纹.

在其他方向上，与入射方向成 φ 角传播的子波射线，在图 14-24(a)中用光束②来表示，φ 称为衍射角. 平行光束②经透镜会聚于屏上的 P 点，这束光中的各子波到达 P 点的光程不为零，它们在 P 点的相位各不相同，干涉后的光强分布也就不相同. 为图示方便，我们将图 14-24(a)中的部分放大如图 14-25 所示. 过 A 作一平面 AC，AC 垂直于 BC，则由平面 AC 各点到达 P 点的各条光线的光程都相等. 这样，由 AB 面发出的各子波在 P 点的相位差，就等于它们在 AC 面上的相位差，即其相位差只发生在由 AB 面向 AC 面转向的路程之间. 由图 14-25 知，从缝的 A、B 两端点发出的子波的光程差为 $BC=a\sin\varphi$，这显然是沿 φ 角方向各子波的最大光程差. 现在，把缝 AB 沿着与缝平行的方向（垂

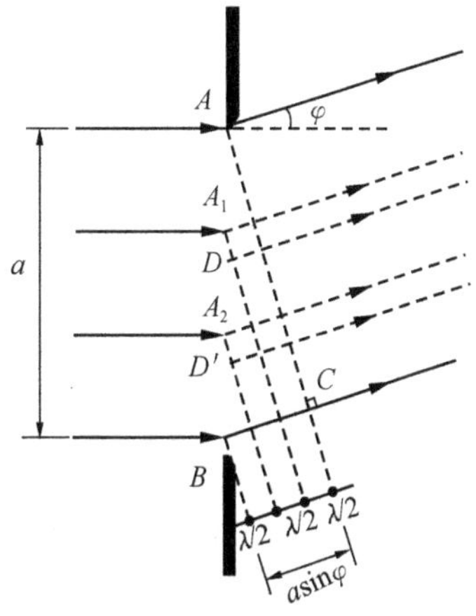

图 14-25 单缝衍射半波带法分析图

直于纸面的方向)分成一系列宽度相等的窄条 ΔS,并使从相邻 ΔS 各对应点发出子波的光程差为半个波长,这样的 ΔS 称为**半波带**. 则对应于衍射角为 φ 的光线,半波带的条数为

$$N=\frac{a\sin\varphi}{\frac{\lambda}{2}} \tag{14-32}$$

显然,半波带数目的多少在给定缝宽 a 和波长 λ 的情况下,仅取决于衍射方向角 φ,N 可以是整数,也可以是非整数. 当 N 恰好为偶数时,因相邻半波带各对应点的光线的光程差都是 $\lambda/2$,即相位差为 π,因而两相邻半波带的光线在 P 点都干涉相消,P 点的光强为零,即 P 点为暗点. 当 N 恰好为奇数时,因相邻半波带发出的光两两干涉相消后,剩下一个半波带发出的光未被抵消,因此,P 点为明点. 由此,可得单缝夫琅禾费衍射条纹的明暗条件为

$$a\sin\varphi=\pm 2k\frac{\lambda}{2},\quad k=1,2,3,\cdots\qquad\text{暗条纹中心} \tag{14-33a}$$

$$a\sin\varphi=\pm(2k+1)\frac{\lambda}{2},\quad k=1,2,3,\cdots\qquad\text{明条纹中心} \tag{14-33b}$$

k 为衍射级次. 当半波带数 N 不是整数时,P 点的光强介于最明和最暗之间,实际上,屏上光强的分布是连续变化的.

又因为中央亮条纹是 AB 波阵面上所有子波源发出的沿 $\varphi=0$ 方向的子波的相干叠加的结果,而其他的亮条纹只是一个半波带发出的光强,所以,中央亮条纹的光强远远大于其他亮条纹的光强;且随着衍射角 φ 的增大,半波带数也在增加,而同一缝宽中半波带的面积却在减小,因而明条纹亮度随衍射级次的增加而减小.

因为屏幕 E 在透镜 L 的焦平面上,由图 14-24(a)可见,在衍射角 φ 很小时,φ 和透镜焦距 f 以及条纹在屏上距中心 O 的距离 x 之间的关系为(一般 $f\gg x, f\gg a$)

$$x=\tan\varphi\cdot f\approx\sin\varphi\cdot f\approx\varphi f$$

应用(14-33a)式,可求出第一级暗条纹距中心 O 的距离为

$$x_1\approx\varphi_1 f=\frac{\lambda}{a}f$$

所以中央明条纹宽度为

$$\Delta x_0=2x_1=\frac{2\lambda f}{a} \tag{14-34}$$

其他任意两相邻暗条纹的距离,即明条纹的宽度为

$$\Delta x=\varphi_{k+1}f-\varphi_k f=\left[\frac{(k+1)\lambda}{a}-\frac{k\lambda}{a}\right]f=\frac{\lambda f}{a} \tag{14-35}$$

可见,除中央明条纹外,所有其他明条纹均有同样的宽度,而中央明条纹的宽度为其他明条纹宽度的两倍.

在(14-34)式和(14-35)式中,若已知缝宽 a、焦距 f,又测出 Δx_0 或 Δx,就可算出波长 λ,故也可用单缝衍射来测定光波的波长.

从(14-34)式可以看出,当单缝宽度 a 很小时,条纹分布较宽,光的衍射现象明显. 当单缝逐渐加宽,即 a 变大时,条纹相应变得狭窄而密集;当单缝很宽($a\gg\lambda$)时,各级衍射条纹都密集于中央明条纹附近而分辨不清,只能观察到一个条纹,它就是单缝的像. 这时,光可以看成是沿直线传播的.

当缝宽 a 一定时，入射光的波长 λ 越大，衍射角也越大. 因此，若以白光照射，中央明条纹将是白色的，而其两侧则呈现出一系列由紫到红的彩色条纹.

复习思考题

14-4 在单缝衍射实验中，若狭缝在微小的范围内沿垂直光轴方向上下平动，衍射图样强度会变化吗？衍射图样的位置会改变吗？

14.9 圆孔衍射 光学仪器的分辨本领

由于光学仪器的光瞳通常是圆形的，所以讨论圆孔衍射对分析光学仪器的衍射现象及分辨本领具有重要的实际意义.

14.9.1 圆孔衍射

在单缝夫琅禾费衍射实验中，若用一小圆孔代替狭缝，如图 14-26 所示，则在接收屏上可得到如图 14-27 所示的圆孔夫琅禾费衍射图样. 衍射图样的中央是一明亮的圆斑，称为**艾里斑**，占总入射光强的 84%，外围是一组同心的、明暗相间的圆环.

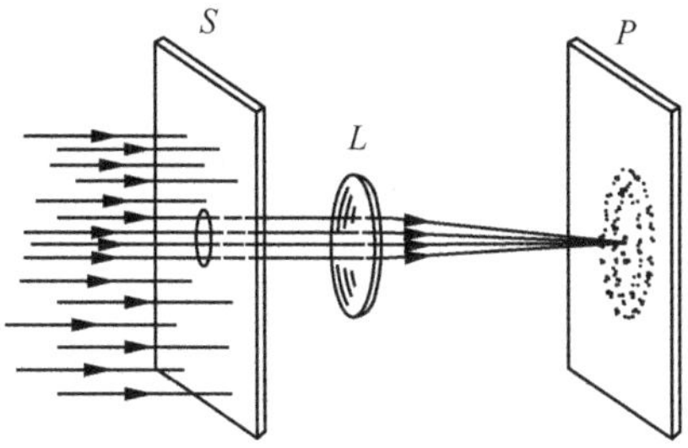

图 14-26 圆孔衍射实验装置图

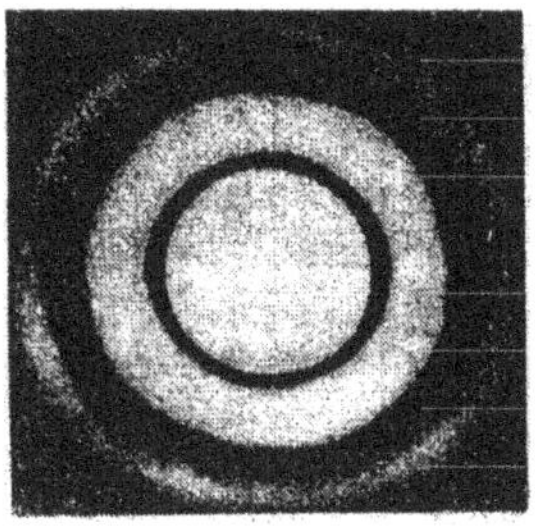

图 14-27 艾里斑及强度分布图

若透镜的直径为 D，透镜的焦距为 f，艾里斑的半径为 R，艾里斑对透镜中心的张角为 $2\theta_0$，如图 14-28 所示，设单色光的波长为 λ，则由理论计算可得

$$\theta_0 \approx \frac{R}{f} = 1.22\,\frac{\lambda}{D} \tag{14-36}$$

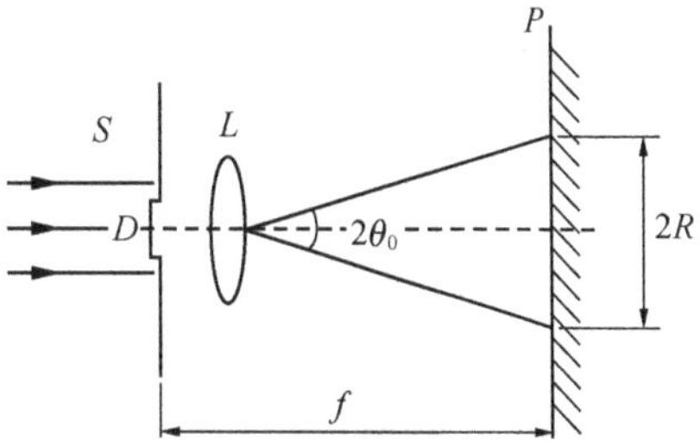

图 14-28 计算艾里斑半径用图

14.9.2 光学仪器的分辨本领

光学仪器的分辨本领指它能分辨开两个靠近的点物或物体细节的能力. 它是光学成像系统的重要性能指标.

从几何光学的观点来看，每个像点应该是一个几何点，因此，对于一个无像差的理想光学成像系统来说，其分辨本领应当是无限的，即两个物点无论靠得多近，像点总可以分辨开. 但实际上，光波通过光学成像系统时，由于光学孔径的衍射，点物的像变成了一个夫琅禾费衍射图样，因此，限制了光学成像系统的分辨本领. 由于通常的光学成像系统总存在着光阑、透镜外框等圆孔径，所以讨论光学成像系统分辨本领的理论基础是夫琅禾费圆孔衍射.

下面，我们以透镜为例来说明光学仪器的分辨能力与哪些因素有关 .

设有两个非相干点光源 S_1、S_2，它们各自发出的光到达透镜时可以看成是平行光，如图 14-29 所示，从而在透镜的焦平面上形成了衍射圆环.

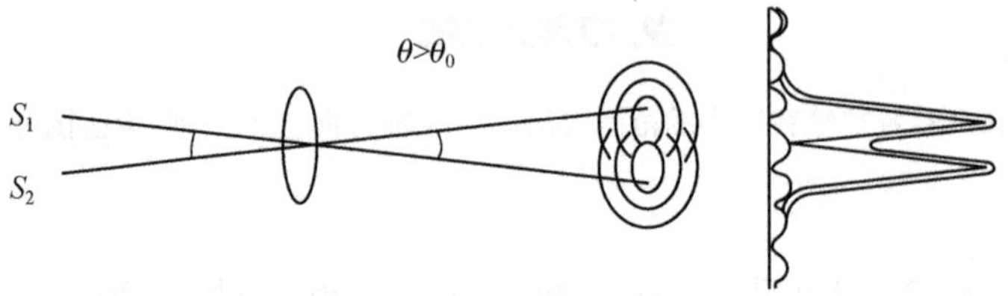

(a) 能分辨

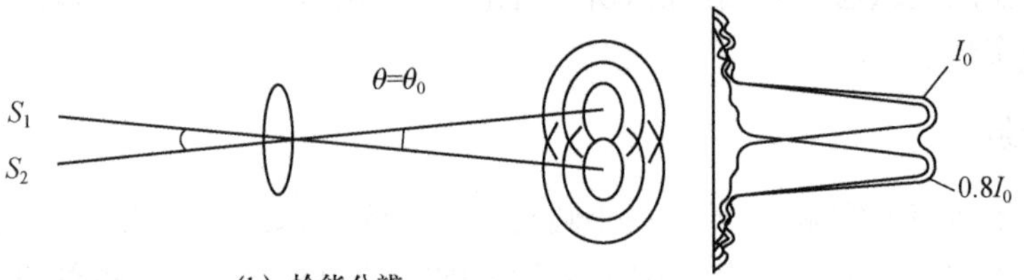

(b) 恰能分辨

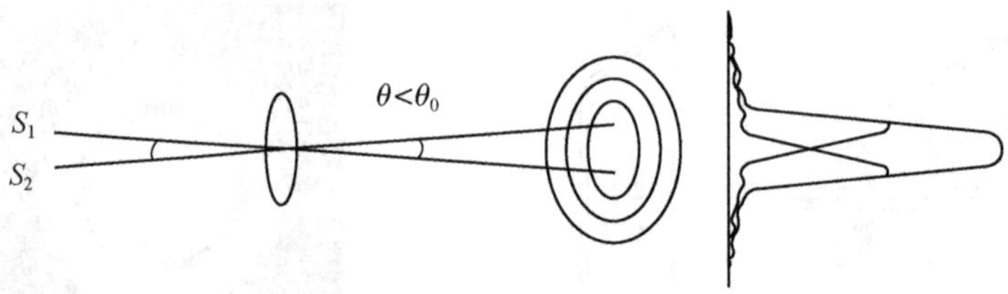

(c) 不能分辨

图 14-29　仪器分辨率分析用图

图 14-29(a)表示，S_1 与 S_2 相距较远，两个艾里斑之间的距离 d_0 大于艾里斑的半径，这时，两衍射图样虽然部分重叠，但重叠部分的中间光强比艾里斑中心的光强要小. 因此，两物体的像是能够分辨的.

图 14-29(b)表示，S_1、S_2 相距较近，两个艾里斑中心的距离等于艾里斑的半径，即其中一个艾里斑的边沿过另一艾里斑的中心，这时艾里斑重叠部分的中心光强 I 是每个艾里斑中心光强 I_0 的 80%. 这对大部分人的视觉来说，刚好能判断出这是两个物点的像，即两物点刚好能被光学仪器所分辨. 这时两个物点对透镜中心的张角，称为最小分辨角 θ_0，即

$$\theta_0=\frac{d_0}{f}=\frac{R}{f}=1.22\,\frac{\lambda}{D}$$

最小分辨角的倒数 $1/\theta_0$ 称为**最小分辨率**. 由上式可以看出，最小分辨率与波长成反比，与透光孔径 D 成正比，要提高光学透镜的分辨率就必须要采用直径很大的透镜，但受制于一定的条件，要大幅度地提高仪器分辨率，就要用波长较短的电磁波入射，如电子显微镜中电子束的物质波波长，约为百分之几个纳米到零点几个纳米的数量级，所以电子显微镜的分辨率是普通光学显微镜分辨率的几千倍.

图 14-29(c)表示，S_1 与 S_2 相距很近，两个艾里斑中心的距离小于艾里斑的半径. 这时，两个

衍射图样重叠而混为一体，两个物点不能分辨.

例 14-4 在正常照度下，设人眼瞳孔的直径约为 3mm，而在可见光中，人眼最灵敏的波长为 550nm，问：

(1) 人眼的最小分辨角有多大?

(2) 若物体放在明视距离 25cm 处，则两物点相距为多远时才能被分辨.

解 (1) 已知人眼瞳孔的直径 $D=3\text{mm}$，光波的波长 $\lambda=550\text{nm}=5.5\times10^{-5}\text{cm}$，则人眼的最小分辨角 $\theta_0=1.22\lambda/D=1.22\times5.5\times10^{-5}/0.3=2.2\times10^{-4}(\text{rad})=0.8'$.

(2) 设两物点的距离为 h，它们与人眼的距离 $l=25\text{cm}$ 时，恰好能够被分辨；这时，人眼最小分辨角 $\theta_0=h/l$，即

$$h=l\theta_0=25\times2.2\times10^{-4}=0.0055(\text{cm})=0.055(\text{mm})$$

所以两物点的距离小于上述数值时，就不能被人眼所分辨.

14.10 光栅衍射

光栅衍射及光栅光谱

利用单缝衍射实验可以测量单色光的波长，但这种测量往往精度不够高. 因为要使测量结果准确，应使单缝宽度尽量小些，这样才能使各级衍射条纹分得更开，但缝宽越窄，通过的光能量就越少，各级明条纹的亮度也越小，结果使明暗条纹的界线不清，条纹的位置仍不易准确测得. 那么，我们能否获得既亮又窄且相邻条纹分得很开的明条纹呢? 光栅就是为解决这一矛盾而制作的，它在科学研究和生产中有着广泛的应用.

14.10.1 光栅

许多等宽的狭缝等间距地排列起来形成的光学元件称为**光栅**. 在一块很平的玻璃上用金刚石刀尖或电子束刻出一系列等宽等距的平行刻痕，刻痕处因漫反射相当于不透光部分；未刻过的部分相当于透光的狭缝；这样就做成了透射光栅，见图 14-30(a). 在光洁度很高的金属表面刻出一系列等间距的平行凹槽，就做成了反射光栅，见图 14-30(b). 简易的光栅可用照相的方法制造，印有一系列平行而且等间距的黑色条纹的照相底片就是透射光栅.

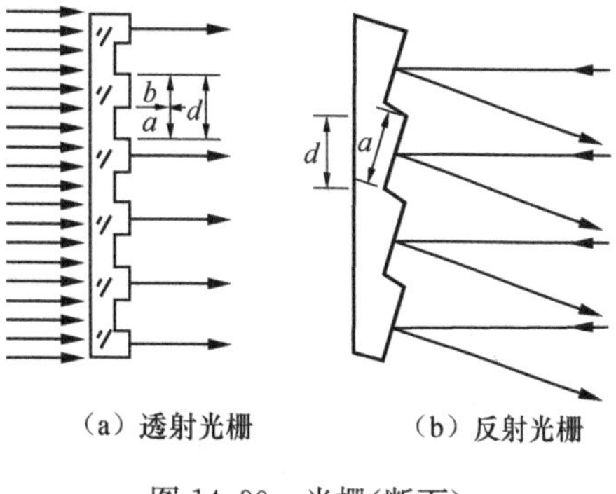

(a) 透射光栅　　(b) 反射光栅

图 14-30 光栅(断面)

一块光栅的刻痕通常很密，实验室常用 600 条/mm 或 1200 条/mm 的光栅，因此制作光栅是一项非常精密的工作. 一块光栅刻画完成后，可作为母光栅进行复制，实际上大量使用的是复制光栅.

光栅最重要的应用是作为分光元件，即把复色光分成单色光，还可以用于长度和角度的精密、自动化测量，以及作为调制元件等.

14.10.2 光栅衍射

1. 光栅衍射图样

在这里以透射光栅为例，如图 14-31(a)所示，平面单色光垂直照在光栅上，光栅后面的衍射

光束通过透镜会聚在透镜焦平面处的屏上，并在屏上产生一组明暗相间的衍射条纹. 一般来说，这些衍射条纹与单缝衍射条纹有明显的差别，其主要特点是：①明条纹又细又亮，明条纹之间有大片的、较暗的背景（也有光强的分布，且光强分布的规律较为复杂，但和亮条纹相比，光强太小，几乎可以忽略）；②明条纹的亮度随狭缝数目的增多而增大，且随狭缝数目的增多而变细，如图 14-31(b)所示.

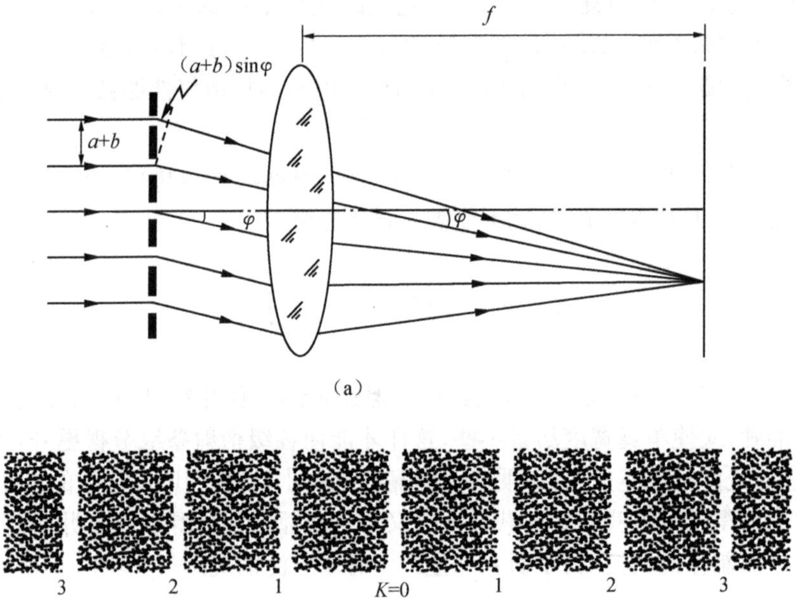

图 14-31　光栅实验装置及衍射条纹图

2. 光栅衍射条纹的形成

光栅衍射条纹与单缝衍射条纹如此不同，原因在于前者是衍射和干涉的综合结果. 实际上，光栅中每一缝都将按单缝衍射规律进行衍射，但是，各单缝发出的光是相干光，因此将发生干涉，综合效果如图 14-32 所示. 图 14-32(c)中的亮条纹对应的即为光栅衍射的亮条纹.

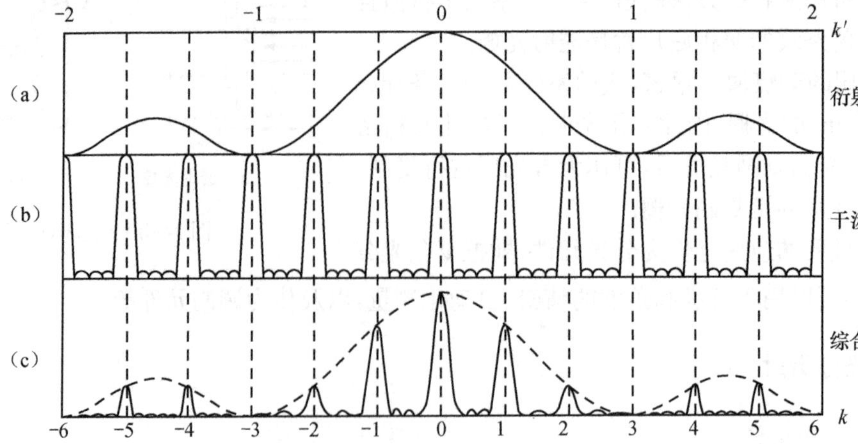

图 14-32　光栅衍射条纹分析用图

3. 主极大条纹

若光栅透光区域的宽度为 a，不透光区域的宽度为 b，令 $d=a+b$，则 d 称为光栅常数. 例如，一块刻痕为 1000 条/mm 的光栅，其光栅常数 d 为 $1\text{mm}/1000=10^{-3}\text{mm}$. 从图 14-31(a)可以看出，对应于衍射角 φ，任意相邻两缝发出的光到达 P 点的光程差为 $d\sin\varphi$. 当

$$d\sin\varphi=\pm k\lambda,\quad k=0,1,2,\cdots \tag{14-37}$$

时，各缝射出的光会聚于屏上因相干叠加得到加强，形成明条纹.

对照图 14-32 中的(b)和(c)，可以看出，光栅衍射图样中的亮条纹对应的即是干涉加强的点，所以，(14-37)式也就是光栅衍射出现亮条纹的条件，我们称其为**光栅方程**.

满足光栅方程的明条纹称为主极大条纹，也称为光谱线，k 称主极大级数. $k=0$ 时，$\varphi=0$，称中央明条纹或中央主极大条纹；$k=1,k=2,\cdots$ 分别称为第一级、第二级……主极大条纹. (14-37)式中正、负号表示各级明条纹对称地分布在中央明条纹的两侧，见图 14-32(b). 需要指出的是在光栅方程中，衍射角 $|\varphi|$ 不可能大于 $\frac{\pi}{2}$，$|\sin\varphi|$ 不可能大于 1，这就对能观察到的主极大数目有限制，**主极大的最大级数是 $k<(a+b)/\lambda$ 的最大整数.**

从光栅方程中可以看出，光栅常数越小，各级明条纹的衍射角越大，即各级明条纹分得越开；对给定长度的光栅，总缝数越多，明条纹越亮；对光栅常数一定的光栅，入射光波长 λ 越大，各级明条纹的衍射角也越大，这就是上面提到的光栅衍射具有的色散分光作用.

4. 谱线的缺级

前面，我们讨论光栅衍射条纹只考虑到干涉的结果，而没有考虑单缝衍射的影响，见图 14-32，在干涉三级亮条纹出现的位置，对应地出现了单缝衍射的一级暗条纹，在干涉六级亮条纹出现的位置，对应地出现了单缝衍射的二级暗条纹……综合的结果是**光栅衍射应该出现亮条纹的地方，实际出现的是暗条纹，我们把这种现象称为谱线中出现了缺级**. 则缺级出现的条件是同时满足干涉亮条纹条件和衍射暗条纹条件

$$d\sin\varphi=\pm k\lambda,\quad k=1,2,\cdots$$
$$a\sin\varphi=\pm k'\lambda,\quad k'=1,2,\cdots$$

式中，k 既是干涉亮条纹级次，也是光栅衍射缺级级次. 两式进行比较，则

$$\frac{d}{a}=\frac{k}{k'} \tag{14-38}$$

若 $d/a=3$，缺级的级数为 $k=\pm3,\pm6,\pm9,\cdots$，若 $d/a=7/3$，则 k' 取 $\pm3,\pm6,\pm9,\cdots$，缺级级数取 $\pm7,\pm14,\pm21,\cdots$，缺级的级数取决于光栅本身，与入射光的波长无关. 由此可见，光栅方程只是产生主极大条纹的必要条件，而不是充分条件.

例 14-5 用光栅常数为 $a+b=3\times10^{-6}\text{m}$，缝宽为 $a=1\times10^{-6}\text{m}$ 的光栅，波长 $\lambda=0.6\times10^{-6}\text{m}$ 的平行光观察光栅衍射，问：

(1) 如光线垂直入射，最多可能观察到第几级光谱线？最多可能观察到多少条光谱线？

(2) 在单缝衍射中央明条纹区域内有几条光谱线？

(3) 如光线以 $\theta=30°$ 角斜入射，如图 14-33 所示，最多可能观察到第几级光谱线？此时，光谱中的零级光谱线在何处？

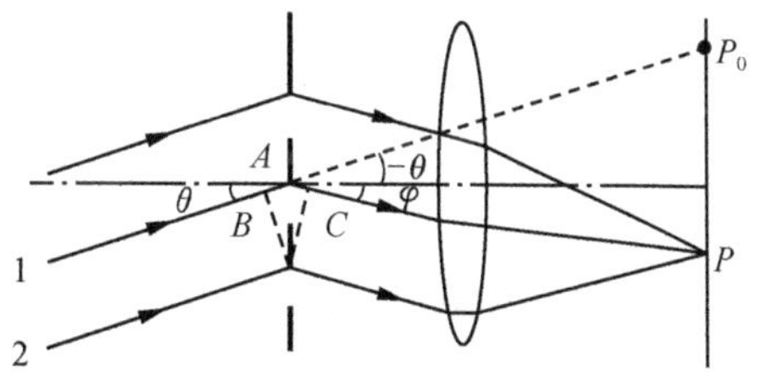

图 14-33 例 14-5 图

解 (1) 当衍射角 $\varphi=\frac{\pi}{2}$ 时,得可能最大级次光谱线. 由光栅方程

$$(a+b)\sin\varphi=\pm k\lambda,\quad k=0,1,2,\cdots$$

代入 $\sin\varphi=\sin\frac{\pi}{2}=1$,得

$$k=\frac{a+b}{\lambda}=\frac{3\times10^{-6}}{0.6\times10^{-6}}=5$$

第五级谱线在无穷远处,因此,最多可能看到第四级谱线. 考虑到谱线缺级的级数 k 为

$$k=\frac{a+b}{a}k'=\frac{3\times10^{-6}}{1\times10^{-6}}k'=3k',\quad k'=1,2,\cdots$$

由上式可知第三级($k=3$)光谱线缺级,因此最多可能观察到,$k=0$(1 条),$k=1$(2 条),$k=2$(2 条),$k=4$(2 条),共 7 条谱线.

(2) 单缝衍射中央明条纹区域,即单缝衍射正、负一级暗条纹之间的区域,在这区域内只有五条光谱线,即 $k=0$(1 条),$k=1$(2 条),$k=2$(2 条).

(3) 以 $\theta=30°$斜射入时,由图 14-33 可知,相邻两缝对应的光线 1、2 的光程差除 AC 外,还有入射前的光程差 BA,因此 1、2 两光线总光程差为

$$BA+AC=(a+b)\sin\theta+(a+b)\sin\varphi=(a+b)(\sin\theta+\sin\varphi)$$

由光栅方程可得

$$(a+b)(\sin\theta+\sin\varphi)=\pm k\lambda,\quad k=0,1,2,\cdots$$

k 的可能最大值对应于 $\varphi=\frac{\pi}{2}$,代入上式得

$$k=\frac{(a+b)(\sin\theta+\sin\varphi)}{\lambda}=\frac{3\times10^{-6}\times(\sin30°+\sin90°)}{0.6\times10^{-6}}=7.5$$

即可观察到第七级光谱线.

光栅方程中,取 $k=0$,得零级光谱线应满足的条件

$$\sin\theta+\sin\varphi=0$$

于是

$$\varphi=-\theta$$

即零级光谱线所对应的衍射角等于入射角,负号表示零级光谱线所对应的衍射光线和入射光线在透镜主光轴的两侧. 零级光谱线位于光屏上 P_0 点(图 14-33). 同理可得另一侧最多能观察到第二级.

14.10.3 衍射光谱

由光栅方程可知,在光栅常数一定的情况下,波长对衍射条纹的分布有影响,波长越长,条纹越疏,即各级条纹距中央零级条纹越远. 若用白光入射,由于各色光在中央这个地方衍射都为亮条纹,复合之后仍为白光,而同一级次的不同色光,出现在接收屏的不同位置,所以,在中央零级条纹的两侧对称地分布着紫、蓝、青、绿、黄、橙、红的第一级、第二级……光谱,从第二级谱线开始,各级光谱可能发生重叠,如图 14-34 所示.

各种光源发出的光,经过光栅衍射后所形成的光谱各不相同,原子发射的特征光谱与原子内部结构之间有着内在的联系,所以对照材料的谱线结构,可以定性地分析出该材料所含元素或化合物. 此外,还可以从谱线的强度定量地分析元素含量的多少,这种分析称为光谱分析. 在科学研究和工业技术上,光谱分析已经获得广泛的应用.

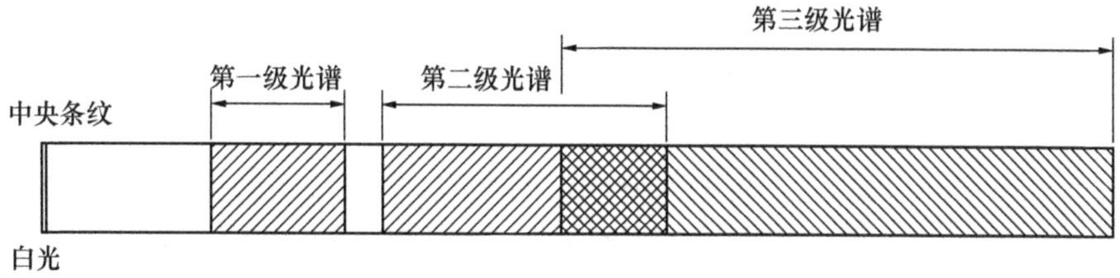

图 14-34　复色光衍射光谱图

晶体中原子的规则排列相当于一种特殊的光栅，首先，因为原子排列的立体对称性，该光栅是三维空间光栅，其次，该光栅的光栅常数非常小，相当于两原子之间的距离(10^{-9}m 数量级)，可以用来衍射波长较短的电磁波，如 X 射线. 利用晶体对 X 射线的衍射，在已知晶格常数时，可以来测量 X 射线的波长，对原子结构的研究极为重要；若已知 X 射线的波长，可以用来测定晶体的晶格常数，这一方面的工作称为 X 射线结构分析. X 射线结构分析在分子物理和工程技术上有极大的应用价值，有兴趣的读者可参考相关书籍.

复习思考题

14-5　光栅衍射的明条纹条件为 $d\sin\theta=k\lambda$，而单缝衍射的暗条纹条件为 $a\sin\theta=k'\lambda$，这二者矛盾吗？怎样解释？

14.11　自然光和偏振光

我们知道，根据波的传播方向与振动方向的关系，可以将波分为纵波和横波两大类. 干涉和衍射可发生于任何一类波，如声波或液面上的表面波都可以产生干涉和衍射现象. 光的干涉现象和衍射现象虽已证明光具有波动性，但是通过这两类现象还是无法判定光究竟是横波还是纵波.

在 18 世纪，人们还以为光波也像空气中的声波一样是纵波. 1808 年法国工程师马吕斯在观察从某一特定角反射的光时发现了光的偏振现象. 1817 年杨氏和菲涅耳提出了光的横波性，从而解释了马吕斯的实验.

在具体讨论光的偏振现象之前，我们先说明自然光和偏振光的区别.

14.11.1　自然光

光波是一定波长范围的电磁波，是横波. 如图 14-35 所示，光矢量 $\boldsymbol{E}$(电场强度矢量)的方向与磁场强度 $\boldsymbol{H}$ 的方向垂直于光的传播方向，它们三者之间符合右手螺旋定则. 一个分子或原子在某一瞬间所发出的光波，其光矢量 $\boldsymbol{E}$ 保持一定的方向.

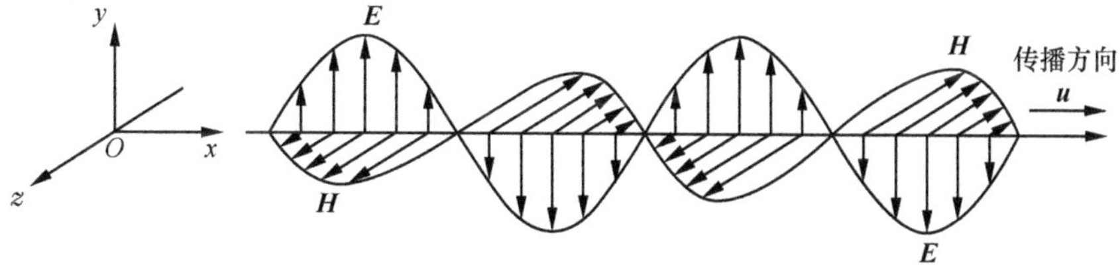

图 14-35　一个分子或原子在某一瞬时所发出的光波

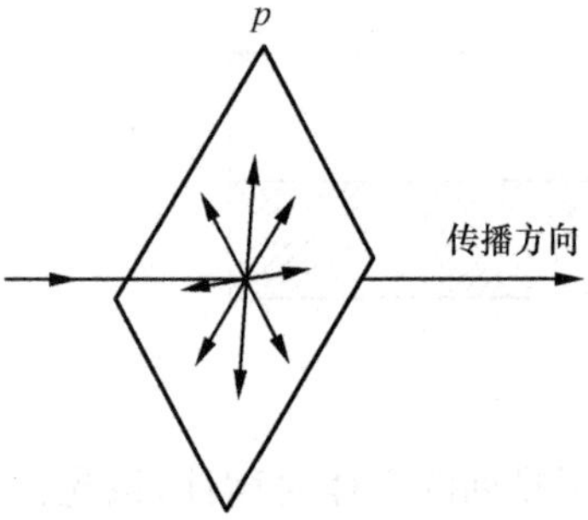

图 14-36　自然光中 $\boldsymbol{E}$ 振动的对称分布

普通光源是由大量原子构成的，不同原子在同一时刻所发出的光波的光矢量的方向不同；即使同一原子，在不同时刻所发出的光波的光矢量的方向也不同，所以普通光源的光矢量 $\boldsymbol{E}$ 不可能保持一定的方向，而是无规则地取所有可能的方向，没有一个方向比其他方向更优越. 因此，在垂直于光传播方向的平面内任一个方向上，光振动的振幅都相等. 所以我们可以把普通光源发出的光看成是光矢量在所有振动方向上振幅都相等的光，这种光称为自然光. 如图 14-36 所示，自然光中的光矢量 $\boldsymbol{E}$ 在所有可能的方向上振幅都相等.

任一方向上的光矢量 $\boldsymbol{E}$，都可分解为两个相互垂直的分矢量. 由于自然光光振动的对称性，各种取向的光矢量在两个垂直方向上的分量的时间平均值应当彼此相等，所以自然光可以用一对互相垂直且振幅相等的独立的光振动来表示，如图 14-37(a) 所示，这两个方向上光振动的强度为自然光强度的一半. 在图 14-37(b) 中用短线和黑点分别表示两相互垂直的光振动，并用黑点和短线的多少表示两个分振动的强弱. 对于自然光，因为它的两个分振动的强度相等，所以在自然光的光线上短线和黑点的分布数相等.

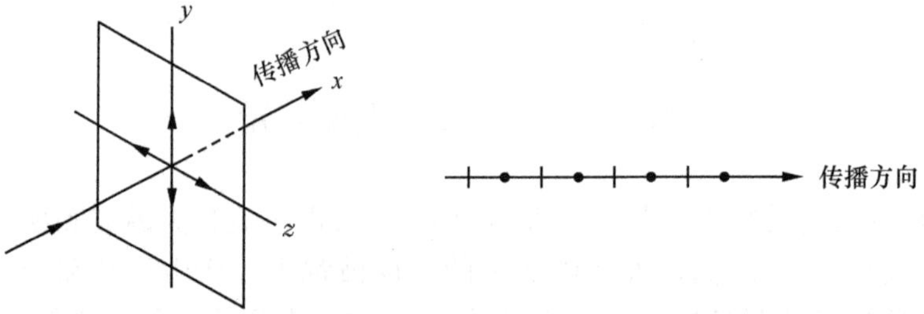

(a) 自然光分解为两个相互垂直而振幅相等的独立光振动　(b) 用黑点表示垂直于纸面的光振动，用短线表示纸面内的光振动，对自然光，黑点和短线画成均等分布

图 14-37　自然光的表示法

必须指出，由于自然光中光振动的无规则性，所以自然光的两个互相垂直的分振动之间没有固定的相位差. 如果把自然光视为由光振动方向互相垂直、强度相等的两束光组成，则这两束光是不相干的，彼此独立.

14.11.2　偏振光

自然光经某些物质反射、折射或吸收后，可以成为光振动沿某一确定方向的光，这种光就称为**线偏振光**，或**完全偏振光**. 它可以用图 14-38 所示的方法来表示. 偏振光的振动方向与光传播方向组成的平面，称为**振动面**. 偏振光的振动方向称为**偏振化方向**.

如果我们设法把自然光中沿某一个方向的振动减弱，但并不完全去掉，则这种光的光振动在与之垂直的方向上比较强，这就形成了**部分偏振光**，它可用图 14-39 中所示的几种方法表示.

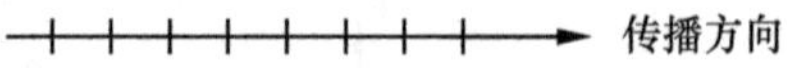

(a) 振动方向在纸面内

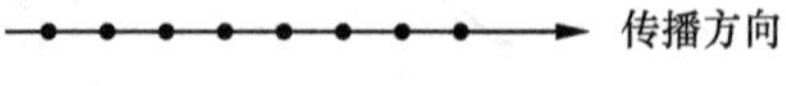

(b) 振动方向垂直于纸面

图 14-38　线偏振光示意图

(a) 部分偏振光，它在纸面内的光振动较强　　　(b) 部分偏振光，它在垂直纸面的光振动较强

图 14-39　部分偏振光示意图

如上所述，在一束部分偏振光中，沿某一方向上的光振动较强，沿与之垂直的方向上的光振动较弱. 如果在两个互相垂直的方向上光振动强度相差越大，则表明这种光沿一个方向的光振动占的优势越大，也就是说它的偏振化程度越高. 显然，线偏振光的偏振化程度最高.

除了激光发生器等特殊光源外，一般光源(如太阳、电灯等)发出的光都是自然光. 我们可以通过某些方法把自然光转变为偏振光，这就是所谓的**起偏振**；把自然光转变为偏振光的器件，称为**起偏器**. 此外，常需要检验某束光是否是偏振光，这就是所谓的**检偏振**. 用来检验偏振光的器件称为**检偏器**.

下面，我们将介绍起偏和检偏的一些方法，并讨论有关的规律.

14.12　反射光和折射光的偏振

本节我们将介绍利用反射和折射使自然光成为偏振光的方法.

14.12.1　反射光和折射光的偏振概念

自然光在两种各向同性介质的分界面上反射和折射时，反射光和折射光就能成为部分偏振光；在特殊情况下，反射光有可能成为完全偏振光(线偏振光).

如图 14-40 所示，MM'是两种介质(如空气和玻璃)的分界面. SI 是一束自然光的入射线，IR 和 IR'分别为反射线和折射线. 入射角用 i 表示，折射角用 γ 表示. 定义入射光与法线所确定的平面为入射面，如前所述，自然光的光振动可分解为两个振幅相等的分振动. 在此，我们把它分解为如图 14-40 所示的两个分振动：一个和入射面垂直(即与纸面垂直)，称为垂直振动，用黑点表示；另一个与入射面平行(即在纸面上，振动方向和分界面 NN'成 i 角)，称为平行振动，用短线表示.

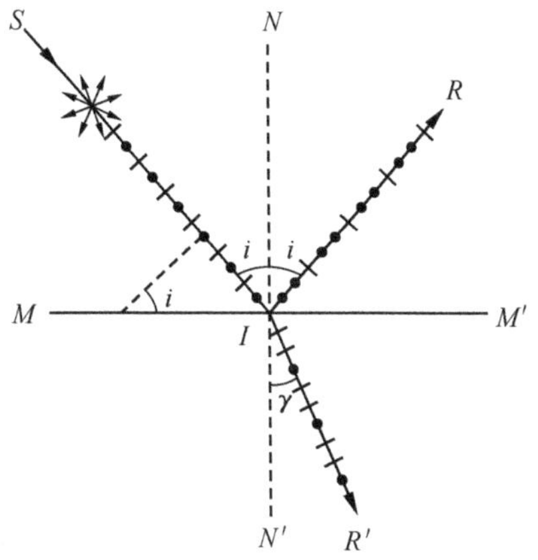

图 14-40　自然光反射和折射后产生部分偏振光

实验发现，在反射光中垂直振动多于平行振动；而在折射光束中，则平行振动多于垂直振动. 可见自然光经过界面反射和折射后，反射光和折射光都成为部分偏振光，反射光是在垂直于入射面上的振动占优势的部分偏振光，而折射光则是平行于入射面上的振动占优势的部分偏振光.

14.12.2　布儒斯特定律

进一步研究发现，反射光和折射光的偏振化程度随入射角 i 而变化. 当 i 等于某个确定值 i_b 时，反射光中平行入射面的振动完全消失，反射光变成振动方向垂直于入射面的完全偏振光(图 14-41)，i_b 称为起偏振角.

实验发现，当自然光以起偏振角 i_b 从折射率为 n_1 的介质射向折射率为 n_2 的介质时，反射光

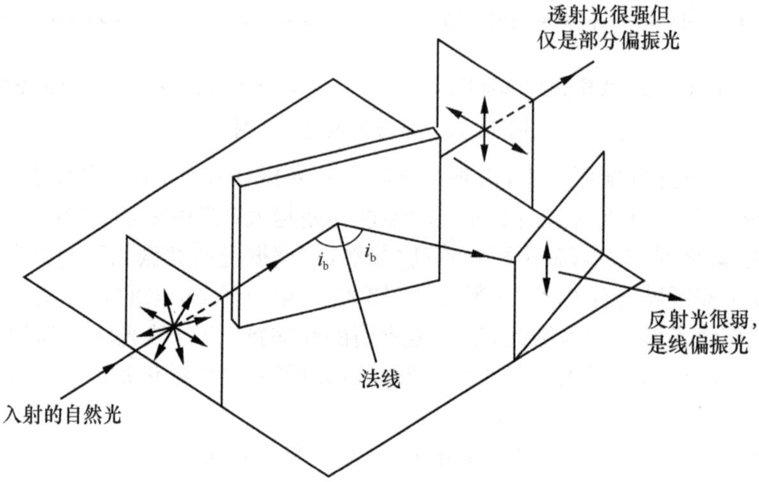

图 14-41　当光以 i_b 角入射时，反射光是线偏振光

和折射光是相互垂直的.同时，实验发现在这种情况下，折射角 γ 为 i_b 的余角，即

$$\gamma=\frac{\pi}{2}-i_b$$

于是

$$\sin\gamma=\cos i_b$$

由折射定律得

$$n_1\sin i_b=n_2\sin\gamma$$

因此有

$$n_1\sin i_b=n_2\cos i_b$$

$$\tan i_b=\frac{n_2}{n_1}=n_{21} \tag{14-39}$$

式(14-39)表示了 i_b 与 n_1、n_2 之间的关系，它是由布儒斯特在1812年总结出来的，称为布儒斯特定律(图 14-42).通常，把 i_b 又称为布儒斯特角.必须指出，当入射角为起偏振角 i_b 时，虽然反射光是振动方向垂直于入射面的线偏振光，但是折射光仍然是平行于入射面方向光振动占优势的部分偏振光，它还有垂直于入射面的光振动.

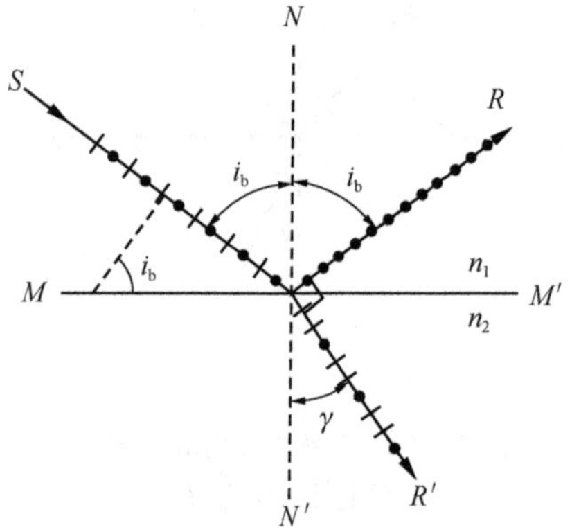

图 14-42　布儒斯特定律用图

当自然光从空气($n_1=1$)射向玻璃片($n_2=1.50$)时，要使反射光成为线偏振光，由式(14-39)得起偏振角为

$$i_b=\arctan\frac{n_2}{n_1}=\arctan 1.50=56.3^\circ$$

若自然光从空气射向水面($n_2=1.33$)，则起偏振角 i_b 为

$$i_b=\arctan 1.33=53.1^\circ$$

14.13　偏振片　马吕斯定律

线偏振光、
偏振片

14.13.1　偏振片

大多数透明晶体由于其特殊结构而呈现出光学各向异性，对外表现是沿晶体的

某些特殊方向上入射的自然光中的两个分振动吸收程度不同，甚至对两者的吸收程度相差很大.例如，电气石，当自然光垂直光轴入射时，电气石吸收寻常光线的能力比非常光强得多，见图 14-43(图中晶体的主截面垂直于纸面).

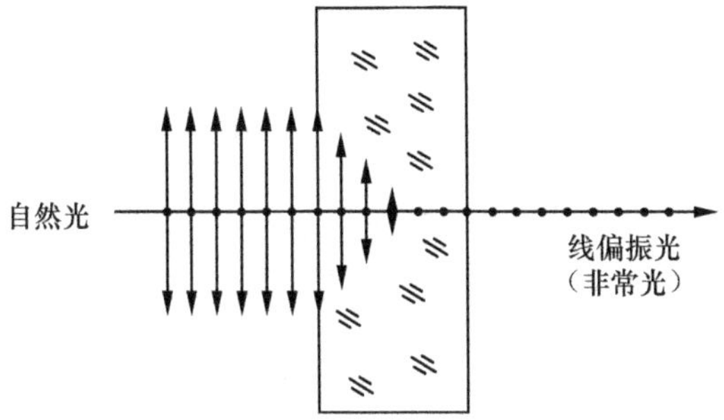

图 14-43　通过吸收作用而获得线偏振光
图中晶体的主截面垂直于纸面

现在人们已能制造人造偏振片来方便地获得线偏振光.例如，用聚乙烯醇浸碘后拉伸制成薄膜，把这种薄膜夹在两片透明塑料片或玻璃片间，就制成了偏振片.它具有质量小、成本低、透光面积大的优点，所以在工业上应用很广.

14.13.2　起偏和检偏

在讨论光的起偏和检偏前，我们先讨论怎样区别机械波是横波还是纵波.设想在机械波的传播方向上放置一个狭缝 AB.对横波来说，当缝 AB 与横波的振动方向平行时，它可以穿过狭缝继续向前传播，见图 14-44(a)；而当缝 AB 与横波的振动方向垂直时，由于振动受阻，故不能穿过狭缝继续向前传播，见图 14-44(b)，但对纵波来说，它总能穿过狭缝继续向前传播，见图 14-44(c)、(d).所以可以从机械波能否通过狭缝 AB 来判断它是横波还是纵波.

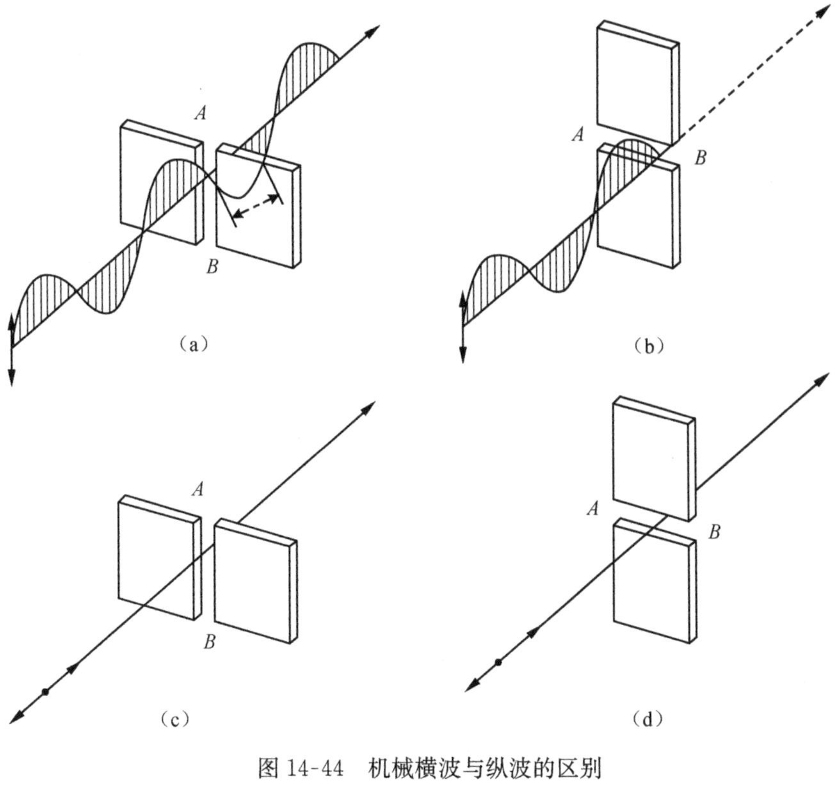

图 14-44　机械横波与纵波的区别

现在我们再讨论光的起偏和检偏.如图 14-45 所示，当自然光照射在偏振片上时，它只允许某一特定方向的光振动通过，这个方向就是偏振片的偏振化方向.为了便于说明，我们用记号“↕”表示偏振片的偏振化方向.

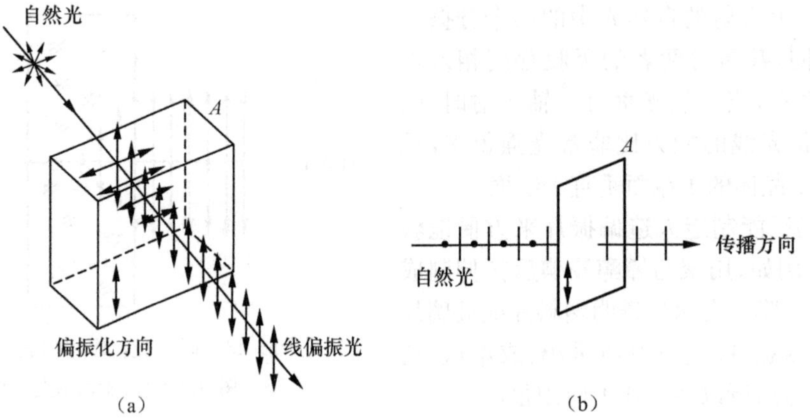

图 14-45　偏振片作为起偏器

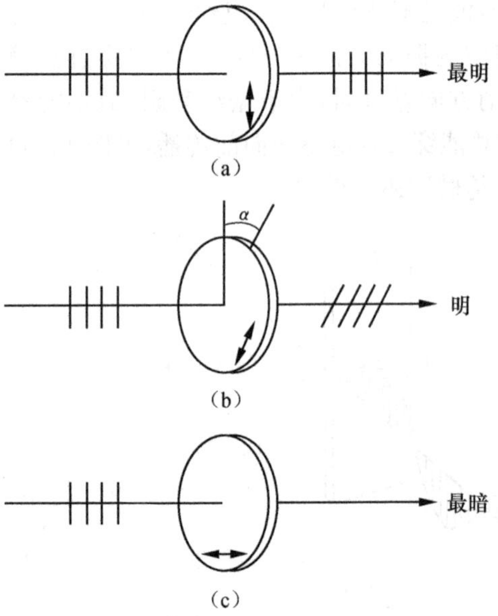

图 14-46　偏振片作为检偏器

起偏器不但可以用来使自然光成为偏振光，而且也可以用来检查某一光是否为偏振光，即起偏器也可以作为检偏器. 如图 14-46 所示，使线偏振光通过偏振片 B，当偏振片 B 绕光线的方向旋转时，我们发现从 B 射出的光的强度会发生变化. 当 B 旋转一周时，光强度经历两次从最亮到最暗(或从最暗到最亮)的连续变化. 如果让自然光通过偏振片 B，则当旋转 B 时，光的强度并不发生变化. 所以图中的偏振片 B 在这里起着检偏器的作用，它能检验入射到偏振片上的光是否为线偏振光.

14.13.3　马吕斯定律

偏振光通过检偏器时，光强一般会发生变化. 马吕斯在 1809 年从实验中发现强度为 I_0 的偏振光透过检偏器后，强度变为

$$I = I_0\cos^2\theta \tag{14-40}$$

式中，θ 为起偏器和检偏器偏振化方向之间的夹角. 这一关系式称为马吕斯定律.

如图 14-47(a)所示，N 为起偏器Ⅰ的偏振化方向，N' 为检偏器Ⅱ的偏振化方向，两者的夹角为 θ，令 A_0 为通过起偏器后偏振光的振幅，把 A_0 分解为沿检偏器 B 的偏振化方向的分量 $A_0\cos\theta$ 和垂直于偏振化方向的分量 $A_0\sin\theta$，如图 14-47(b)所示. 显然，前者可以通过检偏器Ⅱ，后者则不能. 因为光的强度正比于光振动振幅的平方，所以从起偏器Ⅰ射出的线偏振光强度 I_0 与通过检偏器Ⅱ后射出的线偏振光的强度 I 的比值为

$$\frac{I_0}{I} = \frac{A_0^2}{A^2}$$

把 $A=A_0\cos\theta$ 代入上式，得

$$I = I_0\,\frac{A_0^2\cos^2\theta}{A_0^2} = I_0\cos^2\theta$$

这就是马吕斯定律.

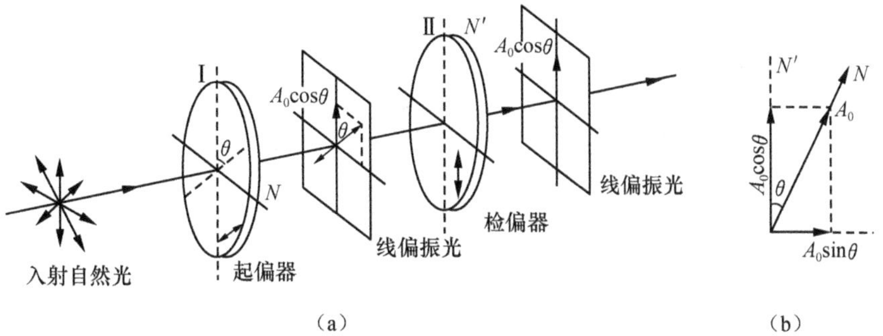

图 14-47 检偏器Ⅱ只透过与其偏振化方向平行的线偏振光的分量

例 14-6 把从起偏器Ⅰ获得的强度为 I_0 的线偏振光入射到检偏器Ⅱ上，要使透射光的强度降低为原来的四分之一，问起偏器与检偏器两者的偏振化方向之间的夹角应为多少？

解 根据马吕斯定律知

$$I = I_0\cos^2\theta$$

又由题意知

$$I = \frac{1}{4}I_0$$

所以有

$$\cos^2\theta = \frac{I}{I_0} = \frac{1}{4}$$

$$\cos\theta = \pm\frac{1}{2}$$

$$\theta = \pm 60°, \pm 120°$$

这说明先使Ⅰ、Ⅱ的偏振化方向平行，然后将检偏器旋转，当转到 60°、120°、240°(即－120°)、300°(即－60°)皆可获得本题所要求的结果. 如果检偏器不动，起偏器作旋转，也可得到相同的结果.

例 14-7 有两个偏振片，它们中的一个作为起偏器，另一个作为检偏器. 当它们的偏振化方向间夹角为 30°时，先观测一束单色自然光 1；当它们间的夹角为 60°时，再观测另一束单色自然光 2，发现从检偏器透出来的 1、2 两束光的强度相等，求这两束自然光的强度之比.

解 设这两束自然光的强度分别是 I_1 和 I_2，透过起偏器后强度降为原来的一半，分别是$\frac{I_1}{2}$和$\frac{I_2}{2}$. 设两束光经过检偏器后的强度分别为 I_1' 和 I_2'，则由马吕斯定律得

$$I_1' = \frac{I_1}{2}\cos^2\theta_1,\quad I_2' = \frac{I_2}{2}\cos^2\theta_2$$

根据题意，有

$$I_1' = I_2'$$

所以

$$\frac{I_1}{I_2} = \frac{\cos^2\theta_2}{\cos^2\theta_1} = \frac{\cos^2 60°}{\cos^2 30°} = \frac{0.25}{0.75} = \frac{1}{3}$$

复习思考题

14-6 由某处发出一束光线，可以用什么方法来鉴别它是不是偏振光？

14-7 自然光投射到两个偏振片上，这两个偏振片的偏振化方向相互垂直. 问能否有光透过？如果再将第三个偏振片放到这两个偏振片之间，是否可能有光透过？

习 题

14-1 选择题.

(1) 双缝干涉实验中，入射光波长为 λ，用玻璃纸遮住其中一缝，若玻璃纸中光程比相同厚度的空气大 2.5λ，则屏上原零级明条纹处(　　).

(A) 仍为明条纹　　(B) 变为暗条纹

(C) 非明非暗　　(D) 无法确定是明纹还是暗条纹

(2) 在折射率 $n_3=1.60$ 的玻璃表面镀一层 $n_2=1.38$ 的氟化镁薄膜作为增透膜，为使波长为 500nm 的单色光由折射率 $n_1=1.00$ 的空气垂直入射玻璃表面时尽量减少反射，增透膜的最小厚度是(　　).

(A) 125nm　　(B) 181nm　　(C) 78.1nm　　(D) 90.6nm

(3) 将牛顿环装置中的平凸透镜缓慢向上平移时，空气膜厚度逐渐增大，可以看到环状干涉条纹(　　).

(A) 静止不动　　(B) 向左平移　　(C) 向外扩张　　(D) 向中心收缩　　(E) 向右平移

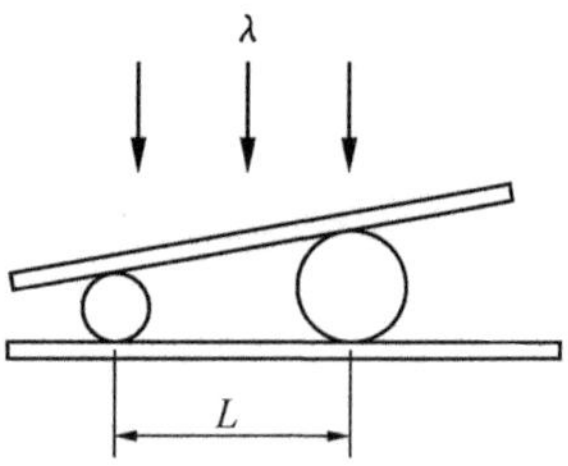

习题 14-1(4)图

(4) 两个直径较小且相差甚微的圆柱夹在两块平板玻璃之间构成空气劈尖，如习题 14-1(4)图所示. 单色光垂直照射，可看到等厚干涉条纹，如果将两圆柱之间的距离 L 拉大，则 L 范围内的干涉条纹(　　).

(A) 数目增加，间距不变　　(B) 数目增加，间距变小

(C) 数目不变，间距变大　　(D) 数目减小，间距变大

(5) 根据惠更斯-菲涅耳原理，若已知光在某时刻的波阵面为 S，则 S 的前方某点 P 的光强取决于波阵面 S 上所有面积元发出的子波各自传播到 P 点的(　　).

(A) 振动振幅之和　　(B) 光强之和

(C) 振动振幅和的平方　　(D) 振动的相干叠加

(6) 在单缝夫琅禾费衍射实验中，波长为 λ 的平行光垂直入射宽度 $a=5\lambda$ 的单缝，对应于衍射角 30°的方向，单缝处波面可分成的半波带数目为(　　).

(A) 3 个　　(B) 4 个　　(C) 5 个　　(D) 8 个

(7) 波长为 600nm 的单色光垂直入射在一光栅常数为 2.5×10^{-3} mm 的光栅上，此光栅刻痕和缝的宽度相等，则光谱上呈现的全部级数为(　　).

(A) $0,\pm1,\pm2,\pm3,\pm4$　　(B) $0,\pm1,\pm3$

(C) $\pm1,\pm3$　　(D) $0,\pm2,\pm4$

(8) 一束自然光依次入射过 4 个偏振片，它们的偏振化方向沿顺时针方向依次转过 30°角，则透过这组偏振片的光强与入射光强之比为(　　).

(A) 0.42　　(B) 0.56　　(C) 0.21　　(D) 0.32

14-2 填空题.

(1) 用波长为 λ 的单色光垂直照射折射率为 n_2 的劈尖，劈尖与两侧介质的折射率之间的关系是 $n_1<n_2<n_3$，如习题 14-2(1)图所示，从劈尖棱边算起第 4 条反射光干涉暗条纹中心处劈尖的厚度 $e=$________.

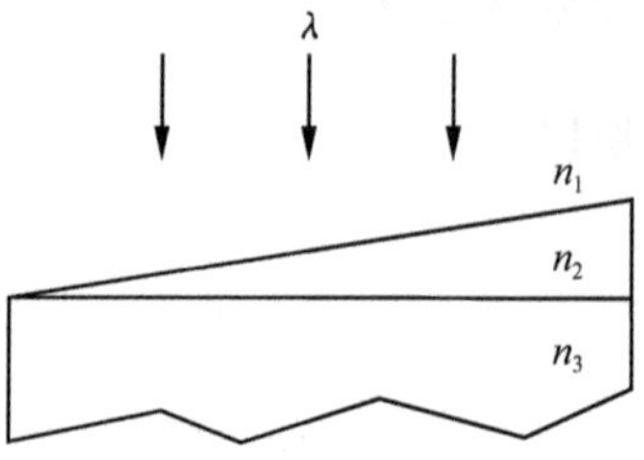

习题 14-2(1)图

(2) 在空气中测得牛顿环第 k 级暗环半径为 r_1；将此装置浸入某种透明液体中测得第 k 级暗环半径变为 r_2，则此种液体折射率 $n=$________.

(3) 在双缝干涉实验中，若使屏上干涉条纹间距变大，可以采用的办法有：

(a)________________________________；

(b)____.

(4) 光的干涉和衍射现象反映了光的________性质；光的偏振现象反映了光的________性质.

(5) 波长为 600nm 的单色平行光，垂直入射到缝宽为 $a=0.6\text{mm}$ 的单缝上，缝后有一焦距 $f=60\text{cm}$ 的透镜，在透镜焦平面上观察到衍射图样，则中央明条纹的宽度为________，两个第三级暗条纹之间的距离为________.

(6) 一束单色光垂直入射在光栅上，衍射光谱中共出现 5 条明条纹. 若已知此光栅缝宽与不透明部分宽度相等，那么在中央明条纹一侧的两条明条纹分别是第________级和第________级谱线.

(7) 检验自然光、线偏振光和部分偏振光时，使被检验光入射到偏振片上，然后旋转偏振片，若从偏振片射出的光线________，则入射光为自然光；若射出的光线________，则入射光为部分偏振光；若射出的光线________，则入射光为完全偏振光.

14-3　计算题.

(1) 用很薄的云母片($n=1.58$)覆盖在双缝实验中的一条缝上，这时屏幕上的零级明条纹移到原来的第七级明条纹的位置上. 如果入射光波长为 550nm，试问此云母片的厚度为多少？

(2) 光垂直照射到空气中一厚度 $e=0.38\mu\text{m}$ 的肥皂膜上，肥皂膜折射率 $n=1.33$，在可见光范围内(400～760nm)，哪些波长的光在反射中增强最大？透射光显什么色？

(3) 一波长 $\lambda=0.67\mu\text{m}$ 的平行光垂直地照射在两块玻璃片上，两块玻璃片的一边互相接触，另一边用直径 $D=0.058\text{mm}$ 的金属丝分开. 试求在空气劈尖上呈现多少明条纹？

(4) 当牛顿环装置中的透镜与玻璃之间的空间充以某种液体时，第十个亮环的直径由 $1.40\times10^{-2}\text{m}$ 变为 $1.27\times10^{-2}\text{m}$，试求这种液体的折射率.

(5) 单缝宽 $a=0.2\text{mm}$，在缝后放一焦距 $f=0.5\text{m}$ 的透镜，在透镜的焦平面上放一屏幕. 用波长为 $\lambda=0.5461\mu\text{m}$ 的平行光垂直地照射到单缝上，试求：①中央明条纹及其他明条纹的角宽度；②中央明条纹及其他明条纹的线宽度.

(6) 在垂直入射于光栅的平行光中，有 λ_1 和 λ_2 两种波长. 已知 λ_1 的第五级光谱线(即第五级明条纹)与 λ_2 的第四级光谱线恰好重合在离中央明条纹为 5mm 处，而 $\lambda_2=500.1\text{nm}$，并发现 λ_1 的第四级光谱线缺级，透镜的焦距为 0.5m，试问：

① λ_1 为多少？光栅常数 $(a+b)$ 为多少？

② 光栅的最小缝宽 a 为多少？

③ 能观察到 λ_1 的多少条光谱线？

(7) 波长 $\lambda=500\text{nm}$ 的单色平行光垂直投射在平面光栅上，已知光栅常数 $d=3.0\mu\text{m}$，缝宽 $a=1.0\mu\text{m}$，光栅后会聚透镜的焦距 $f=1\text{m}$，试求：

① 单缝衍射中央明条纹宽度；

② 在该宽度内有几个光栅衍射主极大；

③ 总共可看到多少条谱线；

④ 若将垂直入射改变为入射角 $i=30°$(与光栅平面法线的夹角)的斜入射，衍射光谱的最高级次和可看到的光谱线总条数.

(8) 一束自然光以角 $56°18'$ 入射到玻璃表面上，发现反射光是完全偏振光，求：

① 该玻璃的折射率；

② 折射光的折射角.

(9) 将三个偏振片叠起来，第一片与第三片的偏振化方向成 90°角，第二片的偏振化方向与其他两片的夹角都成 45°角. 以自然光照射它们，求最后透出光的强度与入射光强度的百分比. 如果将第二片抽出来放到第三片后面，它们仍保持原来的偏振化方向，透出光的强度将改变为多少？

第 15 章　近代物理专题——量子论简介

19 世纪末实验上发现了一些新的现象，如热辐射、光电效应、康普顿效应等. 这些现象无法用经典的物理理论解释. 它们揭示了光不仅具有波动性，同时还具有粒子性，即波粒二象性. 对光的波粒二象性的研究，使人们对物质有了进一步深刻的认识.

本章主要对热辐射、普朗克的量子假设、光电效应、光量子和爱因斯坦光电效应方程等作简单介绍.

15.1　热　辐　射

固体或液体在任何温度下都要向四周发射各种波长的电磁波. 由于电磁波是传递能量的一种方式，因此伴随着物体发射电磁波，就有能量向四周发射. 这种辐射的特点是，辐射的总能量以及辐射能量按波长的分布都取决于辐射物体的温度，所以称为热辐射.

太阳的温度很高，是个巨大的辐射体，它辐射到地球上的能量是人们的主要能量来源之一. 我们所看到的太阳光的能量只是太阳辐射能中的一部分，太阳的热辐射除了可见光外还包含着各种波长的电磁波，有红外线、紫外线等.

1. 绝对黑体

由于自然界中存在的所有物体只能吸收照射到它上面的全部辐射能量中的一部分能量，因此任何物体的吸收系数 A 总是小于 1 的. 吸收系数较大的煤，对太阳光的吸收系数是 0.99. 如果存在一个物体，它能够吸收照射到它上面的全部辐射能量，这种物体称为绝对黑体. 显然，绝对黑体的吸收系数为 1.

2. 绝对黑体的辐射分布

在实验上测得了绝对黑体的单色辐射强度曲线后，许多物理学家企图用经典的理论来推导与实验曲线相符合的绝对黑体的单色辐射强度公式. 维恩(Wien)从经典热力学的理论出发，推出了维恩公式，这个公式在短波部分与实验曲线比较符合，但在长波部分与实验曲线明显不一致. 瑞利(Rayleigh)和金斯(Jeans)根据经典电动力学和统计物理学的理论也得到了黑体辐射强度的分布公式，称为瑞利-金斯公式；这个公式在长波部分与实验结果相符，但在短波部分与实验结果完全不符合，在物理学发展史上称为紫外灾难(图 15-1).

3. 普朗克的能量量子化假设

从经典物理来看，热辐射的微观机理是组成物体的带电粒子不断地做简谐振动，这种带电谐振子与电偶极子振动时一样会向周围空间发射电磁波，这种电磁波就是热辐射. 在任一温度下，物体具有各种频率的带电谐振动，所以物体在任一温度下能辐射各种不同波长的电磁波. 此外，在发射电磁能量的同时，带电谐振子不断地从周围的电磁场中吸收能量，所以每个物体又具有吸收辐射能的本领. 瑞利和金斯就是按照这样的基本思想，并对带电谐振子的能量利用经典的能量均分原理推得了瑞利-金斯公式.

1900 年德国物理学家普朗克(Planck)按照瑞利-金斯所用的基本方法，但是引入了一个与

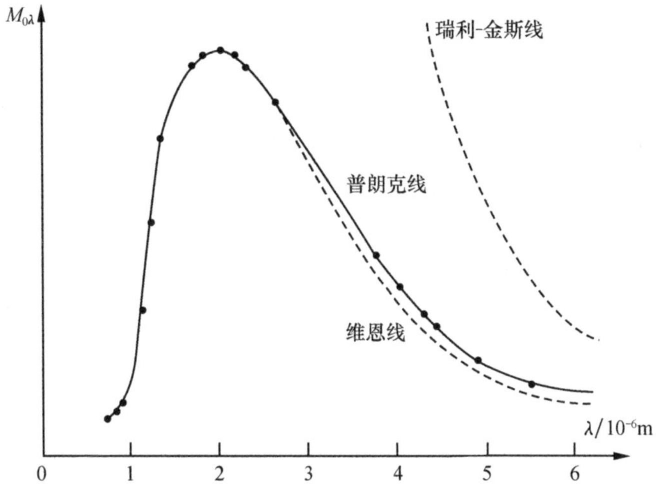

图 15-1 热辐射理论公式与实验比较

• 表示实验结果

经典理论相矛盾的关于能量子的假设，从而得到了与实验曲线完全符合的公式，称为普朗克黑体辐射公式. 普朗克认为，带电谐振子所具有的能量并不是像经典物理中所认为的那样可以取任意连续变化的数值，而只能取一些分立的不连续的数值. **对于确定频率的谐振子，它的能量只能是某个最小的能量 ε 的正整数倍**，即

$$\varepsilon, 2\varepsilon, 3\varepsilon, \cdots, n\varepsilon, \cdots \quad (n \text{ 为正整数})$$

对于频率为 ν 的谐振子，它的最小能量与频率 ν 成正比，可表示为

$$\varepsilon = h\nu$$

式中，h 为一个普适恒量，称为普朗克常量，它的量值为

$$h = 6.63 \times 10^{-34} \mathrm{J \cdot s}$$

通常把最小能量 $h\nu$ 称为能量子. 当带电谐振子与周围电磁场交换能量时，就以吸收或放出能量子的方式进行.

普朗克能量子的假设不仅得到了与实验结果相符合的黑体辐射强度分布公式(图 15-1)，而且也圆满地解决了在经典热力学理论中固体比热与实验不符合的问题.

能量是状态的单值函数，因此，能量不连续就意味着微观粒子运动状态也是不能连续地变化的. 这与经典概念很不相同，它使人们想到，在微观领域中，存在着与宏观现象不同的规律. 普朗克的能量子假设是近代量子理论的一个开端，许多物理学家在普朗克能量子假设的基础上，对微观领域的现象进行了研究，逐渐形成了近代物理学中的基本理论之一——量子理论.

15.2 光电效应

1. 金属电子的逸出功

金属中的自由电子由于受到金属中带正电的晶体点阵的电场力的作用而被束缚在金属中，不能逸出. 为了使金属中的自由电子能够摆脱金属的束缚，必须对它做功而消耗一定的能量，这个功称为电子的**逸出功**. 金属表面的电子只要具有大于逸出功的能量，就可以克服金属的束缚而逸出金属.

可以用各种方法来增加金属中自由电子的能量. 例如,对金属加热、升高它的温度,从而增加电子热运动的动能. 当金属中电子热运动的动能超过逸出功时,电子就可以逸出金属,这样发射的电子称为热电子,如电子管中的灯丝就是用来发射热电子的. 此外,还可以用高速运动的离子去撞击金属,使金属中的自由电子获得能量而逸出;也可以用光照射金属表面,使电子吸收光的能量而逸出金属.

2. 光电效应的实验规律

在光(特别是紫外线)的照射下金属表面可以释放出电子,这一现象称为光电效应. 放出的电子通常称为**光电子**.

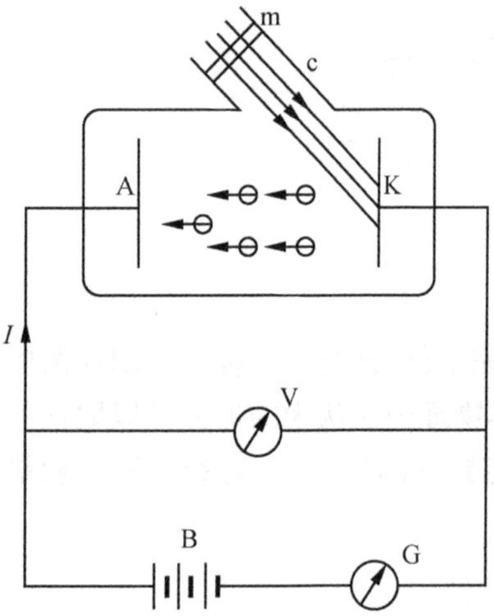

图 15-2　光电效应实验装置

由实验可以得到光电效应的一些规律. 图 15-2 是研究光电效应的实验示意图. 图中 c 是一个真空玻璃容器,容器内装有阴极 K 和阳极 A,阴极由金属片制成. 在玻璃容器上有石英小窗 m,入射光可以通过 m 照射到金属片 K 上. 电源 B 与电流计 G 串联后接到容器的两极上,它使 A、K 两极具有电势差 U_{AK},在 A、K 之间形成由 A 指向 K 的电场. A、K 两端并联的伏特计 V 用来测量 U_{AK}. 当光通过石英小窗 m 照射到金属片 K 上时,电路中有电流通过,称为光电流. 电流计 G 可测出光电流的大小.

光电效应的第一条实验规律是:

对于每一种金属,存在一个产生光电效应的截止频率,只有入射光的频率不小于截止频率时才能产生光电效应.

光电效应的第二条实验规律是:

单位时间内从金属表面逸出的光电子数正比于入射光的强度.

光电效应的第三条实验规律是:

光电子的初动能和入射光的频率呈线性关系,而与入射光的强度无关.

实验还发现,在入射光的频率大于截止频率的情况下,不管入射光强度如何,当光照射到金属表面时,几乎立即就有光电子逸出,其时间间隔不超过 10^{-9} s. 由此得到光电效应的第四条实验规律:

光电效应几乎是个瞬时的过程.

3. 光的波动说的缺陷

光的电磁波理论与光电效应的实验规律是矛盾的. 按照光的电磁波理论,单色光的能量与它的 $\boldsymbol{E}$ 振幅的平方成正比,即取决于光的强度. 在光的照射下,金属中的电子从入射光中吸收能量,从而逸出金属表面成为光电子. 由于光电子的能量来自于入射光,因此光电子的动能应随入射光强度的增大而增加,但是,实验却指出,光电子的初动能随照射光的频率线性地增加,而与入射光的强度无关. 显然,这是光的波动说的缺陷.

此外,按照波动说,只要入射光的强度达到使金属释放电子所需要的能量,那么光电效应对于各种频率的入射光都可以发生,但实验表明,对于每一种金属都存在一个截止频率 ν_0,频率小于 ν_0 的入射光,不管强度多大都不能发生光电效应,这也是光的波动说的缺陷之一.

光电效应的瞬时性也是光的波动说所无法解释的现象. 按光的波动说,金属中的电子从照射光波中吸收能量时必须花费一定的时间，只有电子的能量积累到一定的大小时才能从金属表面逸出. 因此，电子能量积累的时间应与入射光的强度有关，光强大则在较短的时间中就可累积足够的能量而逸出金属，故入射光照射较短的时间就可产生光电子；反之，入射光强小，释放光电子所需的时间就长. 但是实验表明光电效应是个瞬时过程，与入射光的强度无关.

爱因斯坦认为光除了波动性外还具有粒子性，光电效应的现象正显示了光的粒子性质，必须从光的粒子性来研究. 爱因斯坦在普朗克能量子假设的基础上，于 1905 年提出了光量子的假设，并由此成功地解释了光电效应以及其他显示光的粒子性的现象. 1921 年爱因斯坦因对光电效应的解释而获得诺贝尔物理学奖.

4. 爱因斯坦光电效应方程

爱因斯坦用光量子的假设，讨论了光电效应中能量转换的关系. 他认为当频率为 ν 的单色光照射在金属上时，金属中的电子吸收了光子的能量 $h\nu$，这些能量中一部分消耗在电子逸出金属时所需的逸出功 A 上，另一部分转变为光电子的动能$\frac{1}{2}mv^2$，v 为光电子逸出金属表面时的初速率. 在光电效应过程中，按照能量守恒定律，有

$$h\nu = \frac{1}{2}mv^2 + A$$

此式称为爱因斯坦光电效应方程. 下面用光电效应方程来解释光电效应的实验规律. 由上式得

$$\frac{1}{2}mv^2 = h\nu - A$$

因此，光电子的初动能只与照射光的频率呈线性关系，而与照射光的强度无关，即解释了光电效应的第三条实验规律.

考虑到光电子的动能大于或等于零，由上式得

$$h\nu - A \geqslant 0$$

$$h\nu \geqslant A, \quad \nu \geqslant \nu_0 = \frac{A}{h}$$

这表明对每一种金属而言，存在一个发生光电效应的截止频率 ν_0，只有照射光的频率大于 ν_0 时才会发生光电效应，即解释了第一条实验规律.

光的强度从光子流的观点来看是单位时间流过单位面积光子的能量. 由于每个光子的能量为 $h\nu$，因此对于确定频率的单色光而言，光的强度正比于单位时间流过单位面积的光子数. 金属每吸收一个光子可以释放出一个光电子，所以释放出的光电子数目与照射到金属的光子数相等，也就是正比于照射光的强度. 这就解释了光电效应第二条实验规律.

最后，由于电子吸收光子是一个很短的瞬时过程，电子只要吸收频率大于 ν_0 的光子，就可以有足够的能量逸出金属而成为光电子，这就解释了光电效应的瞬时性，即第四条实验规律.

5. 光的波粒二象性

光具有反射、折射、干涉、衍射和偏振等现象，这些现象是光的波动性质的表现，光的电磁波理论可以说明这些现象. 但是，像光电效应、康普顿散射等现象，不能用光的电磁波性质去解释，而必须用光的粒子性质来说明. 由此看来，**光既表现了波动的性质，又显示了粒子的性质，它具有波粒二象性**. 为了解释光学现象，我们对于光必须采用波动和粒子两种图像.

根据爱因斯坦光子假设，光子的能量、动量分别为

$$\varepsilon = h\nu, \quad p = \frac{h\nu}{c} = \frac{h}{\lambda}$$

上面两个等式的左端，能量、动量都是描述光的粒子(光子)性质的物理量，而等式的右端，频率、波长是描述光的波动性质的物理量，式中通过普朗克常量 h 把描述粒子性质的物理量和描述波动性质的物理量联系起来了. 因此，这两个等式本身反映了光的波粒二象性：一方面光具有波动性质，用频率、波长描写；另一方面光还具有粒子性，用能量(以及质量)、动量描写.

15.3　康普顿效应

当伦琴射线(X 射线)通过不均匀的物质时，将在各个方向上发生散射. 如图 15-3 所示，R 为伦琴射线管，A 是散射物质. 当 R 发射出的具有确定波长 λ_0 的单色伦琴射线投射到散射物 A 上后，射线发生散射. 其中，散射角为 φ 的散射线束将通过光阑 B_1、B_2 而射到晶体 C 和电离室 D 的摄谱仪上，由摄谱仪可测出散射线束的波长及强度. R 和 A 可以一起转动，这样就可以测出各种散射角下散射射线的波长和强度.

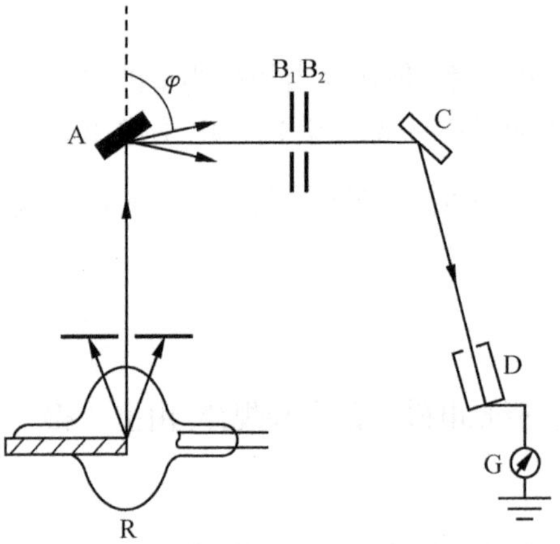

图 15-3　康普顿效应实验装置

1. *康普顿散射的实验规律*

实验结果表明：

(1) 散射射线中除了有与入射波长 λ_0 相同的射线以外，还具有波长 $\lambda'>\lambda_0$ 的射线. 这种散射波长变长的现象称为康普顿效应.

(2) 波长的改变量 $\lambda'-\lambda_0$ 与散射角 φ 有关；在同一散射角下，对于所有散射物质，波长的改变量 $\lambda'-\lambda_0$ 都相同.

(3) 在原子量较小的物质中，散射射线中波长改变的射线的强度较大，康普顿效应比较显著；在原子量大的物质中，康普顿效应则较弱.

2. *用光子说解释康普顿效应*

康普顿效应与经典电磁理论是矛盾的. 按照经典电磁理论，当电磁波射到物体上时，将引起物体内带电粒子的受迫振动，带电粒子受迫振动的频率就等于入射波的频率. 做受迫振动的带电粒子将向周围发射电磁波，这就形成了散射波. 散射波的频率等于受迫振动的频率，即等于入射波的频率. 因此，散射射线中将不可能出现大于入射波波长的射线.

用光子的观点可以圆满地解释康普顿效应. 按照光子说，伦琴射线是一群以光速 c 运动的光子流，这些光子流照射到物体上时，光子与物质中的电子发生弹性碰撞. 因此，康普顿散射实际上是光子与电子的弹性碰撞过程. 根据光子、电子的弹性碰撞理论可以成功地解释康普顿散射的实验规律. 下面我们用光子、电子碰撞的观点，简单地解释康普顿效应.

当入射光子与散射物质中的自由电子或受原子核束缚较弱的电子碰撞时，光子的能量 $h\nu_0$ 中有一部分转移给电子，光子的能量减少为 $h\nu$，因此散射光子的频率 ν 将比入射光子的频率 ν_0 小，这就出现了 λ 比入射波长 λ_0 大的散射射线. 但是，入射光子流中只有一部分光子与自由电子或受原子核束缚较弱的电子相碰撞，还有一部分光子将与物质中受原子核束缚较强的电子碰撞，由于这些电子与原子核结合得很紧密，所以光子与它们的碰撞实际上可以看成是光子与整个原子的碰撞. 由于原子的质量比光子大得多，因此光子与原子碰撞前后的能量几乎不变，在这种碰撞后散射射线的频率不变，与入射线相同. 于是，在散射射线中也有与入射射线波长相同的射线.

康普顿效应是由于入射光与自由电子或与受原子核束缚较弱的电子碰撞所引起的，由于轻原子中电子受原子核的束缚一般都较弱，因而能引起的康普顿效应比较显著，而在重原子中只有离原子核较远的电子受束缚较弱，其他电子受原子核的束缚很紧，因此康普顿效应不明显.

按照光子、电子弹性碰撞过程中的能量、动量守恒的关系，可以从理论上推导出 $\lambda'-\lambda_0$ 与散射角 φ 的关系式，与实验结果相符. 康普顿也因对该效应的成功解释获得 1927 年诺贝尔物理学奖.

15.4 实物粒子的波粒二象性 德布罗意波

1. 实物粒子的波粒二象性 德布罗意波简介

爱因斯坦认为光具有波粒二象性，提出了光子的假设. 德国物理学家德布罗意(de Broglie)于 1924 年提出，波粒二象性并不是光所特有的性质，一切物质都具有波粒二象性. 德布罗意指出，比起波动的研究方法来说，在光学上，人们过于忽略了粒子的研究方法；而在实物的理论上，则过多地考虑了它的粒子图像，而过分地忽略了它的波动性质.

对于一个运动的实物粒子，我们可以用能量 E 和动量 p 来描述它的运动状态. 德布罗意认为能量为 E、动量为 p 的实物粒子的波动性，可以用频率 ν 和波长 λ 的单色波来描写，它们与 E、p 的关系与光量子完全相同，即

$$E = h\nu, \quad p = \frac{h}{\lambda}$$

此外，由动量的表示式 $p=mv$ 可得

$$\lambda = \frac{h}{mv}$$

此式称为德布罗意公式，它确定了运动的实物粒子的波长. 式中 m 是实物粒子的质量，在粒子运动速率远小于光速的情形下，m 就可近似取其静止质量 m_0，当粒子运动速率接近光速时，则应以相对论公式计算质量(注意：对物质波 $v\neq\nu\lambda$，这涉及群速度及相速度).

我们知道，一个不受外力作用的实物粒子必然做匀速直线运动，它所具有的能量、动量都是确定不变的. 这个粒子的波动性质可以用一个频率为 ν、波长为 λ 的单色波来描写，波的传播方向就沿着粒子的运动方向. 因此，描写自由运动的粒子的波是平面单色波，这种平面单色波称为**德布罗意波**.

例 15-1 试计算速度 $v=5\times10^6\,\text{m/s}$ 的 α 粒子的德布罗意波长，α 粒子的质量 $m=4\times1.67\times10^{-27}\,\text{kg}$.

解 α 粒子的德布罗意波长为

$$\lambda = \frac{h}{mv} = \frac{6.63\times10^{-34}}{4\times1.67\times10^{-27}\times5\times10^6}$$
$$= 1.98\times10^{-14}(\text{m}) = 1.98\times10^{-5}(\text{nm})$$

例 15-2 求用 150V 的电势差加速的电子的德布罗意波长.

解 电子被电压 U 加速后，若它的速率远小于光速，则电子的动能为

$$\frac{1}{2}mv^2 = eU$$

式中，m 为电子的质量，e 为电子的电量. 因此，电子的速率为

$$v = \sqrt{\frac{2eU}{m}}$$

把 $\lambda=\dfrac{h}{mv}$ 代入上式，得

$$\lambda=\frac{h}{\sqrt{2emU}}$$

把 $h=6.63\times10^{-34}\mathrm{J\cdot s}$，$e=1.60\times10^{-19}\mathrm{C}$，$m=9.11\times10^{-31}\mathrm{kg}$，$U=150\mathrm{V}$ 代入，得

$$\lambda=\frac{6.63\times10^{-34}}{\sqrt{2\times1.60\times10^{-19}\times9.11\times10^{-31}\times150}}\approx0.1(\mathrm{nm})$$

2. *德布罗意波的验证*

我们知道，干涉和衍射是波动性的主要表现. 按照德布罗意的假设，既然一切实物粒子都具有波动性质，则它们也应像光一样显示干涉、衍射现象. 是否能看到电子、原子等实物粒子的干涉或衍射现象呢？这就是对德布罗意假设的验证.

从 1927 年起，许多实验都证实了电子具有波动性. 在此，只简单介绍电子衍射实验. 实验装置如图 15-4(a)所示，灯丝 K 发射出热电子，电子在加速电压 U_{KD} 的电场中被加速后通过一组阑缝 D，成为一束很细的电子流. 电子流过薄晶片 M，再射到照相底片 P 上. 在照相底片上可以观察到衍射图样，如图 15-4(b)所示. 这个衍射图样是由于电子通过晶体时被晶体中的晶格衍射所形成的. 根据衍射图样可以计算电子的波长，计算表明电子波长符合德布罗意公式.

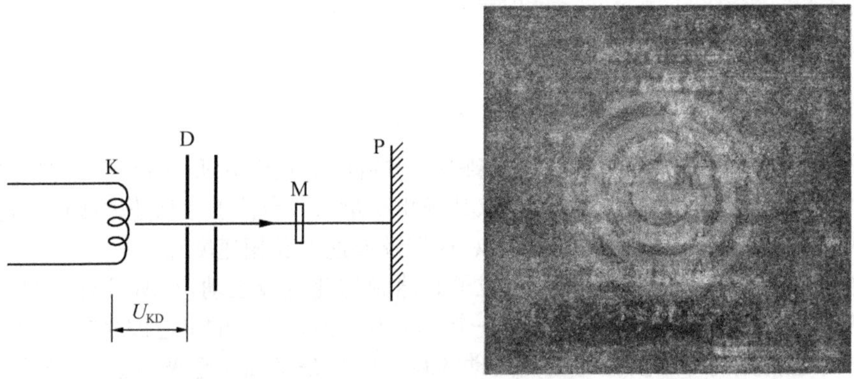

(a)　　(b)

图 15-4　电子衍射实验装置及图样

随着实验技术的发展，进一步观察到原子、分子、中子等衍射现象，并证实了德布罗意公式对这些粒子同样成立. 所以，德布罗意关于实物粒子的波粒二象性的理论已为人们所接受. 德布罗意也因此获得 1929 年诺贝尔物理学奖.

复习思考题

15-1　“火炉有热辐射，冰没有热辐射”，这句话对吗？为什么？

15-2　炼钢工人从平炉的小孔观察钢水的颜色，就可以估计炉内的温度，这是为什么？

15-3　有一小窗的房间，人们白天从远处向窗内看去屋里显得特别黑，为什么？

15-4　有人说：“频率不同的光子能量不同，光的强度也不同”，这种说法对吗？为什么？

15-5　什么是光的波粒二象性？光的波粒二象性是通过哪个物理量联系起来的？

15-6　什么是实物粒子的波粒二象性？为什么人们对实物粒子的研究容易忽视它的波动性？

习　题

15-1　钾的截止波长为 577nm，入射光子的能量至少为多少才能从钾中释放出电子？

15-2　求能使铂(逸出功为 6.3eV)发生光电效应的光波的截止波长.

15-3　钨的逸出功为 4.52eV，钡的逸出功为 2.50eV，分别计算它们的截止波长，并说明哪种金属可作为可见光范围内的光电管材料.

15-4　铝的逸出功为 4.2eV，今有波长为 200nm 的射线投射到铝的表面上，试求：

(1) 光电子的最大动能；

(2) 遏止电势差；

(3) 铝的截止波长.

15-5　使锂产生光电效应的截止波长 $\lambda_0=5.2\times10^{-5}$ cm，若波长 $\lambda=\frac{\lambda_0}{2}$ 的光照在锂上，释放的光电子的动能为多少？

15-6　在一定条件下，人眼视网膜能够对五个蓝绿光光子($\lambda=5.0\times10^{-7}$ m)产生光的感觉，此时视网膜上接收的光能量为多少？如果每秒钟都能吸收五个这样的光子，到达眼睛的光的功率为多少？

15-7　计算波长 $\lambda=7\times10^{-5}$ cm 的光子所具有的能量、动量和质量.

15-8　计算 $\lambda=0.001$nm 的 γ 射线的光子所具有的能量、动量和质量.

第 16 章　近代物理专题——狭义相对论

自牛顿时代以来，古典力学形成了完美的理论体系，并在广大的科学技术领域中得到了成功应用. 他的一些基本概念深入地渗透到其他学科领域，从而成为其他学科的楷模. 牛顿力学的成功给人一种信念，似乎他就是某种“终极的真理”.

牛顿力学成功地处理了太阳系的运动问题（10^{12} m），也成功地处理了原子核对 X 粒子散射的问题（10^{-14} m），即可成功地处理 $10^{-14} \sim 10^{12}$ m 范围内的问题，这已远远超出人们日常经验及其想象力的范围.

然而，这毕竟是个有限的范围，而物质世界根本就不是一个有限的研究对象，他的这种无限性不能单纯地从数量上去理解，即不能把宇宙理解为一个单调增长，以至发散的无穷序列. 而应当同时看到，伴随着量的增长，会出现质的差异. 这就是说，随着研究领域的扩展，概念和规律也要变化，从前小范围内行之有效的概念和规律，在更大的领域内可能是无效的. 因此，当我们从宏观世界出发而漫游微观和宇宙两个世界时，当然会遇到许多新的事实，可能无论如何也不是旧的概念框架所能容纳的了的，怎么办？一种办法是“削足适履”，让事实服从“理论”的需要，这当然是和科学精神背道而驰的. 另一种办法是修改乃至拆毁旧的概念框架，而代之以更合理，但是对我们来说可能是十分陌生的概念体系.

20 世纪末和 21 世纪初发生的“物理学危机”，其实质就是实验事实动摇了旧的理论体系，而新的理论体系又没有建立起来的一种无所适从的情况，相对论和量子力学对物理学理论做了全面、深刻的革新，解决了“物理学危机”，使其进入到全新的时代，诞生了近代物理.

相对论的创立和发展，是几代人共同努力的结果，特别应该提到马赫、洛伦兹和庞加莱这样一些光辉的名字，而相对论的完成主要应归功于爱因斯坦，其核心是对“时空”概念的一种追根溯源的分析.

本章主要讨论狭义相对论的运动学和动力学的基础知识. 初学者要掌握狭义相对论的基本原理及简单应用，掌握洛伦兹变换；掌握狭义相对论时空观，“长度的收缩”和“时间的延缓”两个效应；掌握狭义相对论动力学中的质量、动量、能量及其关系. 不要过深追究有关的数学推导过程.

16.1　经典力学的相对性原理　伽利略变换　绝对时空观

16.1.1　绝对时空观

在狭义相对论建立之前，科学家们普遍认为，时间和空间都是绝对的，是脱离物质和物质运动而存在，并且时间和空间也没有任何关系. 用牛顿的话来说，“绝对的、真正的和数学的时间自身在流逝着，而且由于其本性在均匀地、与任何其他外界事物无关地流逝着”，“绝对空间就其本质而言，是与任何外界事物无关，而且永远是相同的和不动的”，这就是**经典力学的时空观**，也称为**绝对时空观**. 按这种观点，在一个惯性系中不论是同地还是异地“同时发生的两个事件，在其他惯性系看来都是'同时的'". 不仅如此,在一个惯性系中,对时间间隔和空间间隔的测量结果都是相同的,显然,绝对时空观符合人们的日常生活经验.

16.1.2 经典力学的相对性原理

我们已经知道,牛顿运动定律适用的参考系叫做**惯性系**,牛顿运动定律不适应的参考系叫做**非惯性系**. 一个参考系是否是惯性系,只能根据实验观测来判断,而且彼此做匀速直线运动的参考系都是惯性系,牛顿运动定律对这样的参考系同样适用,也就是说,**物体运动所遵循的力学规律对一切惯性系来说,都是相同的**,或者说,**在研究力学规律时,一切惯性系都是等价的. 这就是经典力学相对性原理**. 由此可知,在一个惯性系内所做的任何力学实验都不能确定这个惯性系是静止的,还是在做匀速直线运功,也就是说,惯性系都是等价的. 经典力学的相对性原理是与绝对时空观密切联系着的,这一原理是在实验的基础上总结出来的,1632 年,伽利略曾在封闭的船舱中仔细观察了力学现象,在匀速运动的船舱中没有发现物体的运动规律与在地面上有何不同. 实验表明,这一现象的确反映了物质和运动的客观性.

16.1.3 伽利略变换

上述思想反映在不同惯性系中观察同一事件发生的位置坐标和发生的时间之间有什么关系呢? 在经典力学中通过伽利略变换确定了这个关系.

伽利略坐标变换是以绝对时空观为依据建立的.

设有两个惯性参考系 S 和 S',取坐标系 $Oxyz$ 和 $O'x'y'z'$分别与 S 和 S'系固结,为简单起见,使它们相对应的坐标轴互相平行,且 x 轴与 x'轴相重合,如图 16-1 所示,设 S'沿 x 轴方向以恒定速度 $\boldsymbol{u}$ 相对 S 系运动,并且在 $t=t'=0$ 时刻,坐标原点 O 与 O'重合.

本章后面讲到的 S 和 S'系以及相应的 $Oxyz$ 和 $O'x'y'z'$坐标系定义都与此相同.

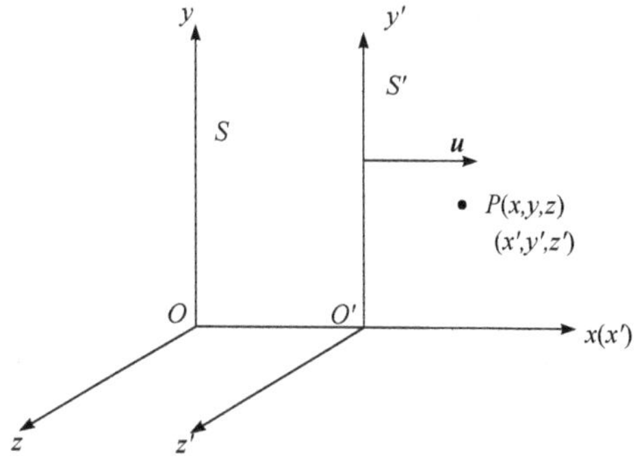

图 16-1 惯性系 S'相对于 S 以恒定速度 $\boldsymbol{u}$ 运动

已知空间一点 P,在 S 系中,时刻为 t 的空间坐标为(x,y,z),相应地,在 S'系中,时刻为 t'的空间坐标为(x',y',z'),根据绝对时空概念,有

$$\begin{cases} x' = x - ut \\ y' = y \\ z' = z \\ t' = t \end{cases} \quad \text{或} \quad \begin{cases} x = x' + ut' \\ y = y' \\ z = z' \\ t = t' \end{cases} \tag{16-1}$$

(16-1)式所表示的就是 S 和 S'系之间空间坐标和时间的伽利略变换式,通常简称为**伽利略变换式**,若称前者为伽利略正变换式,则后者称为伽利略逆变换式. 反之亦然,值得注意的是,这里特意把 $t=t'$写进变换式中,是为了提醒读者注意:相对论正是突破它而诞生的.

根据速度及加速度的定义,把上二式对时间求导数,可得伽利略速度变换式

$$\begin{cases} v'_x = v_x - u' \\ v'_y = v_y \\ v'_z = v_z \end{cases} \quad 或 \quad \begin{cases} v_x = v'_x + u' \\ v_y = v'_y \\ v_z = v'_z \end{cases} \tag{16-2}$$

再次求导,就得到加速度的伽利略变换式

$$\begin{cases} a'_x = a_x \\ a'_y = a_y \\ a'_z = a_z \end{cases} \quad 或 \quad \boldsymbol{a}' = \boldsymbol{a} \tag{16-3}$$

上式表明:从不同的惯性系所观察到的同一质点的加速度是相同的.

其实这些结果早在第 1 章中已经给出.在通常情况下,这些关系都与实验结果相符,因此,长期以来人们对此深信不疑.

16.1.4　用伽利略变换再审视绝对时空观

如果有两事件 1 和 2,在 S 系中对事件 1 和 2 进行观察,它们发生的时空间隔为($\Delta x, \Delta y, \Delta z, \Delta t$),则由伽利略变换得到 S'系中两事件的相应各量为

$$\Delta x' = \Delta x,\quad \Delta y' = \Delta y,\quad \Delta z' = \Delta z,\quad \Delta t' = \Delta t$$

这就是说:如果各个惯性系中用来测量时间的标准相同,比如都以某原子的特征单色谱线的振动周期为时间的基本单位,那么任何事件所经历的时间间隔有绝对不变的量值,与参考系(或观察者)的运动状态无关;如果各个参考系中用来测量长度的标准相同,比如以某一个原子的特征单色谱线的波长为标准,那么空间任何两点间的距离也就有绝对不变的量值,它与参考系的选择或观测者的运动状态无关.由此可知,经典力学的绝对时空观是伽利略坐标变换式的必然结果.

16.1.5　经典力学定律具有伽利略变换的不变性

现在以经典力学的牛顿运动定律为例,说明经典力学定律具有伽利略变换的不变性.

设在 S 系中,牛顿第二定律成立,则对任一质点 M 有

$$\boldsymbol{F} = m\boldsymbol{a}$$

式中,m、$\boldsymbol{a}$、$\boldsymbol{F}$ 分别为该质点的质量、加速度和所受的合力.

质点 M 在 S'系中的质量、加速度和所受的合力分别用 m'、$\boldsymbol{a}'$、$\boldsymbol{F}'$表示.根据伽利略变换有

$$\boldsymbol{a}' = \boldsymbol{a}$$

经典物理中,质量被认为是物质之量,一物体所包含物质之量与其运动状态无关,即 $m' = m$;在不同惯性系中,质点所受的作用力相同,即 $\boldsymbol{F}' = \boldsymbol{F}$.

这样,在 S 系中有牛顿运动定律

$$\boldsymbol{F} = m\boldsymbol{a}$$

成立,那么在 S'系中必有 $\boldsymbol{F}' = m'\boldsymbol{a}'$成立,这表明牛顿运动定律具有伽利略变换的不变性(或协变性).

可以证明,经典力学中的所有定律,如动量守恒定律、机械能守恒定律等都具有这种不变性,满足经典力学相对性原理的要求.因此在狭义相对论建立之前,经典力学理论一直被认为是一个完美的理论体系.

但是,经典电磁学理论的情况就完全不同了.仍以上述 S 系和 S'系来说,在 S 系中两个静止

电荷间只有静电力作用，而在 S' 系中看来，两运动电荷间不但有“静电力”作用，而且还有与速度有关的磁场力作用. 经过长期实践为人们确认的、描述宏观电磁现象规律的麦克斯韦方程组不具有伽利略变换的不变性，即在这种变换下，不同惯性系中方程组的形式是否相同？如果不同，就必然导致各惯性系不等价，从而应存在一个特殊惯性系的结论；如果相同，则经坐标变换后，方程组的形式应保持不变. 如果认为伽利略变换是正确的，则麦克斯韦方程组必须修正；或者反过来，如果认为麦克斯韦方程组是正确的，则伽利略变换必须修正. 对此 16.2 节将作较详细的分析.

复习思考题

16-1 力学相对性原理的内容是什么？

16-2 伽利略坐标变换式的适应范围如何？

16.2 狭义相对论的基本原理 狭义相对论的时空观

16.1 节末指出，麦克斯韦方程组不具有伽利略变换的不变性，同时也指出了由此引出的一些问题，寻求这些问题的答案的过程中导致了相对论的建立.

16.2.1 狭义相对论的实验基础

根据电磁理论，真空中的光(即电磁波)各向同性地以速率 $c=\sqrt{\dfrac{1}{\mu_0\varepsilon_0}}=2.997925\times10^8\mathrm{m/s}$ 传播.

由于当时人们认为电磁波和机械波一样，是在弹性介质中传播的，这种传播电磁波的介质就是所谓的“以太”，它充满着整个宇宙空间，所以把以太看作是绝对静止参考系，即绝对空间的代表. 如果有一惯性系 S' 相对此绝对参考系沿电磁波传播的方向以速度 $\boldsymbol{u}$ 运动，那么，从 S' 系观测电磁波的传播，其速率就是 $c'=c-u$，沿 S' 系负向传播的光速为 $c+u$ 等等，即在 S' 系中，光沿不同方向传播的速率不同. 因此，如果从地面一点(地球是近似的惯性系)来测量，在不同方向上测得的光速将有不同的量值. 这样就可以判定地球相对于绝对参考系(或“以太”)的运动，从而找到绝对参考系. 几代科学家为此付出了他们的毕生精力，设计了各种实验，这里举出其中最著名的一个. 美国海军少尉迈克耳孙为测量地球上的光速是各向异性的，设计了用他名字命名的干涉仪——迈克耳孙干涉仪(仪器原理详见光学有关部分). 1881 年他在德国的波茨坦试图用此仪器发现地球相对“以太”的运动. 但实验结果使他很惊奇，根本就测不到地球相对“以太”的运动. 六年后，即 1887 年，他与莫雷用改进后的迈克耳孙干涉仪在美国的俄亥俄州克利夫兰市重复此实验，并且此后多次重复此实验，都没有发现地球相对“以太”的运动. 这一类的大量实验表明，绝对参考系(以太)是不存在的，在所有惯性系中，真空中的光沿各方向传播的速率都相同，即都等于 c.

这个实验结果和伽利略变换乃至和整个经典力学不相容，曾使当时的物理学界大为震惊. 为了在绝对时空观的基础上统一地说明其他实验和这个实验的结果，一些物理学家，如洛伦兹等，曾提出各种各样的假设，但都未能成功.

1905 年，26 岁的爱因斯坦另辟蹊径，他不固守绝对时空观和经典力学的旧观念，而是在对实验结果和前人工作进行仔细分析和研究的基础上，从新的角度来考察实际问题. 首先，他认为自然界是对称的，包括电磁现象在内的一切物理现象和力学现象一样，都应满足相对性原理，即在所有惯性系中物理定律及其表达形式都是相同的，因而用任何方法都不能发现特殊的惯性系；此外，他还认为，许多实验都已表明，在所有惯性系中测量真空中的光速都相同. 因此，这一点应予以承认，与这点相抵触的伽利略变换必须进行修正. 他提议以“光速不变”为前提导出新的变换公式.

16.2.2　狭义相对论基本原理

1905 年，德国《物理学杂志》上发表了爱因斯坦的首篇相对论文章，题为《论动体的电动力学》，把下面两项基本假设作为相对论理论的出发点.

(1) **狭义相对性原理：物理学定律在所有惯性系中都是相同的，即具有相同的数学表达式，也就是说，对于描述物理现象，所有惯性系都是等价的.**

(2) **光速不变原理：在所有惯性系中，真空中的光速具有相同的量值 c，也就是说，不管光源与观测者的运动情况如何，在任何一个惯性系中的观测者所测得的真空中的光速都等于 c.**

前一项即狭义相对性原理，是对经典力学相对性原理的直接推广，即认为相对性原理不仅适合于力学规律，也适合于一切形式的物理规律，这是容易接受的.

后一项即光速不变原理，初看近于荒谬：说一个人不论顺着、逆着还是垂直于光的传播方向走，光相对于他的速率都是 c，这可能吗？是可能的！问题在于我们关于空间，特别是时间的绝对性观念需要改变，如果承认时间也像空间坐标那样依赖于观测者的运动状态，即依赖于参考系，就可得出一种新的时间变换公式，适合于光速不变的要求.

尽管狭义相对论的某些结论可能会使初学者感到难于理解，但是几十年来大量实验事实表明，依据上述两个基本原理建立起来的狭义相对论，确实比经典理论更真实、更全面、更深刻地反映了客观世界的规律性.

16.3　洛伦兹变换

1. *洛伦兹坐标和时间变换式*

上述狭义相对论的时空观反映在不同惯性系中观测同一事件发生地的位置坐标和时间之间存在一定的关系，在狭义相对论中，就需用洛伦兹坐标和时间变换式确立这个普遍的定量关系.

假设某一事件在惯性系 S 中的时空坐标为(x,y,z,t)，在惯性系 S'中的时空坐标为(x',y',z',t')，仍取如图 16-1 所示的两个惯性系 S 和 S'，则按狭义相对论，这两组时空坐标之间的变换关系为

$$\begin{cases} x' = \dfrac{x-ut}{\sqrt{1-\beta^2}} \\ y' = y \\ z' = z \\ t' = \dfrac{t-\dfrac{u}{c^2}x}{\sqrt{1-\beta^2}} \end{cases} \tag{16-4a}$$

其中，$\beta=\dfrac{u}{c}$. 式(16-4a)就是满足两个基本原理的洛伦兹坐标和时间变换式，其逆变换式为

$$\begin{cases} x = \dfrac{x' + ut'}{\sqrt{1-\beta^2}} \\ y = y' \\ z = z' \\ t = \dfrac{t' + \dfrac{u}{c^2}x'}{\sqrt{1-\beta^2}} \end{cases} \tag{16-4b}$$

从式(16-4a)变换到式(16-4b),或从式(16-4b)变换到式(16-4a),只需将带撇的与不带撇的量互换,同时将速率 u 变号.

需要指出,在洛伦兹变换中,时间坐标和空间坐标有密切联系,再次表明时空是不可分割的,狭义相对论的这一论断,在当时很难为人们理解和接受.

关于洛伦兹变换,应注意以下几点:

(1) 变换式中(x,y,z,t)和(x',y',z',t')的关系是线性的,这是因为一个事件在 S 系中的一组坐标,总是与它在 S'系中的一组坐标一一对应,反之亦然,这是真实事件必须满足的条件.

(2) 当 $u \ll c$ 时,$\beta = \dfrac{u}{c} \to 0$,洛伦兹变换式与伽利略变换式趋于一致. 这说明伽利略变换是洛伦兹变换在低速情况下的近似. 因此,相对论并没有把经典力学"推翻",而仅仅是限制了它的适应范围.

(3) 由上式可见,当 $u > c$ 时,洛伦兹变换失去了意义,因此,相对论指出物体的速度不能超过真空中的光速,即真空中的光速 c 是一切物体运动速度的极限,而经典力学中,物体运动速度是没有极限的.

例 16-1 地面参考系 S 中,在 $x=1.0\times10^6$m 处,于 $t=0.02$s 时刻爆炸了一颗炸弹,如果有一沿 x 轴正方向,以 $u=0.75c$ 速率运动的飞船,试求在飞船参考系 S'中的观测者测得这颗炸弹爆炸的空间和时间坐标,若按伽利略变换,结果如何?

解 由洛伦兹变换(16-4a),可求出飞船系 S'中测得的炸弹爆炸的空间、时间坐标分别为

$$x' = \frac{x-ut}{\sqrt{1-\beta^2}} = \frac{1.0\times10^6 - 0.75\times3\times10^8\times0.02}{\sqrt{1-0.75^2}} = -5.29\times10^6(\text{m})$$

$$t' = \frac{t-\dfrac{u}{c^2}x}{\sqrt{1-\beta^2}} = \frac{0.02-\dfrac{0.75\times1.0\times10^6}{3\times10^8}}{\sqrt{1-0.75^2}} = 0.0265(\text{s})$$

$x'<0$,说明在 S'系观测,炸弹爆炸地点在 x'轴上原点 O'的负侧;$t'\neq t$,说明在两惯性系中测得的爆炸时间不同.

若按伽利略变换,则有

$$x' = x - ut = 1\times10^6 - 0.75\times3\times10^8\times0.02 = -3.50\times10^6(\text{m})$$

$$t' = t = 0.02(\text{s})$$

显然,与洛伦兹变换所得结果不同,这说明在本题所述条件下($u=0.75c$),用伽利略变换计算误差太大,必须用洛伦兹变换计算,更突出的,按洛伦兹变换 $t'\neq t$,这和伽利略变换完全不同.

由洛伦兹变换式(16-4a)和(16-4b)很容易得到两个事件在不同惯性系中的时间间隔和空间间隔之间的变换关系.

设有任意两个事件 1 和 2,事件 1 在惯性系 S 和 S'中的时空坐标分别为(x_1,y_1,z_1,t_1)和

(x_1', y_1', z_1', t_1')，事件 2 的时空坐标分别为 (x_2, y_2, z_2, t_2) 和 (x_2', y_2', z_2', t_2')，则这两个事件在 S 和 S' 系中的时间间隔和沿两惯性系相对运动方向的空间间隔之间的变换关系为

$$\Delta t' = \frac{\Delta t - \frac{u}{c^2}\Delta x}{\sqrt{1-\beta^2}}$$
$$\Delta x' = \frac{\Delta x - u\Delta t}{\sqrt{1-\beta^2}} \tag{16-5a}$$

和

$$\Delta t = \frac{\Delta t' + \frac{u}{c^2}\Delta x'}{\sqrt{1-\beta^2}}$$
$$\Delta x = \frac{\Delta x' + u\Delta t'}{\sqrt{1-\beta^2}} \tag{16-5b}$$

式中，$\Delta x = x_2 - x_1$，$\Delta t = t_2 - t_1$，$\Delta x' = x_2' - x_1'$，$\Delta t' = t_2' - t_1'$，都是代数量. 不难看出，对于两个事件的时间间隔和空间间隔，在不同惯性系中观测，所得结果一般是不同的. 这就是前面说过的，两个事件之间的时间间隔和空间间隔测量都具有相对性，随观测者所在的惯性系不同而不同.

例 16-2　地面观测者测得地面上甲、乙两地相距 8.0×10^6 m，设测得做匀速直线运动的一列(假想)火车，由甲地到乙地历时 2.0s. 在一与列车同方向相对地面运行，速率 $u=0.6c$ 的宇宙飞船中观测，试求：该列车由甲地到乙地相对地面运行的路程、时间和速度.

解　取地面参考系为 S 系，飞船为 S' 系，飞船对地面运行的方向为 x 轴和 x' 轴的正方向.

设列车经过甲地为事件 1，经过乙地为事件 2，则由题意知：$\Delta x = x_2 - x_1 = 8.0\times10^6$ m，$\Delta t = t_2 - t_1 = 2.0$ s，列车相对地面的速度 $v = \frac{\Delta x}{\Delta t} = \frac{8.0\times10^6}{2.0} = 4.0\times10^6$ (m/s).

由式(16-5a,b)可求出在飞船系 S' 中观测，两事件的空间间隔和时间间隔分别为

$$\Delta x' = \frac{\Delta x - u\Delta t}{\sqrt{1-\beta^2}} = \frac{8.0\times10^6 - 0.6\times3\times10^8\times2.0}{\sqrt{1-(0.6)^2}} = -4.40\times10^8\ (\text{m})$$

$$\Delta t' = \frac{\Delta t - \frac{u}{c^2}\Delta x}{\sqrt{1-\beta^2}} = \frac{2.0 - \frac{0.6\times8.0\times10^6}{3\times10^8}}{\sqrt{1-(0.6)^2}} = 2.48\ (\text{s})$$

$\Delta x'$、$\Delta t'$ 也就是在飞船系 S' 中观测到的列车由甲地到乙地所经历的路程和时间，故列车的速度为

$$v' = \frac{\Delta x'}{\Delta t'} = \frac{-4.40\times10^8}{2.48} = -1.774\times10^8\ (\text{m/s}) \approx -0.59c$$

$\Delta x' < 0$ 和 $v' < 0$ 表明在飞船系 S' 中观测，列车是沿 x' 轴负方向由甲地向乙地运动的，经历路程为 4.40×10^8 m，时间为 2.48s，速率为 $0.59c$.

对于已知在一个惯性系中某物体的一个运动过程所经历的位移和时间，而要求在另一惯性系中观测到的位移、时间和速率这一问题. 例题 16-2 所采取的方法和步骤是普遍适用的. 即先根据具体问题设定两个事件，按所取坐标写出已知量(如 Δx，Δt 等)，再应用洛伦兹变换，即可求出未知量(如 $\Delta x'$，$\Delta t'$，v' 等).

2.洛伦兹速度变换式

物体在 S 系和 S' 系中的速度变换关系:对洛伦兹坐标变换两边求微分得

$$\begin{cases} \mathrm{d}x' = \dfrac{\mathrm{d}x - u\mathrm{d}t}{\sqrt{1-\beta^2}} \\ \mathrm{d}y' = \mathrm{d}y \\ \mathrm{d}z' = \mathrm{d}z \\ \mathrm{d}t' = \dfrac{\mathrm{d}t - \dfrac{u}{c^2}\mathrm{d}x}{\sqrt{1-\beta^2}} \end{cases}$$

即

$$v'_x = \frac{\mathrm{d}x'}{\mathrm{d}t'} = \frac{\mathrm{d}x - u\mathrm{d}t}{\mathrm{d}t - \dfrac{u}{c^2}\mathrm{d}x} = \frac{\dfrac{\mathrm{d}x}{\mathrm{d}t} - u}{1 - \dfrac{u}{c^2}\dfrac{\mathrm{d}x}{\mathrm{d}t}} = \frac{v_x - u}{1 - \dfrac{u}{c^2}v_x}$$

$$v'_y = \frac{\mathrm{d}y'}{\mathrm{d}t'} = \frac{\mathrm{d}y\sqrt{1-\dfrac{u^2}{c^2}}}{\mathrm{d}t - \dfrac{u}{c^2}\mathrm{d}x} = \frac{\dfrac{\mathrm{d}y}{\mathrm{d}t}\sqrt{1-\dfrac{u^2}{c^2}}}{1 - \dfrac{u}{c^2}\dfrac{\mathrm{d}x}{\mathrm{d}t}} = \frac{v_y\sqrt{1-\dfrac{u^2}{c^2}}}{1 - \dfrac{u}{c^2}v_x}$$

$$v'_z = \frac{\mathrm{d}z'}{\mathrm{d}t'} = \frac{\mathrm{d}z\sqrt{1-\dfrac{u^2}{c^2}}}{\mathrm{d}t - \dfrac{u}{c^2}\mathrm{d}x} = \frac{\dfrac{\mathrm{d}z}{\mathrm{d}t}\sqrt{1-\dfrac{u^2}{c^2}}}{1 - \dfrac{u}{c^2}\dfrac{\mathrm{d}x}{\mathrm{d}t}} = \frac{v_z\sqrt{1-\dfrac{u^2}{c^2}}}{1 - \dfrac{u}{c^2}v_x}$$

式中,v'_x,v'_y,v'_z 是质点 P 在 S' 系中 x',y',z' 轴上的速度分量;而 v_x,v_y,v_z 是质点 P 在 S 系中的 x,y 和 z 轴上的速度分量.

速度的逆变换为

$$v_x = \frac{v'_x + u}{1 + \dfrac{u}{c^2}v'_x}, \quad v_y = \frac{v'_y\sqrt{1-\dfrac{u^2}{c^2}}}{1 + \dfrac{u}{c^2}v'_x}, \quad v_z = \frac{v'_z\sqrt{1-\dfrac{u^2}{c^2}}}{1 + \dfrac{u}{c^2}v'_x}$$

当 $u/c \ll 1$ 时,洛伦兹坐标与速度变换还原成伽利略坐标及速度变换式.

关于加速度变换式,这里不再赘述,有兴趣的读者可参考其他相关参考书.

16.4 用洛伦兹变换再审视狭义相对论的时空观

1."同时性"的相对性

设在 S' 系中不同地点($\Delta x' \neq 0$),同时($\Delta t' = 0$)发生了两个事件,由式(16-5b)知,在 S 系中看来,这两个事件之间的时间间隔 Δt 为

$$\Delta t = \frac{\Delta t' + \dfrac{u}{c^2}\Delta x'}{\sqrt{1-\beta^2}} = \frac{\dfrac{u}{c^2}\Delta x'}{\sqrt{1-\beta^2}}$$

表明在一个惯性系异地同时发生的两个事件,在其他惯性系并不同时,这就是前面根据光速不变原理断定的"同时性"的相对性.

从上面的讨论还可看出，在一个惯性参考系中同地同时发生的两个事件，对其他惯性系都是同时的.

2. 时间膨胀

设在 S' 系同一地点（$\Delta x'=0$），不同时间（$\Delta t'\neq 0$）发生的两个事件，对 S 系的观测者来说，这两个事件之间的时间间隔为 Δt，由式(16-5b)知

$$\Delta t=\frac{\Delta t'+\frac{u}{c^2}\Delta x'}{\sqrt{1-\beta^2}}=\frac{\Delta t'}{\sqrt{1-\beta^2}}$$

显然，这里的 $\Delta t'$ 为原时 τ_0，故上式可改写为

$$\Delta t=\frac{\tau_0}{\sqrt{1-\beta^2}}$$

这正是时间膨胀效应.

3. 长度收缩

设尺沿 x' 方向静止在 S' 系中，S' 系的观测者测得尺长 $l_0=\Delta x'$ 为尺的原长. 今尺相对 S 系运动，这时在 S 系测尺的长度 l，必须要在 S 系中同时（$\Delta t=0$）确定尺两端的坐标 x_1、x_2，见图 16-2(a)、(b)，这样，将有 $l=\Delta x=x_2-x_1$，根据式(16-5a)知

$$l=\Delta x=l_0\sqrt{1-\beta^2}$$

这正是长度收缩效应.

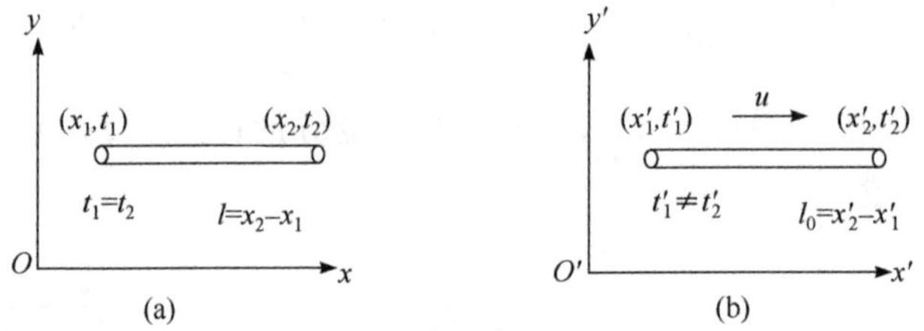

图 16-2　空间间隔的测量

例 16-3　在地球-月球系中测得地-月距离为 3.844×10^8 m，一火箭以 $0.8c$ 的速率沿着从地球到月球的方向飞行. 先经过地球（事件 1），之后又经过月球（事件 2），试问在地球-月球系和火箭系中观测，火箭由地球飞向月球各需多少时间？

解法一　用洛伦兹坐标-时间变换式. 取地-月系为 S 系，火箭系为 S' 系，由题意知，在地-月系（S 系）中观测：

$$\Delta x=3.844\times10^8\,\text{m}$$

火箭由地球（事件 1）飞到月球（事件 2）经过的时间间隔为

$$\Delta t=\frac{3.844\times10^8}{0.8\times3\times10^8}\approx1.60(\text{s})$$

由洛伦兹变换得，在火箭系（S' 系）中观测

$$\Delta t'=\frac{\Delta t-\frac{u}{c^2}\Delta x}{\sqrt{1-\beta^2}}=\frac{1.60-\frac{0.8\times3.844\times10^8}{3\times10^8}}{\sqrt{1-(0.8)^2}}\approx0.96(\text{s})$$

解法二　用长度收缩，时间膨胀效应. 在地-月系（S 系）中观测，地-月距离为固有长度 $l_0=$

3.844×10^8m. 在火箭系(S'系)中观测:地-月距离比l_0短

$$l = l_0\sqrt{1-\beta^2} = 3.844\times10^8\times\sqrt{1-(0.8)^2}\approx 2.306\times10^8(\text{m})$$

则火箭由地球(事件 1)飞到月球(事件 2)所需时间间隔

$$\Delta t' = \frac{2.306\times10^8}{0.8\times3\times10^8}\approx 0.96(\text{s})$$

对火箭中的观测者来说所测时间$\Delta t'$应为原时τ_0.(想想为什么?)所以地-月系(S系)的观测者测得火箭由地球(事件 1)飞到月球(事件 2)所需时间间隔

$$\Delta t = \tau = \frac{\tau_0}{\sqrt{1-\beta^2}} = \frac{0.96}{\sqrt{1-(0.8)^2}} = 1.60(\text{s})$$

两种解法结果完全一致.

16.5 狭义相对论动力学简介

一个正确的力学规律必须满足两个要求:其一,在洛伦兹变换下形式不变;其二,在非相对论条件下($v\ll c$)能还原为经典力学形式. 本节从上述两个前提出发,建立相对论力学定律,给出质量、动量、能量等物理量在相对论中的表达式.

16.5.1 相对论中的质量和动量

我们先看动力学中的一个基本物理量——动量. 在经典力学中,物体的动量定义为其质量与速度的乘积,即$\boldsymbol{p}=m\boldsymbol{v}$. 这里质量$m$是不随物体运动状态而改变的恒量. 动量守恒定律是经过大量实验考验的一个基本规律,它在伽利略变换下对一切惯性系都成立. 实际计算指出,在狭义相对论中,如果仍保留它在经典力学中的定义,并且质量也是不随物体的运动状态改变的恒量,那么,动量守恒定律在洛伦兹变换下就不能对一切惯性系都成立. 就必须认为物体质量m与物体的速度有关. 在狭义相对论中,根据自然界的普遍规律之一——动量守恒定律,并运用相对论速度变换的关系,从理论上可以证明物体的质量是随着速度而改变的,两者的关系如下:

$$m = \frac{m_0}{\sqrt{1-\beta^2}} \tag{16-6}$$

式中$\beta=\dfrac{v}{c}$,这就是相对论中的质量与速度关系. 式中m_0为物体的静止质量,m是运动物体的质量.

于是动量为

$$p = mv = \frac{m_0 v}{\sqrt{1-\beta^2}} \tag{16-7}$$

这就可以使动量守恒定律对洛伦兹变换保持不变,也就是说,使得动量守恒定律在洛伦兹变换下对所有惯性系都成立,并且不难看出动量和动量守恒定律在$v\ll c$时还原为经典力学形式.

由式(16-6)可知,在经典力学中认为不变的又一个基本量——质量,在相对论中,也与空间、时间一样,是随被测物体与观测者(参考系)的相对运动而改变的量. 对一般物体来说,$m_0>0$,速度越大,m越大,当速度接近光速时,质量趋近于无穷大. 这时不论对物体加多大的力,也不能再使速度增加了. 故一切运动物体的速度,再大也不可能超过光速,这与洛伦兹变换直接得到的结果相符.

由上可得，与相对论中质量和动量相对应，相对论动力学的基本方程为

$$F = \frac{\mathrm{d}}{\mathrm{d}t}(mv) = \frac{\mathrm{d}}{\mathrm{d}t}\left[\frac{m_0 v}{\sqrt{1-\beta^2}}\right]$$

由于 m 不是恒量，故上式可写为

$$F = m\frac{\mathrm{d}v}{\mathrm{d}t} + v\frac{\mathrm{d}m}{\mathrm{d}t}$$

可以证明，它满足相对性原理，即在洛伦兹变换下是不变的.

物体质量随速度而变这一事实，早在 1901 年考夫曼在对 β 射线的研究中就观察到了，考夫曼曾用不同速度的电子，观察电子在磁场作用下的偏转，从而测定电子的质量，实验证明电子的质量随速度不同而有不同的量值，实验结果与式(16-6)十分符合，例如，当 $u=0.98c$ 时，电子的质量变化是相当显著的，此时，

$$m = \frac{m_0}{\sqrt{1-(0.98)^2}} = 5m_0$$

但是，一般情况下，物体的速度不太大，质量的变化是很小的，很难观测出来. 例如，火箭以第二宇宙速度 11.2km/s 运动时，火箭质量的变化极其微小，此时，

$$m = \frac{m_0}{\sqrt{1-\left(\dfrac{11.2}{3\times 10^5}\right)^2}} = 1.0000000009m_0$$

如果物体以光速运动，则当物体的静止质量不等于 0 时，得出 m 为无穷大，这是没有实际意义的，如果这个物体的静止质量等于 0，那么物体的质量就可以具有一定的量值，光子就符合这个情况.

质量随速度变化的公式(16-6)，后来又为许多(高能粒子加速器的设计运转等)实验事实所证实.

16.5.2　质量和能量的关系

从上面相对论动力学基本方程出发，可推得相对论中动能的表达式，并可得出一个非常重要的关系式——**质能关系式**.

根据动能定理，当外力 F 对物体做功时，物体动能的增量等于合外力对它所做的功，物体功能增量为

$$\begin{aligned}\mathrm{d}E_\mathrm{k} &= F\cdot\mathrm{d}r = F\cdot v\mathrm{d}t = v\cdot(F\mathrm{d}t) = v\cdot\mathrm{d}(mv)\\ &= v\cdot v\mathrm{d}m + mv\cdot\mathrm{d}v = v^2\mathrm{d}m + mv\mathrm{d}v\end{aligned}$$

由质速关系式(16-6)可得

$$m^2v^2 = m^2c^2 - m_0^2c^2$$

对上式两边微分可得

$$v^2\mathrm{d}m + mv\mathrm{d}v = c^2\mathrm{d}m$$

因此动能增量 $\mathrm{d}E_\mathrm{k} = c^2\mathrm{d}m$.

若物体初速度为 0，即初动能为 0，此时物体质量为 m_0；在外力作用下，速率增大到 v，动能为 E_k，此时物体运动质量为 m，对上式积分，可得物体动能

$$E_k = \int_{m_0}^{m} c^2 \mathrm{d}m = mc^2 - m_0 c^2 \tag{16-8}$$

在 $v \ll c$ 的低速情况下，有

$$E_k = m_0 c^2 \left(\frac{m}{m_0} - 1\right) = m_0 c^2 \left[\frac{1}{\sqrt{1 - v^2/c^2}} - 1\right]$$

$$\approx m_0 c^2 \left[1 + \frac{1}{2}\left(\frac{v}{c}\right)^2 - 1\right] = \frac{1}{2} m_0 v^2$$

这与经典功能公式一致.

从物体动能为 mc^2 与 $m_0 c^2$ 两项之差，可见 mc^2 与 $m_0 c^2$ 也具有能量的含义.

定义 $E_0 = m_0 c^2$ 称为**物体的静止能量**，简称**静能**；$E = m_0 c^2 + E_k$，即物体静能与动能之和，称为**物体的总能量**.

$$\begin{aligned} E &= mc^2 \\ E_0 &= m_0 c^2 \end{aligned} \tag{16-9}$$

上式称为**爱因斯坦质能关系式**，它揭示了质量和能量之间有着密切的内在联系.

物体的静能，实际上是物体内能的总和，包括分子运动的动能，分子间相互作用的势能，分子内部各原子的动能和相互作用的势能，以及原子内部，原子核内部和质子、中子内部……各组成粒子间的相互作用能量等.

质能关系式在原子核反应等过程中得到证实. 在某些原子核反应如重核裂变和轻核聚变过程中，会发生静止质量减小的现象，称为**质量亏损**，由质能关系式可知，这时，静止能量也相应地减少. 但在任何过程中，总质量和总能量又是守恒的，因此这就意味着，有一部分静止能量转化成反应后粒子所具有的动能，而后者又可能通过适当的方式转化为其他形式能量释放出来，这就是某些核裂变和核聚变反应能够释放出巨大能量的原因. 原子弹、核电站等的能量来源于核裂变反应，氢弹和恒星来源于核聚变反应.

质能关系式为人类利用核能奠定了理论基础，它是狭义相对论对人类的一个重大贡献.

例 16-4 电子静止质量 $m_0 = 9.11 \times 10^{-31}$ kg.

(1) 试用焦耳和电子伏为单位，表示电子静能；

(2) 静止电子经 10^6 V 电压加速后，其质量、速率各为多少？

解 (1) 电子静能：

$$E_0 = m_0 c^2 = 9.11 \times 10^{-31} \times 9 \times 10^{16} = 8.20 \times 10^{-14} (\mathrm{J})$$

$$E_0 = \frac{8.20 \times 10^{-14}}{1.60 \times 10^{-19}} = 0.51 \times 10^6 (\mathrm{eV}) = 0.51 (\mathrm{MeV})$$

(2) 静止电子经 10^6 V 电压加速后，动能为

$$E_k = 1 \times 10^6 \mathrm{eV} = 1.6 \times 10^{-13} (\mathrm{J})$$

由于 $E_k \approx 2E_0$，因此必须考虑相对论效应，电子质量为

$$m = \frac{E}{c^2} = \frac{E_k + E_0}{c^2} = \frac{1.6 \times 10^{-13} + 8.20 \times 10^{-14}}{9 \times 10^{16}}$$

$$= 2.69 \times 10^{-30} (\mathrm{kg})$$

可见 $m \approx 3m_0$，又由质速关系式得电子速率：

$$v = \sqrt{1 - \left(\frac{m_0}{m}\right)^2} c = \sqrt{1 - \left(\frac{9.11 \times 10^{-31}}{2.69 \times 10^{-30}}\right)^2} c = 0.94c$$

例 16-5　在热核反应

$$ {}_1^2\mathbf{H}+{}_1^3\mathbf{H}\longrightarrow{}_2^4\mathbf{He}+{}_0^1\mathrm{n} $$

过程中，如果反应前粒子动能很少，可忽略不计，试计算反应后粒子所具有的总动能. 已知各粒子静止质量分别为

$$ m_0({}_1^2\mathrm{H}) = 3.3437\times10^{-27}\,\mathrm{kg},\quad m_0({}_1^3\mathrm{H}) = 5.0049\times10^{-27}\,\mathrm{kg} $$

$$ m_0({}_2^4\mathrm{He}) = 6.6425\times10^{-27}\,\mathrm{kg},\quad m_0({}_0^1\mathrm{n}) = 1.6750\times10^{-27}\,\mathrm{kg} $$

解　反应前、后粒子静止质量之和 m_{10} 和 m_{20} 分别为

$$ m_{10}= m_0({}_1^2\mathrm{H}) + m_0({}_1^3\mathrm{He}) = 8.3486\times10^{-27}\,\mathrm{kg} $$

$$ m_{20}= m_0({}_2^4\mathrm{He}) + m_0({}_0^1\mathrm{n}) = 8.3175\times10^{-27}\,\mathrm{kg} $$

与质量亏损所对应的静止能量减少量即为动能增量，也就是反应后粒子所具有的总动能：

$$ \Delta E_\mathrm{k}= (m_{10} - m_{20})c^2 = 0.0311\times10^{-27}\times9\times10^{16} $$

$$ = 2.80\times10^{-12}(\mathrm{J}) = 17.5(\mathrm{MeV}) $$

这也就是上述反应过程中能够释放出来的能量.

根据爱因斯坦光子假说，与频率为 ν 的光所对应的光子能量为 $E=h\nu$，利用质能关系式可求出光子质量为

$$ m_\varphi = \frac{E}{c^2} = \frac{h\nu}{c^2} \tag{16-10} $$

再代入质速关系式，并注意到光子以光速 c 运动，即可知光子的静止质量 $m_0=0$. 以光速运动的中微子的静止质量也等于零. 在任何惯性系内，光子、中微子在真空中的速率都是 c，都不可能处于静止状态.

16.5.3　能量和动量的关系

前面讲过，静止质量为 m_0，速率为 v 的物体的动量大小和总能量分别为

$$ p= mv = \frac{m_0 v}{\sqrt{1-v^2/c^2}} $$

$$ E= mc^2 = \frac{m_0 c^2}{\sqrt{1-v^2/c^2}} $$

将上两式平方消去 v，可得相对论中动量和能量之间的一个重要关系式：

$$ E^2 = m_0c^2 + p^2c^2 = E_0^2 + p^2c^2 \tag{16-11} $$

这就是相对论中同一质点的能量和动量之间的关系式.

对于光子，则有 $E=m_\varphi c$，于是可知光子动量为

$$ p = \frac{h\nu}{c} = \frac{h}{\lambda} \tag{16-12} $$

例 16-6　已知两粒子 A、B 静止质量均为 m_0，若粒子 A 静止，粒子 B 以 $6m_0c^2$ 的动能与 A 碰撞，碰撞后合成一复合粒子 C，若无能量释放，求复合粒子的静止质量.

解　A、B 粒子的能量分别为

$$ E_\mathrm{A} = m_0c^2,\quad E_\mathrm{B} = m_0c^2 + 6m_0c^2 = 7m_0c^2 $$

根据质能关系

$$ E = E_\mathrm{A} + E_\mathrm{B} = 8m_0c^2 $$

可得复合粒子的运动质量为

$$M = 8m_0$$

复合粒子的静止质量为

$$M_0 = M\sqrt{1-v^2/c^2} = 8m_0\sqrt{1-v^2/c^2}$$

下面我们来求复合粒子的速度 $v=?$

由动量守恒定律得

$$p_C = p_A + p_B$$

由题意知 $p_A=0$，故复合粒子的动量为

$$p_C = p_B = Mv, \quad v = \frac{p_B}{M}$$

由相对论能量和动量关系 $E^2=E_0^2+p^2c^2$ 得

$$E_B^2 = m_0^2c^4 + p_B^2c^2$$

$$49m_0^2c^4 = m_0^2c^4 + p_B^2c^2$$

$$p_B^2 = 48m_0^2c^2$$

代入上式得

$$v = \frac{\sqrt{48}m_0c}{8m_0} = \frac{\sqrt{3}}{2}c$$

$$M_0 = 8m_0\sqrt{1-\frac{v^2}{c^2}} = 4m_0$$

相对论动力学的几个公式都已为大量实验所证实，并且已在许多当代工程技术（包括核动力、宇航、激光、高能物理等）和有关科学研究（包括粒子物理、宇宙学等）中得到应用，充分说明相对论比经典力学能更真实地反映物质世界的客观规律.

以上是狭义相对论简介. 相对论的观点对初学者来说是很难接受的，主要困难不在于数学（当然，相对论的数学形式是很复杂的，不过我们没有涉及）而在于物理观念. 相对论对那些早已深入我们意识的观念提出了挑战，在初学时，尽管我们想努力理解它，但习惯往往把我们引入歧途. 用下面这个例子来类比，许有助于纠正我们的错误观念.

小学生听说地球是圆形的，是很难接受的，他们会问你，到了晚上，人在地球下（站着的人，头朝下），不会掉下去吗？你可以告诉他，地心有引力，使人和物都离不开地球. 他虽然勉强同意你的说法，但还是感到不理解，觉得这个吸引力是个外来的东西，虽然它使人不掉下去，好像人总还是有向“下”去的趋向，只要吸引力一消失，人还是要掉下去.

当他的知识渐渐丰富起来以后，就会明白，阻碍他理解问题的就是关于“上”“下”的观念已经深入他的意识，好像空间本来就有一个特殊取向叫做上面，然而，“上”“下”观念的形成，正是由于地心引力在他意识中起了作用. 如果没有引力，空间本来是各向同性的，没有什么上、下、东、西可分辨，只是有了引力，我们习惯地把引力所指的方向叫做下面，而相反的方向叫做上面，这样，除了地心方向之外，我们又能往哪个方向掉呢？

我们现在的情况与小学生的情况有些类似，阻碍我们的是时间独立于观察者的绝对观念. 经过认真分析思考，克服习惯势力的支配，就会得到较好的理解.

复习思考题

16-3 相对论质量表达式、质能关系式的物理意义是什么？

16-4　相对论中物体的总能量、静能、动能的物理意义是什么？

16-5　相对论中，物体的动量为 $p=mv$，而动能 E_k 能否写成 $E_k=\frac{1}{2}mv^2$，为什么？

习　题

16-1　选择题.

(1) 在一惯性系中观测，两个事件同时不同地，则在其他惯性系中观测，它们(　　)

(A) 一定同时　(B) 可能同时　(C) 不可能同时，但可能同地　(D) 不可能同时，也不可能同地

(2) 在一惯性系中观测，两个事件同地不同时，则在其他惯性系中观测，它们(　　)

(A) 一定同地　(B) 可能同地　(C) 不可能同地，但可能同时　(D) 不可能同地，也不可能同时

(3) 相对地球的速度为 u 的一飞船，要飞达某星球需5年时间，若飞船上的宇航员测得该旅程的时间为3年，则 u 应是(　　)(c 表示真空中的光速)

(A) $\frac{1}{2}c$　(B) $\frac{3}{5}c$　(C) $\frac{9}{10}c$　(D) $\frac{4}{5}c$

(4) 有一直尺固定在 S' 系中，它与 Ox' 轴的夹角 $\theta'=45°$，如果 S' 系以速度沿 Ox 方向相对 S 系运动，S 系中观察者测得该尺与 Ox 轴的夹角 θ(　　)

(A) 大于45°　(B) 小于45°　(C) 等于45°　(D) 不能确立

(5) 观测者甲、乙分别静止在惯性系 S、S' 中，S' 相对 S 以速度 u 运动，S' 中一个固定光源发出一束光与 u 同向，则

① 乙测得该光速为 c　② 甲测得该光速为 $c+u$

③ 甲测得该光速为 $c-u$　④ 甲测得该光相对乙的速度 $c-u$

正确的答案是(　　)

(A) ①③④　(B) ①④　(C) ②③　(D) ②③④

(6) 一个电子运动速度 $u=0.99c$，它的动能是(电子静止能量为0.51MeV)(　　)

(A) 3.5MeV　(B) 4.0MeV　(C) 3.1MeV　(D) 2.5MeV

16-2　填空题.

(1) 陈述狭义相对论两条基本原理：________；________.

(2) 惯性系 S 和 S' 的关系如正文中所述，S' 相对 S 的速率 $u=0.6c$，在 S 系中观测，一事件发生在 $t=2\times10^{-4}$ s，$x=5\times10^3$ m处，则在 S' 系中观测，该事件发生在 $t'=$________ s，$x'=$________ m处.

(3) S' 系相对 S 系的速率为0.8c，在 S' 系中观测，一事件发生在 $t_1'=0$，$x_1'=0$ 处，另一事件发生在 $t_2'=5\times10^{-7}$ s，$x_2'=-120$m处，则在 S 系中测得两事件的时空坐标为 $t_1=$________ s，$x_1=$________ m；$t_2=$________ s，$x_2=$________ m.

(4) 设有两个静止质量均为 m_0 的粒子，以大小相等、方向相反的速度相碰撞，合成一个复合粒子，则该复合粒子的静止质量 $M_0=$________，运动速度 $V=$________.

16-3　计算题.

(1) 地面上A、B两点相距100m，一短跑选手由A跑到B历时10s，试问在与运动员同方向运动，飞行速度为0.6c 的飞船系 S' 中观测，这个选手由A到B跑了多少距离？经历多长时间？速度的大小和方向如何？

(2) 一静止长度为 l_0 的火箭，以速率 u 对地飞行，现自其尾端发生一个光信号，在地面观测. 求光信号自火箭尾端到前端所经历的位移、时间和速度. 若光信号自前端到尾端，其如果又如何？

(3) 在一惯性系中，两个事件发生在同一地点而时间相隔4s，若在另一惯性系中测得这两个事件的时间间隔为6s，试问它们的空间间隔是多少？

(4) 一个立方体的静质量为 m_0，体积为 V_0，当它相对某惯性系 S 沿一边长方向以匀速 u 运动时，静止在 S 系中的观测者测得其密度为多少？

(5) 要使电子的速率从 $1.2\times10^8\,\mathrm{m/s}$ 增加到 $2.4\times10^8\,\mathrm{m/s}$，必须做多少功？

(6) 若粒子的相对论动量是非相对论动量的 2 倍，则其速度大小应为多少？若粒子的相对论动能等于静能，其速度大小又为多少？

(7) 一电子以 $0.99c$ 的速率运动，求：①电子的总能量；②电子的经典力学动能与相对论动能之比是多少？

(8) 设快速运动的介子的能量约为 $E=3000\mathrm{MeV}$，而这种介子的静止能量 $E_0=1000\mathrm{MeV}$，若这种介子的固有寿命是 $\tau_0=2\times10^{-8}\,\mathrm{s}$，求在实验室测得它运动的距离.

(9) 太阳的辐射能来自其内部的核聚变反应. 太阳每秒钟向周围空间辐射出的能量约为 $5\times10^{26}\,\mathrm{J/s}$，由于这个原因，太阳每秒钟减少多少质量？把这个质量同太阳目前的质量 $2\times10^{30}\,\mathrm{kg}$ 作比较.

(10) 在实验室参考系中，某个粒子具有能量 $E=3.2\times10^{-10}\,\mathrm{J}$，动量 $p=9.4\times10^{-19}\,\mathrm{kg\cdot m/s}$，试求该粒子的静止质量，动能和粒子在相对于其静止的参考系中的能量.

(11) 假设有一个静止质量为 m_0，动能为 $2m_0c^2$ 的粒子同一个静止质量为 $2m_0$，处于静止状态的粒子相碰撞并结合在一起，试求碰撞后复合粒子的静止质量.

附录A　矢　　量

A.1　标量和矢量

在物理学中，我们常遇到两类物理量. 有一类物理量，如时间、质量、体积、能量等，它们仅有大小和正负，而没有方向，这类物理量称为**标量**. 另一类物理量，如位移、速度、加速度、力、动量、冲量等，既有大小又有方向，而且相加减时遵从平行四边形的运算法则，这类物理量称为**矢量**(也称为**向量**). 通常用带箭头的字母(如 $\vec{A}$)或黑体字母(如 $\boldsymbol{A}$)来表示矢量，以区别于标量. 在作图时，我们可以在空间用一有向线段来表示，如图 A-1 所示. 线段的长度表示矢量的大小，而箭头的指向则表示矢量的方向.

考虑到矢量具有大小和方向这两个特征，因此只有大小相等、方向相同的两个矢量才相等，如图 A-2(a)所示. 如果有一矢量和另一矢量 $\boldsymbol{A}$ 大小相等而方向相反，这一矢量就称为 $\boldsymbol{A}$ 矢量的负矢量，用 $-\boldsymbol{A}$ 来表示，如图 A-2(b)所示.

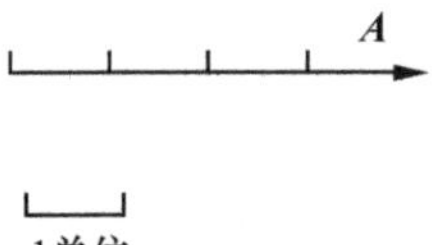

图 A-1　矢量的图示

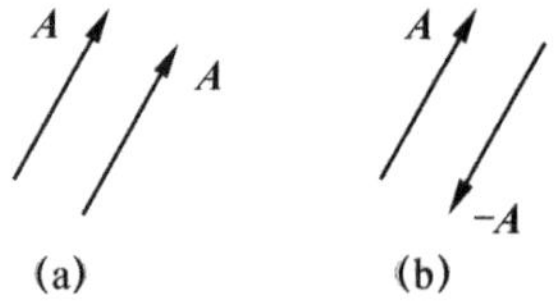

图 A-2　等矢量和负矢量

将一矢量平移后，它的大小和方向都保持不变. 这样，在考察矢量之间的关系或对它们进行运算时，往往根据需要将矢量进行平移，如图 A-3 所示.

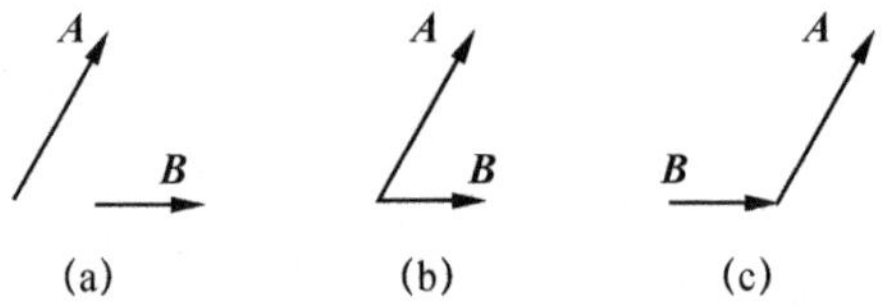

图 A-3　矢量的平移

矢量的大小称为**模**. 矢量 $\boldsymbol{A}$ 的模用 $|\boldsymbol{A}|$ 或字母 A 来表示.

若一个矢量的模等于 1，则该矢量称为**单位矢量**. 单位矢量常用字母右上方加“0”来表示，如平行于 $\boldsymbol{A}$ 的单位矢量记作 $\boldsymbol{A}^0$，则 $\boldsymbol{A}^0=\dfrac{\boldsymbol{A}}{|\boldsymbol{A}|}$，所以矢量 $\boldsymbol{A}$ 也可以表示为

$$\boldsymbol{A}=|\boldsymbol{A}|\boldsymbol{A}^0$$

任意一个矢量都可以用它的模和与它指向相同的单位矢量的乘积来表示. 这实际上是把矢量的大小和方向分离地表示出来，这里单位矢量仅仅起到表示矢量方向的作用.

A.2　矢量的加法和减法(几何法)

1. 矢量的加法(合成)

为了说明矢量相加的法则，我们以质点在平面上的位移为例. 如图 A-4 所示，设一质点最初位于点 A，然后到达点 B，最后处于点 C. 它从 A 到 B 的位移为 $\boldsymbol{a}$，从 B 到 C 的位移为 $\boldsymbol{b}$；且质点从 A 直接到 C 的位移为 $\boldsymbol{c}$. 因此

$$\boldsymbol{a}+\boldsymbol{b}=\boldsymbol{c}$$

即位移 $\boldsymbol{c}$ 为位移 $\boldsymbol{a}$ 与 $\boldsymbol{b}$ 的矢量和. 应当指出，上式虽是从位移得出的，实际上对任何矢量相加都可用此关系式. 图 A-4 所示的矢量相加也常称为矢量相加的**三角形法则**. 这个法则为：自矢量 $\boldsymbol{a}$ 的末端画出矢量 $\boldsymbol{b}$，则自矢量 $\boldsymbol{a}$ 的始端到矢量 $\boldsymbol{b}$ 的末端画出矢量 $\boldsymbol{c}$，$\boldsymbol{c}$ 就是 $\boldsymbol{a}$ 和 $\boldsymbol{b}$ 的和矢量.

利用矢量平移不变性，可把图 A-4 中的矢量 $\boldsymbol{b}$ 的始端平移到 A，点 A 为 $\boldsymbol{a}$、$\boldsymbol{b}$ 的交点(图 A-5). 从图 A-5 中可以看出，$\boldsymbol{c}$ 是从以 $\boldsymbol{a}$ 和 $\boldsymbol{b}$ 为邻边的平行四边形顶点 A 所作的对角线，这就是说，两矢量 $\boldsymbol{a}$ 和 $\boldsymbol{b}$ 相加的和矢量是以这两矢量为邻边的平行四边形对角线矢量 $\boldsymbol{c}$. 利用平行四边形求和矢量的方法称为矢量相加的**平行四边形法则**. 要注意，在画此平行四边形时，矢量 $\boldsymbol{a}$、$\boldsymbol{b}$ 和 $\boldsymbol{c}$ 的始端应共处于一点.

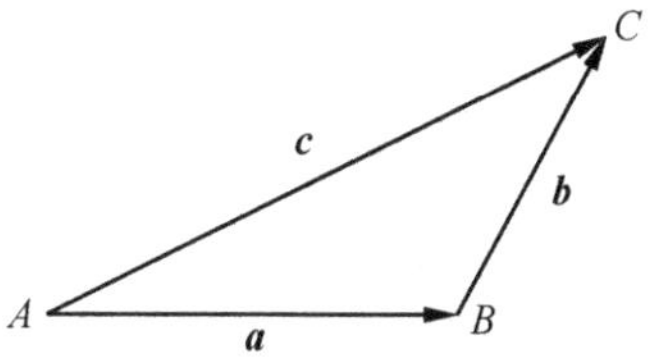

图 A-4　两矢量合成的三角形法则

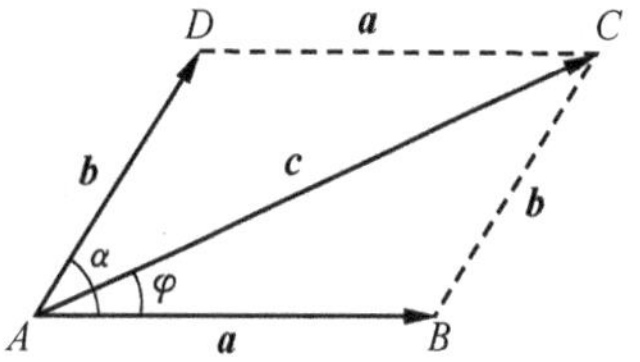

图 A-5　两矢量合成的平行四边形法则

和矢量的大小和方向，除了上述几何作图法外，还可由计算求得.

设 α 为矢量 $\boldsymbol{a}$ 和 $\boldsymbol{b}$ 之间小于 π 的夹角，和矢量 $\boldsymbol{c}$ 与矢量 $\boldsymbol{a}$ 的夹角为 φ. 由图 A-6 知

$$c=\sqrt{a^2+b^2+2ab\cos\alpha}$$

$$\varphi=\arctan\frac{b\sin\alpha}{a+b\cos\alpha}$$

对于在同一平面上多矢量的相加，原则上可以逐次采用三角形法则进行，先求出其中两个矢量的和矢量，然后将该和矢量再与第三个矢量相加，求得三矢量的和矢量……依此类推，即得到多个矢量合成时的**多边形法则**. 如图 A-7 所示，若要求出 $\boldsymbol{a}$、$\boldsymbol{b}$、$\boldsymbol{c}$、$\boldsymbol{d}$ 四个矢量的和矢量时，可从 $\boldsymbol{a}$ 矢量出发，首尾相接地依次画出 $\boldsymbol{b}$、$\boldsymbol{c}$、$\boldsymbol{d}$ 各矢量. 然后由第一矢量 $\boldsymbol{a}$ 的始端到最后一个矢量 $\boldsymbol{d}$ 的末端连一有向线段 $\boldsymbol{r}$，这个矢量 $\boldsymbol{r}$ 就是 $\boldsymbol{a}$、$\boldsymbol{b}$、$\boldsymbol{c}$、$\boldsymbol{d}$ 四个矢量的和矢量.

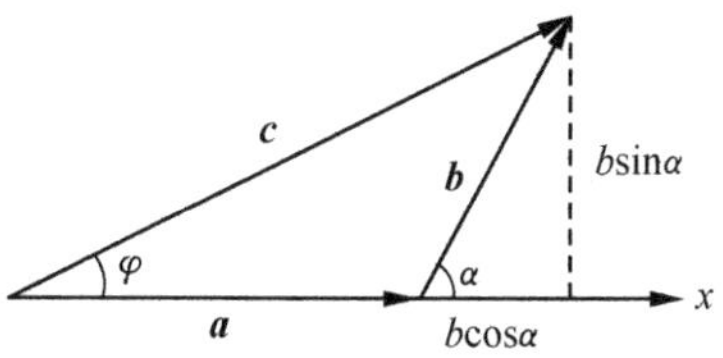

图 A-6　和矢量 $\boldsymbol{c}$ 的计算

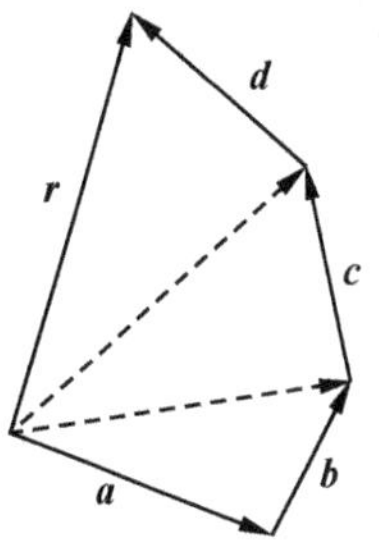

图 A-7　多矢量的合成

2. 矢量的减法

矢量的减法是按矢量加法的逆运算来定义的. 例如，我们问 $\boldsymbol{a}$、$\boldsymbol{b}$ 两个矢量之差 $\boldsymbol{a}-\boldsymbol{b}$ 为何？它将是另一个矢量 $\boldsymbol{d}$，我们记作 $\boldsymbol{d}=\boldsymbol{a}-\boldsymbol{b}$，如果把 $\boldsymbol{d}$、$\boldsymbol{b}$ 相加起来应该得到 $\boldsymbol{a}$. 由图 A-8(a)可知，$\boldsymbol{a}-\boldsymbol{b}$ 等于由 $\boldsymbol{b}$ 的末端到达 $\boldsymbol{a}$ 的末端的矢量. 从图 A-8(a)还可以看出，$\boldsymbol{a}-\boldsymbol{b}$ 也等于 $\boldsymbol{a}$ 和 $-\boldsymbol{b}$ 的和矢量，即

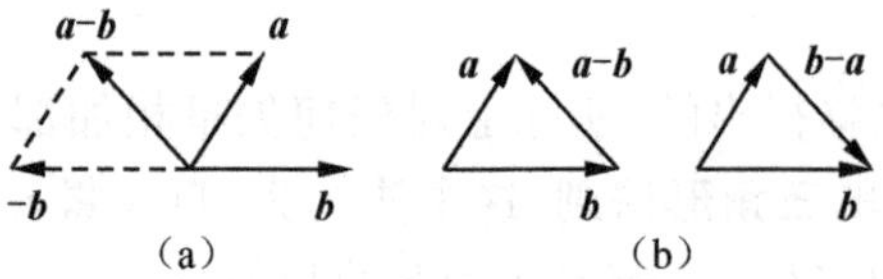

(a)　(b)

图 A-8　矢量的减法

$$\boldsymbol{a}-\boldsymbol{b}=\boldsymbol{a}+(-\boldsymbol{b})$$

所以求矢量差 $\boldsymbol{a}-\boldsymbol{b}$ 可按图 A-8(a)中所示的三角形法或平行四边形法.

如果求矢量差 $\boldsymbol{b}-\boldsymbol{a}$,用同样的方法可以知道,等于由 $\boldsymbol{a}$ 的末端到达 $\boldsymbol{b}$ 的末端的矢量,见图 A-8(b),它的大小同 $\boldsymbol{a}-\boldsymbol{b}$ 的大小相等,但方向相反.

A.3　矢量合成的解析法

1. 矢量沿直角坐标的正交分解

由前面讨论可知,两个或两个以上的矢量可以相加为一个和矢量. 反过来,一个矢量也可以分解为任意数目的**分矢量**. 就一个矢量分解为两个矢量而言,相当于已知一平行四边形的对角线求平行四边形邻边的问题. 由于对角线不变的平行四边形可以有无限多种,因此把一个矢量分解为两个分矢量可以有无限多种方法,图 A-9 是其中的两种.

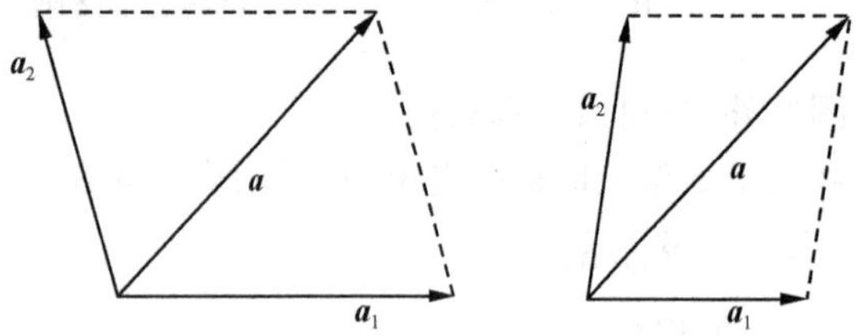

图 A-9　矢量分解

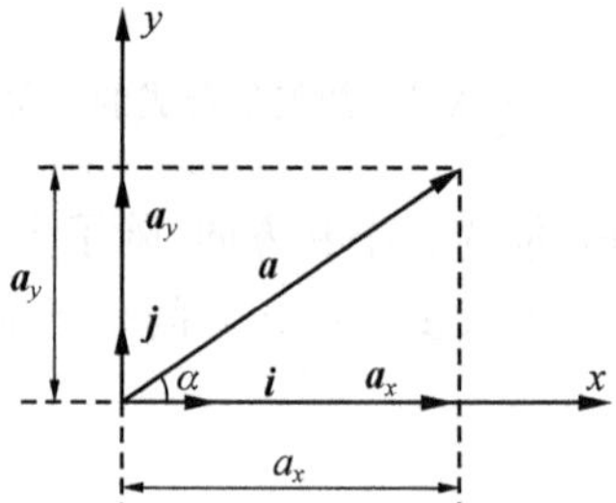

图 A-10　矢量在平面直角坐标轴的正交分量

设在平面直角坐标系 xOy 上,矢量 $\boldsymbol{a}$ 在 x 轴上的分矢量 $\boldsymbol{a}_x$ 和在 y 轴上的分矢量 $\boldsymbol{a}_y$ 都是一定的,如图 A-10 所示,即

$$\boldsymbol{a}=\boldsymbol{a}_x+\boldsymbol{a}_y$$

若沿 x 轴的正向取一长度为 1 的单位矢量 $\boldsymbol{i}$,沿 y 轴的正向取一长度为 1 的单位矢量 $\boldsymbol{j}$,则分矢量 $\boldsymbol{a}_x$ 和 $\boldsymbol{a}_y$ 分别为

$$\boldsymbol{a}_x=a_x\boldsymbol{i},\quad \boldsymbol{a}_y=a_y\boldsymbol{j}$$

式中 a_x 和 a_y 分别称为矢量 $\boldsymbol{a}$ 在 x 轴和在 y 轴上的**分量**,有

$$a_x=a\cos\alpha,\quad a_y=a\sin\alpha$$

应当注意,α 是由 x 轴按逆时针方向旋转至 $\boldsymbol{a}$ 的角度. 于是

$$\boldsymbol{a}=\boldsymbol{a}_x+\boldsymbol{a}_y$$

可写成

$$\boldsymbol{a}=a_x\boldsymbol{i}+a_y\boldsymbol{j}$$

显然,矢量 $\boldsymbol{a}$ 的模 a 与分量 a_x、a_y 之间的关系为

$$a=\sqrt{a_x^2+a_y^2}$$

矢量 $\boldsymbol{a}$ 与 x 轴的夹角 α 以及分量 a_x、a_y 之间的关系为

$$\alpha=\arctan\frac{a_y}{a_x}$$

分量 a_x、a_y 的值可正可负，取决于矢量 $\boldsymbol{a}$ 与 x 轴的夹角 α.

若一矢量 $\boldsymbol{a}$ 在如图 A-11 所示的空间直角坐标中，矢量 $\boldsymbol{a}$ 在 x、y 和 z 轴上的分矢量分别为 $\boldsymbol{a}_x$、$\boldsymbol{a}_y$ 和 $\boldsymbol{a}_z$. 于是有

$$\boldsymbol{a} = \boldsymbol{a}_x + \boldsymbol{a}_y + \boldsymbol{a}_z$$

另外，矢量 $\boldsymbol{a}$ 在 x、y 和 z 轴上的分量分别为 a_x、a_y 和 a_z. 如以 $\boldsymbol{i}$、$\boldsymbol{j}$ 和 $\boldsymbol{k}$ 分别表示 x、y 和 z 轴上的单位矢量，则有

$$\boldsymbol{a} = a_x\boldsymbol{i} + a_y\boldsymbol{j} + a_z\boldsymbol{k}$$

矢量 $\boldsymbol{a}$ 的模为

$$a = \sqrt{a_x^2 + a_y^2 + a_z^2}$$

矢量 $\boldsymbol{a}$ 的方向由这矢量与 x、y 和 z 轴的夹角 α、β 和 γ 来确定，有

$$\cos\alpha = \frac{a_x}{a}, \quad \cos\beta = \frac{a_y}{a}, \quad \cos\gamma = \frac{a_z}{a}$$

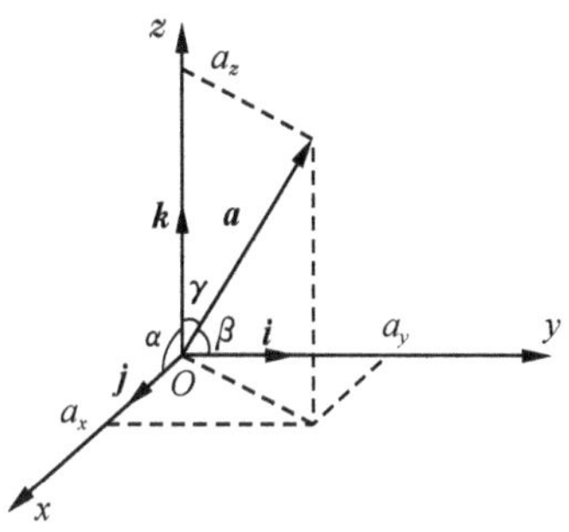

图 A-11　矢量在空间直角坐标轴上的正交分量

2. 矢量合成的解析法

运用矢量的分量表示法，可以使矢量的加减运算得到简化. 如图 A-12 所示，设有两矢量 $\boldsymbol{a}$ 和 $\boldsymbol{b}$，其和矢量 $\boldsymbol{c}$ 可由平行四边形求出. 如矢量 $\boldsymbol{a}$ 和 $\boldsymbol{b}$ 在坐标轴上的分量分别为 a_x、a_y 和 b_x、b_y. 由图很容易得出，和矢量 $\boldsymbol{c}$ 在坐标轴上的分量满足关系式

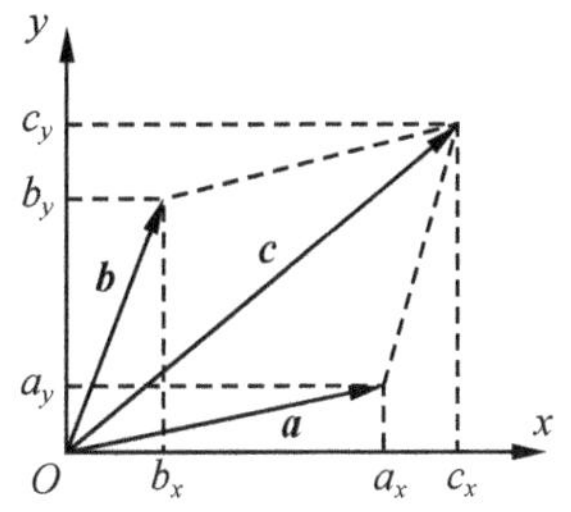

图 A-12　矢量合成的解析法

$$c_x = a_x + b_x$$
$$c_y = a_y + b_y$$

所以

$$\boldsymbol{c} = \boldsymbol{a} + \boldsymbol{b} = (a_x + b_x)\boldsymbol{i} + (a_y + b_y)\boldsymbol{j}$$

$\boldsymbol{c}$ 的大小和方向可由下面两式确定：

$$c = \sqrt{c_x^2 + c_y^2}$$

$$\varphi = \arctan\frac{c_y}{c_x}$$

A.4　矢量乘法

1. 矢量数乘

若 $\boldsymbol{c}=m\boldsymbol{a}$，则 $c=ma$；$m>0$ 时 $\boldsymbol{c}$ 的方向与 $\boldsymbol{a}$ 相同，$m<0$ 时 $\boldsymbol{c}$ 的方向与 $\boldsymbol{a}$ 相反.

2. 矢量的标积(点乘)

(1) 定义　$\boldsymbol{a}\cdot\boldsymbol{b}=ab\cos(\boldsymbol{a},\boldsymbol{b})$，为标量.

(2) 性质.

a. 若 $\angle(\boldsymbol{a},\boldsymbol{b})=0$ ($\boldsymbol{a}$、$\boldsymbol{b}$ 平行同向) 则 $\boldsymbol{a}\cdot\boldsymbol{b}=ab$；

b. 若 $\angle(\boldsymbol{a},\boldsymbol{b})=\pi$ ($\boldsymbol{a}$、$\boldsymbol{b}$ 平行反向) 则 $\boldsymbol{a}\cdot\boldsymbol{b}=-ab$；

c. 若 $\angle(\boldsymbol{a},\boldsymbol{b})=\frac{\pi}{2}$ ($\boldsymbol{a}$、$\boldsymbol{b}$ 垂直) 则 $\boldsymbol{a}\cdot\boldsymbol{b}=0$；

(3) 推论.

a. $\boldsymbol{a}\cdot\boldsymbol{a}=\boldsymbol{a}^2$；

b. $\boldsymbol{i}\cdot\boldsymbol{i}=\boldsymbol{j}\cdot\boldsymbol{j}=\boldsymbol{k}\cdot\boldsymbol{k}=1$；

c. $\boldsymbol{i}\cdot\boldsymbol{j}=\boldsymbol{j}\cdot\boldsymbol{k}=\boldsymbol{k}\cdot\boldsymbol{i}=0$；

d. $\boldsymbol{a}\cdot\boldsymbol{b}=(a_x\boldsymbol{i}+a_y\boldsymbol{j}+a_z\boldsymbol{k})\cdot(b_x\boldsymbol{i}+b_y\boldsymbol{j}+b_z\boldsymbol{k})=a_xb_x+a_yb_y+a_zb_z$；

(4) 实例　功 $W=\boldsymbol{F}\cdot\boldsymbol{S}=F\cdot S\cos(\boldsymbol{F},\boldsymbol{S})$ （F 为恒力）.

3. 矢量矢积（叉乘）

(1) 定义　$\boldsymbol{c}=\boldsymbol{a}\times\boldsymbol{b}$.

$$c=|\boldsymbol{c}|=ab\sin(\boldsymbol{a},\boldsymbol{b})$$

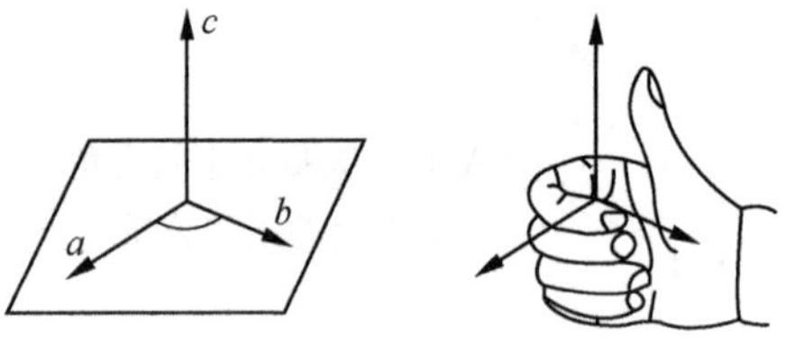

图 A-13　矢量的矢积

$\boldsymbol{c}$ 垂直于 $\boldsymbol{a}$、$\boldsymbol{b}$ 决定的平面，指向由右手定则决定，即右手四指从 $\boldsymbol{a}$ 经由小于 π 的角转向 $\boldsymbol{b}$ 时大拇指伸直时所指的方向，如图 A-13 所示.

(2) 性质.

a. 若 $\angle(\boldsymbol{a},\boldsymbol{b})=\begin{cases}0\\ \pi\end{cases}$ （$\boldsymbol{a}$、$\boldsymbol{b}$ 平行）则 $\boldsymbol{a}\times\boldsymbol{b}=0$；

b. 若 $\angle(\boldsymbol{a},\boldsymbol{b})=\frac{\pi}{2}$ （$\boldsymbol{a}$、$\boldsymbol{b}$ 垂直）则 $|\boldsymbol{a}\times\boldsymbol{b}|=ab$；

c. $\boldsymbol{a}\times\boldsymbol{b}=-\boldsymbol{b}\times\boldsymbol{a}$.

(3) 推论.

a. $\boldsymbol{a}\times\boldsymbol{a}=0$；

b. $\boldsymbol{i}\times\boldsymbol{i}=\boldsymbol{j}\times\boldsymbol{j}=\boldsymbol{k}\times\boldsymbol{k}=0$；

c. $\boldsymbol{a}\times\boldsymbol{b}=(a_x\boldsymbol{i}+a_y\boldsymbol{j}+a_z\boldsymbol{k})\times(b_x\boldsymbol{i}+b_y\boldsymbol{j}+b_z\boldsymbol{k})$，可用行列式表示：

$$\boldsymbol{a}\times\boldsymbol{b}=\begin{vmatrix}\boldsymbol{i} & \boldsymbol{j} & \boldsymbol{k}\\ a_x & a_y & a_z\\ b_x & b_y & b_z\end{vmatrix}$$

(4) 实例.

力矩 $\boldsymbol{M}=\boldsymbol{r}\times\boldsymbol{F}$（$\boldsymbol{r}$ 为 $\boldsymbol{F}$ 作用点的位置矢量）.

A.5　矢量的导数和积分

1. 矢量的导数

在物理上遇见的矢量常常是参量 t（时间）的函数，因而记作 $\boldsymbol{a}(t)$、$\boldsymbol{b}(t)$ 等，这是一元函数的情况. 下面只介绍一元函数的求导. 一般来说，如果某一矢量是变量（如空间坐标 x、y、z 和时间 t）的函数，则是多元函数的情况. 多元函数的求导比较复杂一些，可由一元函数的求导作推广，这里不作介绍.

矢量函数 $\boldsymbol{a}(t)$ 表示为

$$\boldsymbol{a}(t)=a_x(t)\boldsymbol{i}+a_y(t)\boldsymbol{j}+a_z(t)\boldsymbol{k}$$

这里要注意：$\boldsymbol{i}$、$\boldsymbol{j}$、$\boldsymbol{k}$ 是常矢量，而 $a_x(t)$、$a_y(t)$、$a_z(y)$ 是 t 的函数. 现假定这三个函数都是可导的，当自变量 t 改变为 $t+\Delta t$ 时，a 和 $a_x(t)$、$a_y(t)$、$a_z(t)$ 便相应地有增量：

$$\Delta\boldsymbol{a}=\boldsymbol{a}(t+\Delta t)-\boldsymbol{a}(t)$$

$$\Delta a_x=a_x(t+\Delta t)-a_x(t)$$

$$\Delta a_y=a_y(t+\Delta t)-a_y(t)$$

$$\Delta a_z=a_z(t+\Delta t)-a_z(t)$$

于是

$$\Delta \boldsymbol{a} = \Delta a_x \boldsymbol{i} + \Delta a_y \boldsymbol{j} + \Delta a_z \boldsymbol{k}$$

以 Δt 相除,并令 $\Delta t \to 0$,求极限,便得

$$\lim_{\Delta t \to 0} \frac{\Delta \boldsymbol{a}}{\Delta t} = \lim_{\Delta t \to 0} \frac{\Delta a_x}{\Delta t} \boldsymbol{i} + \lim_{\Delta t \to 0} \frac{\Delta a_y}{\Delta t} \boldsymbol{j} + \lim_{\Delta t \to 0} \frac{\Delta a_z}{\Delta t} \boldsymbol{k}$$

即

$$\frac{\mathrm{d}\boldsymbol{a}}{\mathrm{d}t} = \frac{\mathrm{d}a_x}{\mathrm{d}t} \boldsymbol{i} + \frac{\mathrm{d}a_y}{\mathrm{d}t} \boldsymbol{j} + \frac{\mathrm{d}a_z}{\mathrm{d}t} \boldsymbol{k}$$

高阶导数的概念也可应用到矢量函数上,例如 $\boldsymbol{a}(t)$ 的二阶导数可记作

$$\frac{\mathrm{d}^2\boldsymbol{a}}{\mathrm{d}t^2} = \frac{\mathrm{d}^2 a_x}{\mathrm{d}t^2} \boldsymbol{i} + \frac{\mathrm{d}^2 a_y}{\mathrm{d}t^2} \boldsymbol{j} + \frac{\mathrm{d}^2 a_z}{\mathrm{d}t^2} \boldsymbol{k}$$

下面列出一些有关矢量函数的导数的简单公式:

(1) $\dfrac{\mathrm{d}}{\mathrm{d}t}(\boldsymbol{a}+\boldsymbol{b}) = \dfrac{\mathrm{d}\boldsymbol{a}}{\mathrm{d}t} + \dfrac{\mathrm{d}\boldsymbol{b}}{\mathrm{d}t}$;

(2) 若 c 是常量,则 $\dfrac{\mathrm{d}}{\mathrm{d}t}(c\boldsymbol{a}) = c\dfrac{\mathrm{d}\boldsymbol{a}}{\mathrm{d}t}$;

(3) 若 $f(t)$ 是 t 的可微函数,则 $\dfrac{\mathrm{d}}{\mathrm{d}t}[f(t)\boldsymbol{a}(t)] = f(t)\dfrac{\mathrm{d}\boldsymbol{a}}{\mathrm{d}t} + f'(t)\boldsymbol{a}$;

(4) $\dfrac{\mathrm{d}}{\mathrm{d}t}(\boldsymbol{a}\cdot\boldsymbol{b}) = \boldsymbol{a}\cdot\dfrac{\mathrm{d}\boldsymbol{b}}{\mathrm{d}t} + \dfrac{\mathrm{d}\boldsymbol{a}}{\mathrm{d}t}\cdot\boldsymbol{b}$;

(5) $\dfrac{\mathrm{d}}{\mathrm{d}t}(\boldsymbol{a}\times\boldsymbol{b}) = \boldsymbol{a}\times\dfrac{\mathrm{d}\boldsymbol{b}}{\mathrm{d}t} + \dfrac{\mathrm{d}\boldsymbol{a}}{\mathrm{d}t}\times\boldsymbol{b}$.

这些公式的证明是很简单的,不再一一加以证明. 例如,公式(4)可证明如下:令

$$u(t) = \boldsymbol{a}(t)\cdot\boldsymbol{b}(t)$$

这里 $u(t)$ 是两矢量 $\boldsymbol{a}$ 和 $\boldsymbol{b}$ 的标积,是 t 的标量函数,令

$$u(t+\Delta t) = u(t) + \Delta u(t)$$
$$\boldsymbol{a}(t+\Delta t) = \boldsymbol{a}(t) + \Delta\boldsymbol{a}(t)$$
$$\boldsymbol{b}(t+\Delta t) = \boldsymbol{b}(t) + \Delta\boldsymbol{b}(t)$$

于是

$$\begin{aligned}\Delta u &= (\boldsymbol{a}+\Delta\boldsymbol{a})\cdot(\boldsymbol{b}+\Delta\boldsymbol{b}) - \boldsymbol{a}\cdot\boldsymbol{b} \\ &= \Delta\boldsymbol{a}\cdot\boldsymbol{b} + \boldsymbol{a}\cdot\Delta\boldsymbol{b} + \Delta\boldsymbol{a}\cdot\Delta\boldsymbol{b}\end{aligned}$$

$$\frac{\Delta u}{\Delta t} = \frac{\Delta\boldsymbol{a}}{\Delta t}\cdot\boldsymbol{b} + \boldsymbol{a}\cdot\frac{\Delta\boldsymbol{b}}{\Delta t} + \Delta\boldsymbol{a}\cdot\frac{\Delta\boldsymbol{b}}{\Delta t}$$

当 $\Delta t \to 0$ 时,$\Delta\boldsymbol{a} \to 0$,所以得到

$$\frac{\mathrm{d}u}{\mathrm{d}t} = \frac{\mathrm{d}\boldsymbol{a}}{\mathrm{d}t}\cdot\boldsymbol{b} + \boldsymbol{a}\cdot\frac{\mathrm{d}\boldsymbol{b}}{\mathrm{d}t}$$

2. 矢量的积分

矢量函数的积分是很复杂的. 下面举两个简单的例子.

(1) 设 $\boldsymbol{a}$ 和 $\boldsymbol{b}$ 均在同一平面直角坐标系中,且 $\dfrac{\mathrm{d}\boldsymbol{b}}{\mathrm{d}t} = \boldsymbol{a}$. 于是,有

$$\mathrm{d}\boldsymbol{b} = \boldsymbol{a}\mathrm{d}t$$

上式积分并略去积分常数,得

$$\boldsymbol{b}=\int \boldsymbol{a}\mathrm{d}t=\int(a_x\boldsymbol{i}+a_y\boldsymbol{j})\mathrm{d}t$$

有

$$\boldsymbol{b}=\left(\int a_x\mathrm{d}t\right)\boldsymbol{i}+\left(\int a_y\mathrm{d}t\right)\boldsymbol{j}$$

其中

$$b_x=\int a_x\mathrm{d}t,\quad b_y=\int a_y\mathrm{d}t$$

上式在物理学中是经常遇到的,如计算直线运动和曲线运动的位置矢量或位移、力的冲量等.

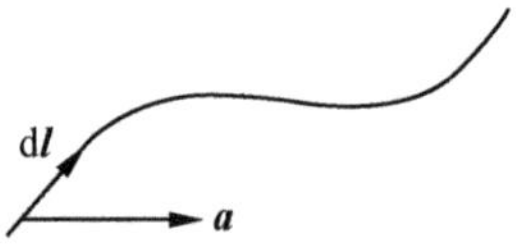

图 A-14　矢量线积分

(2) 若矢量 $\boldsymbol{a}$ 在平面直角坐标上沿图 A-14 所示的曲线变化,那么

$$\int \boldsymbol{a}\cdot\mathrm{d}\boldsymbol{l}$$

就是这个矢量沿此曲线的线积分. 由于

$$\boldsymbol{a}=a_x\boldsymbol{i}+a_y\boldsymbol{j}+a_z\boldsymbol{k}$$

所以

$$\int \boldsymbol{a}\cdot\mathrm{d}\boldsymbol{l}=\int(a_x\boldsymbol{i}+a_y\boldsymbol{j}+a_z\boldsymbol{k})\cdot(\mathrm{d}x\boldsymbol{i}+\mathrm{d}y\boldsymbol{j}+\mathrm{d}z\boldsymbol{k})$$

由于 $\boldsymbol{i}\cdot\boldsymbol{i}=\boldsymbol{j}\cdot\boldsymbol{j}=\boldsymbol{k}\cdot\boldsymbol{k}=1$,$\boldsymbol{i}\cdot\boldsymbol{j}=\boldsymbol{j}\cdot\boldsymbol{k}=\boldsymbol{k}\cdot\boldsymbol{i}=0$,可得

$$\int \boldsymbol{a}\cdot\mathrm{d}\boldsymbol{l}=\int a_x\mathrm{d}x+\int a_y\mathrm{d}y+\int a_z\mathrm{d}z$$

如上式中的 $\boldsymbol{a}$ 为力,d$\boldsymbol{l}$ 为位移,则上式就是变力做功的计算式. 若 $\boldsymbol{a}$ 为场强(电场强度或磁感应强度),d$\boldsymbol{l}$ 为位移,则上式就是场强的环流计算式.

附录B 国际单位制

2018年11月16日，第26届国际计量大会通过"修订国际单位制"决议. 此决议自2019年5月20日（世界计量日）起生效.

表 B-1 国际单位制的基本单位

物理量名称	单位名称	单位的符号	单位定义
时间	秒	s	当铯频率 $\Delta\nu(\mathrm{Cs})$，也就是铯-133原子不受干扰的基态超精细跃迁频率以单位 Hz（即 s^{-1}）表示时，将其固定数值取为9192631770来定义秒
长度	米	m	当真空中光速 c 以单位 m/s 表示时，将其固定数值取为299792458来定义米，其中秒用 $\Delta\nu(\mathrm{Cs})$ 定义
质量①	千克（公斤）②	kg	当普朗克常量 h 以单位 J·s 即 $\mathrm{kg\cdot m^2/s}$ 表示时，将其固定数值取为 6.62607015×10^{-34} 来定义千克，其中米和秒用 c 和 $\Delta\nu(\mathrm{Cs})$ 定义
电流	安[培]③	A	当基本电荷 e 以单位 C 即 A·s 表示时，将其固定数值取为 $1.602176634\times10^{-19}$ 来定义安[培]，其中秒用 $\Delta\nu(\mathrm{Cs})$ 定义
热力学温度	开[尔文]	K	当玻尔兹曼常量 k 以单位 J/K 即 $\mathrm{kg\cdot m^2/(s^2\cdot K)}$ 表示时，将其固定数值取为 1.380649×10^{-23} 来定义开[尔文]，其中千克、米和秒用 h、c 和 $\Delta\nu(\mathrm{Cs})$ 定义
物质的量	摩[尔]	mol	1mol精确包含 6.02214076×10^{23} 个基本单元. 该数称为阿伏伽德罗数，为以单位 $\mathrm{mol^{-1}}$ 表示的阿伏伽德罗常量 N_A 的固定数值. 一个系统的物质的量，符号 n，是该系统包含的特定基本单元数的量度. 基本单元可以是原子、分子、离子、电子及其他任意粒子或粒子的特定组合
发光强度	坎[德拉]	cd	当频率为 540×10^{12} Hz 的单色辐射的光视效能 K_{cd} 以单位 lm/W 即 cd·sr/W 或 $\mathrm{cd\cdot sr\cdot s^3/(kg\cdot m^2)}$ 表示时，将其固定数值取为683来定义坎[德拉]，其中千克、米、秒分别用 h、c 和 $\Delta\nu(\mathrm{Cs})$ 定义

① 人民生活和贸易中，质量习惯称为重量.

② 圆括号中的名称是它前面的名称的同义词.

③ 无方括号的量的名称和单位名称均为其全称. 方括号中的字，在不致引起混淆、误解的情况下，可以省略. 去掉方括号中的字，即为其名称的简称.

表 B-2 国际单位制的辅助单位

量的名称	单位名称	单位符号	定义
[平面]角	弧度	rad	弧度是一个圆内两条半径之间的平面角，这两条半径在圆周上截取的弧长与半径相等 （国际标准化组织建议书P31第1部分，1965年12月第二版）
立体角	球面度	sr	球面度是一个立体角，其顶点位于球心，而它在球面上所截取的面积等于以球半径为边长的正方形面积 （同上）

表 B-3　具有专有名称的 SI 导出单位

量	单位名称	单位符号	与 SI 单位的关系
频率	赫[兹]	Hz	$1Hz=1s^{-1}$
力	牛[顿]	N	$1N=1kg\cdot m/s^2$
压力,压强,应力	帕[斯卡]	Pa	$1Pa=1N/m^2$
能[量],功,热量	焦[耳]	J	$1J=1N\cdot m$
功率,辐[射能]通量	瓦[特]	W	$1W=1J/s$
电荷[量]	库[仑]	C	$1C=1A\cdot s$
电压,电动势,电位,(电势)	伏[特]	V	$1V=1W/A$
电容	法[拉]	F	$1F=1C/V$
电阻	欧[姆]	Ω	$1\Omega=1V/A$
电导	西[门子]	S	$1S=1\Omega^{-1}$
磁通[量]	韦[伯]	Wb	$1Wb=1V\cdot s$
磁通[量]密度,磁感应强度	特[斯拉]	T	$1T=1Wb/m^2$
电感	亨[利]	H	$1H=1Wb/A$
摄氏温度	摄氏度	℃	1℃=1K
光通量	流[明]	lm	$1lm=1cd\cdot sr$
[光]照度	勒[克斯]	lx	$1lx=1lm/m^2$
[放射性]活度	贝可[勒尔]	Bq	$1Bq=1s^{-1}$
吸收剂量,比授[予]能,比释动能	戈[瑞]	Gy	$1Gy=1J/kg$
剂量当量	希[沃特]	Sv	$1Sv=1J/kg$

表 B-4　可与 SI 单位并用的我国法定计量单位

量	单位名称	单位符号	与 SI 单位的关系
时间	分	min	1min=60s
	[小]时	h	1h=60min=3600s
	日,(天)	d	1d=24h=86400s
平面角	[角]秒	″	1″=(π/648000)rad(π 圆周率)
	[角]分	′	1′=60″=(π/10800)rad
	度	°	1°=60′=(π/180)rad
质量	吨	t	$1t=10^3kg$
	原子质量单位	u	$1u\approx1.660540\times10^{-27}kg$
体积	升	L	$1L=1dm^3=10^{-3}m^3$
旋转速度	转每分	r/min	$1r/min=(1/60)s^{-1}$
长度	海里	n mile	1n mile=1852m(只用于航行)
速度	节	kn	1kn=1n mile/h=(1852/3600)m/s(只用于航行)
能	电子伏	eV	$1eV\approx1.602177\times10^{-19}J$
级差	分贝	dB	
线密度	特[克斯]	tex	$1tex=10^{-6}kg/m$
面积	公顷	hm^2	$1hm^2=10^4m^2$